JN016724

はじめてのAutoCAD 2025/2024 作図と修正の操作がわかる本

芳賀百合 著

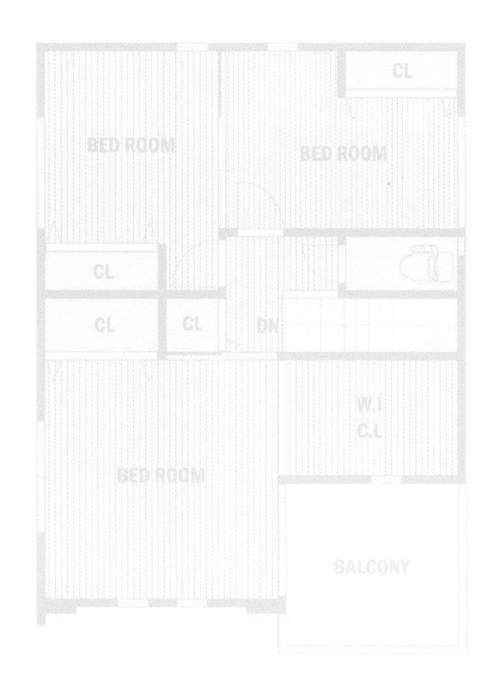

練習用ファイルについて

本書では、項目ごとに練習用ファイルを用意しており、紙面上にファイル名を明記してあります。練習用ファイルは、項目に応じて「見本」と「練習」の枠があり、見本を参考に練習枠で作図できるようになっています。練習用ファイルは以下のURLよりダウンロードしてください。
https://www.socym.co.jp/book/1467

AutoCADとAutoCAD LTについて

本書は初心者に対してAutoCADとAutoCAD LTの基本的な操作を解説していきます。AutoCADは2D作図と3Dモデリング、自動化機能を備えた統合的なCADソフトであり、AutoCAD LTは2Dの作図ツールに限定された、AutoCADの簡易版ともいえるソフトです。AutoCADとAutoCAD LTは、基本的な2D作図であれば同様の手順で操作することができます。なお、AutoCAD LTは日本国内において2021年に新規の販売が終了し、現在は更新版がリリースされているのみとなっています。

はじめに

本書はAutoCADをはじめて使うユーザのための、AutoCADの多数の機能から基本となる機能の使い方について解説した書籍です。解説にはAutoCAD 2025を使用していますが、ほかのバージョンのでも学習が進められるように、バージョンごとの操作方法の違いも解説しています。筆者自身が長年CADインストラクターを務めてきた経験を生かし、基本的なマウスやキーボード操作から、初心者が間違いやすく陥りやすい点まで、やさしく補足しています。

まずはChapter 1でAutoCADの基本、Chapter 2〜5で作図、修正、文字、寸法、画層について解説をします。Chapter 2〜4には練習問題とステップアップ問題があるので、学んだことを復習できる構成となっています。そしてChapter 6では実践でも必要になるテンプレートの作成から図面の作成手順、印刷について、総合的に学習を行えます。最後のChapter 7では、応用としてブロック、レイアウトなども紹介しています。また、本書にはテキストに沿った練習用のファイルが付属していますので、大いに活用していただきたいと思っています。

講師を行うと、初心者がAutoCADを学ぶには、「自分の描きたい図形はどの機能を使えばよいのか？」を考える練習が必要だと常に感じます。本書ではそれをカバーするために、練習問題とステップアップ問題に力を入れました。また、AutoCADの機能を解説するだけではなく、簡単な図面を一から作成し、より実践的な使い方を学んで欲しいと思っています。

本書をきっかけに、みなさんがAutoCADでさまざまな図面作成ができるよう応援しています。

芳賀百合

contents

chapter 1 AutoCADの導入と操作の基本

chapter 2 作図の基本

chapter 3 修正の基本

chapter 4 | 注釈の基本

chapter 5 画層の基本

chapter 6 総合演習

chapter 7 作図がもっと便利になる機能

本書で解説するAutoCADならびにAutoCAD LTのバージョン

本書は、AutoCAD 2025 ／ 2024 ／ 2023 ／ 2022 および AutoCAD LT 2025 ／ 2024 ／ 2023 ／ 2022 ／ 2021 ／ 2020 ／ 2019 ／ 2018 ／ 2017 ／ 2016 ／ 2015 ／ 2014 ／ 2013 ／ 2012 ／ 2011 ／ 2010 ／ 2009 の各バージョンに対応していますが、画面は AutoCAD 2025 のものを使用しています（一部、評価版等を使用しております）。バージョンによる操作などの違いはその都度明記していますが、適宜お使いのバージョンに置き換えてお読みください。本書の操作説明は、原則としてリボンインターフェイスを使用したものになっています。

本書の構成

本書の構成は次のようになっています。

章	章タイトル	概要
Chapter 1	AutoCAD の導入と操作の基本	体験版のインストールや共通して使用する基本操作を解説します
Chapter 2	作図の基本	線分、円、円弧、四角形などの基本図形の作図の方法について解説します
Chapter 3	修正の基本	図形の移動、複写、回転、オフセット、鏡像、トリム、フィレットなどの修正の方法について解説します
Chapter 4	注釈の基本	寸法、引き出し線、ハッチングの方法について解説します
Chapter 5	画層の基本	画層（レイヤ）の基本的な使い方を解説します
Chapter 6	総合演習	間取り図の作成を例にとり、各 SECTION を通じて実際に１つの図面を作成していきます。テンプレートの作成から図面の作図、印刷までひととおりの流れを学べるようになっています
Chapter 7	作図がもっと便利になる機能	知っておくと作業をより効率化できる機能を解説しています

効果的な学習法

Chapter 2～5 では AutoCAD を使用する上で覚えておきたい個別の機能を取り上げて解説しています。下記のように学習すると短期間で効率的に基本操作をマスターできます。

STEP1：まずは「やってみよう」の通りに操作

セクションごとに基本の操作を解説した「やってみよう」で、手順の通りに実行してみましょう。

STEP2：「練習問題」と「ステップアップ問題」で基本の操作を復習

Chaqpter2 ～ 4 の最後には「練習問題」と「ステップアップ問題」が用意されています。練習問題ではその Chapter で解説された機能の基本的な操作が復習できます。ステップアップ問題はやや応用的な問題で機能の理解度を確認することができます。どちらの問題もヒントや作図の流れ、回答も載せてありますので、確認しながら操作できます。

STEP3：「総合演習」で実際の作図を体験

総仕上げとして Chapter6 では実際の作図の流れに従って、間取り図を作成していきます。テンプレート作成から印刷まで、一通りの操作を流れを体験することができます。

YouTube動画について

練習問題とステップアップ問題は動画で実際の動きを確認することもできます（動画は AutoCAD LT 2021 で作成されています）。動画にアクセスするには問題の回答解説のページの冒頭にある「動画で Check」の右横の QR コードをスマートフォンなどで読み込んでください。

誌面について

本書の誌面は下記のような要素から構成されています。

SECTION

ここで解説している内容の概要を説明しています。練習用ファイルもここで指定しています。

項目

「ここで学ぶこと」で紹介した具体的内容を説明しています。そのコマンドのあるリボンやメニュー、アイコンも示しています。

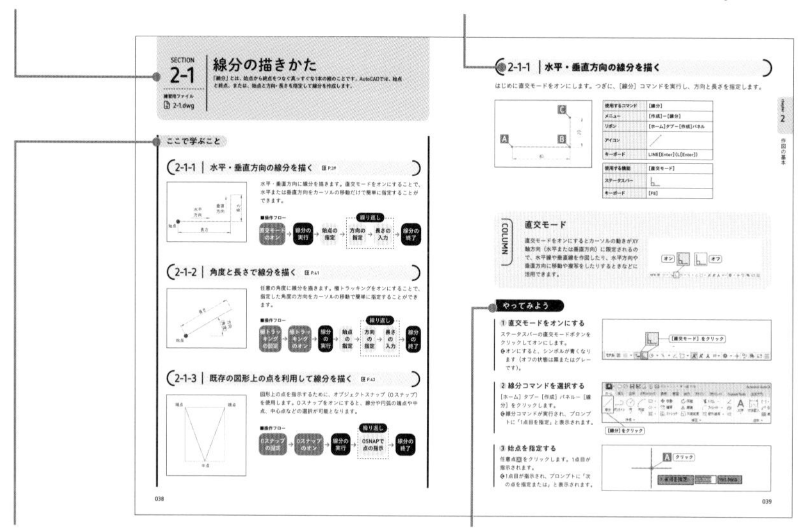

ここで学ぶこと

SECTION内の各項目で何を学ぶかを説明しています。機能の目的や操作ポイントのほか、フロー図を使って操作の流れを解説しています。

やってみよう

実際にどのように操作するかを1手順ずつ説明しています。説明文の番号は、画面図上の番号に対応しています。

「やってみよう」「練習問題」「ステップアップ問題」では、画面上での操作解説でクリックする場所や図形を下記のように表記しています。

- 特定の場所や任意の場所をクリックするとき：点A、点B（アルファベット大文字）
- 特定の図形（線分、四角形など）を選択するとき：線分a、四角形b（アルファベット小文字）

また、１つの図に複数の手順番号の操作が混在するときは、解説の後ろに1などの該当する手順の番号を記載しています。

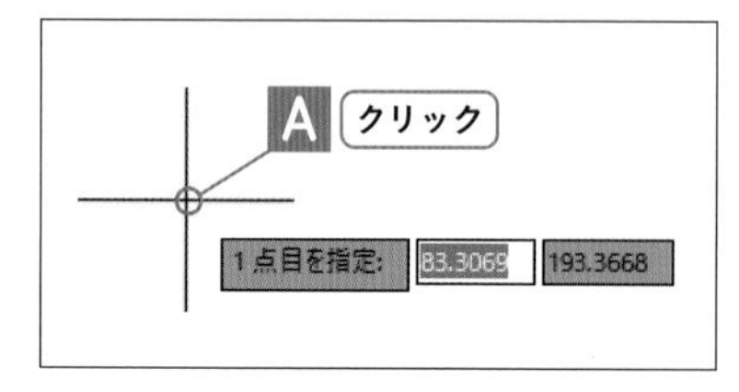

特定の場所「点A」をクリックします

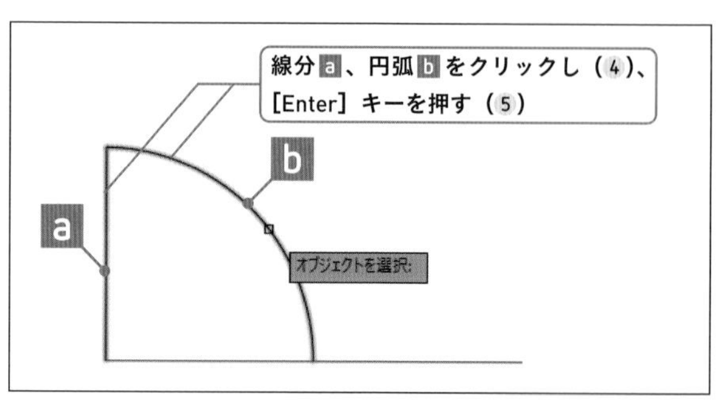

本文の手順4で特定の「線分a」と「円弧b」をクリックし、手順5で［Enter］キーを押します

chapter 1

AutoCADの導入と操作の基本

SECTION

SECTION 1-1

AutoCADを始めよう

AutoCADは様々な業種の2D図面の作図を行い、DWGファイルとして保存ができます。本書では最新のAutoCAD 2025を使用して解説を行っています。

1-1-1 体験版をインストールする

1 AutoCADの体験版のダウンロードページを表示する

Webブラウザで「https://www.autodesk.co.jp/products/autocad/free-trial」にアクセスします（2024年4月現在）。

2 体験版をダウンロードする

「無償体験版をダウンロード」と書かれたボタンをクリックします。

3 目的を選択する

「このソフトウェアを次の目的で使用します」で[ビジネス]を選択し、[次に、製品を選択します]をクリックします。

4 製品を選択する

「どちらの製品を希望しますか？」で[AutoCAD]を選択し、[次に、サインインします]をクリックします。

5 アカウント情報を入力する

体験版の使用にはオートデスク アカウントが必要になります。電子メールアドレスを入力し、[次へ進む]をクリックします。

6 その他項目を入力する

名前や会社情報、電話番号などを入力し、[記入して送信します] をクリックします。

7 ダウンロードを開始する

[インストール]をクリックし、[同意する]をクリックします。

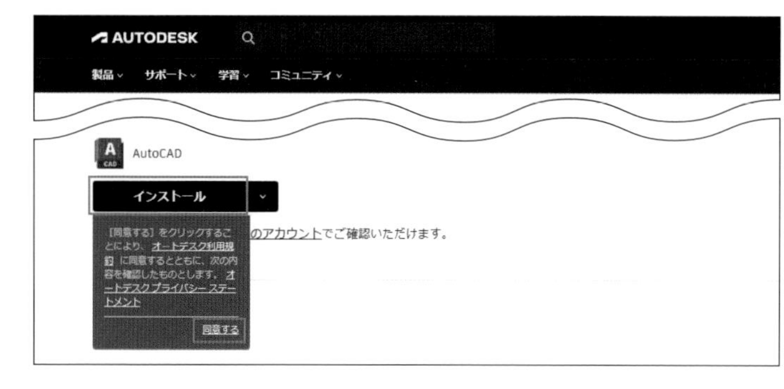

8 インストーラを起動する

ダウンロードしたインストーラを開きます（ダウンロードしたファイルの開き方はお使いのブラウザによって異なる場合があります）。

9 インストールする

[インストール] をクリックします。インストールにはしばらく時間がかかります。途中でメッセージが表示されたら画面に従って操作を続けてください。

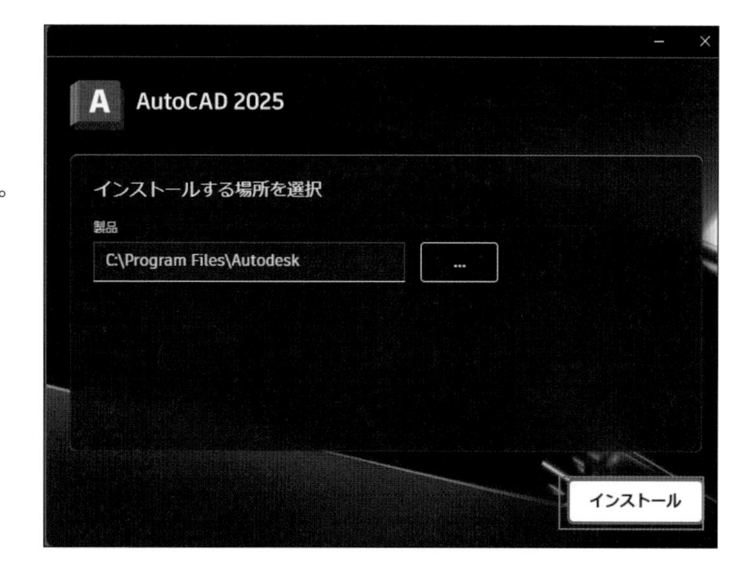

10 インストールを完了する

このような画面が表示されたらインストール成功です。[開始]をクリックして、AutoCADを起動してください。

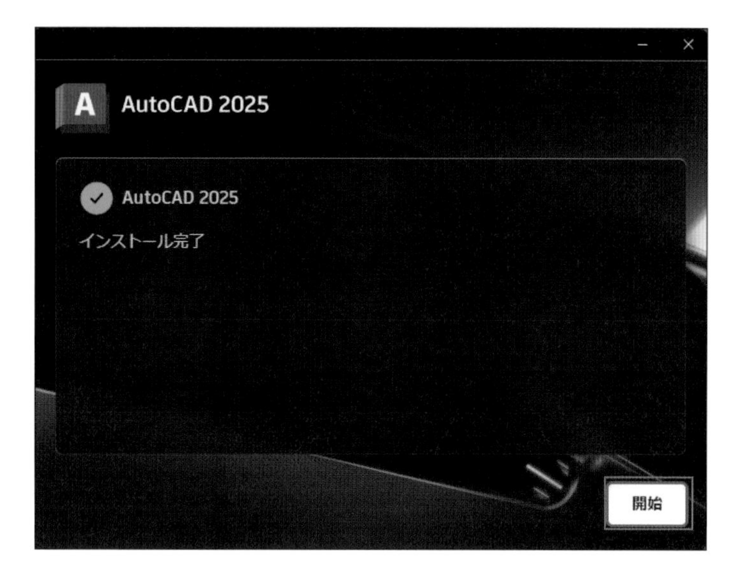

1-1-2 AutoCADの起動

AutoCADを起動するにはデスクトップのショートカットを利用します。

1 AutoCADを起動する

デスクトップのショートカットをダブルクリックします。

➔ AutoCADが起動し、体験版の場合は画面右上に残りの日数が表示されます。

COLUMN

体験版について

体験版は、AutoCADを試用するためオートデスク社より提供されているものです。そのため、30日間の試用期間が設定されています。この期間を経過すると体験版は利用できなくなります。

体験版を起動したときに、ブラウザが起動してサインイン画面が表示された場合は、オートデスク アカウントが必要になります。

オートデスク アカウントは、ブラウザの画面の「アカウントを作成」❶をクリックすると簡単な手順で取得できるので、あらかじめ取得しておきましょう。

ブラウザの画面の［電子メール］❷にメールアドレスを入力し、［次へ］❸をクリックします。次に［パスワード］入力後、［サインイン］をクリックします。

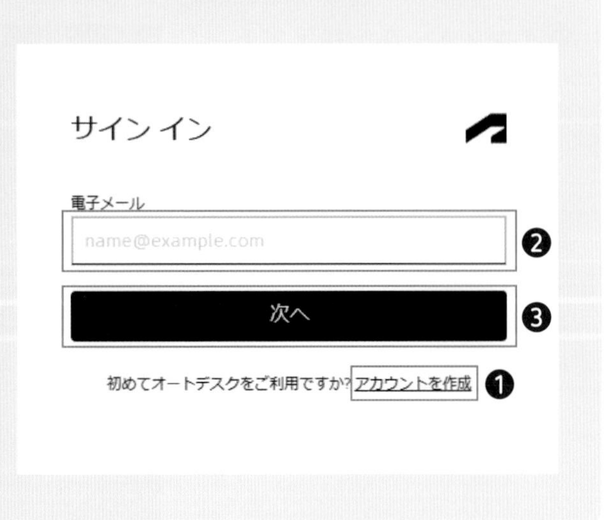

1-1-3 AutoCADの終了

AutoCADを終了するには、ウィンドウ右上の［閉じる］ボタンをクリックします。

1 AutoCADを終了する

ウィンドウ右上の［閉じる］ボタンをクリックします。

⊖ AutoCADが終了します。

COLUMN 画面の色

AutoCADを初めて起動すると、バージョンにより背景色やリボンが暗い色になっています。本書と同じく、リボンの色を明るく、背景色を白にするには、次の操作を行ってください。

❶［アプリケーションメニュー］（次ページの1）をクリックします。
❷［オプション］ボタンをクリックします。「オプション」ダイアログボックスが表示されます。［オプション］ボタンが表示されていない場合には、新規図面を作成するか、ファイルを1つ開いてください（P.23参照）
❸［表示］タブをクリックします。
❹［カラーテーマ］を［ライト（明）］に変更します。
❺［色］ボタンをクリックします。「作図ウィンドウの色」ダイアログボックスが表示されます。
❻［コンテキスト］から［2Dモデル空間］、［インタフェース要素］から［共通の背景色］、［色］から［White］を選択し、［適用して閉じる］ボタンをクリックします。「作図ウィンドウの色」ダイアログボックスが閉じます。
❼［OK］ボタンをクリックします。「オプション」ダイアログボックスが閉じます。

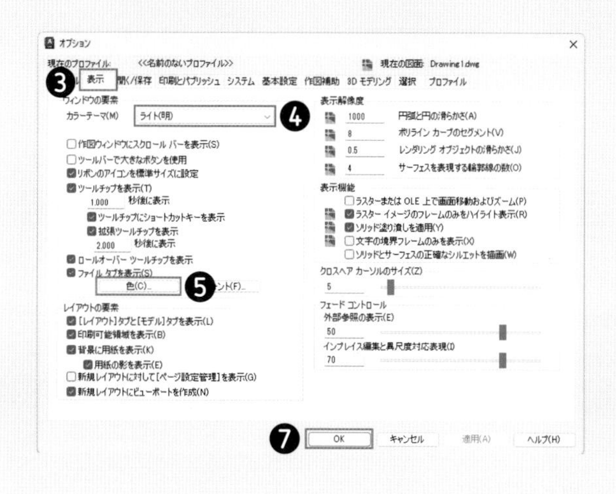

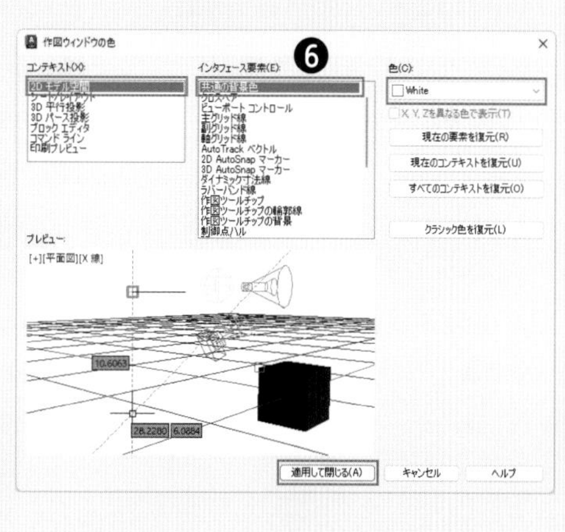

SECTION 1-2

AutoCADの画面構成

ここでは、AutoCADの画面構成について解説します。バージョンによってリボンのアイコンの配置、ステータスバーのアイコンの種類やコマンドウィンドウなどが多少違うので注意してください。

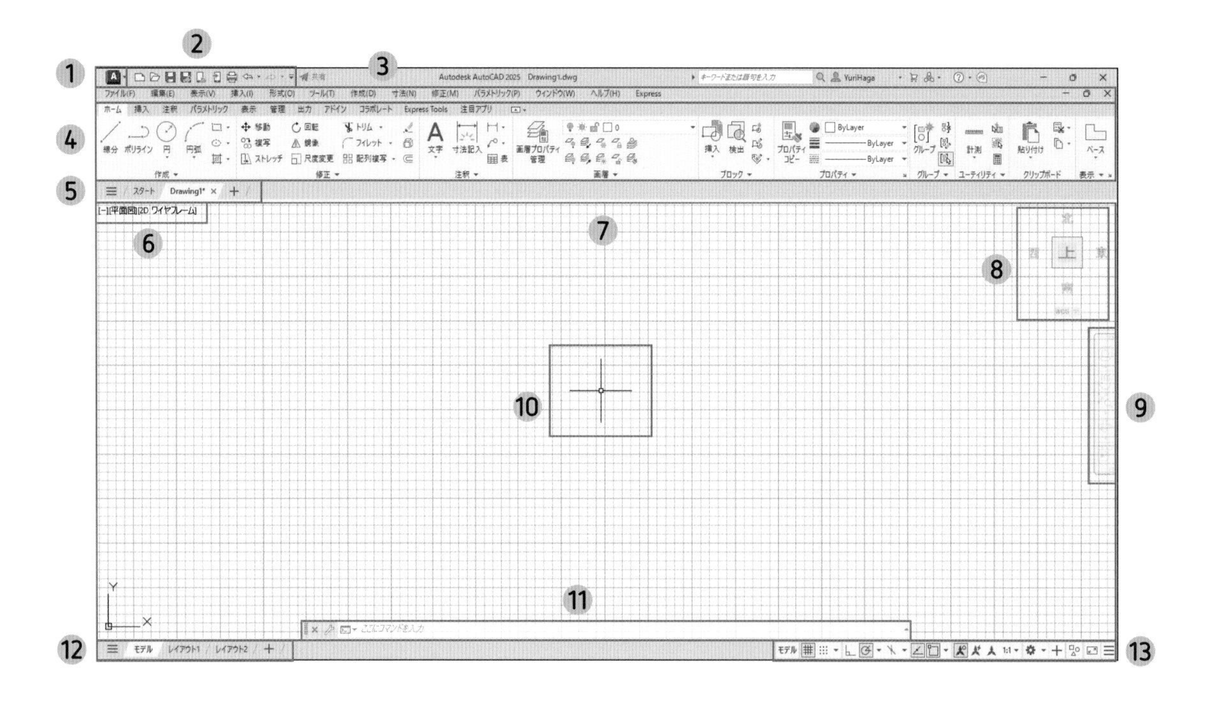

1	アプリケーションメニュー	ファイルや印刷に関するメニューが表示されます。
2	クイックアクセスツールバー	ファイルを開く／保存や印刷など、よく使う機能が表示されています。
3	メニューバー	コマンドを実行できます。初期状態では表示されていません。(P.19)
4	リボン	コマンドを実行できます。タブとパネルで構成されます。(P.19)
5	ファイルタブ	開いているファイルをクリックして切り替えが行えます。
6	ビューコントロール	作図領域の分割や3D視点変更を行います。AutoCAD LTにはありません。
7	作図領域	図形などを作図、編集する領域です。
8	ViewCube(ビューキューブ)	3D視点変更を行います。AutoCAD LTにはありません。
9	ナビゲーションバー	画面操作(画面の拡大縮小など)の機能が表示されています。
10	クロスヘアカーソル	マウスカーソルです。
11	コマンドウィンドウ	操作手順をメッセージ表示します。(P.20)
12	モデル／レイアウトタブ	モデルタブとレイアウトタブの切り替えが行えます。(P.21)
13	ステータスバー	作図に使用する補助機能が表示されています。(P.22)

1-2-1 メニューバー

[メニューバー] は初期状態では表示されていません。使用する場合には [クイックアクセスツールバー] の右端にある▼ボタンをクリックするとメニューが表示されるので、[メニューバーを表示] を選択します（AutoCAD LT2009では▼ボタンがないので、[クイックアクセスツールバー] を右クリックしてください)。

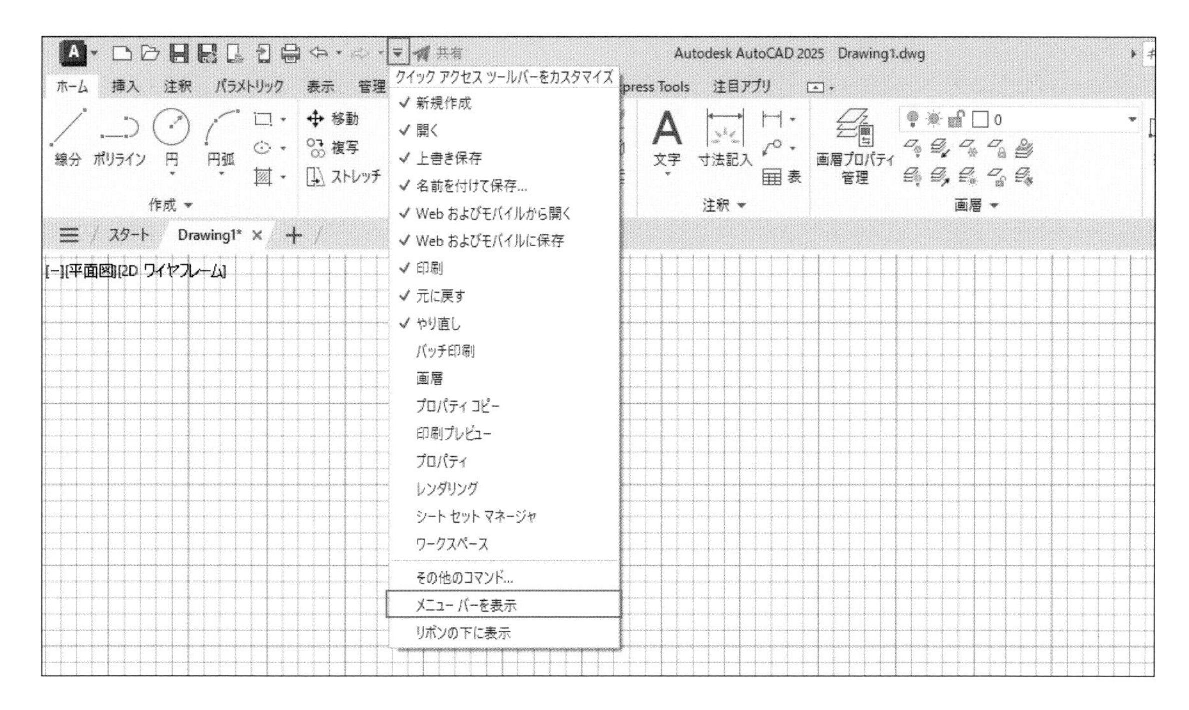

1-2-2 リボン

[リボン] は [リボンタブ] と [リボンパネル] で構成されます。各リボンパネルの下部にはパネル名が表示されています

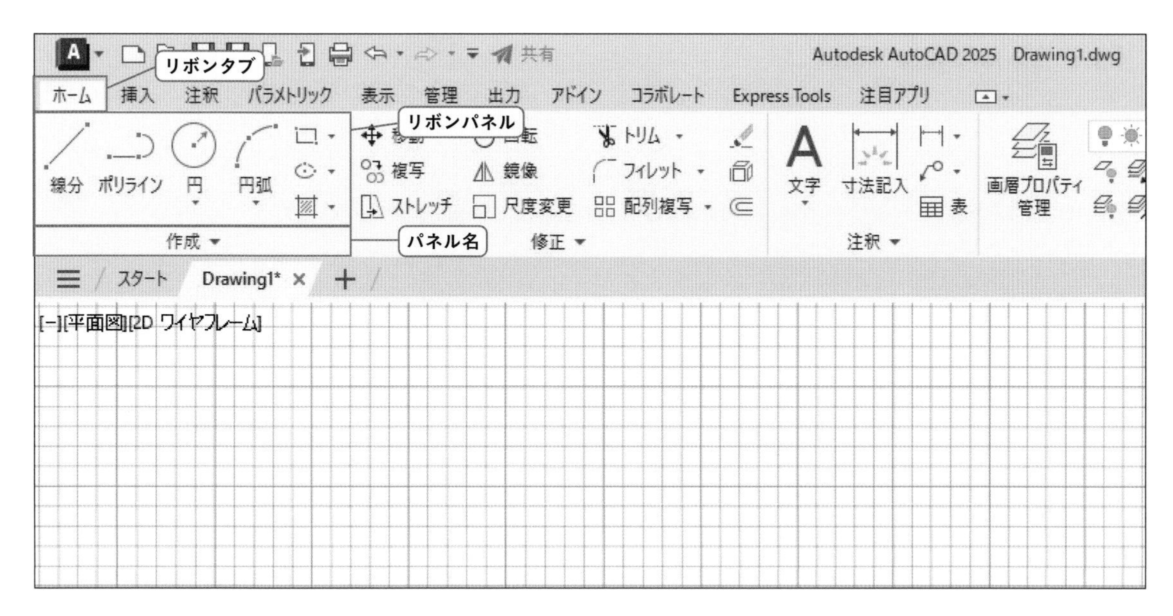

リボンパネルの操作

パネル名の右に▼マークが表示されている場合は、パネル名の部分をクリックするとパネルが展開されて表示されます。

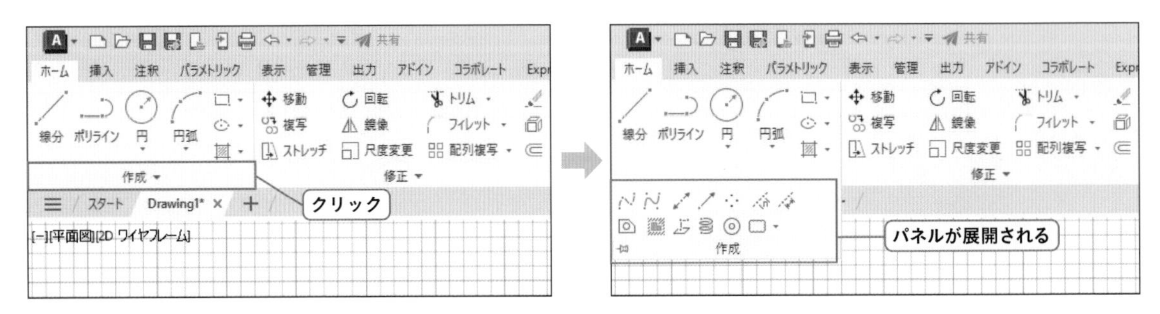

ボタンにカーソルを当てるとツールチップが表示され、簡単な使用方法を調べることができます。また、ボタンの右側や下側に表示されている▼ボタンをクリックすると、格納されているボタンが表示されます。

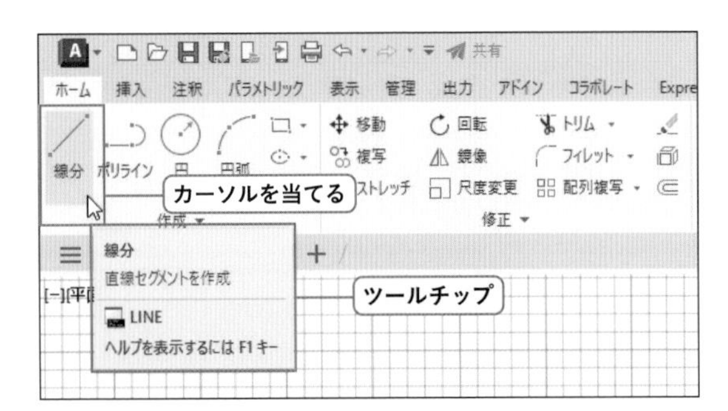

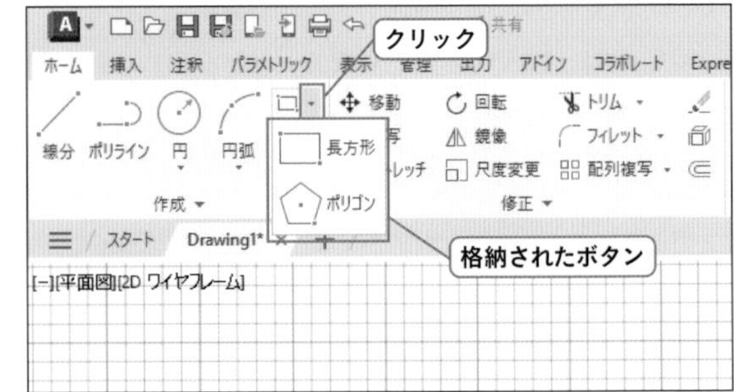

1-2-3 | コマンドウィンドウ

ユーザーがAutoCADに与える操作命令のことを［コマンド］と呼びます。コマンドを実行したときにそのコマンドに関する簡単な操作手順をメッセージとして表示するのが［コマンドウィンドウ］です。［コマンド］の実行方法については「1-5操作のルール」(P.31) を参照してください。

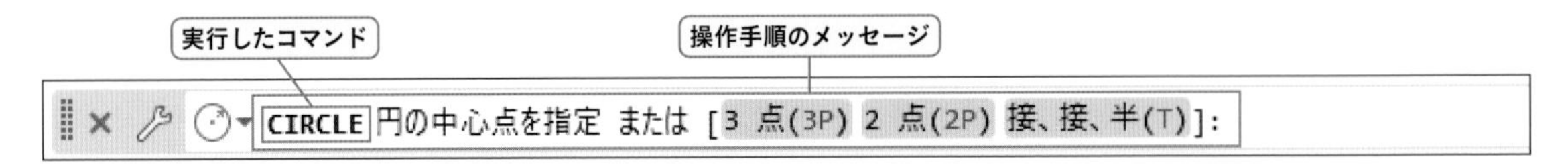

［F2］キーを押すと、コマンドの履歴を見ることができます。

```
コマンド:
コマンド:
コマンド: _line
1 点目を指定:
次の点を指定 または [元に戻す(U)]:
次の点を指定 または [元に戻す(U)]:
次の点を指定 または [閉じる(C)/元に戻す(U)]:
次の点を指定 または [閉じる(C)/元に戻す(U)]:
次の点を指定 または [閉じる(C)/元に戻す(U)]: C
コマンド:
コマンド:
コマンド: _circle
円の中心点を指定 または [3 点(3P)/2 点(2P)/接、接、半(T)]:
円の半径を指定 または [直径(D)]: 100
コマンド:
コマンド:
コマンド: _circle
円の中心点を指定 または [3 点(3P)/2 点(2P)/接、接、半(T)]:
円の半径を指定 または [直径(D)] <100.0000>: 200
```

［F2］キーで表示

1-2-4 モデル／レイアウトタブ

AutoCADでは1つのファイルに1つの［モデル］タブと複数の［レイアウト］タブがあります。［モデル］タブでは作図を、［レイアウト］タブでは印刷の設定を行います。［レイアウト］タブはユーザーが必要な数だけ作成をすることが可能です。

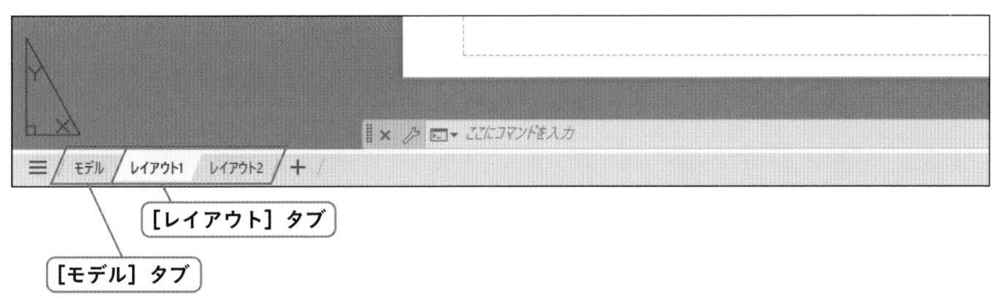

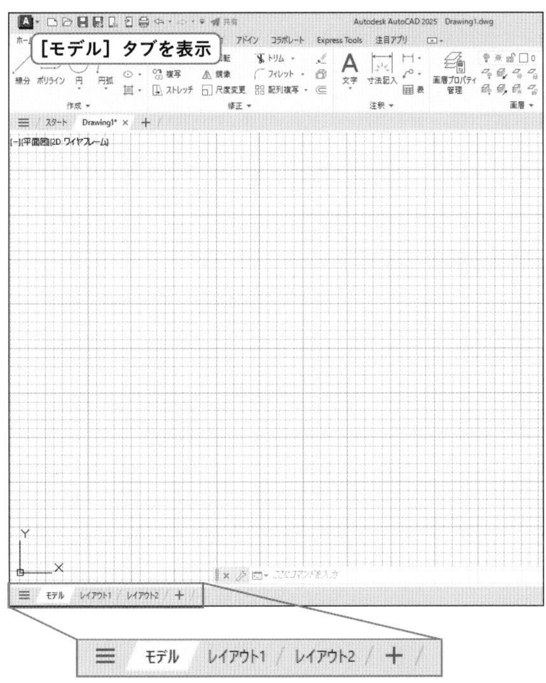

1-2-5 ｜ステータスバー

ステータスバーには、作図で使用する補助機能のボタンがそろっています。また、表示されるボタンは作図状況によって変化します。たとえば［ビューポートを最大化］ボタンは、［レイアウト］タブで作図している場合にのみ表示されます。

1	モデルまたはペーパー空間
2	グリッド
3	スナップ
4	直交モード
5	極トラッキング
6	アイソメ作図
7	オブジェクトスナップトラッキング
8	オブジェクトスナップ
9	注釈オブジェクトの表示
10	自動注釈
11	注釈尺度(ビューポート尺度)
12	ワークスペースの切り替え
13	注釈モニター
14	オブジェクトを選択表示
15	フルスクリーン表示
16	カスタマイズ
17	ビューポートを最大化
18	ビューポートのロック
19	ビューポート尺度同期

COLUMN

AutoCAD LT2014以前の場合

AutoCAD LT2015からステータスバーのアイコンのデザインが変更されました。AutoCAD LT2014以前を使用している場合は、以下を参考にしてください。なお、ボタンの名称が上記のものと異なる場合があります。

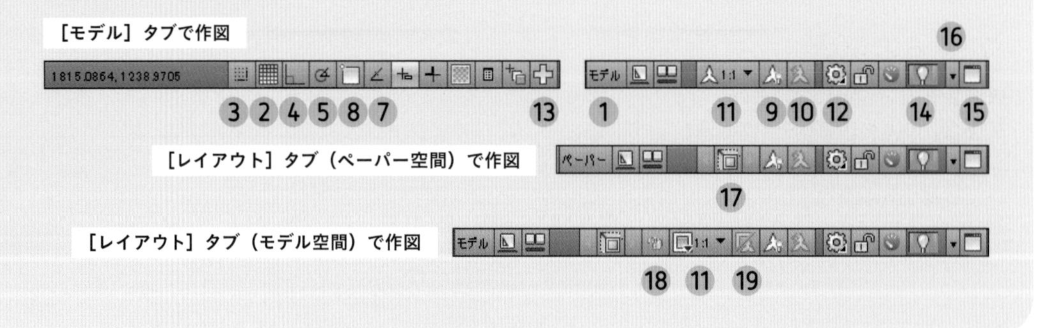

SECTION
1-3 ファイル操作

ファイルを開く、閉じる、新規作成、保存など、基本的なファイル操作を覚えましょう。クイックアクセスツールバーを使うと手軽に行えます。AutoCADのファイルの拡張子はdwgです。

練習用ファイル

1-3.dwg

1-3-1 ファイルを新規作成する

AutoCADで、新しいファイルを作成します。この時、テンプレートと呼ばれる、ひな形のファイル（拡張子はdwt）を選択します。

1 ［クイック新規作成］を選択する

クイックアクセスツールバーの［クイック新規作成］ボタンをクリックします。

➡［テンプレートを選択］ダイアログボックスが表示されます。

2 テンプレートファイルを選択する

［acadiso.dwt］をクリックして選択します。

3 ファイルを開く

［開く］ボタンをクリックします。

➡［テンプレートを選択］ダイアログボックスが閉じて、選択したテンプレートファイルを元にファイルが作成されました。

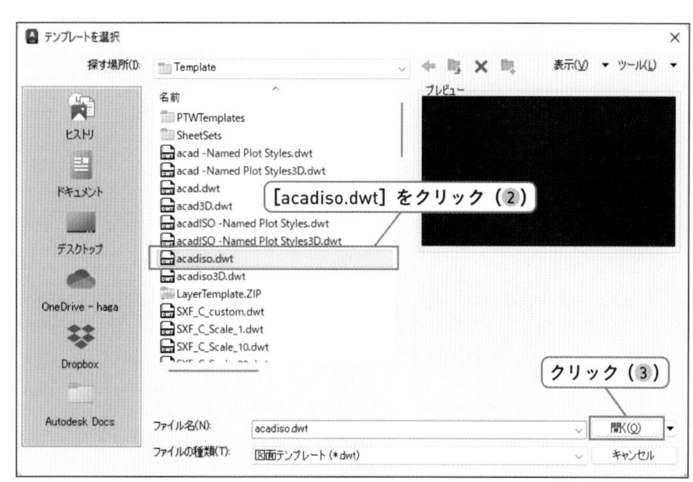

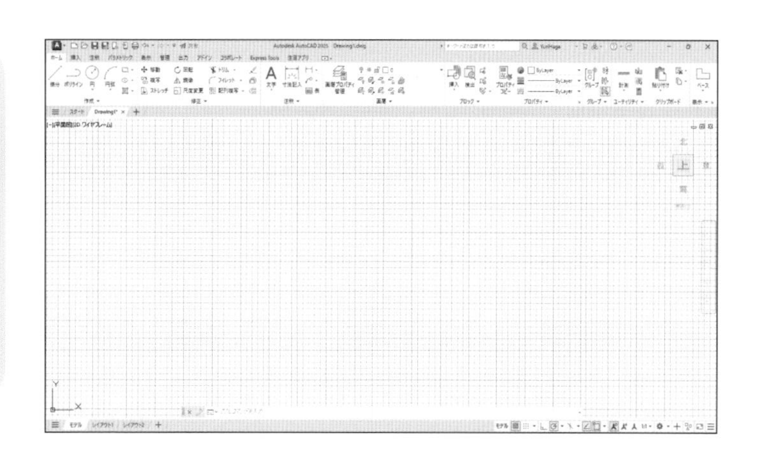

拡張子の表示

拡張子を表示するには、Windows10の場合、のエクスプローラの［表示］タブにある［ファイル名拡張子］にチェックを入れます。Windows11の場合は、［表示］メニューの［表示］→［ファイル名拡張子］にチェックを入れてください。

1-3-2 ファイルを開く

既に作成されているファイルを開きます。

1 [開く]を選択する

クイックアクセスツールバーの［開く］ボタンをクリックします。

➔［ファイルを選択］ダイアログボックスが表示されます。

2 ファイルを選択する

［1-3.dwg］をクリックして選択します。

3 ファイルを開く

［開く］ボタンをクリックします。

➔［ファイルを選択］ダイアログボックスが閉じて、選択したファイルが開きました。

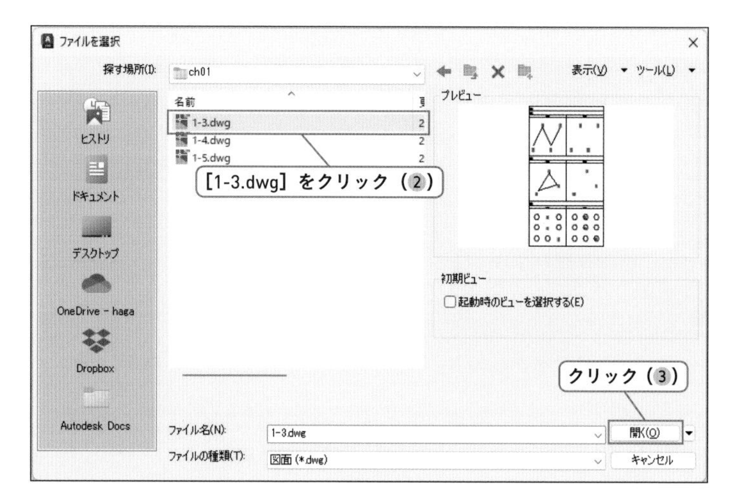

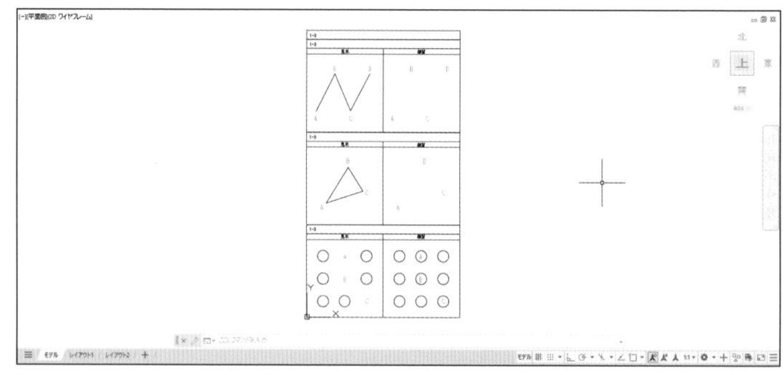

COLUMN

テンプレートファイル

初期状態のAutoCADで選択できる主なテンプレートファイルには以下の種類があります。テンプレートファイルに設定される項目は、主に画層、文字・寸法スタイル、線種、図枠などです。テンプレートの作成については、「6-2テンプレートの作成」（P.221）を参照してください。また、AutoCAD LTの場合は、ファイル名の「acad」が「acadlt」となります。

ファイル名	テンプレートの内容
acad.dwt	インチ系、色従属印刷スタイルを使用。
acadiso.dwt	メートル系、色従属印刷スタイルを使用。
acad-Named Plot Styles.dwt	インチ系、名前のついた印刷スタイルを使用。
acadISO-Named Plot Styles.dwt	メートル系、名前のついた印刷スタイルを使用。
SXF_○_Scale_○○.dwt	「CAD製図基準（案）平成16年6月国土交通省」に準拠した設定がなされたテンプレートファイル。

1-3-3 ファイルを上書き保存する

編集中のファイルを上書き保存します。

1 [上書き保存]を選択する

クイックアクセスツールバーの［上書き保存］ボタンをクリックします。

→コマンドウィンドウに「QSAVE」と表示されます。上書き保存が実行されました。

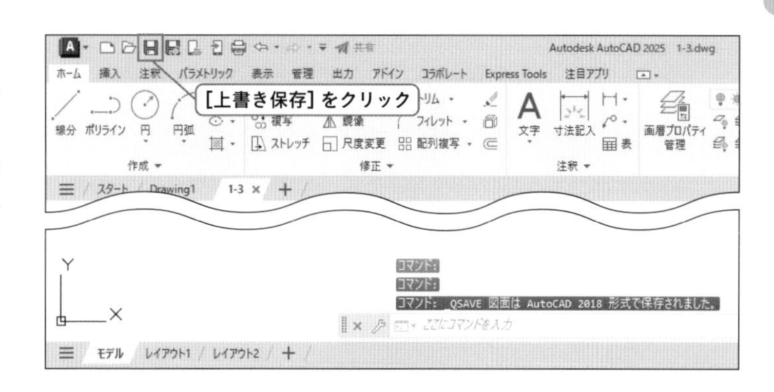

1-3-4 DWGのバージョンを指定して保存する

AutoCAD／AutoCAD LTのバージョンによってDWGファイルのバージョンも異なります。AutoCAD2025のDWGファイルのバージョンは2018形式DWGですが、ここでは、2010形式DWGで保存を行います。

1 [名前を付けて保存]を選択する

クイックアクセスツールバーの［名前を付けて保存］ボタンをクリックします。

→[図面に名前を付けて保存]ダイアログボックスが表示されます。

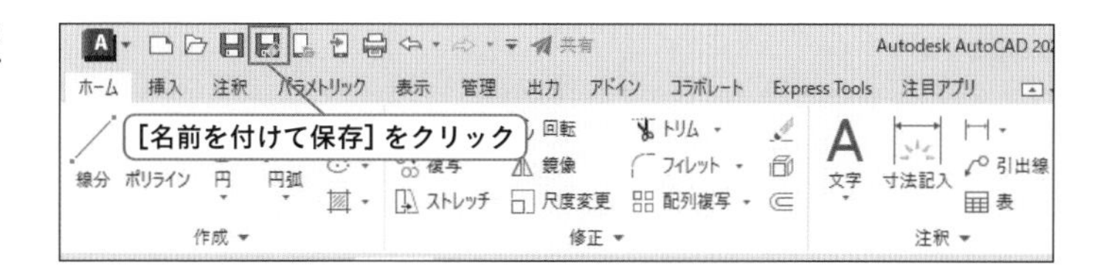

2 ファイル名を入力する

[ファイル名] 欄にファイル名を入力します。ここでは「1-3-4」と入力しています。

3 ファイルの種類を選択する

[ファイルの種類] をクリックし、[AutoCAD2010/LT2010図面(*.dwg)]を選択します。

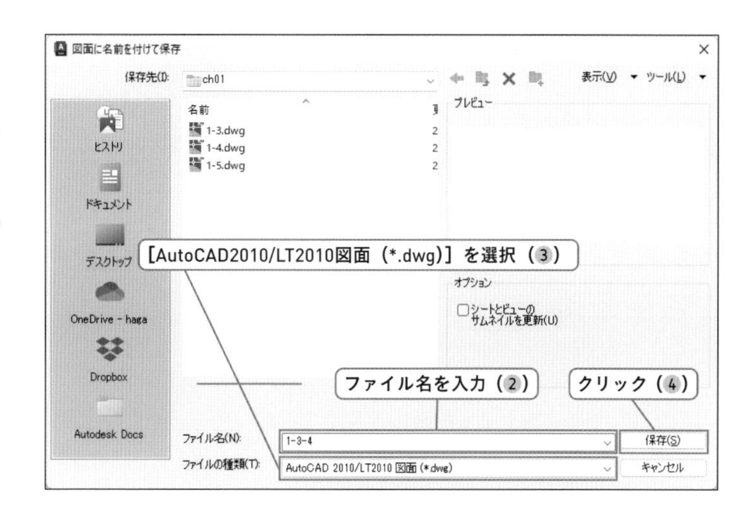

4 保存する

[保存] ボタンをクリックします。

→タイトルバーに入力したファイル名が表示されます。

COLUMN

DWGのバージョン

新しいバージョンのDWGを古いバージョンのAutoCAD/AutoCAD LTで開くことはできません。DWGファイルのやり取りをする場合には、前ページの手順3でバージョンを確認して保存する必要があります。

AutoCAD/AutoCAD LTのバージョン	DWGファイルのバージョン
2000・2000i・2002	2000形式DWG
2004・2005・2006	2004形式DWG
2007・2008・2009	2007形式DWG
2010・2011・2012	2010形式DWG
2013・2014・2015・2016・2017	2013形式DWG
2018・2019・2020・2021・2022・2023・2024・2025	2018形式DWG

1-3-5 DXFファイルを開く

他のCADとファイルをやりとりする場合によく用いられるDXFファイルを開きます。

1 [開く]を選択する

クイックアクセスツールバーの［開く］ボタンをクリックします。

→［ファイルを選択］ダイアログボックスが表示されます。

2 ファイルの種類をDXFにする

［ファイルの種類］から［DXF（*.dxf）］を選択します。

3 ファイルを選択する

［1-3.dxf］をクリックして選択します。

4 ファイルを開く

［開く］ボタンをクリックします。

→［ファイルを選択］ダイアログボックスが閉じて、選択したDXFファイルが開きました。

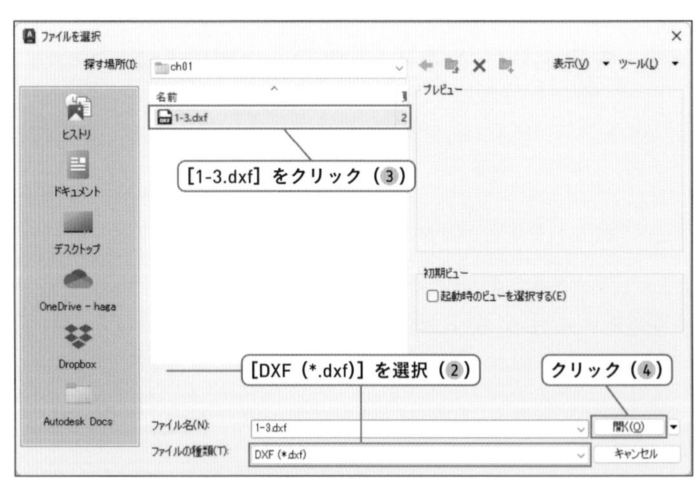

拡張子bakファイル

AutoCADでは初期設定で上書き保存をする時にバックアップコピー（*.bak）を図面ファイルと同じフォルダに作成するようになっています。Windowsのエクスプローラーなどで拡張子をdwgに変更して開くことが可能です。

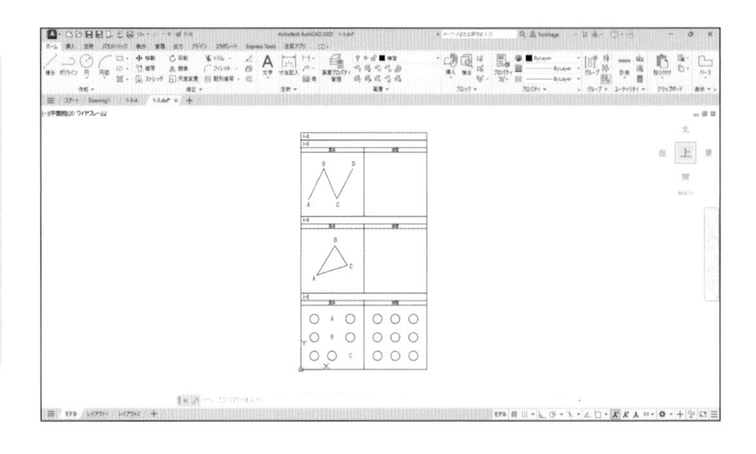

COLUMN

自動保存ファイルについて

AutoCADには一定時間おきにDWGファイルを自動的に保存する機能があります。エラーなどで強制終了する事態に備えて設定をしましょう。

❶[アプリケーションメニュー]（P.18）をクリックします。
❷[オプション] ボタンをクリックします。
❸[開く／保存] タブをクリックします。
❹[自動保存] にチェックを入れ、自動保存間隔を入力します。
❺[OK] ボタンをクリックします。

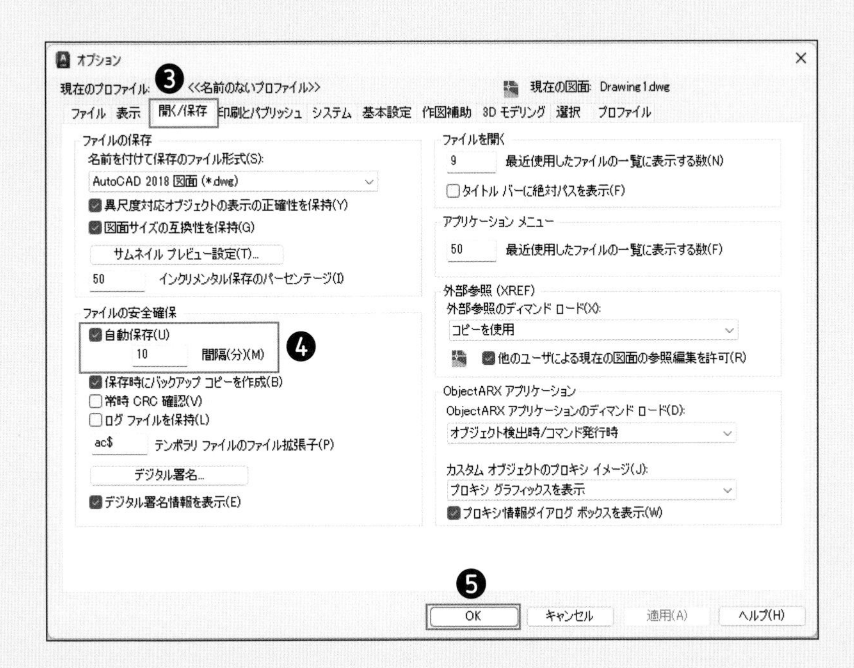

自動保存ファイルは同じ［オプション］ダイアログボックスの［ファイル］タブの［自動保存ファイルの場所］に保存されています。拡張子がsv$となっていますが、Windowsのエクスプローラなどで拡張子をdwgに変更すると開くことができます。

SECTION
1-4 画面の移動や拡大／縮小

画面の拡大や縮小、移動などの表示操作を練習します。主にマウスのホイールボタン(中央ボタン) を活用しますので、ホイールボタンが回しやすい、クリックしやすいマウスを使用するとよいでしょう。

練習用ファイル
1-4.dwg

1-4-1 拡大／縮小

マウスのホイールボタンを回転させることで、画面表示を拡大／縮小できます。

1 拡大する

拡大の中心にクロスヘアカーソルを合わせ、ホイールボタンを上に回します。
➔クロスヘアカーソルを中心に画面が拡大されます。

2 縮小する

縮小の中心にクロスヘアカーソルを合わせ、ホイールボタンを下に回します。
➔クロスヘアカーソルを中心に画面が縮小されます。

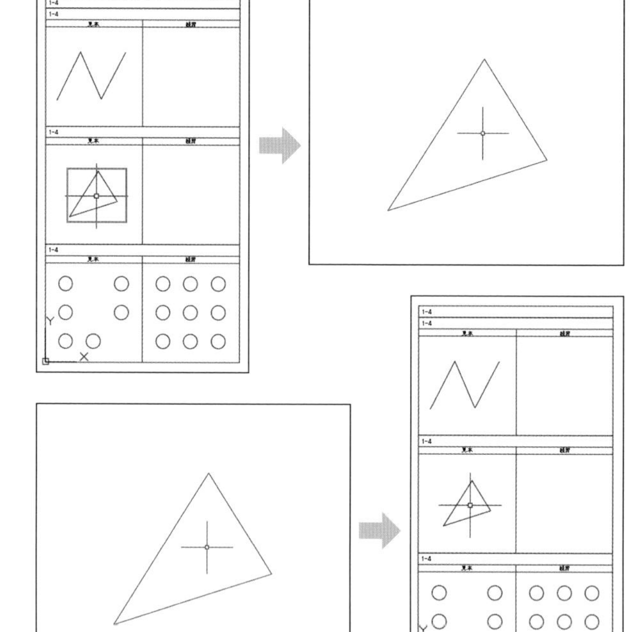

COLUMN

マウスの使い方

マウスには左ボタン、右ボタン、そして左ボタンと右ボタンの間にはホイールボタン（中央ボタン）がついています。

- **左ボタン**
  左ボタンを1回押す操作を「クリック」といいます。アイコンやメニューの選択、図形の選択、点の指示などに使用します。
- **右ボタン**
  右ボタンを1回押す操作を「右クリック」といいます。ショートカットメニューの表示などに使用します。
- **ホイールボタン**
  ホイールボタンを回すと画面の拡大／縮小ができます。また、ボタンを押しながらマウスを動かす「ドラッグ」という操作で画面移動、ボタンをすばやく2回押す「ダブルクリック」という操作でオブジェクト範囲ズーム（図面に描かれている図形をすべて表示させること）ができます。

1-4-2 画面を移動する

マウスのホイールボタンをドラッグすることで画面移動を行えます。

① 移動する

マウスのホイールボタンを押したまま、マウスを移動します。

⊕カーソルのマークが✋になり、画面移動ができます。

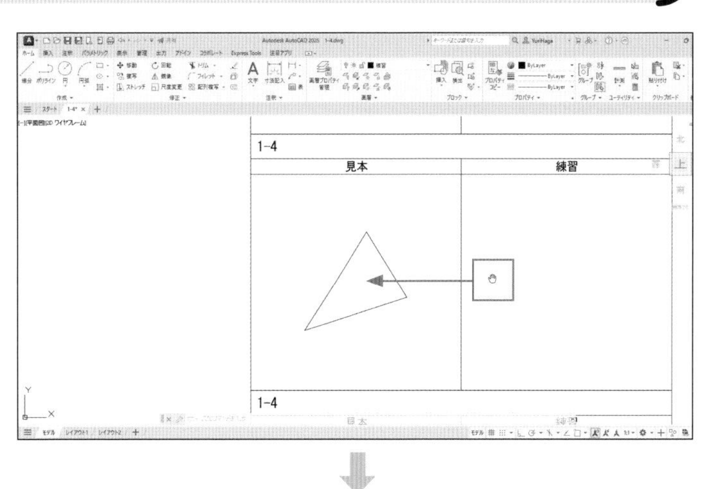

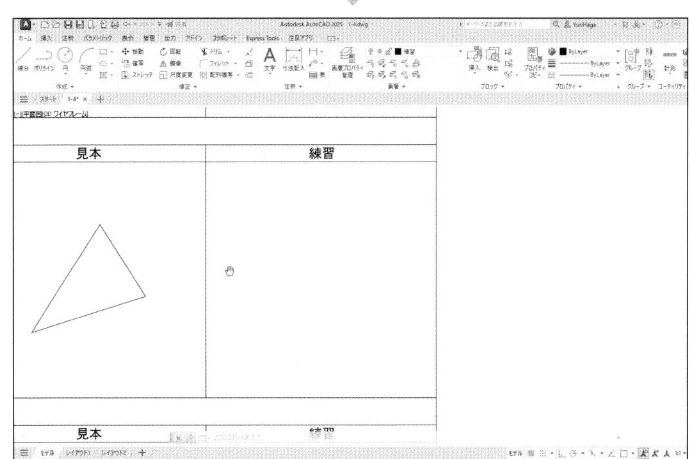

1-4-3 オブジェクト範囲ズーム

オブジェクト範囲ズームは、図面に作図されているすべての図形が表示されるように画面表示を変更します。

① [オブジェクト範囲ズーム]を実行する

マウスのホイールボタンをすばやく2回押します。

⊕画面に作図されている図形がすべて表示されます。

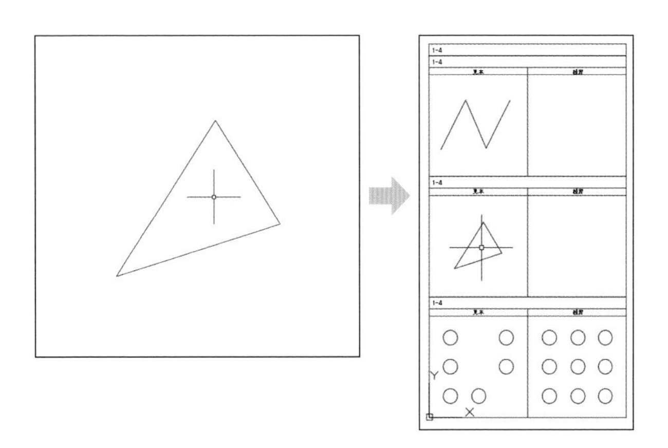

1-4-4 窓ズーム

窓ズームは、２点クリックで矩形範囲を指定し、その範囲を拡大表示します。

❶ [窓ズーム]を選択する

[ナビゲーションバー]のズームツールの▼ボタンをクリックし、[窓ズーム]を選択します。

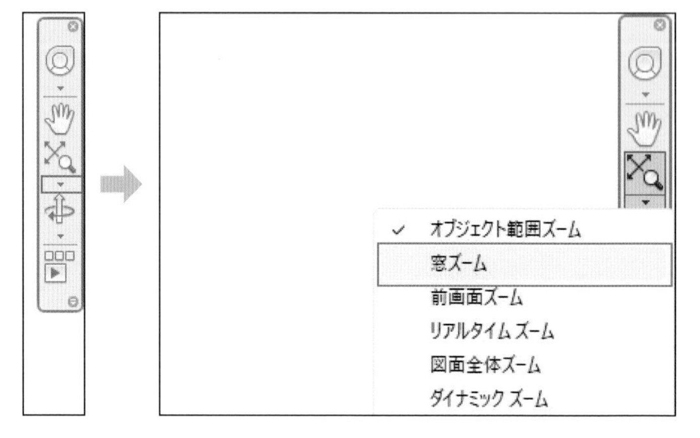

❷ ズーム範囲を2点指示する

ズームしたい範囲の対角線を結ぶ2か所をクリックします。

➜選択した範囲が拡大表示されます。

AutoCAD LT2009／2010にはナビゲーションバーはありません。ステータスバーの［ズーム］ボタンを使用してください。

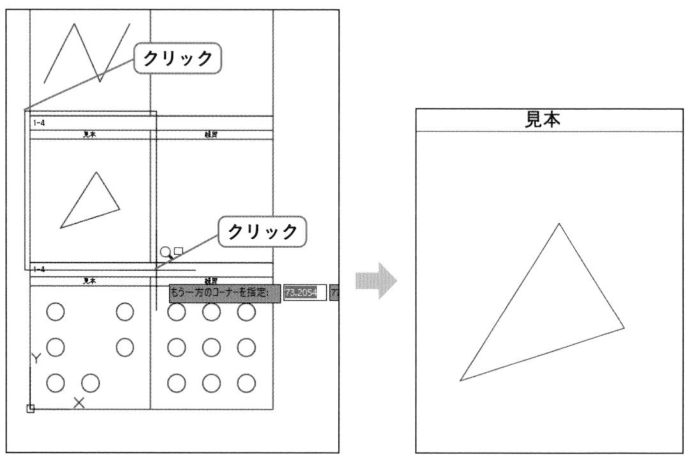

SECTION
1-5 操作のルール

練習用ファイル
1-5.dwg

AutoCADでは、様々な操作を実行することを「コマンド」とよびます。コマンドを実行すると、コマンドウィンドウやツールチップに次の操作をうながすメッセージが表示され、このメッセージのことを「プロンプト」とよびます。そして、プロンプトに従って、数値入力や操作オプションを選択し、最後にコマンドの終了となります。ここでは操作の基本を学ぶために、実際のコマンドを使ってみましょう。

ここで学ぶこと

1-5-1 線分コマンドを実行する P.32

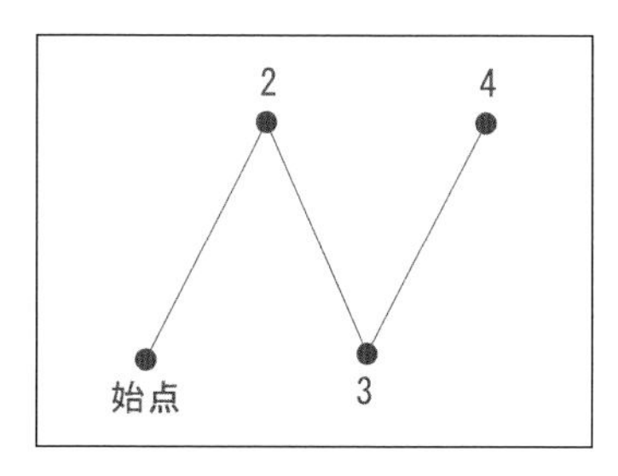

線分コマンドを実行し、プロンプトを確認しながら操作を行います。点の指示は最後に確定をして、コマンドの終了を確認してください。

■操作フロー

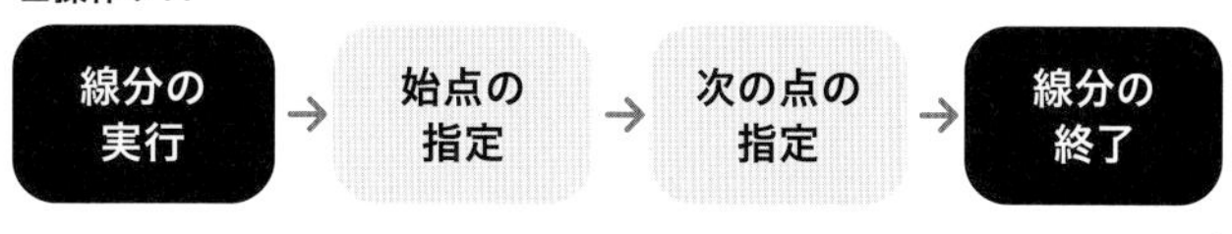

1-5-2 線分コマンドの閉じるオプションを選択する P.34

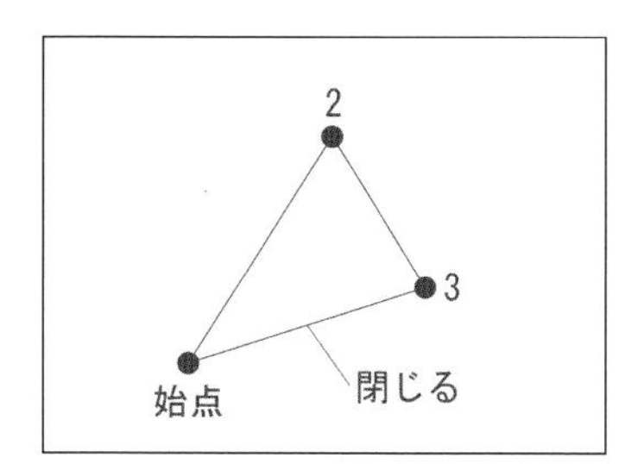

コマンドの実行中に、コマンドオプションを選択します。コマンドオプションは右クリックメニューから選択することができます。

■操作フロー

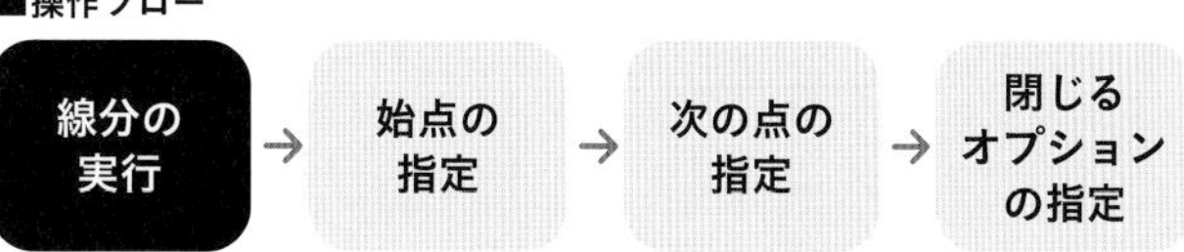

1-5-3 削除コマンドを実行する P.36

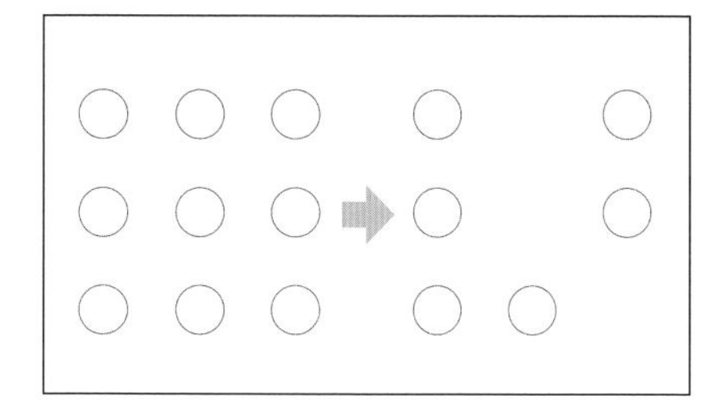

削除コマンドを実行し、図形をクリックして選択します。図形の選択は最後に確定をして、コマンドの終了を確認してください。

■操作フロー

削除の実行 → 図形の選択 → 削除の終了

1-5-1 線分コマンドを実行する

線分コマンドを実行し、A、B、C、D点をクリックします。最後に［Enter］キーを押して線分コマンドを終了します。

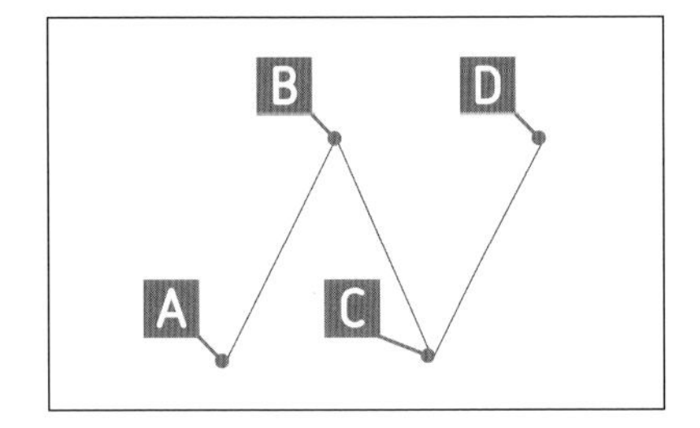

使用するコマンド	[線分]
メニュー	[作成]ー[線分]
リボン	[ホーム]タブー[作成]パネル
アイコン	
キーボード	LINE[Enter](L[Enter])

COLUMN

コマンドの実行方法

コマンドを実行するには、次の3種類があります。

- **アイコンをクリック**
- **メニューから選択**
  メニューバーを表示するにはP.19を参照してください。
- **キーボードで入力**
  キーボードで入力を行うには、半角入力で行います（小文字で可能）。

本書では主にリボンのアイコンから実行する方法を紹介しています。

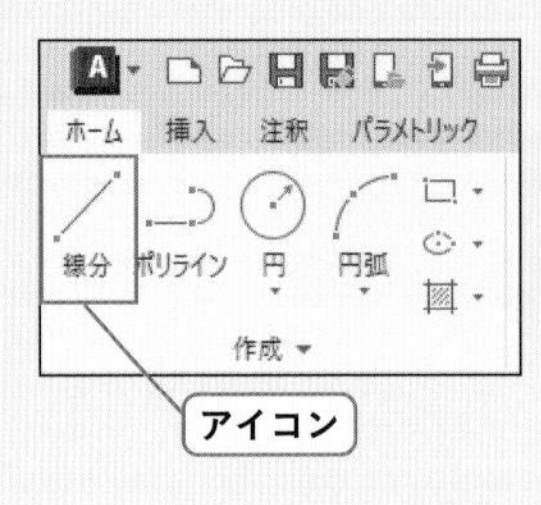

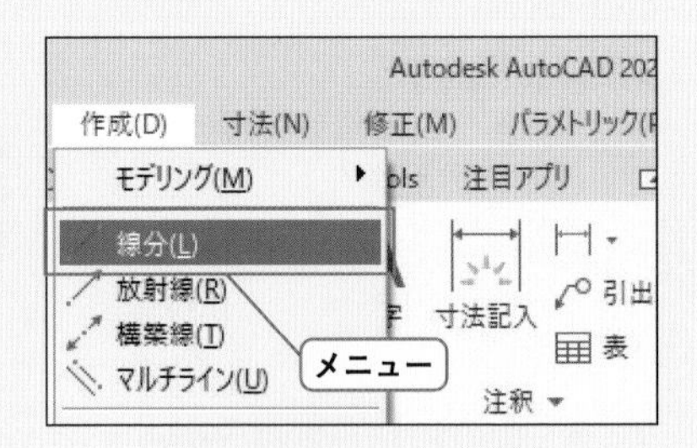

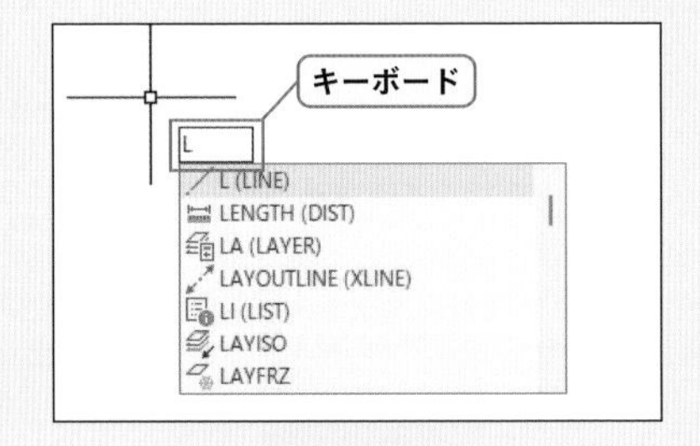

やってみよう

① 線分コマンドを選択する

［ホーム］タブー［作成］パネルー［線分］をクリックします。

➡線分コマンドが実行され、プロンプトに「1点目を指定」と表示されます。

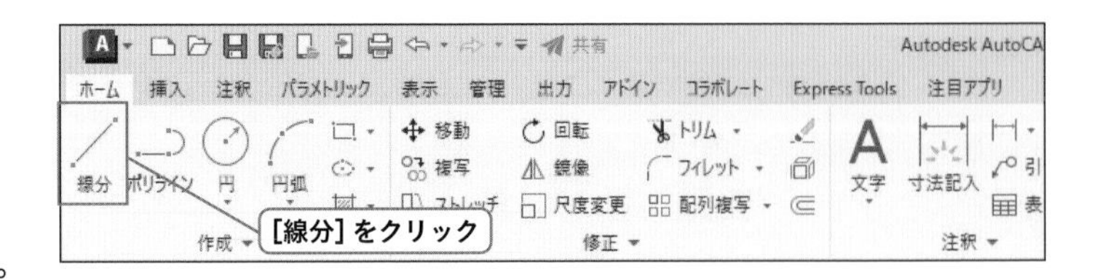

② 始点を指定する

任意点Aをクリックします。

➡1点目が指示され、プロンプトに「次の点を指定または」と表示されます。

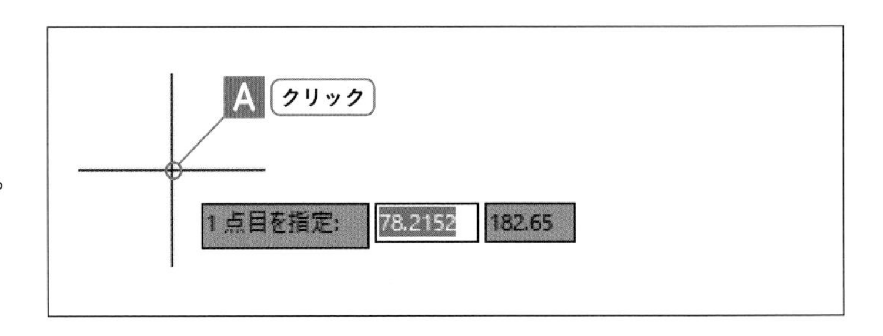

本書内の解説および練習用ファイルでは、操作をわかりやすくするため、点や線分またはクリックする箇所などを示すためにアルファベットを付けています。説明の都合上、誌面と練習用ファイルで差異が生じることや、操作の進行に応じて位置等が変化する場合があります。

3 次の点を指定する

任意点B、C、D点をクリックします。

➔2、3、4点目が指示され、プロンプトには「次の点を指定または」と表示されます。次に、点は指定せずにプロンプトの確定をします。

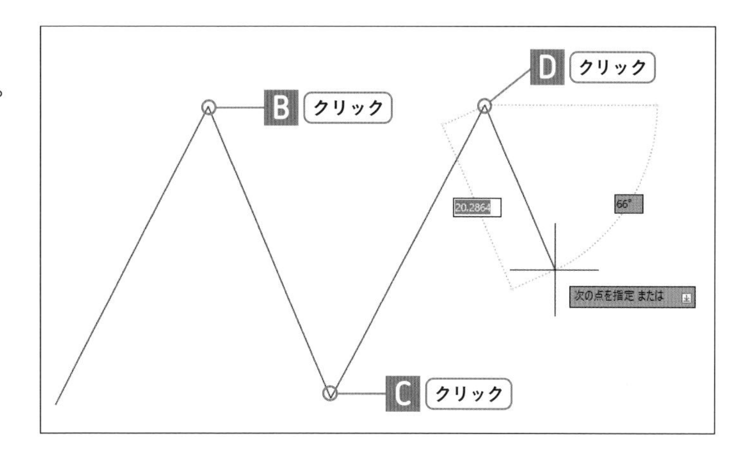

4 線分コマンドを終了する

[Enter] キーを押します。

➔プロンプトが確定され、線分コマンドが終了しました。コマンドウィンドウに何も表示されていないこと（コマンドが何も実行されていない状態）を確認します。

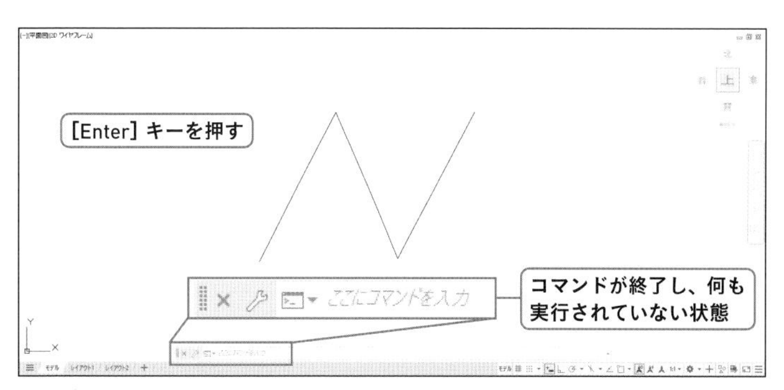

COLUMN

ダイナミック入力

本書では断りがない限りダイナミック入力がオンであることを前提に解説しています。ダイナミック入力をオンにすると、カーソルの近くにプロンプトが表示され、キーボードの入力もカーソルの近くに表示されます。

AutoCAD/AutoCAD LT2015以降はダイナミック入力がステータスバーに表示されていません。次の方法で表示をしてください。

❶ステータスバーの［カスタマイズ］ボタンをクリック

❷［ダイナミック入力］にチェックを入れる

AutoCAD ／ AutoCAD LT2015以降

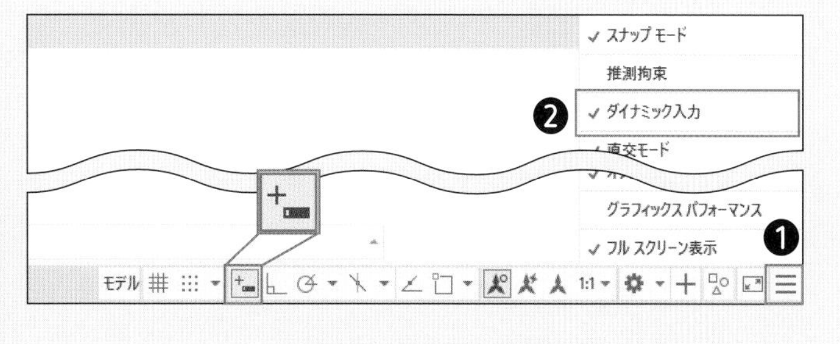

AutoCAD LT2014以前

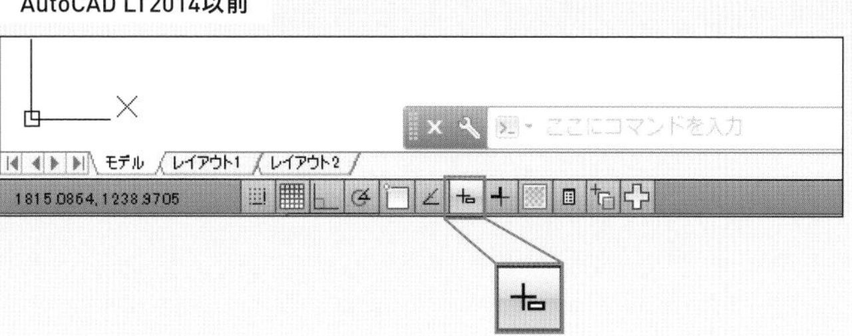

COLUMN

プロンプトの確定

プロンプトのメッセージを行わない場合には、［Enter］キーを押して確定の操作をします。例えば、次のような場合に確定の操作を行います。

- 線分コマンドの「次の点を指定」→［Enter］キーで確定→線分コマンドが終了する
- 削除コマンドの「オブジェクトを選択」→［Enter］キーで確定→削除コマンドが終了する
- 複写コマンドの「オブジェクトを選択」→［Enter］キーで確定→次のプロンプト「基点を指定」が表示される

1-5-2 | 線分コマンドの閉じるオプションを選択する

線分コマンドを実行し、A・B・C点をクリックします。オプションの「閉じる（C）」を選択すると、線分コマンドは終了します。

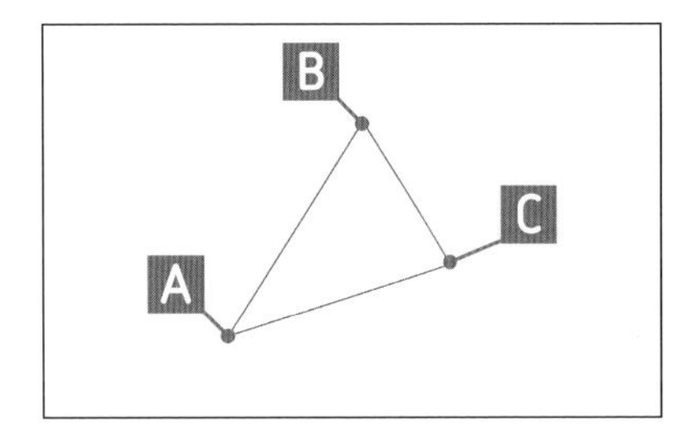

使用するコマンド	[線分]
メニュー	[作成]－[線分]
リボン	[ホーム]タブ－[作成]パネル
アイコン	
キーボード	LINE[Enter](L[Enter])

COLUMN

コマンドオプション

コマンドにはコマンドオプションが用意され、さまざまな方法で作図や編集が可能になっています。コマンドオプションが利用できる場合には、プロンプトに「または」と表示され、オプションの種類はコマンドウィンドウの［］内に表示されます。

コマンドオプションの選択方法は次の4種類があります。

- **右クリックメニュー**
  右クリックして表示されるオプションをクリック
- **ダイナミック入力**
  キーボードの［↓］キーを押し、表示されるオプションをクリック
- **キーボードで入力**
  プロンプトに表示されるキーを入力し、［Enter］キーを押す（線分コマンドの［閉じる（C）］オプションの場合には、「C」を入力し、［Enter］キーを押す）
- **コマンドウィンドウ**
  コマンドウィンドウのオプションをクリック

右クリックメニュー

ダイナミック入力

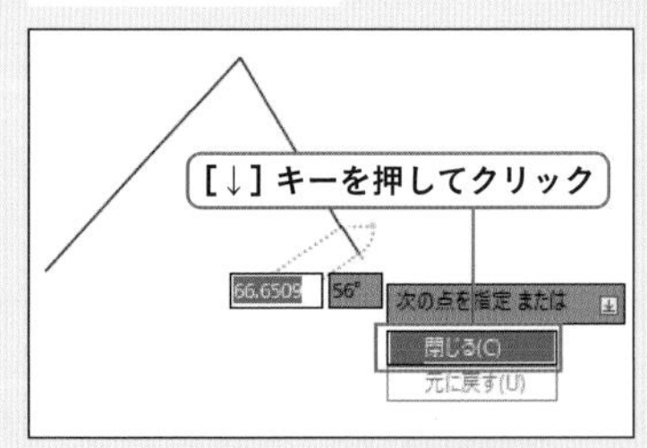

キーボードで入力

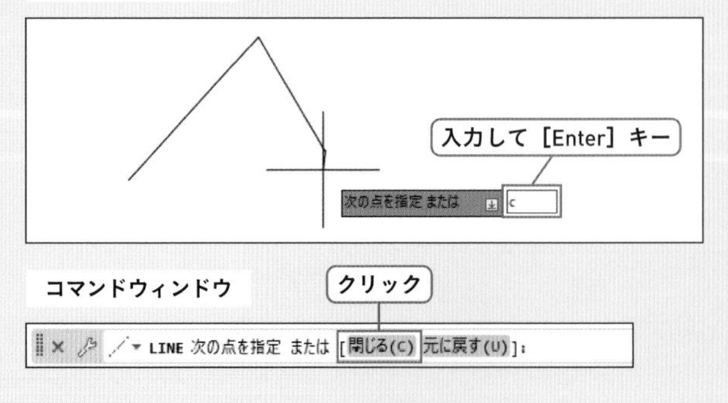

やってみよう

1 線分コマンドを選択する

[ホーム] タブー [作成] パネルー [線分] をクリックします。

➔プロンプトに「1点目を指定」と表示されます。

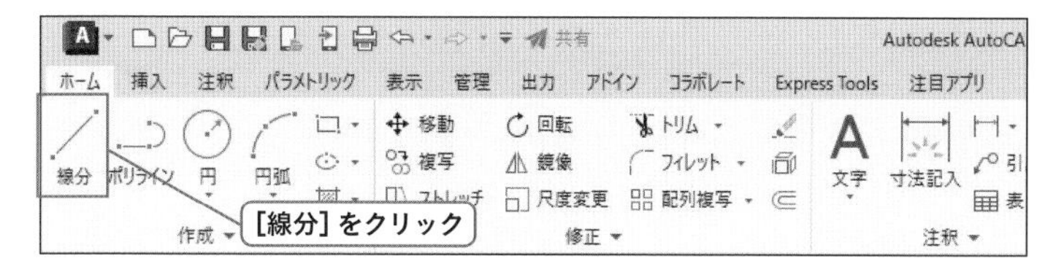

2 始点を指定する

任意点Aをクリックします。

➔1点目が指示され、プロンプトに「次の点を指定」と表示されます。

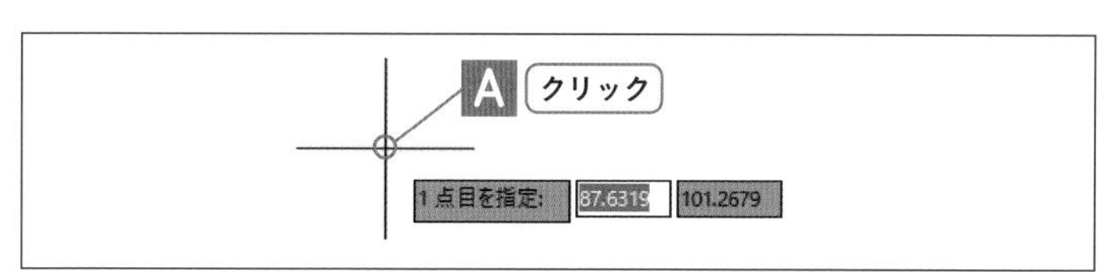

3 次の点を指定する

任意点B、Cをクリックします。

➔2、3点目が指示されます。コマンドウィンドウを確認すると、プロンプトには「次の点を指定または」と表示され、オプションには「閉じる(C)」と「元に戻す(U)」があります。次に、C点から始点のA点まで線分を描くために、「閉じる(C)」オプションを選択します。

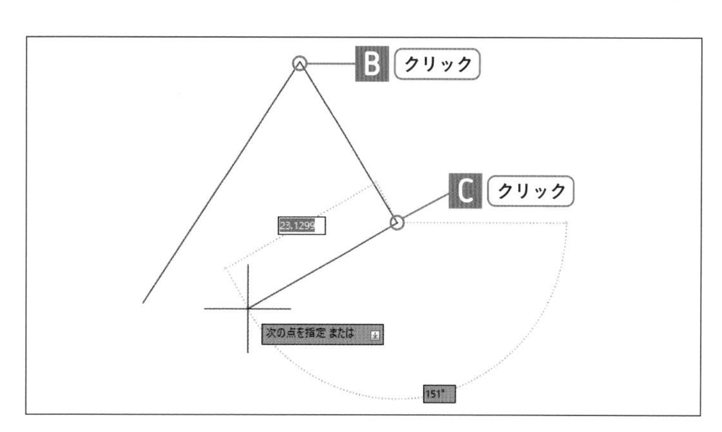

線分コマンド中でクリックした点を戻すには「元に戻す(U)」を選択します。

4「閉じる」オプションを選択する

右クリックして、表示されたメニューから「閉じる(C)」を選択します。

➔「閉じる(C)」オプションが選択され、C点からA点まで線分が作成されました。線分コマンドは終了し、コマンドウィンドウに何も表示されていないこと(コマンドが何も実行されていない状態)を確認します。

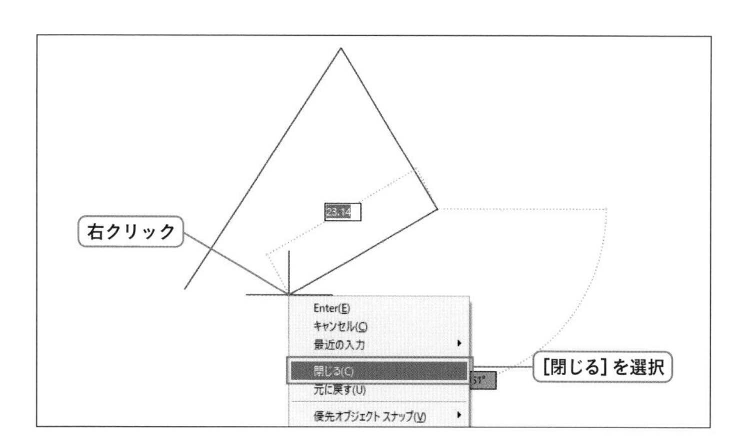

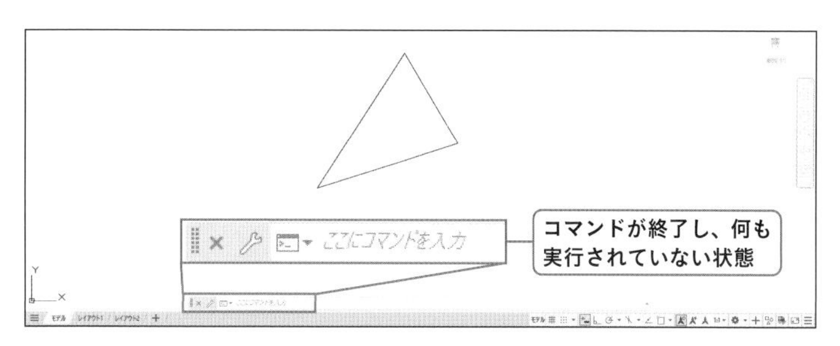

1-5-3 削除コマンドを実行する

削除コマンドを実行し、円a、b、cをクリックして選択します。最後に［Enter］キーを押して削除コマンドを終了します。

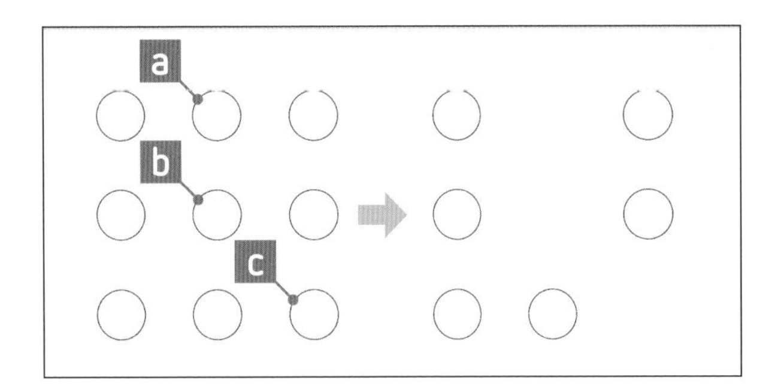

使用するコマンド	［削除］
メニュー	［修正］−［削除］
リボン	［ホーム］タブ−［修正］パネル
アイコン	
キーボード	ERASE［Enter］（E［Enter］）

やってみよう

1 削除コマンドを選択する

［ホーム］タブ−［修正］パネル−［削除］をクリックします。

➔プロンプトに「オブジェクトを選択」と表示されます。

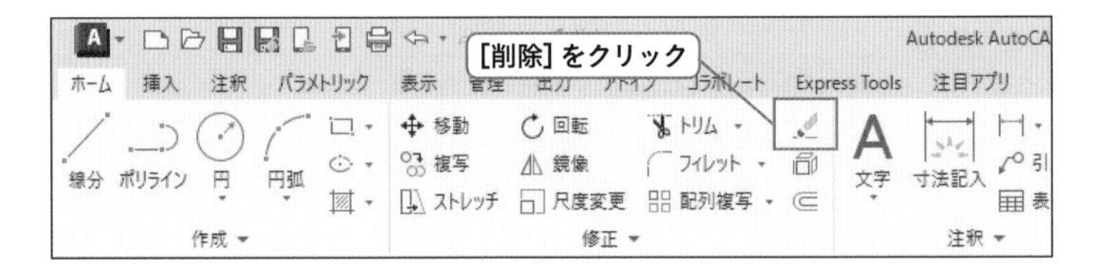

2 図形を選択する

円aをクリックして選択します。

➔選択された円aはハイライト表示（色がついた状態または点線の状態）されます。プロンプトには「オブジェクトを選択」と表示されます。

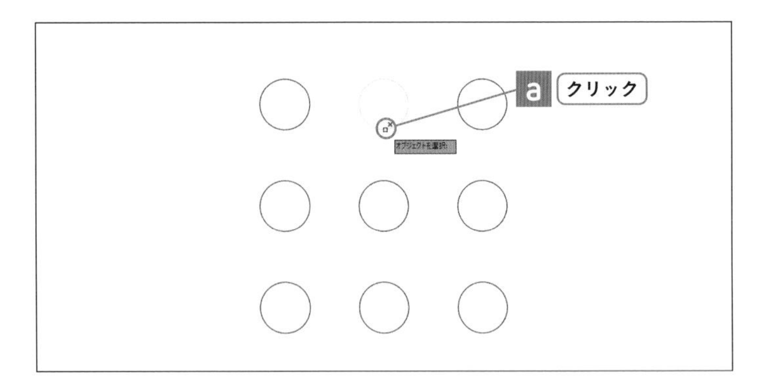

3 図形を選択する

円b、cをクリックして選択します。

➔選択された円b、cはハイライト表示されます。プロンプトには「オブジェクトを選択」と表示されます。次に、図形は指定せずにプロンプトの確定をします。

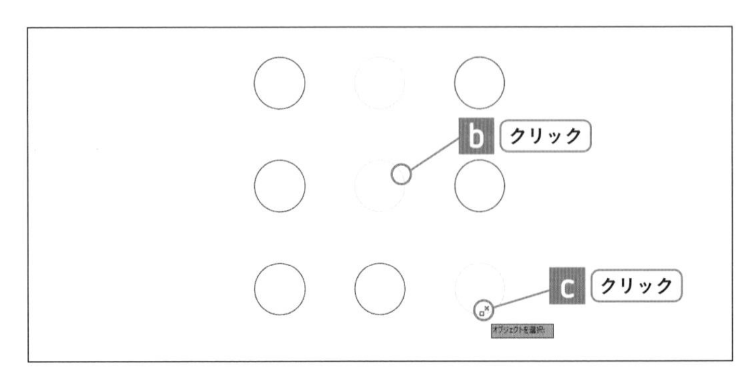

4 削除コマンドを終了する

［Enter］キーを押します。

➔プロンプトが確定され、削除コマンドが終了しました。コマンドウィンドウに何も表示されていないこと（コマンドが何も実行されていない状態）を確認します。

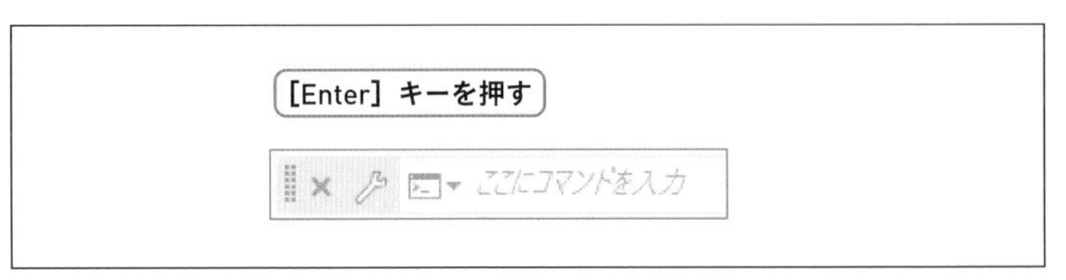

chapter 2

作図の基本

SECTION

SECTION
2-1

線分の描きかた

「線分」とは、始点から終点をつなぐ真っすぐな1本の線のことです。AutoCADでは、始点と終点、または、始点と方向・長さを指定して線分を作成します。

練習用ファイル
2-1.dwg

ここで学ぶこと

2-1-1 水平・垂直方向の線分を描く P.39

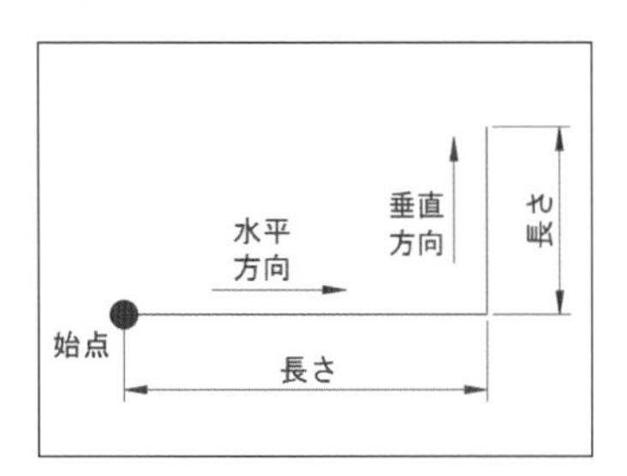

水平・垂直方向に線分を描きます。直交モードをオンにすることで、水平または垂直方向をカーソルの移動だけで簡単に指定することができます。

2-1-2 角度と長さで線分を描く P.41

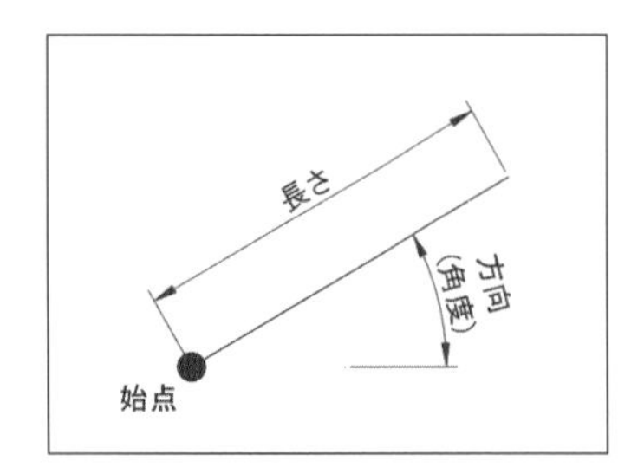

任意の角度に線分を描きます。極トラッキングをオンにすることで、指定した角度の方向をカーソルの移動で簡単に指定することができます。

2-1-3 既存の図形上の点を利用して線分を描く P.43

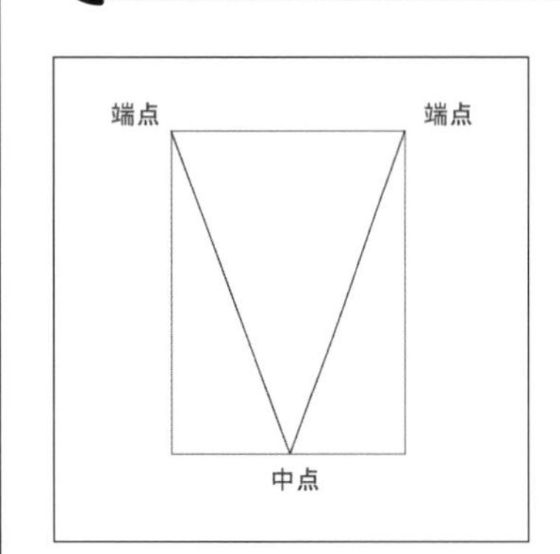

図形上の点を指示するために、オブジェクトスナップ（Oスナップ）を使用します。Oスナップをオンにすると、線分や円弧の端点や中点、中心点などの選択が可能となります。

2-1-1 水平・垂直方向の線分を描く

はじめに直交モードをオンにします。つぎに、[線分] コマンドを実行し、方向と長さを指定します。

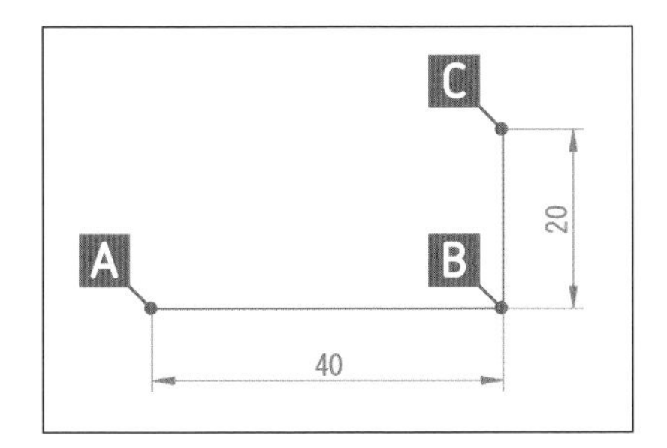

使用するコマンド	[線分]
メニュー	[作成]ー[線分]
リボン	[ホーム]タブー[作成]パネル
アイコン	
キーボード	LINE[Enter](L[Enter])

使用する機能	[直交モード]
ステータスバー	
キーボード	[F8]

COLUMN

直交モード

直交モードをオンにするとカーソルの動きがXY軸方向（水平または垂直方向）に限定されるので、水平線や垂直線を作図したり、水平方向や垂直方向に移動や複写をしたりするときなどに活用できます。

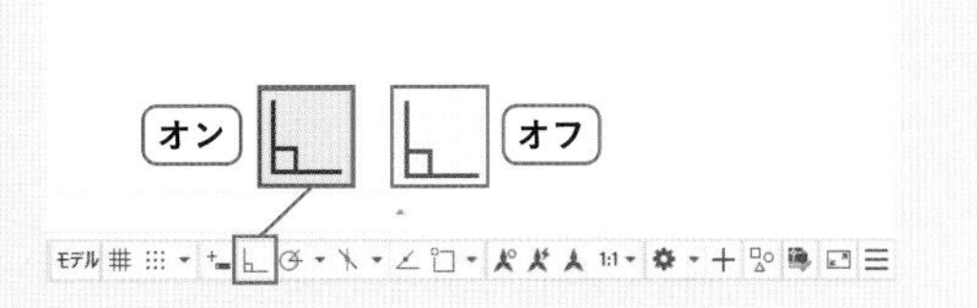

やってみよう

1 直交モードをオンにする

ステータスバーの直交モードボタンをクリックしてオンにします。

➜オンにすると、シンボルが青くなります（オフの状態は黒またはグレーです）。

[直交モード] をクリック

2 線分コマンドを選択する

[ホーム] タブー [作成] パネルー [線分] をクリックします。

➜線分コマンドが実行され、プロンプトに「1点目を指定」と表示されます。

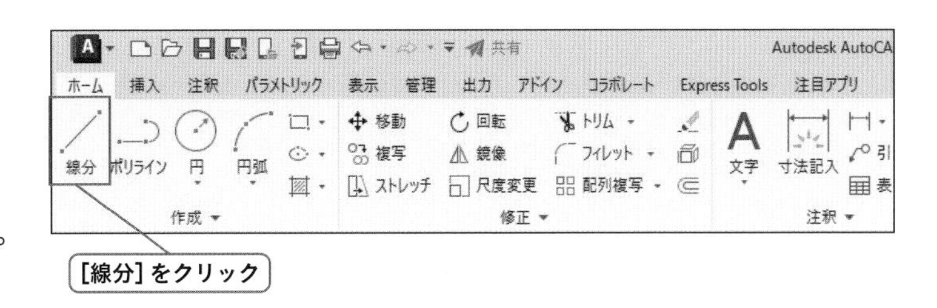

3 始点を指定する

任意点Aをクリックします。1点目が指示されます。

➜1点目が指示され、プロンプトに「次の点を指定または」と表示されます。

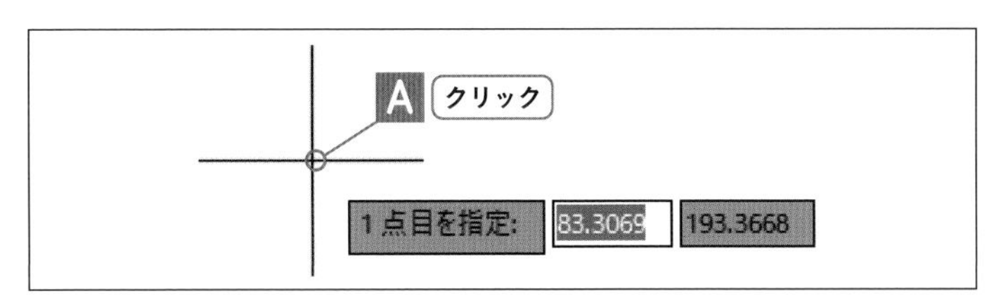

4 方向を指定する

クロスヘアカーソルを描画したい方向に移動します。ここでは水平方向（A から右の方向）に向かって動かします。

➔水平方向にラバーバンド（推測線）が表示されます。

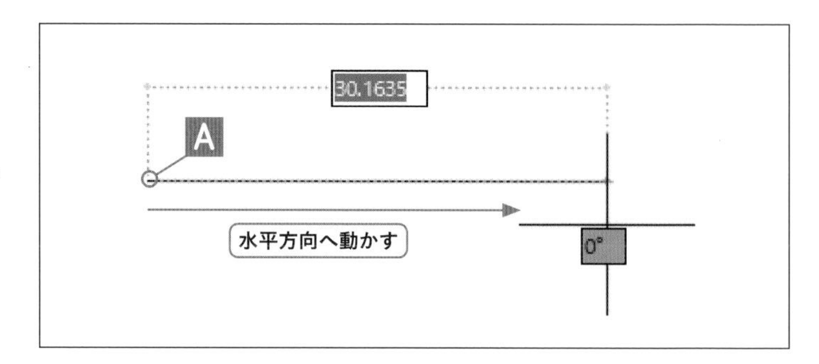

5 長さを入力する

キーボードで「40」と入力し、[Enter] キーを押します。

➔線分 A B が作成されました。プロンプトに「次の点を指定または」と表示されているので、線分コマンドは続いています。次に線分 B C を作成します。

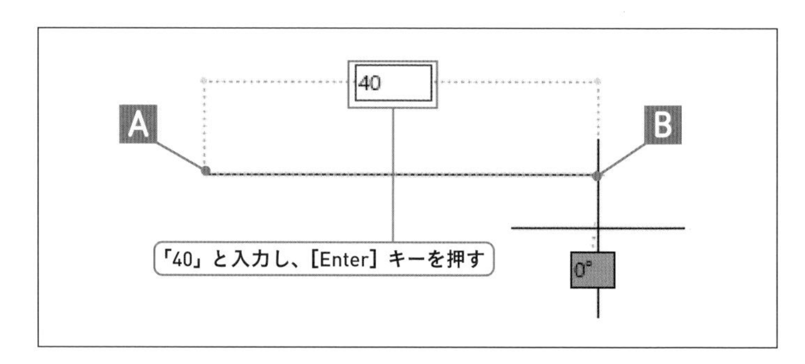

6 方向を指定する

クロスヘアカーソルを描画したい方向に移動します。ここでは垂直方向（B から上の方向）に向かって動かします。

➔垂直方向にラバーバンド（推測線）が表示されます。

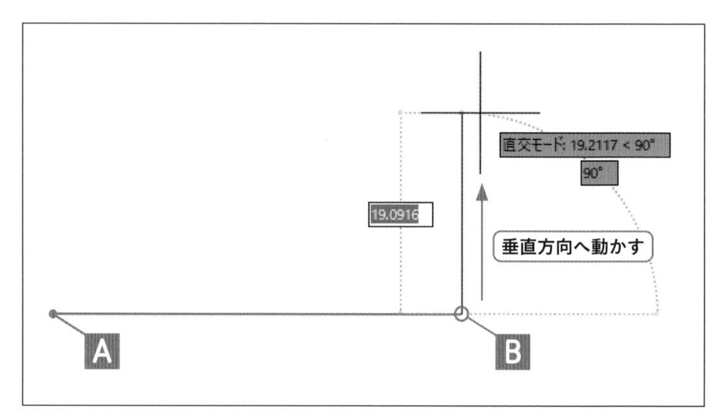

7 長さを入力する

キーボードで「20」と入力し、[Enter] キーを押します。

➔線分 B C が作成されました。プロンプトに「次の点を指定または」と表示されているので、線分コマンドは続いています。次に線分コマンドを終了します。

8 線分コマンドを終了する

[Enter] キーを押します。

➔プロンプトが確定され、線分コマンドが終了しました。

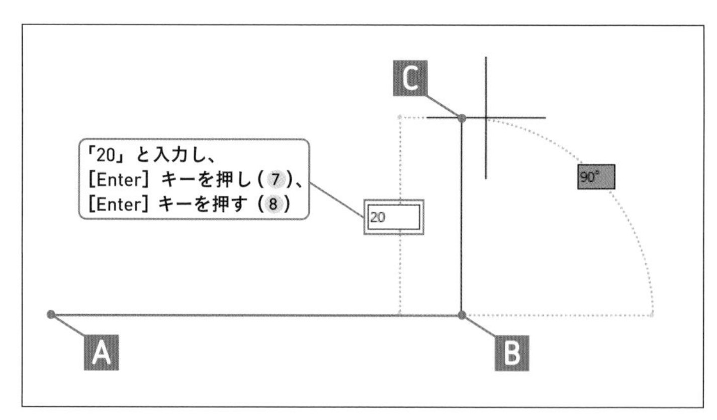

2-1-2 角度と長さで線分を描く

はじめに極トラッキングの設定をします。つぎに、[線分] コマンドを実行し、方向と長さを指定します。

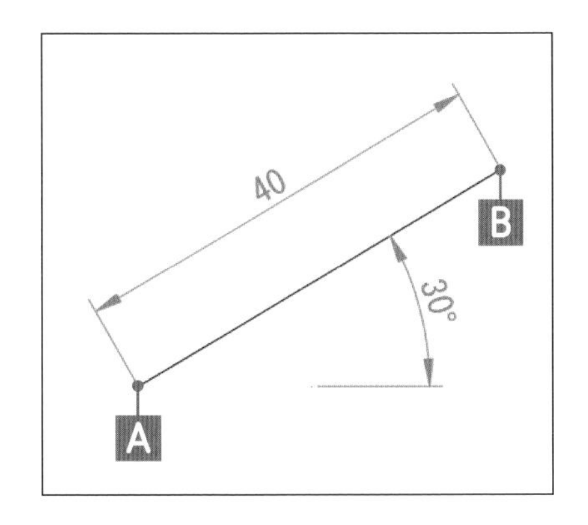

使用するコマンド	[線分]
メニュー	[作成]ー[線分]
リボン	[ホーム]タブー[作成]パネル
アイコン	
キーボード	LINE[Enter](L[Enter])

使用する機能	[極トラッキング]
ステータスバー	
キーボード	[F10]

COLUMN

極トラッキング

極トラッキングをオンにすると設定した角度に「位置合わせパス」と呼ばれる補助線を表示させることができます。位置合わせパスを直接距離入力の方向指定に利用して角度と長さを指定した線分を作図したり、既存の線分との交点を取得する補助線として利用したりすることができます。

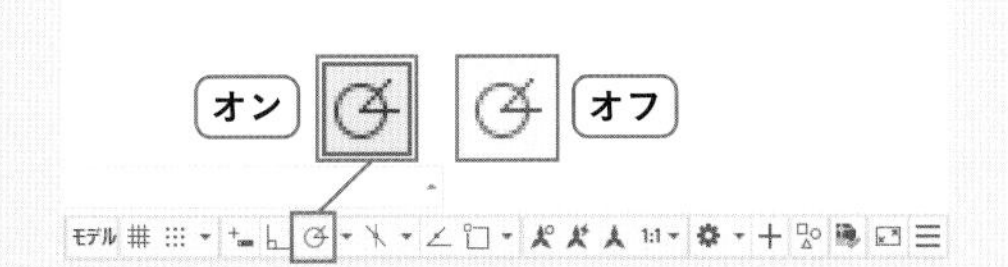

やってみよう

1 極トラッキングを設定する

ステータスバーの極トラッキングボタンを右クリックして30°を選択します。

➡極トラッキングの角度が設定できました。

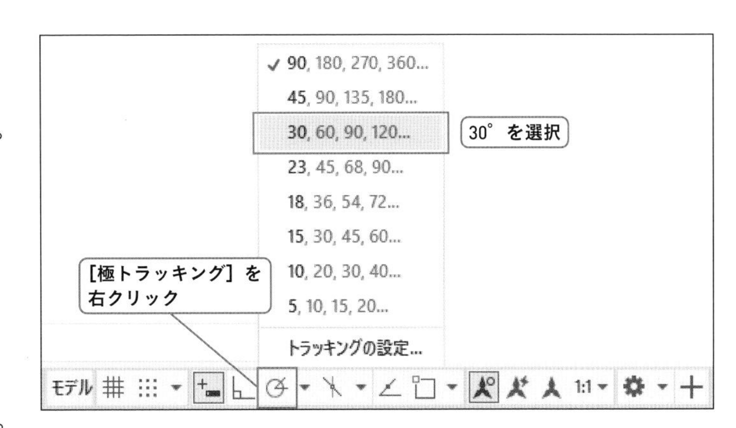

2 極トラッキングをオンにする

ステータスバーの極トラッキングボタンがオンになっているのを確認します。オンになっていない場合は、クリックしてオンにします。

➡オンにすると、シンボルが青くなります（オフの状態は黒またはグレーです）。

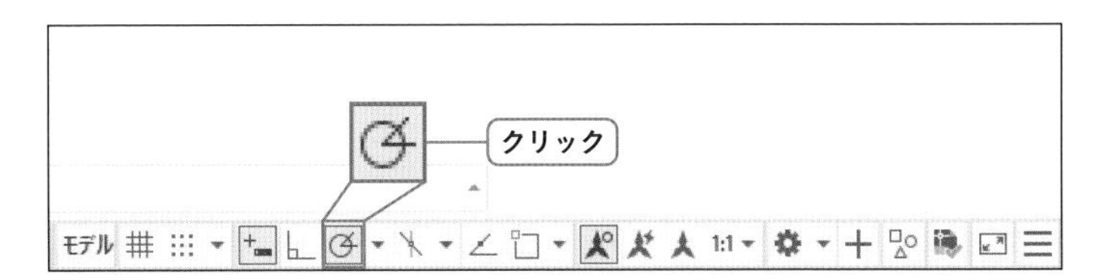

3 線分コマンドを選択する

［ホーム］タブ－［作成］パネル－［線分］をクリックします。

➔線分コマンドが実行され、プロンプトに「1点目を指定」と表示されます。

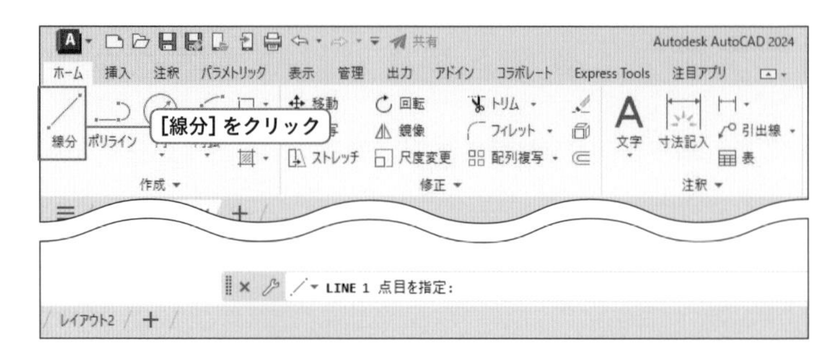

4 始点を指定する

任意点Aをクリックします。1点目が指示されます。

➔1点目が指示され、プロンプトに「次の点を指定または」と表示されます。

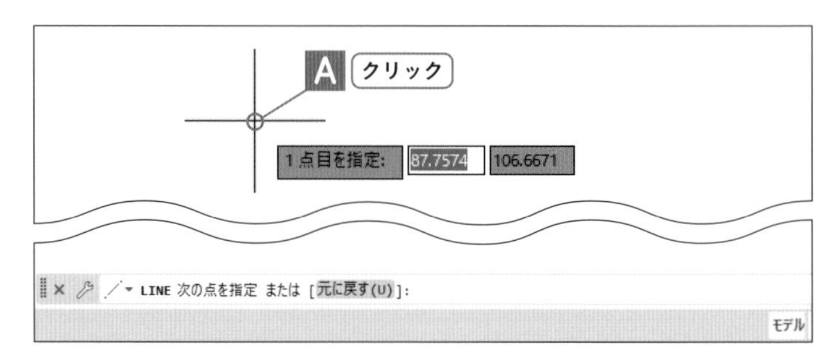

5 方向を指定する

クロスヘアカーソルを描画したい方向に移動します。ここでは30°方向（Aから右上の方向）に向かって動かします。

➔ツールチップに「30°」と表示され、位置合わせパス（補助線）が表示されます。

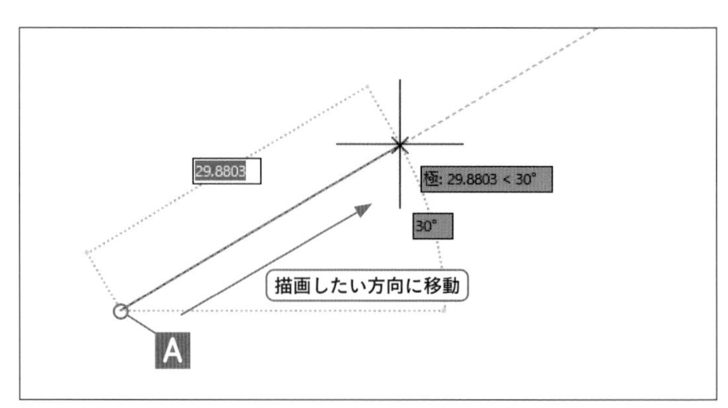

6 長さを入力する

キーボードで「40」と入力し、［Enter］キーを押します。

➔線分A Bが作成されました。

7 線分コマンドを終了する

［Enter］キーを押します。

➔プロンプトが確定され、線分コマンドが終了しました。

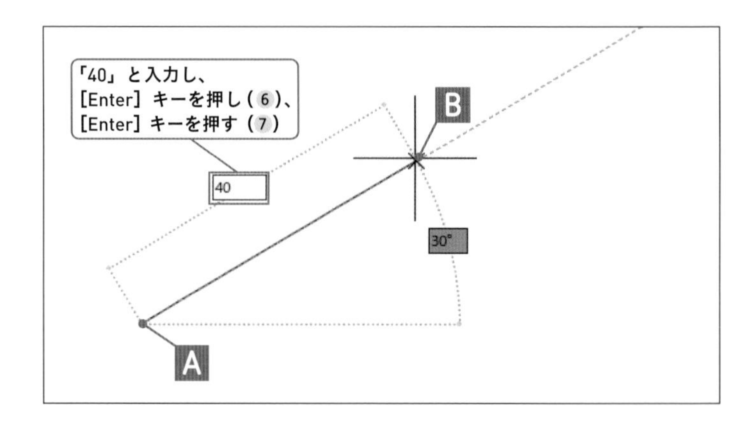

2-1-3 既存の図形上の点を利用して線分を描く

はじめにオブジェクトスナップの設定をします。つぎに、[線分] コマンドを実行し、オブジェクトスナップを使って、長方形の端点や中点をクリックします。

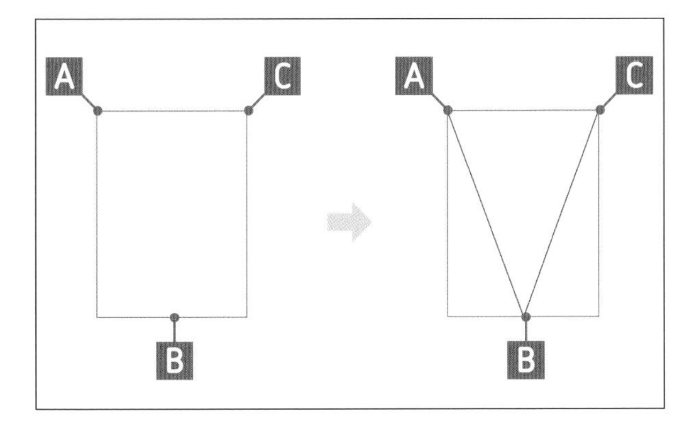

使用するコマンド	[線分]
メニュー	[作成]ー[線分]
リボン	[ホーム]タブー[作成]パネル
アイコン	
キーボード	LINE[Enter](L[Enter])

使用する機能	[オブジェクトスナップ]
ステータスバー	
キーボード	[F3]

COLUMN

オブジェクトスナップ

オブジェクトスナップは、オブジェクト（図形）上の正確な点を指示する機能です。端点や中点など、特定の点に正確に一致する点を指定することができます。一度設定すると常時使用することのできる「定常オブジェクトスナップ」と、1回のみ使用することのできる「優先オブジェクトスナップ」(P.45) があります。
オブジェクトスナップをオンにし、点を求められるプロンプトが表示されると、図形にカーソルを近づけた時にオブジェクトスナップのマーカーとツールチップが表示されます。

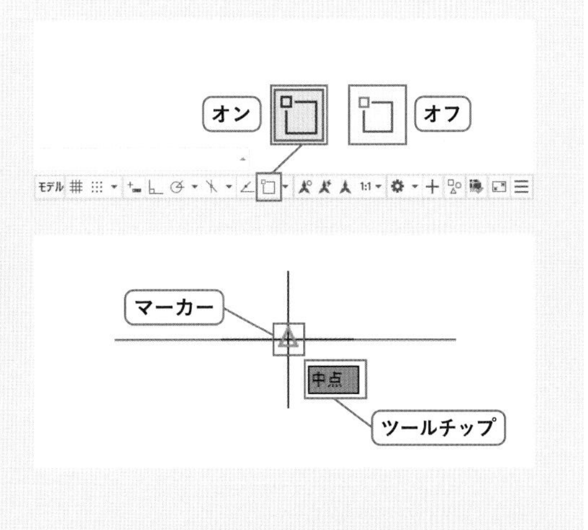

オブジェクトスナップの種類については、P.46を参照してください。

やってみよう

1 設定画面を表示する

ステータスバーのオブジェクトスナップボタンを右クリックして［オブジェクトスナップ設定］を選択します。
→[作図補助設定]ダイアログボックスが表示されました。

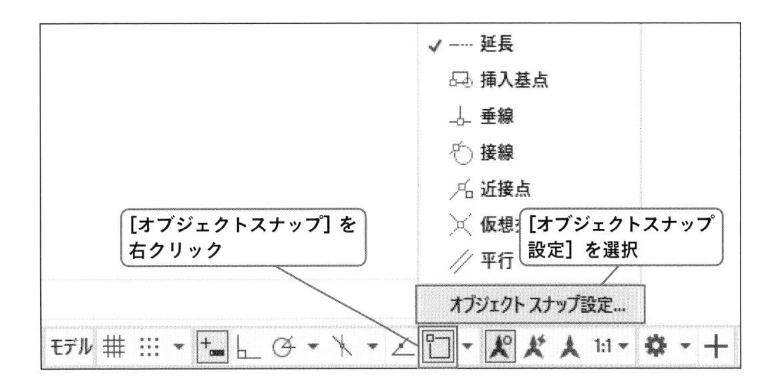

2 使用するオブジェクトスナップを設定する

[端点]、[中点] のみにチェックを入れて、他のオブジェクトスナップはチェックを外し、[OK] ボタンをクリックします。

➔オブジェクトスナップが設定され、[作図補助設定] ダイアログボックスが閉じました。

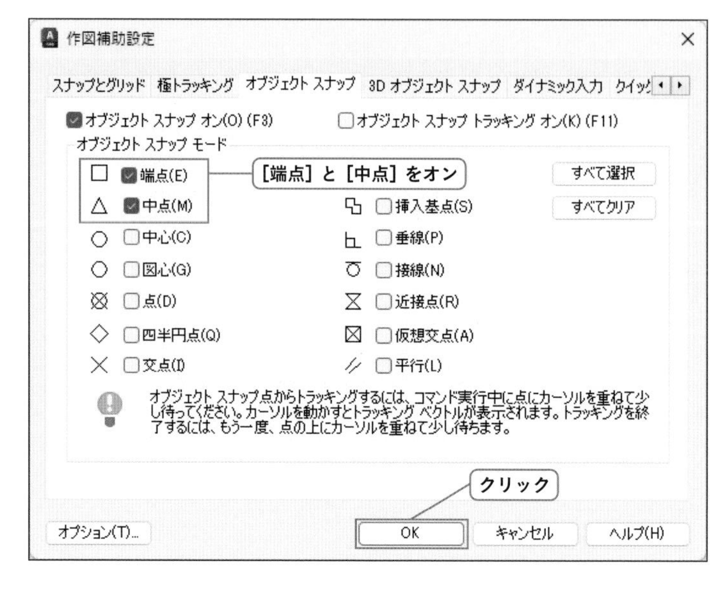

3 オブジェクトスナップをオンにする

ステータスバーのオブジェクトスナップボタンをクリックしてオンにします。このとき、直交モードや極トラッキングがオンになっている場合は、ここでは必要ないのでオフにします。

➔オンにすると、シンボルが青くなります（オフの状態は黒です）。

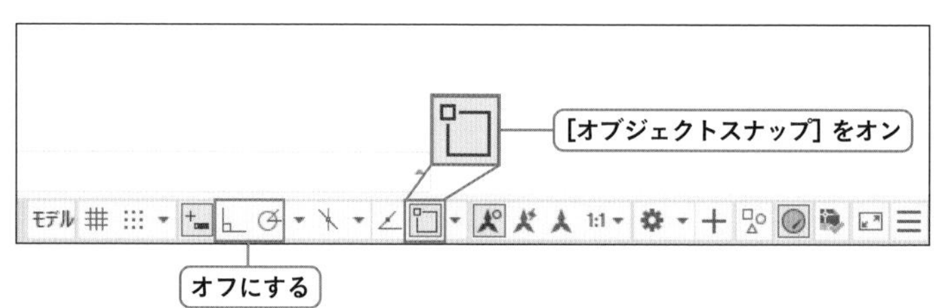

4 線分コマンドを選択する

[ホーム] タブ－[作成] パネル－[線分] をクリックします。

➔線分コマンドが実行され、プロンプトに「1点目を指定」と表示されます。

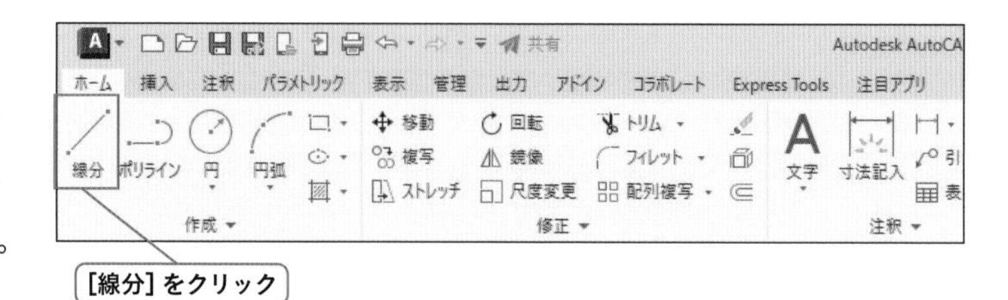

5 端点を指定する

長方形の端点 A にカーソルを近づけ、四角いマーカー□が表示されたらクリックします。

➔端点 A が指示され、プロンプトに「次の点を指定または」と表示されます。

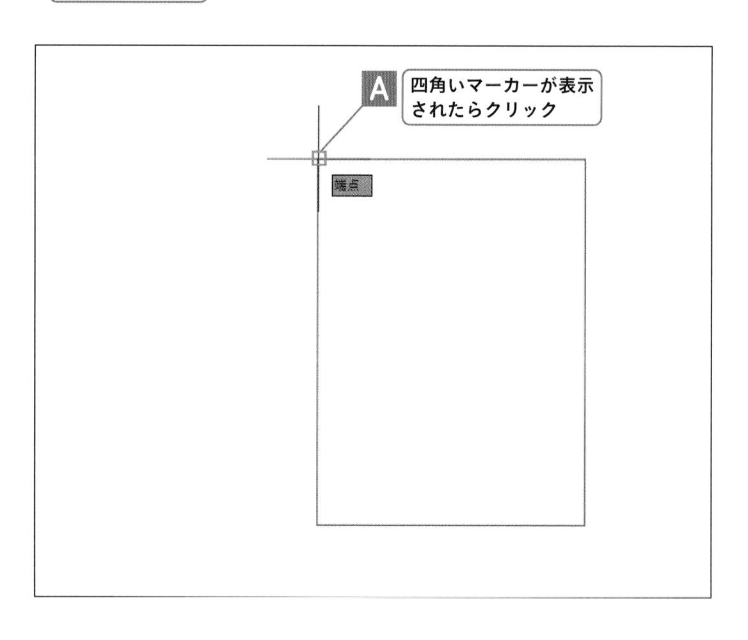

6 中点を指定する

長方形の中点 B にカーソルを近づけ、三角のマーカー△が表示されたらクリックします。

➔中点 B が指示され、プロンプトに「次の点を指定または」と表示されます。

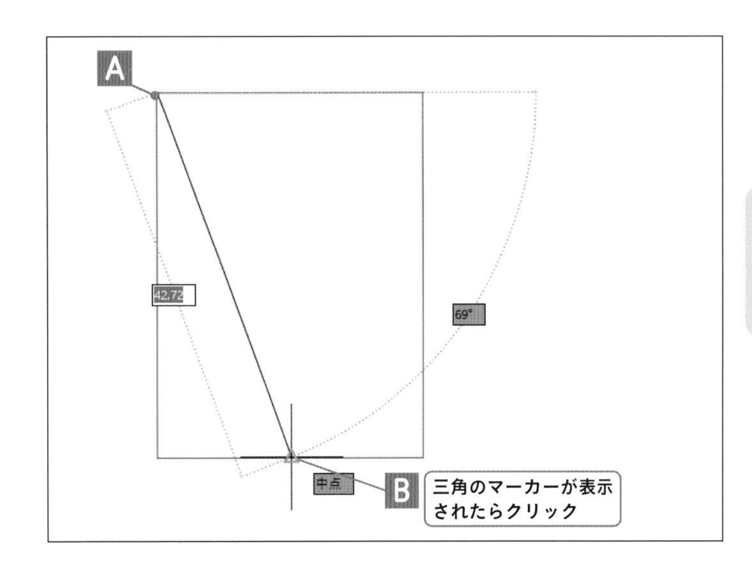

7 端点を指定する

長方形の端点 C にカーソルを近づけ、四角いマーカー□が表示されたらクリックします。

➔端点 C が指示され、プロンプトに「次の点を指定または」と表示されます。

8 線分コマンドを終了する

[Enter] キーを押します。

➔プロンプトが確定され、線分コマンドが終了しました。

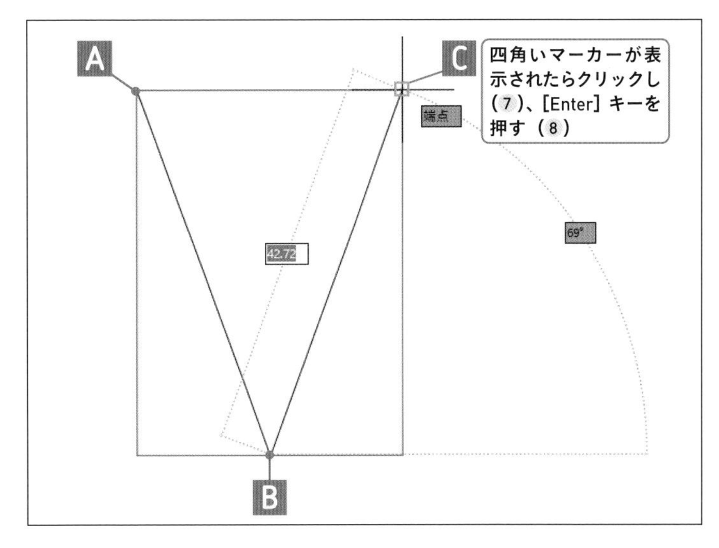

COLUMN

優先オブジェクトスナップ

使用する頻度の少ないオブジェクトスナップは、[Shift] キーを押しながら右クリックすると表示される［優先オブジェクトスナップ］メニューを使用するとよいでしょう。ここでは、[2点間中点］の優先オブジェクトスナップを紹介します。2点を指示し、その中点を取得する便利なオブジェクトスナップです。以下の手順は長方形の中央に円を作図する例になります。

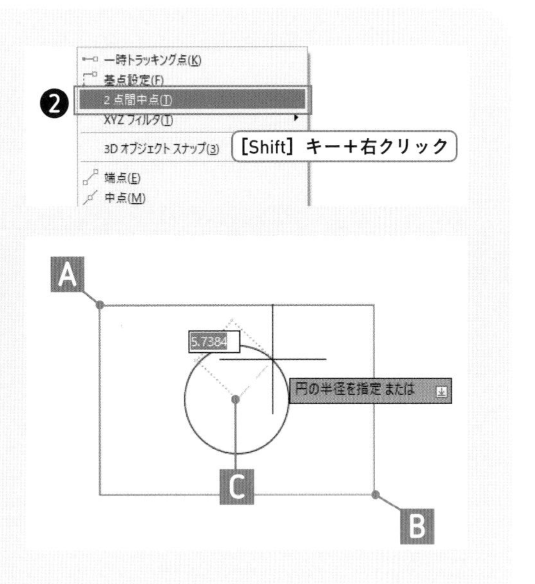

❶円コマンドを実行します（P.47）。
❷中心点を指示するようプロンプトが表示されます。[Shift] キーを押しながら右クリックし、[2点間中点] を選択します。
❸長方形の対角点 A B を2点クリックします。
❹手順❸でクリックした2点 A B の中心 C が指示され、コマンドが続きます。

COLUMN

オブジェクトスナップについての注意

オブジェクトスナップのマーカーが表示されている場合は、クリックした位置ではなくオブジェクトスナップが優先されて点が取得されます。これを利用して円周上をクリックして円の中心点を取得することができます。

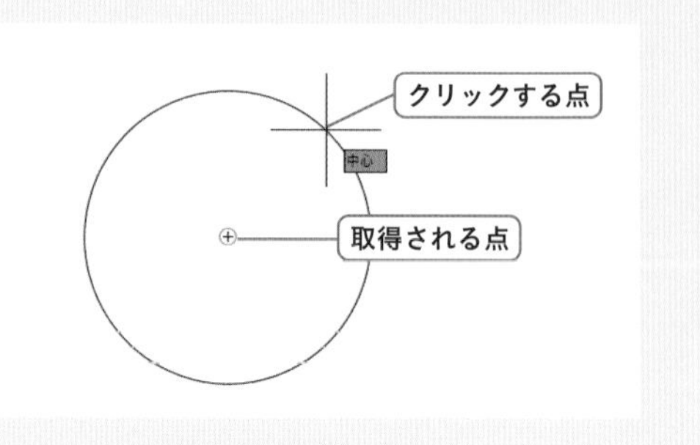

オブジェクトスナップの種類

ここでは、オブジェクトスナップで指示できる点を紹介します。(図芯は2016バージョンからの機能です)

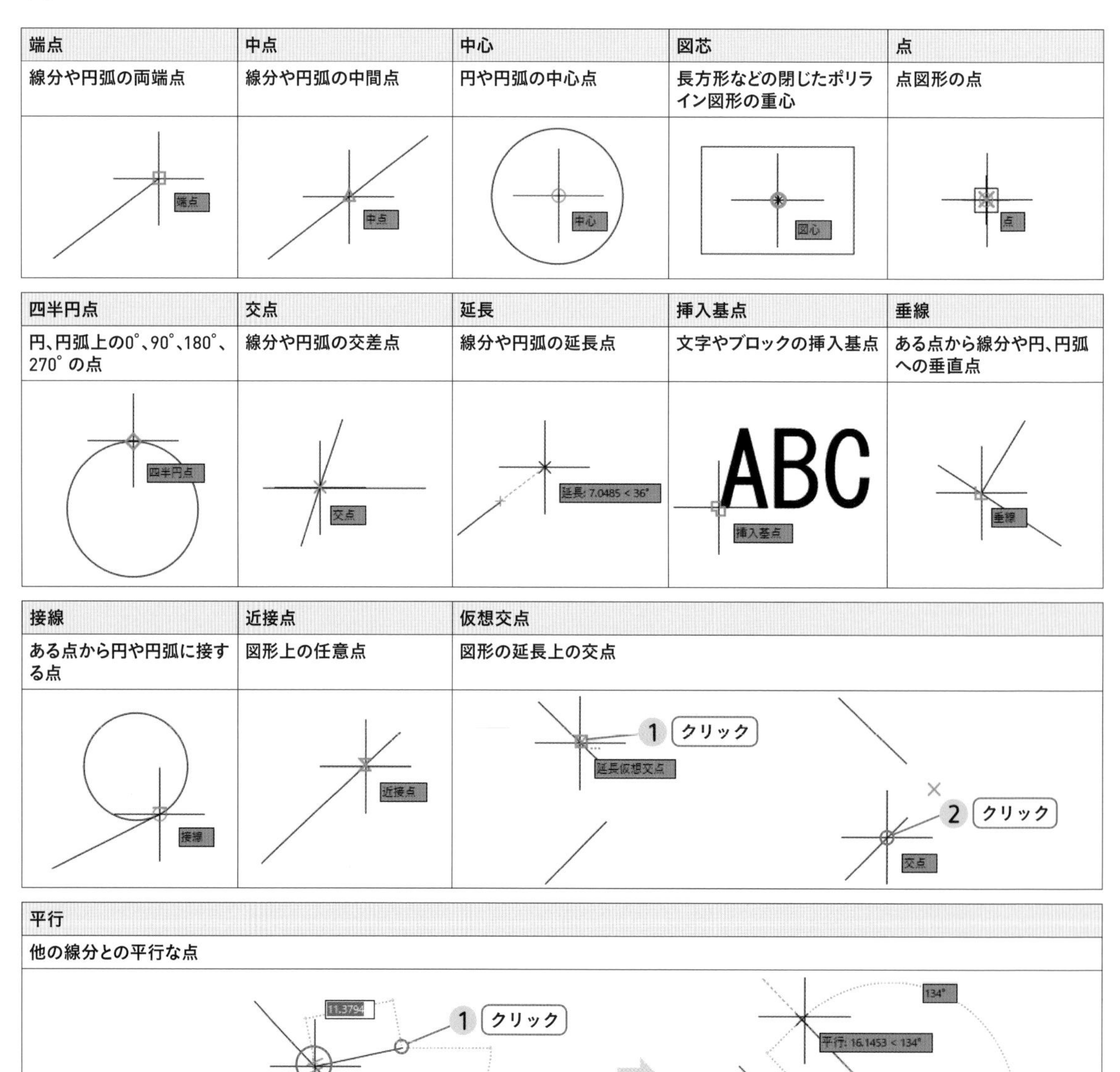

端点	中点	中心	図芯	点
線分や円弧の両端点	線分や円弧の中間点	円や円弧の中心点	長方形などの閉じたポリライン図形の重心	点図形の点

四半円点	交点	延長	挿入基点	垂線
円、円弧上の0°、90°、180°、270°の点	線分や円弧の交差点	線分や円弧の延長点	文字やブロックの挿入基点	ある点から線分や円、円弧への垂直点

接線	近接点	仮想交点
ある点から円や円弧に接する点	図形上の任意点	図形の延長上の交点

平行
他の線分との平行な点

SECTION
2-2

円の描きかた

中心と半径指示、2点指示など、様々な方法で円を作成することができます。円はトリムコマンド(P.106) などで一部を削除することにより、円弧にすることができます。

練習用ファイル
2-2.dwg

ここで学ぶこと

2-2-1 | 中心点と半径で円を描く P.48

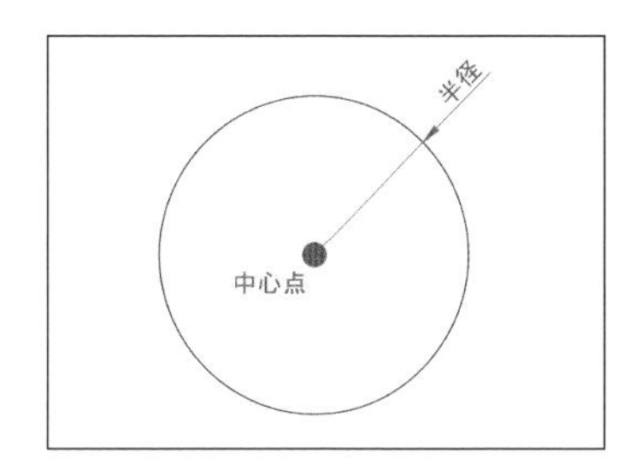

中心点と半径を指定して円を描きます。半径の距離を利用した、作図を行うための補助円として利用することもできます。

■操作フロー

2-2-2 | 2点指示で円を描く P.49

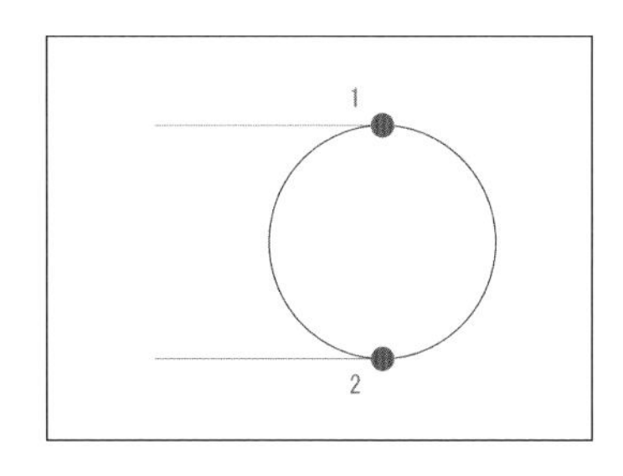

円の直径を示す2点を指示して円を描きます。この方法で円を作図し、トリムコマンドなどで円の一部を切り取って半円を作成することができます

■操作フロー

COLUMN

円の描き方の種類

円の描き方は様々あり、以下の方法で作成することができます。

- 中心、半径
- 中心、直径
- 2点
- 3点
- 接点、接点、半径
- 接点、接点、接点

コマンド入力で円コマンドを実行すると、オプションの指定が複雑なので、慣れないうちはリボンやメニューから円コマンドを実行することをおすすめします。

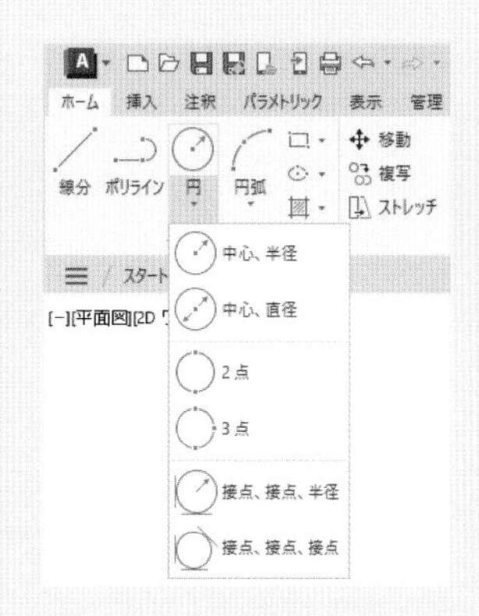

2-2-1 中心点と半径で円を描く

リボンから［中心、半径］を実行し、任意の中心点Aをクリックして、半径を入力します。

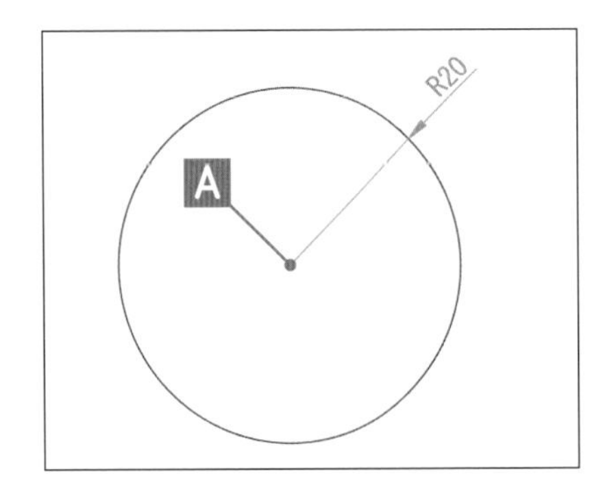

使用するコマンド	[中心、半径]
メニュー	[作成]－[円]－[中心、半径]
リボン	[ホーム]タブ－[作成]パネル
アイコン	
キーボード	CIRCLE[Enter](C[Enter])

やってみよう

1 円コマンドを選択する

［ホーム］タブ［作成］パネル－［円］の下側をクリックし、表示されたメニューから［中心、半径］をクリックします。

➜円コマンドが実行され、プロンプトに「円の中心点を指定または」と表示されます。

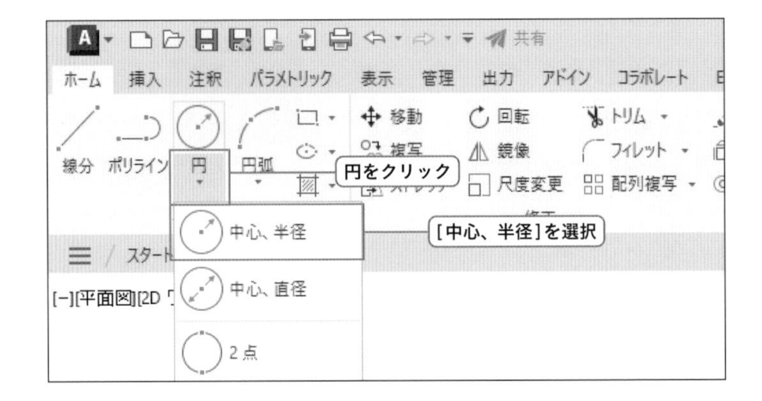

2 中心点を指定する

任意点Aをクリックします。

➜中心点が指示され、プロンプトに「円の半径を指定または」と表示されます。

3 半径を入力する

キーボードで「20」と入力し、［Enter］キーを押します。

➜半径20の円が作成されました。

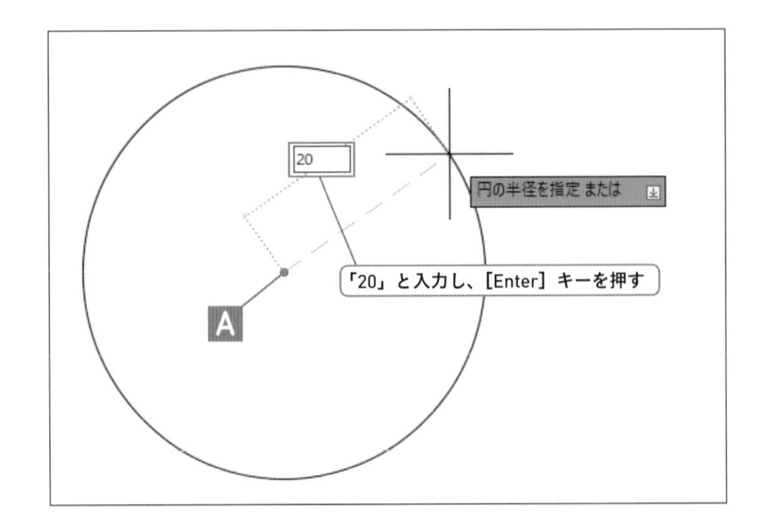

2-2-2 2点指示で円を描く

はじめに使用するオブジェクトスナップを設定します。つぎに、リボンから［2 点］を実行し、オブジェクトスナップを使って線分の端点A・Bをクリックします。

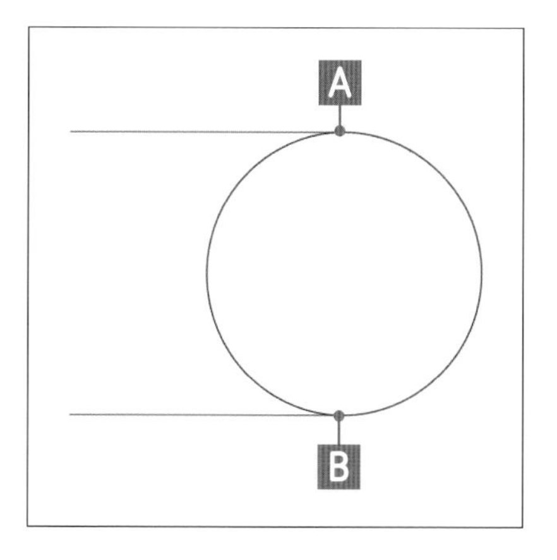

使用するコマンド	［2点］
メニュー	［作成］－［円］－［2点］
リボン	［ホーム］タブー［作成］パネル
アイコン	
キーボード	CIRCLE［Enter］（C［Enter］）
コマンドオプション	2点（2P）

使用する機能	［オブジェクトスナップ］
ステータスバー	
キーボード	［F3］

やってみよう

1 オブジェクトスナップを設定する

P.43「2-1-3既存の図形上の点を利用して線分を描く」の手順1～3を参照し、［端点］を設定します。

2 円コマンドを選択する

［ホーム］タブー［作成］パネルー［円］の下側をクリックし、表示されたメニューから［2点］をクリックします。

➜円コマンドが実行され、プロンプトに「円の直径の一端を指定」と表示されます。

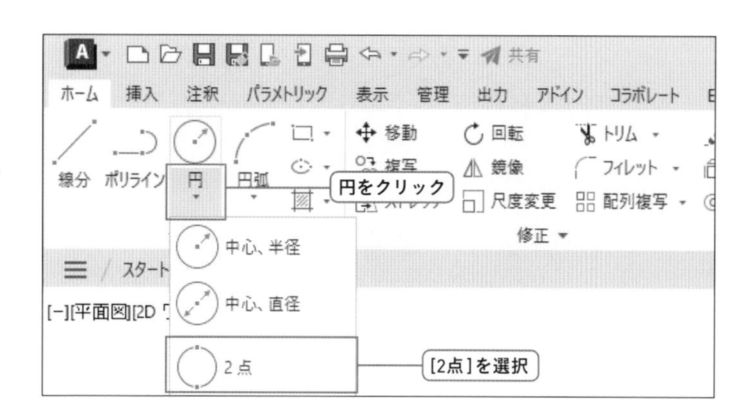

3 1点目を指定する

線分の端点Aをクリックします。

➜端点が指示され、プロンプトに「円の直径の他端を指定」と表示されます。

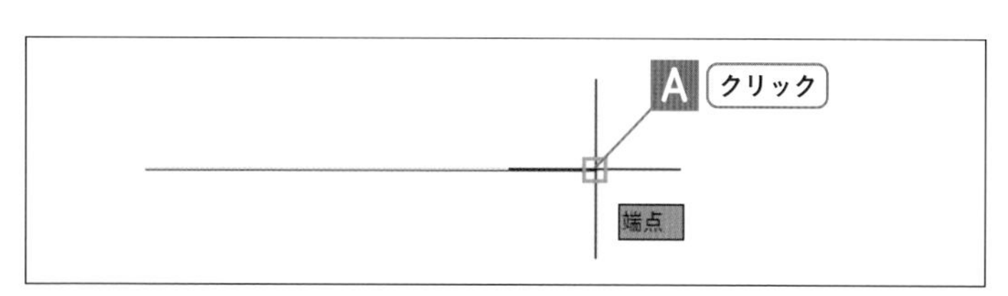

4 2点目を指定する

線分の端点Bをクリックします。

➜A Bを直径とする円が作成されました。

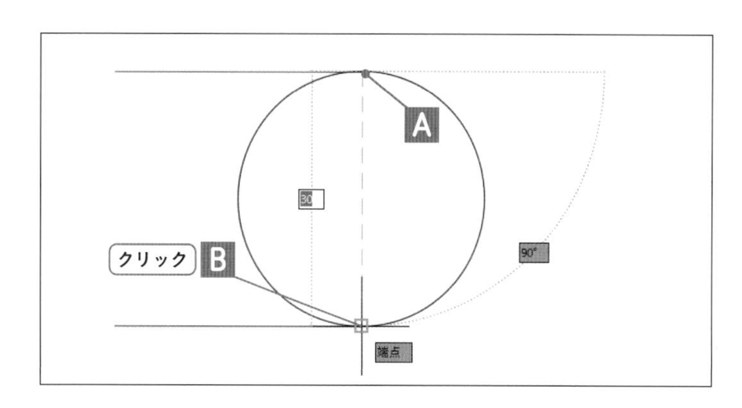

SECTION
2-3 長方形の描きかた

対角の 2点を指示して長方形を作成します。長方形はポリラインという図形で作成されているので、分解コマンドを使用して線分に変換することができます。

練習用ファイル
2-3.dwg

ここで学ぶこと

2-3-1 | 2点で長方形を描く P.50

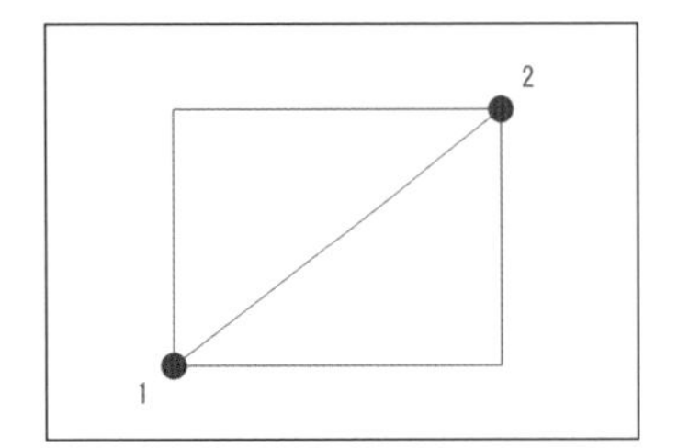

指定した2点を対角とする長方形を描きます。適当な大きさである範囲を矩形で示したい場合に利用することができます。

■操作フロー

長方形の実行 → 1点目の指定 → 2点目の指定

2-3-2 | 1点とXY座標値を入力して長方形を描く P.51

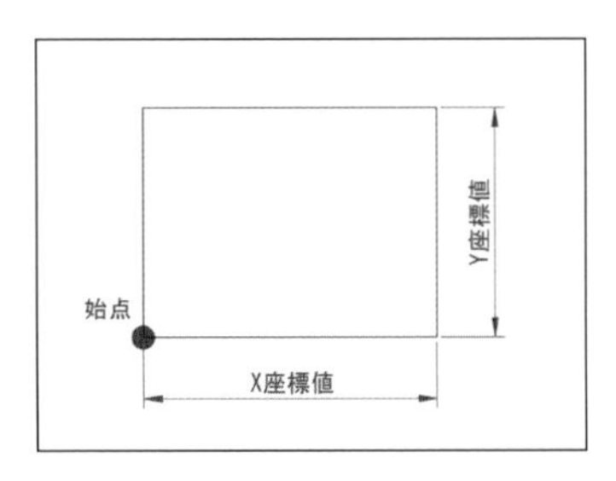

縦と横の大きさを指定して長方形を描きます。柱などの四角いものを描くときに利用します。

■操作フロー

長方形の実行 → 始点の指定 → 相対座標の入力

2-3-1 | 2点で長方形を描く

はじめに使用するオブジェクトスナップを設定します。つぎに、[長方形] を実行し、線分の端点AB をクリックします。

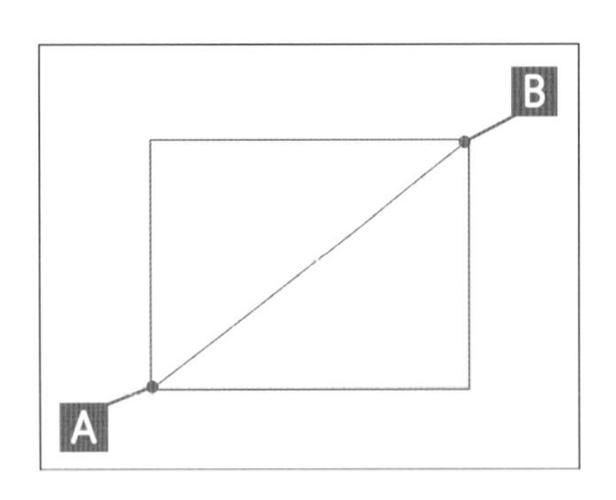

使用するコマンド	[長方形]
メニュー	[作成]ー[長方形]
リボン	[ホーム]タブー[作成]パネル
アイコン	
キーボード	RECTANG[Enter](REC[Enter])

やってみよう

1 オブジェクトスナップを設定する

P.43「2-1-3既存の図形上の点を利用して線分を描く」の手順1～3を参照し、[端点] を設定します。

2 長方形コマンドを選択する

[ホーム] タブー [作成] パネルー [長方形] をクリックします。

➔長方形コマンドが実行され、プロンプトに「一方のコーナーを指定または」と表示されます。

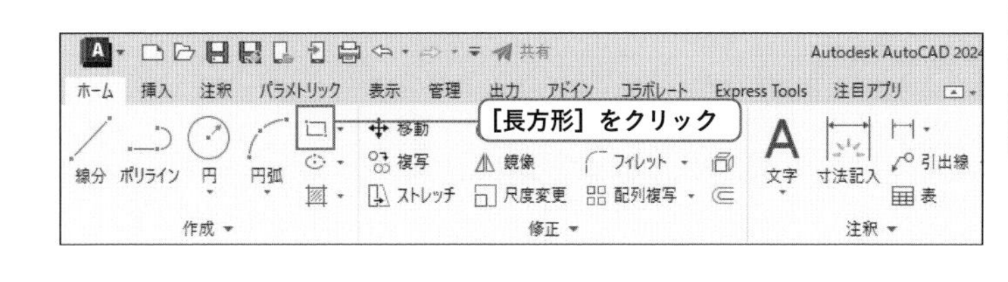

3 頂点を指定する

線分の端点Aをクリックします。

➔長方形の頂点が指示され、プロンプトに「もう一方のコーナーを指定または」と表示されます。

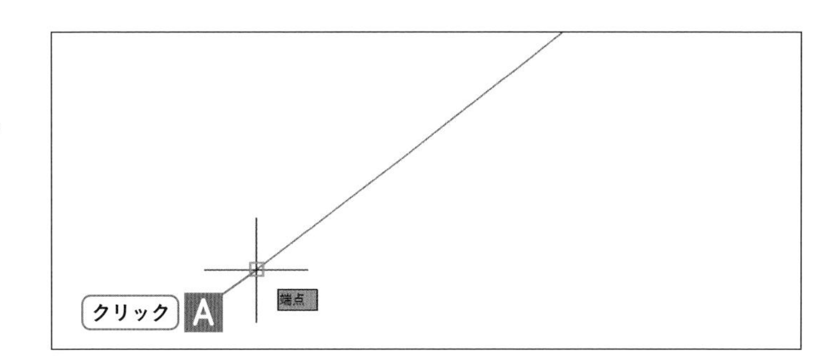

4 対角の頂点を指定する

線分の端点Bをクリックします。

➔線分のA Bを対角線とした長方形が作成されました。

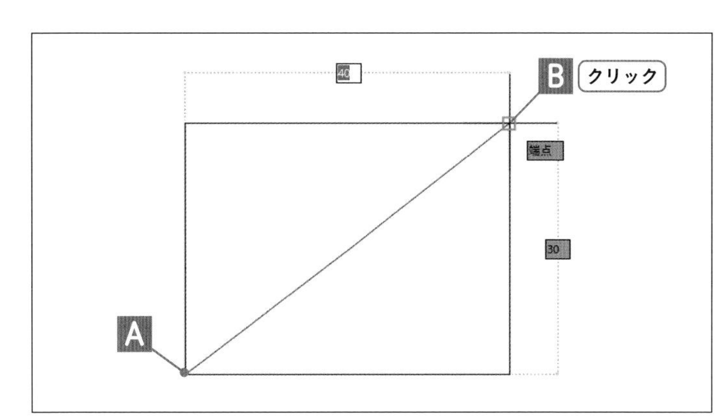

2-3-2 1点とXY座標値を入力して長方形を描く

[長方形] を実行し任意点Aをクリック、つぎに相対座標を使用して点Bを指示します。

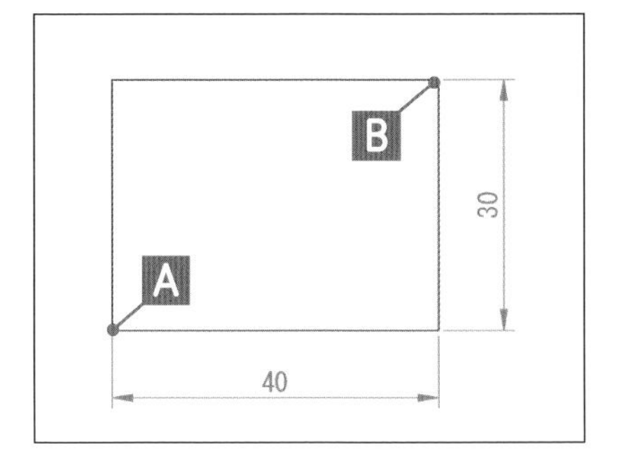

使用するコマンド	[長方形]
メニュー	[作成]ー[長方形]
リボン	[ホーム]タブー[作成]パネル
アイコン	
キーボード	RECTANG[Enter] (REC[Enter])

COLUMN

相対座標

相対座標とは直前の点からのX軸方向の距離、Y軸方向の距離を入力して点を指示する方法のことで、「X, Y」(それぞれ距離を数値で入力)と入力します。「,(カンマ)」は、キーボードの「ね」のキーを使用します。右の例では、点Aから点Bに線分を作成しています。このとき、点Bは直前の点AからX方向に40、Y方向に30の点なので、「40, 30」と入力します。

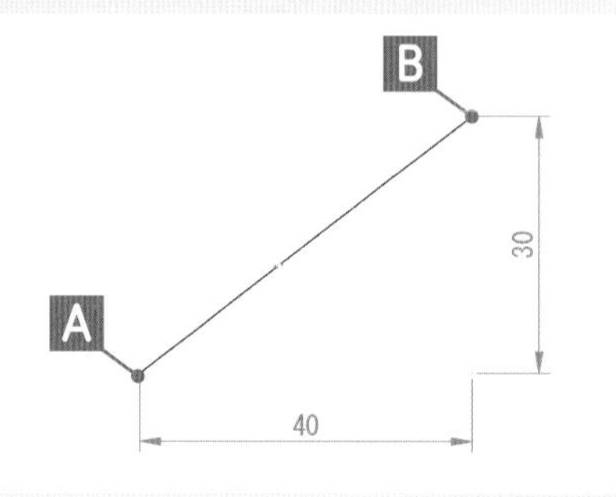

やってみよう

1 長方形コマンドを選択する

[ホーム] タブ－[作成] パネル－[長方形] をクリックします。

➔長方形コマンドが実行され、プロンプトに「一方のコーナーを指定または」と表示されます。

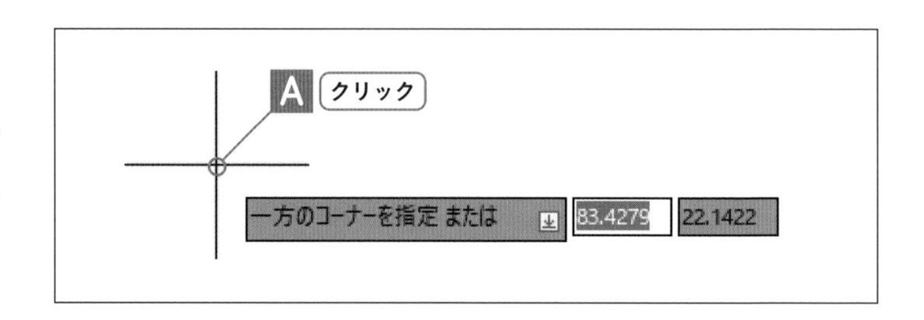

2 頂点を指定する

任意点Aをクリックします。

➔長方形の頂点が指示され、プロンプトに「もう一方のコーナーを指定または」と表示されます。

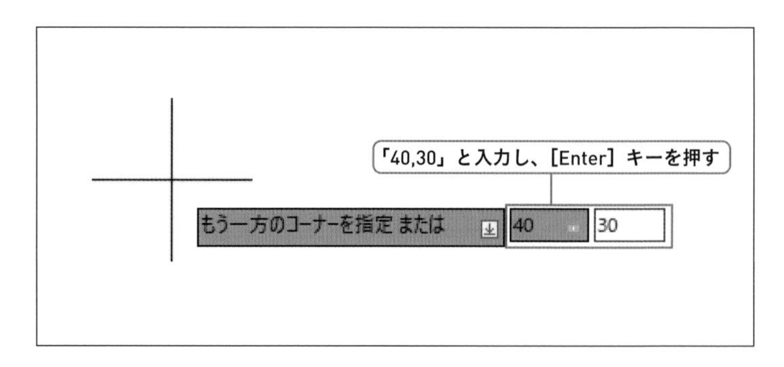

3 相対座標を入力する

キーボードで「40,30」と入力し、[Enter] キーを押します。

➔点Bが指定され、横に40、縦に30の長方形が作成されました。

「40,30」と入力し、[Enter] キーを押す

もう一方のコーナーを指定 または

40

30

XとYの入力はキーボードの [Tab] キーで切り替えることが可能です。入力を間違えた場合などは切り替えて入力し直しましょう。

COLUMN

相対座標の方向

相対座標のX軸方向とY軸方向には＋方向と－方向があります。画面左下のUCSアイコンの方向が＋方向となりますので、それぞれ注意しながら距離を入力してください。右の例では、点Aから点Bに線分を作成しています。このとき、点Bは直前の点AからX方向に＋方向で距離は40、Y方向に－方向で距離は30なので、「40, －30」と入力します。

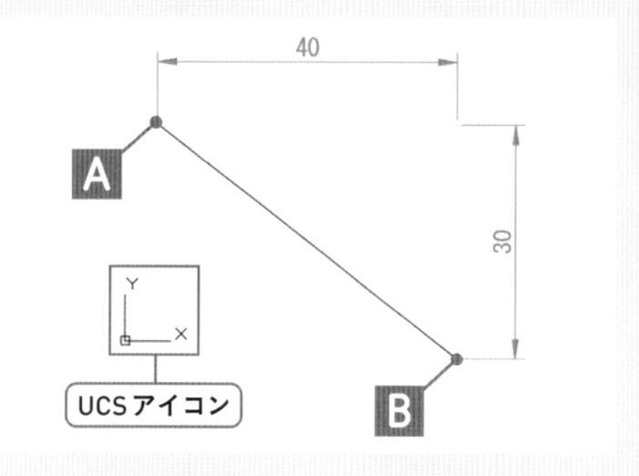

COLUMN

文字入力がうまくいかない

入力のトラブルは以下を参考にしてください。

- **ローマ字入力ができなくなった（かな入力ができなくなった）**
  Windows のタスクバーからIMEの［入力モード］ボタンを右クリックし、表示されるプルダウンメニューから設定をします。Windows11の場合は、［かな入力（オン）］をクリックして、オフにします。Windows10の場合は、［かな入力］の［無効］をクリックして選択します。
- **ローマ字の大文字を入力したい**
  ［Shift］キーを押しながらローマ字を入力すると大文字になります。
- **テンキ―で数字が入力できない**
  ［NumLock］キーを押してオンにしてください。多くの場合はテンキ―の左上にあります。

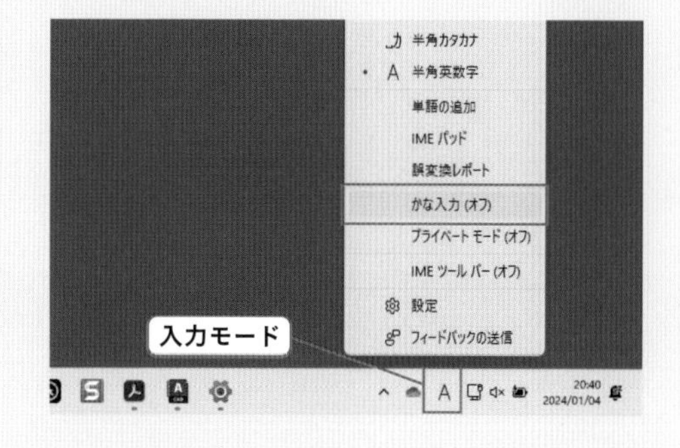

COLUMN

数値入力

数値入力は半角で行ってください。半角入力にするには、Windows のタスクバーからIMEの［入力モード］ボタンを右クリックし、表示されるプルダウンメニューから設定をします。Windows11の場合は、［半角英数字］をクリックして選択します。Windows10の場合は、［半角英数字／直接入力］をクリックして選択します。

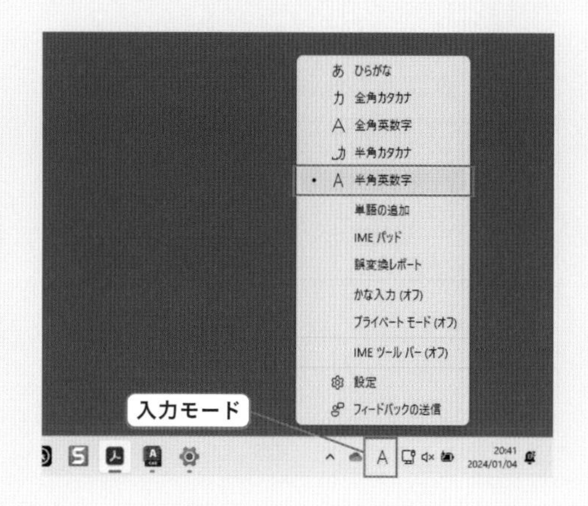

SECTION 2-4 練習問題

練習用ファイル 2-4.dwg

Q.1 図のように作図しなさい。寸法は必要ありません。

解答 P.55

◎ 半径 15 の円を 1 つ
◎ 長さ 10 の線分を 4 つ
◎ 線分は 0°、90°、180°、270°に配置

HINT

線分コマンド、円コマンド、直交モード、オブジェクトスナップ（四半円点）

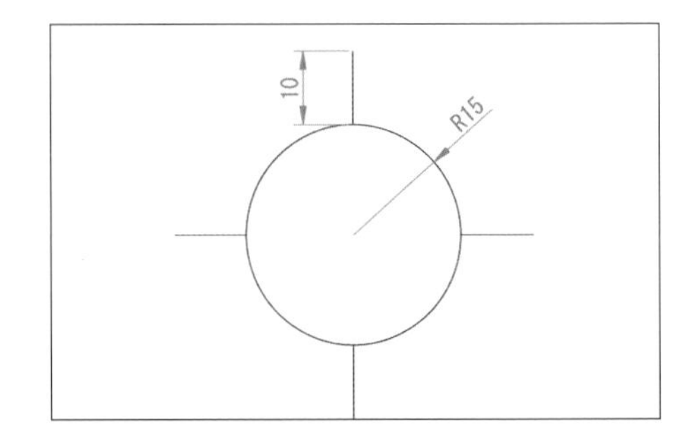

Q.2 図のように作図しなさい。寸法は必要ありません。

解答 P.58

◎ 横 40 縦 30 の長さの長方形を 1 つ
◎ 半径 8 の円を 1 つ
◎ 円は長方形の中央に配置

HINT

線分コマンド、円コマンド、長方形コマンド、削除コマンド、相対座標、オブジェクトスナップ（端点、中点）

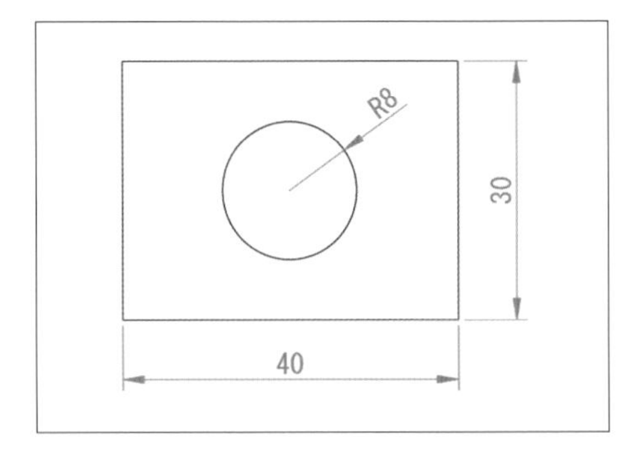

Q.3 既存の円 a があります。図のように作図しなさい。寸法は必要ありません。

解答 P.61

◎ 横 10 縦 10 の長方形を 1 つ
◎ 上記長方形の左下の頂点は円 a の中心点と一致
◎ 横 15 縦 20 の長方形を 1 つ
◎ 上記長方形の右上の頂点は円 a の中心点と一致

HINT

長方形コマンド、相対座標、オブジェクトスナップ（中心）

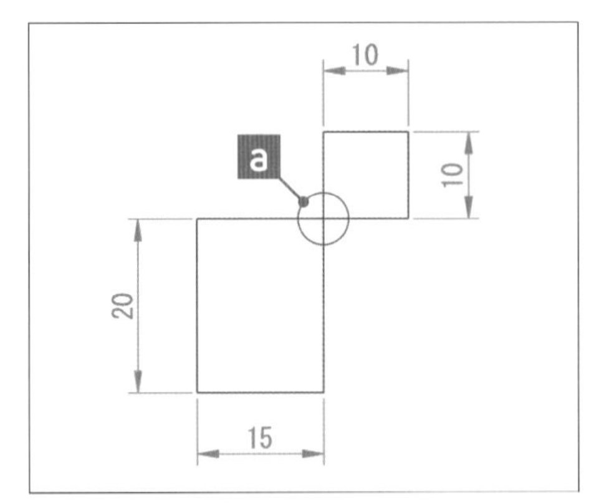

A.1 作図の流れと解答

▶ 動画でチェック

作画の流れ

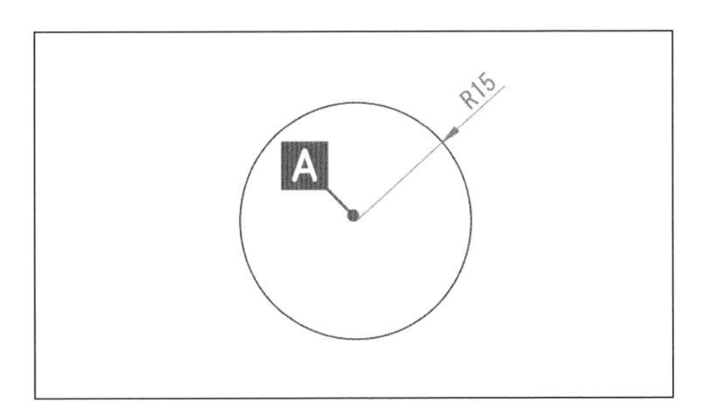

任意点Aを中心とし、半径15の円を作成します。

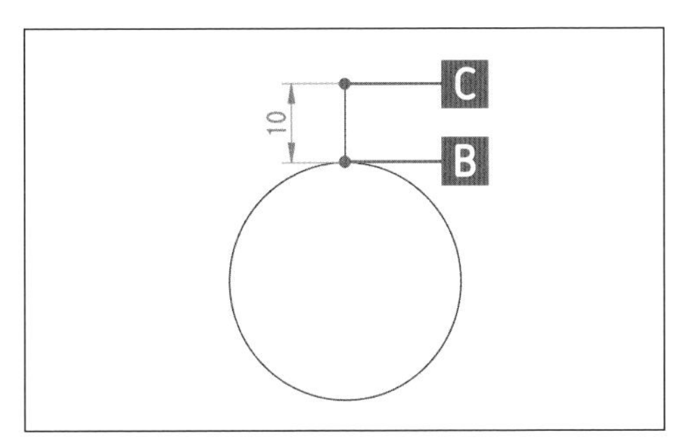

オブジェクトスナップで円の四半円点Bをクリックし、直交モードを使用して、長さ10の線分BCを作成します。

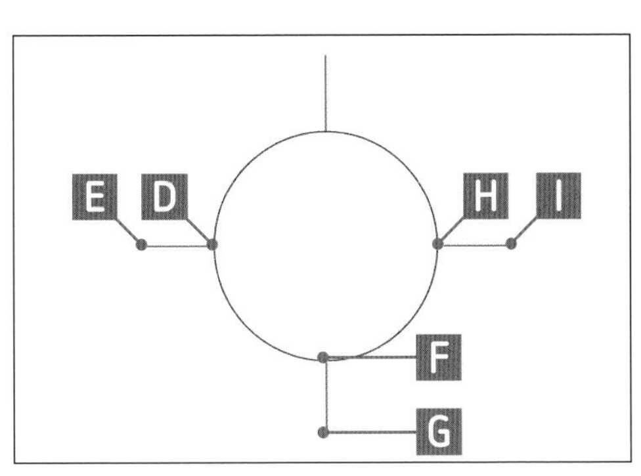

同様にして、線分DE、FG、HIを作成します。

解答

1 円コマンドを選択する

［ホーム］タブ－［作成］パネル－［円］の下側をクリックし、表示されたメニューから［中心、半径］をクリックします。

➔プロンプトに「円の中心点を指定」と表示されます。

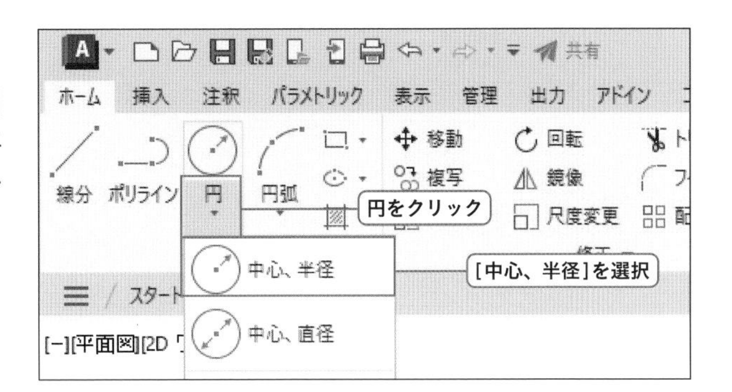

2 中心点を指定する

任意点Aをクリックします。

➜中心点が指示され、プロンプトに「円の半径を指定」と表示されます。

3 半径を入力する

キーボードで「15」と入力し、[Enter]キーを押します。

➜半径15の円が作成され、円コマンドが終了しました。

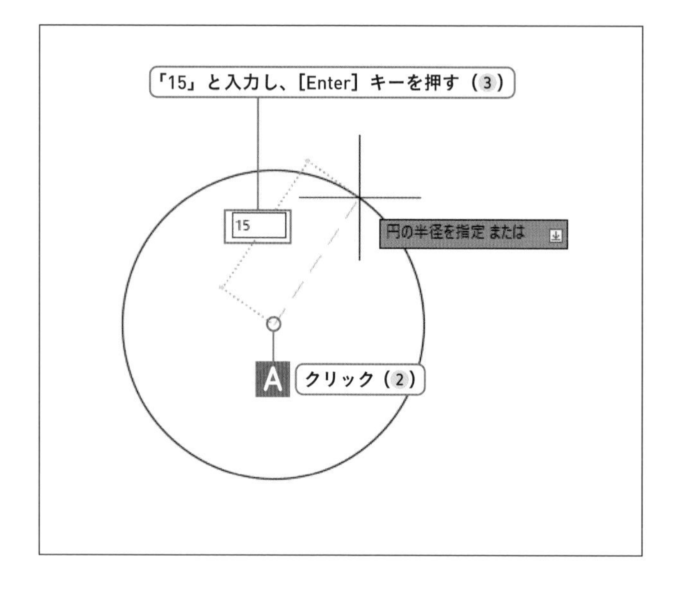

4 オブジェクトスナップの設定画面を表示する

ステータスバーの［オブジェクトスナップ］ボタンの上で右クリックし、[オブジェクトスナップ設定］を選択します。

➜[作図補助設定］ダイアログボックスが表示されました。

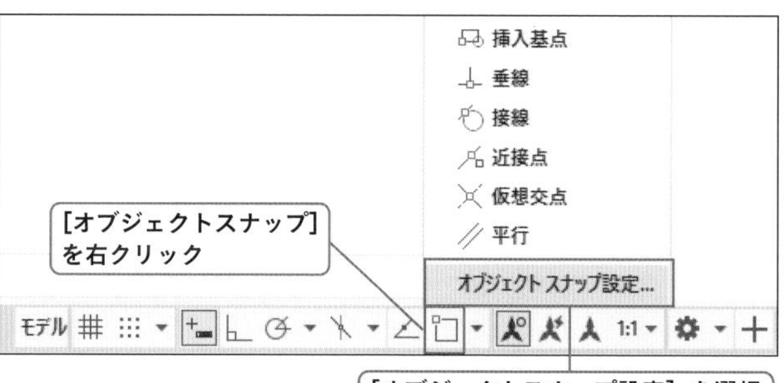

5 使用するオブジェクトスナップを設定する

四半円点にチェックを入れて、[OK]ボタンをクリックします。

➜ダイアログボックスが閉じ、オブジェクトスナップが設定されました。

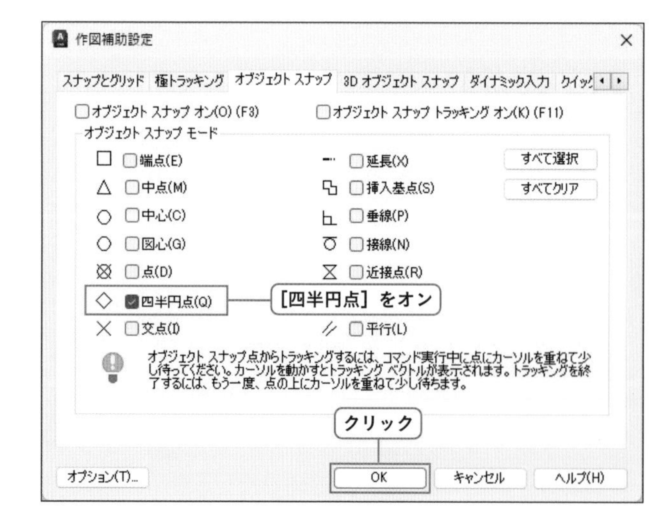

6 直交モード、オブジェクトスナップをオンにする

ステータスバーの直交モードボタンとオブジェクトスナップをオンにします。

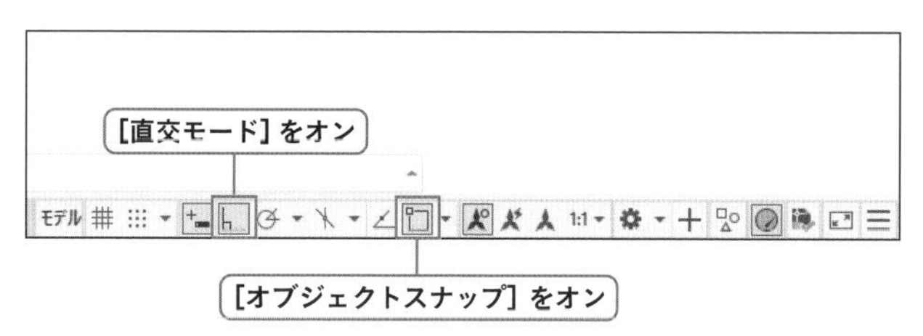

7 線分コマンドを実行する

[ホーム] タブ－ [作成] パネル－ [線分] をクリックします。

➔線分コマンドが実行され、プロンプトに「1点目を指定」と表示されます。

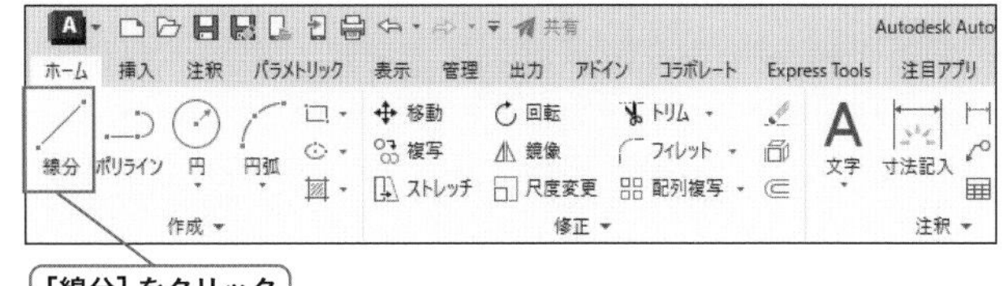

8 始点を指定する

四半円点Bをクリックします。

➔1点目が指示され、プロンプトに「次の点を指定または」と表示されます。

9 方向と長さを指定する

カーソルを上に移動、キーボードで「10」と入力し、[Enter] キーを押します。

10 線分コマンドを終了する

[Enter] キーを押します。

➔線分コマンドが終了し、線分B Cが作図されました。

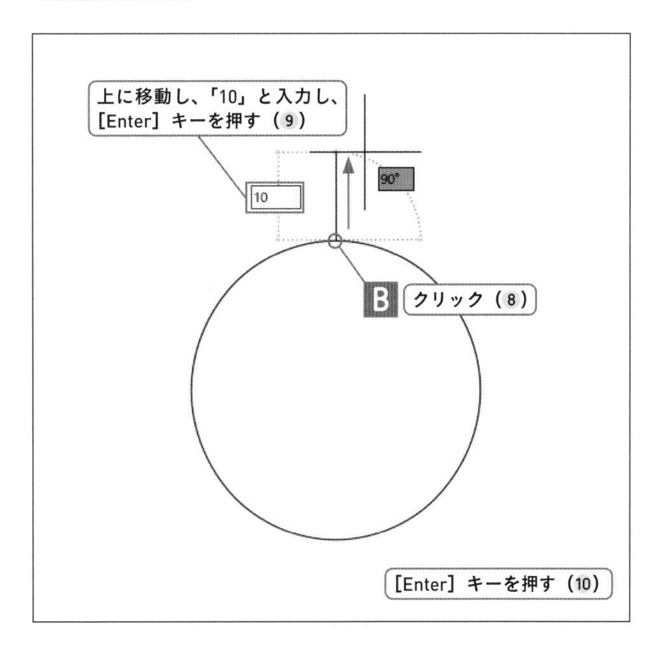

11 他の線分を作成する

手順7～10を繰り返し、線分D E、F G、H Iを作図します。

➔すべての図形が作図されました。

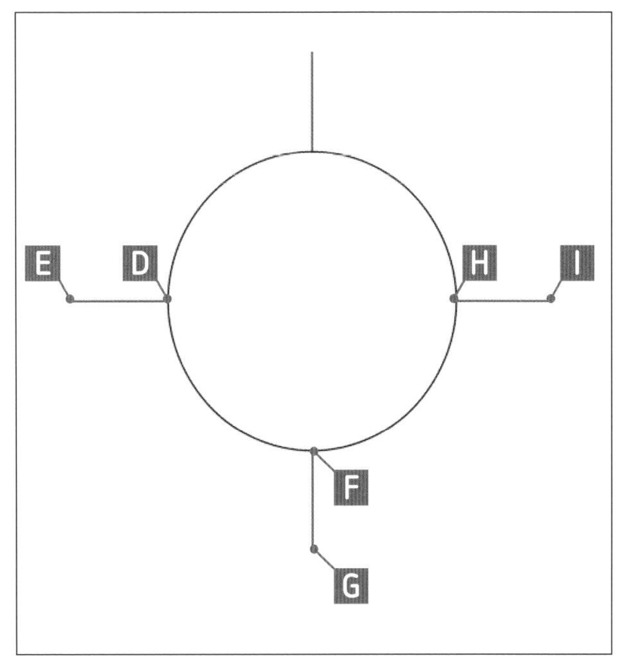

A.2 作図の流れと解答

▶ 動画でチェック

作画の流れ

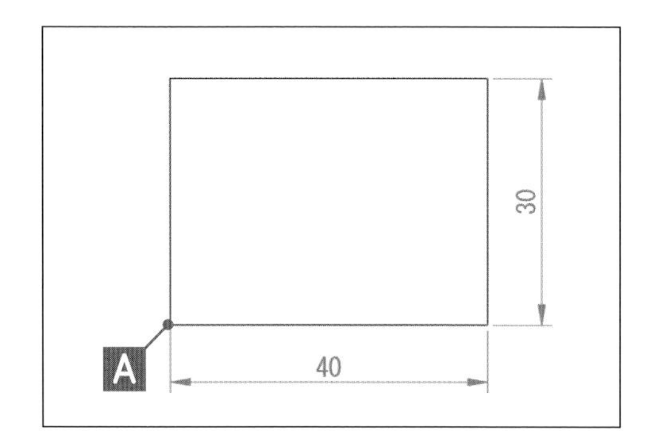

任意点Aを1点目とし、相対座標を使用して、横40縦30の長方形を作成します。

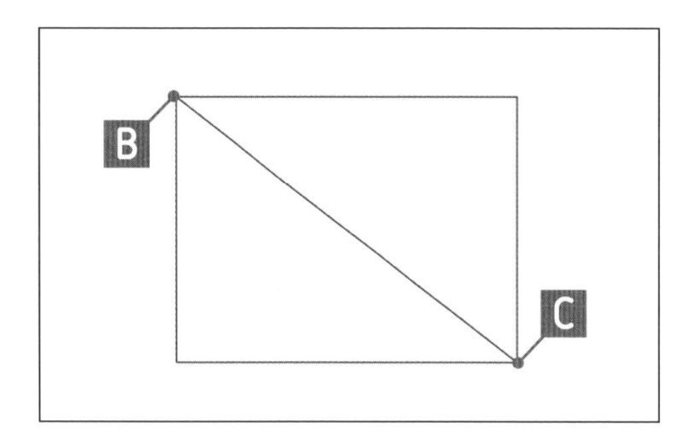

オブジェクトスナップで長方形の頂点B、Cをクリックし、線分を作成します。円を作成するための補助線とします。

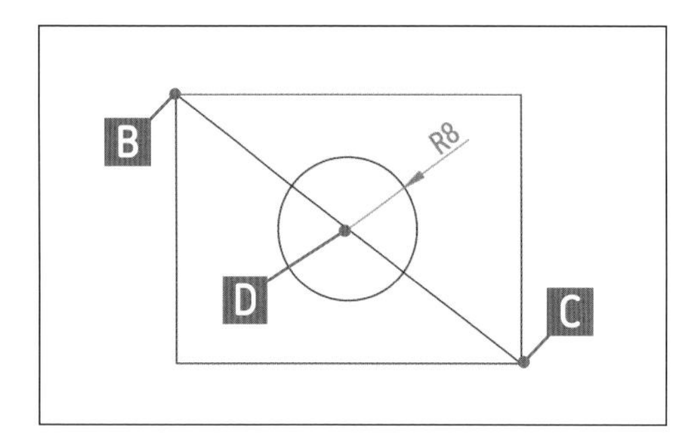

線分BCの中点Dを中心点とし、半径8の円を作成します。最後に、補助線として使用した線分BCは削除します。

解答

1 長方形コマンドを選択する

［ホーム］タブー［作成］パネルー［長方形］をクリックします。

➜プロンプトに「一方のコーナーを指定」と表示されます。

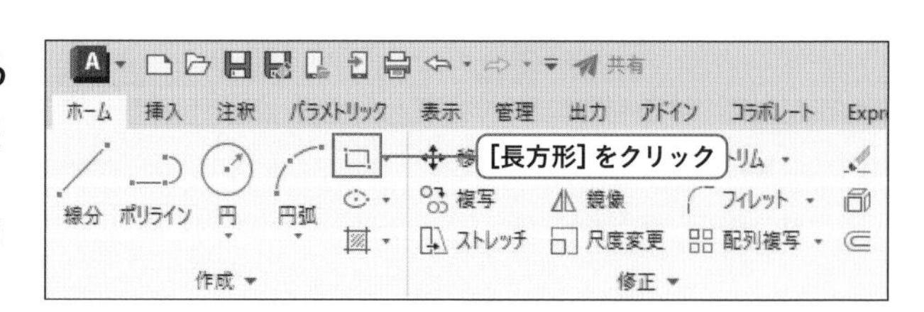

2 長方形の頂点を指定する

任意点Aをクリックします。

➔点が指示され、プロンプトに「もう一方のコーナーを指定」と表示されます。

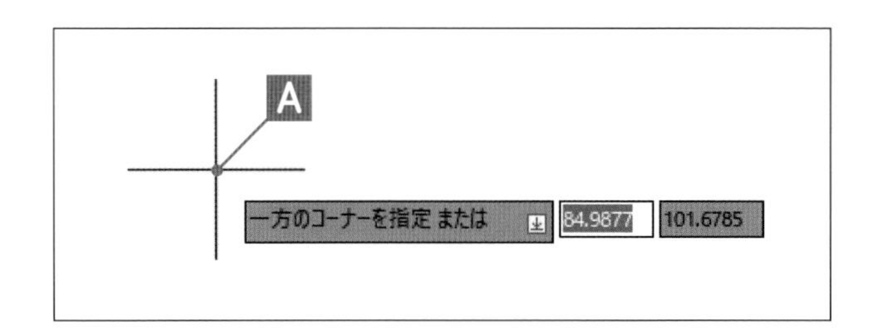

3 対角の頂点を相対座標で指示する

キーボードで「40,30」と入力し、[Enter]キーを押します。

➔横40縦30の長方形が作成され、長方形コマンドが終了しました。

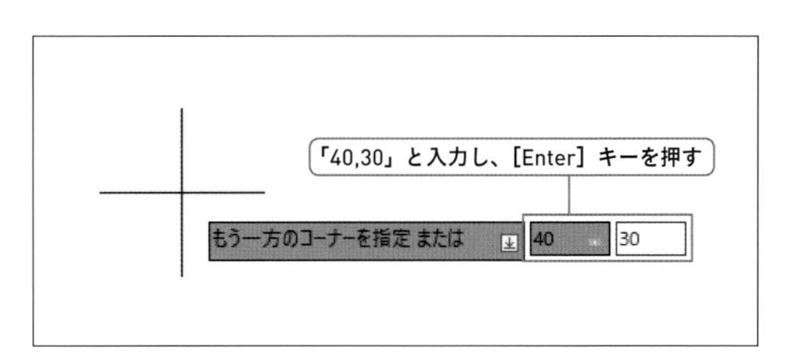

4 オブジェクトスナップの設定画面を表示する

ステータスバーの［オブジェクトスナップ］ボタンの上で右クリックし、［オブジェクトスナップ設定］を選択します。

➔[作図補助設定]ダイアログボックスが表示されました。

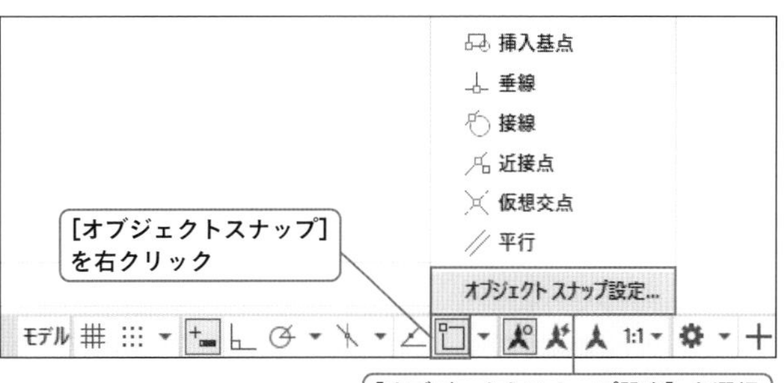

5 使用するオブジェクトスナップを設定する

端点と中点にチェックを入れて、[OK]ボタンをクリックします。

➔ダイアログボックスが閉じ、オブジェクトスナップが設定されました。

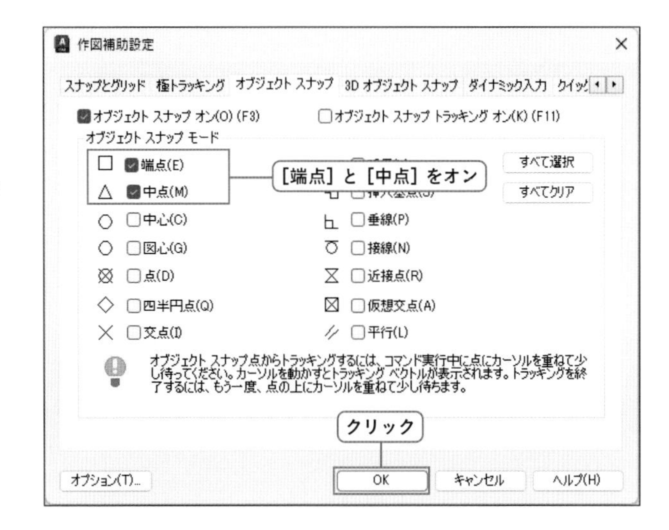

6 直交モードをオフ、オブジェクトスナップをオンにする

ステータスバーの直交モードボタンをオフ、オブジェクトスナップをオンにします。

7 線分コマンドを実行する

[ホーム] タブー [作成] パネルー [線分] をクリックします。

8 点を指定する

端点B、Cをクリックします。

➔1、2点目が指示され、プロンプトに「次の点を指定または」と表示されます。

9 線分コマンドを終了する

[Enter] キーを押します。

➔線分コマンドが終了し、線分BCが作図されました。

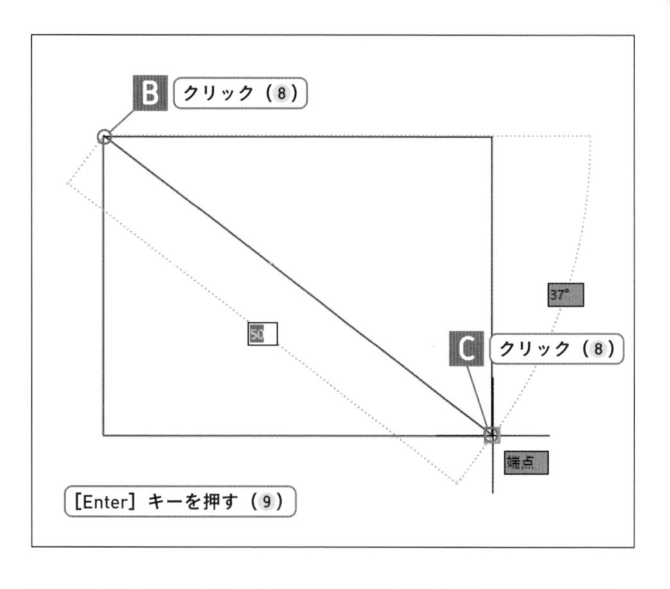

10 円コマンドを選択する

[ホーム] タブー [作成] パネルー [円] をクリックします。

➔プロンプトに「円の中心点を指定」と表示されます。

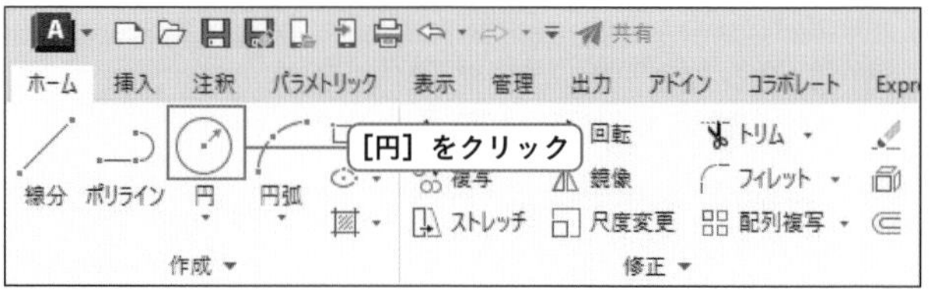

11 中心点を指定する

線分の中点Dをクリックします。

➔中心点が指示され、プロンプトに「円の半径を指定」と表示されます。

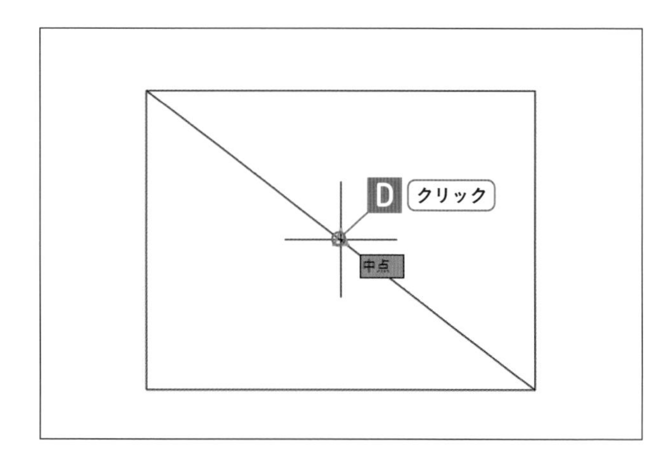

12 半径を入力する

キーボードで「8」と入力し、[Enter] キーを押します。

➔半径8の円が作成され、円コマンドが終了しました。

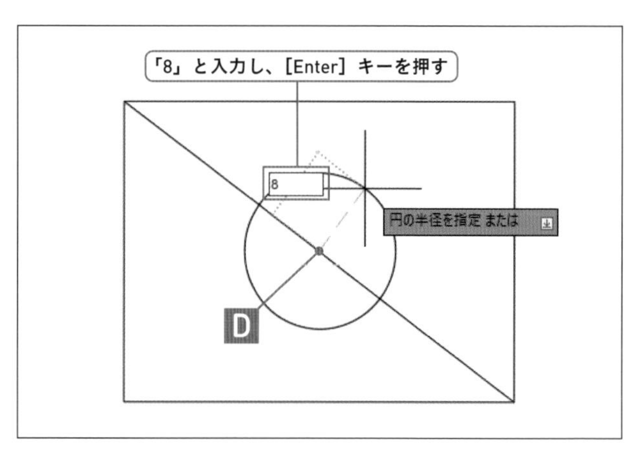

13 削除コマンドを選択する

［ホーム］タブ－［修正］パネル－［削除］をクリックします。

➡プロンプトに「オブジェクトを選択」と表示されます。

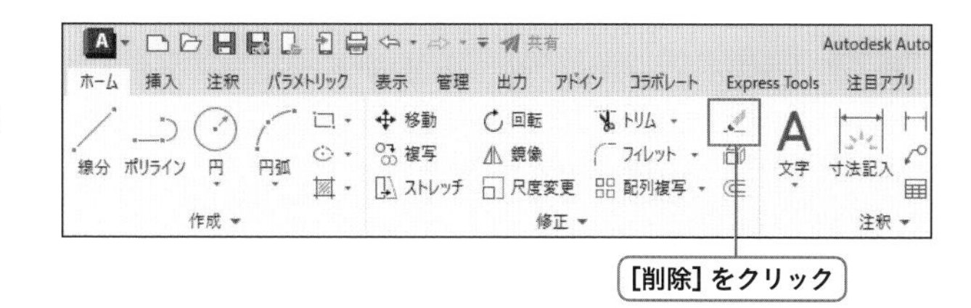

14 図形を選択する

線分BCをクリックして選択します。

➡選択された線分BCはハイライト表示されます。プロンプトには「オブジェクトを選択」と表示されます。

15 削除コマンドを終了する

［Enter］キーを押します。

➡削除コマンドが終了し、線分BCが削除されました。

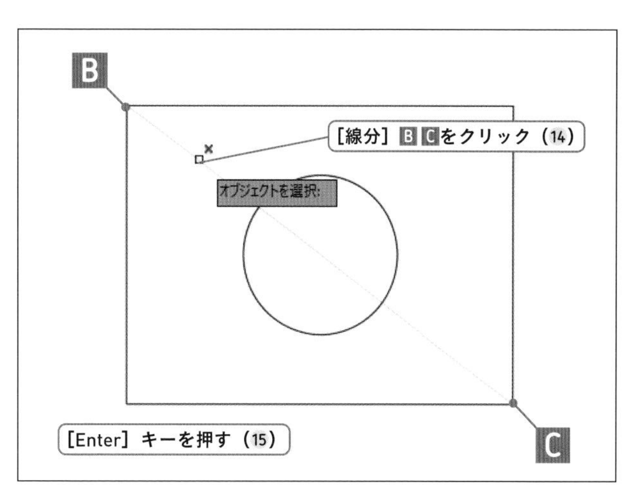

A.3 作図の流れと解答

動画でチェック

作画の流れ

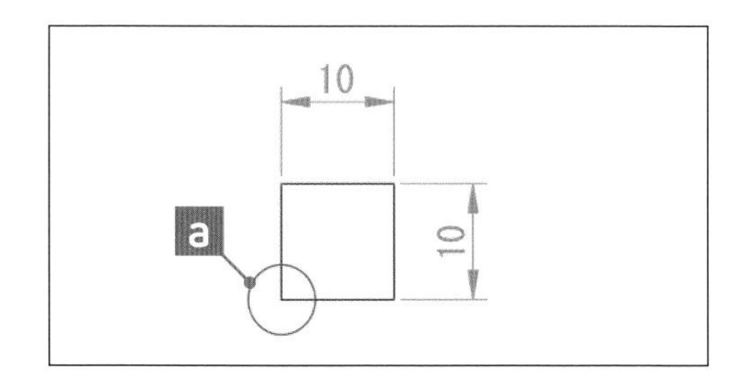

円aの中心点を1点目とし、相対座標を使用して、横10縦10の長方形を作成します。

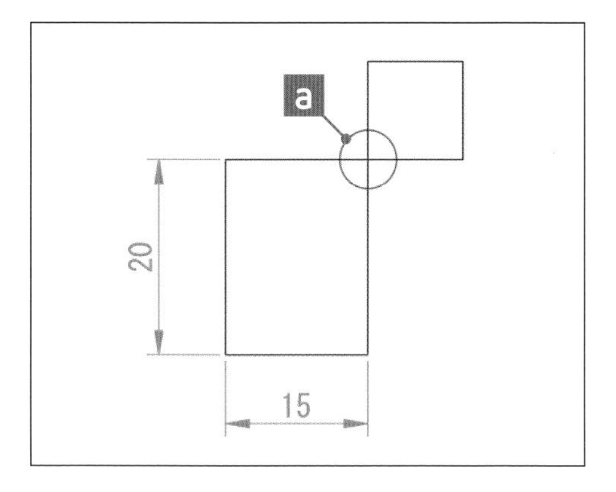

円aの中心点を1点目とし、相対座標を使用して、横15縦20の長方形を作成します。相対座標を入力する時は、XY方向に注意をしてください。

解答

1 オブジェクトスナップの設定画面を表示する

ステータスバーの［オブジェクトスナップ］ボタンの上で右クリックし、「オブジェクトスナップ設定］を選択します。

➔［作図補助設定］ダイアログボックスが表示されました。

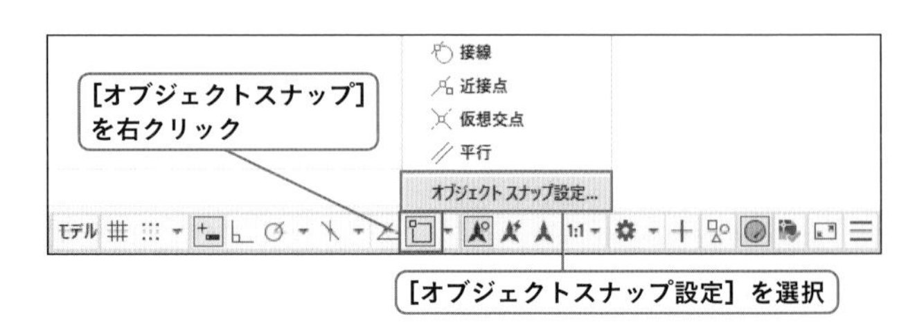

2 使用するオブジェクトスナップを設定する

端点と中心にチェックを入れて、［OK］ボタンをクリックします。

➔ダイアログボックスが閉じ、オブジェクトスナップが設定されました。

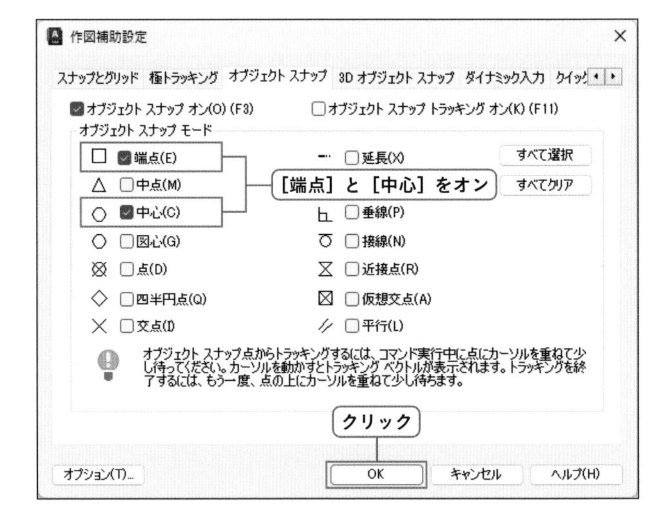

3 直交モードをオフ、オブジェクトスナップをオンにする

ステータスバーの直交モードボタンをオフ、オブジェクトスナップをオンにします。

4 長方形コマンドを選択し、頂点を指定する。

［ホーム］タブー［作成］パネルー［長方形］をクリックし、円 a の中心をクリックします。

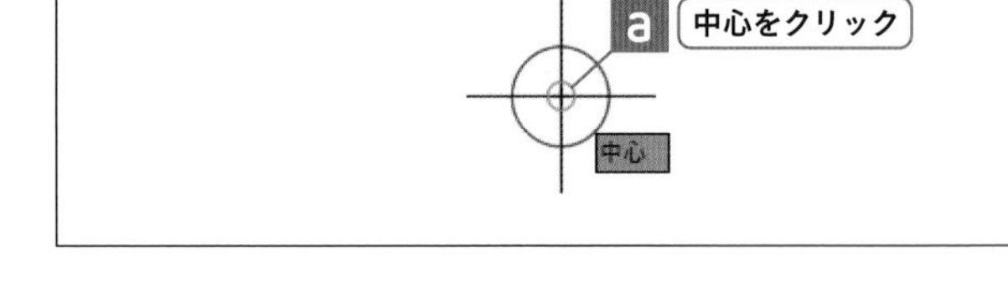

5 対角の頂点を相対座標で指示する

キーボードで「10,10」と入力し、[Enter]キーを押します。

➔横10縦10の長方形が作成され、長方形コマンドが終了しました。

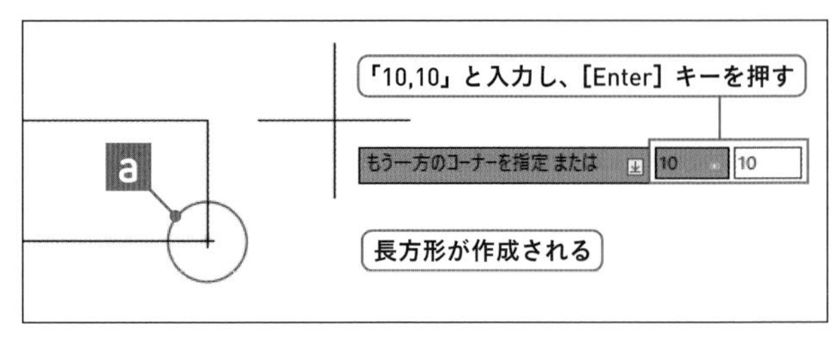

6 長方形コマンドを選択し、頂点を指定する

［ホーム］タブー［作成］パネルー［長方形］をクリックし、円a の中心をクリックします。

7 対角の頂点を相対座標で指示する

キーボードで「ー15,ー20」と入力し、［Enter］キーを押します。

➡横15縦20の長方形が作成され、長方形コマンドが終了しました。

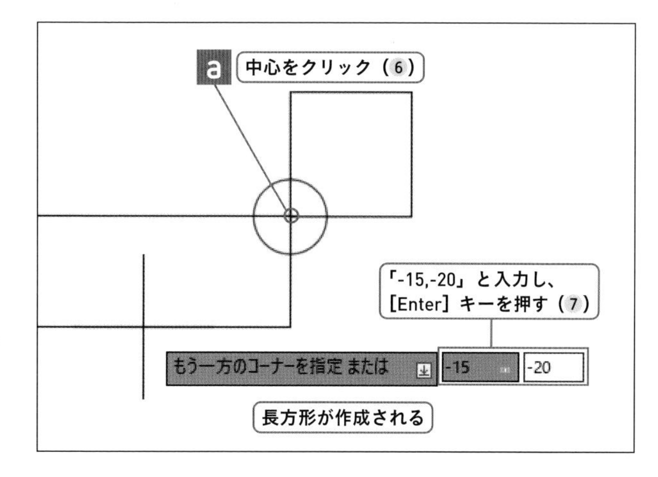

COLUMN ツールチップに表示されるアイコン

ツールチップには様々なアイコンが表示され、それぞれに意味があります。
下記にその例を説明します。

コマンドオプション

コマンド実行時にツールチップに表示されるアイコンは、「コマンドオプションがある」という意味です。コマンドウィンドウを確認すると、コマンドオプションの種類が表示されています。

画層のロック

オブジェクトにカーソルを近づけた時に表示されるアイコンは、「このオブジェクトの画層はロックされている」という意味です。画層については P.202「5-1図形の画層を指定する」、画層のロックについては P.212「5-2-2画層をロック／ロック解除する」を参照してください。

SECTION

2-5 ステップアップ問題

練習用ファイル 2-5.dwg

Q.1 図のように作図しなさい。寸法は必要ありません。

解答 P.65

◎ 横 40 縦 30 の長さの長方形を 1 つ
◎ 長方形の対角に線分を 1 つ
◎ 長方形の頂点から上記対角線に垂直な線分を 1 つ
◎ 長方形の 2 辺と対角線に接する円を 1 つ

HINT

長方形コマンド、線分コマンド、円コマンド、オブジェクトスナップ（端点、垂線）

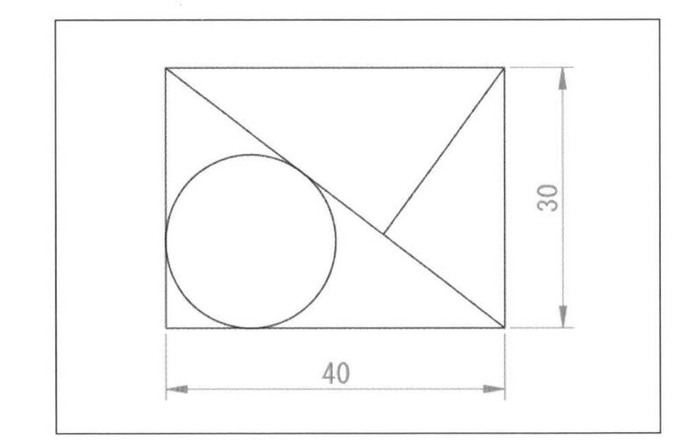

Q.2 既存の線分 AB があります。図のように作図しなさい。寸法は必要ありません。

解答 P.69

◎ 点 B を四半円点の 12 時とする半径 8 の円を 1 つ
◎ 線分 A B に垂直で、点 B を中点とする線分を 1 つ
◎ 上記線分の端点から Y 方向に 10 離れた点を中心とする半径 5 の円を 2 つ

HINT

線分コマンド、円コマンド、削除コマンド、直交モード、オブジェクトスナップ（端点、四半円点）

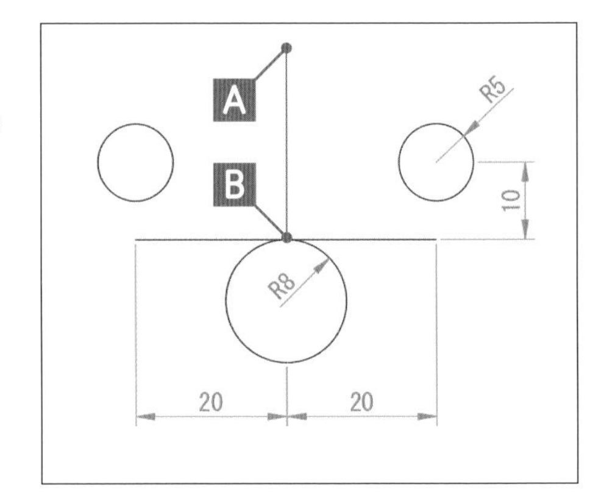

COLUMN

相対座標の入力トラブル

ダイナミック入力がオンになっている時とオフになっている時では相対座標の入力方法が違ってきます。ダイナミック入力のオンオフをまず確認してください（P.33「ダイナミック入力」を参照）。ダイナミック入力がオフの場合に相対座標を入力するには、最初に「@（アットマーク）」が必要となります。
また、座標入力は半角で行う必要があります。入力モードを確認してください（P.53「数値入力」を参照）ほかに、「(, カンマ)」の間違いにも気をつけてください。キーボードの「ね」のキーが「(, カンマ)」となります。

ダイナミック入力	相対座標入力
オン	X座標, Y座標
オフ	@X座標, Y座標

A.1 作図の流れと解答

▶ 動画でチェック

作画の流れ

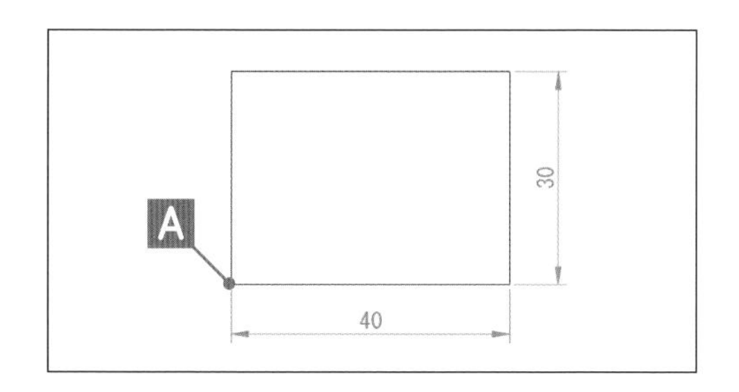

任意点 A を1点目とし、相対座標を使用して、横40縦30の長方形を作成します。

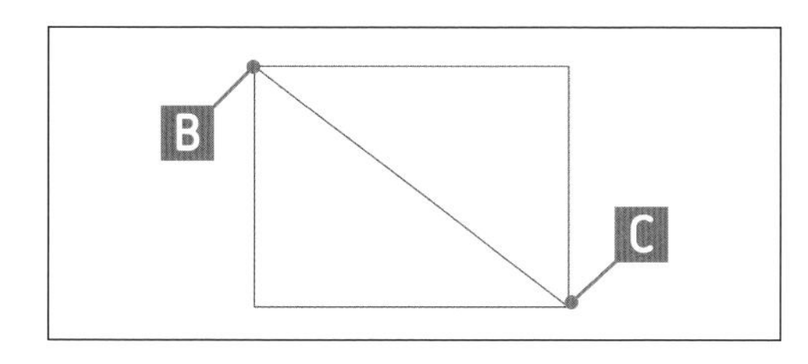

オブジェクトスナップを使って、長方形の頂点 B、C に線分を作成します。

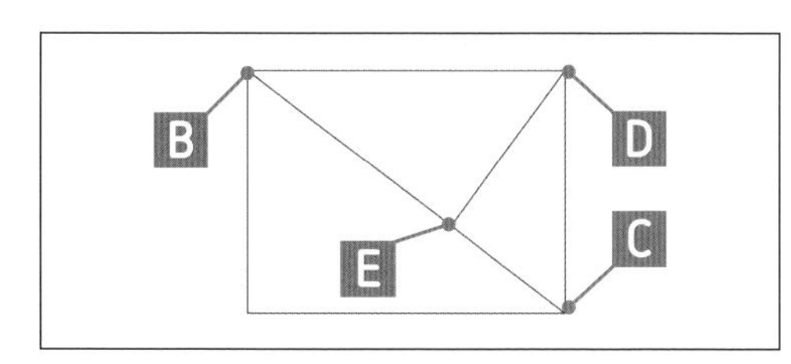

長方形の頂点 D を始点とし、オブジェクトスナップの垂線を使って線分 B C に垂直な線分 D E を作成します。

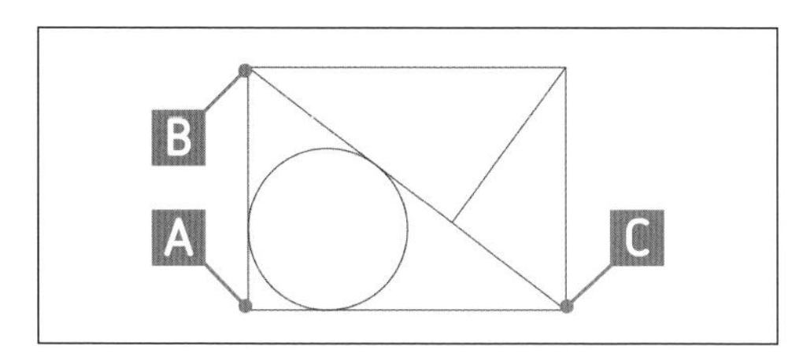

円コマンドの［接点、接点、接点］を使って線分 A B、B C、A C に接する円を作成します。

COLUMN

リボンの表示を変更する

リボンタブの右上のボタンを押すと、リボンの表示を［パネルボタンのみを表示］、［パネルタイトルのみを表示］、［タブのみを表示］に変更することができます。

パネルボタンのみを表示

パネルタイトルのみを表示

タブのみを表示

解答

1 長方形コマンドを選択する

［ホーム］タブ－［作成］パネル－［長方形］をクリックします。

➜プロンプトに「一方のコーナーを指定」と表示されます。

［長方形］をクリック

2 長方形の頂点を指定する

任意点 A をクリックします。

➜点が指示され、プロンプトに「もう一方のコーナーを指定」と表示されます。

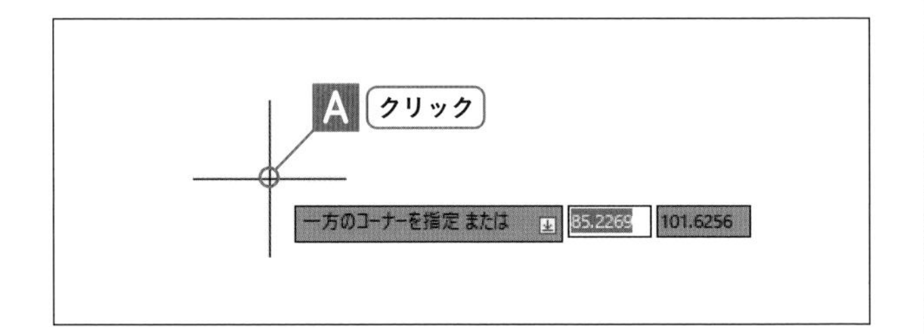

3 対角の頂点を相対座標で指示する

キーボードで「40,30」と入力し、[Enter]キーを押します。

➜横40縦30の長方形が作成され、長方形コマンドが終了しました。

「40,30」と入力し、[Enter] キーを押す

4 オブジェクトスナップの設定画面を表示する

ステータスバーの［オブジェクトスナップ］ボタンの上で右クリックし、［オブジェクトスナップ設定］を選択します。

➜［作図補助設定］ダイアログボックスが表示されました。

［オブジェクトスナップ］を右クリック

［オブジェクトスナップ設定］を選択

5 使用するオブジェクトスナップを設定する

端点と垂線にチェックを入れて、[OK]ボタンをクリックします。

➜ダイアログボックスが閉じ、オブジェクトスナップが設定されました。

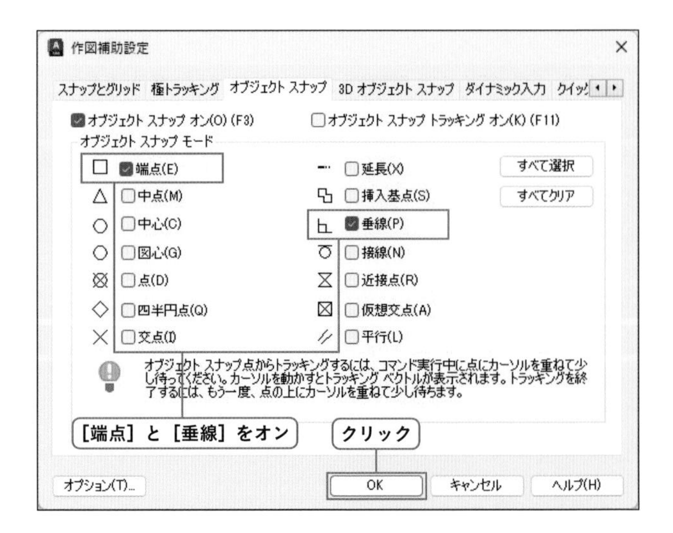

❻ 直交モードをオフ、オブジェクトスナップをオンにする

ステータスバーの直交モードボタンをオフ、オブジェクトスナップをオンにします。

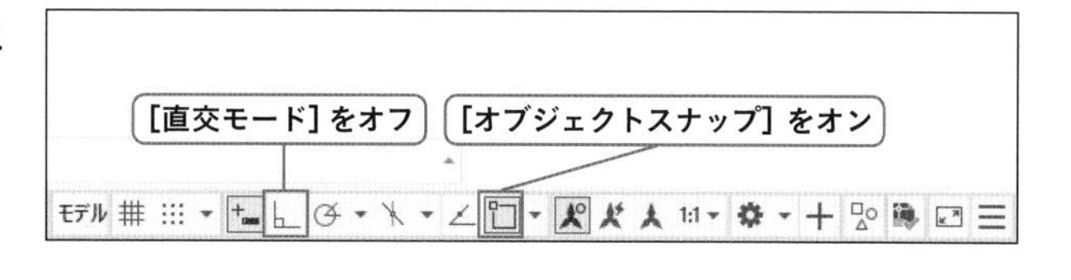

❼ 線分コマンドを実行する

[ホーム] タブー [作成] パネルー [線分] をクリックします。
➜線分コマンドが実行され、プロンプトに「1点目を指定」と表示されます。

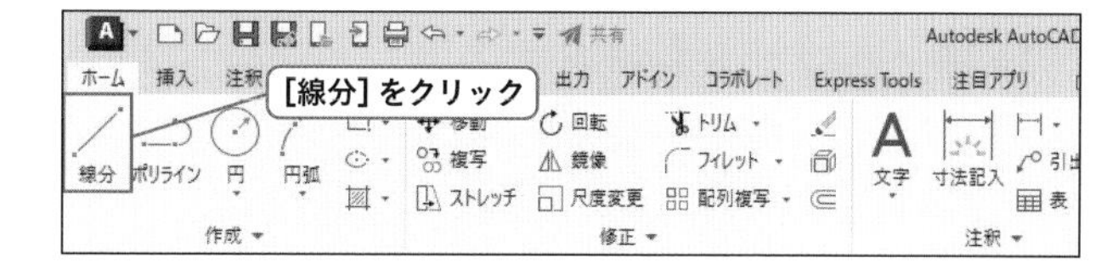

❽ 点を指定する

端点 B、C をクリックします。
➜1、2点目が指示され、プロンプトに「次の点を指定または」と表示されます。

❾ 線分コマンドを終了する

[Enter] キーを押します。
➜線分コマンドが終了し、線分 B C が作図されました。

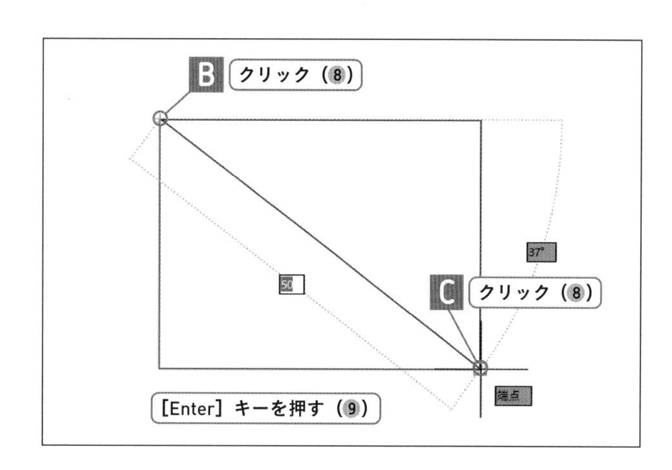

❿ 線分コマンドを実行する

[ホーム] タブー [作成] パネルー [線分] をクリックします。
➜線分コマンドが実行され、プロンプトに「1点目を指定」と表示されます。

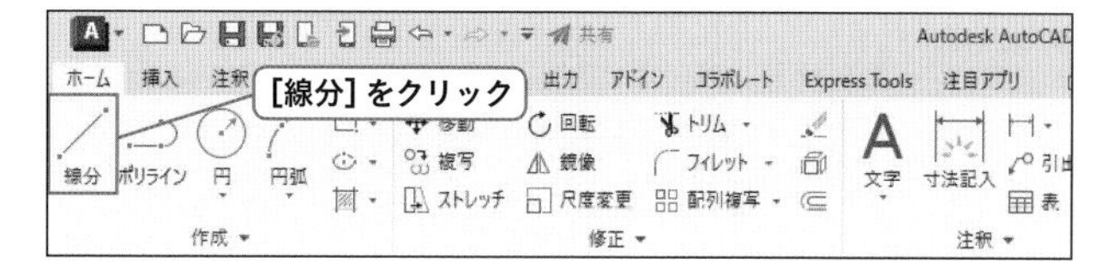

⓫ 点を指定する

端点 D をクリックします。
➜1点目が指示され、プロンプトに「次の点を指定または」と表示されます。

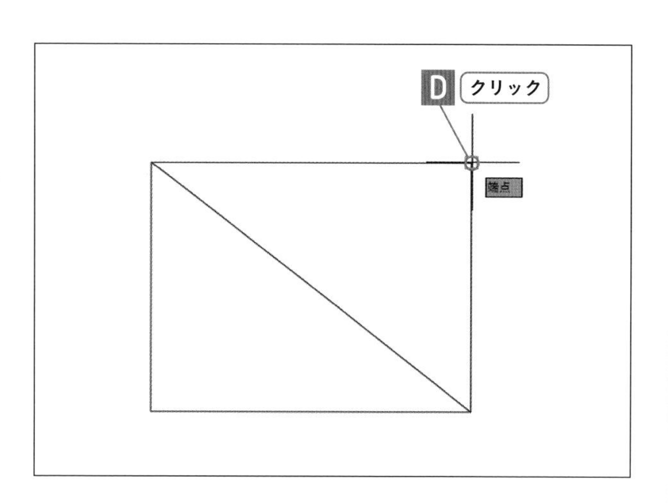

⑫ 点を指定する

線分BCに垂直な点Eをオブジェクトスナップの垂線を使ってクリックします。

➡2点目が指示され、プロンプトに「次の点を指定または」と表示されます。

⑬ 線分コマンドを終了する

[Enter] キーを押します。

➡線分コマンドが終了し、線分DEが作図されました。

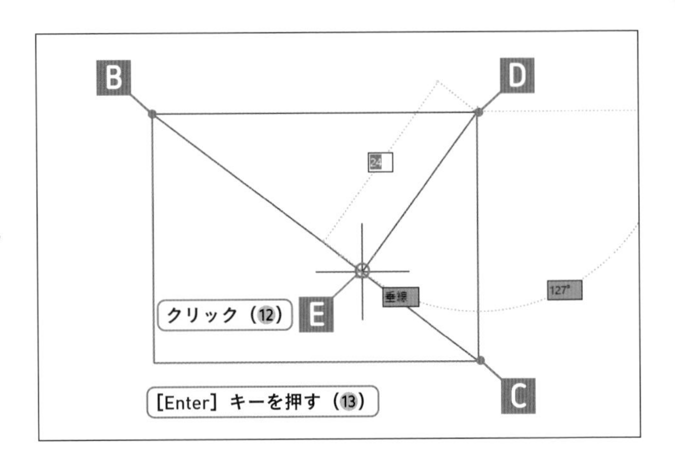

⑭ 円コマンドを選択する

[ホーム] タブー [作成] パネルー [円] の下側をクリックし、表示されたメニューから [接点、接点、接点] をクリックします。

➡プロンプトに「円周上の1点目を指定：どこに」と表示されます。接線とする線分を選択します。

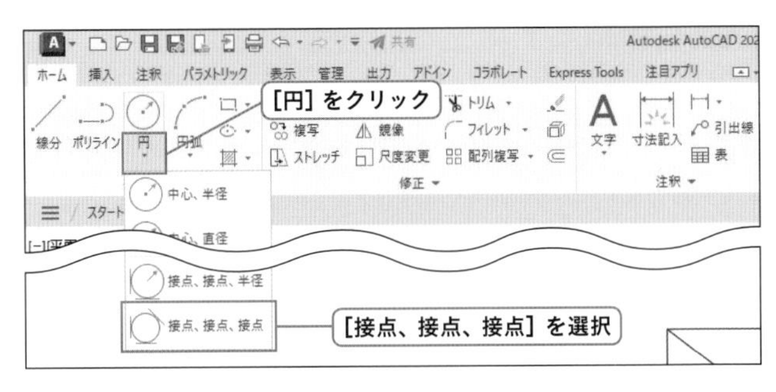

⑮ 線分を選択する

接線となる線分AB、BC、ACの3本をクリックして選択します。

➡線分AB、BC、ACの3本に接する円が作成されました。

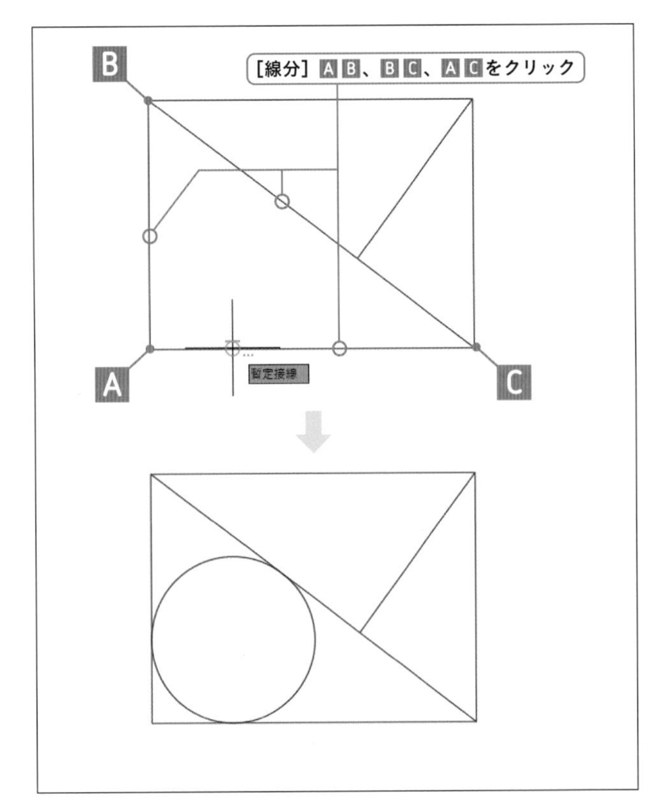

A.2 作図の流れと解答

動画でチェック

作画の流れ

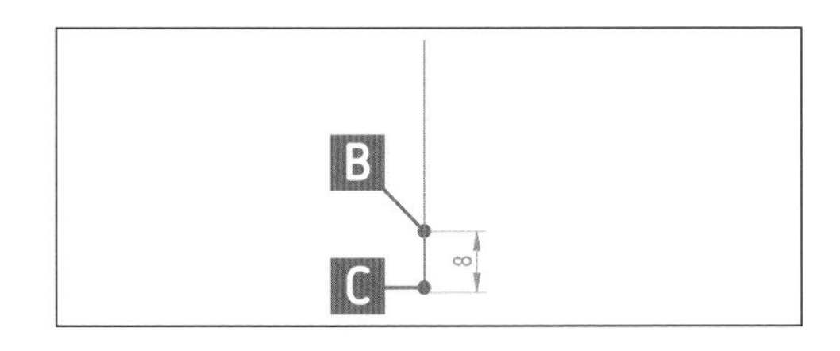

線分の端点 B から、直交モードを使用し、長さ8の線分 B C を作成します。半径8の円を描く補助線とします。

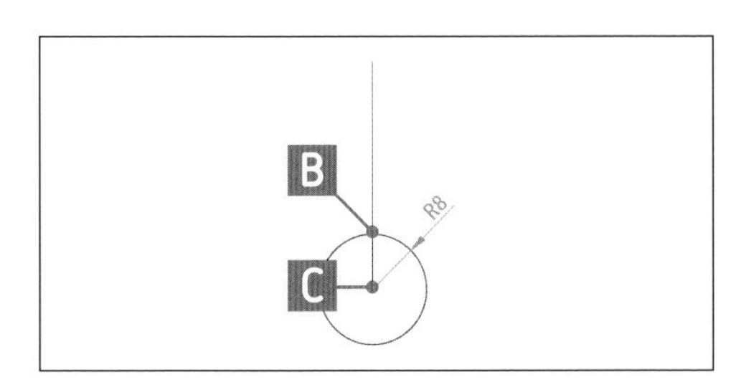

線分の端点 C を中心とした半径8の円を作成します。補助線 B C は削除します。

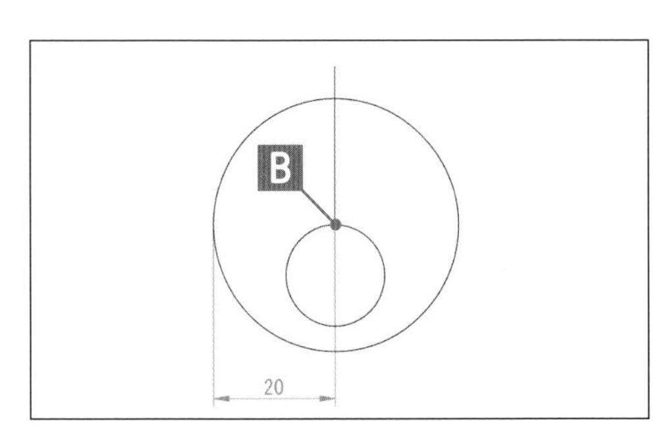

線分の端点 B を中心とした半径20の円を作成します。次に作成する線分のための補助円とします。

COLUMN

画面表示のトラブル

リボンが画面から消えてしまった場合には、全画面表示になっている場合があります。ステータスバーの［全画面表示］ボタンをクリックしてください。また、リボンの表示方法が変更された可能性もあります。その場合はP.65「リボンの表示を変更する」を参考にしてください。

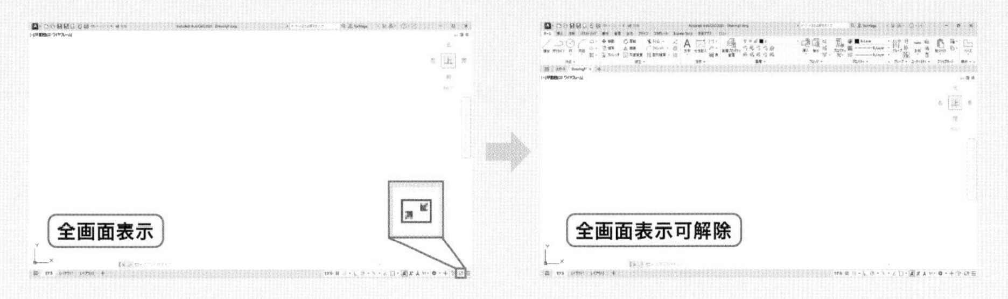

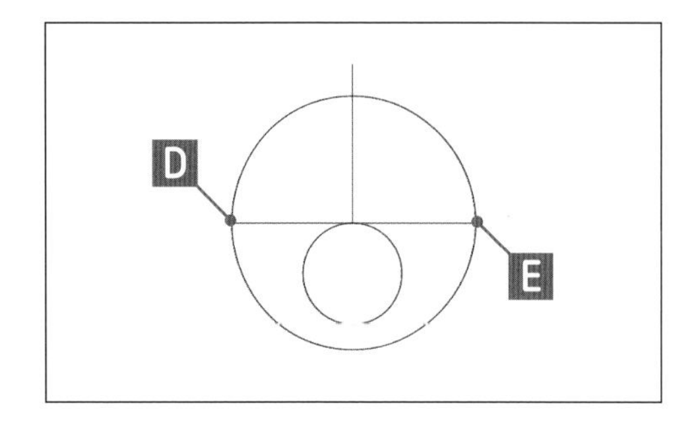

四半円点D、Eを使用し、線分を作成します。補助円は削除します。

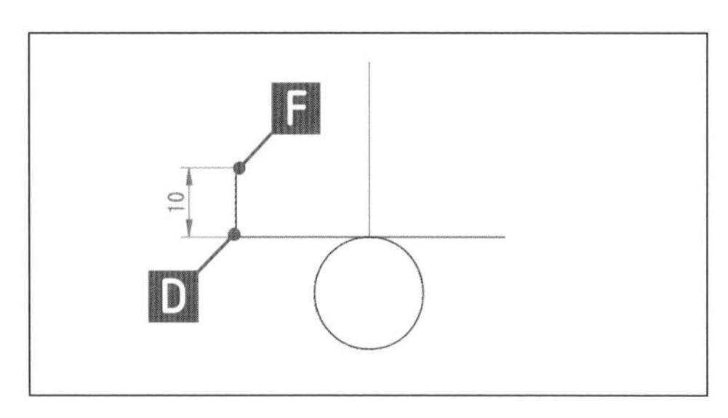

線分の端点Dから直交モードを使用し、長さ10の線分DFを作成します。円を描く補助線とします。

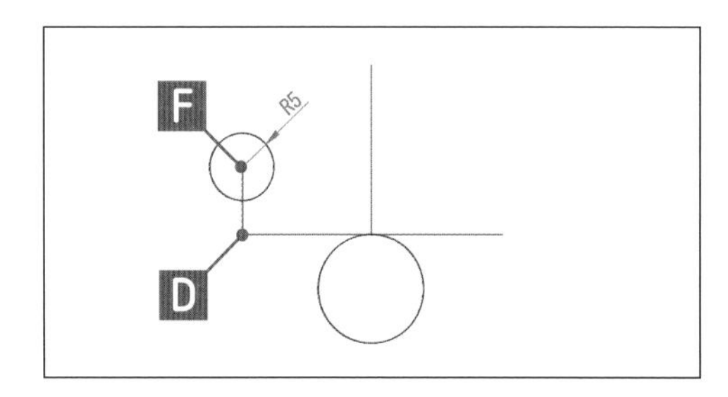

線分の端点Fを中心とした半径5の円を作成します。補助線DFは削除します。

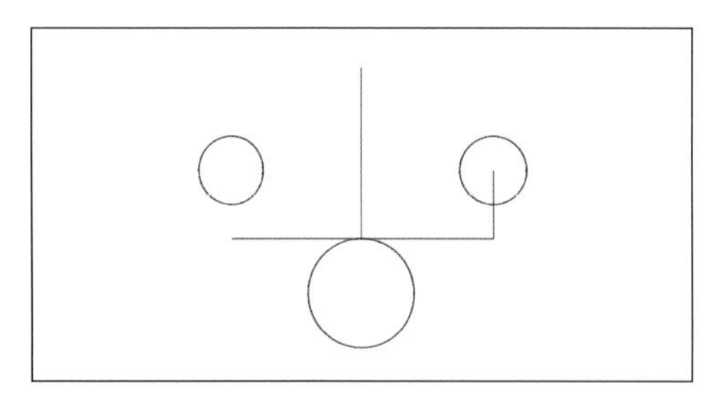

右の円も同様に補助線を作図してから円を作成します。最後に補助線は削除します。

解答

1 オブジェクトスナップの設定画面を表示する

ステータスバーの［オブジェクトスナップ］ボタンの上で右クリックし、［オブジェクトスナップ設定］を選択します。

➔［作図補助設定］ダイアログボックスが表示されました。

❷ 使用するオブジェクトスナップを設定する

端点、四半円点にチェックを入れて、[OK] ボタンをクリックします。

➔ダイアログボックスが閉じ、オブジェクトスナップが設定されました。

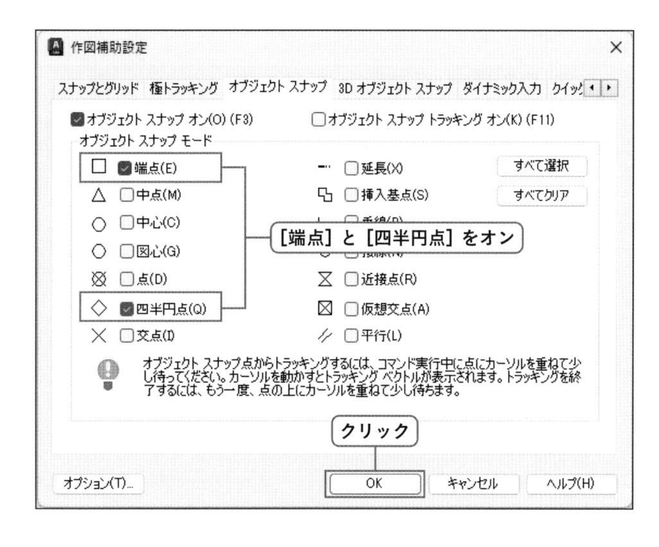

❸ 直交モードとオブジェクトスナップをオンにする

ステータスバーの直交モードボタンとオブジェクトスナップをオンにします。

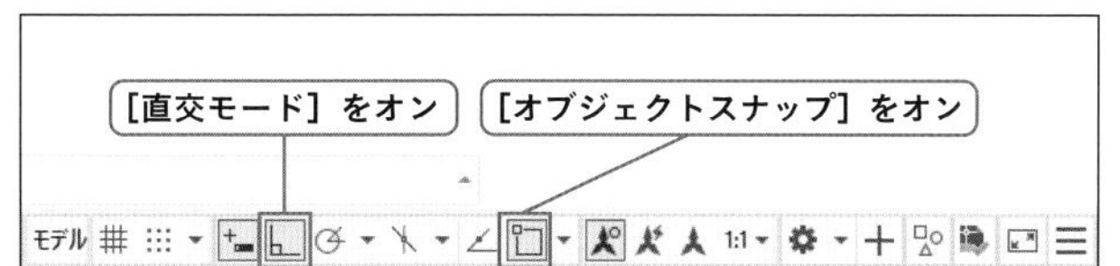

❹ 線分コマンドを選択する

[ホーム] タブー [作成] パネルー [線分] をクリックします。

❺ 始点と方向、長さを指定する

線分の点 B をクリックし、カーソルを下に移動、キーボードで「8」と入力し、[Enter] キーを押します。

❻ 線分コマンドを終了する

[Enter] キーを押します。

➔線分コマンドが終了し、線分 B C が作図されました。

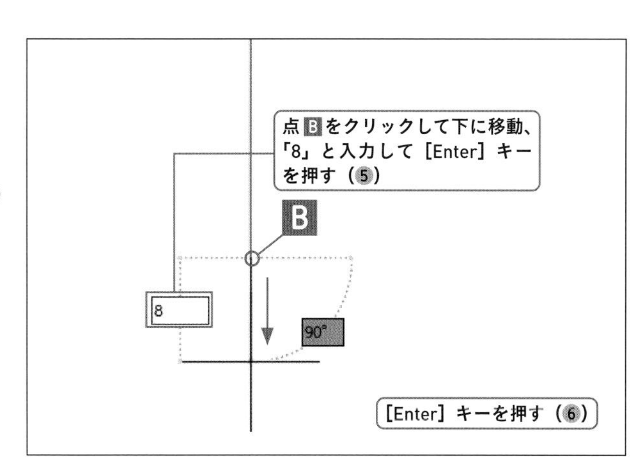

❼ 円コマンドを選択する

[ホーム] タブー [作成] パネルー [円] の下側をクリックし、表示されたメニューから [中心、半径] をクリックします。

❽ 中心点と半径を指定する

中心点として線分の端点 C をクリック、半径として線分の端点 B をクリックします。

➔半径8の円が作成され、円コマンドが終了しました。

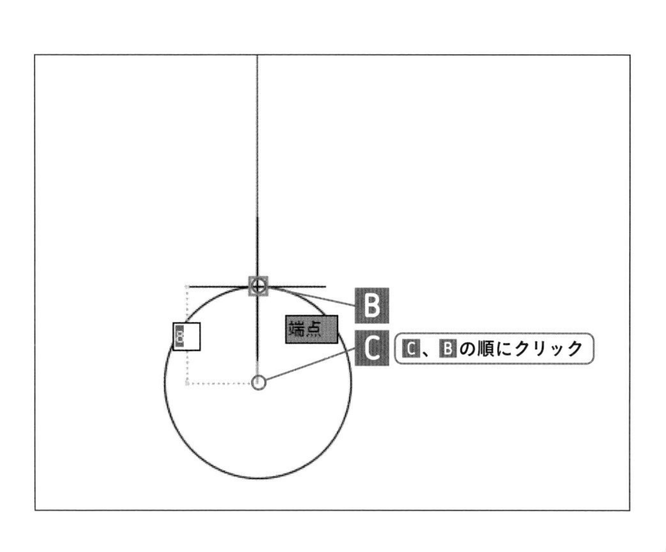

9 削除コマンドを選択する

[ホーム] タブー [修正] パネルー [削除] をクリックします。

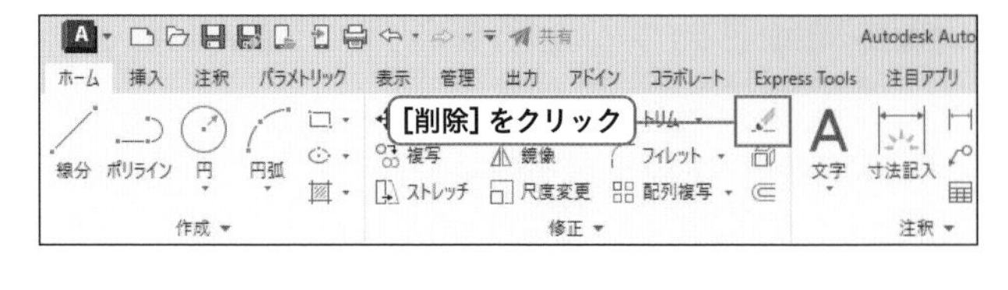

10 図形を選択する

線分 B C をクリックして選択します。

11 削除コマンドを終了する

[Enter] キーを押します。

➔削除コマンドが終了し、線分 B C が削除されました。

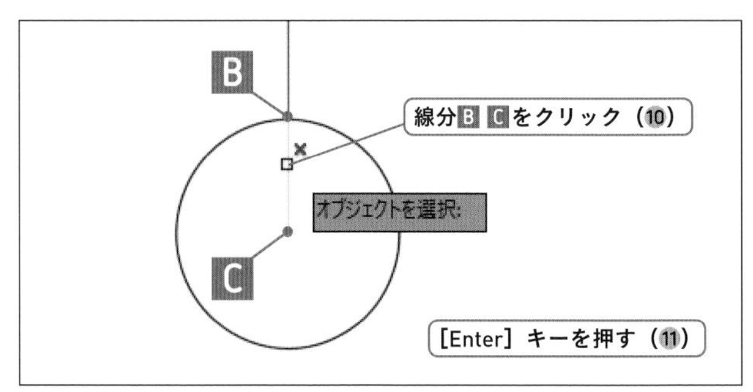

12 円コマンドを選択する

[ホーム] タブー [作成] パネルー [円] をクリックします。

13 中心点と半径を指定する

線分の端点 B をクリックし、キーボードで「20」と入力、[Enter] キーを押します。

➔半径20の円が作成され、円コマンドが終了しました。

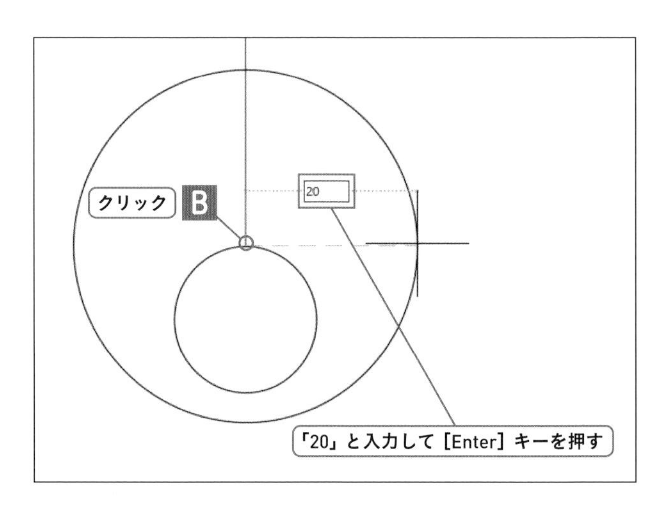

14 線分コマンドを選択する

[ホーム] タブー [作成] パネルー [線分] をクリックします。

15 点を指定する

円の四半円点 D、E をクリックします。

16 線分コマンドを終了する

[Enter] キーを押します。

➔線分コマンドが終了し、線分 D E が作図されました。

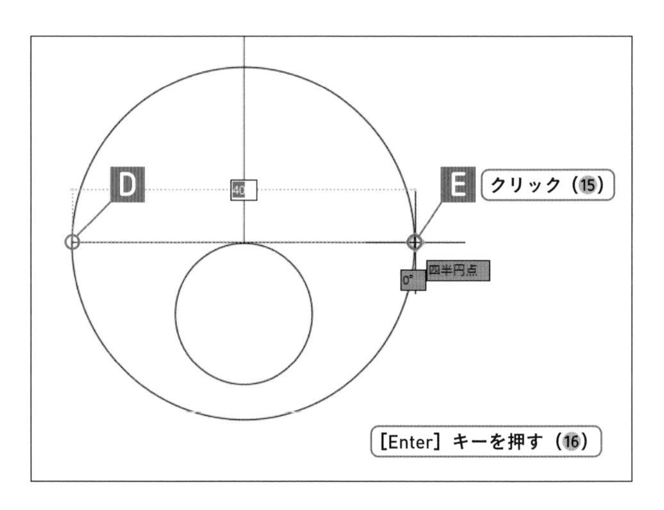

⑰ 削除コマンドを選択する

[ホーム] タブー [修正] パネルー [削除] をクリックします。

⑱ 図形を選択する

補助として使用した円をクリックして選択します。

⑲ 削除コマンドを終了する

[Enter] キーを押します。

➔削除コマンドが終了し、円が削除されました。

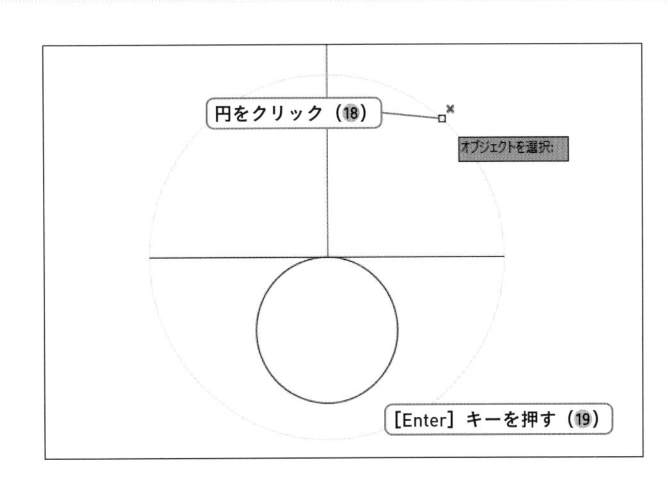

⑳ 線分コマンドを選択する

[ホーム] タブー [作成] パネルー [線分] をクリックします。

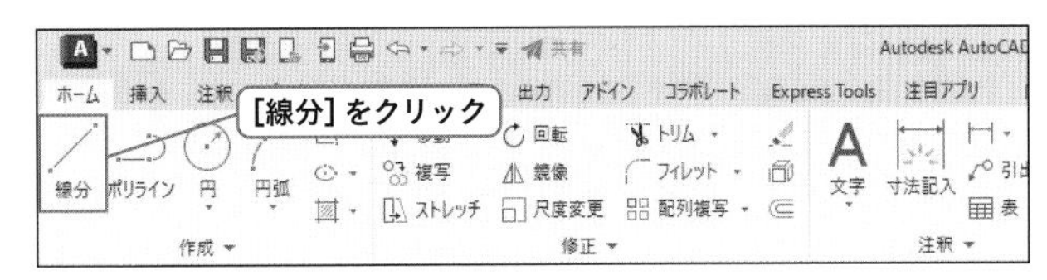

㉑ 始点と方向、長さを指定する

線分の端点 D をクリックし、カーソルを上に移動、キーボードで「10」と入力し、[Enter] キーを押します。

㉒ 線分コマンドを終了する

[Enter] キーを押します。

➔線分コマンドが終了し、線分 D F が作図されました。

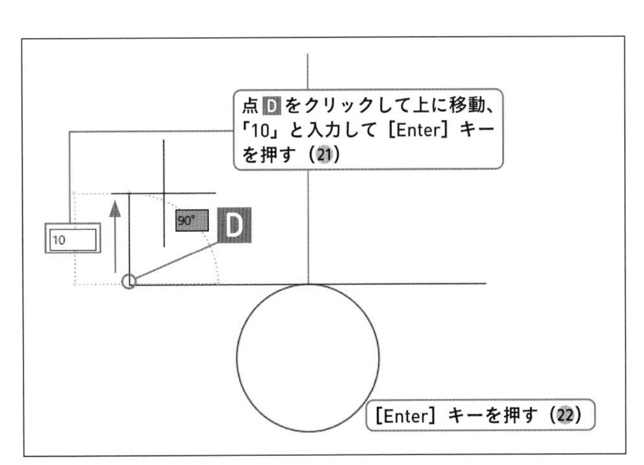

㉓ 円コマンドを選択する

[ホーム] タブー [作成] パネルー [円] をクリックします。

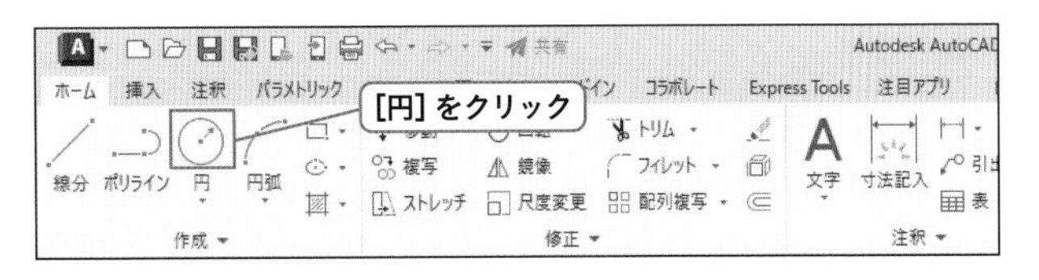

㉔ 中心点と半径を指定する

線分の端点 F をクリックし、キーボードで「5」と入力、[Enter] キーを押します。

➔半径5の円が作成され、円コマンドが終了しました。

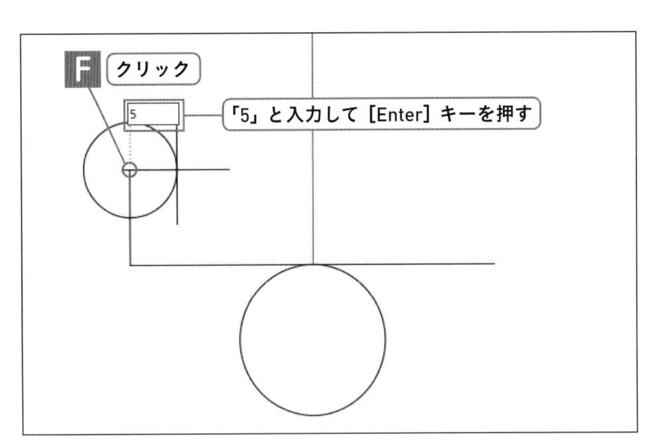

㉕削除コマンドを選択する

［ホーム］タブ－［修正］パネル－［削除］をクリックします。

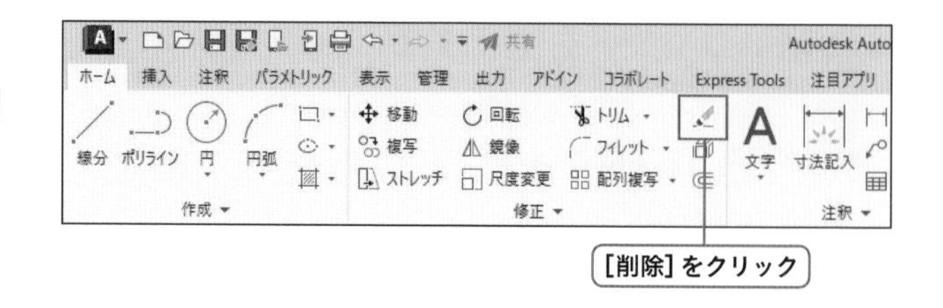

㉖図形を選択する

補助として使用した線分 D F をクリックして選択します。

㉗削除コマンドを終了する

［Enter］キーを押します。

➔削除コマンドが終了し、線分が削除されました。

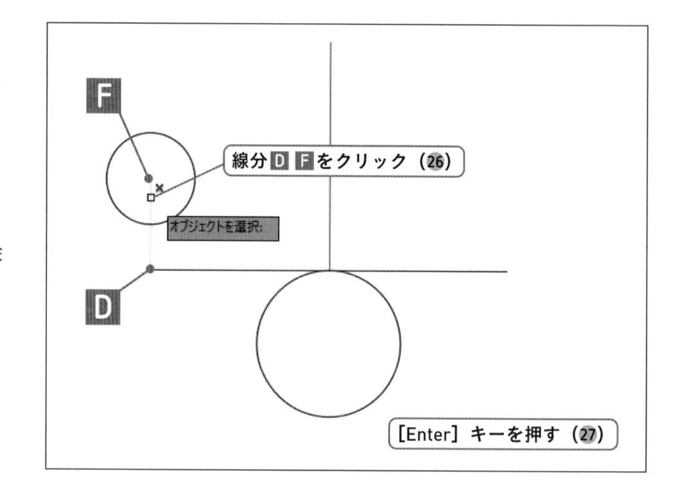

㉘右側の円を作成する

手順⑳～㉗を繰り返し、右側の円を作成します。

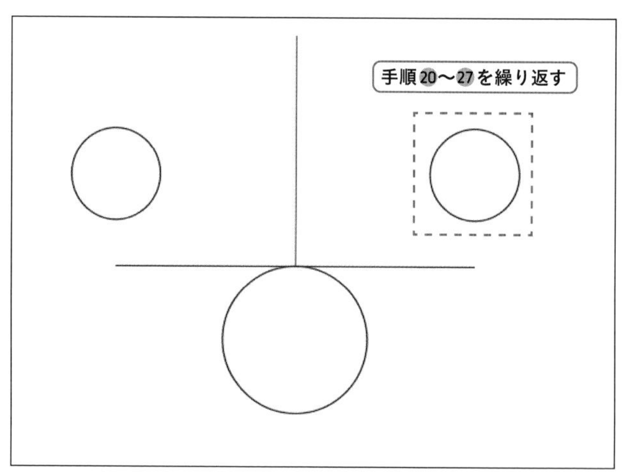

ヘルプの起動

コマンド実行中に［F1］キーを押すと、実行中のコマンドのヘルプが起動します。ヘルプはインターネットに接続されていないと表示されません。

chapter 3

修正の基本

SECTION

SECTION
3-1 図形の削除

練習用ファイル
3-1.dwg

図形を削除するには、削除コマンドを実行する方法と、図形を選択してから[Delete] キーを押す方法があります。ここでは、削除コマンドを実行する方法を説明します。図形の一部を削除するにはトリムコマンド(P.108) を使用してください。

ここで学ぶこと

3-1-1 窓選択を使って図形を削除する P.77

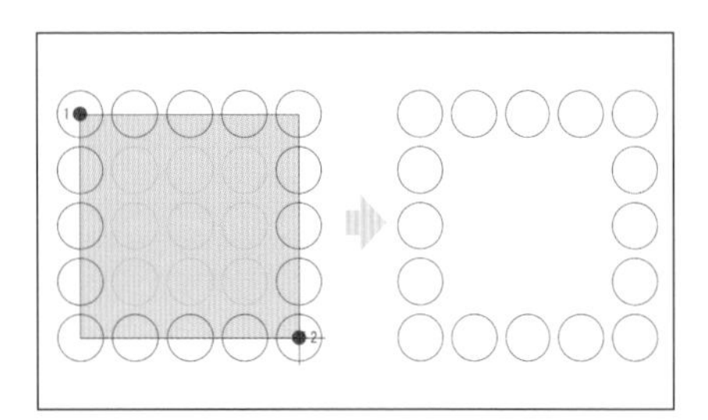

窓選択（矩形範囲に完全に囲まれている図形を選択する方法）を使用し、まとめて図形を削除します。矩形の範囲選択で、その中でも選択したくないものがある場合に便利です。

3-1-2 交差選択を使って図形を削除する P.78

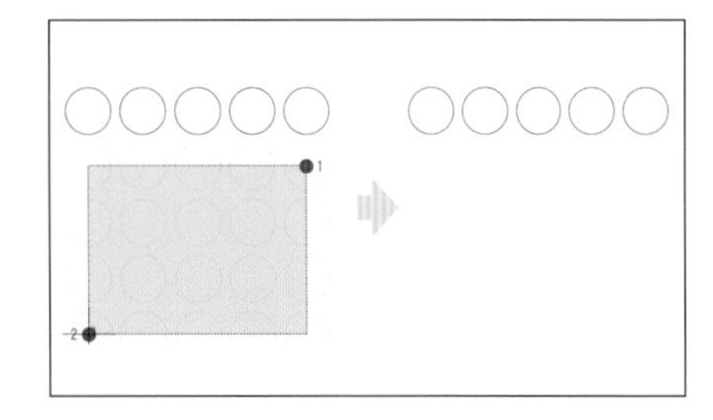

交差選択（矩形範囲に一部でも入っている図形を選択する方法）を使用し、まとめて図形を削除します。矩形の範囲選択で、その中にある全てを選択したい場合に便利です。

3-1-3 選択の解除を使って図形を削除する P.80

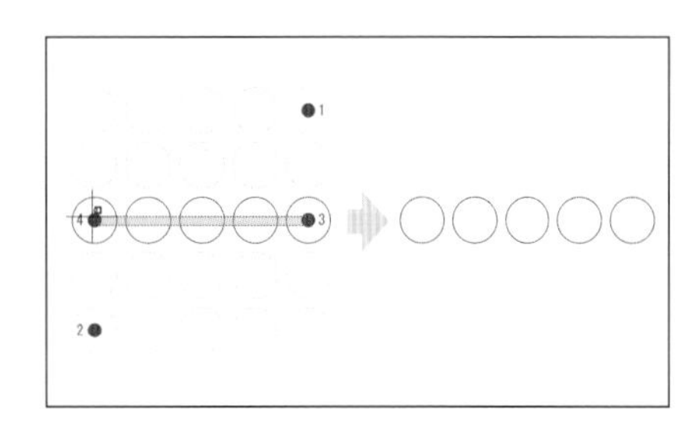

図形をまとめて選択した後、いくつかの図形の選択を解除して、削除をします。間違えて選択した場合や、ある一部分だけ選択解除をしたい場合に便利です。

3-1-1 窓選択を使って図形を削除する

[削除] コマンドを実行し、円 a の内側、円 b の内側の順にクリックして窓選択をします。最後に [Enter] キーを押してプロンプトの確定を行います。

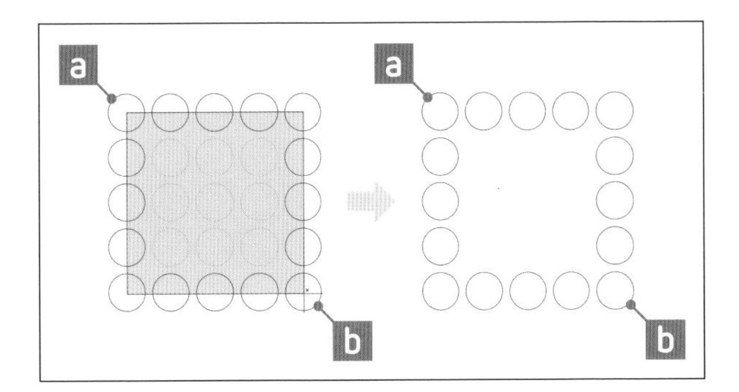

使用するコマンド	[削除]
メニュー	[修正]ー[削除]
リボン	[ホーム]タブー[修正]パネル
アイコン	
キーボード	ERASE[Enter](E[Enter])

COLUMN

窓選択

窓選択とは、左から右に図形を囲むように2点クリックし、矩形範囲に完全に囲まれているオブジェクトを選択する方法です。完全に囲まれなかったオブジェクトは選択されません。矩形の範囲選択で、その中でも選択したくないものがある場合に便利です。

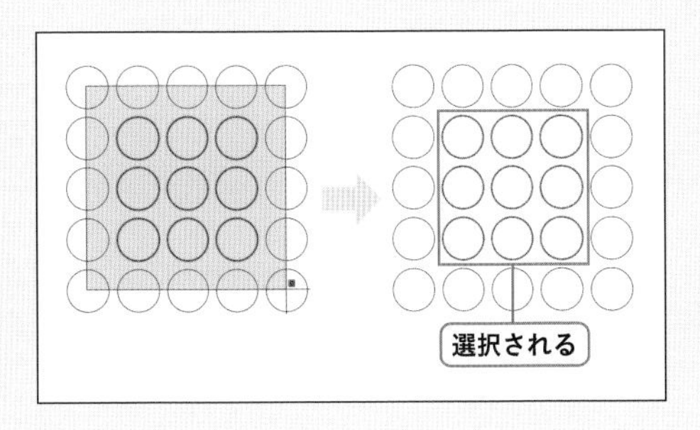

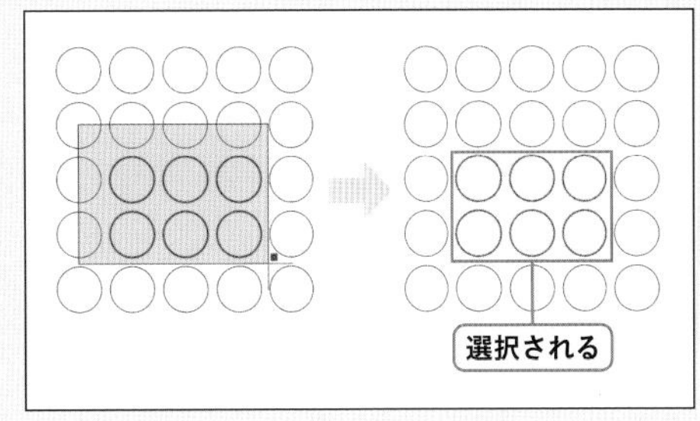

やってみよう

1 削除コマンドを選択する

[ホーム] タブー [修正] パネルー [削除] をクリックします。

➔削除コマンドが実行され、プロンプトに「オブジェクトを選択」と表示されます。

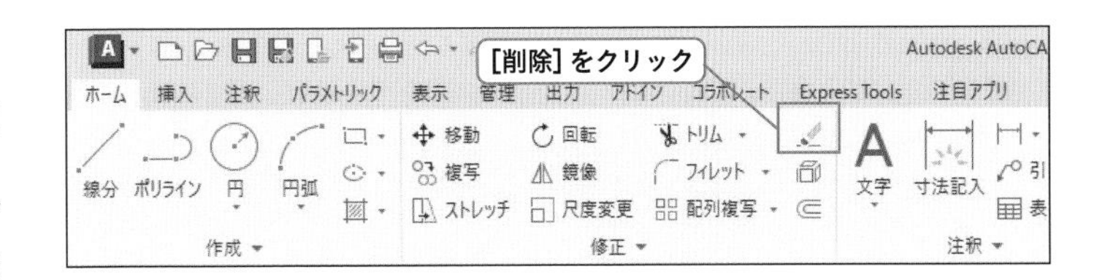

2 窓選択を開始する

円 a の内側をクリックし、カーソルをクリックした位置よりも右に移動します。

➔窓選択が開始され、青い矩形が表示されます。プロンプトには「もう一方のコーナーを指定」と表示されます。

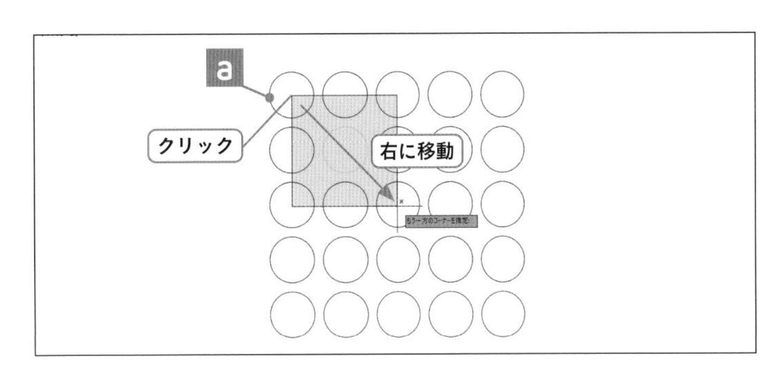

3 窓選択を終了する

円bの内側をクリックします。

➜窓選択が終了し、青い矩形に完全に囲まれていた円が9つ選択され、ハイライト表示されました。プロンプトには「オブジェクトを選択」と表示されています。

4 削除コマンドを終了する

[Enter] キーを押します。

➜「オブジェクトを選択」のプロンプトが確定され、削除コマンドが終了しました。

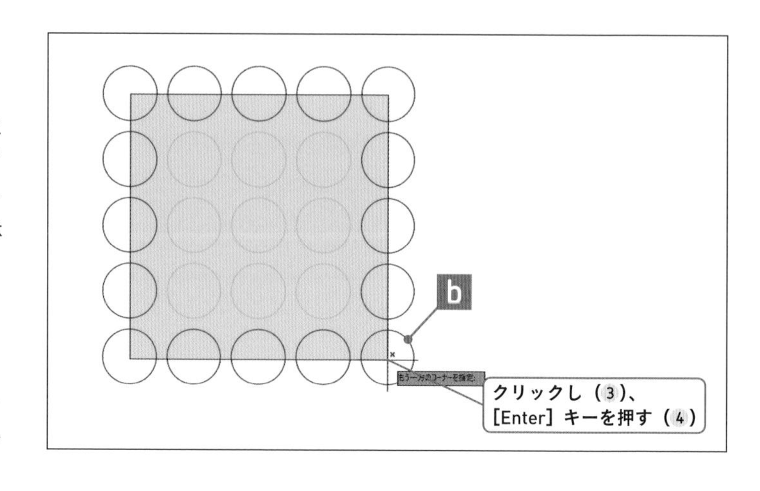

3-1-2 交差選択を使って図形を削除する

[削除] コマンドを実行し、円aの内側、円bの内側の順にクリックして交差選択をします。最後に[Enter] キーを押してプロンプトの確定を行います。

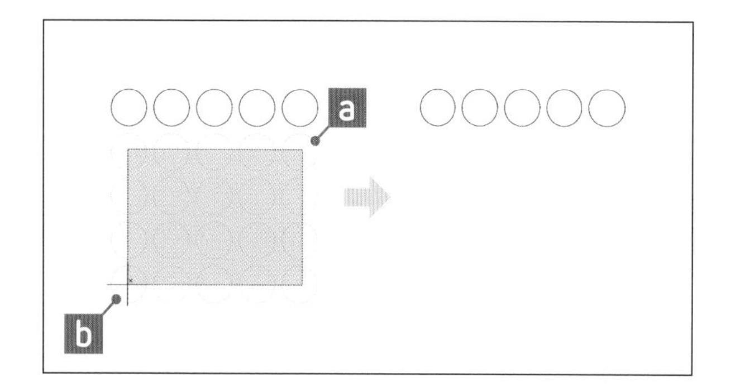

使用するコマンド	[削除]
メニュー	[修正]ー[削除]
リボン	[ホーム]タブー[修正]パネル
アイコン	
キーボード	ERASE[Enter](E[Enter])

COLUMN

交差選択

交差選択とは、右から左に図形を囲むように2点クリックし、矩形範囲に一部でも入っているオブジェクトを選択する方法です。矩形の範囲選択で、その中にある全てを選択したい場合に便利です。窓選択との違いを確認しておきましょう。

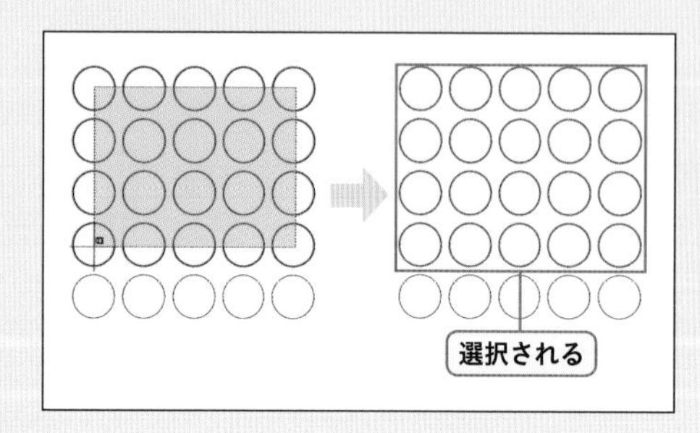

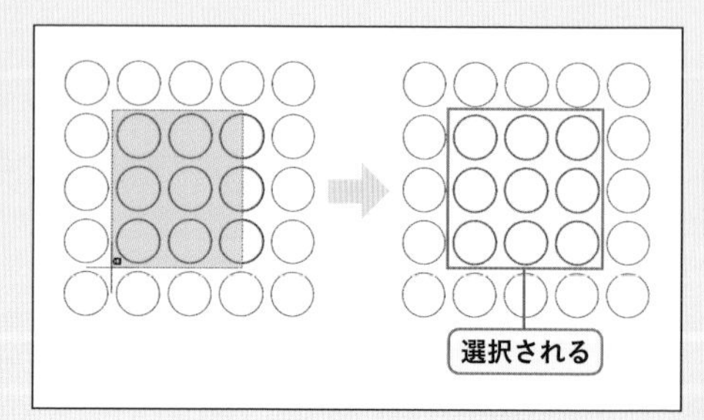

やってみよう

1 削除コマンドを選択する

[ホーム] タブー [修正] パネルー [削除] をクリックします。

➔削除コマンドが実行され、プロンプトに「オブジェクトを選択」と表示されます。

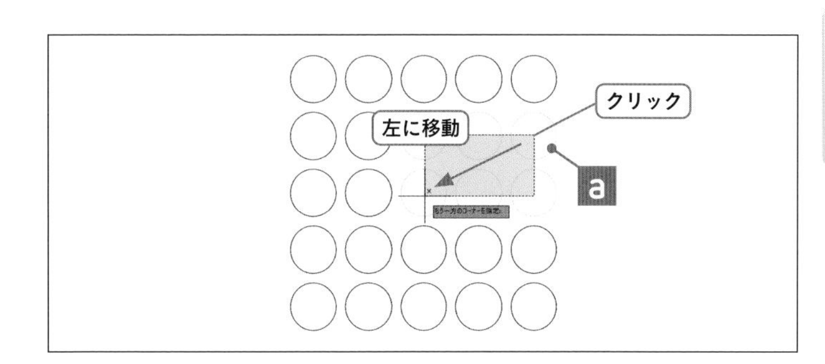

2 交差選択を開始する

円 a の内側をクリックし、カーソルをクリックした位置よりも左に移動します。

➔交差選択が開始され、緑色の矩形が表示されます。プロンプトには「もう一方のコーナーを指定」と表示されます。

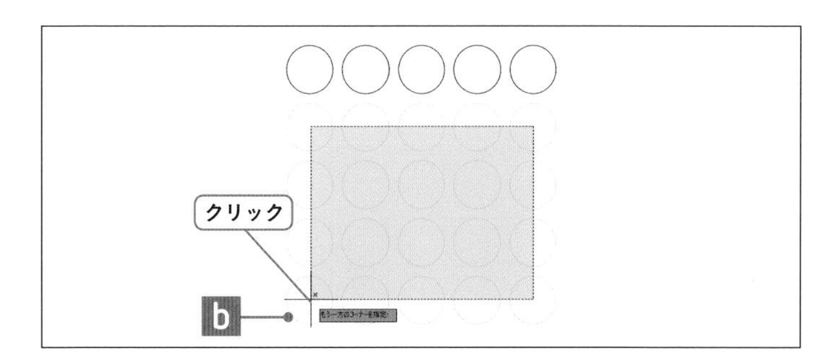

3 交差選択を終了する

円 b の内側をクリックします。

➔交差選択が終了し、緑色の矩形に一部でも入っていた円が20個選択され、ハイライト表示されました。プロンプトには「オブジェクトを選択」と表示されています。

4 削除コマンドを終了する

[Enter] キーを押します。

➔「オブジェクトを選択」のプロンプトが確定され、削除コマンドが終了しました。

[Enter] キーを押す

COLUMN

その他の選択方法－フェンス選択－

フェンス選択は、フェンス線分を作成し、その線分と交わるオブジェクトを選択することができます。

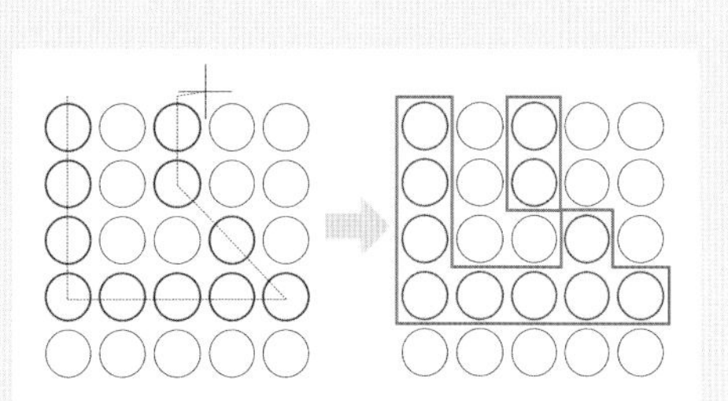

❶修正コマンドを実行します。「オブジェクトを選択」とプロンプトに表示されます。
❷キーボードで「F」と入力し、[Enter] キーを押します。フェンス線分の作成が始まります。
❸オブジェクトを通るように任意点を何点かクリックします。
❹[Enter] キーを押すと、フェンス選択が終了し、オブジェクトが選択されます。

3-1-3 選択の解除を使って図形を削除する

[削除] コマンドを実行し、円aの内側、円bの内側の順にクリックして交差選択をします。その後、[Shift] キーを押しながら円cの内側、円dの内側の順にクリックし、交差選択で選択の解除を行います。最後に [Enter] キーを押してプロンプトの確定を行います。

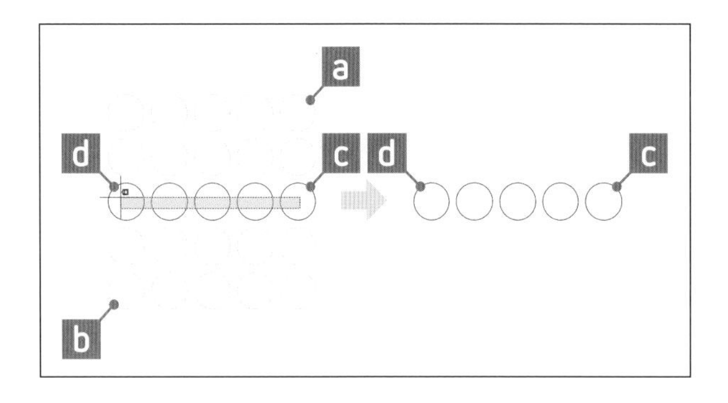

使用するコマンド	[削除]
メニュー	[修正]ー[削除]
リボン	[ホーム]タブー[修正]パネル
アイコン	
キーボード	ERASE[Enter](E[Enter])

COLUMN

選択の除外

[Shift] キーを押しながらオブジェクトを選択することによって、選択したオブジェクトを選択していない状態に戻します。間違えて選択した場合や、全体を選択してから一部を選択除外するという方法で利用すると効率的です。

やってみよう

1 削除コマンドを選択する

[ホーム] タブー [修正] パネルー [削除] をクリックします。

➜削除コマンドが実行され、プロンプトに「オブジェクトを選択」と表示されます。

2 交差選択を開始する

円aの内側をクリックし、カーソルをクリックした位置よりも左に移動します。

➜交差選択が開始され、緑色の矩形が表示されます。プロンプトには「もう一方のコーナーを指定」と表示されます。

3 交差選択を終了する

円bの内側をクリックします。

➜交差選択が終了し、円がすべて選択されました。プロンプトには「オブジェクトを選択」と表示されています。

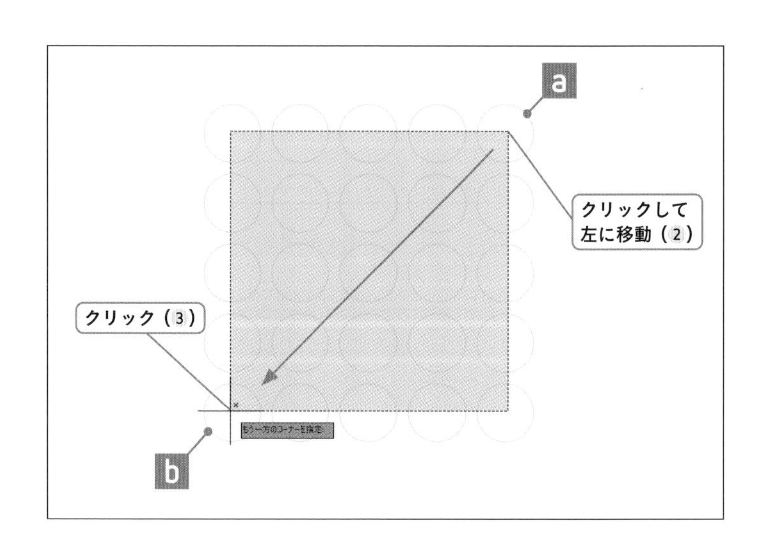

4 選択の除外を開始する

[Shift] キーを押しながら、円 c の内側をクリックし、カーソルをクリックした位置よりも左に移動します。

➔交差選択による選択の除外が開始され、緑色の矩形が表示されます。プロンプトには「もう一方のコーナーを指定」と表示されます。

[Shift] キーを押しながらクリックして左に移動(4)

d

c

クリック(5)

5 選択の除外を終了する

円 d の内側をクリックします。

➔5つの円が選択から除外され、ハイライト表示が解除されました。交差選択による選択の除外は終了し、プロンプトには「オブジェクトを選択」と表示されています。

6 削除コマンドを終了する

[Enter] キーを押します。

➔「オブジェクトを選択」のプロンプトが確定され、削除コマンドが終了しました。

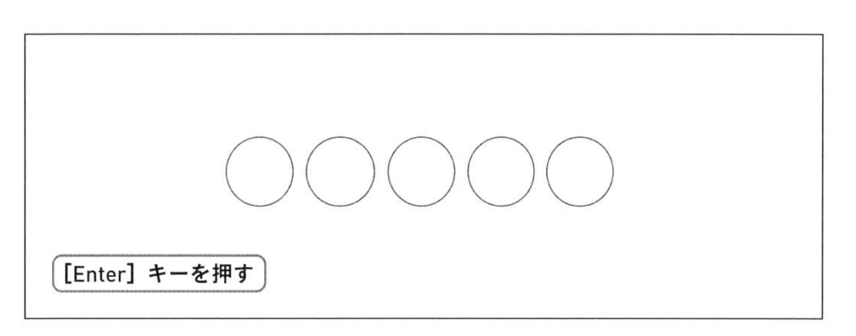

COLUMN

その他の選択方法－ポリゴン窓・ポリゴン交差－

多角形で窓選択、交差選択をすることができるのが、ポリゴン窓選択、ポリゴン交差選択です。ポリゴン窓の場合は手順❷のオプションキーの入力で「WP」を入力します。ポリゴン交差の場合は「CP」を入力します。

❶修正コマンドを実行します。「オブジェクトを選択」とプロンプトに表示されます。

❷キーボードでオプションキーを入力します。ポリゴン窓の場合は「WP」と入力し、[Enter] キーを押します。

❸任意点を何点かクリックします。

❹[Enter] キーを押すと選択オプションが終了し、オブジェクトが選択されます。

ポリゴン窓

ポリゴン交差

SECTION
3-2 図形の移動

移動元の基点と移動先の目的点を指示して図形を移動します。目的点の指示にはオブジェクトスナップや直交モードを利用しましょう。初めから正確な位置に作図するのではなく、任意の位置に作図してから正確な位置に移動し、作図を仕上げる方法もあります。

練習用ファイル
3-2.dwg

ここで学ぶこと

3-2-1 既存の図形上の点を利用して図形を移動する P.83

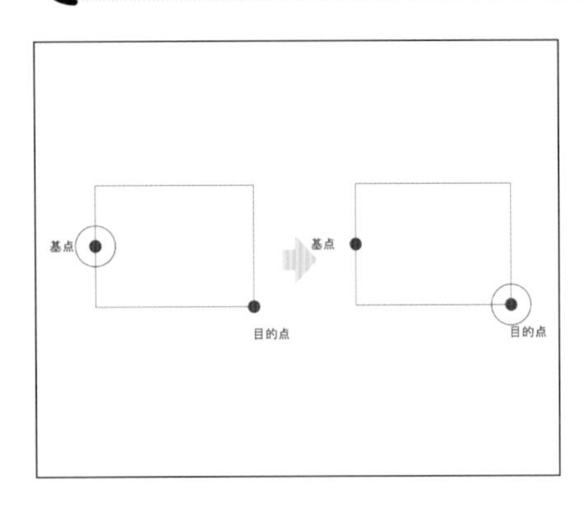

移動元の基点と移動先の目的点を指定して、図形を移動します。移動元の点、移動先の点がオブジェクトスナップなどで指定できる場合に使用します。

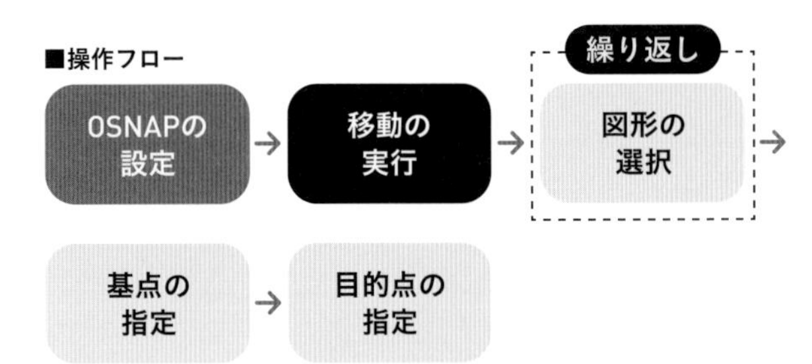

3-2-2 水平・垂直に図形を移動する P.85

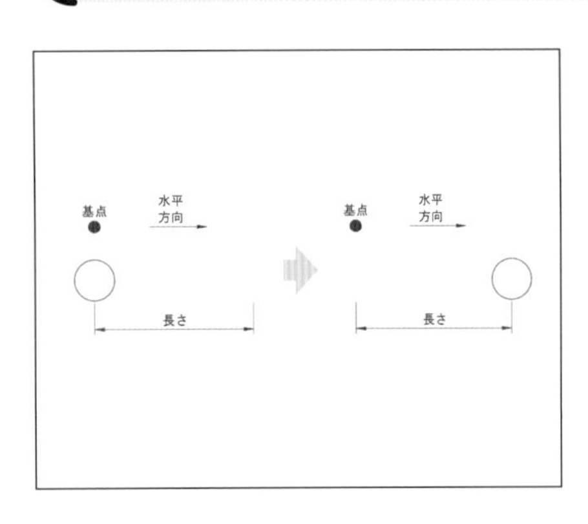

水平または垂直方向に移動したい場合、直交モードを使用して、カーソルの動きを水平垂直方向に限定させて移動をします。

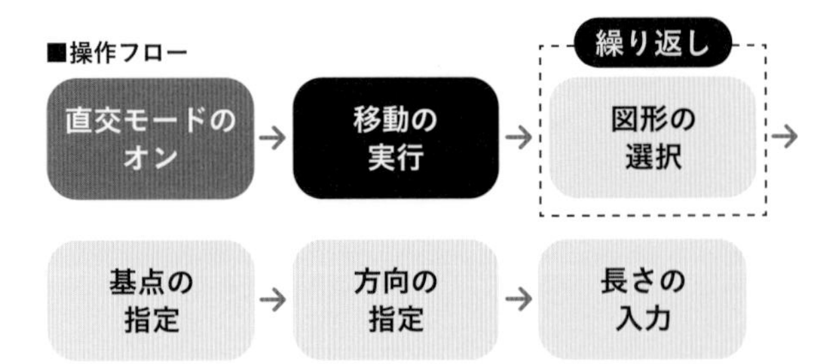

3-2-1 既存の図形上の点を利用して図形を移動する

はじめにオブジェクトスナップの設定をします。つぎに、［移動］コマンドを実行し、円a を選択、基点として円a の中心点をクリック、目的点として長方形の頂点B をクリックすると、円が移動します。

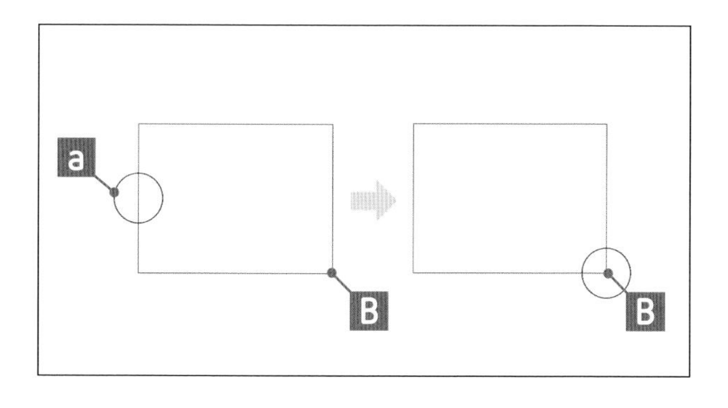

使用するコマンド	［移動］
メニュー	［修正］ー［移動］
リボン	［ホーム］タブー［修正］パネル
アイコン	
キーボード	MOVE［Enter］（M［Enter］）

使用する機能	［オブジェクトスナップ］
ステータスバー	
キーボード	［F3］

やってみよう

1 オブジェクトスナップの設定画面を表示する

ステータスバーの［オブジェクトスナップ］ボタンの上で右クリックし、［オブジェクトスナップ設定］を選択します。

➜［作図補助設定］ダイアログボックスが表示されました。

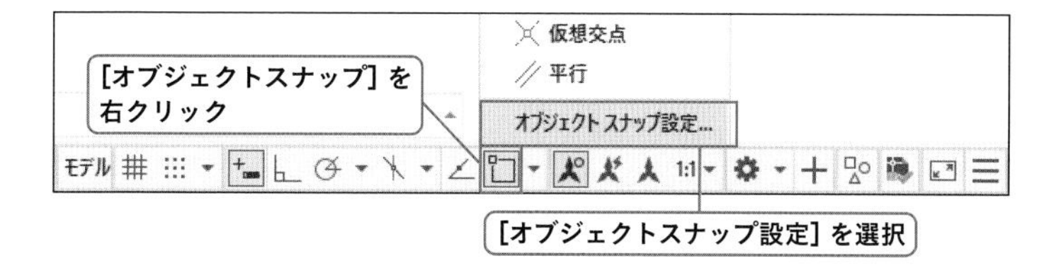

2 使用するオブジェクトスナップを設定する

［端点］と［中心］にチェックを入れて、［OK］ボタンをクリックします。

➜ダイアログボックスが閉じ、オブジェクトスナップが設定されました。

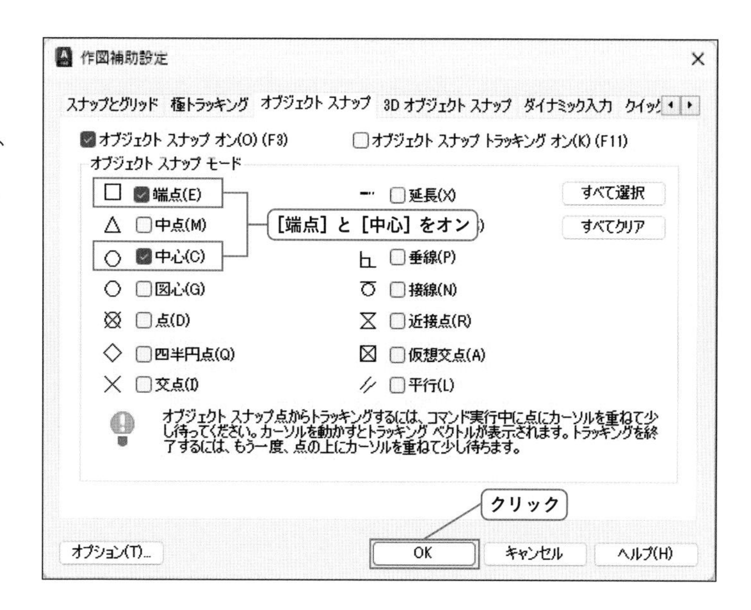

3 直交モードをオフ、オブジェクトスナップをオンにする

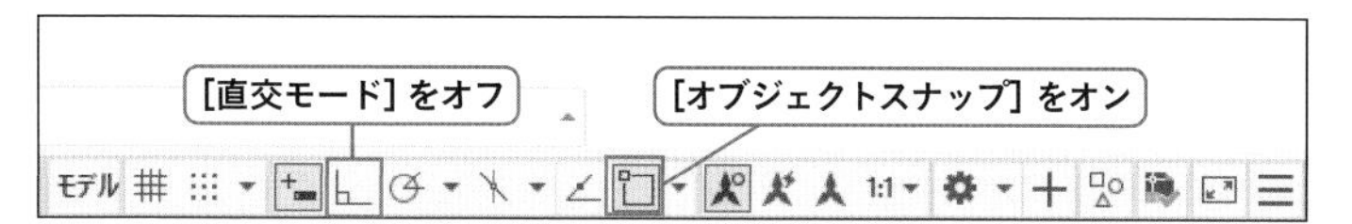

4 移動コマンドを選択する

[ホーム] タブー [修正] パネルー [移動] をクリックします。

➔移動コマンドが実行され、プロンプトに「オブジェクトを選択」と表示されます。

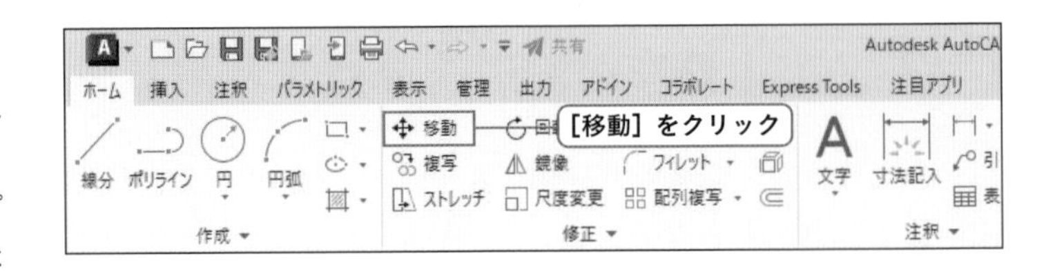

5 図形を選択する

円 a をクリックして選択します。

➔プロンプトには「オブジェクトを選択」と表示されます。選択する図形はこれ以上ないので、次の操作で選択の確定(プロンプトの確定)を行います。

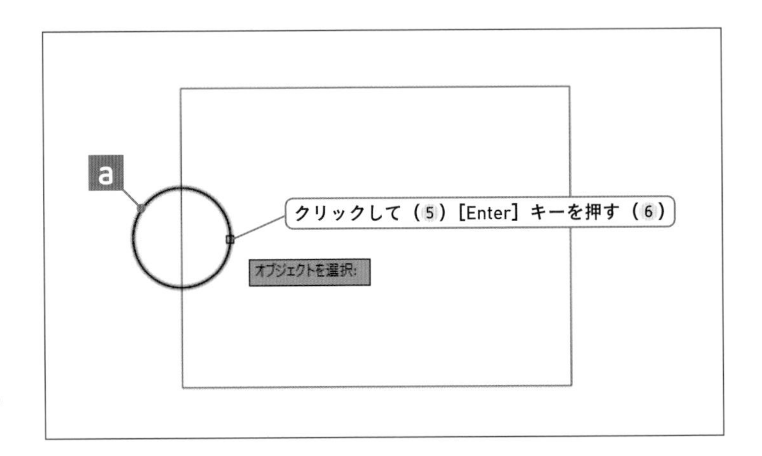

6 選択を確定する

[Enter] キーを押します。

➔選択が確定され、プロンプトには「基点を指定」と表示されます。

7 基点を指定する

円 a の中心点をクリックします。

➔カーソルを動かすと、カーソルを基点として円が移動するプレビューが表示されます。プロンプトには「目的点を指定」と表示されています。

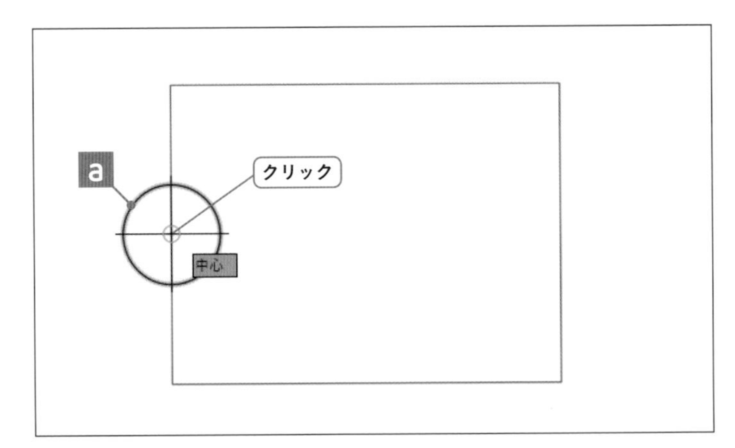

8 目的点を指定する

長方形の頂点 B をクリックします。

➔目的点が指定され、円が移動しました。円コマンドは終了しています。

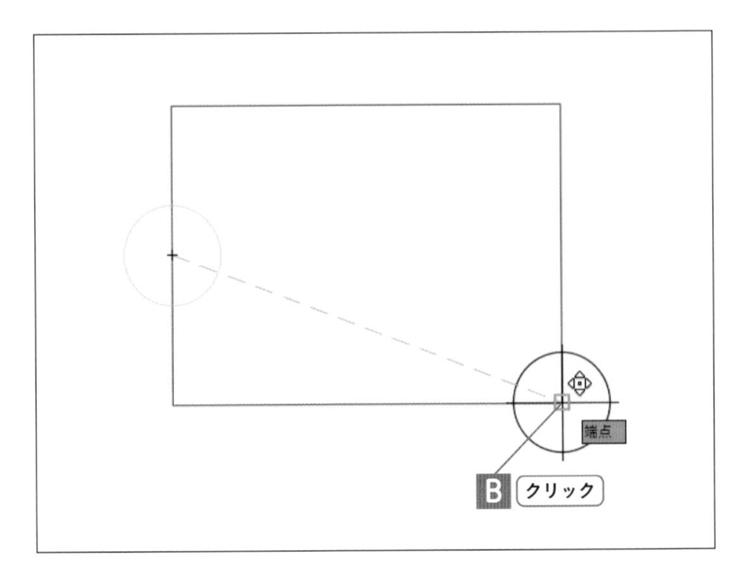

3-2-2 水平・垂直に図形を移動する

はじめに直交モードをオンにします。つぎに、[移動] コマンドを実行し、円 a を選択、基点として任意点をクリックし、方向、長さを指定します。

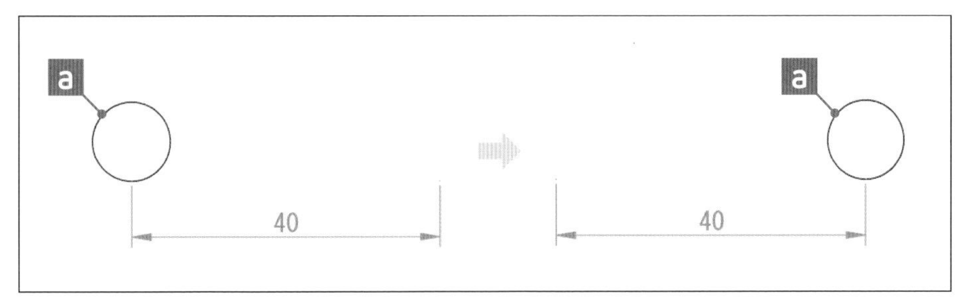

使用するコマンド	[移動]
メニュー	[修正]ー[移動]
リボン	[ホーム]タブー[修正]パネル
アイコン	
キーボード	MOVE[Enter](M[Enter])

使用する機能	[直交モード]
ステータスバー	
キーボード	[F8]

やってみよう

1 直交モードをオンに、オブジェクトスナップをオフにする

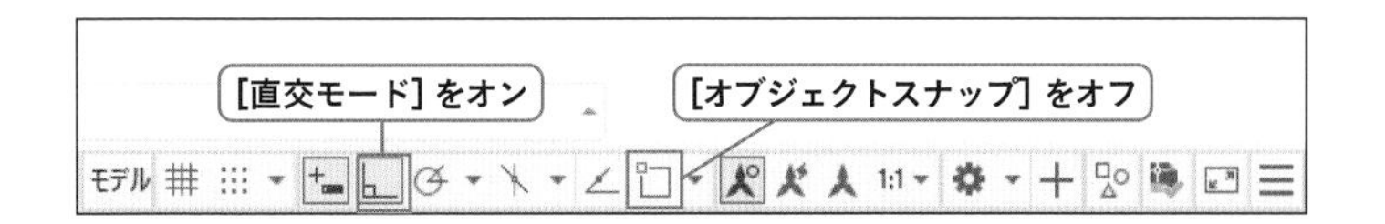

2 移動コマンドを選択する

[ホーム] タブー [修正] パネルー [移動] をクリックします。

➔移動コマンドが実行され、プロンプトに「オブジェクトを選択」と表示されます。

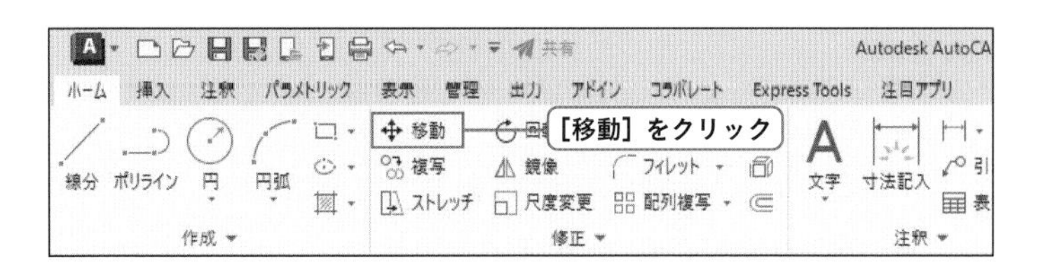

3 図形を選択する

円 a をクリックして選択します。

➔プロンプトには「オブジェクトを選択」と表示されます。選択する図形はこれ以上ないので、次の操作で選択の確定（プロンプトの確定）を行います。

4 選択を確定する

[Enter] キーを押します。

➔選択が確定され、プロンプトには「基点を指定」と表示されます。

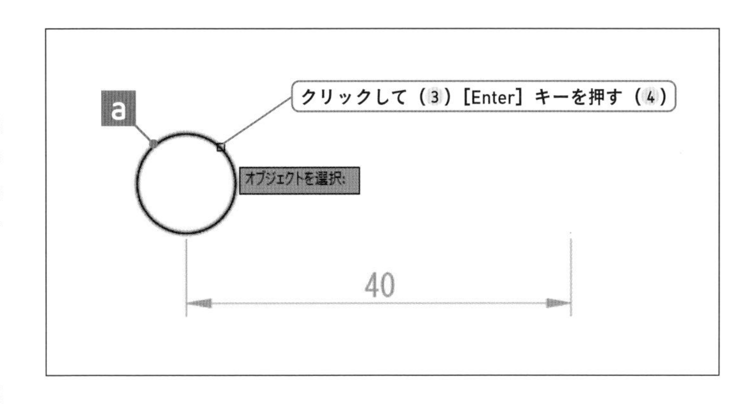

5 基点を指定する

任意点をクリックします。

➔カーソルを動かすと、カーソルを基点として円が移動するプレビューが表示されます。プロンプトには「目的点を指定」と表示されています。

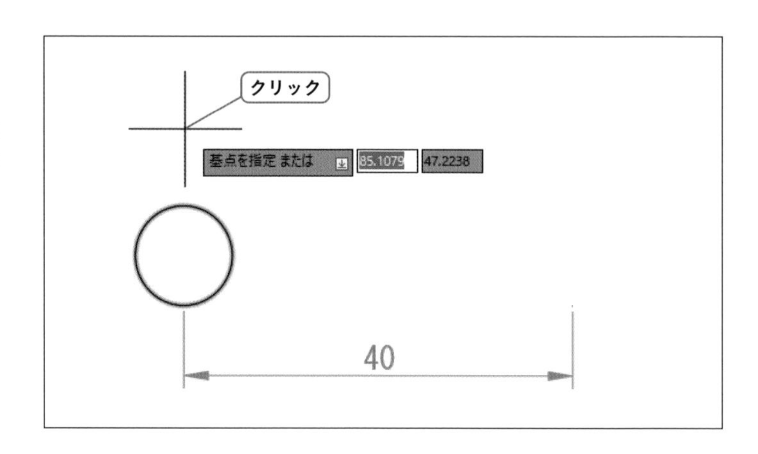

6 方向を指定する

カーソルを描画したい方向に移動します。ここでは水平方向右に向かって動かします。

➔水平方向にラバーバンド（推測線）が表示されます。

7 長さを入力する

キーボードで「40」と入力し、[Enter]キーを押します。

➔円が水平方向に40移動しました。移動コマンドは終了しています。

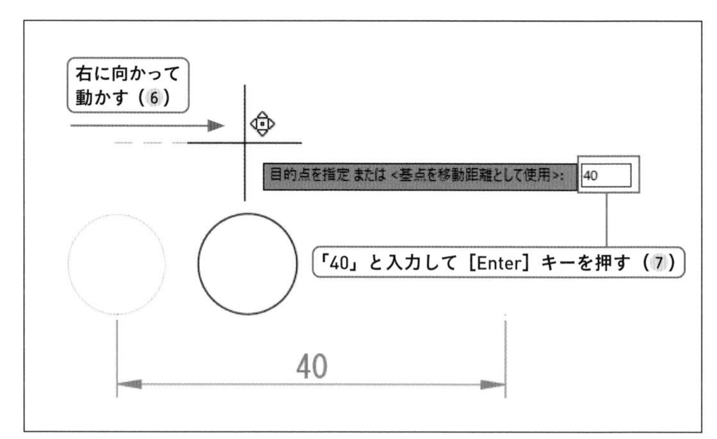

COLUMN

同じ種類の図形をまとめて選択

［類似オブジェクトを選択］コマンドを使うと、同じ種類の図形をまとめて選択することができます（AutoCAD 2011からの機能です）。

❶選択したい種類の図形を1つクリックして選択します。

❷作図領域で右クリックし、メニューから［類似オブジェクトを選択］を選択します。コマンドが実行され、同じ種類の図形が複数選択されます。

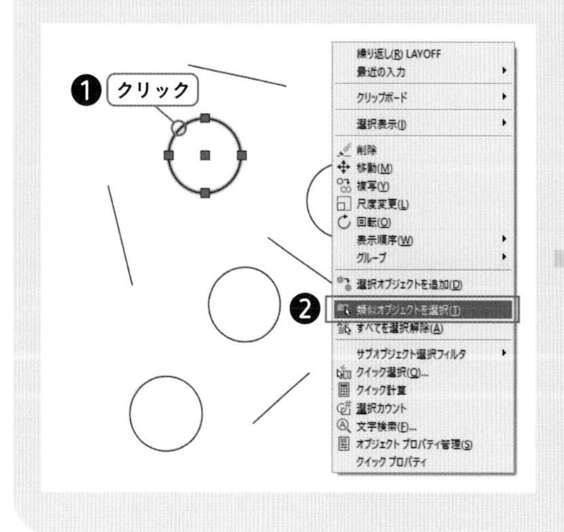

SECTION
3-3 図形の複写

練習用ファイル
3-3.dwg

複写元の基点と複写先の目的点(2点目)を指示して図形を連続複写します。同一図形でなくても、類似した図形は複写やその他の修正コマンドを利用して図面を描くと効率的です。目的点(2点目)の指定には、オブジェクトスナップや直交モードを利用します。

ここで学ぶこと

3-3-1 既存の図形上の点を利用して図形を複写する P.88

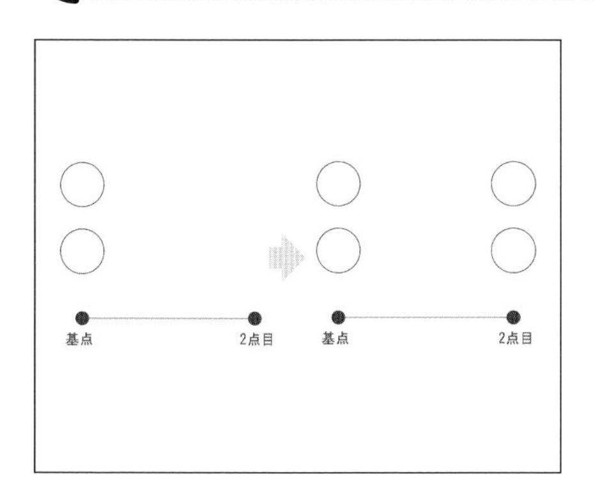

複写元の基点と複写先の2点目を指定して、図形を複写します。複写元の点、複写先の点がオブジェクトスナップなどで指定できる場合に使用します。

■操作フロー

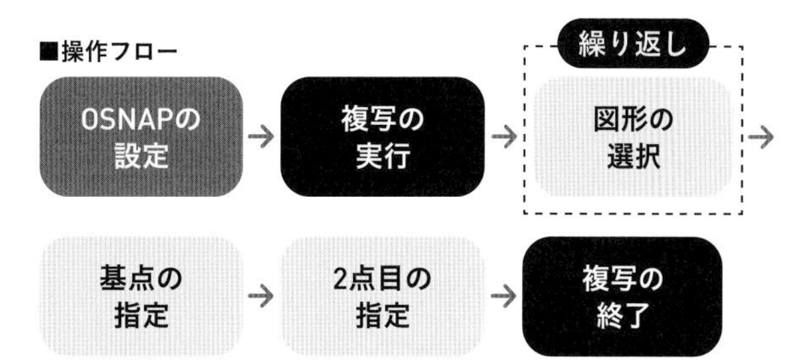

基点の指定 → 2点目の指定 → 複写の終了

3-3-2 水平・垂直に図形を複写する P.90

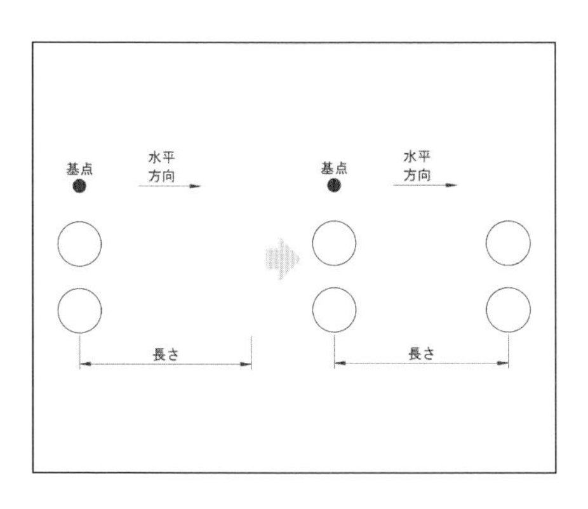

水平または垂直方向に複写したい場合、直交モードを使用して、カーソルの動きを水平垂直方向に限定させて複写をします。

■操作フロー

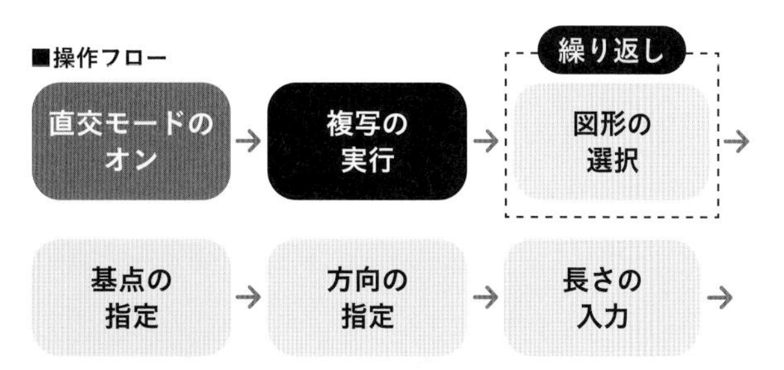

基点の指定 → 方向の指定 → 長さの入力 →

複写の終了

3-3-1 既存の図形上の点を利用して図形を複写する

はじめにオブジェクトスナップの設定をします。[複写] コマンドを実行し、円a、bを選択、基点として線分の端点Cをクリック、2点目として線分の端点Dをクリックすると、円が複写されます。最後に [Enter] キーを押してプロンプトの確定を行います。

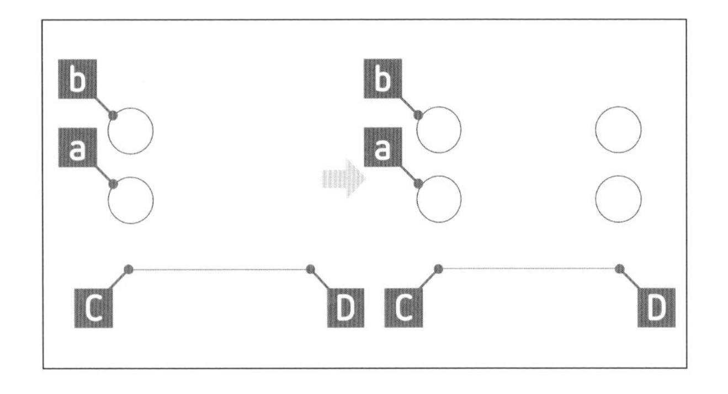

使用するコマンド	[複写]
メニュー	[修正]ー[複写]
リボン	[ホーム]タブー[修正]パネル
アイコン	
キーボード	COPY[Enter] (CO[Enter]またはCP[Enter])

使用する機能	[オブジェクトスナップ]
ステータスバー	
キーボード	[F3]

やってみよう

1 オブジェクトスナップの設定画面を表示する

ステータスバーの [オブジェクトスナップ] ボタンの上で右クリックし、[オブジェクトスナップ設定] を選択します。

➔[作図補助設定]ダイアログボックスが表示されました。

近接点
仮想交点
平行
オブジェクト スナップ設定...
[オブジェクトスナップ] を右クリック
[オブジェクトスナップ設定] を選択

2 使用するオブジェクトスナップを設定する

[端点] にチェックを入れて、[OK] ボタンをクリックします。

➔ダイアログボックスが閉じ、オブジェクトスナップが設定されました。

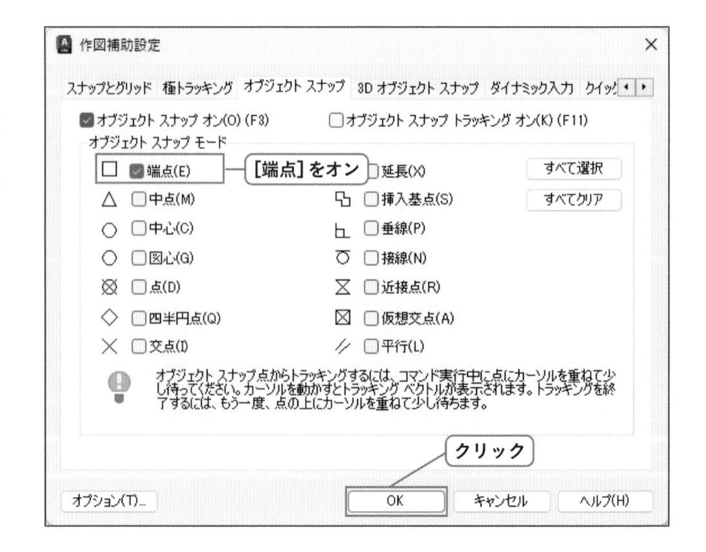

3 直交モードをオフ、オブジェクトスナップをオンにする

4 複写コマンドを選択する

[ホーム] タブー [修正] パネルー [複写] をクリックします。

➔複写コマンドが実行され、プロンプトに「オブジェクトを選択」と表示されます。

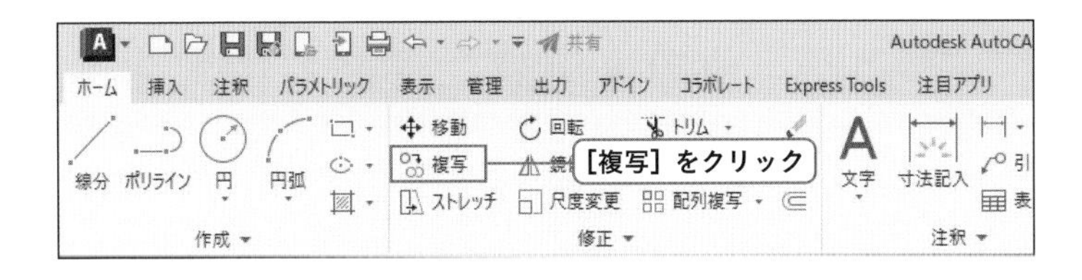

5 図形を選択する

円a、bをクリックして選択します。

➔プロンプトには「オブジェクトを選択」と表示されます。選択する図形はこれ以上ないので、次の操作で選択の確定（プロンプトの確定）を行います。

6 選択を確定する

[Enter] キーを押します。

➔選択が確定され、プロンプトには「基点を指定」と表示されます。

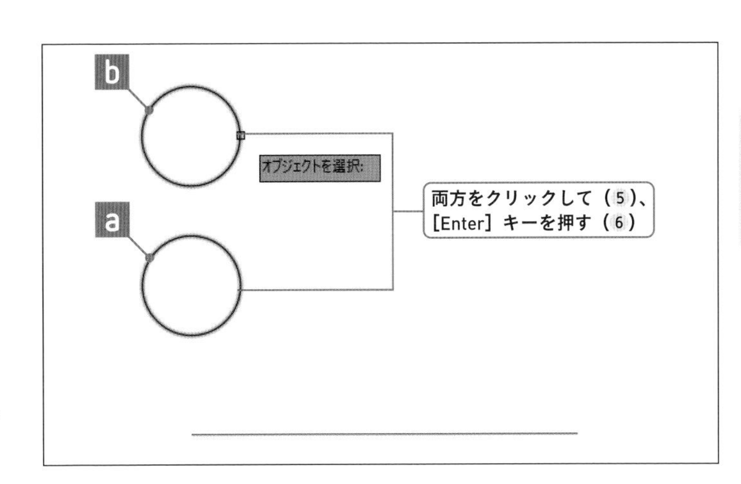

7 基点を指定する

線分の端点Cをクリックします。

➔カーソルを動かすと、カーソルを基点として円が複写されるプレビューが表示されます。プロンプトには「2点目を指定」と表示されています。

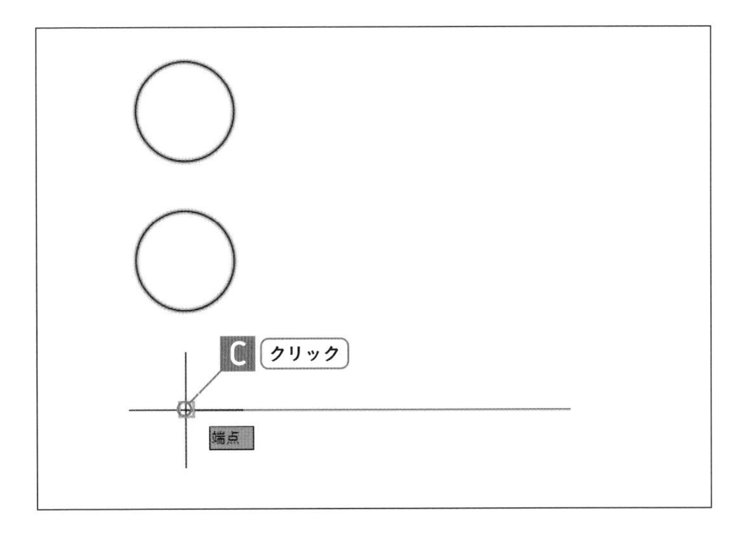

8 目的点を指定する

線分の端点Dをクリックします。

➔2点目が指定され、円が複写されました。プロンプトには「2点目を指定」と表示され、[複写] コマンドは続いています。

9 複写コマンドを終了する

[Enter] キーを押します。

➔プロンプトが確定され、複写コマンドが終了しました。

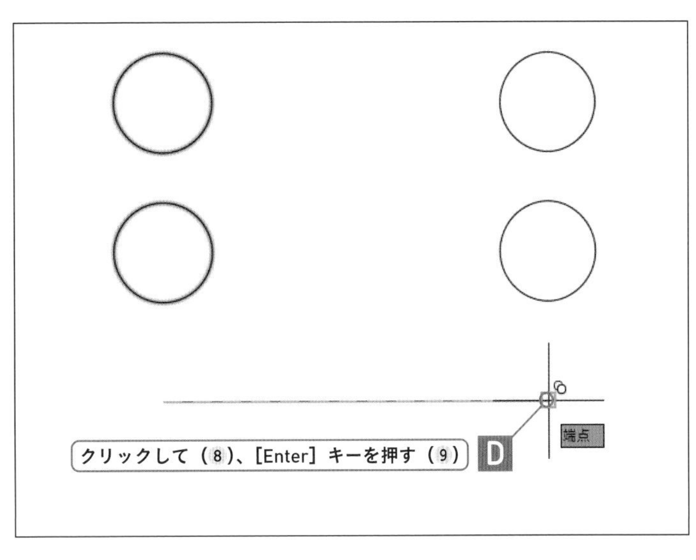

3-3-2 水平・垂直に図形を複写する

はじめに直交モードをオンにします。［複写］コマンドを実行し、円a、bを選択、基点として任意点をクリックし、方向、長さを指定します。最後に［Enter］キーを押して、プロンプトの確定を行います。

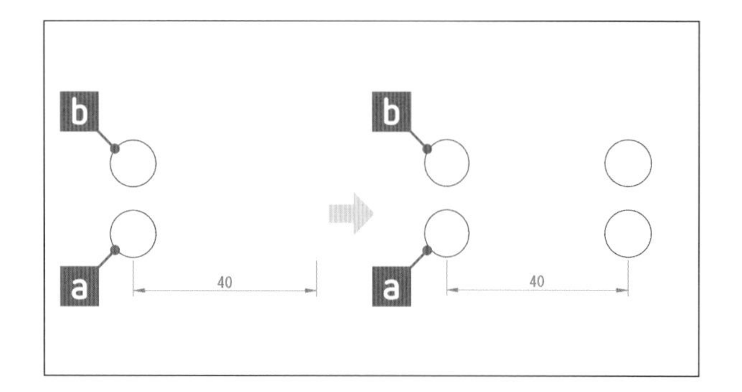

使用するコマンド	[複写]
メニュー	[修正]－[複写]
リボン	[ホーム]タブ－[修正]パネル
アイコン	
キーボード	COPY[Enter] (CO[Enter]またはCP[Enter])

使用する機能	[直交モード]
ステータスバー	
キーボード	[F8]

やってみよう

1 直交モードをオン、オブジェクトスナップをオフにする

2 複写コマンドを選択する

［ホーム］タブ－［修正］パネル－［複写］をクリックします。

➡複写コマンドが実行され、プロンプトに「オブジェクトを選択」と表示されます。

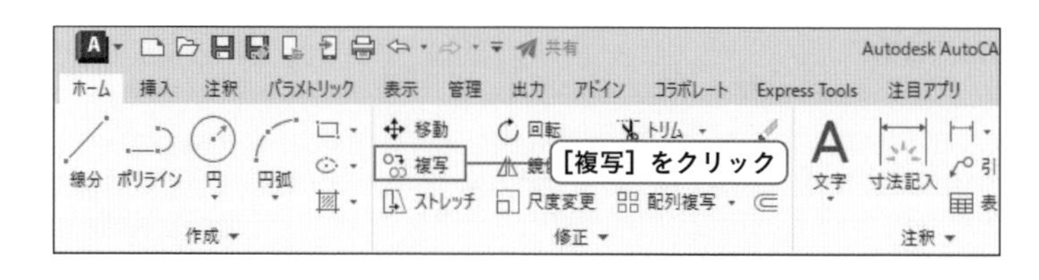

3 図形を選択する

円a、bをクリックして選択します。

➡プロンプトには「オブジェクトを選択」と表示されます。選択する図形はこれ以上ないので、次の操作で選択の確定（プロンプトの確定）を行います。

4 選択を確定する

［Enter］キーを押します。

➡選択が確定され、プロンプトには「基点を指定」と表示されます。

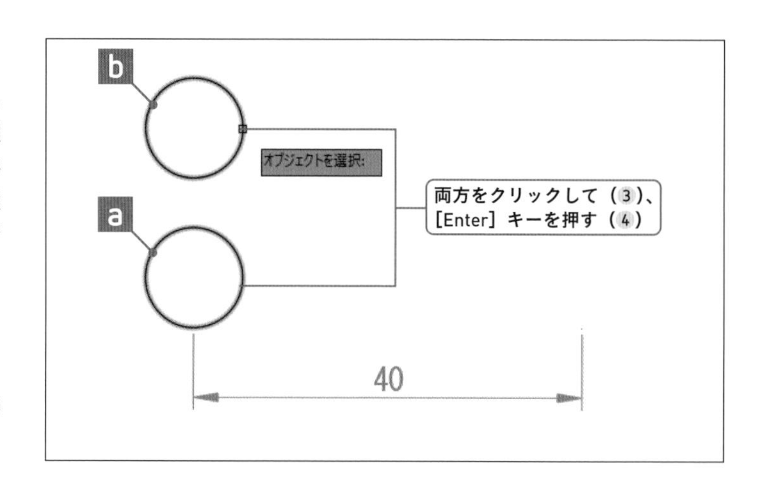

5 基点を指定する

任意点をクリックします。

⊖カーソルを動かすと、カーソルを基点として円が複写されるプレビューが表示されます。プロンプトには「2点目を指定」と表示されています。

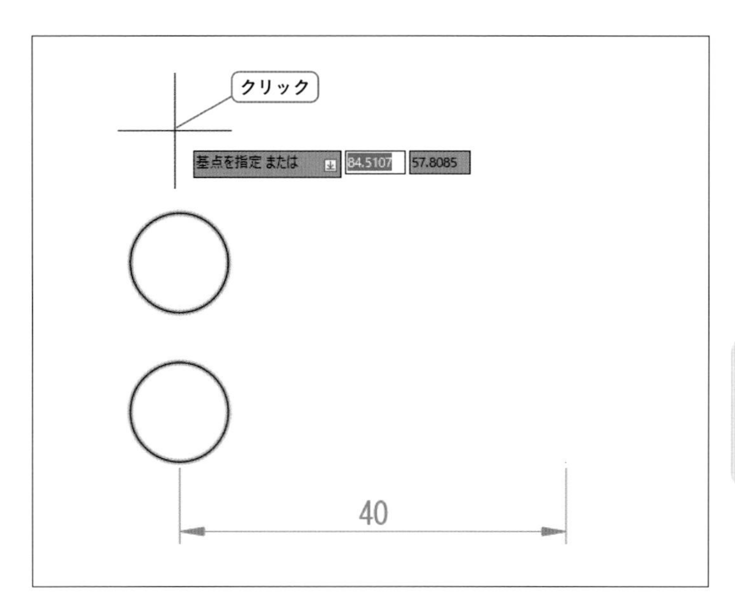

6 方向を指定する

カーソルを描画したい方向に移動します。ここでは水平方向右に向かって動かします。

⊖水平方向にラバーバンド（推測線）が表示されます。

7 長さを入力する

キーボードで「40」と入力し、[Enter]キーを押します。

⊖円が水平方向に40離れて複写されました。プロンプトには「2点目を指定」と表示され、[複写] コマンドは続いています。

9 複写コマンドを終了する

[Enter] キーを押します。

⊖プロンプトが確定され、複写コマンドが終了しました。

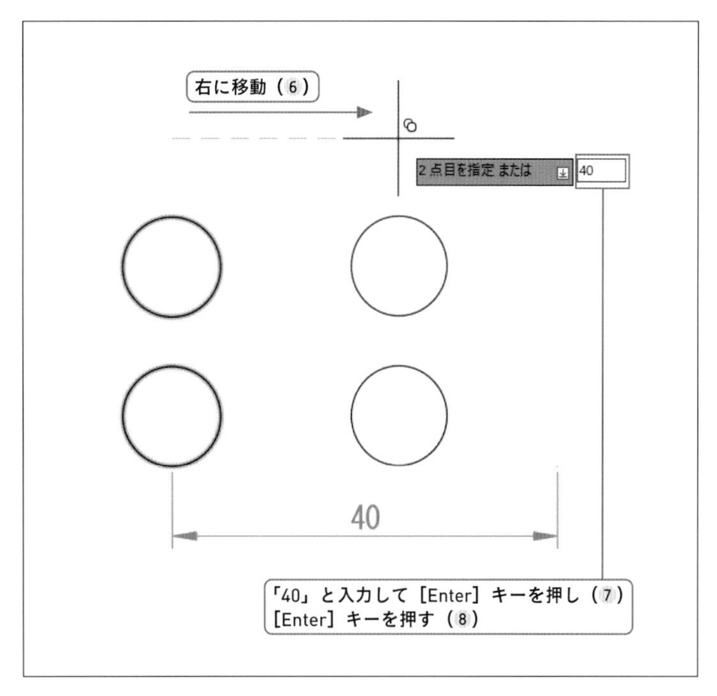

chapter 3 修正の基本

SECTION
3-4 図形の回転

中心点と角度を指定して図形を回転します。角度が明確でない場合には、参照オプションを利用しましょう。回転角度の考え方については「回転角度」（P.96）を参照してください。

練習用ファイル
3-4.dwg

ここで学ぶこと

3-4-1 角度指定で図形を回転する P.93

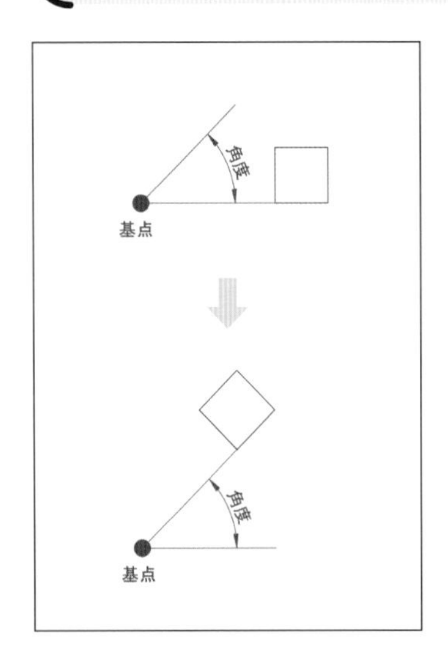

回転角度がわかっている場合、回転の基点（回転の中心点）、角度を指定して図形を回転します。

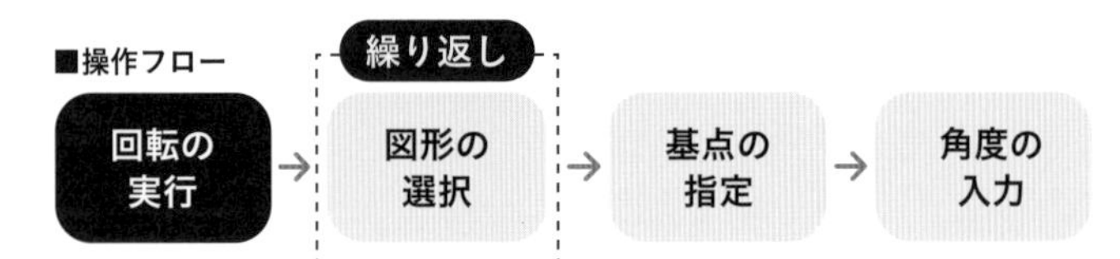

3-4-2 クリックで図形を回転する P.94

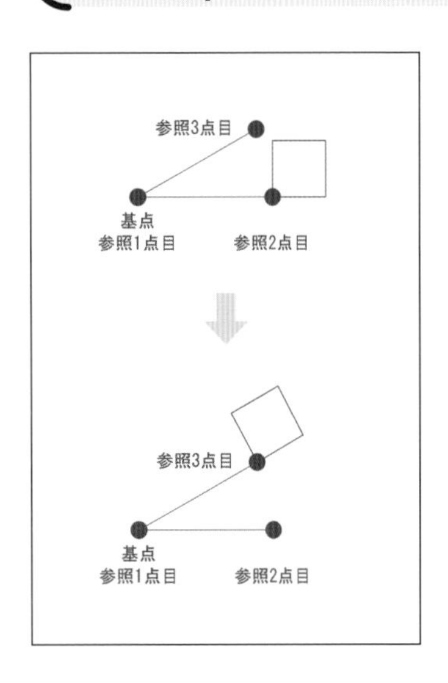

回転の角度がわからない場合、参照オプションを使用し、参照する角度をクリックして回転を行います。

3-4-1 角度指定で図形を回転する

[回転] コマンドを実行し、正方形aを選択、基点として線分の端点Bをクリック、角度の入力をすると図形が回転します。

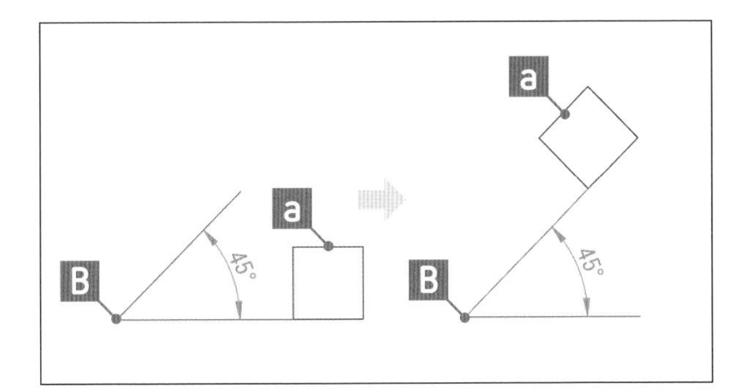

使用するコマンド	[回転]
メニュー	[修正]−[回転]
リボン	[ホーム]タブ−[修正]パネル
アイコン	
キーボード	ROTATE[Enter](RO[Enter])

やってみよう

1 オブジェクトスナップを設定する

P.43「2-1-3既存の図形上の点を利用して線分を描く」の手順1〜3を参照し、[端点] を設定します。

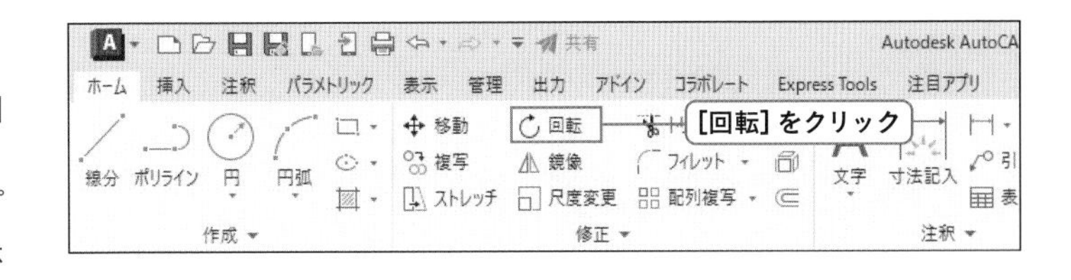

2 回転コマンドを選択する

[ホーム] タブ− [修正] パネル− [回転] をクリックします。

→回転コマンドが実行され、プロンプトに「オブジェクトを選択」と表示されます。

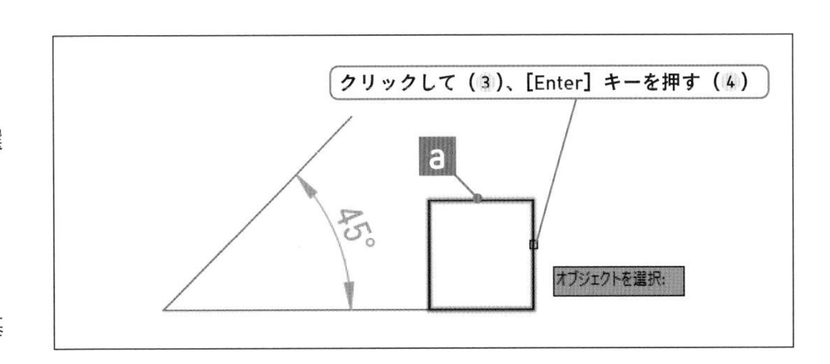

3 図形を選択する

正方形aをクリックして選択します。

→プロンプトには「オブジェクトを選択」と表示されます。

4 選択を確定する

[Enter] キーを押します。

→選択が確定され、プロンプトには「基点を指定」と表示されます。

5 基点を指定する

端点Bをクリックします

→プロンプトには「回転角度を指定」と表示されています。

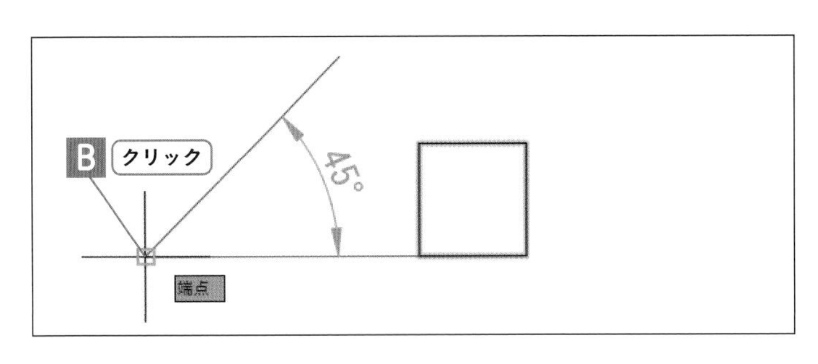

クリックして (3)、[Enter] キーを押す (4)

a

45°

オブジェクトを選択:

6 角度を入力する

キーボードで「45」と入力し、[Enter]キーを押します。

➜角度が指定され、正方形が回転しました。回転コマンドは終了しています。

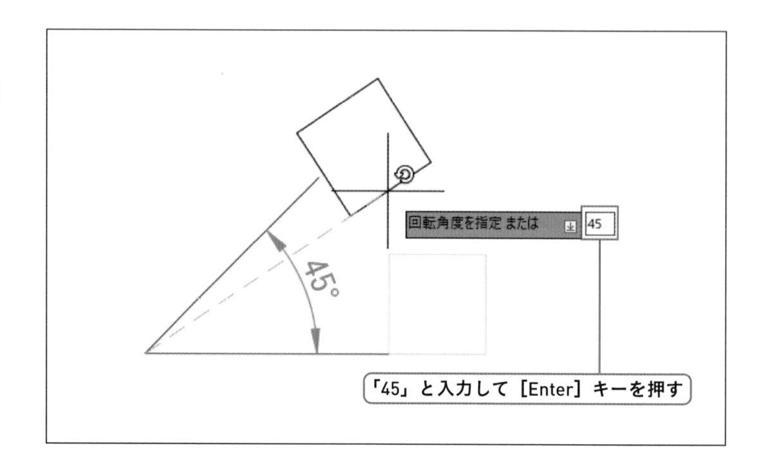

3-4-2 | クリックで図形を回転する

[回転] コマンドを実行し、正方形aを選択、基点として線分の端点Bをクリックします。[参照 (R)] オプションの選択後、端点B、C、Dの順にクリックすると図形が回転します。

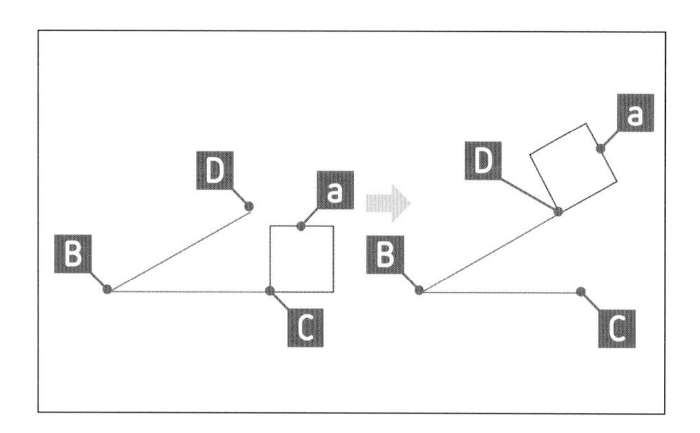

使用するコマンド	[回転]
メニュー	[修正]ー[回転]
リボン	[ホーム]タブー[修正]パネル
アイコン	
キーボード	ROTATE[Enter](RO[Enter])

やってみよう

1 オブジェクトスナップを設定する

P.43「2-1-3既存の図形上の点を利用して線分を描く」の手順1～3を参照し、[端点] を設定します。

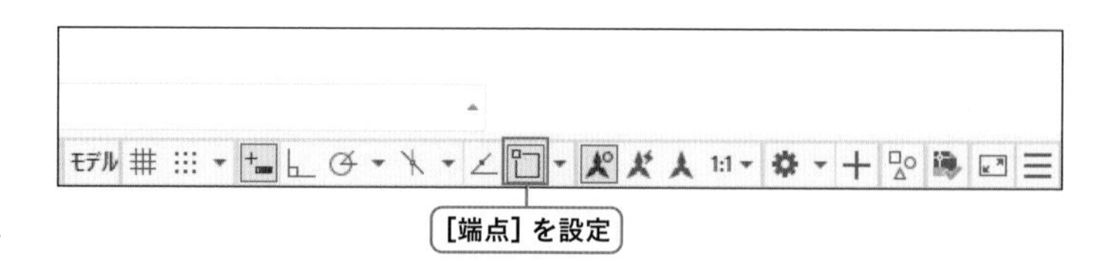

2 回転コマンドを選択する

[ホーム] タブー [修正] パネルー [回転] をクリックします。

➜回転コマンドが実行され、プロンプトに「オブジェクトを選択」と表示されます。

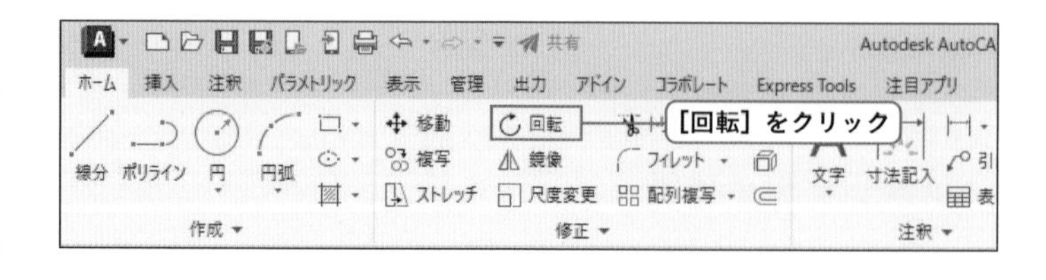

3 図形を選択する

正方形 a をクリックして選択します。
⊖プロンプトには「オブジェクトを選択」と表示されます。

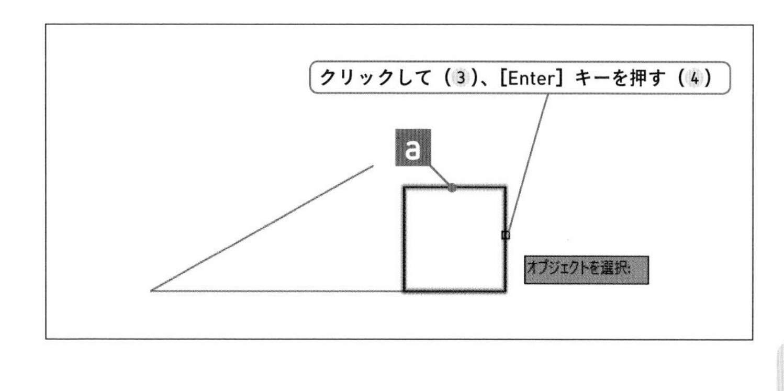

4 選択を確定する

[Enter] キーを押します。
⊖選択が確定され、プロンプトには「基点を指定」と表示されます。

5 基点を指定する

端点 B をクリックします
⊖プロンプトには「回転角度を指定または [コピー (C) /参照 (R)]」と表示されています。次に、[参照 (R)] オプションを指定します。

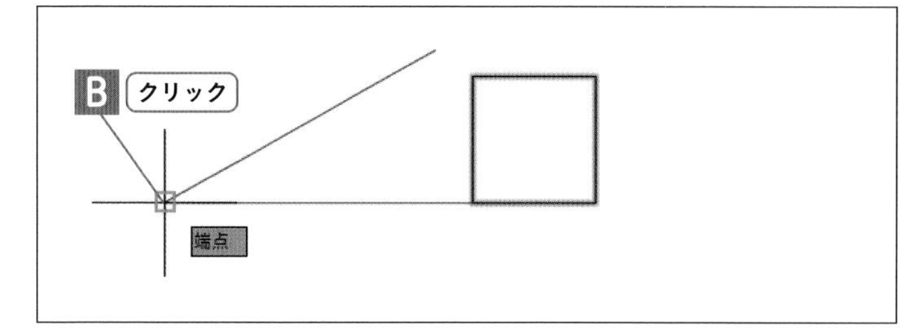

6「参照」オプションを選択する

右クリックして、表示されたメニューから「参照 (R)」を選択します。
⊖[参照 (R)] オプションが選択され、プロンプトには「参照する角度」と表示されています。次に、回転元の角度をクリックで指定します。

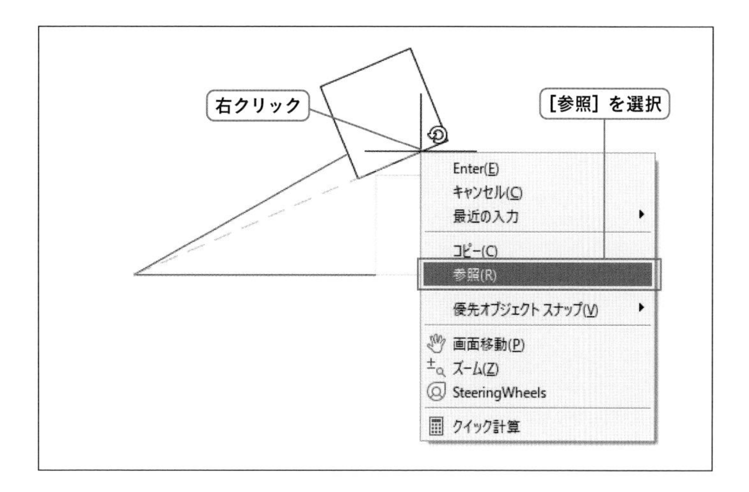

7 参照する角度を指定する

端点 B、C の順にクリックします。
⊖プロンプトには「新しい角度を指定」と表示されています。次に、回転先の角度をクリックで指定します。

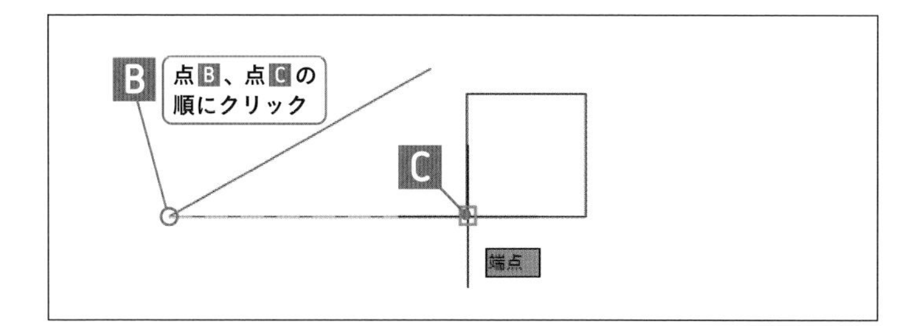

8 参照する角度を指定する

端点 D をクリックします。
⊖角度が指定され、正方形が回転しました。回転コマンドは終了しています。

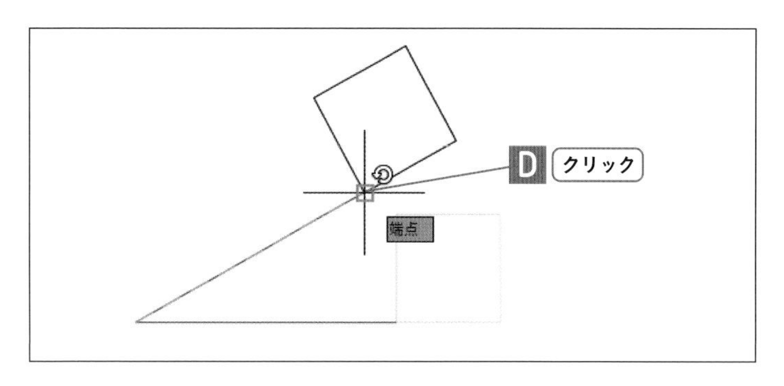

COLUMN

回転角度

初期状態の回転角度は、反時計回りに角度がプラスになるように設定されています。変更する必要がある場合には、アプリケーションメニューから［図面ユーティリティ］－［単位設定］を選択し、［単位管理］ダイアログボックスを表示して、［時計回り］にチェックを入れてください。

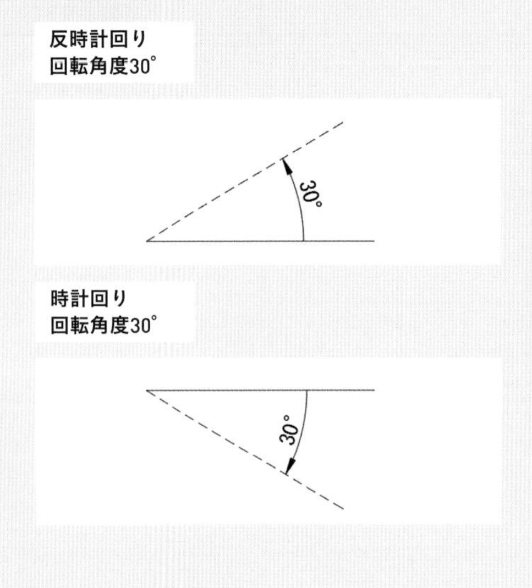

［単位管理］ダイアログボックス

単位管理
長さ
タイプ(T):
十進表記
精度(P):
0.0000
角度
タイプ(Y):
度（十進表記）
精度(N):
0
時計回り(C)
挿入尺度
挿入されるコンテンツの尺度単位:
ミリメートル
サンプル出力
1.5,2.0039,0
3<45,0
照明
照明の強度を指定する単位:
国際(SI)単位
OK　キャンセル　角度の方向(D)...　ヘルプ(H)

SECTION
3-5 図形のオフセット

オフセットとは、指定した間隔に複写をするコマンドです。線分は平行に複写され、円や円弧は半径の違う同心円が作成されます。オフセットを利用して、通り芯から壁の作成を効率的に行うことができます。

練習用ファイル
3-5.dwg

ここで学ぶこと

3-5-1 | 距離と方向指定で図形をオフセットする P.98

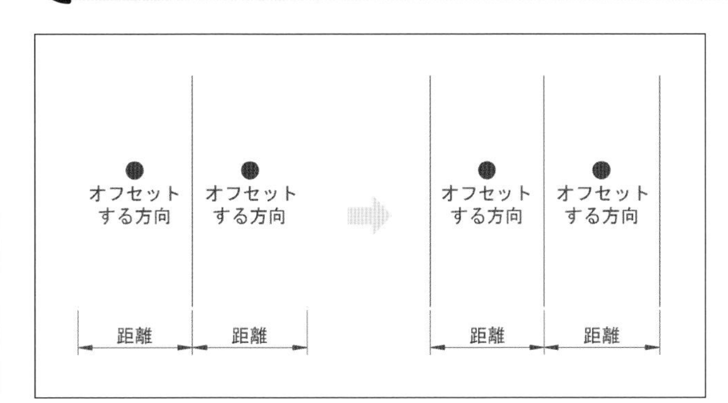

指定した間隔で複写をします。一定間隔で複写をしたい場合や、平行線を作成したい場合に便利です。

■操作フロー

3-5-2 | クリックした位置に図形をオフセットする P.99

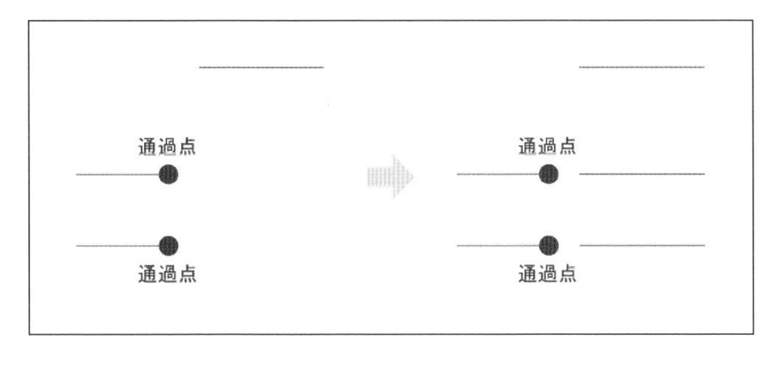

クリックした点を通るように複写をします。距離がわからない場合、クリックして平行に複写をすることができます。

■操作フロー

3-5-1 距離と方向指定で図形をオフセットする

[オフセット] コマンドを実行し、距離を入力します。線分aを選択、左側をクリックすると、線分bが作成されます。コマンドは続いているので、線分aを選択、右側をクリックすると、線分cが作成されます。最後にプロンプトの確定を行い、[オフセット] コマンドを終了します。

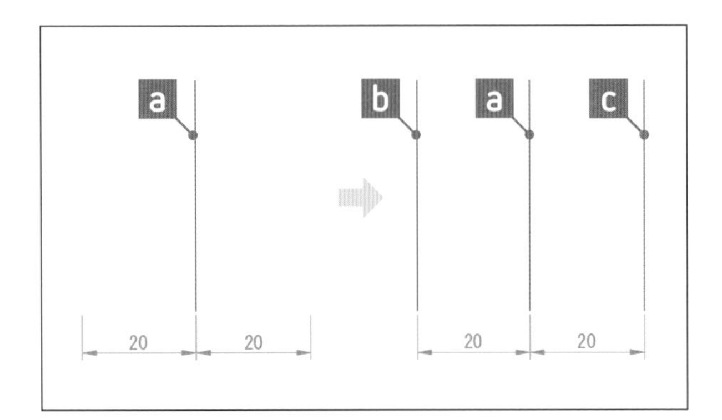

使用するコマンド	[オフセット]
メニュー	[修正]ー[オフセット]
リボン	[ホーム]タブー[修正]パネル
アイコン	(2019以降) (2018以前)
キーボード	OFFSET[Enter](O[Enter])

やってみよう

1 オフセットコマンドを選択する

[ホーム] タブー [修正] パネルー [オフセット] をクリックします。

➜オフセットコマンドが実行され、プロンプトに「オフセット距離を指定」と表示されます。

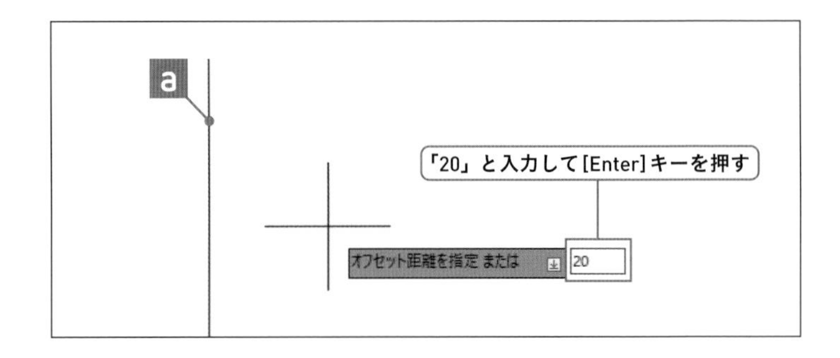

2 距離を入力する

キーボードで「20」と入力し、[Enter] キーを押します。

➜距離が指定され、プロンプトには「オフセットするオブジェクトを選択」と表示されます。

3 図形を選択する

線分aをクリックして選択します。

➜プロンプトには「オフセットする側の点を指定」と表示されます。

4 オフセットする方向を指定する

b側（線分aよりも左側）をクリックします。

➜線分bが作成されました。プロンプトには「オフセットするオブジェクトを選択」と表示されています。

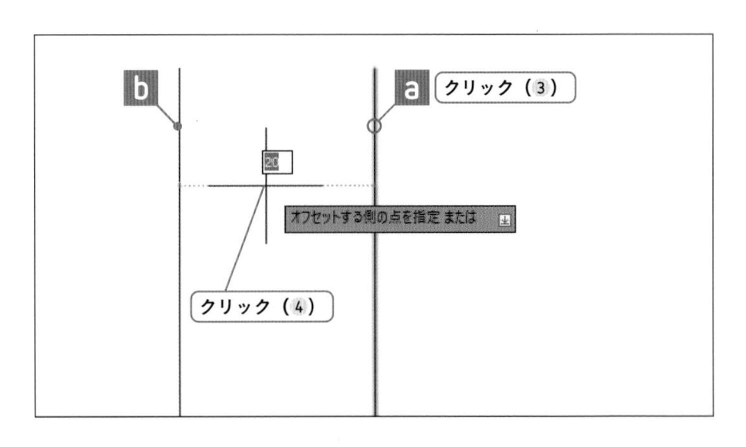

5 オフセットする図形を指定する

線分aをクリックして選択します。

6 方向を指定する

c側（線分aよりも右側）をクリックします。

➔線分cが作成されました。プロンプトには「オフセットするオブジェクトを選択」と表示されています。

7 オフセットコマンドを終了する

[Enter] キーを押します。

➔プロンプトが確定され、オフセットコマンドが終了しました。

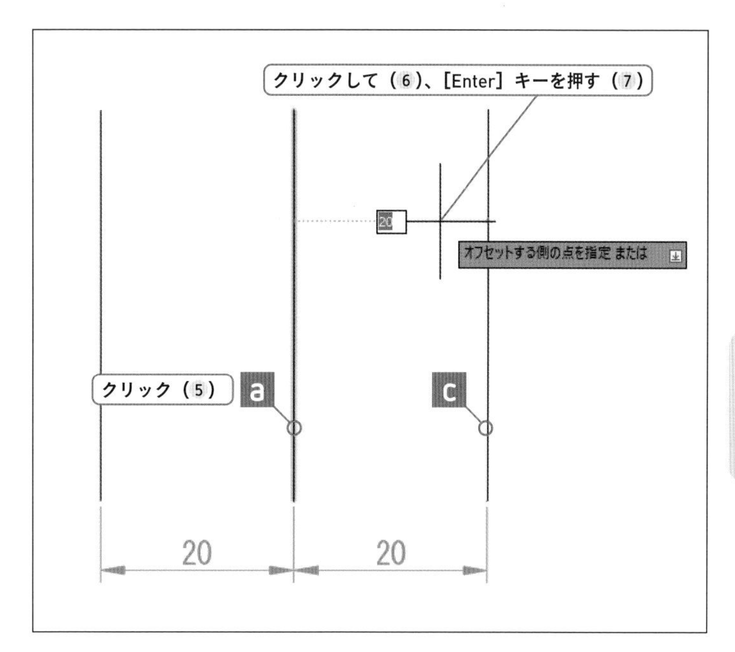

3-5-2 クリックした位置に図形をオフセットする

[オフセット] コマンドを実行し、[通過点（T)] オプションを選択します。線分aを選択、線分bの端点をクリックすると、線分dが作成されます。コマンドは続いているので、線分dを選択、線分cの端点をクリックすると、線分eが作成されます。最後にプロンプトの確定を行い、[オフセット] コマンドを終了します。

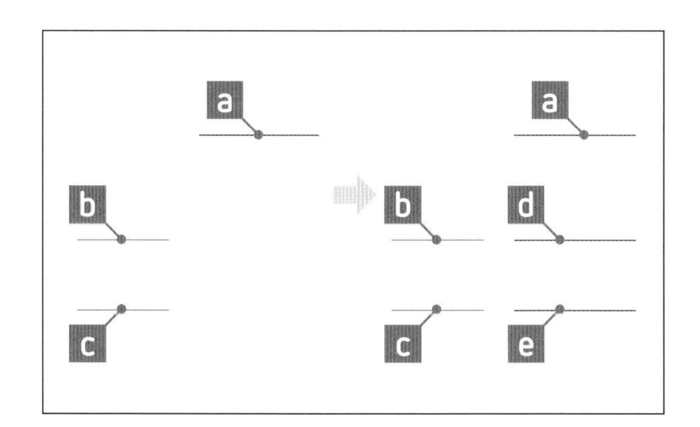

使用するコマンド	[オフセット]
メニュー	[修正]ー[オフセット]
リボン	[ホーム]タブー[修正]パネル
アイコン	(2019以降) (2018以前)
キーボード	OFFSET[Enter](O[Enter])

やってみよう

1 オブジェクトスナップを設定する

P.43「2-1-3既存の図形上の点を利用して線分を描く」の手順1～3を参照し、[端点] を設定します。

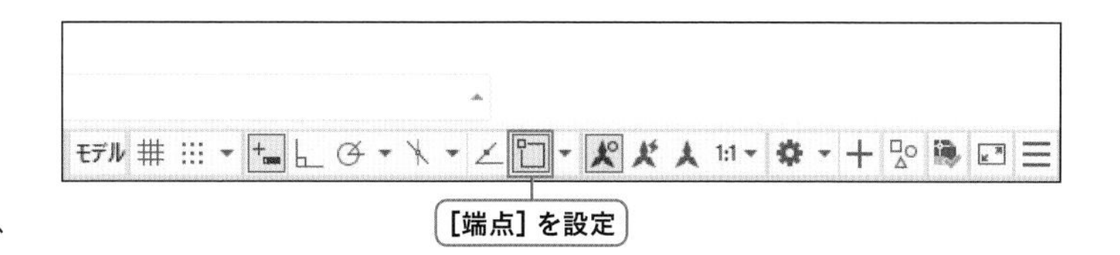

2 オフセットコマンドを選択する

[ホーム] タブー [修正] パネルー [オフセット] をクリックします。

➔オフセットコマンドが実行され、プロンプトに「オフセット距離を指定または [通過点 (T) /消去 (E) /画層 (L)]」と表示されます。

[オフセット] をクリック

3 「通過点」オプションを選択する

右クリックして、表示されたメニューから「通過点 (T)」を選択します。

➔[通過点 (T)] オプションが選択され、プロンプトには「オフセットするオブジェクトを選択」と表示されています。

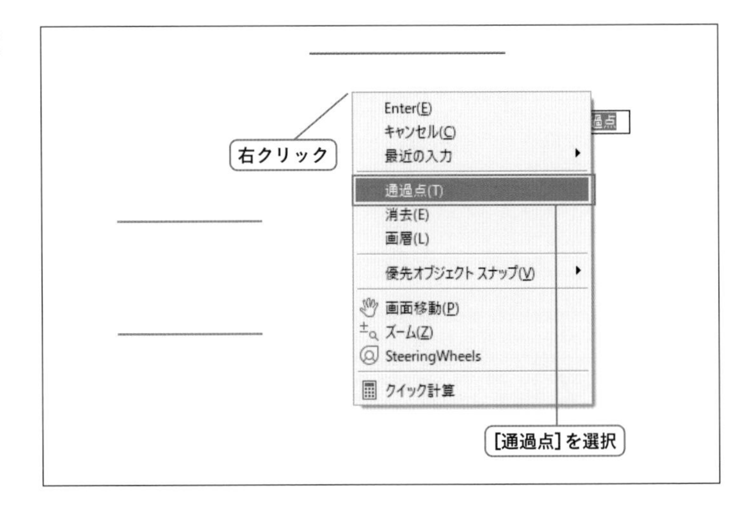

4 図形を選択する

線分 a をクリックして選択します。

➔プロンプトには「通過点を指定」と表示されます

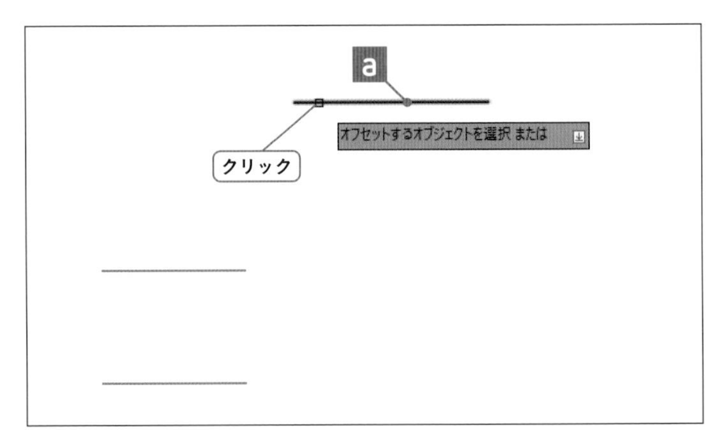

5 通過点を指定する

線分 b の端点をクリックします。

➔通過点が指定され、線分 d が作成されました。プロンプトには「オフセットするオブジェクトを選択」と表示されています。

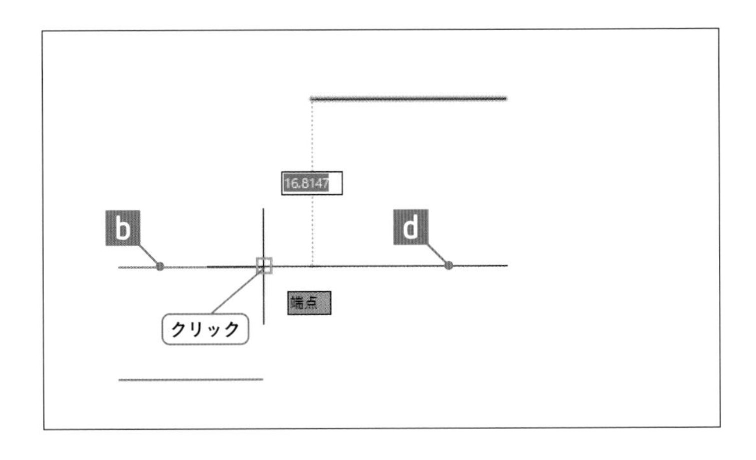

6 オフセットする図形と通過点を指定する

線分 d をクリックして選択し、線分 c の端点をクリックします。
⊖線分 e が作成されました。プロンプトには「オフセットするオブジェクトを選択」と表示されています。

7 オフセットコマンドを終了する

[Enter] キーを押します。
⊖プロンプトが確定され、オフセットコマンドが終了しました。

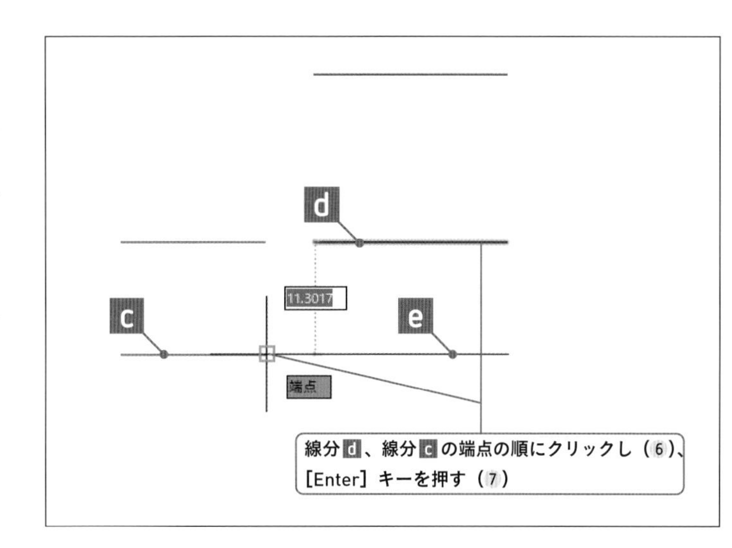

COLUMN

選択のトラブル

オブジェクトを連続で選択すると、前に選択したものが解除されてしまう場合には、オプションの変更をします。
❶[アプリケーションメニュー] をクリックします。
❷[オプション] ボタンをクリックします。
❸[選択] タブをクリックします。
❹[選択セットへの追加に [Shift] を使用] のチェックを外します。
❺[OK] ボタンをクリックします。

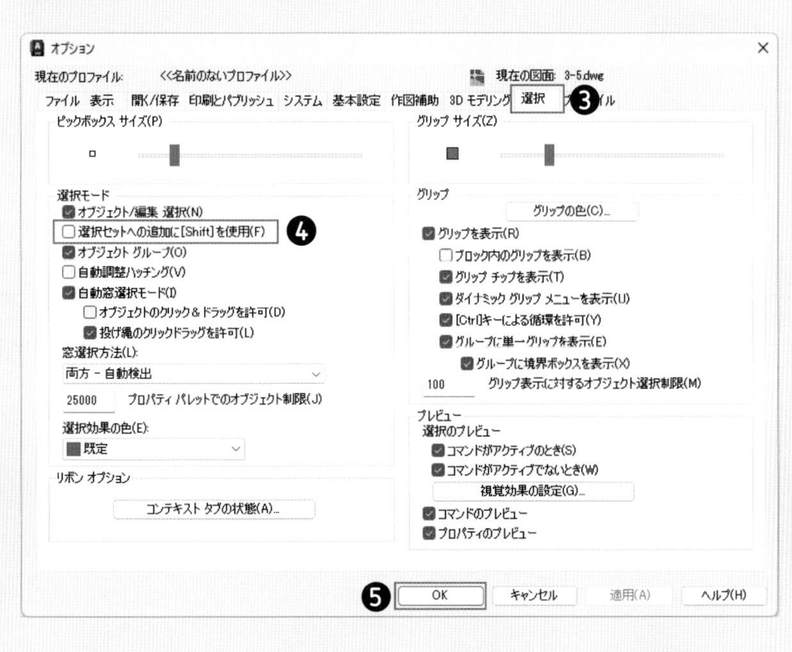

SECTION
3-6 図形の鏡像

練習用ファイル
3-6.dwg

対象軸の 2点を指示し、鏡で写したように反転した図形を作成します。勝手違いの図形を作図するときに利用できます。軸の指定にはオブジェクトスナップや直交モードを利用します。

ここで学ぶこと

3-6-1 | 対象軸上の2点を指定して図形を鏡像する P.102

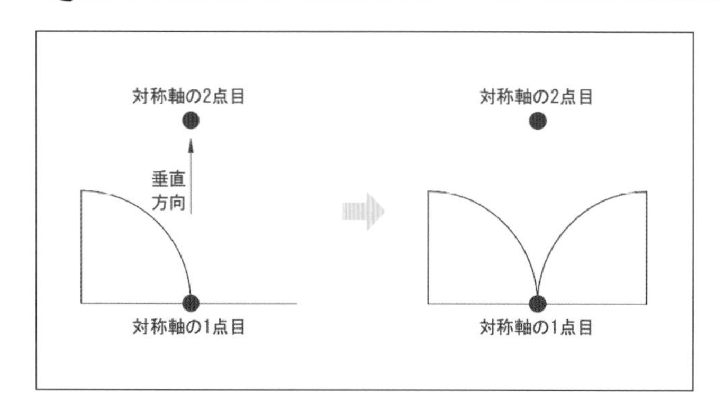

鏡で映したように、図形を線対象に複写します。左右や上下で逆転した図形を作成したい場合に使います。

■操作フロー

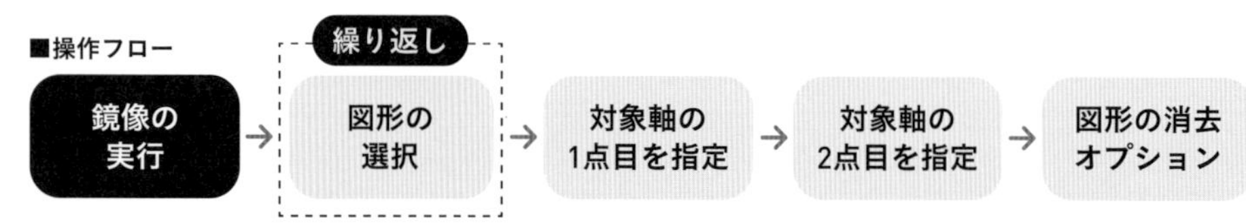

3-6-1 | 対象軸上の2点を指定して図形を鏡像する

[鏡像] コマンドを実行し、線分 a と円弧 b を選択します。対象軸の1点目として円弧の端点 C をクリック、2点目として直交モードを使用し、点 C から垂直の方向にある任意点 D をクリックします。最後のオプションでは、元の図形は消去しないので「いいえ」を選択します。

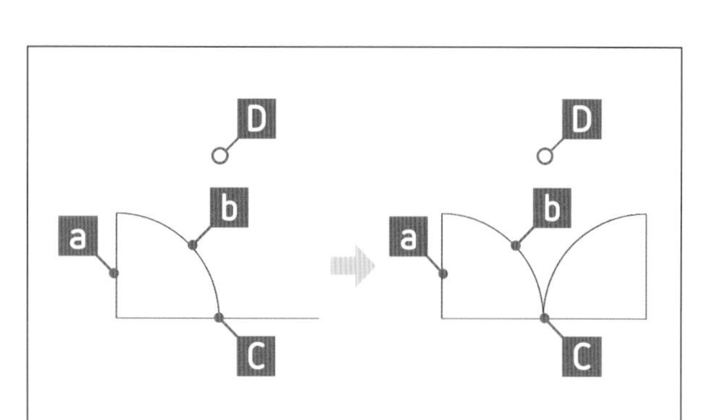

使用するコマンド	[鏡像]
メニュー	[修正]ー[鏡像]
リボン	[ホーム]タブー[修正]パネル
アイコン	
キーボード	MIRROR[Enter](MI[Enter])

やってみよう

1 オブジェクトスナップを設定する

P.43「2-1-3既存の図形上の点を利用して線分を描く」の手順 1 ～ 3 を参照し、[端点] を設定します。

[端点] を設定（1）

[直交モード] をオン（2）

2 直交モードをオンにする

3 鏡像コマンドを選択する

[ホーム] タブー [修正] パネルー [鏡像] をクリックします。

⊖鏡像コマンドが実行され、プロンプトに「オブジェクトを選択」と表示されます。

[鏡像] をクリック

4 図形を選択する

線分 a 、円弧 b をクリックして選択します。

5 選択を確定する

[Enter] キーを押します。

⊖選択が確定され、プロンプトには「対称軸の1点目を指定」と表示されます。

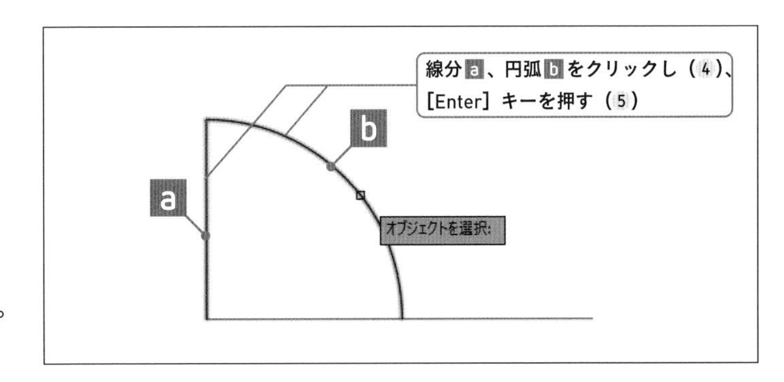

6 対象軸上の任意点の1点目を指示する

円弧の端点 C をクリックします

⊖対象軸の1点目が指示され、鏡像のプレビューが表示されています。プロンプトには「対称軸の2点目を指定」と表示されます。

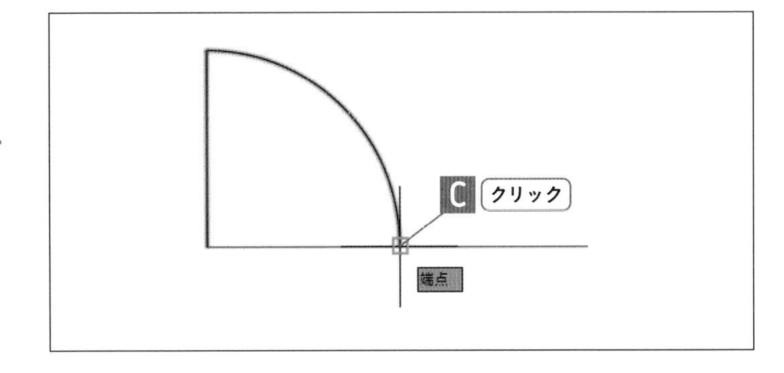

7 対象軸上の任意点の2点目を指示する

カーソルを上に動かして、任意点 D をクリックします

⊖対象軸の2点目が指示され、鏡像のプレビューは消えました。プロンプトには「元のオブジェクトを消去しますか？」と表示されています。次の操作で、元のオブジェクト（線分 a と円弧 b）を消去しないようにオプションを選択します。

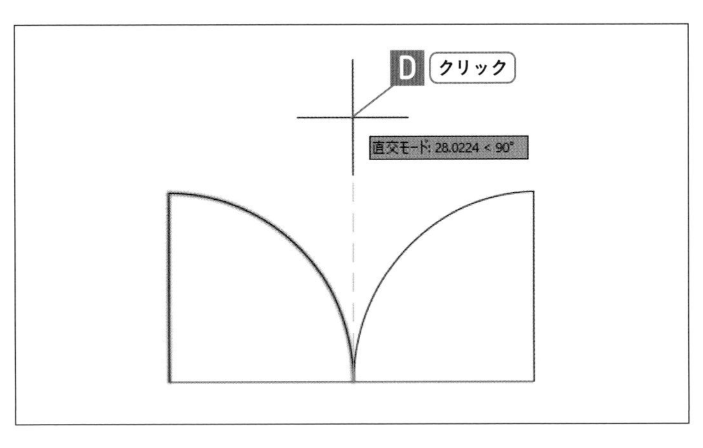

8 オプションを選択する

［いいえ］をクリックして選択します。
➔元のオブジェクト（線分 a と円弧 b）は消去されずに残り、線分 a と円弧 b が、点 C と点 D を軸として鏡像されました。

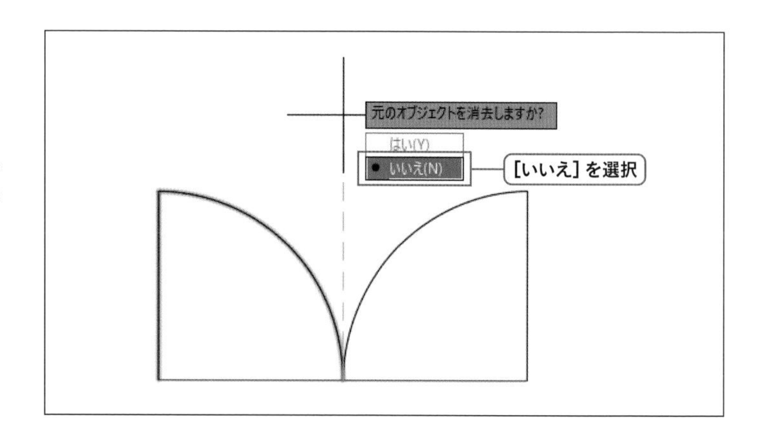

COLUMN

選択の循環

AutoCAD 2011からはステータスバーの［選択の循環］をオンにすることで、簡単に重なった図形を選択することができます。

❶ステータスバーの［カスタマイズ］ボタンをクリックします。
❷「選択の循環」にチェックを入れます。
❸ステータスバーに「選択の循環」ボタンが表示されるので、クリックしてオンにします。
❹重なったオブジェクトを選択します。
❺表示される窓から目的の図形をクリックします。

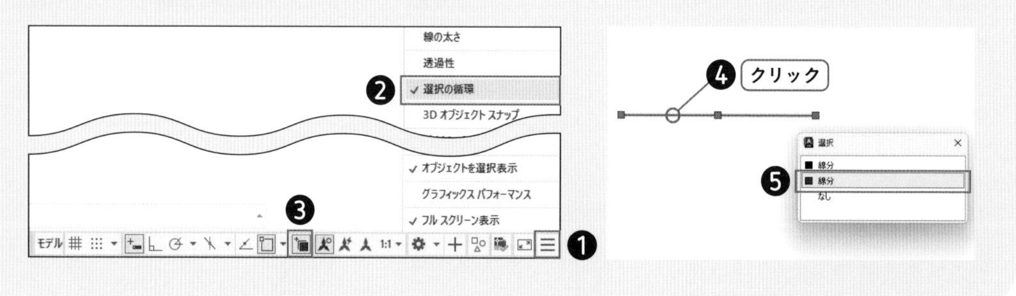

SECTION
3-7 図形のトリム／延長

トリムコマンドは、指示した基準線(切り取りエッジ)まで線分や円弧などの図形を切り取り削除します。延長コマンドは、指示した基準線(境界エッジ)まで線分や円弧などの図形を伸ばします。

練習用ファイル
3-7.dwg

ここで学ぶこと

3-7-1 基準線まで図形を切り取り削除する P.106

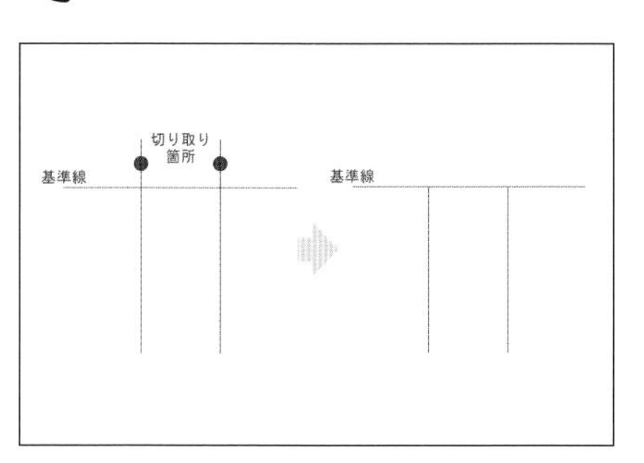

基準線からはみだしている部分を切り取ります。線分や円弧の一部を削除したい場合に使用します。

※2021以降の場合は、トリムの実行後にモードの確認が必要です。P.106の「2021以降のバージョンのトリム／延長」を参照してください。

3-7-2 基準線にはさまれた図形を切り取り削除する P.108

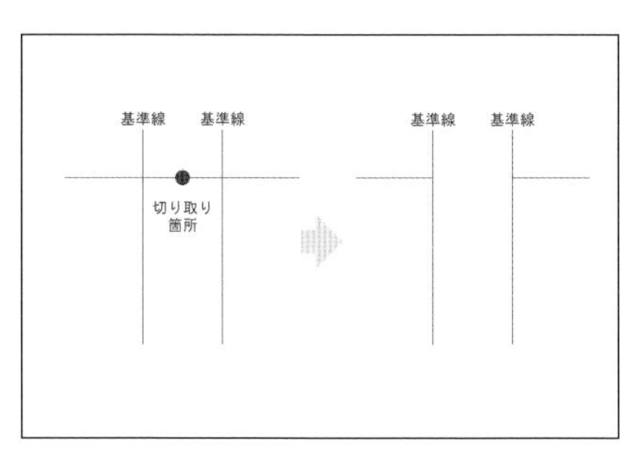

基準線の間を切り取ります。線分や円弧の一部を削除したい場合に使用します。

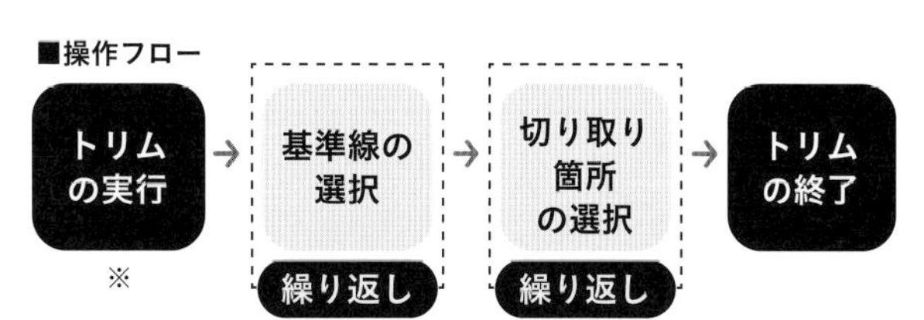

※2021以降の場合は、トリムの実行後にモードの確認が必要です。P.106の「2021以降のバージョンのトリム／延長」を参照してください。

3-7-3 基準線まで図形を伸ばす P.109

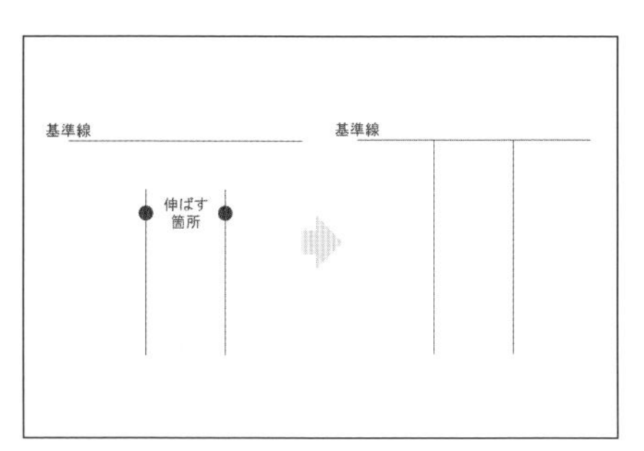

基準線まで図形を伸ばします。線分や円弧の片側を伸ばしたい場合に使用します。

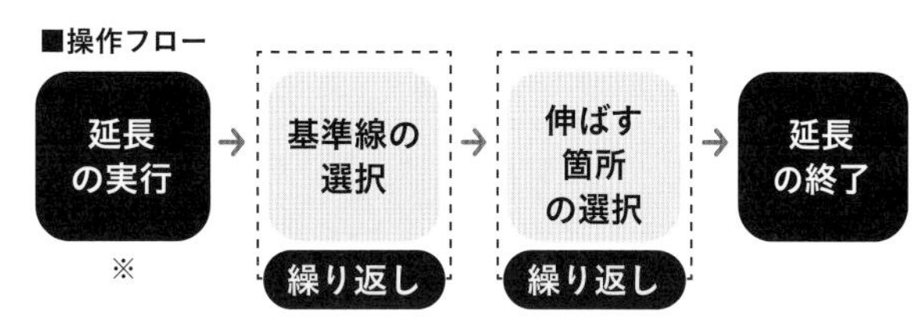

※2021以降の場合は、トリム／延長の実行後にモードの確認が必要です。P.106の「2021以降のバージョンのトリム／延長」を参照してください。

3-7-1 基準線まで図形を切り取り削除する

[トリム] コマンドを実行し、基準線（切取りエッジ）として線分aを選択、[Enter] キーを押してプロンプトの確定を行うと、切り取り箇所の選択となります。線分b、cを選択しますが、この時、削除する側（線分aよりも上の部分）をクリックします。クリックするごとに図形が切り取られるので、最後にプロンプトの確定をして [トリム] コマンドを終了します。

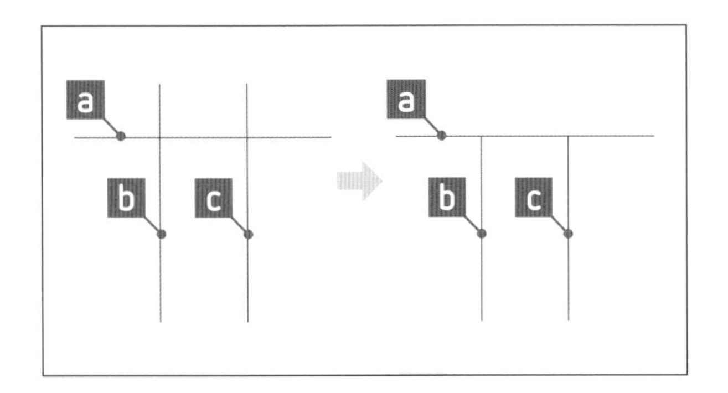

使用するコマンド	[トリム]
メニュー	[修正]ー[トリム]
リボン	[ホーム]タブー[修正]パネル
アイコン	(2019以降) (2018以前)
キーボード	TRIM[Enter](T[Enter])

COLUMN

2021以降のバージョンのトリム／延長

2021以降のバージョンで、[トリム] または [延長] コマンドの実行後、プロンプトに「トリムする（延長する）オブジェクトを選択」と表示されている場合は、切り取り（境界）エッジの選択ができません。次の操作でモードを [クイック] から [標準] に変更し、再度 [トリム] または [延長] コマンドを実行してください。手順❶で「オブジェクトを選択」と表示されている場合は、モードの変更は必要ありません。

❶[トリム] コマンドを実行します。プロンプトに「トリムするオブジェクトを選択」と表示されます。
❷任意の位置を右クリックして、メニューから [モード] を選択します。「トリムモードのオプションを入力」と表示されます。
❸[標準] をクリックして選択します。
❹[Enter] キーを押して、[トリム] コマンドを終了します。

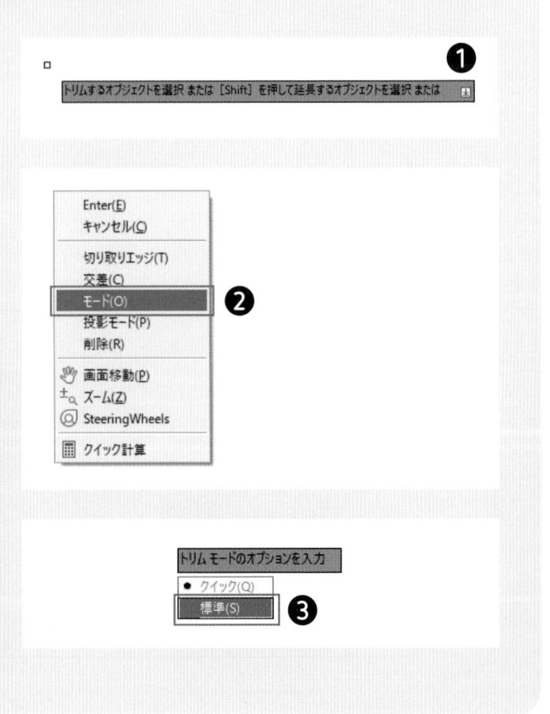

やってみよう

1 トリムコマンドを選択する

[ホーム] タブー [修正] パネルー [トリム] をクリックします。

➔トリムコマンドが実行され、プロンプトに「オブジェクトを選択」と表示されます。2021以降のバージョンで「トリムするオブジェクトを選択」と表示されている場合は、P.106の「2021以降のバージョンのトリム／延長」を参照してください。

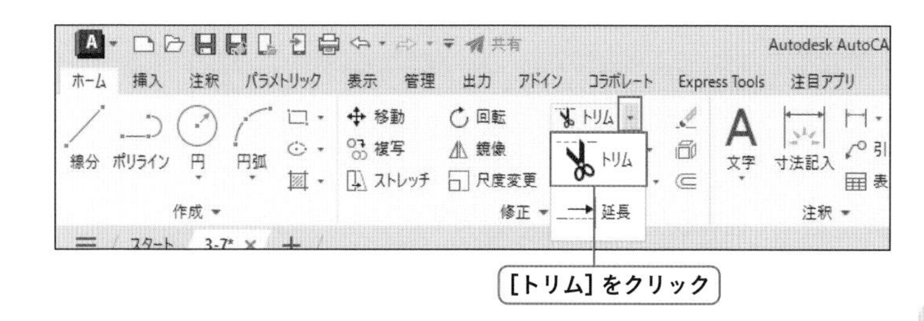

2 切り取りエッジを選択する

線分 a をクリックして選択します。

3 切り取りエッジの選択を確定する

[Enter] キーを押します。

➔選択が確定され、プロンプトに「トリムするオブジェクトを選択」と表示されます。

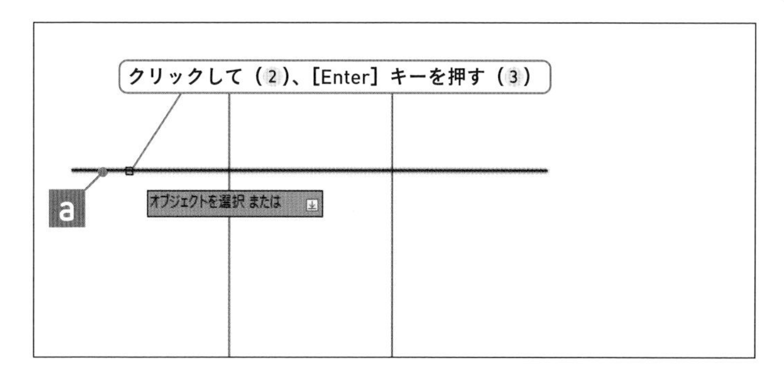

4 切り取る箇所を選択する

線分 b、c を選択します。この時、線分 a よりも上の部分をクリックして選択します。

➔線分 a より上の部分が切取られました。プロンプトには「トリムするオブジェクトを選択」と同じメッセージ表示されています。

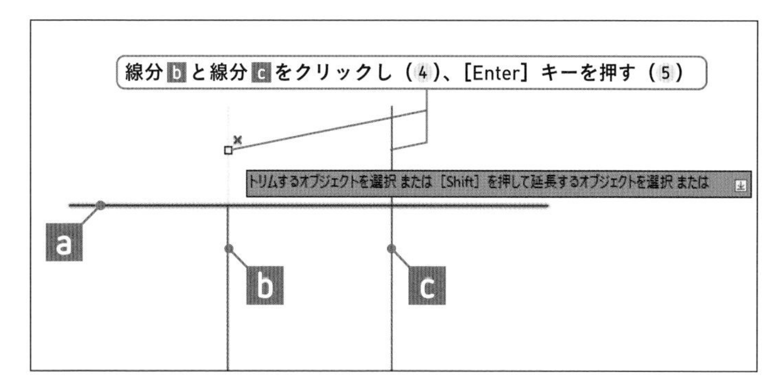

5 トリムコマンドを終了する

[Enter] キーを押します。

➔プロンプトが確定され、トリムコマンドが終了しました。

3-7-2 基準線にはさまれた図形を切り取り削除する

[トリム] コマンドを実行し、基準線（切取りエッジ）として線分b、cを選択、[Enter] キーを押してプロンプトの確定を行うと、切り取り箇所の選択となります。線分aを選択しますが、この時、削除する部分dをクリックします。クリックすると図形が切り取られるので、最後にプロンプトの確定をして [トリム] コマンドを終了します。

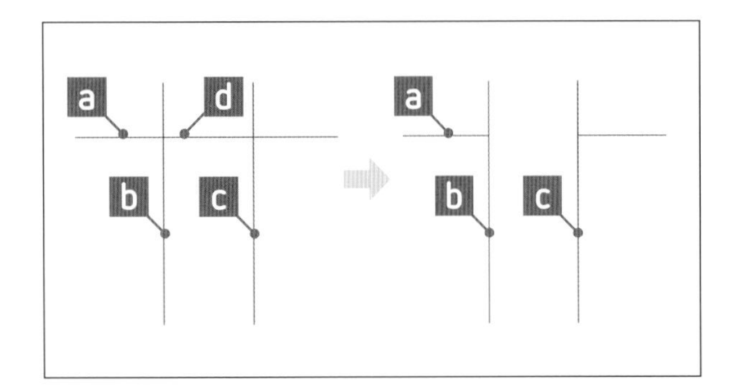

使用するコマンド	[トリム]
メニュー	[修正]ー[トリム]
リボン	[ホーム]タブー[修正]パネル
アイコン	(2019以降) (2018以前)
キーボード	TRIM[Enter](T[Enter])

1 トリムコマンドを選択する

[ホーム] タブ－ [修正] パネル－ [トリム] をクリックします。

➔トリムコマンドが実行され、プロンプトに「オブジェクトを選択」と表示されます。2021以降のバージョンで「トリムするオブジェクトを選択」と表示されている場合は、P.106の「2021以降のバージョンのトリム／延長」を参照してください。

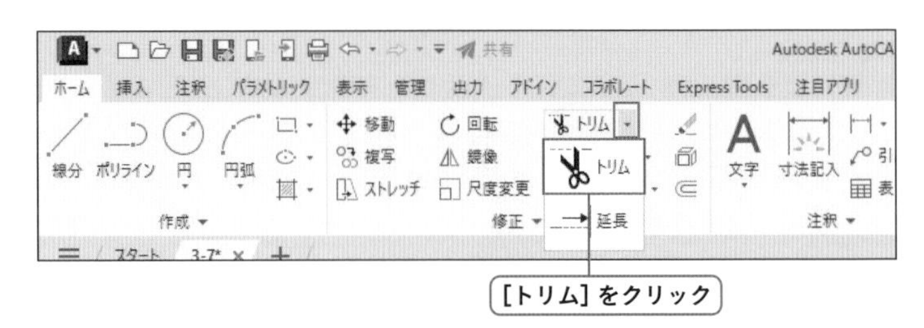

2 切り取りエッジを選択する

線分b、cをクリックして選択します。

3 切り取りエッジの選択を確定する

[Enter] キーを押します。

➔選択が確定され、プロンプトに「トリムするオブジェクトを選択」と表示されます。

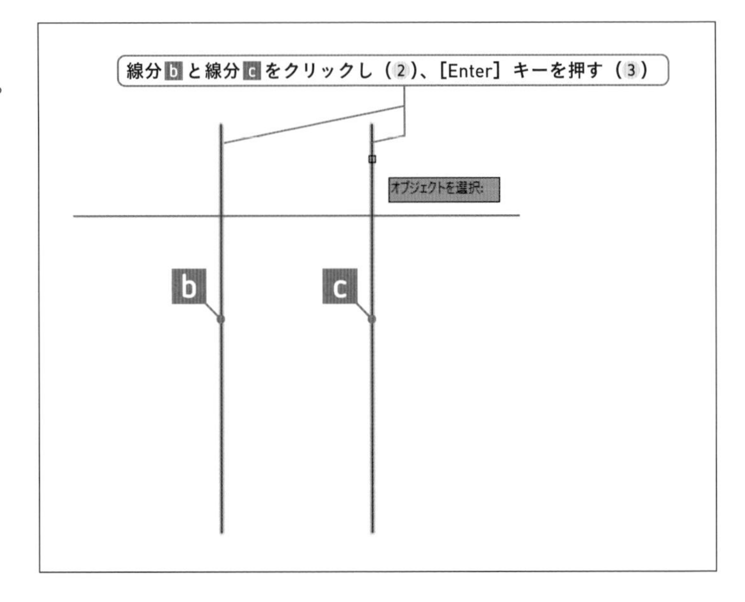

4 切り取る箇所を選択する

線分aを選択します。この時、線分b、cの間であるdの部分をクリックして選択します。

➡線分b、cの間が切取られました。プロンプトには「トリムするオブジェクトを選択」と同じメッセージ表示されています。

5 トリムコマンドを終了する

[Enter] キーを押します。

➡プロンプトが確定され、トリムコマンドが終了しました。

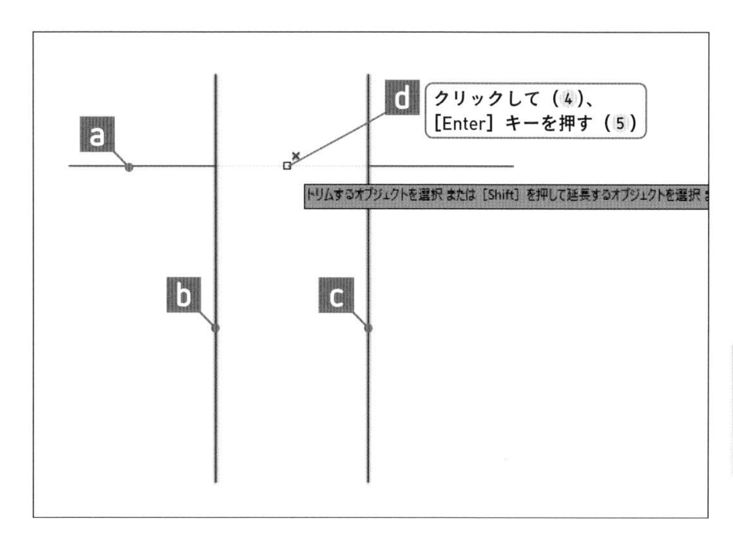

3-7-3 基準線まで図形を伸ばす

[延長] コマンドを実行し、基準線（境界エッジ）として線分aを選択、[Enter] キーを押してプロンプトの確定を行うと、伸ばす箇所の選択となります。線分b、cを選択しますが、この時、線分aに近い箇所をクリックします。クリックすると図形が伸びるので、最後にプロンプトの確定をして [延長] コマンドを終了します。

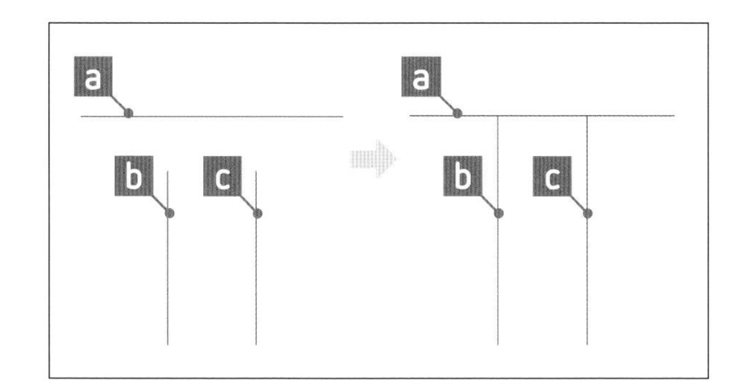

使用するコマンド	[延長]
メニュー	[修正]ー[延長]
リボン	[ホーム]タブー[修正]パネル
アイコン	(2019以降) (2018以前)
キーボード	EXTEND[Enter] (EX[Enter])

1 延長コマンドを選択する

[ホーム] タブー [修正] パネルー [延長] をクリックします。

➡延長コマンドが実行され、プロンプトに「オブジェクトを選択」と表示されます。2021以降のバージョンで「延長するオブジェクトを選択」と表示されている場合は、P.106の「2021以降のバージョンのトリム／延長」を参照してください。

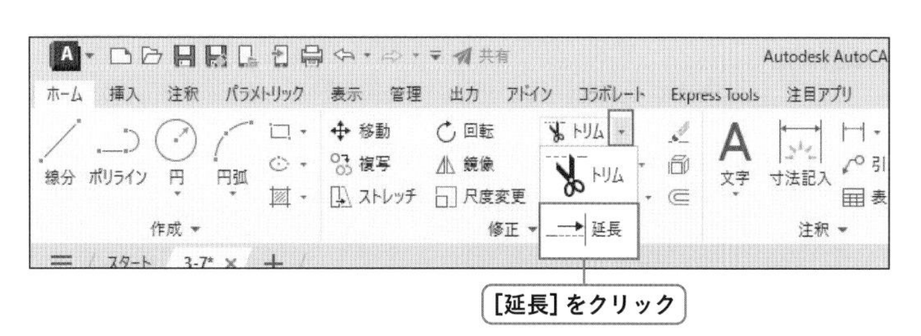

2 境界エッジを選択する

線分 a をクリックして選択します。

3 境界エッジの選択を確定する

[Enter] キーを押します。

➔選択が確定され、プロンプトに「延長するオブジェクトを選択」と表示されます。

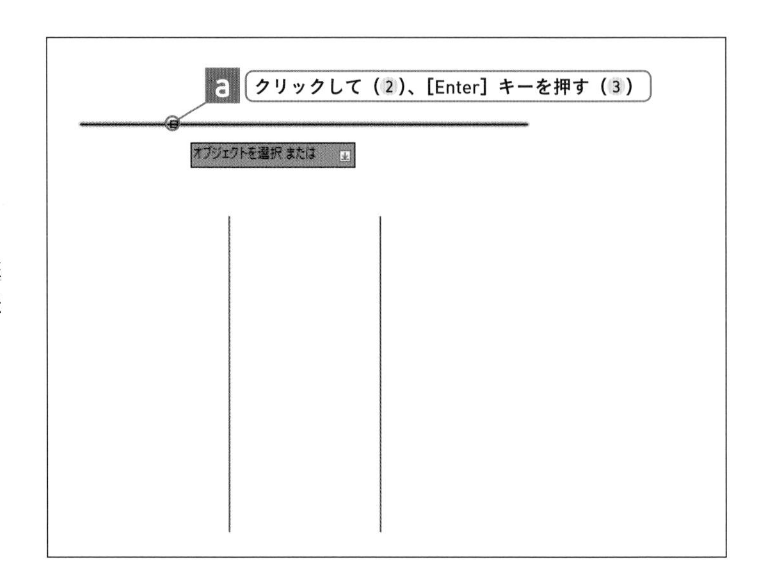

4 伸ばす箇所を選択する

線分 b 、 c を選択します。この時、線分 a に近い部分をクリックして選択します。

➔線分 b 、 c が線分 a まで伸びました。プロンプトには「延長するオブジェクトを選択」と同じメッセージ表示されています。

5 延長コマンドを終了する

[Enter] キーを押します。

➔プロンプトが確定され、延長コマンドが終了しました。

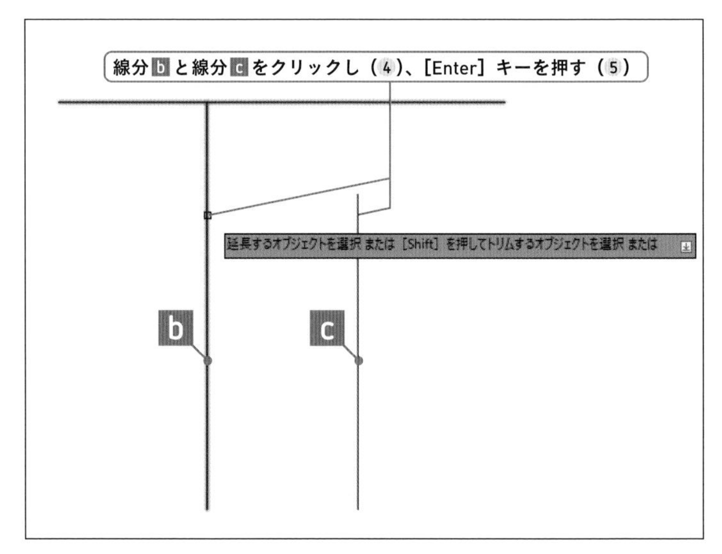

COLUMN

トリム／延長の図形をまとめて選択

[トリム]または[延長]コマンドで、切り取る箇所または伸ばす箇所を効率的にまとめて選択するには、フェンス選択を利用します。フェンス選択についてはP.79「その他の選択方法 - フェンス選択 -」を参照してください。

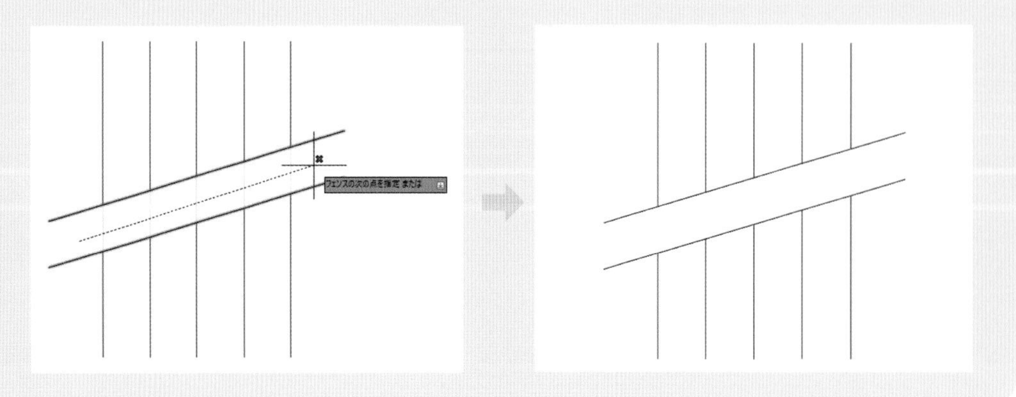

SECTION
3-8 図形のフィレット

フィレットコマンドは、半径を指定して角を丸めます。また、丸めるのではなく、線分と線分を繋げて角を作ることができるので、様々な場面で便利に使うことのできるコマンドです。

練習用ファイル
3-8.dwg

ここで学ぶこと

3-8-1 半径を指定して角を丸める P.112

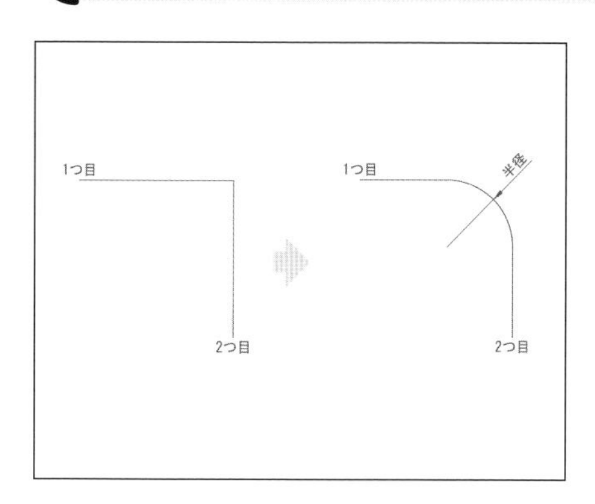

線分と線分で作成されている角を円弧で丸めます。角をなめらかにしたい場合に使用します。

■操作フロー

フィレットの実行
↓ OK
半径の確認 → 1つ目の図形の選択 → 2つ目の図形の選択
↓ 半径の変更 ↑
半径オプション → 半径の入力

3-8-2 角をつくる P.113

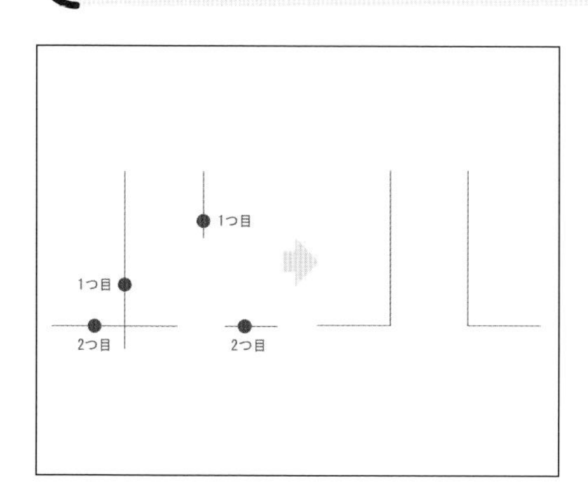

離れている線分や交差している線分の角を作ります。複写やオフセットの後処理に使うと便利です。

■操作フロー

フィレットの実行 → 1つ目の図形の選択 → [Shift]キーを押しながら2つ目の図形の選択

COLUMN

図形が交差している場合のフィレット

図形が交差している場所に［フィレット］コマンドを行う場合は、図形を残す側をクリックして選択する必要があります。

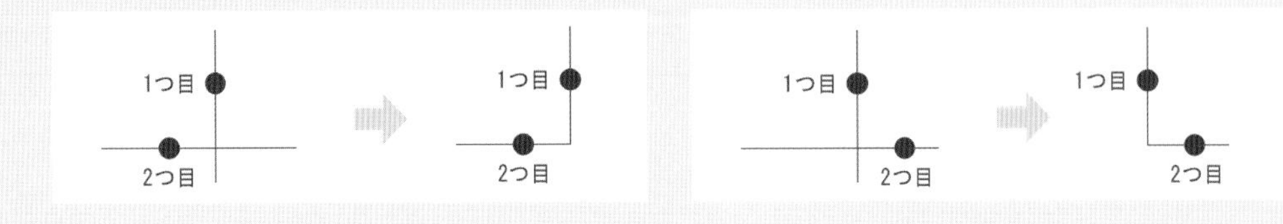

3-8-1 半径を指定して角を丸める

［フィレット］コマンドを実行し、半径値の確認をコマンドウィンドウで行います。半径値を変更する場合には、［半径（R）］オプションを選択し、半径値を入力します。次に、角を構成している線分a、bを選択すると、［フィレット］コマンドが終了し、角が丸まります。

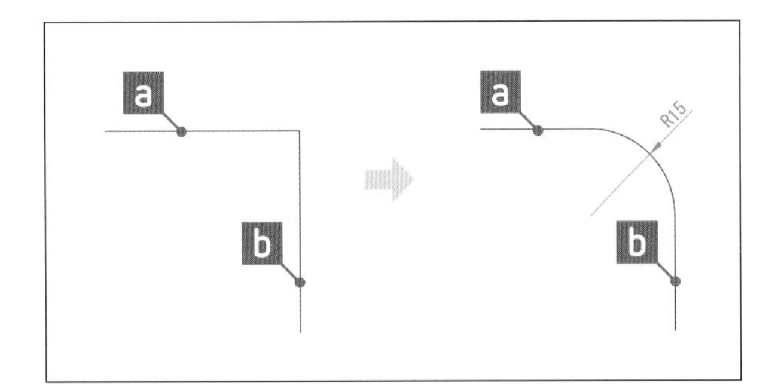

使用するコマンド	［フィレット］
メニュー	［修正］ー［フィレット］
リボン	［ホーム］タブー［修正］パネル
アイコン	（2019以降） （2018以前）
キーボード	FILLET［Enter］（F）

やってみよう

1 フィレットコマンドを選択する

［ホーム］タブ－［修正］パネル－［フィレット］をクリックします。

→フィレットコマンドが実行され、プロンプトに「最初のオブジェクトを選択」と表示されます。

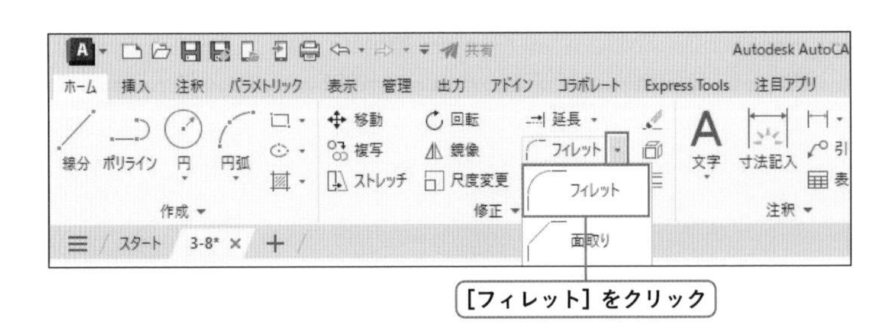

2 半径値を確認する

コマンドウィンドウで半径値を確認します（表示されていない場合は、［F2］キーを押してコマンドウィンドウの履歴を表示し、確認後にもう一度［F2］キーを押して閉じてください）。

→半径値は「5」と表示されていますが、「15」に変更したいので、次の操作で［半径（R）］オプションを選択します。

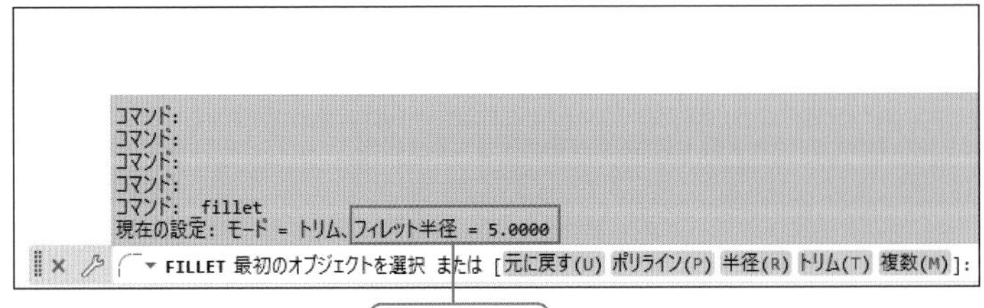

3「半径」オプションを選択する

右クリックして、表示されたメニューから「半径（R)」を選択します。

➔［半径（R)］オプションが選択され、プロンプトには「フィレット半径を指定」と表示されています。次に、半径値を入力します。

4 半径を入力する

キーボードで「15」と入力し、[Enter] キーを押します。

➔半径が指定され、プロンプトには「最初のオブジェクトを選択」と表示されています。

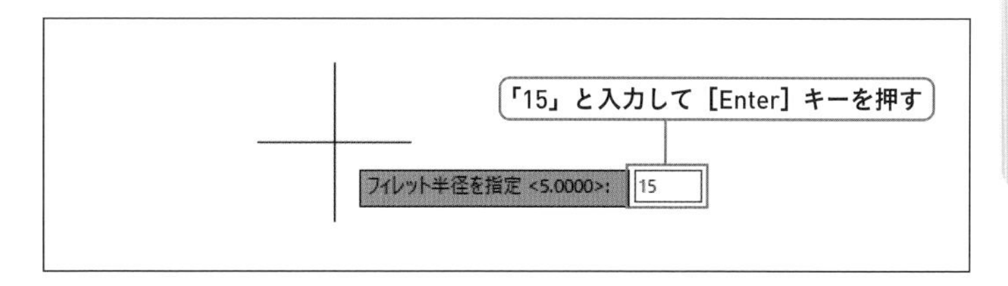

5 1つ目の図形を選択する

線分 a をクリックして選択します。

➔1つ目の図形が選択され、プロンプトに「2つ目のオブジェクトを選択」と表示されます。

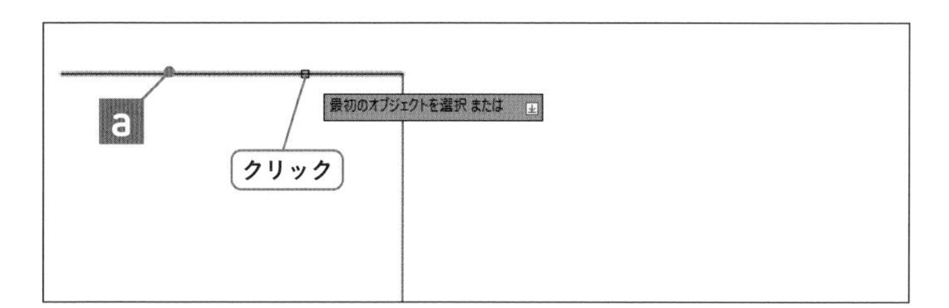

6 2つ目の図形を選択する

線分 b をクリックして選択します。

➔2つ目の図形が選択され、［フィレット］コマンドが終了し、角が丸まりました。

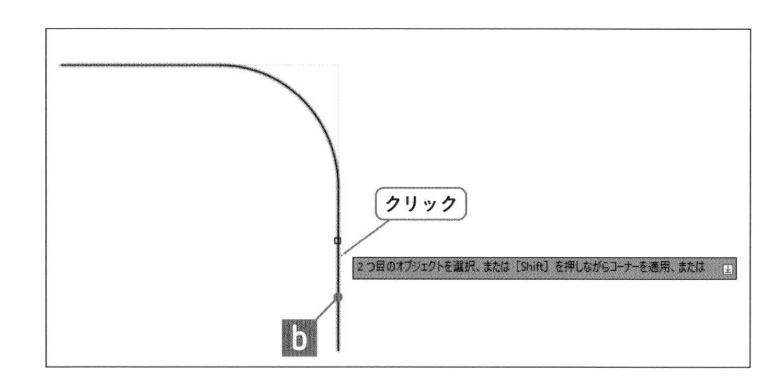

3-8-2 角をつくる

［フィレット］コマンドを実行し、角を構成している線分を選択します。2つ目の図形である線分 b を選択する際に［Shift］キーを押しながらクリックして選択すると、角は丸まるのではなく、ダイレクトに繋がります。線分 c、d に対しても同じ操作を行います。

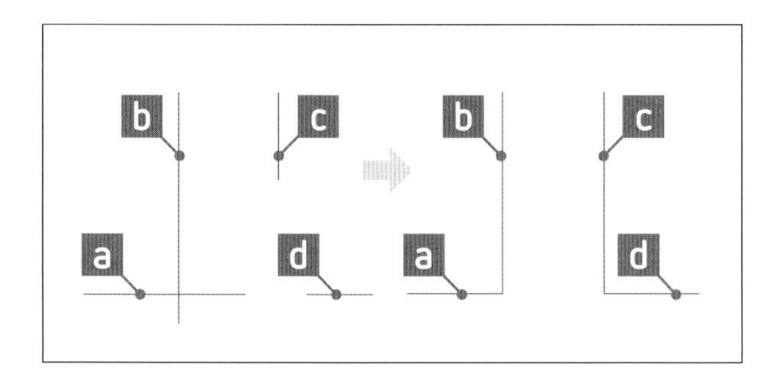

使用するコマンド	[フィレット]
メニュー	[修正]ー[フィレット]
リボン	[ホーム]タブー[修正]パネル
アイコン	(2019以降) (2018以前)
キーボード	FILLET[Enter](F)

やってみよう

1 フィレットコマンドを選択する

[ホーム] タブー [修正] パネルー [フィレット] をクリックします。

➜フィレットコマンドが実行され、プロンプトに「最初のオブジェクトを選択」と表示されます。

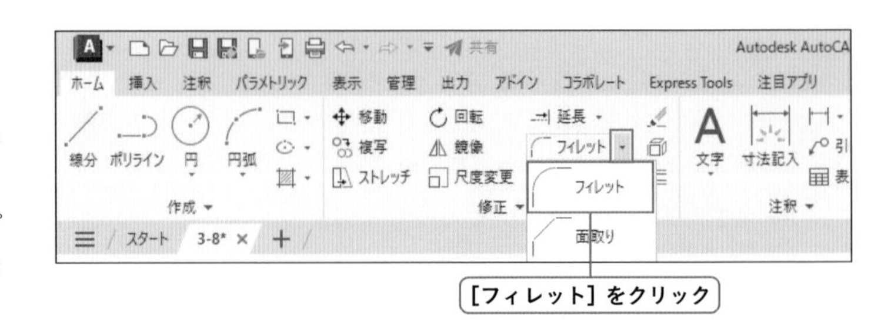

2 1つ目の図形を選択する

線分aをクリックして選択します。

➜1つ目の図形が選択され、プロンプトに「2つ目のオブジェクトを選択、または [Shift] を押しながらコーナーを適用」と表示されます。

3 2つ目の図形を[Shift]キーを押しながら選択する

[Shift] キーを押しながら、線分bをクリックして選択します。

➜2つ目の図形が選択され、[フィレット] コマンドが終了し、線分aと線分bの角が作られました。

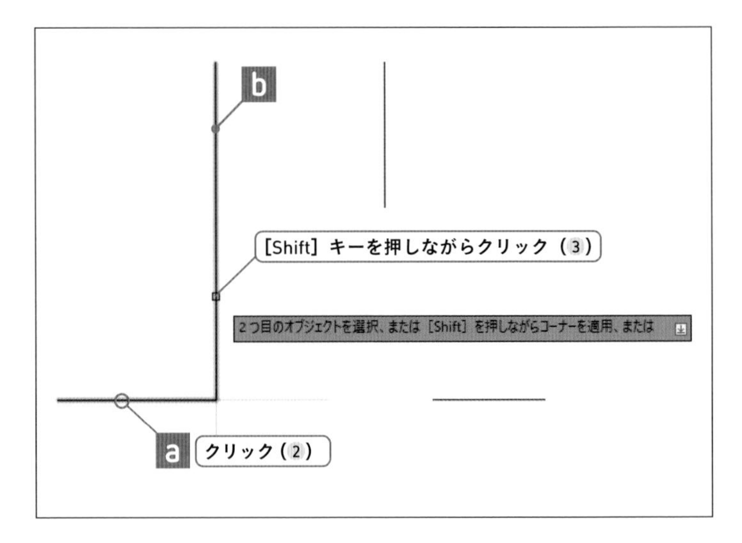

4 フィレットコマンドを選択する

[ホーム] タブー [修正] パネルー [フィレット] をクリックします。

➜フィレットコマンドが実行され、プロンプトに「最初のオブジェクトを選択」と表示されます。

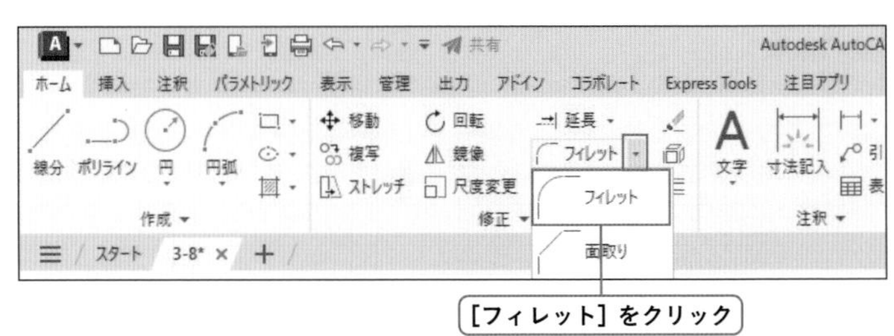

5 1つ目の図形を選択する

線分cをクリックして選択します。

➜1つ目の図形が選択され、プロンプトに「2つ目のオブジェクトを選択、または [Shift] を押しながらコーナーを適用」と表示されます。

6 2つ目の図形を[Shift]キーを押しながら選択する

[Shift] キーを押しながら、線分dをクリックして選択します。

➜2つ目の図形が選択され、[フィレット] コマンドが終了し、線分cと線分dの角が作られました。

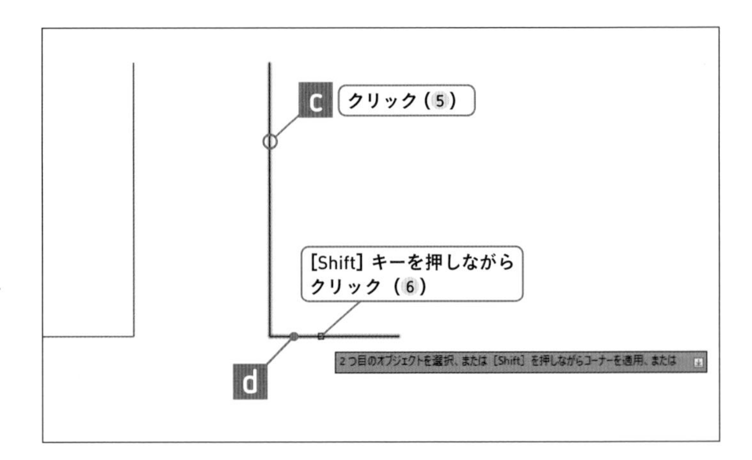

SECTION
3-9 練習問題

練習用ファイル
3-9.dwg

Q.1 図のように作図しなさい。寸法は必要ありません。

解答 P.116

◎ 三角形aと同じ大きさの三角形b、cを作成する
◎ 三角形aは右に 20 移動する
◎ 円dは移動しない
◎ 円dと三角形b、cの位置関係は右図の通り

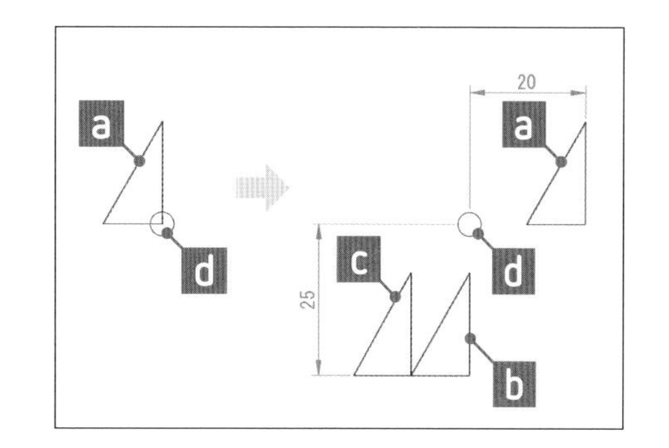

HINT

複写コマンド、移動コマンド、直交モード、オブジェクトスナップ（端点）

Q.2 図のように作図しなさい。寸法は必要ありません。

解答 P.119

◎ 正方形cの内側に相似図形dを作成、間の距離を 5 とする
◎ 正方形c、dは、線分ABを基準に 15°傾ける

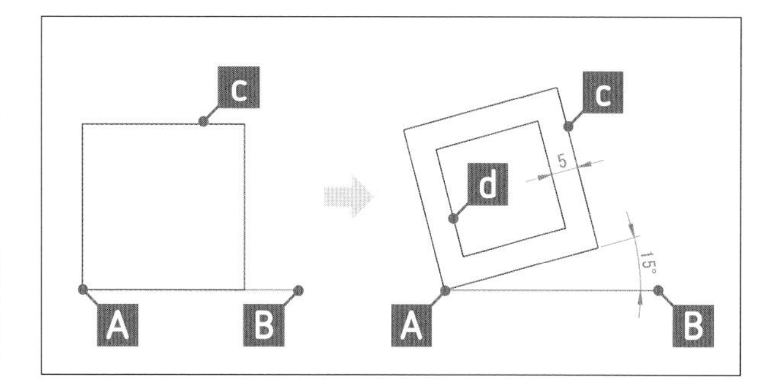

HINT

オフセットコマンド、回転コマンド、オブジェクトスナップ（端点）

Q.3 図のように作図しなさい。寸法は必要ありません。

解答 P.121

◎ 線分AB、CDは線分EF、GHの間を削除する
◎ 線分EF、GHは線分AB、CDの間を削除する
◎ C、Fの角とD、Hの角は半径 10 で丸める

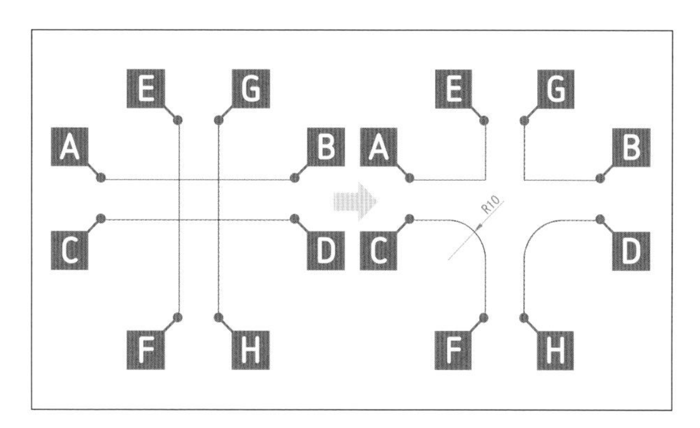

HINT

トリムコマンド、フィレットコマンド

A.1 作図の流れと解答

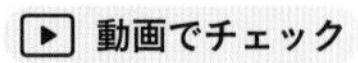

作画の流れ

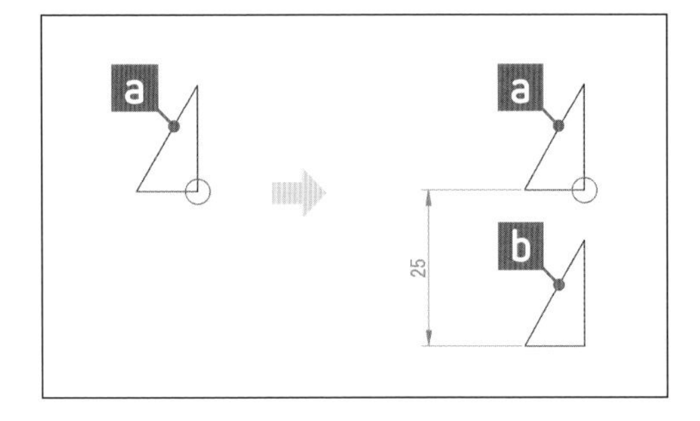

三角形aから下に25離れた位置に三角形bを作成します。複写コマンドと直交モードを使います。

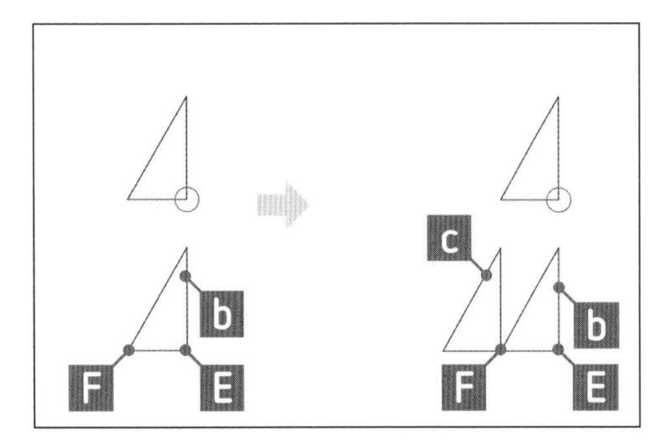

三角形bから三角形cを作成します。複写コマンドを使い、オブジェクトスナップで端点Eを基点、端点Fを2点目とします。

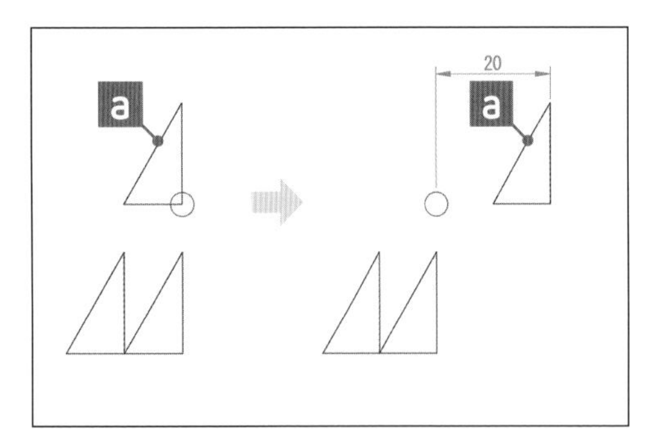

三角形aを右に20離れた位置に移動します。移動コマンドと直交モードを使います。

解答

1 オブジェクトスナップを設定する

P.43「2-1-3既存の図形上の点を利用して線分を描く」の手順1～3を参照し、［端点］を設定します。

2 直交モードをオンにする

3 複写コマンドを選択する

［ホーム］タブー［修正］パネルー［複写］をクリックします。

➔複写コマンドが実行され、プロンプトに「オブジェクトを選択」と表示されます。

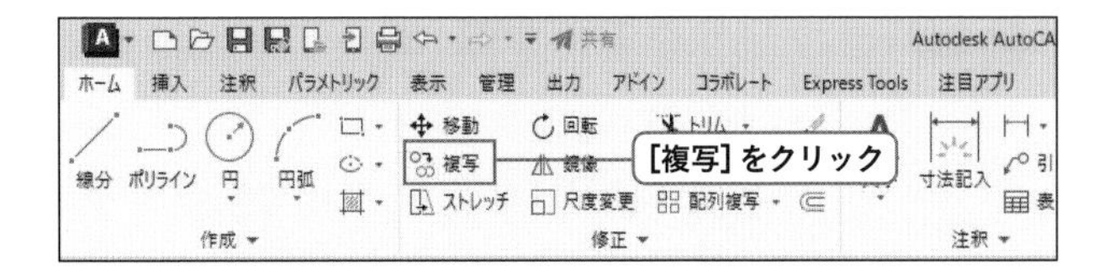

4 図形を選択する

三角形 a を選択します。線分で作成されているので、3本の線をクリックします。

5 選択を確定する

［Enter］キーを押します。

➔選択が確定され、プロンプトには「基点を指定」と表示されます。

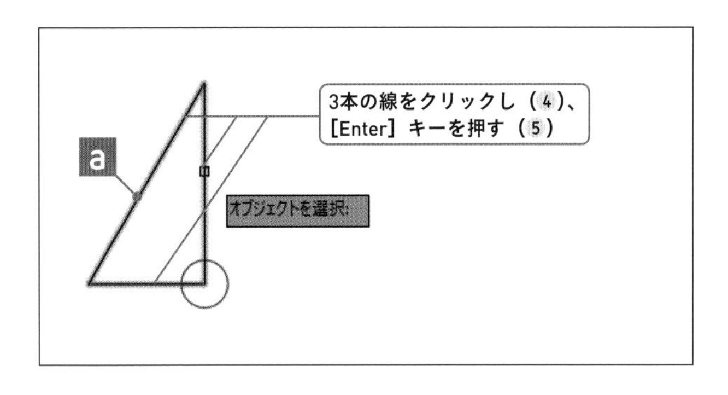

6 基点を指定する

任意点をクリックします。

7 方向を指定する

カーソルを描画したい方向に移動します。ここでは垂直方向下に向かって動かします。

8 長さを入力する

キーボードで「25」と入力し、［Enter］キーを押します。

➔三角形 a から垂直方向に25離れた位置に三角形 b が作成されました。

9 複写コマンドを終了する

［Enter］キーを押します。

➔プロンプトが確定され、複写コマンドが終了しました。

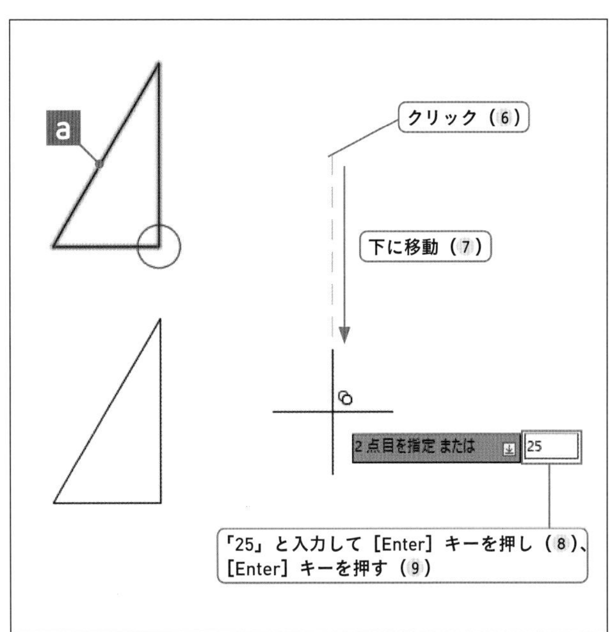

10 複写コマンドを選択する

［ホーム］タブー［修正］パネルー［複写］をクリックします。

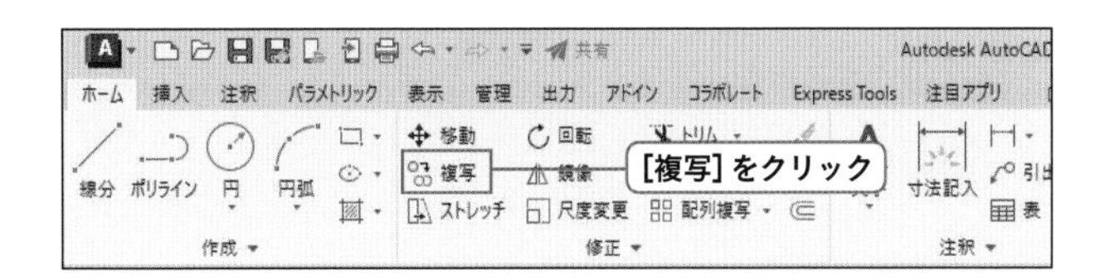

11 線分コマンドを実行する

三角形b（手順3〜9で複写した図形）を選択します。線分で作成されているので、3本の線をクリックします。

12 選択を確定する

[Enter] キーを押します。

➡ 選択が確定され、プロンプトには「基点を指定」と表示されます。

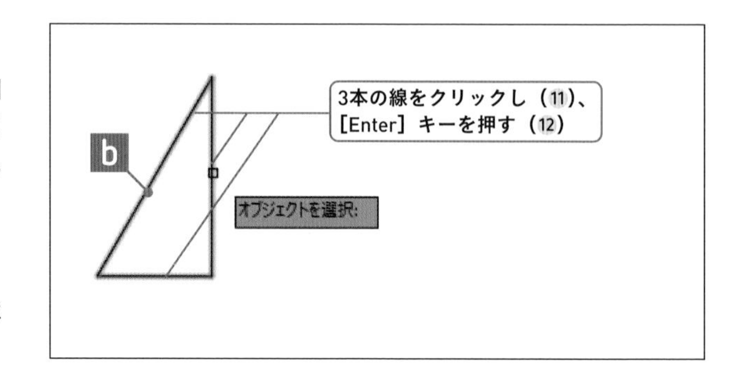

13 基点を指定する

三角形の端点Eをクリックします。

➡ プロンプトには「2点目を指定」と表示されています。

14 2点目を指定する

三角形の端点Fをクリックします。

➡ 2点目が指定され、三角形cが作成されました。

15 複写コマンドを終了する

[Enter] キーを押します。

➡ プロンプトが確定され、複写コマンドが終了しました。

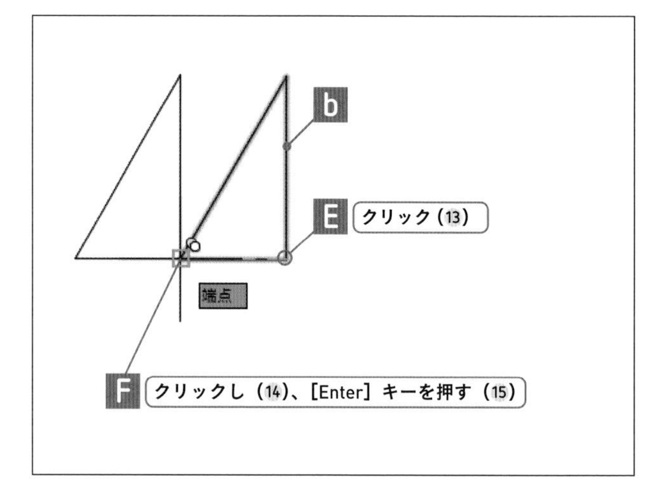

16 移動コマンドを選択する

[ホーム] タブー [修正] パネルー [移動] をクリックします。

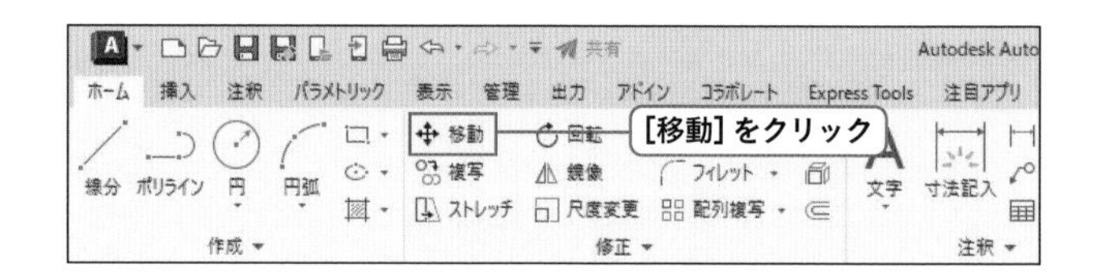

17 図形を選択する

三角形aを選択します。線分で作成されているので、3本の線をクリックします

18 選択を確定する

[Enter] キーを押します。

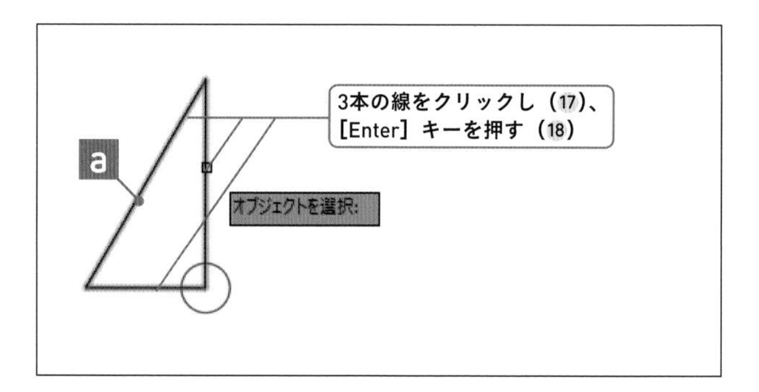

19 基点を指定する

任意点をクリックします。

20 方向を指定する

カーソルを描画したい方向に移動します。ここでは水平方向右に向かって動かします。

21 長さを入力する

キーボードで「20」と入力し、[Enter]キーを押します。

⊖三角形aが水平方向に20移動しました。移動コマンドは終了しています。

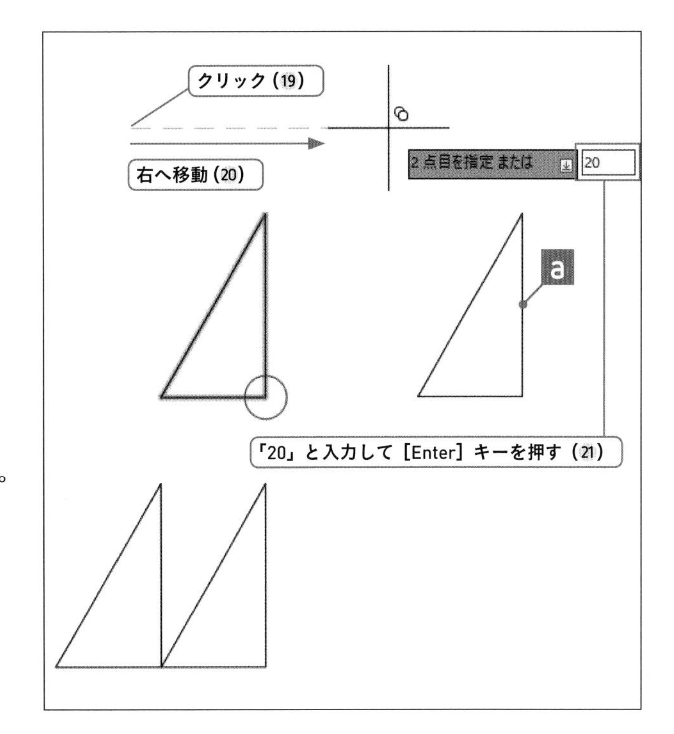

A.2 作図の流れと解答

動画でチェック

作画の流れ

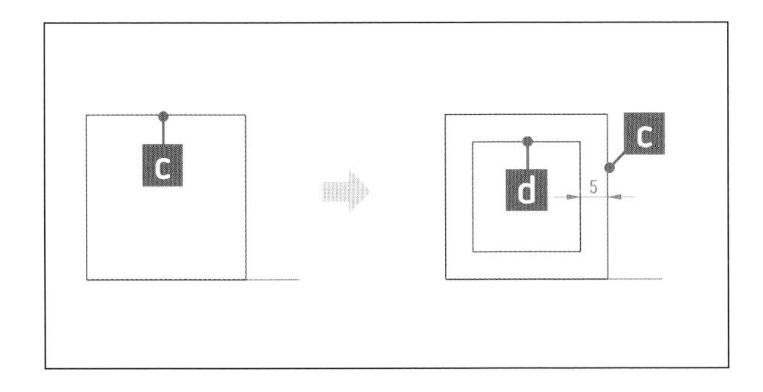

正方形cから正方形dを作成します。正方形cを内側に5の距離でオフセットします。

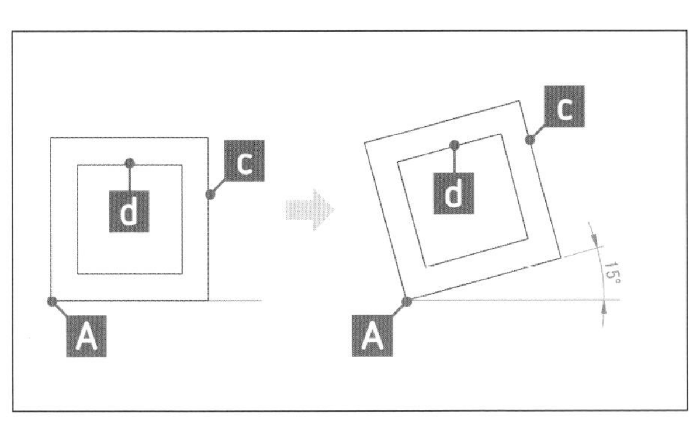

正方形c、dを回転します。回転コマンドを使い、端点Aを基点として、15° を指定します。

解答

1 オブジェクトスナップを設定する

P.43「2-1-3既存の図形上の点を利用して線分を描く」の手順1～3を参照し、[端点]を設定します。

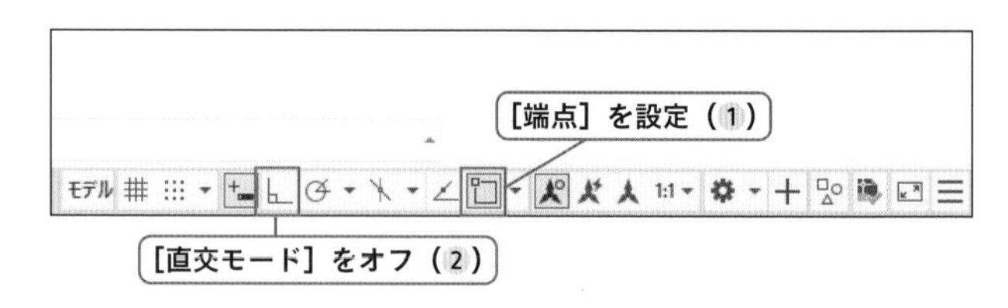

2 直交モードをオフにする

3 オフセットコマンドを選択する

[ホーム]タブ－[修正]パネル－[オフセット]をクリックします。

→オフセットコマンドが実行され、プロンプトに「オフセット距離を指定」と表示されます。

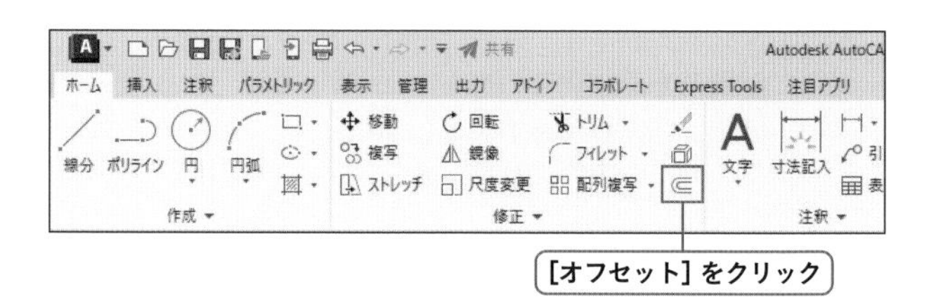

4 距離を入力する

キーボードで「5」と入力し、[Enter]キーを押します。

→距離が指定され、プロンプトには「オフセットするオブジェクトを選択」と表示されます。

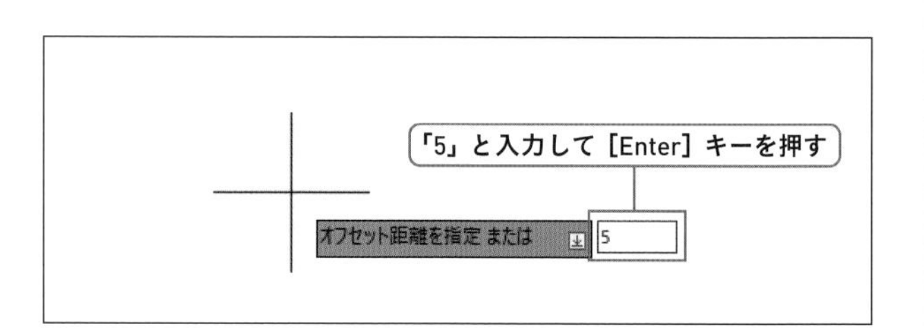

5 図形を選択する

正方形cをクリックして選択します。

6 オフセットする方向を指定する

正方形cの内側をクリックします。

→正方形dが作成されました。

7 オフセットコマンドを終了する

[Enter]キーを押します。

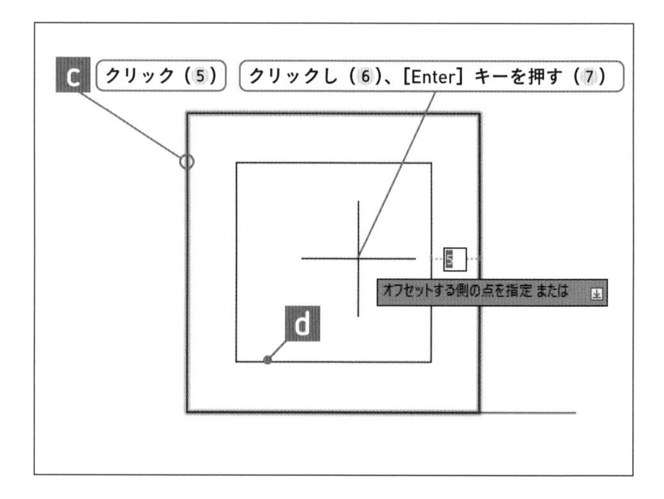

8 回転コマンドを選択する

[ホーム]タブ－[修正]パネル－[回転]をクリックします。

→回転コマンドが実行され、プロンプトに「オブジェクトを選択」と表示されます。

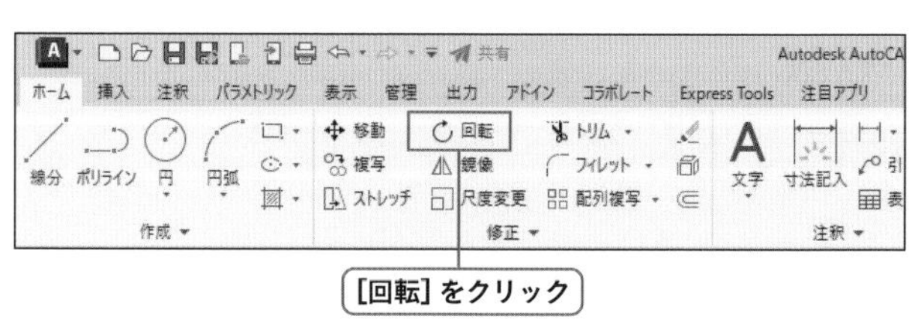

9 図形を選択する

正方形c、dをクリックして選択します。

➡プロンプトには「オブジェクトを選択」と表示されます。

10 選択を確定する

［Enter］キーを押します。

➡選択が確定され、プロンプトには「基点を指定」と表示されます。

正方形cとdをクリックし（9）、［Enter］キーを押す（10）

11 基点を指定する

端点Aをクリックします。

➡プロンプトには「回転角度を指定」と表示されています。

12 角度を入力する

キーボードで「15」と入力し、［Enter］キーを押します。

➡角度が指定され、正方形c、dが回転しました。回転コマンドは終了しています。

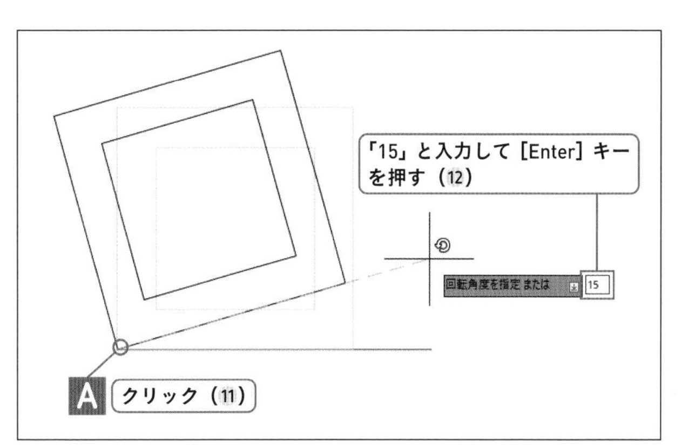

A.3 作図の流れと解答

動画でチェック

作画の流れ

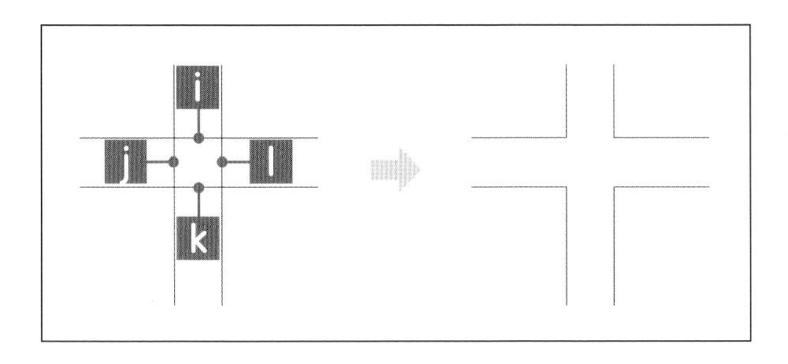

トリムコマンドを使い、すべての線分を切り取りエッジとして選択、線分の一部であるi、j、k、lを切り取ります。

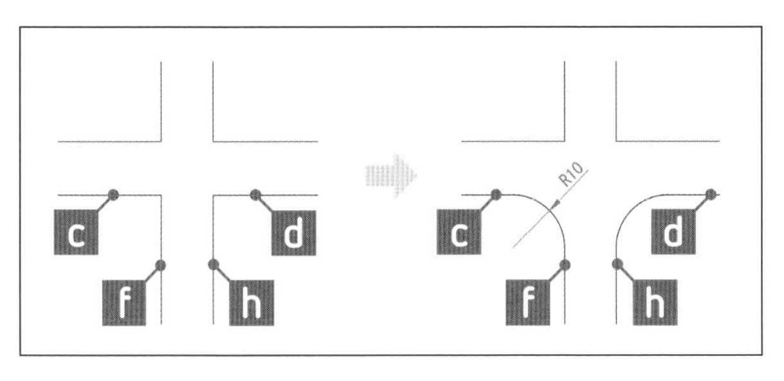

フィレットコマンドを使い、c、fの角と、d、hの角を半径10で丸めます。

解答

1 トリムコマンドを選択する

[ホーム] タブー [修正] パネルー [トリム] をクリックします。

➔トリムコマンドが実行され、プロンプトに「オブジェクトを選択」と表示されます。2021以降のバージョンで「トリムするオブジェクトを選択」と表示されている場合は、P.106の「2021以降のバージョンのトリム／延長」を参照してください。

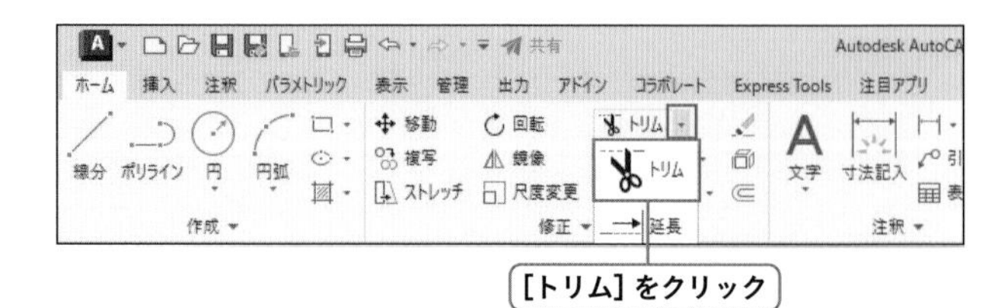

2 切り取りエッジを選択する

線分をすべて選択します。このとき、右から左に囲って交差選択を行うと効率的です。

3 切り取りエッジの選択を確定する

[Enter] キーを押します。

➔選択が確定され、プロンプトに「トリムするオブジェクトを選択」と表示されます。

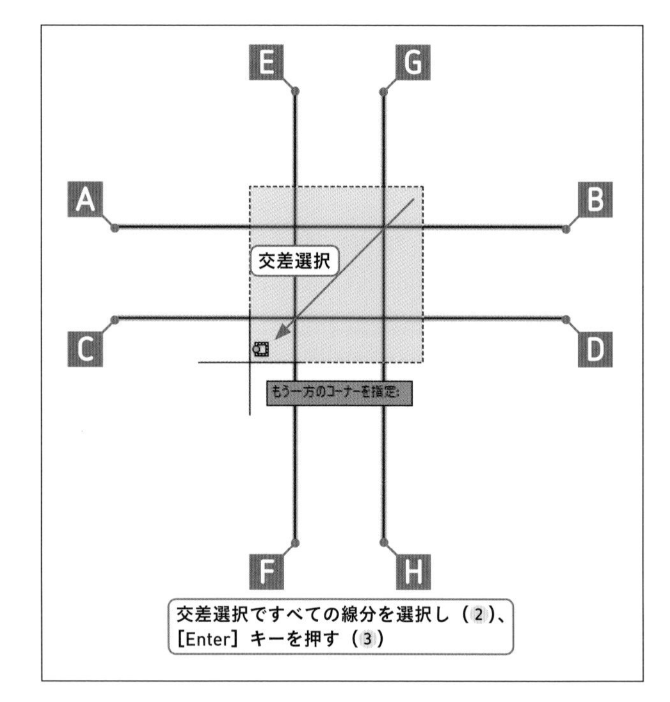

4 切り取る箇所を選択する

線分の間の i、j、k、l の部分をクリックして選択します。

5 トリムコマンドを終了する

[Enter] キーを押します。

➔プロンプトが確定され、トリムコマンドが終了しました。

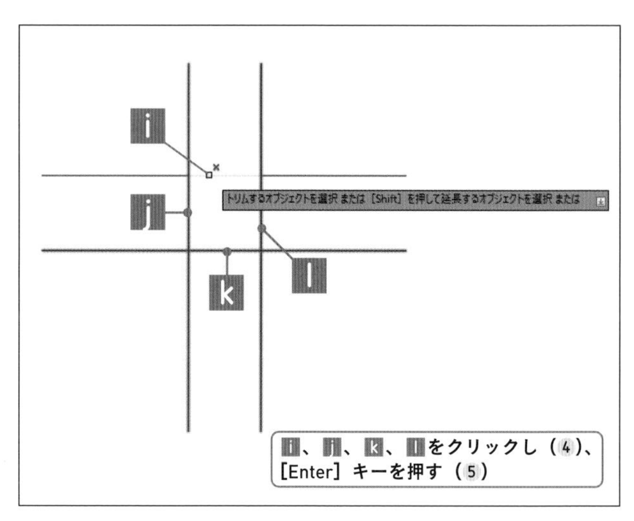

6 フィレットコマンドを選択する

［ホーム］タブ－［修正］パネル－［フィレット］をクリックします。

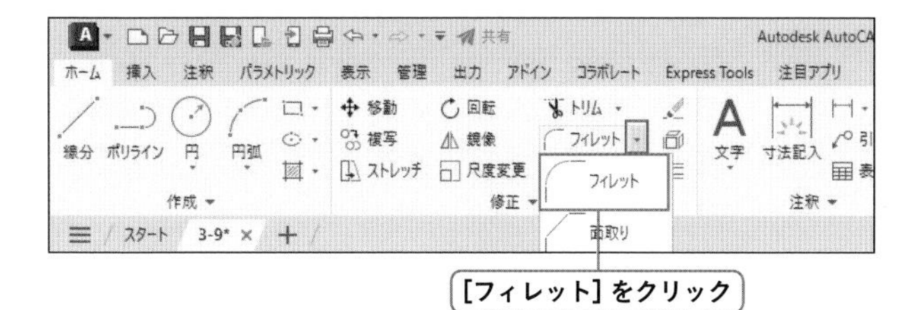

7 半径値を確認する

コマンドウィンドウで半径値を確認します（表示されていない場合は、［F2］キーを押してコマンドウィンドウの履歴を表示し、確認後にもう一度［F2］キーを押して閉じてください）。

➜半径値を「10」に変更したいので、次の操作で［半径（R）］オプションを選択します。

トリムするオブジェクトを選択 または [Shift] を押して延長するオブジェクトを選択 または
[切り取りエッジ(T)/フェンス(F)/交差(C)/モード(O)/投影モード(P)/エッジ(E)/削除(R)/元に戻す(U)]:
コマンド:
コマンド:
コマンド: fillet
現在の設定: モード = トリム、フィレット半径 = 5.0000
FILLET 最初のオブジェクトを選択 または [元に戻す(U) ポリライン(P) 半径(R) トリム(T) 複数(M)]:

半径値を確認

8「半径」オプションを選択する

右クリックして、表示されたメニューから「半径（R）」を選択します。

右クリック
Enter(E)
キャンセル(C)
元に戻す(U)
ポリライン(P)
半径(R)
トリム(T)
[半径] を選択

9 半径を入力する

キーボードで「10」と入力し、［Enter］キーを押します。

➜半径が指定され、プロンプトには「最初のオブジェクトを選択」と表示されています。

「10」と入力して、[Enter] キーを押す
フィレット半径を指定 <5.0000>: 10

10 1つ目の図形を選択する

線分 c をクリックして選択します。

11 2つ目の図形を選択する

線分 f をクリックして選択します。

➜2つ目の図形が選択され、［フィレット］コマンドが終了し、角が丸まりました。

12 線分 d、h の角を丸める

手順 6 、10 、11 を参考に、線分 d、h の角を丸めます。

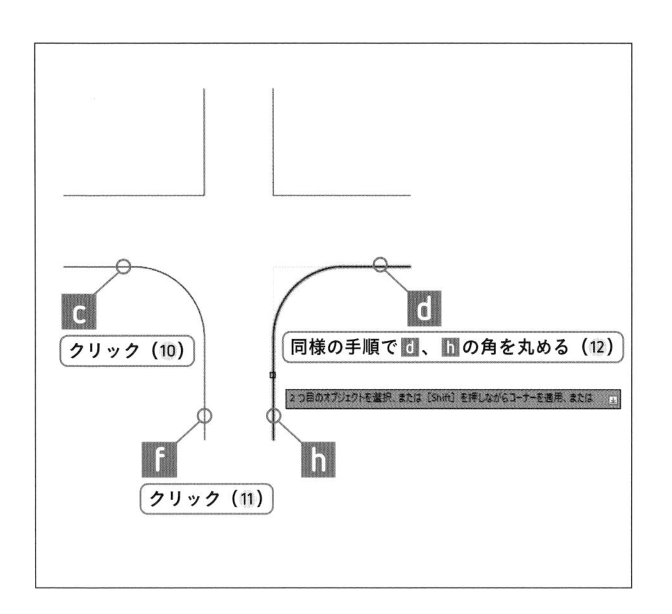

SECTION
3-10 ステップアップ問題

練習用ファイル 3-10.dwg

Q.1 図のように作図しなさい。寸法は必要ありません。

解答 P.125

◎ 既存の正方形ABCD、EFGHを利用して、図形iを作成する
◎ 円弧の半径は5
◎ 図形iは線分JKと同じ傾きにする
◎ 線分JKは移動しない
◎ 線分BCの中点Oと線分JKの中点Lを同じ位置にする

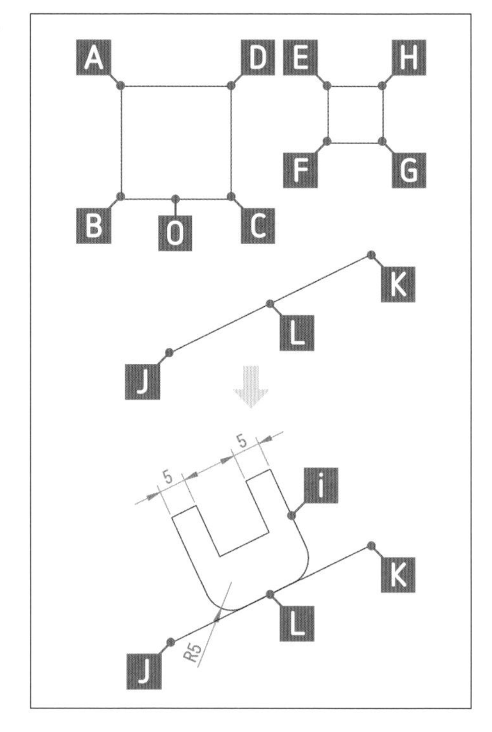

HINT

移動コマンド、削除コマンド、トリムコマンド、フィレットコマンド、回転コマンド、オブジェクトスナップ（端点、中点）

Q.2 図のように作図しなさい。寸法は必要ありません。

解答 P.131

◎ 既存の線分ABは移動しない
◎ 円弧の半径は12
◎ 線分ABの中点Gと円弧の四半円点Iは水平
◎ 線分ABの中点Gと円弧の四半円点Iの距離は20

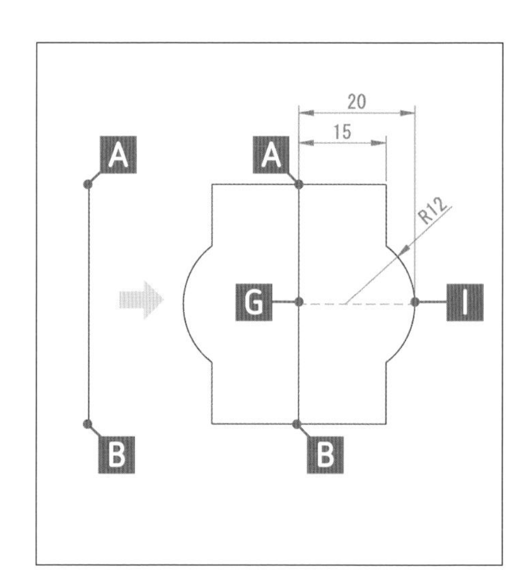

HINT

オフセットコマンド、円コマンド、移動コマンド、トリムコマンド、鏡像コマンド、線分コマンド、オブジェクトスナップ（端点、中点、四半円点）

COLUMN

入力の既定値

コマンドプロンプトには［ ］（角かっこ）で表示される「コマンドオプション」と、＜ ＞（山かっこ）で表示される「入力の既定値」があります。コマンドオプションは右クリックメニューなどから選択しますが、入力の既定値は［Enter］キーを押すことによって、表示されている値やオプションを選択することができます。
例えば、円コマンドで半径を入力する時に、コマンドプロンプトに「＜3.0000＞」と表示されている場合、［Enter］キーを押すと、半径を3と入力したことと同じになります。

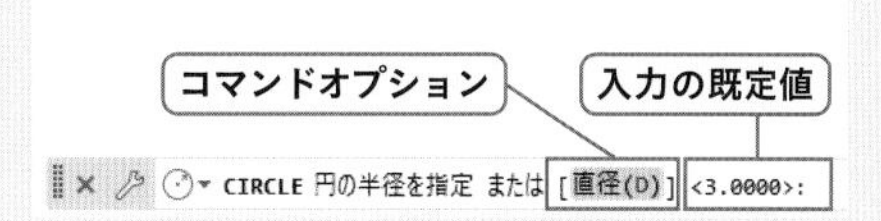

A.1 作図の流れと解答

動画でチェック

作画の流れ

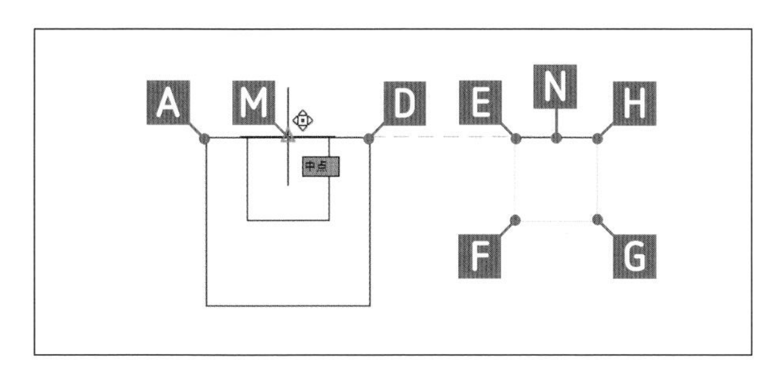

線分EF、FG、GHを移動します。この時の基点は線分EHの中点N、目的点は線分ADの中点Mを目的点とします。残された線分EHは削除します。

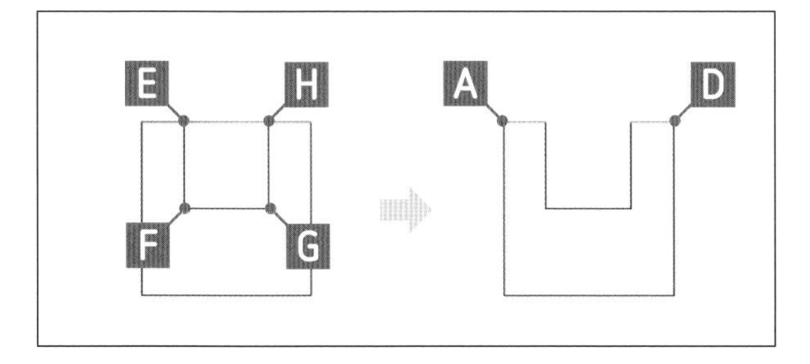

線分EF、HGを基準線として、線分ADをトリムします。

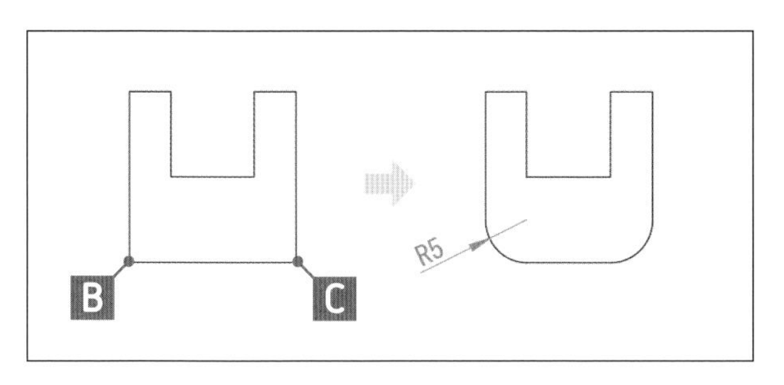

角B、Cを半径5でフィレットします。

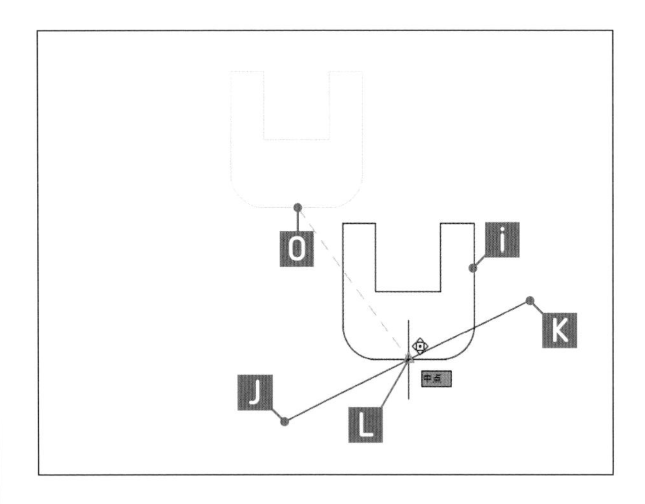

図形iを移動します。この時の基点は線分の中点O、目的点は線分JKの中点Lとします。

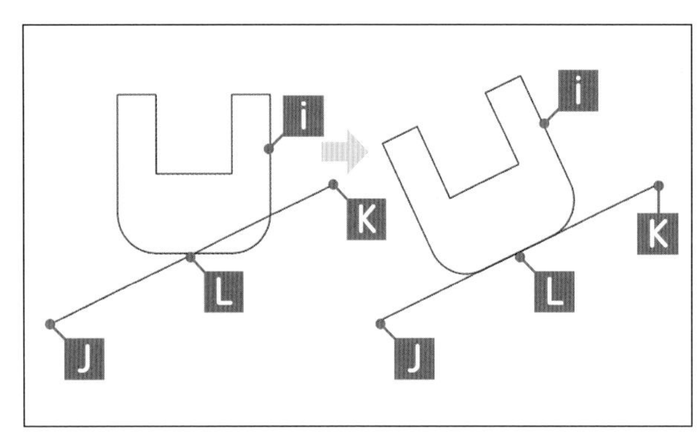

図形iを、線分JKと同じ傾きに回転します。回転コマンドの参照オプションを使用し、回転の中心は中点L、参照オプションの1点目に中点L、2点目に図形iの端点、3点目に端点Kを指定します。

解答

1 オブジェクトスナップを設定する

P.43「2-1-3既存の図形上の点を利用して線分を描く」の手順1～3を参照し、[端点]、[中点] を設定します。

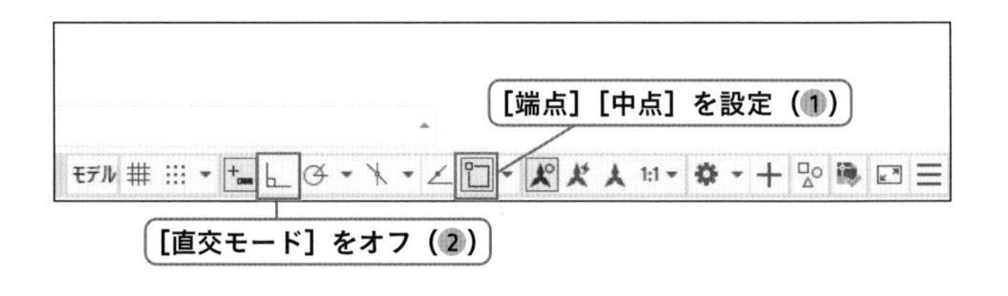

2 直交モードをオフにする

3 移動コマンドを選択する

[ホーム] タブー [修正] パネルー [移動] をクリックします。

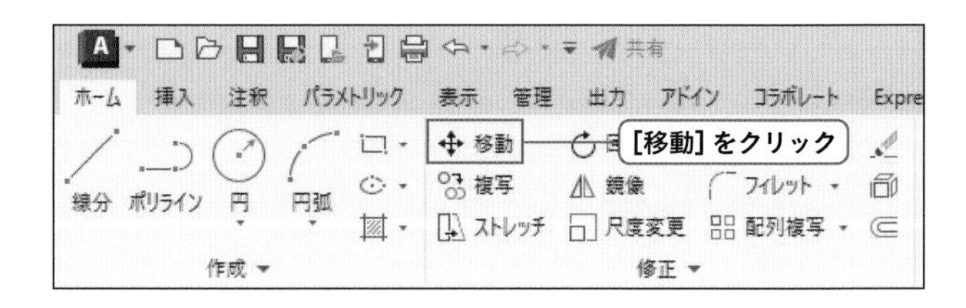

4 図形を選択する

線分EF、FG、HGの3本の線をクリックして選択します。

5 選択を確定する

[Enter] キーを押します。

➔選択が確定され、プロンプトには「基点を指定」と表示されます。

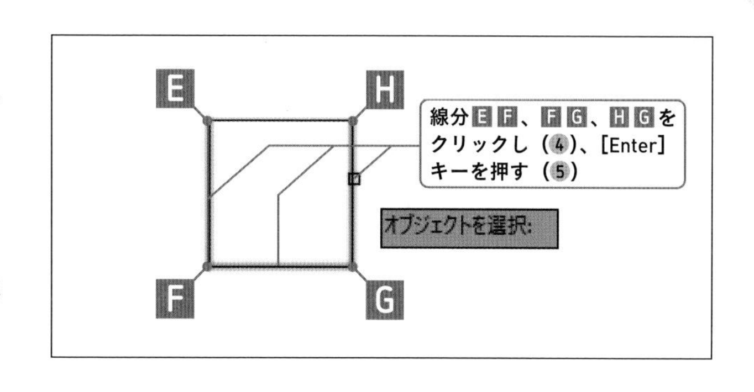

6 基点を指定する

線分EHの中点Nをクリックします。

7 目的点を指定する

線分ADの中点Mをクリックします。

➔線分が3本移動しました。移動コマンドは終了しています。

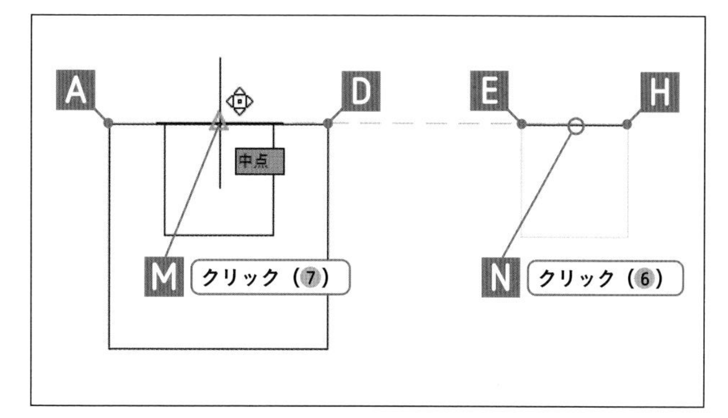

8 削除コマンドを選択する

[ホーム] タブー [修正] パネルー [削除] をクリックします。

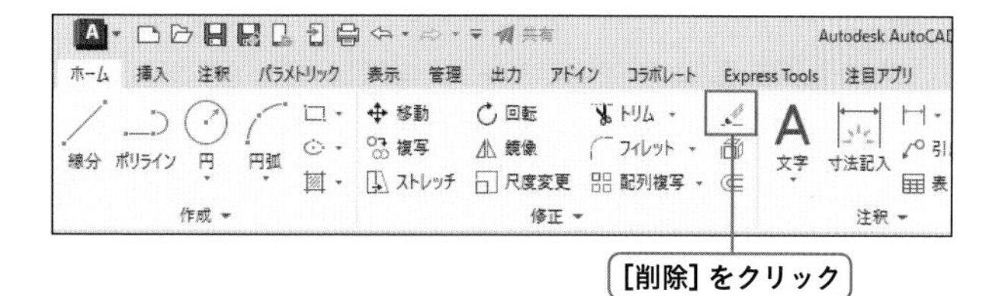

9 図形を選択する

線分EHをクリックして選択します。

10 削除コマンドを終了する

[Enter] キーを押します。

➔線分EHが削除されました。

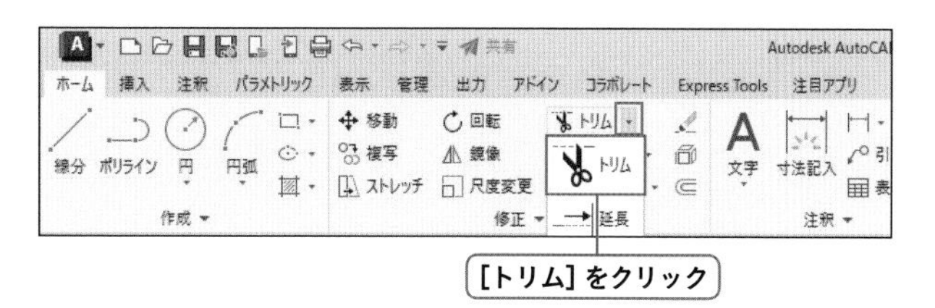

11 トリムコマンドを選択する

[ホーム] タブー [修正] パネルー [トリム] をクリックします。

➔2021以降のバージョンで「トリムするオブジェクトを選択」と表示されている場合は、P.106の「2021以降のバージョンのトリム／延長」を参照してください。

[トリム] をクリック

⑫ 切り取りエッジを選択する

線分EF、HGをクリックして選択します。

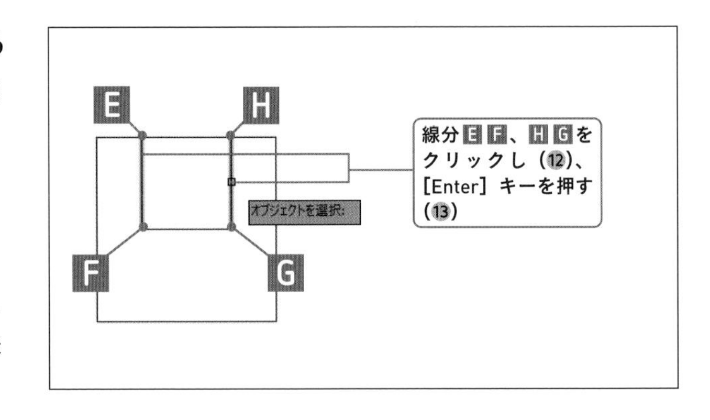

⑬ 切り取りエッジの選択を確定する

[Enter] キーを押します。

➔選択が確定され、プロンプトに「トリムするオブジェクトを選択」と表示されます。

⑭ 切り取る箇所を選択する

EHの間をクリックします。

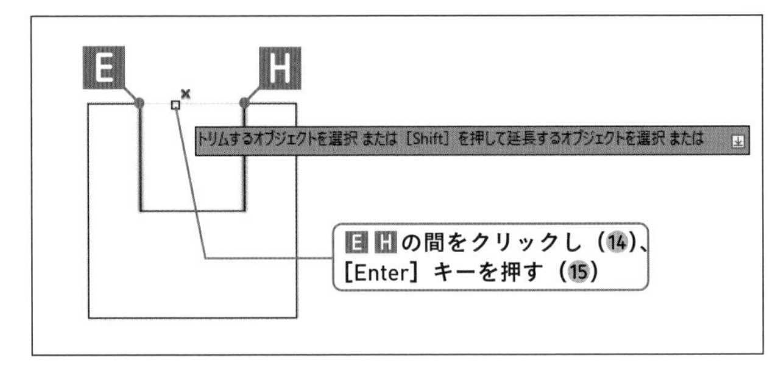

⑮ トリムコマンドを終了する

[Enter] キーを押します。

⑯ フィレットコマンドを選択する

[ホーム] タブー [修正] パネルー [フィレット] をクリックします。

⑰ 半径値を確認する

コマンドウィンドウで半径値を確認します（表示されていない場合は、[F2] キーを押してコマンドウィンドウの履歴を表示し、確認後にもう一度 [F2] キーを押して閉じてください）。

➔半径値を「5」に変更したいので、次の操作で [半径（R）] オプションを選択します。

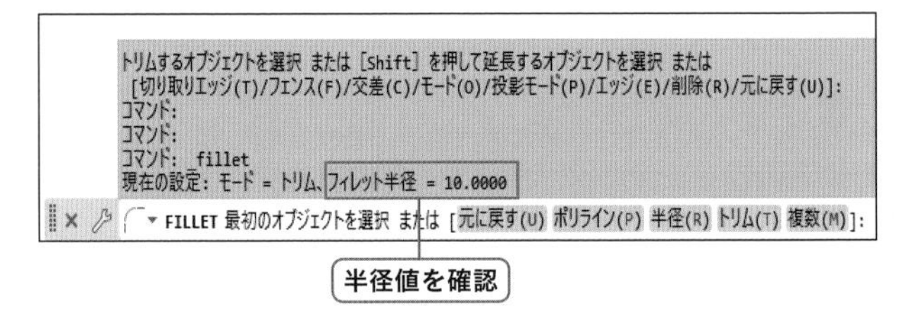

⑱「半径」オプションを選択する

右クリックして、表示されたメニューから「半径（R）」を選択します。

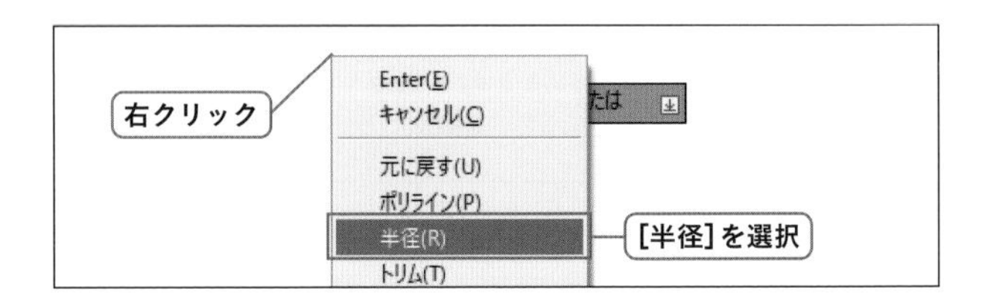

⑲ 半径を入力する

キーボードで「5」と入力し、[Enter] キーを押します。

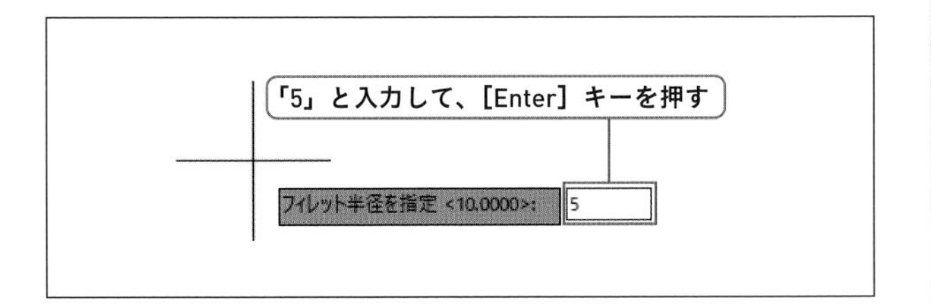

20 1つ目の図形を選択する

線分A Bをクリックして選択します。

21 2つ目の図形を選択する

線分B Cをクリックして選択します。

➔[フィレット] コマンドが終了し、角が丸まりました。

22 Cの角を丸める

手順16、20、21を参考に、Cの角を丸めます。

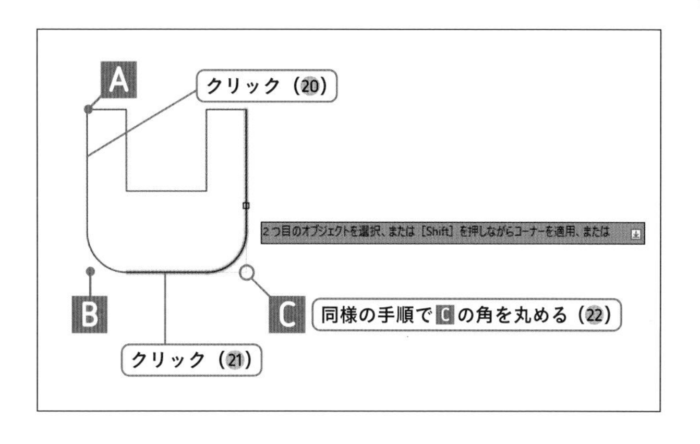

23 移動コマンドを選択する

[ホーム] タブー [修正] パネルー [移動] をクリックします。

24 図形を選択する

図形iを窓選択などで選択します。

25 選択を確定する

[Enter] キーを押します。

➔選択が確定され、プロンプトには「基点を指定」と表示されます。

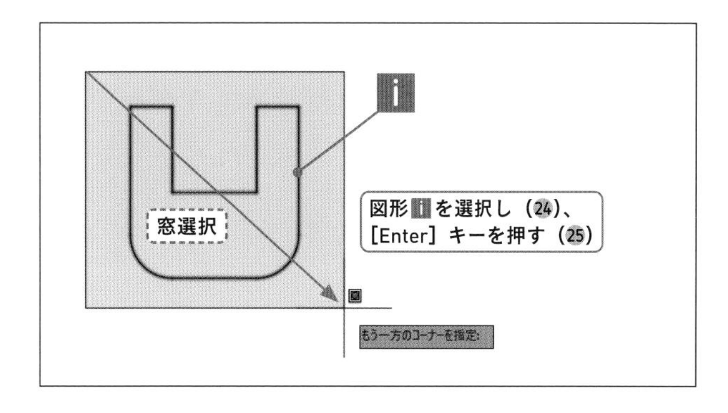

26 基点を指定する

中点Oをクリックします。

27 目的点を指定する

線分J Kの中点Lをクリックします。

➔図形iが移動しました。移動コマンドは終了しています。

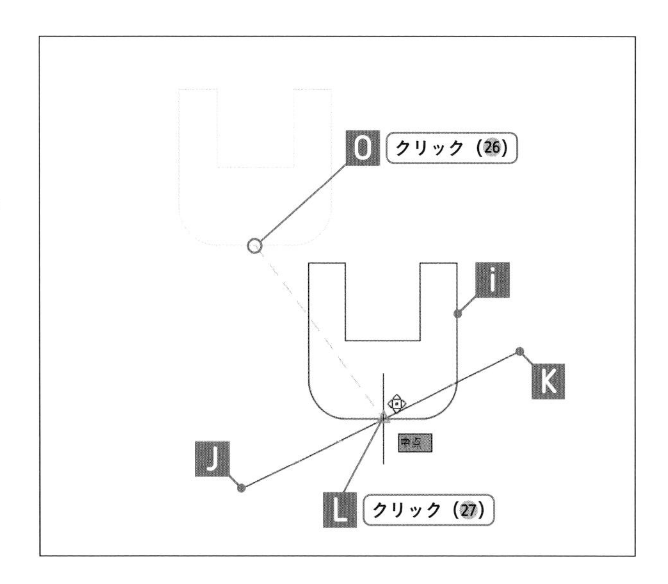

28 回転コマンドを選択する

[ホーム] タブー [修正] パネルー [回転] をクリックします。

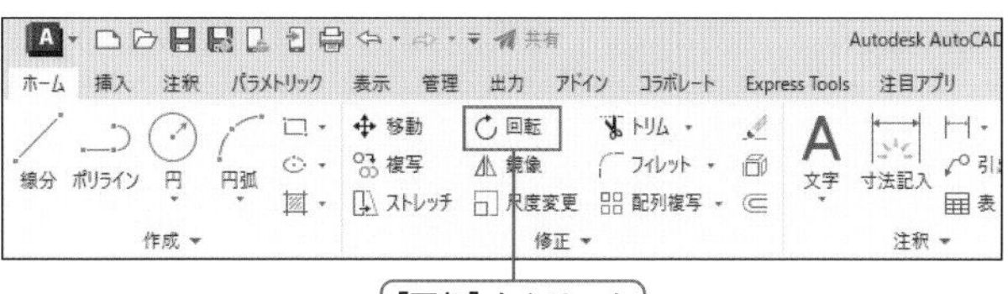

29 図形を選択する

図形 i を窓選択で選択します。

30 選択を確定する

[Enter] キーを押します。

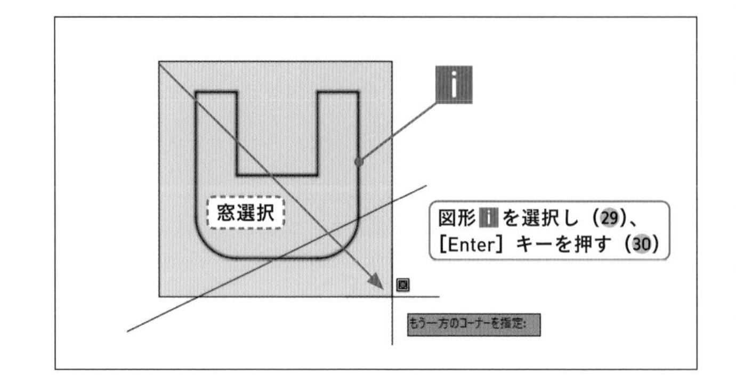

31 基点を指定する

中点 L をクリックします。

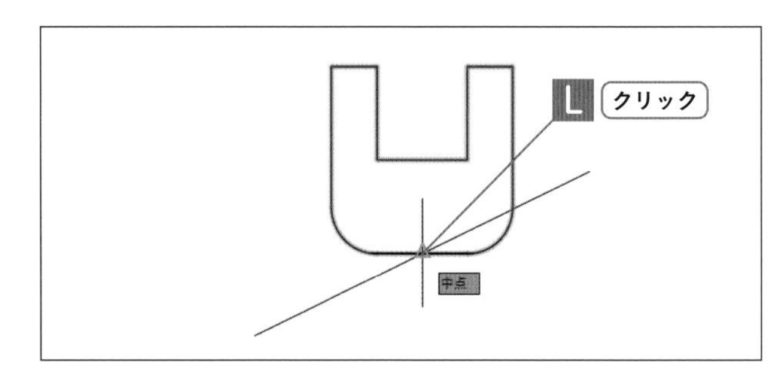

32「参照」オプションを選択する

右クリックして、表示されたメニューから「参照 (R)」を選択します。

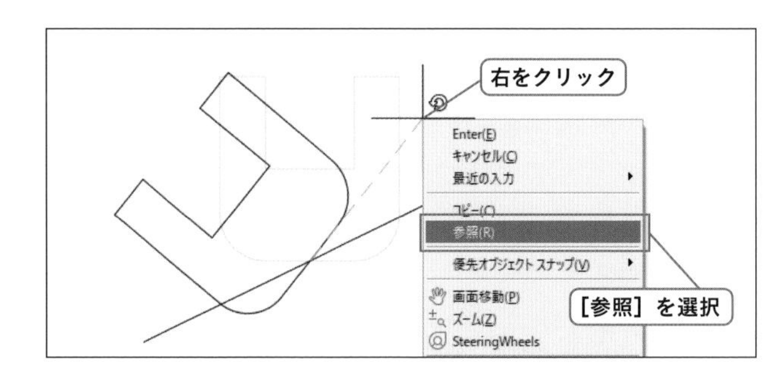

33 参照する角度を指定する

中点 L、端点 C (移動した図形の底辺の右端) の順にクリックします。

➔プロンプトには「新しい角度を指定」と表示されています。

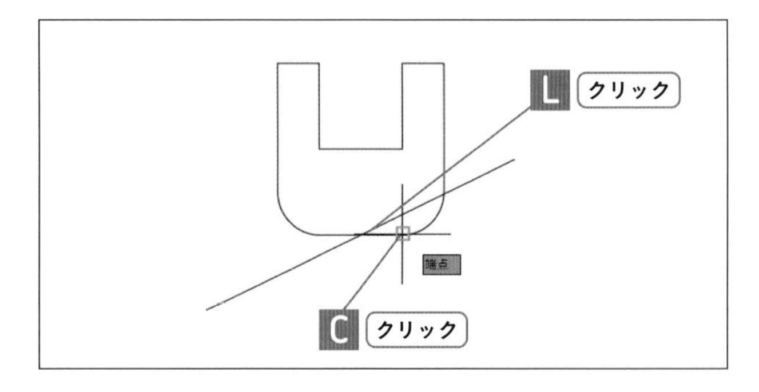

34 参照する角度を指定する

➔端点 K をクリックします。図形 i が線分 J K と同じ角度で回転されました。

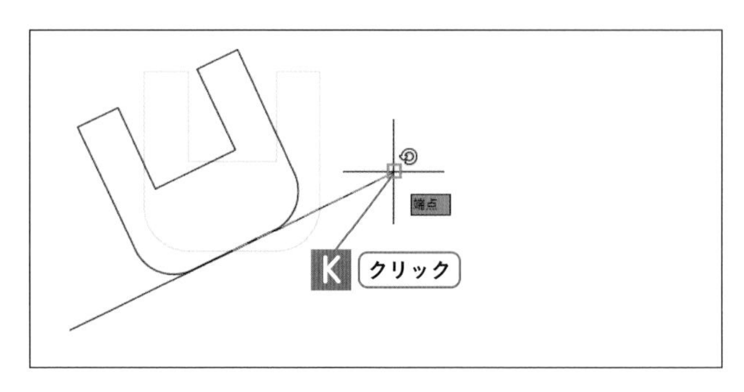

A.2 作図の流れと解答

動画でチェック

作画の流れ

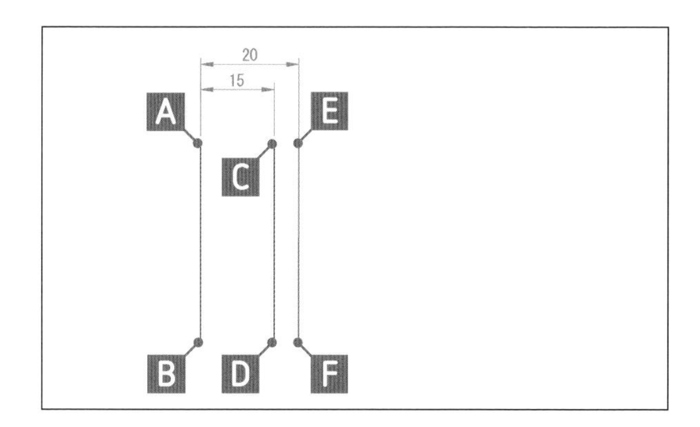

線分AB から、CD、EF を距離15、20でオフセットして作成します。線分EF は円を移動するための補助線です。

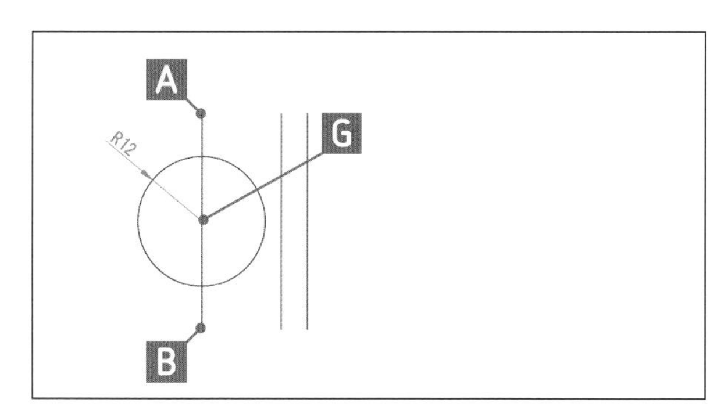

線分AB の中点G を中心点として、半径12の円を作成します。

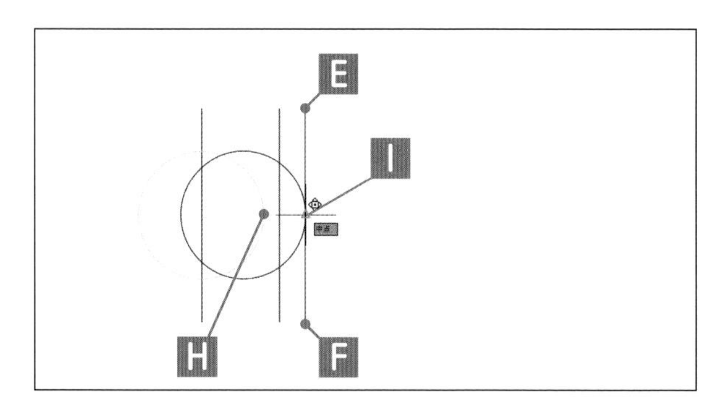

四半円点H を基点、線分EF の中点I を目的点とし、円を移動します。線分EF は移動のための補助線なので、ここで削除します。

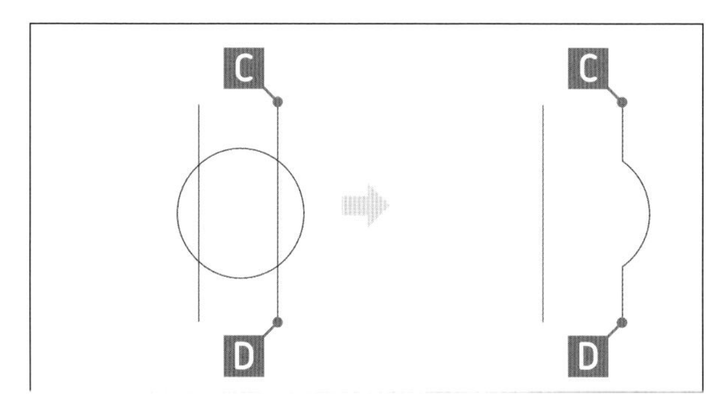

線分CD、円を基準線として、トリムコマンドで必要のない部分を削除します。

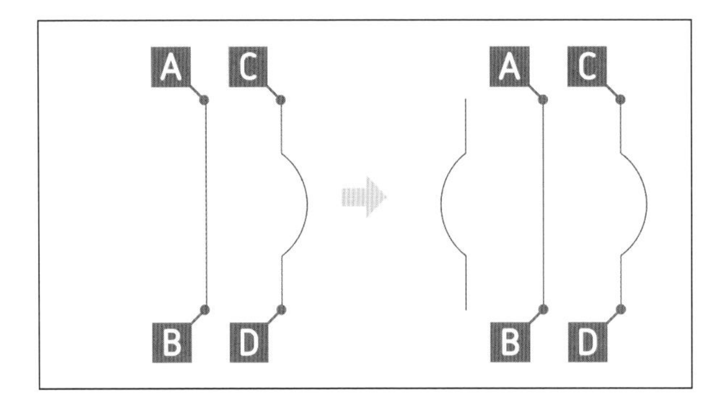

線分AB を対象軸として図形CDの線対象の図形を、鏡像コマンドを使用し、左側に作成します。

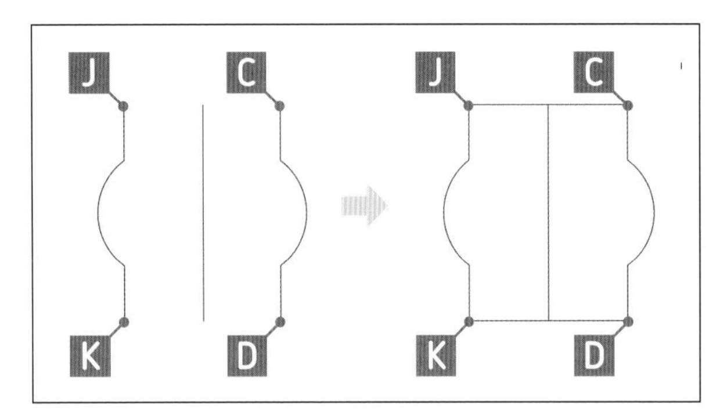

線分JC、KDを作成します。

解答

① オブジェクトスナップを設定する

P.43「2-1-3既存の図形上の点を利用して線分を描く」の手順①～③を参照し、[端点]、[中点]、[四半円点] を設定します。

② 直交モードをオフにする

③ オフセットコマンドを選択する

[ホーム] タブ－ [修正] パネル－ [オフセット] をクリックします。

共有
Autodesk AutoC
ホーム 挿入 注釈 パラメトリック 表示 管理 出力 アドイン コラボレート Express Tools 注目アプリ
線分 ポリライン 円 円弧
移動 回転 トリム
複写 鏡像 フィレット
ストレッチ 尺度変更 配列複写
文字 寸法記入
作成 修正 注釈
[オフセット] をクリック

④ 距離を入力する

キーボードで「15」と入力し、[Enter] キーを押します。

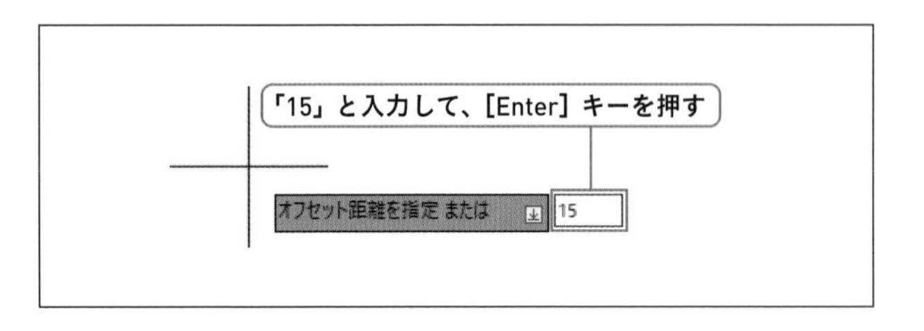

5 図形を選択する

線分AB をクリックして選択します。

6 オフセットする方向を指定する

線分AB よりも右側をクリックします。
➔線分CD が作成されました。

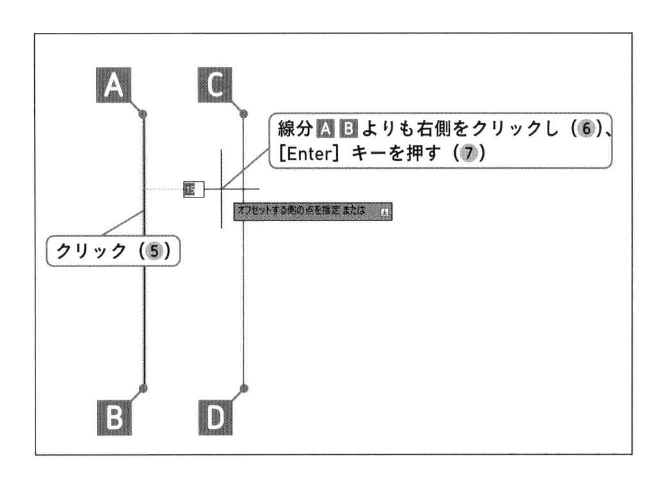

7 オフセットコマンドを終了する

[Enter] キーを押します。

8 線分EF を作成する

手順3〜7を参考に、線分AB を20の距離でオフセットして、線分EF を作成する。
➔線分EF が作成されました。この線分は円を移動するための補助線として使用します。

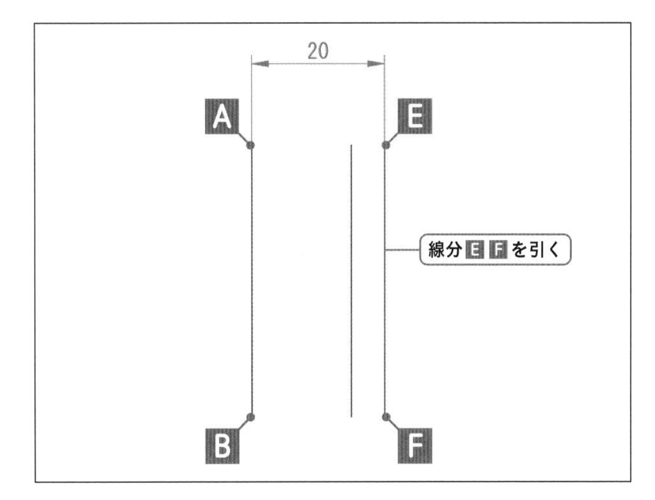

9 円コマンドを選択する

[ホーム] タブー [作成] パネルー [円] の下側をクリックし、表示されたメニューから [中心、半径] をクリックします。

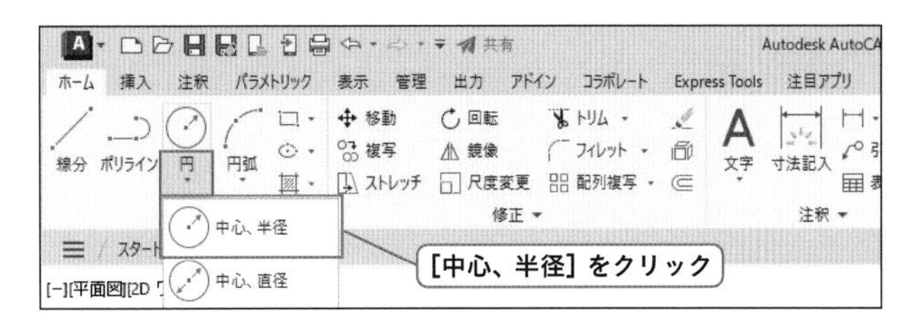

10 中心点を指定する

線分AB の中点G をクリックします。

11 半径を入力する

キーボードで「12」と入力し、[Enter] キーを押します。
➔半径12の円が作成されました。

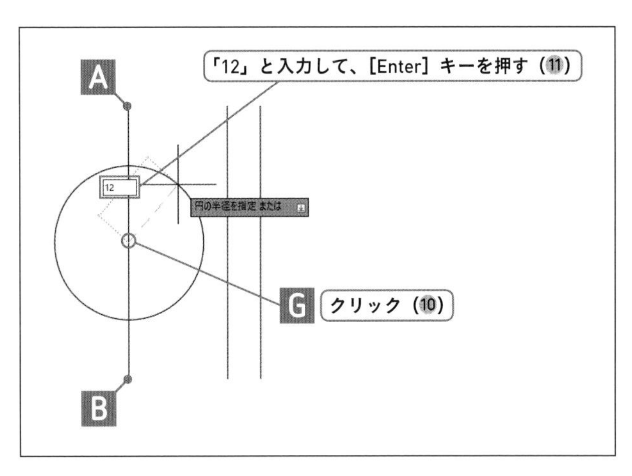

⑫ 移動コマンドを選択する

［ホーム］タブ－［修正］パネル－［移動］をクリックします。

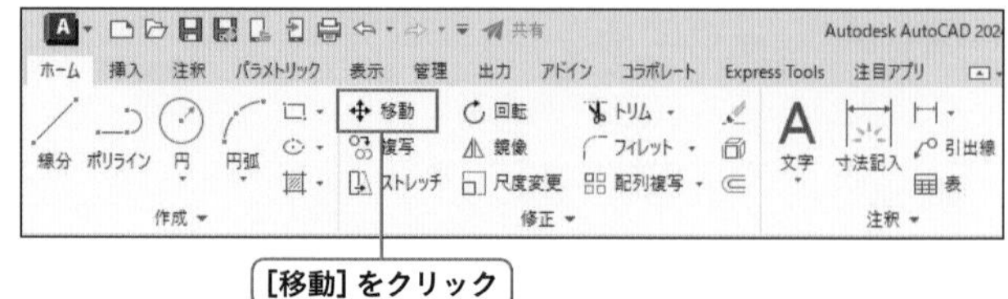

⑬ 図形を選択する

円をクリックして選択します。

⑭ 選択を確定する

［Enter］キーを押します。

⑮ 基点を指定する

円の四半円点Hをクリックします。

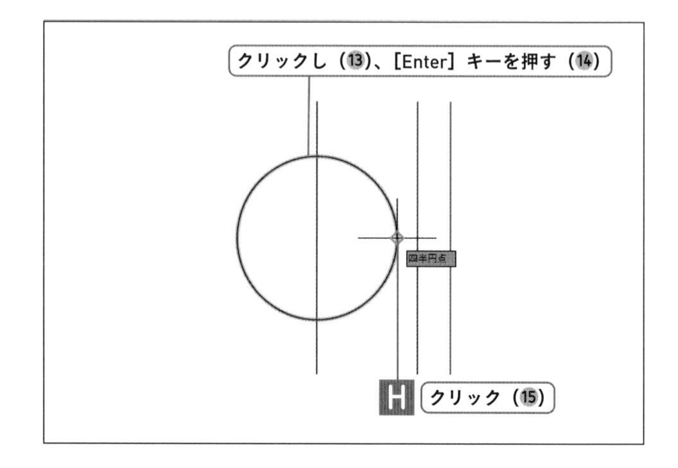

⑯ 目的点を指定する

線分EFの中点Iをクリックします。

➔円が移動しました。移動コマンドは終了しています。次に、移動のために補助線として使用した線分EFを削除します。

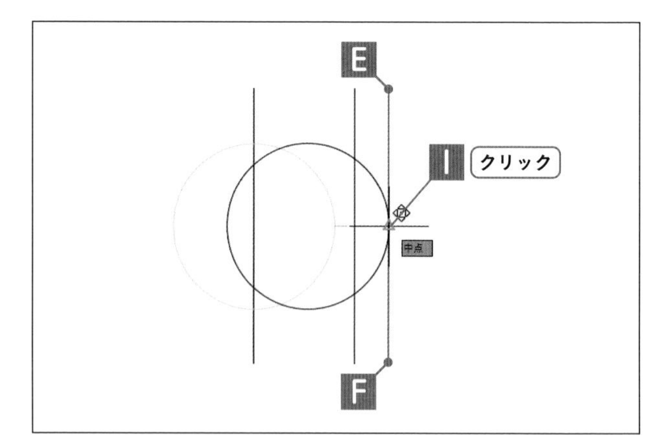

⑰ 線分EFを削除する

削除コマンド（P.76）を使用し、線分EFを削除します。

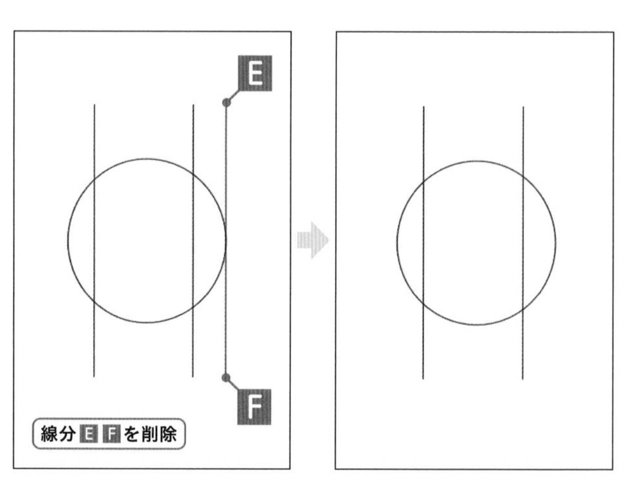

18 トリムコマンドを選択する

[ホーム] タブー [修正] パネルー [トリム] をクリックします。

➔2021以降のバージョンで「トリムするオブジェクトを選択」と表示されている場合は、P.106の「2021以降のバージョンのトリム／延長」を参照してください。

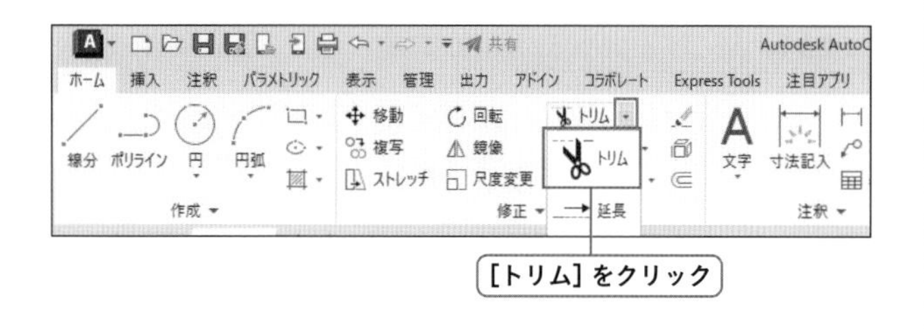

19 切り取りエッジを選択する

円と線分CDをクリックして選択します。

20 切り取りエッジの選択を確定する

[Enter] キーを押します。

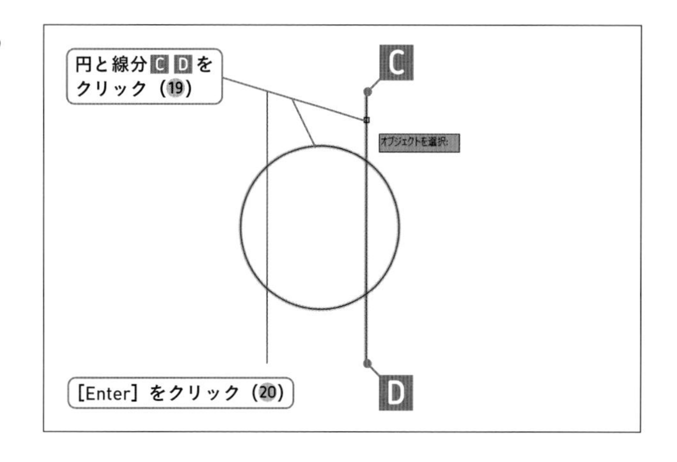

21 切り取る箇所を選択する

円の線分CDより左側をクリック、線分CDの円弧の間をクリックします。

22 トリムコマンドを終了する

[Enter] キーを押します。

➔右側の図形CDが作成できました。

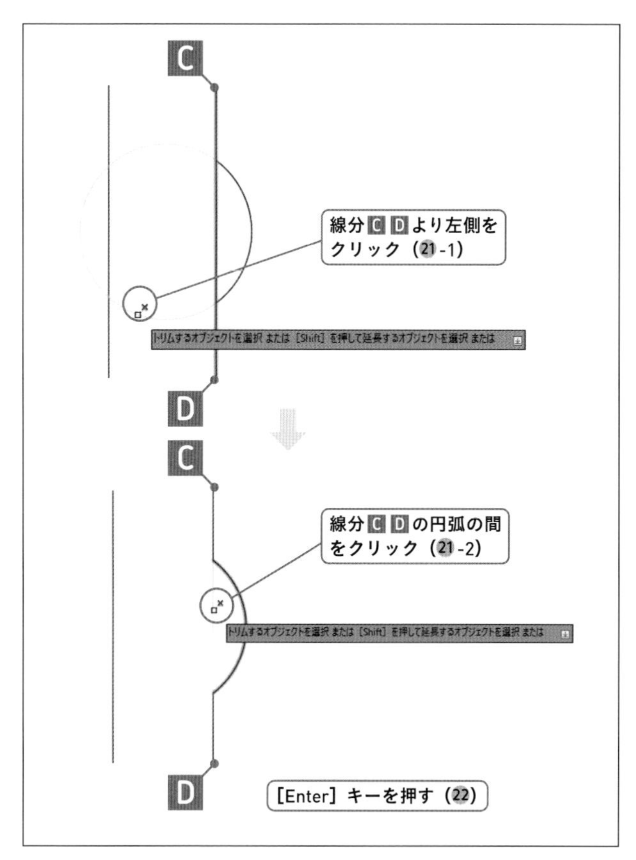

chapter 3 修正の基本

23 鏡像コマンドを選択する

[ホーム] タブー [修正] パネルー [鏡像] をクリックします。

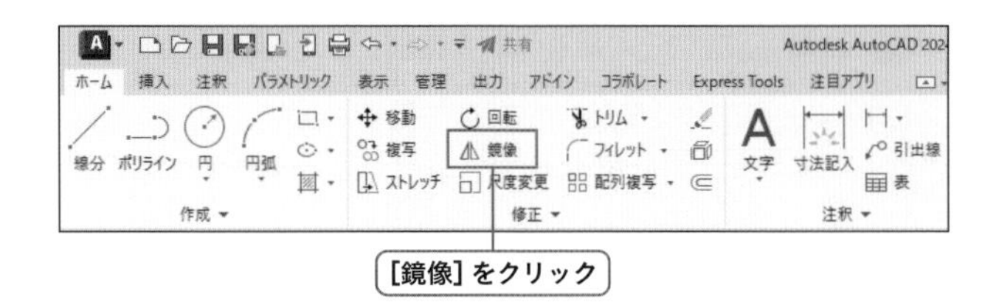

24 図形を選択する

図形 C D を交差選択などで選択します。

25 選択を確定する

[Enter] キーを押します。

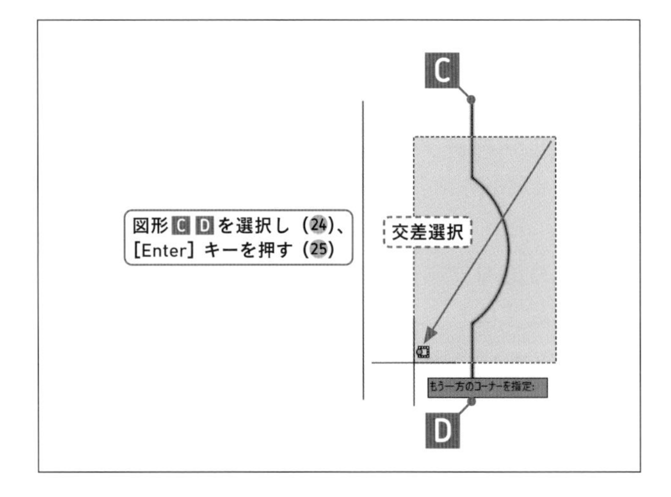

26 対象軸の2点を指示する

線分の端点 A、B をクリックします。

27 オプションを選択する

[いいえ] をクリックして選択します。

➔図形 C D が線分 A B を軸として鏡像されました。

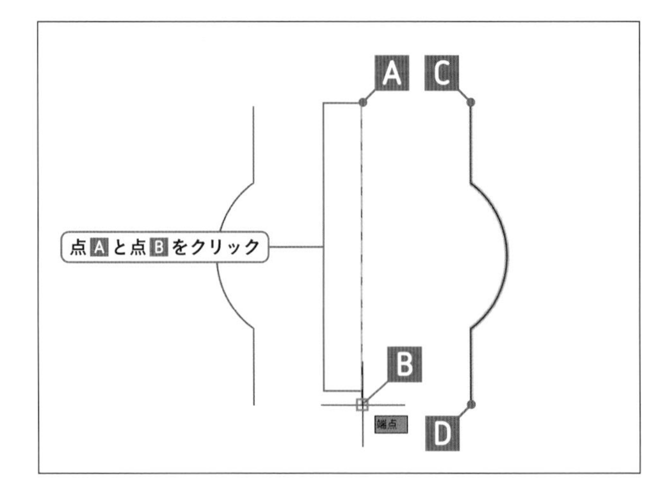

28 線分 J C、K D を作成する

線分コマンド (P.38) を使用し、線分 J C、K D を作成します。

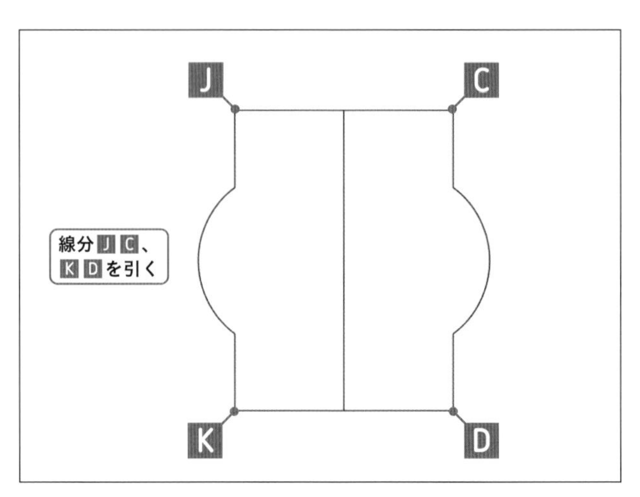

chapter 4

注釈の基本

SECTION

SECTION
4-1 文字の記入と修正

練習用ファイル
4-1.dwg

AutoCADで文字を書くには、1行を1つの図形とする「文字記入」コマンドと、複数行の文字を1つの図形とする「マルチテキスト」コマンドがあります。マルチテキストは指定した範囲で自動的に改行され、下線を引くなどの書式設定を行うことができるので、図面内で複数行の文章を書く場合に使います。

ここで学ぶこと

4-1-1 | 1行文字を書く P.140

1行を1つの図形とする文字を作成します。改行した場合、それぞれ別の図形となります。挿入基点、高さ、角度（文字の書かれる方向）が必要です。

■操作フロー

文字記入の実行 → 挿入基点の指定 → 高さの入力 → 角度の入力 → [文字内容の入力 → 改行]（繰り返し） → 文字記入の終了

4-1-2 | 位置合わせを設定して文字を書く P.142

文字の位置合わせ（基準点）を変更して文字を作成します。長方形の中央に文字を書きたい場合などに利用します。

■操作フロー

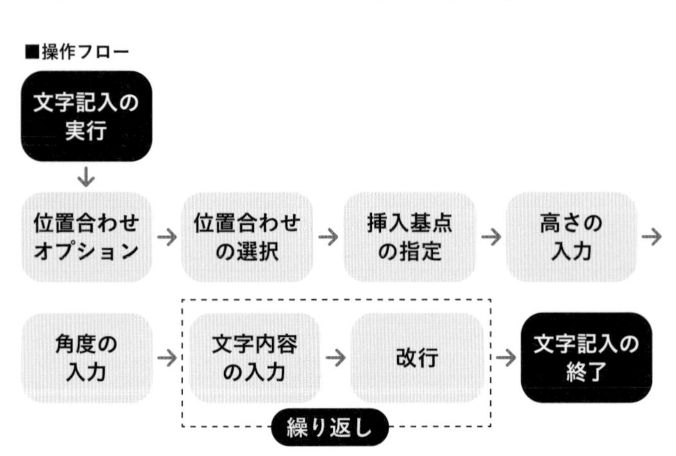

4-1-3 | 文字内容を修正する P.144

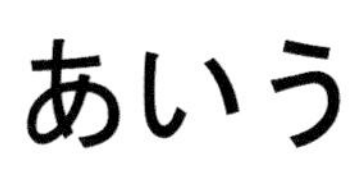

文字の内容を修正します。AutoCAD 2015、2016では途中の手順が違います。

■操作フロー

AutoCAD 2015、2016

AutoCAD 2014以前、2017〜2025

4-1-4 | 文字の位置合わせと高さを修正する P.145

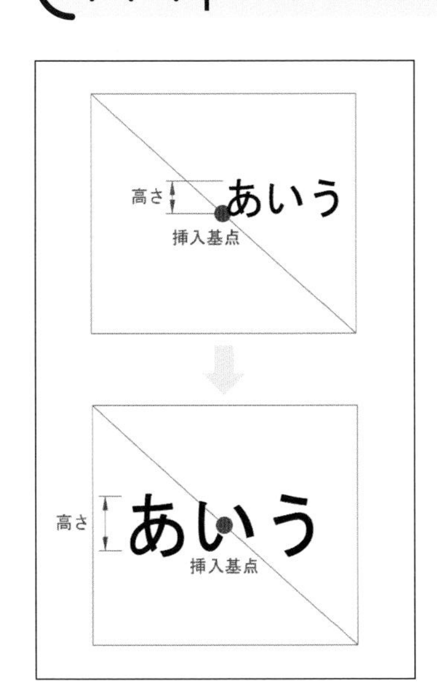

オブジェクトプロパティ管理（プロパティパレット）を使用して、位置合わせと高さを変更します。

■操作フロー

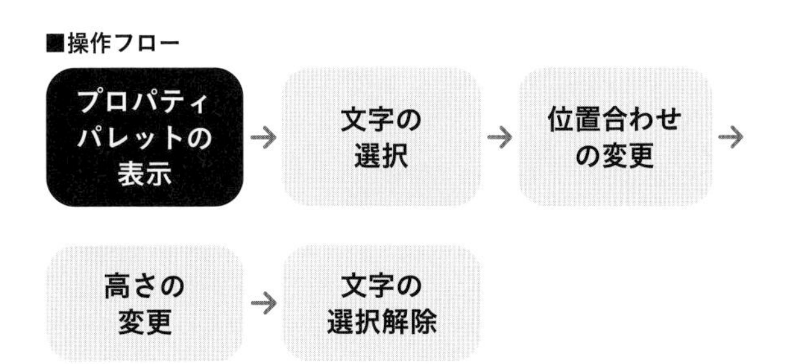

4-1-5 | 複数行の文字を書く P.147

複数行を1つの図形とするマルチテキストを書きます。文字を書く範囲を2点で指定し、長文はその範囲内で自動改行されます。複数行にわたる説明文などを書く場合に適しています。

■操作フロー

COLUMN

文字フォントの変更

文字には「文字スタイル」が割り当てられていて、文字フォント（MSゴシック、MS明朝などの書体デザイン）は「文字スタイル」に設定されています。「文字スタイル」についてはP.229「6-2-4文字スタイルの設定」を参照してください。

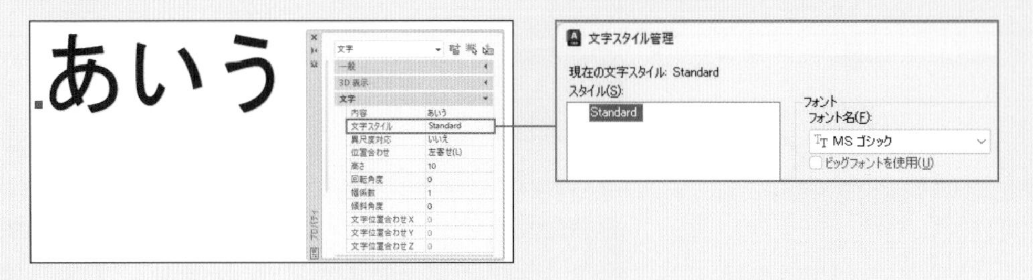

COLUMN

文字の位置合わせ

1行文字の位置合わせは13種類あります。次の図を参考にしてください。

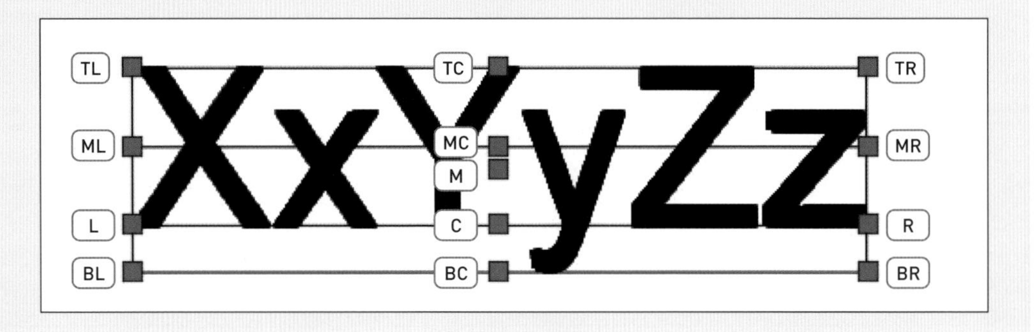

4-1-1 | 1行文字を書く

[文字記入] コマンドを実行し、挿入基点として線分の端点Aをクリック、高さ（文字の大きさ）を入力、角度（文字の書かれる角度）を入力、文字の内容を入力します。角度入力で、水平方向に書く場合は「0」を入力します。

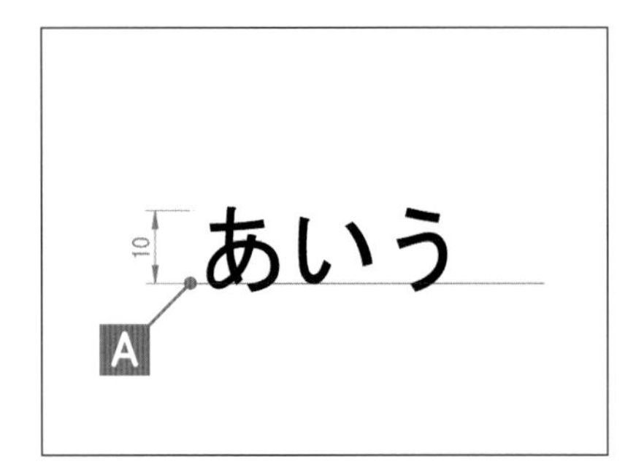

使用するコマンド	[文字記入]
メニュー	[作成]ー[文字]ー[ダイナミック文字記入]
リボン	[ホーム]タブー[注釈]パネル
アイコン	(2019以降) (2018以前)
キーボード	TEXT[Enter](DT[Enter])

やってみよう

1 オブジェクトスナップを設定する

P.43「2-1-3既存の図形上の点を利用して線分を描く」の手順 1 ～ 3 を参照し、[端点] を設定します。

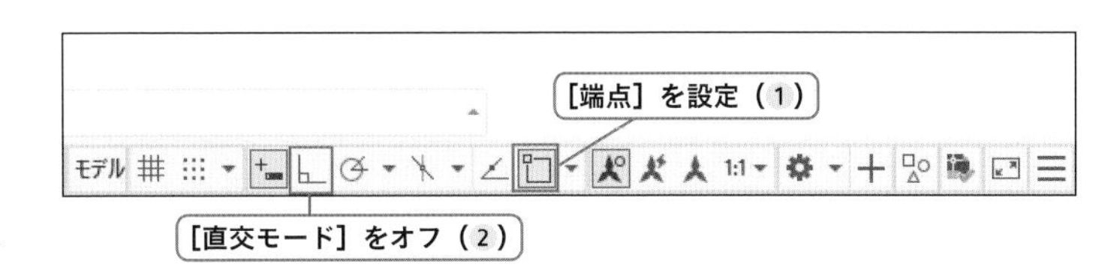

2 直交モードをオフにする

3 文字記入コマンドを選択する

[ホーム] タブ－[注釈] パネル－[文字記入] をクリックします。

➔文字記入コマンドが実行され、プロンプトに「文字列の始点を指定」と表示されます。

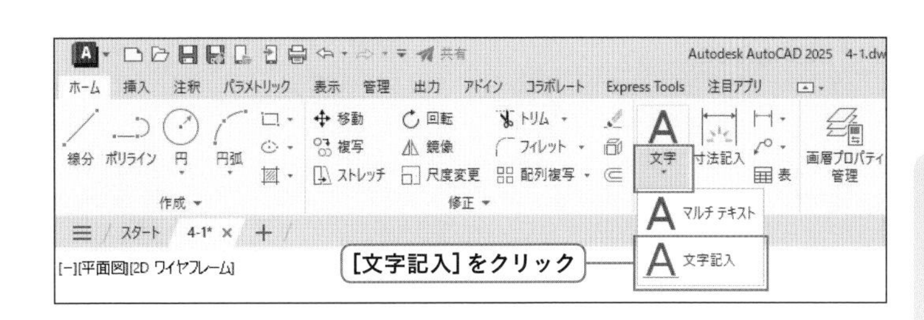

4 挿入基点を指定する

線分の端点 A をクリックして選択します。

➔挿入基点が指定され、プロンプトには「高さを指定」と表示されます。

5 高さを入力する

キーボードで「10」と入力し、[Enter] キーを押します。

既定値に「10」が設定されている場合は、何も入力せずに、そのまま [Enter] キーを押すこともできます。既定値については、P.125「入力の既定値」を参照してください。

➔高さが指定され、プロンプトには「文字列の角度を指定」と表示されます。

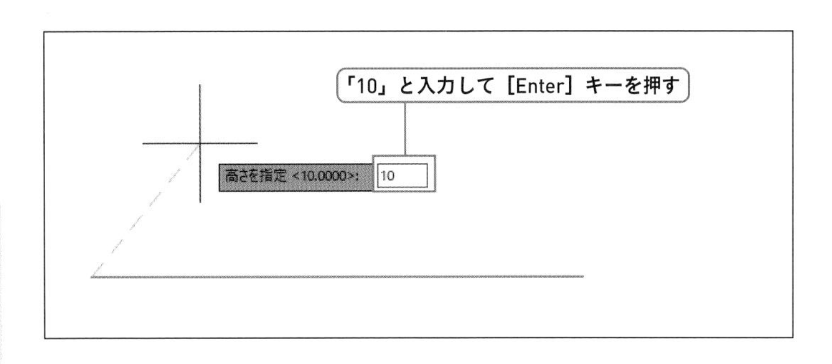

6 角度を入力する

キーボードで「0」と入力し、[Enter] キーを押します。

既定値に「0」が設定されている場合は、何も入力せずに、そのまま [Enter] キーを押すこともできます。既定値については、P.125「入力の既定値」を参照してください。

➔角度が指定され、手順 4 でクリックした端点 A にカーソルが表示され、点滅しています。

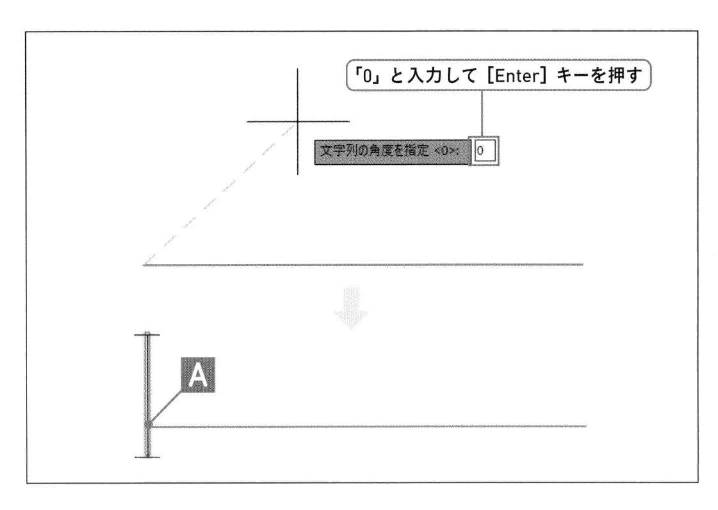

chapter 4 注釈の基本

7 文字内容を入力する

キーボードで「あいう」と入力し、入力を確定します。
➔入力した内容が表示されます。

8 改行する

[Enter] キーを押します。
➔カーソルが次の行に移動します。次の行を入力することも可能ですが、ここではコマンドの終了を行います。

9 文字記入コマンドを終了する

[Enter] キーを押します。
➔文字記入コマンドが終了しました。

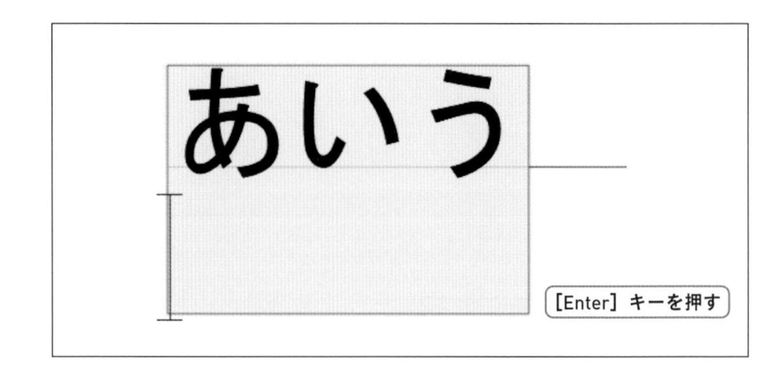

4-1-2 位置合わせを設定して文字を書く

[文字記入] コマンドを実行し、[位置合わせオプション(J)] を選択します。位置合わせの種類は [中央(M)] を指定し、挿入基点として線分AB の中点C をクリック、次に、高さ、角度、内容を入力します。位置合わせの他の種類についてはP.140「文字の位置合わせ」を参照してください。

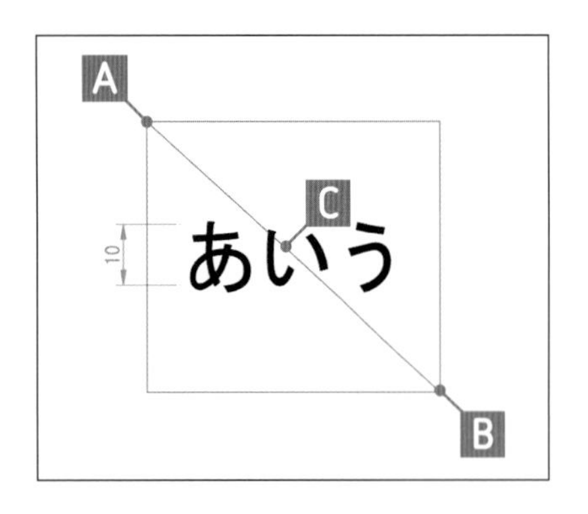

使用するコマンド	[文字記入]
メニュー	[作成]ー[文字]ー[ダイナミック文字記入]
リボン	[ホーム]タブー[注釈]パネル
アイコン	A (2019以降) A (2018以前)
キーボード	TEXT[Enter](DT[Enter])

やってみよう

1 オブジェクトスナップを設定する

P.43「2-1-3既存の図形上の点を利用して線分を描く」の手順1～3を参照し、[中点] を設定します。

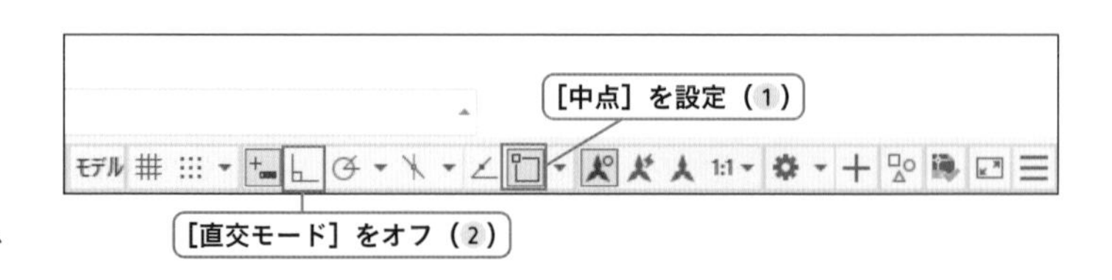

2 直交モードをオフにする

3 文字記入コマンドを選択する

[ホーム] タブー [注釈] パネルー [文字記入] をクリックします。

➔文字記入コマンドが実行され、プロンプトに「文字列の始点を指定または [位置合わせオプション(J)/文字スタイル変更(S)]」と表示されます。

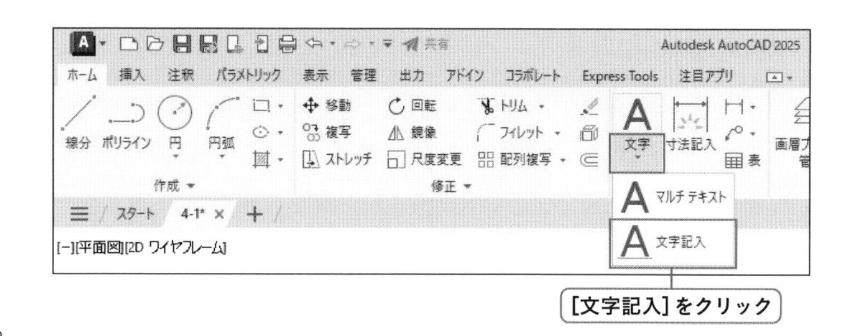

4「位置合わせオプション」を選択する

右クリックして、表示されたメニューから「位置合わせオプション(J)」を選択します。

➔ [位置合わせオプション(J)] が選択され、プロンプトには「オプションを入力」と表示されています。

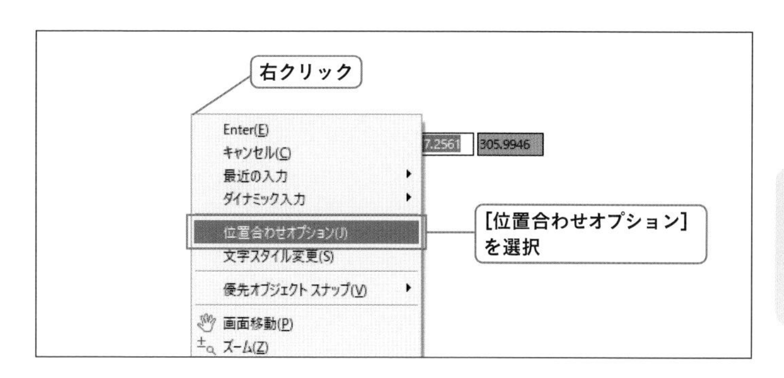

5「中央(M)」を選択する

カーソルの近くに表示されているオプションから「中央(M)」をクリックして選択します。

➔位置合わせとして[中央(M)] が選択され、プロンプトに「文字列の中央点を指定」と表示されています。

6 挿入基点を指定する

線分ABの中点Cをクリックして選択します。

➔挿入基点が指定され、プロンプトには「高さを指定」と表示されます。

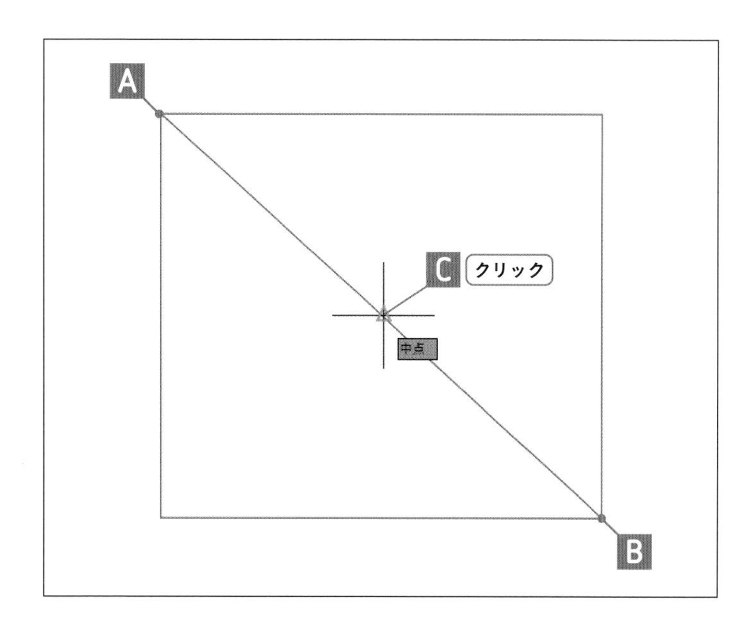

7 高さを入力する

キーボードで「10」と入力し、[Enter] キーを押します。

➔高さが指定され、プロンプトには「文字列の角度を指定」と表示されます。

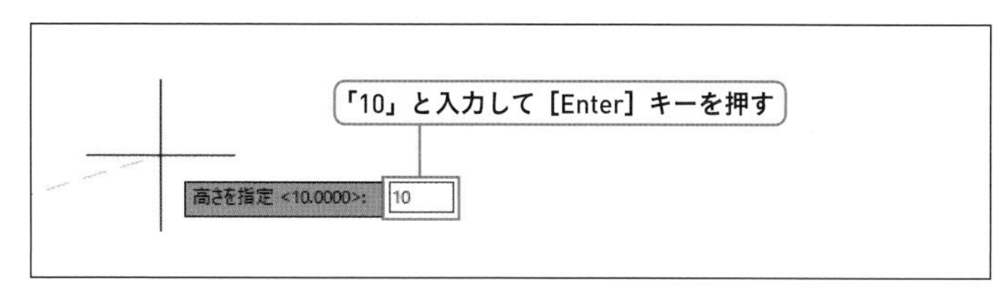

chapter 4 注釈の基本

8 角度を入力する

キーボードで「0」と入力し、[Enter] キーを押します。

→角度が指定され、手順 6 でクリックした中点 C にカーソルが表示され、点滅しています。

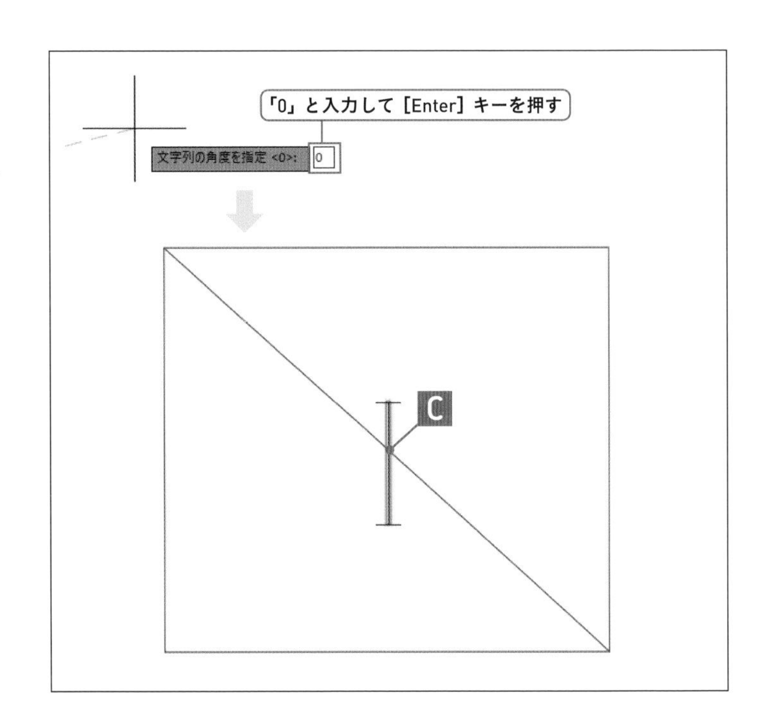

9 文字内容を入力する

キーボードで「あいう」と入力し、入力を確定します。

→入力した内容が表示されます。

10 改行する

[Enter] キーを押します。

→カーソルが次の行に移動します。次の行を入力することも可能ですが、ここではコマンドの終了を行います。

11 文字記入コマンドを終了する

[Enter] キーを押します。

→文字記入コマンドが終了しました。

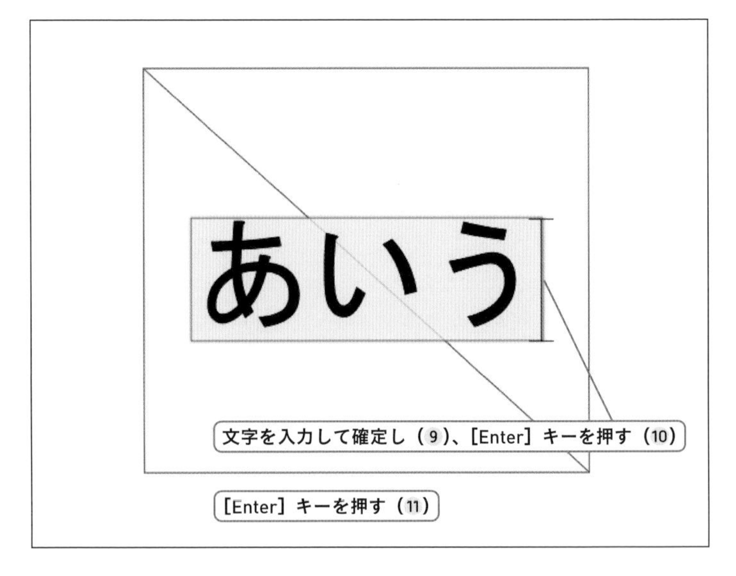

4-1-3 文字内容を修正する

[文字編集] コマンドは、文字をダブルクリックすることによって実行します。内容を変更した後は、[Enter] キーを2回押して終了します。AutoCAD 2015、2016の場合は、[Enter] キーは1回で終了です。

あいう → かきく

使用するコマンド	[文字編集]
メニュー	[修正]－[オブジェクト]－[文字]－[編集]
リボン	なし
アイコン	
キーボード	TEXTEDIT[Enter] (ED[Enter])

やってみよう

1 文字編集を実行する

カーソルを文字に近づけて、文字がハイライト表示されたらダブルクリックをします。

➔文字編集コマンドが実行され、文字内容が編集できるようになりました。

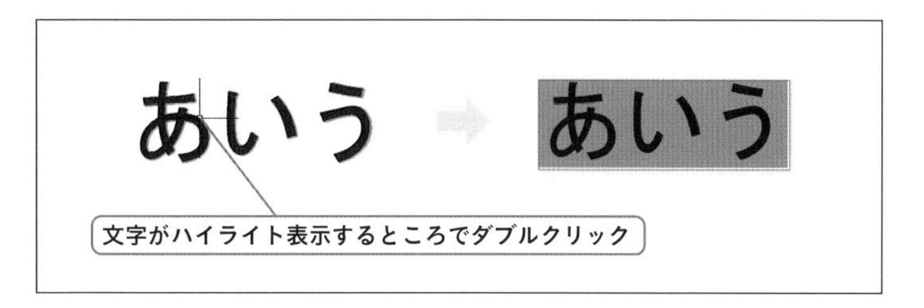

2 文字内容を修正する

キーボードで「かきく」と入力し、入力を確定します。

➔入力した内容が表示されます。

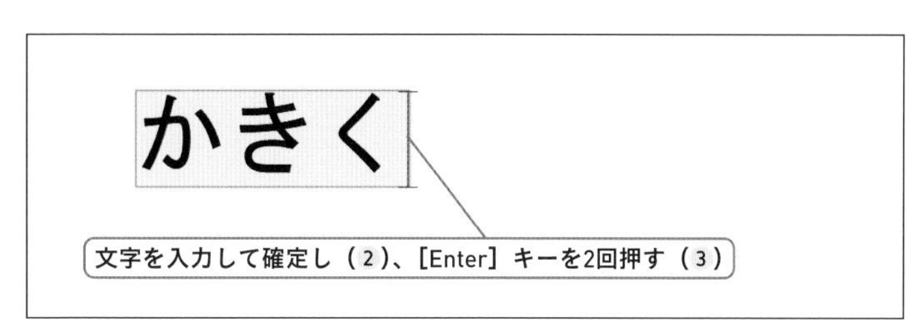

3 文字編集コマンドを終了する

[Enter] キーを2回押します。

➔文字編集コマンドが終了しました。

AutoCAD 2015、2016の場合は[Enter] キーは1回で終了です。

4-1-4 文字の位置合わせと高さを修正する

[オブジェクトプロパティ管理] コマンドを実行すると、「プロパティパレット」が画面上に現れます。文字をクリックして選択すると、プロパティパレットには、その選択した文字の様々な設定が表示されるので、ここでは、位置合わせと高さを修正します。最後に文字の選択を解除することを忘れないでください。

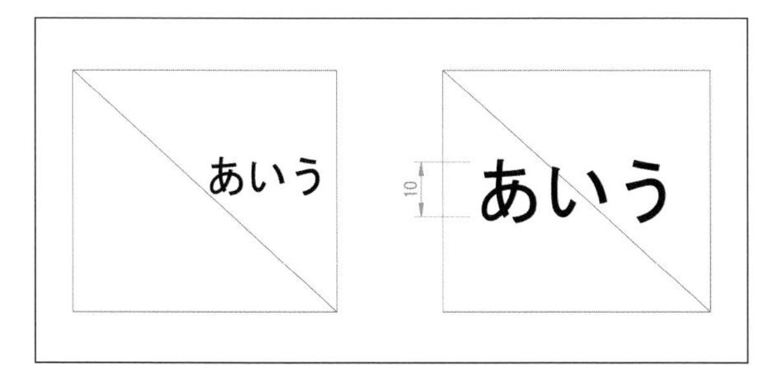

使用するコマンド	[オブジェクトプロパティ管理]
メニュー	[ツール]ー[パレット]ー[オブジェクトプロパティ管理]
リボン	[表示]タブー[パレット]パネル
アイコン	
キーボード	PROPERTIES[Enter](PR[Enter])

やってみよう

1 プロパティパレットを表示する

[表示] タブー [パレット] パネルー [オブジェクトプロパティ管理] をクリックします。

➔画面上にプロパティパレットが表示されます。

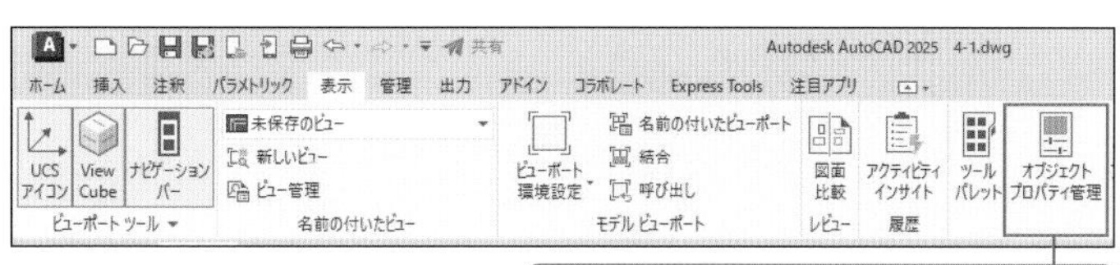

2 文字を選択する

文字をクリックして選択します。

⊖文字が選択され、ハイライト表示されました。プロパティパレットの一番上には「文字」と表示されます。

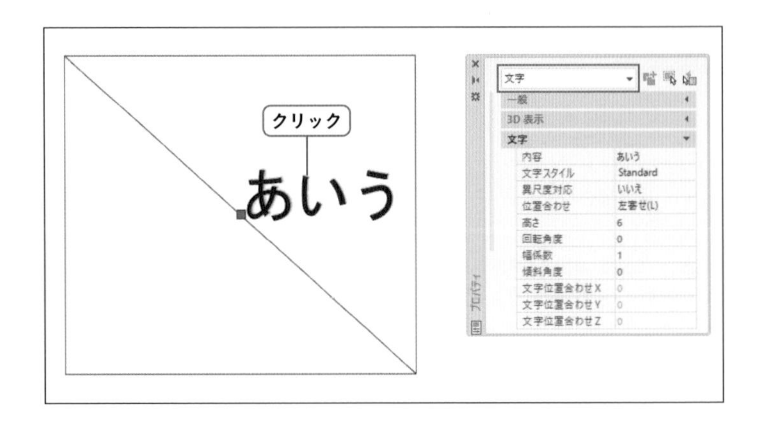

3 位置合わせを変更する

プロパティパレットから、[位置合わせ] の欄の▼をクリックし、[中央(M)] を選択します。

⊖文字の位置合わせが変更され、線分 A B の中点 C は文字の中央となりました。

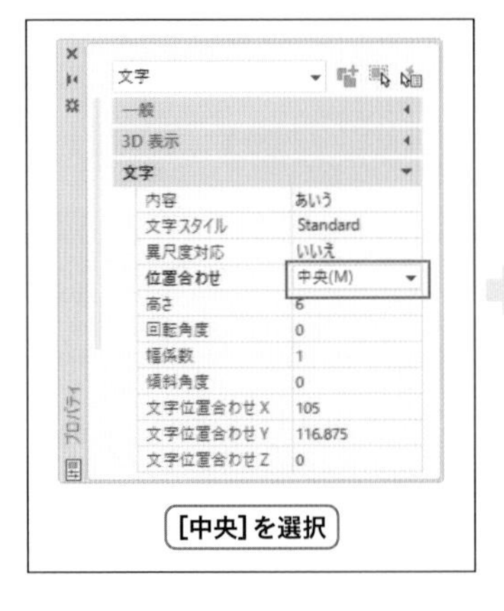

[中央] を選択

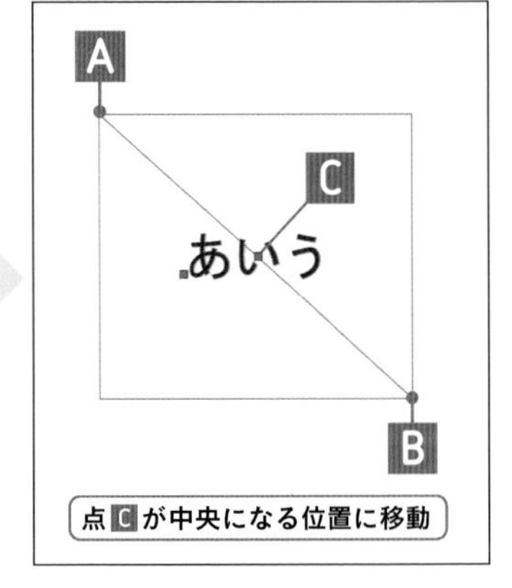

点 C が中央になる位置に移動

4 高さを変更する

プロパティパレットから、[高さ] の欄をクリックし、キーボードで「10」と入力します。[Enter] キーを押すと文字に反映されます。

⊖文字の高さが変更されました。

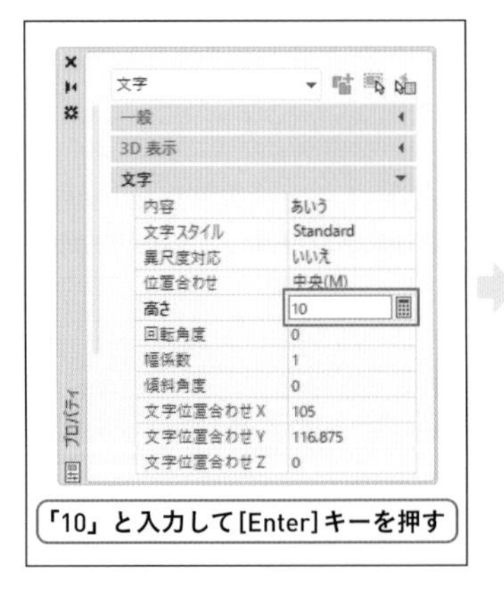

「10」と入力して[Enter]キーを押す

文字の高さが変更される

5 文字の選択を解除する

キーボードの [Esc] キーを押して、選択を解除します。

⊖文字の選択が解除され、プロパティパレットの一番上には「何も選択されていません」と表示されています。プロパティパレットが必要のない場合には、「×」ボタンで閉じてください。

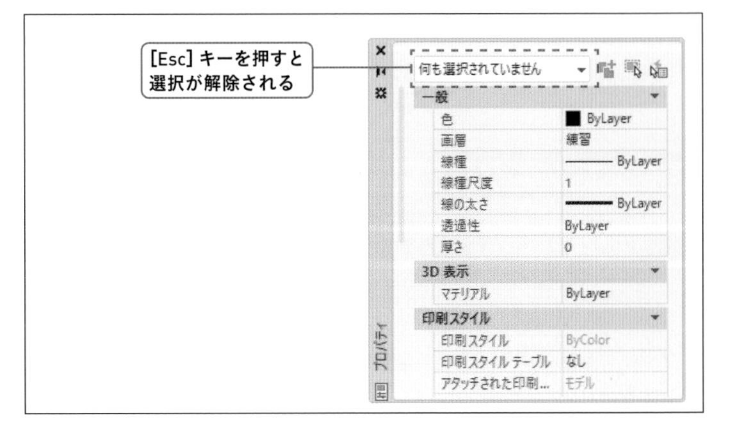

4-1-5 複数行の文字を書く

[マルチテキスト] コマンドを実行し、範囲として正方形の端点A、端点Bをクリックすると、リボンには一時的に [テキストエディタ] が表示されます。終了するには、[テキストエディタ] の [テキストエディタを閉じる] ボタンをクリックします。

使用するコマンド	[マルチテキスト]
メニュー	[作成]ー[文字]ー[マルチテキスト]
リボン	[ホーム]タブー[注釈]パネル
アイコン	A
キーボード	MTEXT[Enter](T[Enter])

やってみよう

1 オブジェクトスナップを設定する

P.43「2-1-3既存の図形上の点を利用して線分を描く」の手順1～3を参照し、[端点] を設定します。

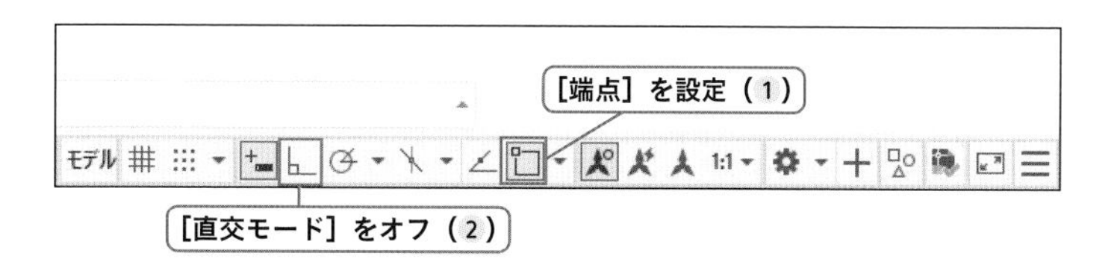

2 直交モードをオフにする

3 マルチテキストコマンドを選択する

[ホーム] タブー [注釈] パネルー [マルチテキスト] をクリックします。

➔マルチテキストコマンドが実行され、プロンプトに「最初のコーナーを指定」と表示されます。

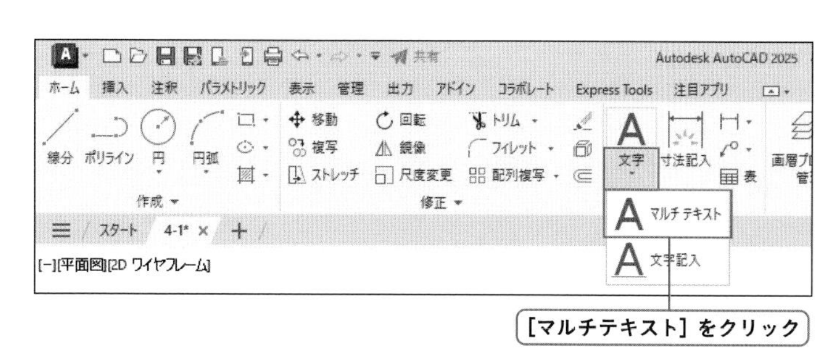

4 範囲の1点目を指定する

正方形の端点Aをクリックします。

➔範囲の1点目が指示され、プロンプトに「もう一方のコーナーを指定」と表示されます。

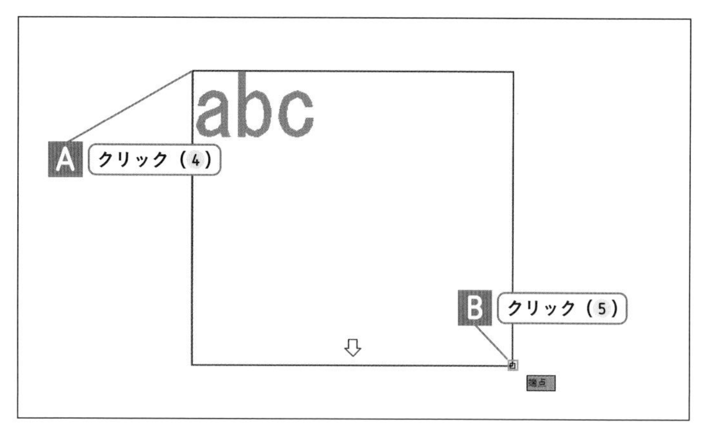

5 範囲の2点目を指定する

正方形の端点Bをクリックします。

➜範囲の 2点目が指示され、範囲内にカーソルが点滅しています。また、リボンにはマルチテキストコマンドの実行中のみ表示される「テキストエディタ」タブが表示されています。

6 文字内容を入力する

キーボードで「あいう」と入力し、入力を確定します。[Enter] キーを押して改行し、次の行に「かきく」と入力し、入力を確定します。

➜入力した内容が表示されます。

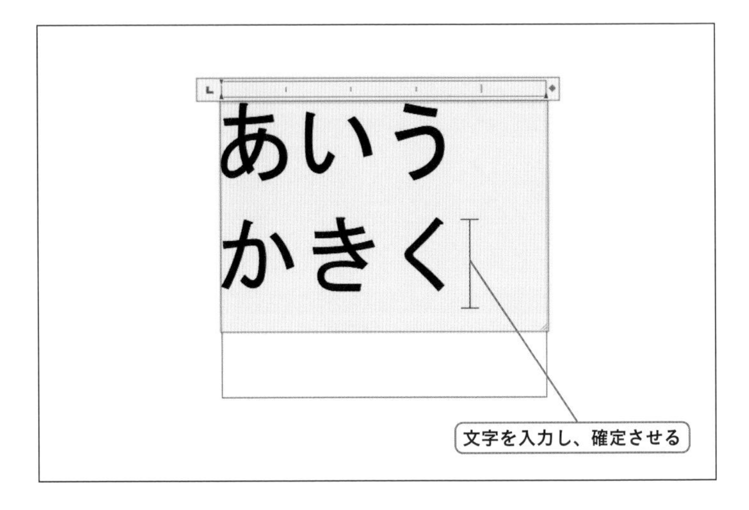

7 マルチテキストコマンドを終了する

［テキストエディタ］タブー［閉じる］パネルー［テキストエディタを閉じる］をクリックします。

➜マルチテキストコマンドが終了しました。リボンから「テキストエディタ」タブはなくなっています。

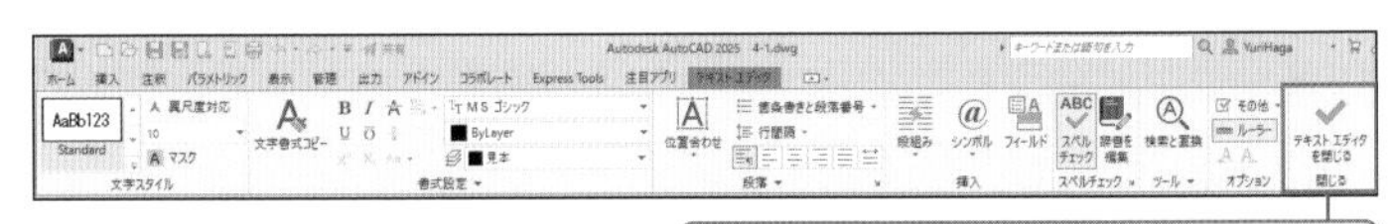

COLUMN

文字記入とマルチテキストの違い

文字記入で作成された文字は、複数行を入力しても、1行ずつの図形となります。マルチテキストで作成された文字は、複数行で1つの図形となります。文字編集の場合に、文字記入で作成された文字は、1行ずつ編集することとなります。

マルチテキストを1行ずつの文字に変更したい場合は、［ホーム］タブー［修正］パネルー［分解］を使用してください。

文字記入

あいう
かきく

マルチテキスト

あいう
かきく

分解

COLUMN

マルチテキストの書式設定

マルチテキストでは、［テキストエディタ］タブで様々な書式設定を行うことができます。

下線を引く

❶下線を引く部分をドラッグして選択
❷［テキストエディタ］タブ－［書式設定］パネル－［下線］をクリック

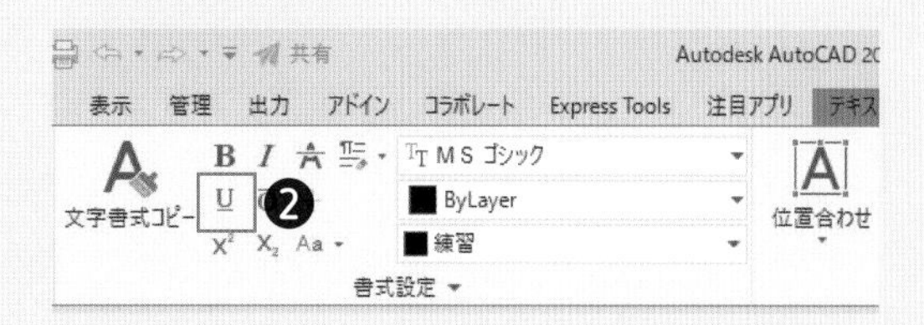

文字に背景色を設定

❶［テキストエディタ］タブ－［文字スタイル］パネル－［マスク］をクリック
❷［背景マスク］ダイアログで以下を設定し、［OK］ボタンをクリック
［背景マスクを使用］にチェックを入れる
［塗り潰し色］を設定する

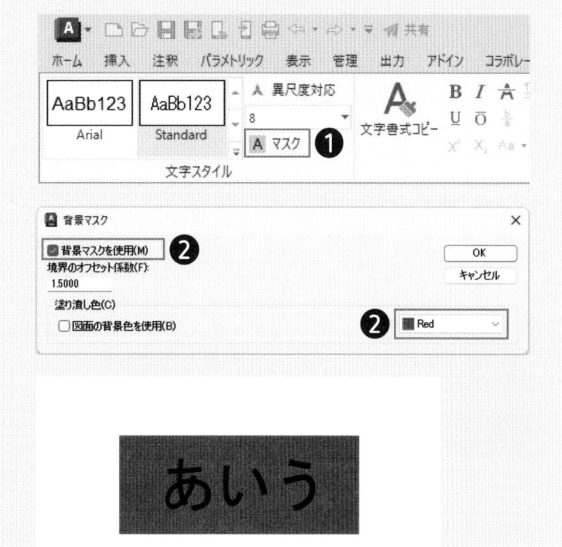

背景の図形を隠す場合は、［塗り潰し色］で［図面の背景色を使用］にチェックを入れてください。この場合、表示順序は文字を最前面にする必要があります。

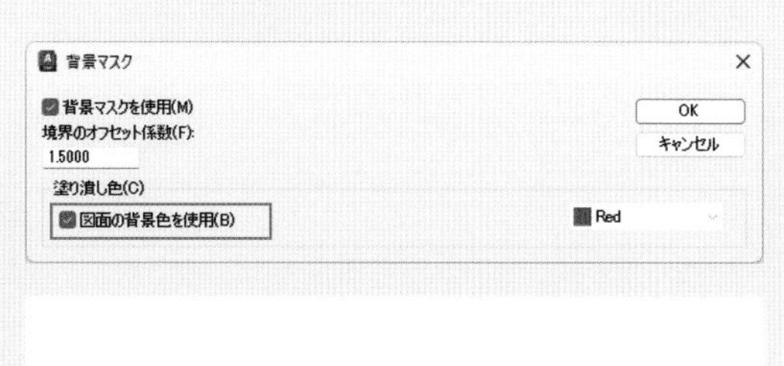

chapter 4 注釈の基本

SECTION
4-2 寸法と引出線の記入と修正

寸法は寸法線、寸法値、寸法補助線から作成されています。寸法の修正にはグリップ(P.166)やプロパティパレット(P.168)を使用しますが、この時、「寸法線」「寸法値」「寸法補助線」という名称が出てきます。これらの詳細はP.153で解説しています。

練習用ファイル
4-2.dwg

ここで学ぶこと

4-2-1 | 長さ寸法、平行寸法を書く P.154

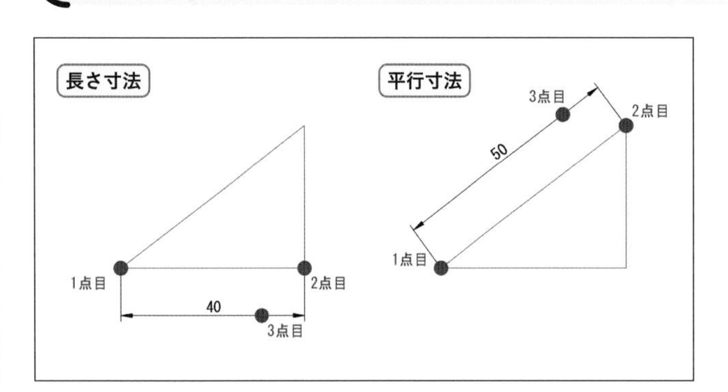

2点間の寸法を記入します。XY方向の寸法を作成する「長さ寸法記入」と、指示した2点と平行な寸法を作成する「平行寸法記入」があります。長さを測る2点の指示と、寸法線の配置位置を指示します。

■操作フロー

長さ寸法(平行寸法)の実行 → 1点目の指定 → 2点目の指定 → 3点目(寸法線の配置位置)の指定

4-2-2 | 半径寸法、直径寸法を書く P.156

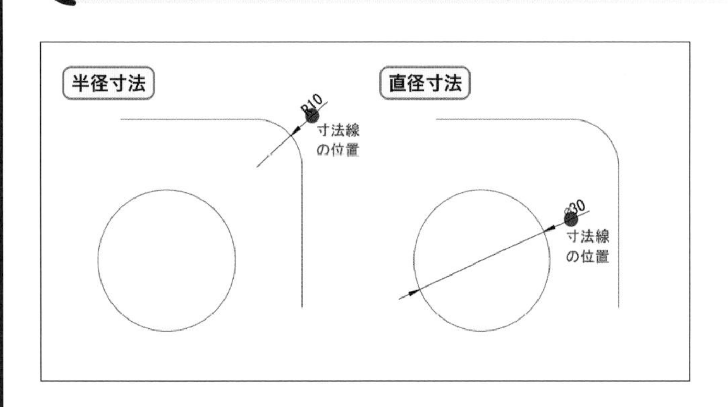

円弧や円の半径寸法、直径寸法を作成します。半径寸法には「R」記号、直径寸法には「Φ」記号が自動的に寸法値に記入されます。

■操作フロー

半径寸法(直径寸法)の実行 → 円弧(円)の選択 → 寸法線の位置の指定

4-2-3 | 角度寸法を書く P.157

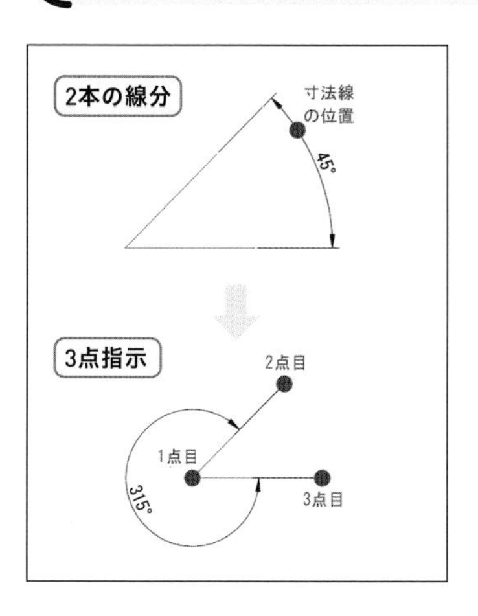

角度寸法を記入します。2本の線分から寸法を作成する方法と、3点指示で寸法を作成する方法があります。90°以上の角度寸法を作成するには、[頂点を指定(S)] オプションを使用して、3点指示で作成する必要があります。

■操作フロー

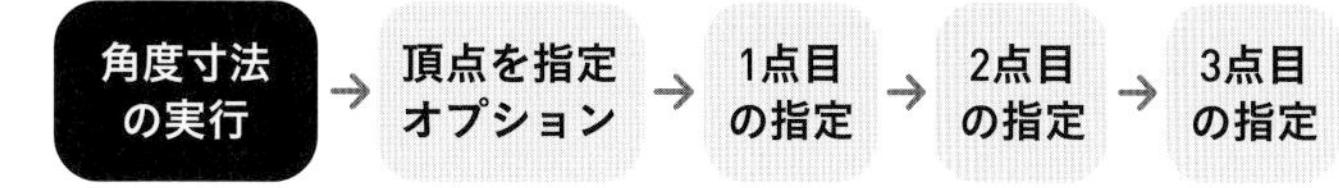

4-2-4 | 基準となる寸法と直列寸法を書く P.160

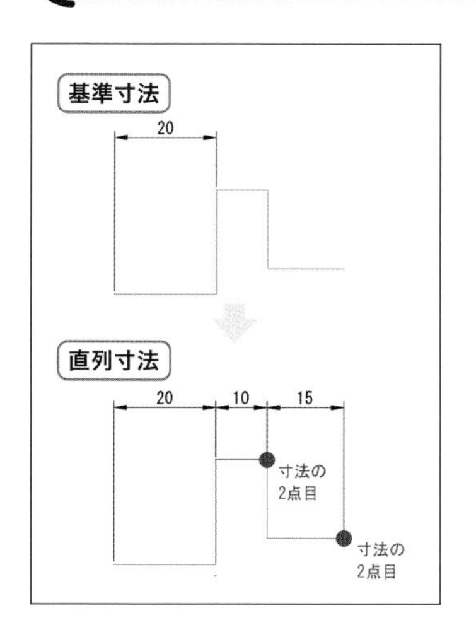

直列寸法とは、横に並べて書く寸法のことです。AutoCADで直列寸法を書くには、まず「長さ寸法記入」コマンドなどで基準となる寸法を書いた後に、「直列寸法記入」コマンドを実行します。

■操作フロー

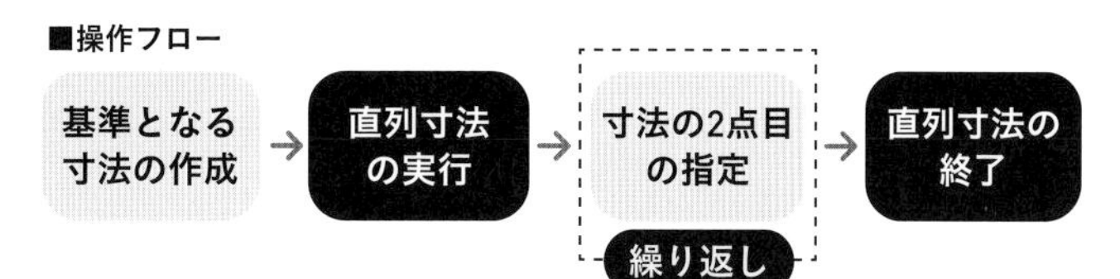

4-2-5 | 既存の寸法から直列寸法を書く P.162

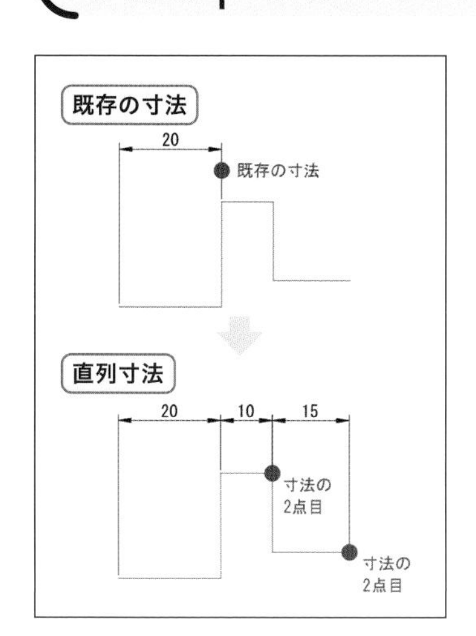

既存の寸法に直列寸法を書くには、[選択(S)] オプションを使用して、既存の寸法を選択します。その後に寸法の2点目の指定を繰り返します。

■操作フロー

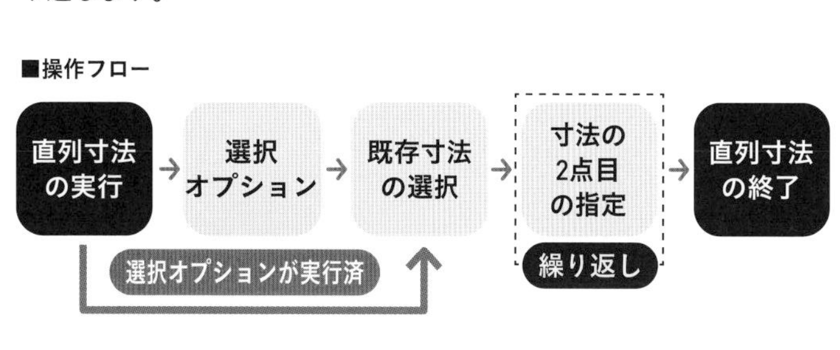

4-2-6 | 引出線を描く P.164

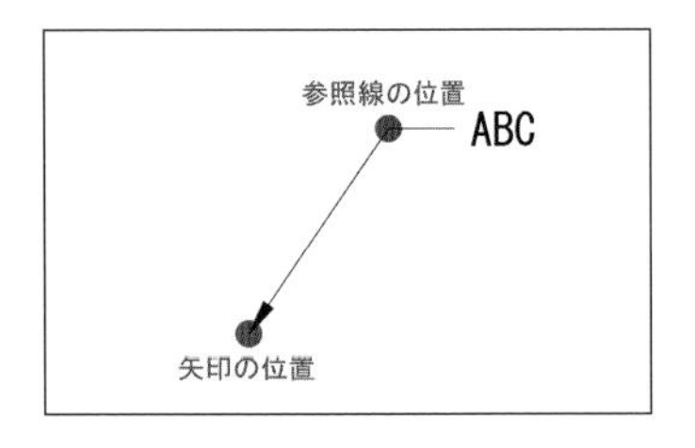

引出線は、図面内の任意の箇所の説明を書く場合に使用します。AutoCADではマルチ引出線コマンドを使用します。

■操作フロー

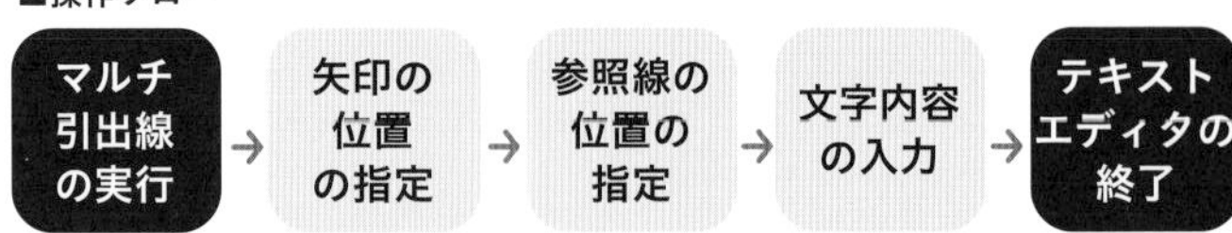

4-2-7 | 寸法補助線、寸法線、寸法値の位置を修正する P.166

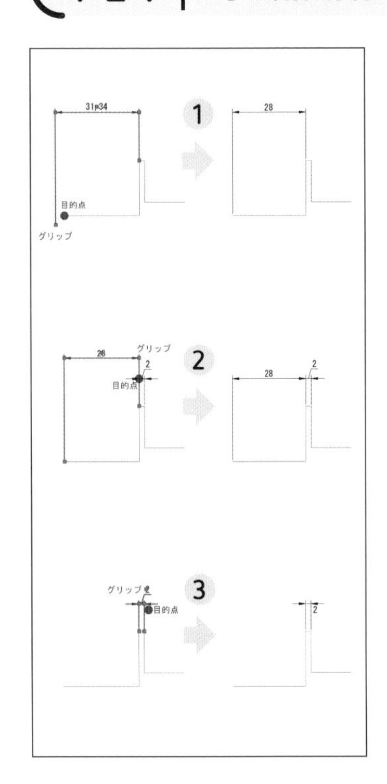

寸法補助線、寸法線、寸法値の変更にはグリップを使用します。グリップとは、コマンドを実行していない状態で図形を選択した時に表示される青い点のことで、その図形を簡単に修正することができます。寸法値のみグリップ選択の後にオプションを表示し、寸法値の変更方法を選択します。

■操作フロー

4-2-8 | 寸法の設定の修正 P.168

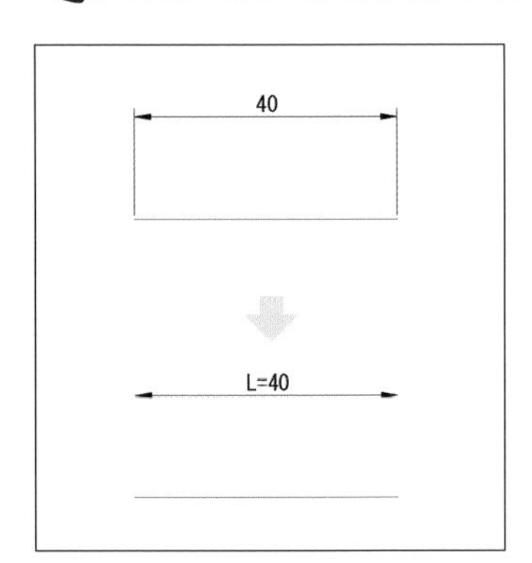

寸法の設定は、オブジェクトプロパティ管理（プロパティパレット）で様々な項目を修正することが可能です。ここでは、寸法補助線の非表示と接頭表記の修正を行います。個別に寸法の設定を修正するのではなく、全体の寸法の設定を変更するには、寸法スタイルを修正します（P.231）。

■操作フロー

COLUMN

寸法線と寸法値、寸法補助線

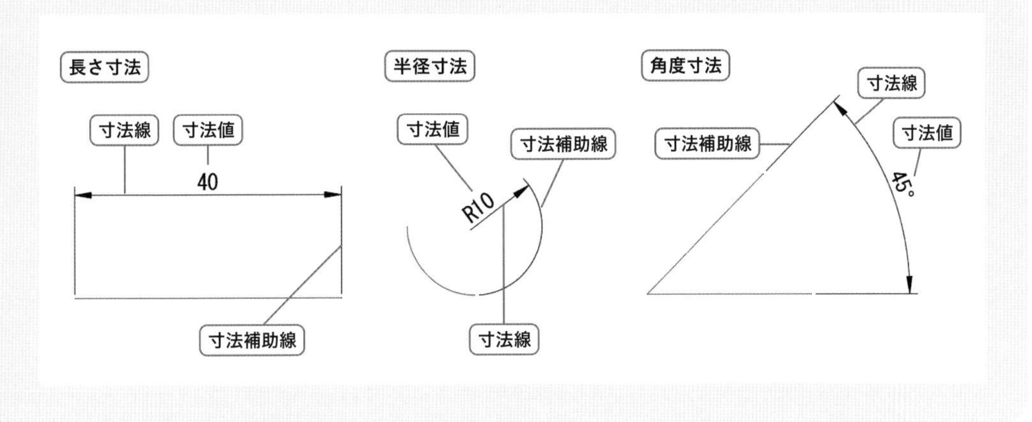

COLUMN

寸法の設定の変更

寸法には「寸法スタイル」が割り当てられていて、矢印の種類や寸法値の大きさなどは「寸法スタイル」に設定されています。「寸法スタイル」についてはP.231「6-2-5寸法スタイルの設定」を参照してください。

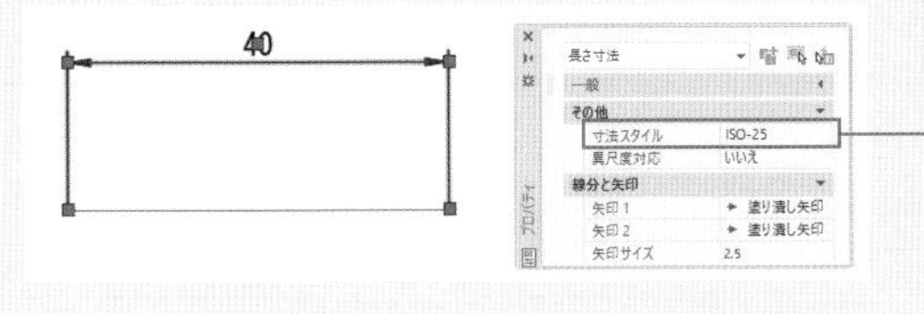

寸法スタイルを修正: ISO-25

寸法線 シンボルと矢印 寸法値 フィット 基本単位 変換単位

矢印

1番目(T):
塗り潰し矢印

2 番目(D):
塗り潰し矢印

引出線(L):
塗り潰し矢印

矢印のサイズ(I):
2.5

COLUMN

マルチ引出線の設定の変更

マルチ引出線には「マルチ引出線スタイル」が割り当てられていて、矢印の種類や引出線の位置などは「マルチ引出線スタイル」に設定されています。「マルチ引出線スタイル」についてはP.234「6-2-6マルチ引出線スタイルの設定」を参照してください。

マルチ引出線スタイルを修正: Standard

引出線の形式 引出線の構造 内容

一般

種類(T): 直線
色(C): ByBlock
線種(L): ByBlock
線の太さ(I): ByBlock

矢印

記号(S): 塗り潰し矢印
サイズ(Z): 4

ABC

マルチ引出線
一般
その他
全体の尺度 1
マルチ引出線スタイル Standard
異尺度対応 いいえ
引出線
引出線の種類 直線
引出線の色 ByBlock

4-2-1 長さ寸法、平行寸法を書く

線分AB、ADの寸法を記入します。［長さ寸法記入］コマンドを実行し、測定する点として端点A、Bをクリック、寸法線の配置位置として任意点Cをクリックすると、寸法が作成されます。線分ADの寸法は［平行寸法記入］コマンドを実行し、測点する点として端点A、Dをクリック、寸法線の配置位置として任意点Eをクリックします。

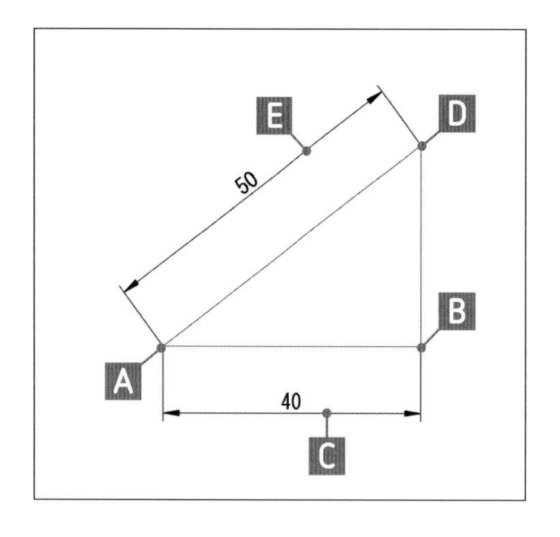

使用するコマンド	[長さ寸法記入]
メニュー	[寸法]ー[長さ寸法記入]
リボン	[ホーム]タブー[注釈]パネル
アイコン	
キーボード	DIMLINEAR[Enter](DLI[Enter])

使用するコマンド	[平行寸法記入]
メニュー	[寸法]ー[平行寸法記入]
リボン	[ホーム]タブー[注釈]パネル
アイコン	
キーボード	DIMALIGNED[Enter](DAL[Enter])

やってみよう

1 オブジェクトスナップを設定する

P.43「2-1-3既存の図形上の点を利用して線分を描く」の手順1～3を参照し、［端点］を設定します。

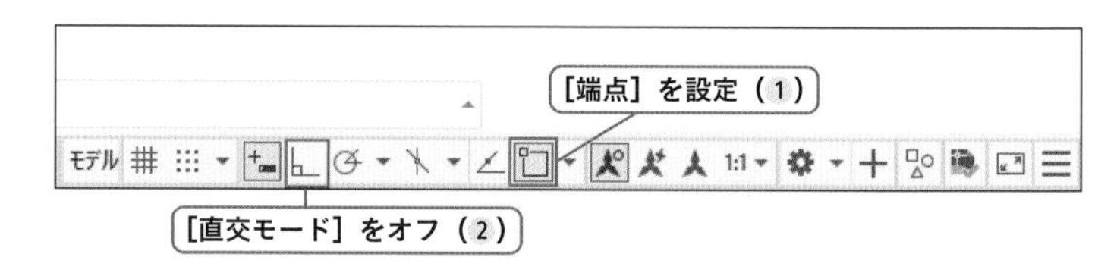

2 直交モードをオフにする

3 長さ寸法記入コマンドを選択する

［ホーム］タブー［注釈］パネルー［長さ寸法記入］をクリックします。

➜長さ寸法記入コマンドが実行され、プロンプトに「1本目の寸法補助線の起点を指定」と表示されます。

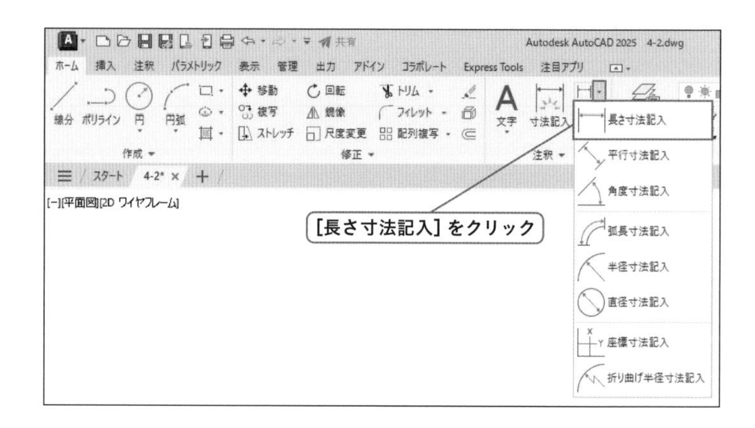

4 測定する1点目を指定する

線分の端点Aをクリックします。

➔プロンプトに「2本目の寸法補助線の起点を指定」と表示されます。

5 測定する2点目を指定する

線分の端点Bをクリックします。

➔プロンプトに「寸法線の位置を指定」と表示されます。

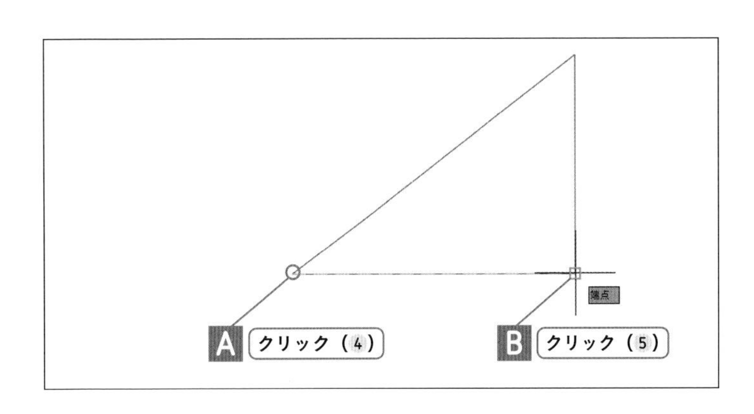

6 寸法線の配置位置を指定する

任意点Cをクリックします。

➔寸法線の位置が指定され、線分ABを測定した寸法が作成されました。

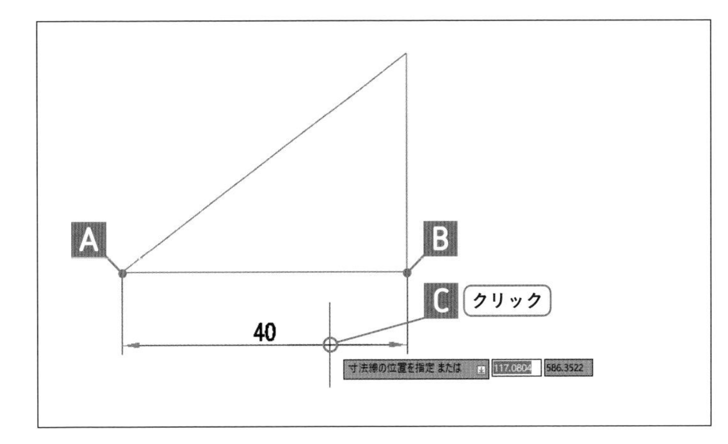

7 平行寸法記入コマンドを選択する

[ホーム] タブー [注釈] パネルー [平行寸法記入] をクリックします。

➔平行寸法記入コマンドが実行され、プロンプトに「1本目の寸法補助線の起点を指定」と表示されます。

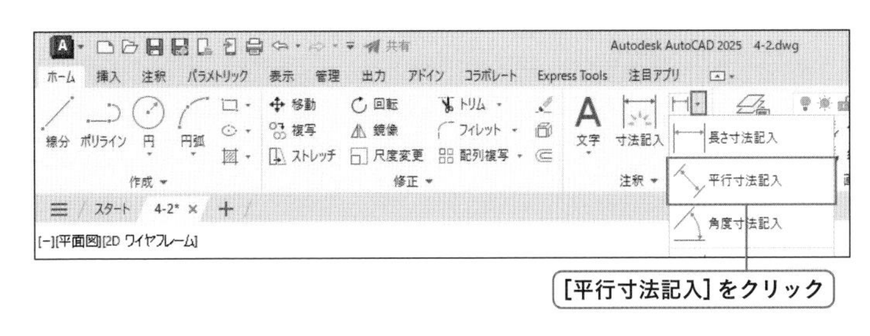

8 測定する1点目を指定する

線分の端点Aをクリックします。

9 測定する2点目を指定する

線分の端点Dをクリックします。

10 寸法線の配置位置を指定する

任意点Eをクリックします。

➔寸法線の位置が指定され、線分ADを測定した寸法が作成されました。

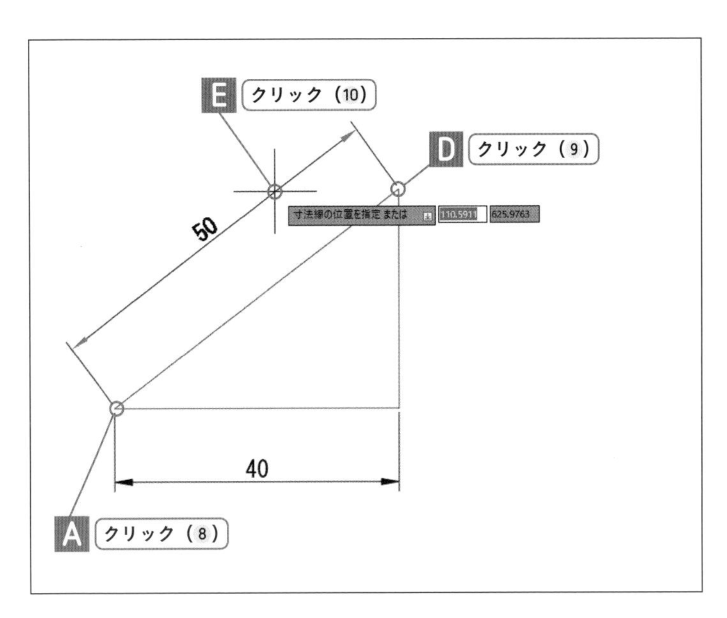

chapter 4 注釈の基本

4-2-2 半径寸法、直径寸法を書く

円弧aの半径寸法を記入します。［半径寸法記入］コマンドを実行し、円弧aを選択、寸法線の配置位置として任意点Bをクリックすると、寸法が作成されます。円cの直径寸法は［直径寸法記入］コマンドを実行し、円cを選択、寸法線の配置位置として任意点Dをクリックします

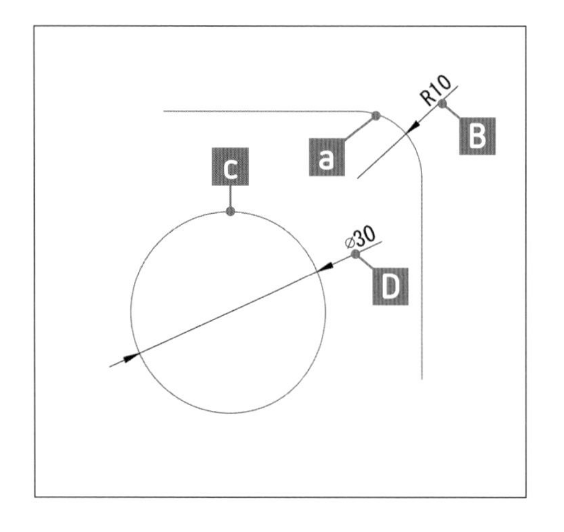

使用するコマンド	[半径寸法記入]
メニュー	[寸法]ー[半径寸法記入]
リボン	[ホーム]タブー[注釈]パネル
アイコン	(2019以降) (2018以前)
キーボード	DIMRADIUS[Enter](DRA[Enter])

使用するコマンド	[直径寸法記入]
メニュー	[寸法]ー[直径寸法記入]
リボン	[ホーム]タブー[注釈]パネル
アイコン	(2019以降) (2018以前)
キーボード	DIMDIAMETER[Enter](DDI[Enter])

やってみよう

1 半径寸法記入コマンドを選択する

［ホーム］タブ－［注釈］パネル－［半径寸法記入］をクリックします。

➜半径寸法記入コマンドが実行され、プロンプトに「円弧または円を選択」と表示されます。

2 図形を選択する

円弧aをクリックして選択します。

➜プロンプトには「寸法線の位置を指定」と表示されます。

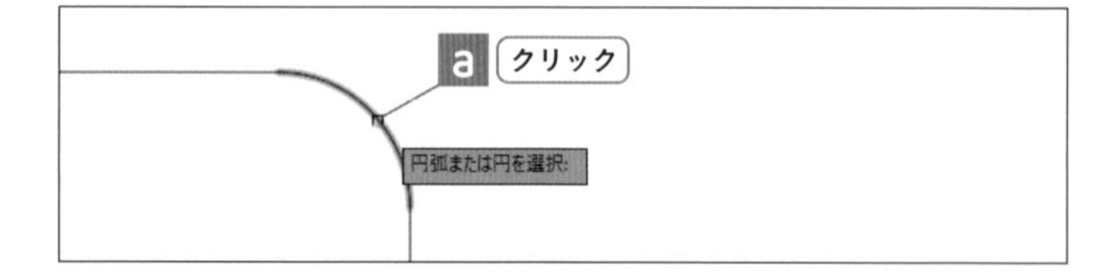

3 寸法線の配置位置を指定する

任意点Bをクリックします。

➜寸法線の位置が指定され、円弧aを測定した半径寸法が作成されました。

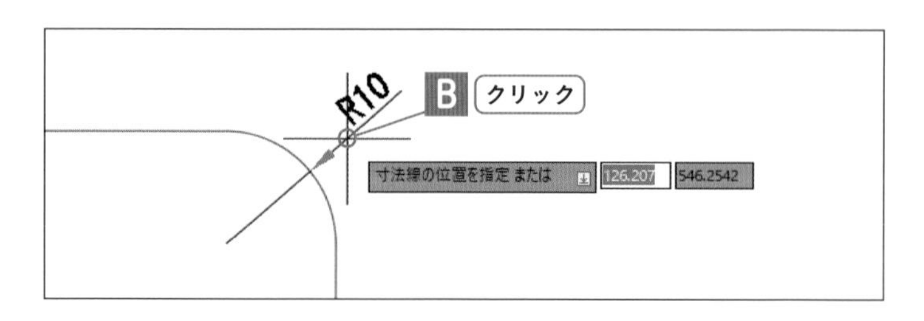

4 直径寸法記入コマンドを選択する

［ホーム］タブー［注釈］パネルー［直径寸法記入］をクリックします。

➔直径寸法記入コマンドが実行され、プロンプトに「円弧または円を選択」と表示されます。

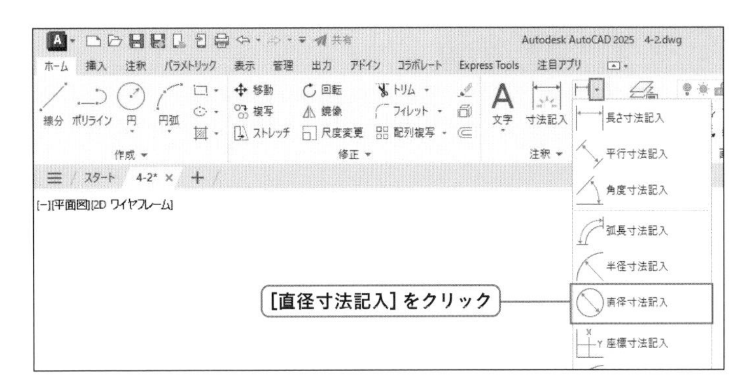

5 図形を選択する

円 C をクリックして選択します。

➔プロンプトには「寸法線の位置を指定」と表示されます。

6 寸法線の配置位置を指定する

任意点 D クリックします。

➔寸法線の位置が指定され、円 C を測定した直径寸法が作成されました。

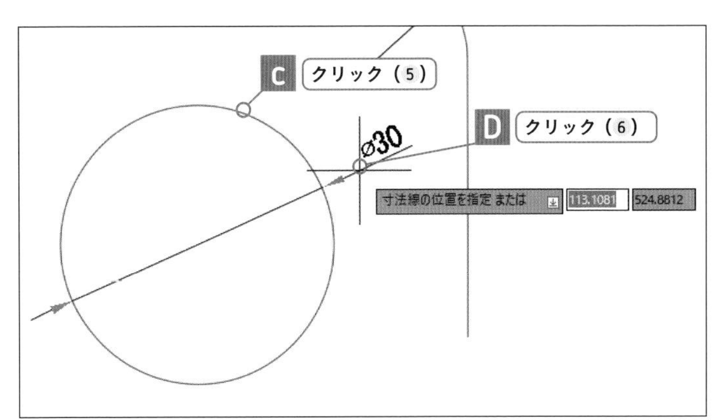

4-2-3 角度寸法を書く

線分 A B、A C で構成された角の内側の寸法を記入します。［角度寸法記入］コマンドを実行し、線分 A B、A C を選択、寸法線の配置位置として任意点 D をクリックすると、寸法が作成されます。線分 A B、A C で構成された角の外側の寸法は、［角度寸法記入］コマンドを実行し、［頂点を指定(S)］オプションを選択、角の構成点として端点 A、B、C をクリックし、寸法線の配置位置として任意点 E をクリックします。

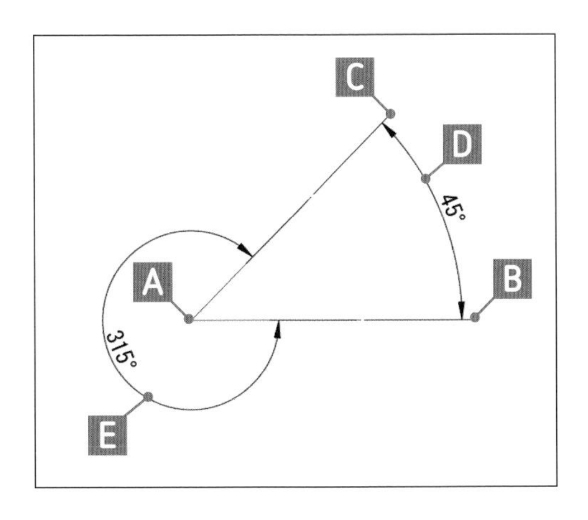

使用するコマンド	[角度寸法記入]
メニュー	[寸法]ー[角度寸法記入]
リボン	[ホーム]タブー[注釈]パネル
アイコン	
キーボード	DIMANGULAR[Enter](DAN[Enter])

やってみよう

1 角度寸法記入コマンドを選択する

[ホーム] タブー [注釈] パネルー [角度寸法記入] をクリックします。

➔角度寸法記入コマンドが実行され、プロンプトに「円弧、円、線分を選択」と表示されます。

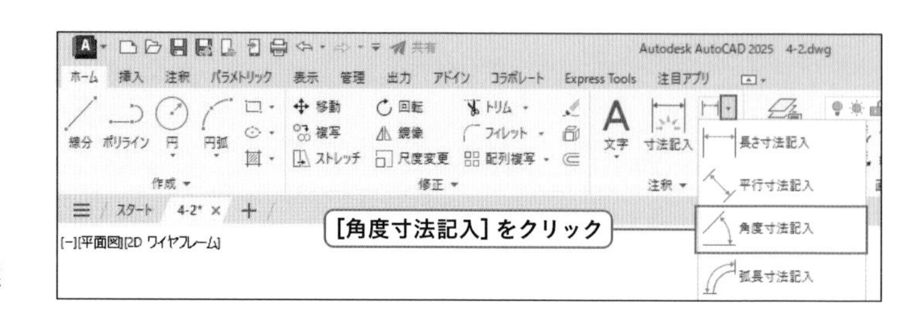

2 角度を構成する線分の1本目を選択する

線分A Bをクリックして選択します。

➔プロンプトには「2本目の線分を選択」と表示されます。

3 角度を構成する線分の2本目を選択する

線分A Cをクリックして選択します。

➔プロンプトに「円弧寸法線の位置を指定」と表示されます。

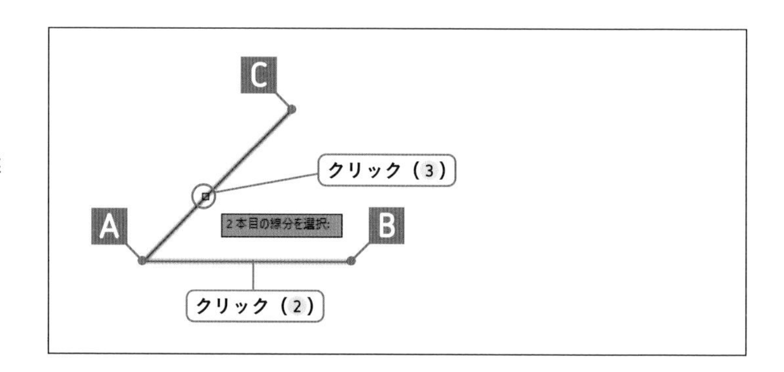

4 寸法線の配置位置を指定する

任意点Dをクリックします。

➔寸法線の位置が指定され、角度寸法が作成されました。

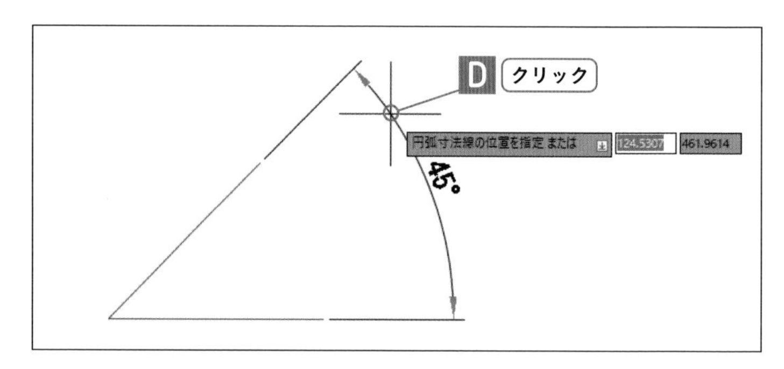

5 オブジェクトスナップを設定する

P.43「2-1-3既存の図形上の点を利用して線分を描く」の手順1～3を参照し、[端点] を設定します。

6 直交モードをオフにする

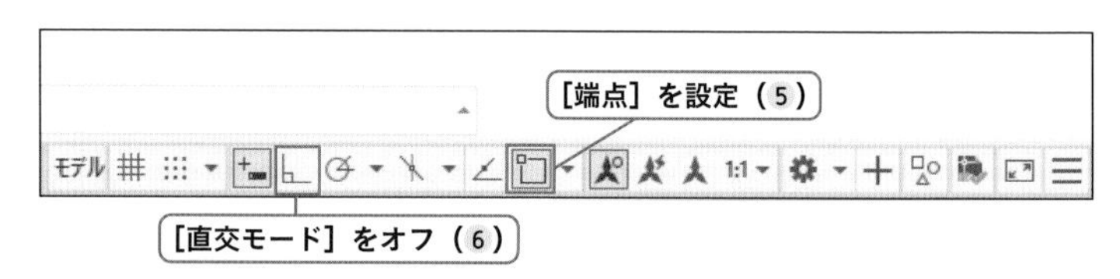

7 角度寸法記入コマンドを選択する

[ホーム] タブー [注釈] パネルー [角度寸法記入] をクリックします。

➔角度寸法記入コマンドが実行され、プロンプトに「円弧、円、線分を選択または<頂点を指定(S)>」と表示されます。次に、<頂点を指定(S)>オプションを選択しますが、これは<>で囲まれ、既定値となっているので、[Enter] キーで選択します。

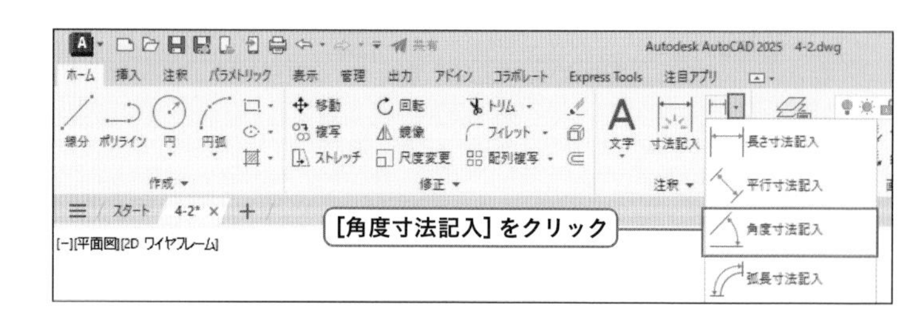

8 ＜頂点を指定＞を選択する

[Enter] キーを押して、＜頂点を指定(S)＞オプションを選択します。

➔プロンプトには「角度の頂点を指定」と表示されています。

9 頂点を選択する

端点Aをクリックします。

➔プロンプトには「頂点からの角度の1点目」と表示されています。

10 角度を構成する1点目を選択する

端点Bをクリックします。

➔プロンプトには「頂点からの角度の2点目」と表示されています。

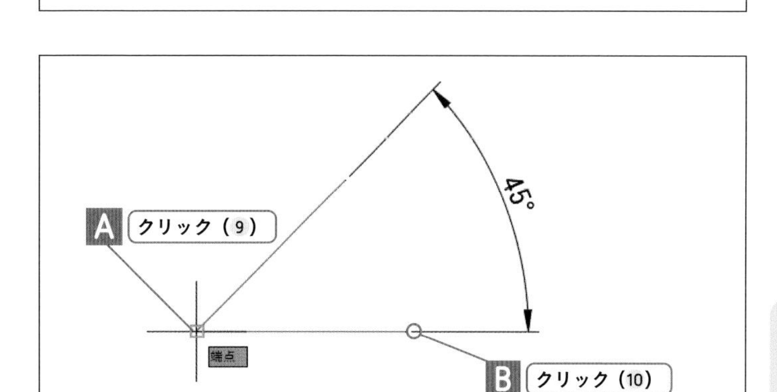

11 角度を構成する2点目を選択する

端点Cをクリックします。

➔プロンプトには「円弧寸法線の位置を指定」と表示されています。

12 寸法線の配置位置を指定する

任意点Eをクリックします。

➔寸法線の位置が指定され、角度寸法が作成されました。

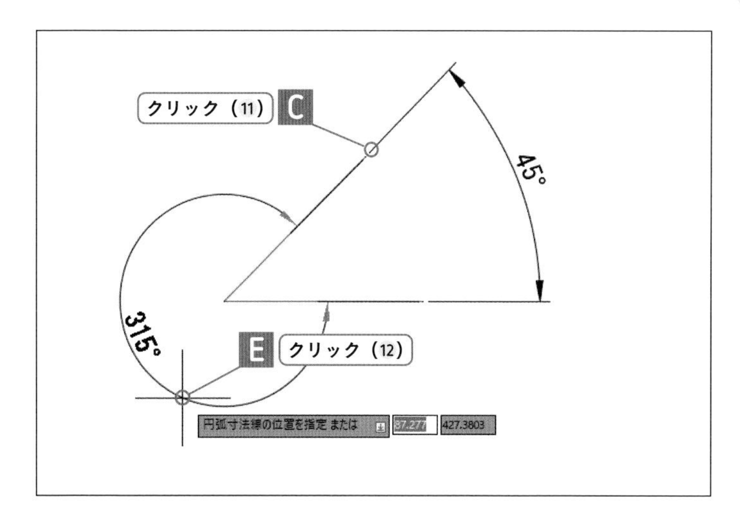

4-2-4 基準となる寸法と直列寸法を書く

はじめに、端点A、Bで長さ寸法を作成します。次に［直列寸法記入］を実行し、端点Cをクリックすると、直前に書いた長さ寸法と同じ寸法線の位置に、端点B、Cを計測した寸法が作成されます。続けて端点Dをクリックして端点C、Dを計測した寸法を作成、［Enter］キーを2回押してコマンドを終了します。

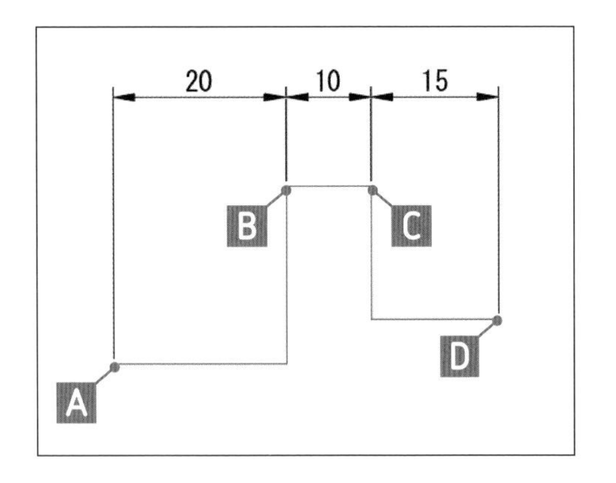

使用するコマンド	［長さ寸法記入］
メニュー	［寸法］－［長さ寸法記入］
リボン	［ホーム］タブ－［注釈］パネル
アイコン	
キーボード	DIMLINEAR［Enter］（DLI［Enter］）

使用するコマンド	［直列寸法記入］
メニュー	［寸法］－［直列寸法記入］
リボン	［ホーム］タブ－［寸法記入］パネル
アイコン	
キーボード	DIMCONTINUE［Enter］（DCO［Enter］）

やってみよう

1 オブジェクトスナップを設定する

P.43「2-1-3既存の図形上の点を利用して線分を描く」の手順1～3を参照し、［端点］を設定します。

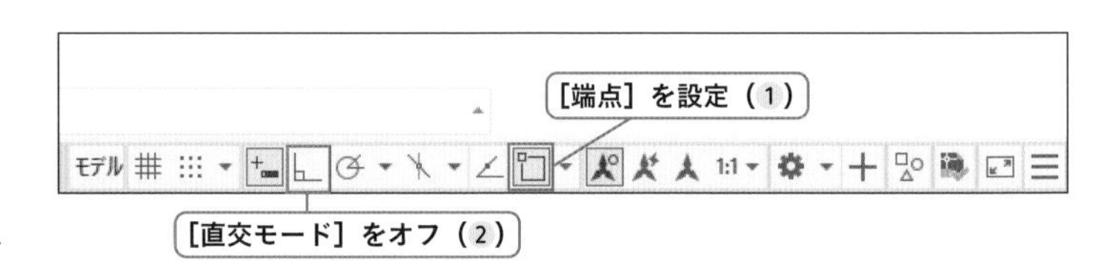

2 直交モードをオフにする

3 長さ寸法記入コマンドを選択する

［ホーム］タブ－［注釈］パネル－［長さ寸法記入］をクリックします。

4 測定する1点目を指定する

線分の端点Aをクリックします。

5 測定する2点目を指定する

線分の端点Bをクリックします。

6 寸法線の配置位置を指定する

任意点Eをクリックします。

➔寸法線の位置が指定され、長さ寸法が作成されました。

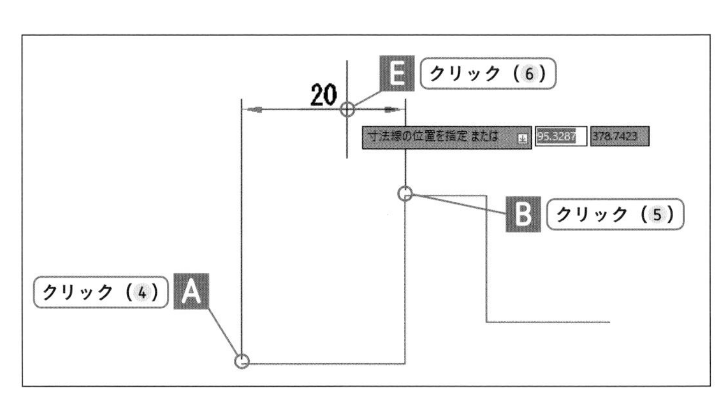

7 直列寸法記入コマンドを選択する

[注釈] タブー [寸法記入] パネルー [直列寸法記入] をクリックします。

➔直列寸法記入コマンドが実行され、プロンプトに「2本目の寸法補助線の起点を指定」と表示されます。

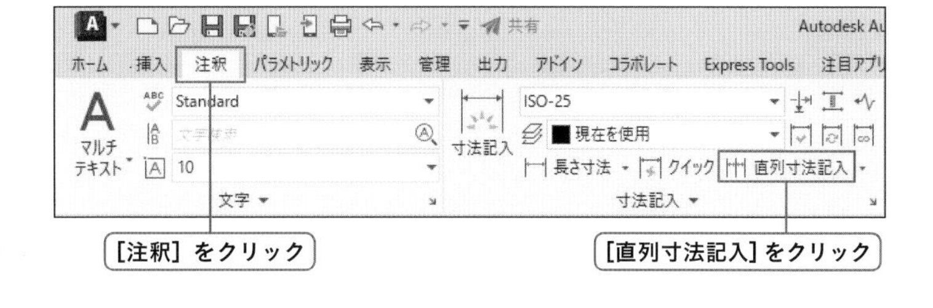

8 測定する寸法の2点目を指定する

端点Cをクリックします。

➔端点B、Cを測定する寸法が作成されました。プロンプトに「2本目の寸法補助線の起点を指定」と表示されます。

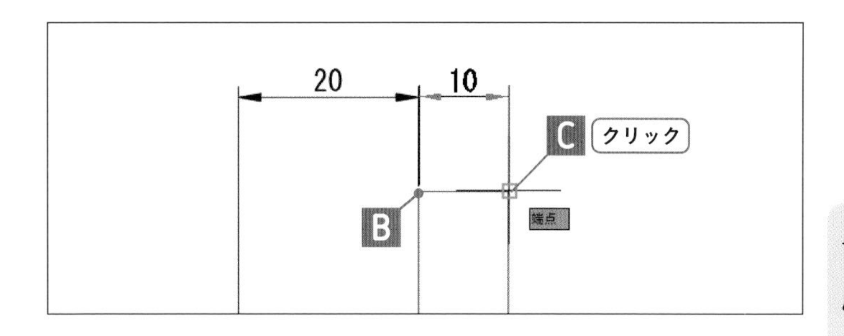

9 測定する寸法の2点目を指定する

端点Dをクリックします。

➔端点C、Dを測定する寸法が作成されました。プロンプトに「2本目の寸法補助線の起点を指定」と表示されます。これ以上寸法は作成しないので、次の操作でプロンプトを確定します。

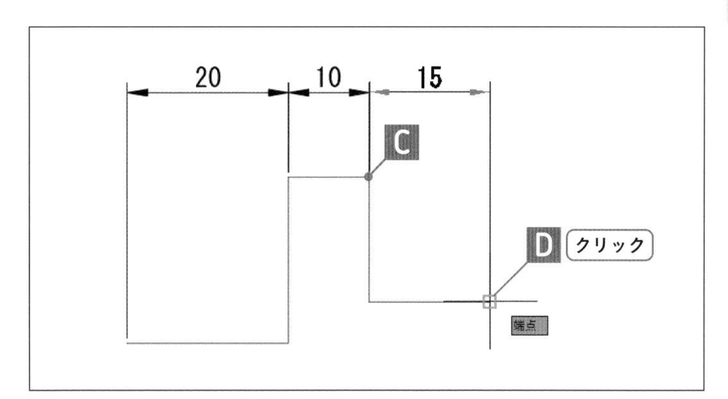

10 点の指定を確定する

[Enter] キーを押します。

➔点の指定が確定され、プロンプトには「直列記入の寸法オブジェクトを選択」と表示されます。続けて他の寸法を基準とする直列寸法を作成することができますが、ここではコマンドを終了します。

11 直列寸法記入コマンドを終了する

[Enter] キーを押します。

➔プロンプトが確定され、直列寸法記入コマンドが終了しました。

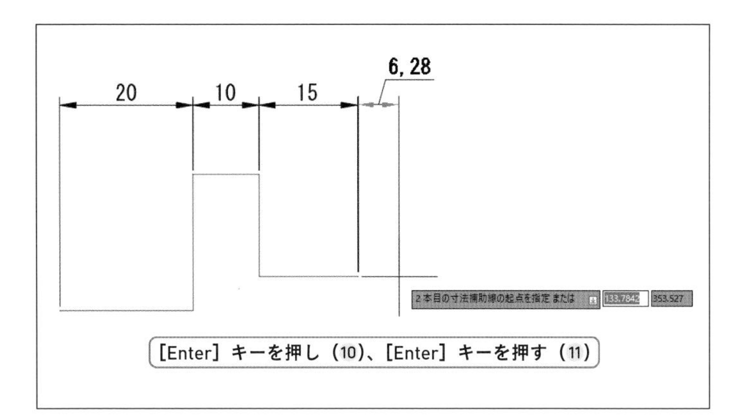

COLUMN

並列寸法記入

[注釈] タブー [寸法記入] パネルにある [並列寸法記入] コマンドを使うと、段の違う寸法を記入することができます。操作方法は直列寸法と同様です。寸法と寸法の間隔は「寸法スタイル」に設定されています。「寸法スタイル」についてはP.231「6-2-5寸法スタイルの設定」を参照してください。

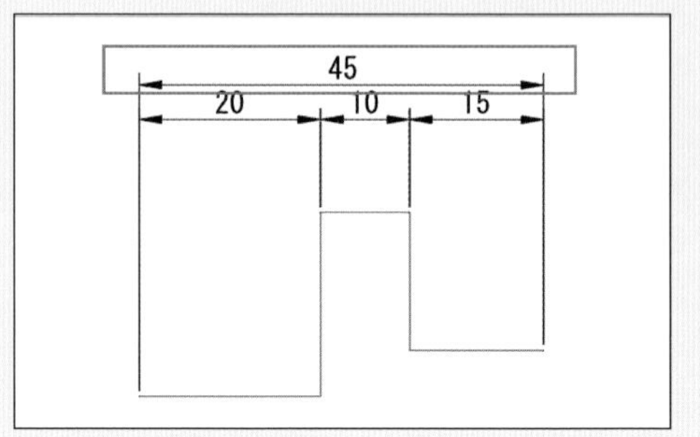

4-2-5 既存の寸法から直列寸法を書く

既存の長さ寸法aから、直列寸法を作成します。[直列寸法記入] を実行し、[選択(S)] オプションで寸法aを選択し、端点Cをクリックすると、寸法aと同じ寸法線の位置に、端点B、Cを計測した寸法が作成されます。続けて端点Dをクリックして端点C、Dを計測した寸法を作成、[Enter] キーを2回押してコマンドを終了します。

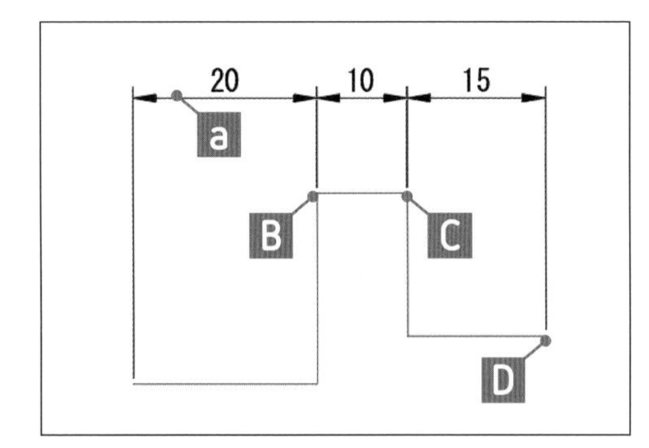

使用するコマンド	[直列寸法記入]
メニュー	[寸法]ー[直列寸法記入]
リボン	[ホーム]タブー[寸法記入]パネル
アイコン	
キーボード	DIMCONTINUE[Enter](DCO[Enter])

やってみよう

1 オブジェクトスナップを設定する

P.43「2-1-3既存の図形上の点を利用して線分を描く」の手順1～3を参照し、[端点] を設定します。

2 直交モードをオフにする

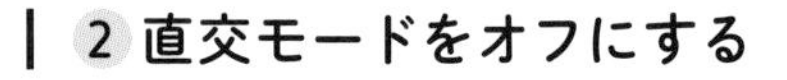

3 直列寸法記入コマンドを選択する

[注釈] タブー [寸法記入] パネルー [直列寸法記入] をクリックします。

4 プロンプトを確認する

「2本目の寸法補助線の起点を指定または [選択(S)/元に戻す(U)]」と表示されている場合は手順 5 へ、「直列記入の寸法オブジェクトを選択」と表示されている場合は手順 6 を行ってください。

➔直列寸法記入は、直前に作成した寸法から作成されます。直前に作成した寸法ではなく、他の既存の寸法から作成する場合には[選択 (S)] オプションを使用します(手順 5)。ただし、直前に作成した寸法が削除されている場合などは、[選択 (S)] オプションが既に実行されている状態となります(手順 6)。

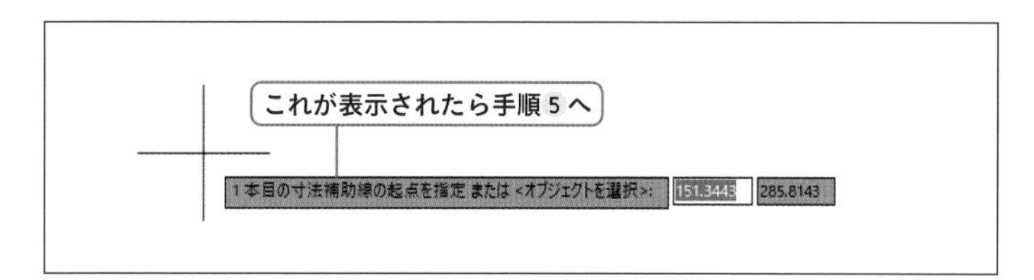

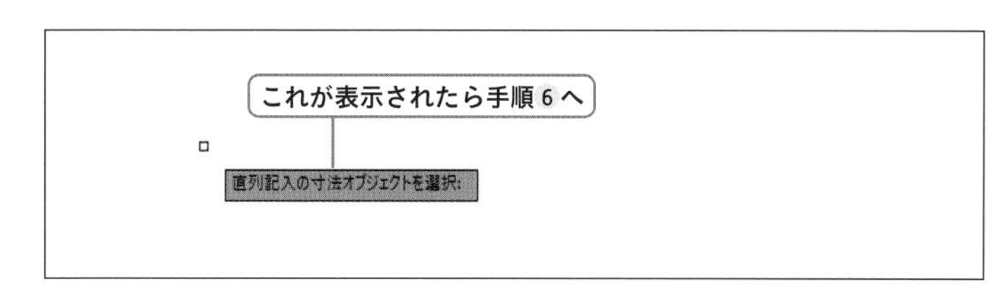

5 [選択]オプションを選択する

右クリックして、表示されたメニューから [選択(S)] を選択します。

➔[選択(S)] オプションが選択され、プロンプトには「直列記入の寸法オブジェクトを選択」と表示されています。

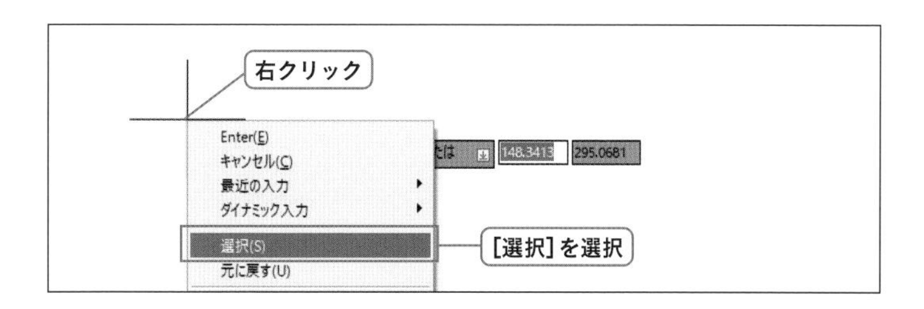

6 既存の寸法を選択する

寸法 a をクリックして選択します。この時、寸法を繋げたい側の寸法補助線をクリックするようにしてください。

➔既存の寸法が選択され、プロンプトには「2本目の寸法補助線の起点を指定」と表示されています。

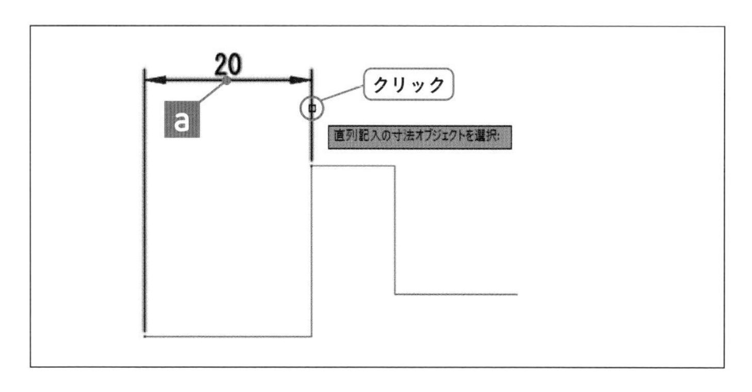

7 測定する寸法の2点目を指定する

端点 C をクリックします。

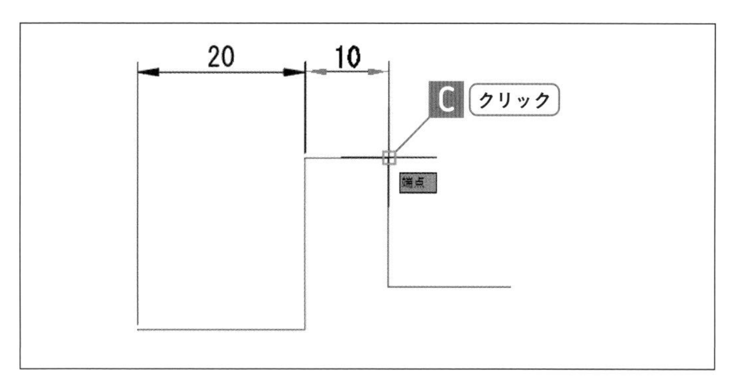

chapter 4 注釈の基本

8 測定する寸法の2点目を指定する

端点Dをクリックします。

9 点の指定を確定する

[Enter] キーを押します。

10 直列寸法記入コマンドを終了する

[Enter] キーを押します。
➔プロンプトが確定され、直列寸法記入コマンドが終了しました。

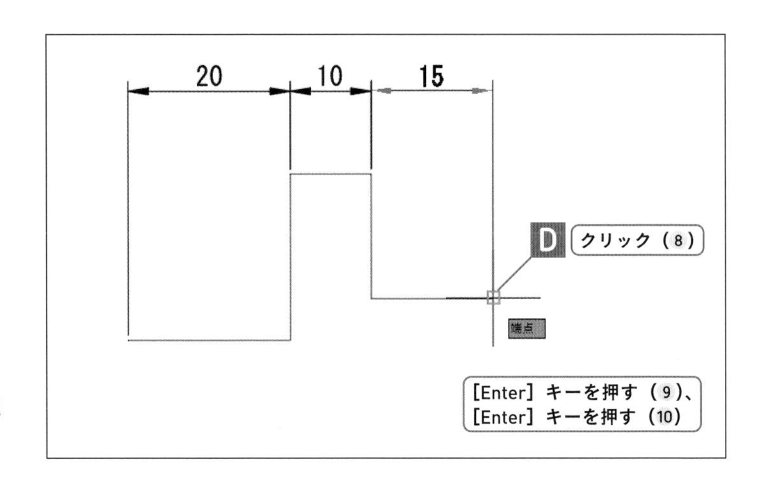

4-2-6 引出線を描く

[マルチ引出線] を実行し、矢印の位置として任意点Aをクリック、参照線の位置として任意点Bをクリックすると、テキストエディタが起動します。文字の内容を入力し、テキストエディタを終了すると、引出線が作成されます。

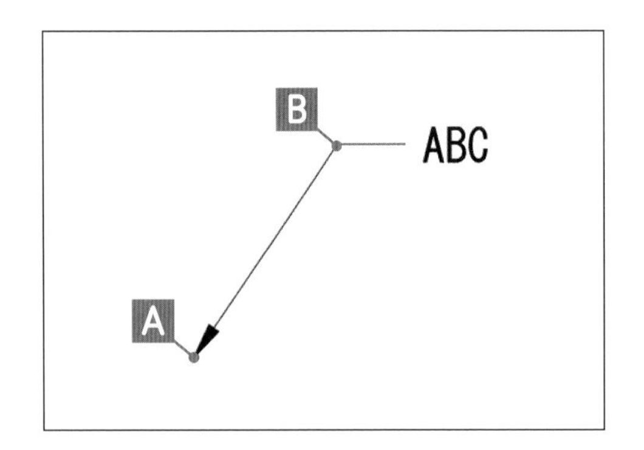

使用するコマンド	[マルチ引出線]
メニュー	[寸法]－[マルチ引出線]
リボン	[ホーム]タブ－[注釈]パネル
アイコン	
キーボード	MLEADER[Enter](MLD[Enter])

やってみよう

1 直交モードをオフにする

2 マルチ引出線コマンドを選択する

[ホーム] タブ－[注釈] パネル－[マルチ引出線] をクリックします。
➔マルチ引出線コマンドが実行され、プロンプトに「引出線の矢印の位置を指定」と表示されます。

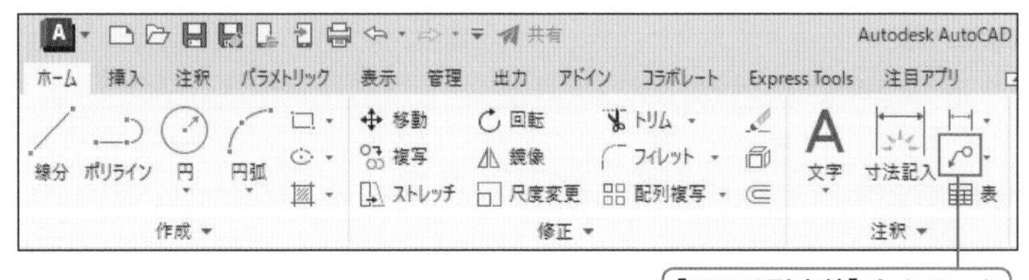

3 矢印の位置を指定する

任意点Aをクリックします。
→プロンプトに「引出参照線の位置を指定」と表示されます。

4 参照線の位置を指定する

任意点Bをクリックします。
→リボンに「テキストエディタ」タブが表示され、カーソルが点滅しています。

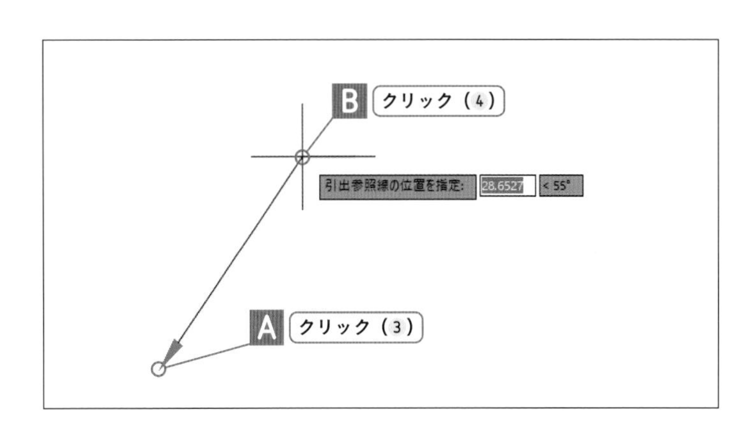

5 文字内容を入力する

キーボードで「ABC」と入力します。
→入力した内容が表示されます。

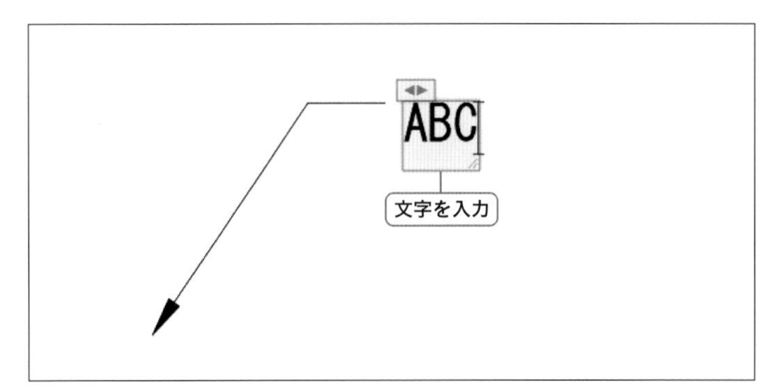

6 テキストエディタを終了する

[テキストエディタ] タブ－ [閉じる] パネル－ [テキストエディタを閉じる] をクリックします。
→マルチ引出線コマンドが終了し、引出線が作成されました。

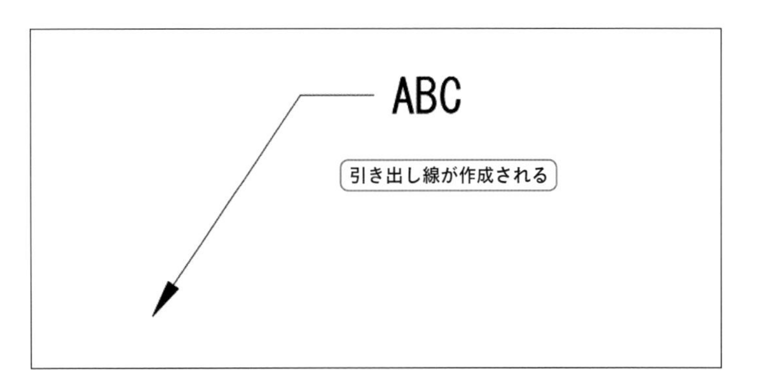

4-2-7 寸法補助線、寸法線、寸法値の位置を修正する

寸法補助線、寸法線、寸法値の位置を修正するには、グリップと呼ばれる青い点（■）を利用します。グリップは、コマンドを実行していない時に図形をクリックすると表示されます。左の寸法の補助線のグリップAを線分の端点Bに移動、同じく左の寸法の寸法線のグリップCを真ん中の寸法の矢印の端点Dに移動します。真ん中の寸法の寸法値のグリップEは［文字のみを移動］オプションを使用して、任意点Fに移動します。最後に寸法の選択解除を忘れないようにしてください。

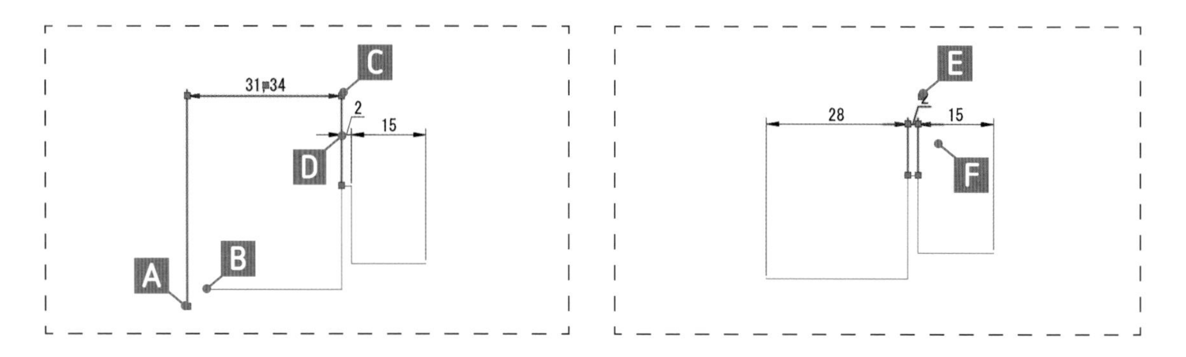

やってみよう

1 オブジェクトスナップを設定する

P.43「2-1-3既存の図形上の点を利用して線分を描く」の手順1～3を参照し、［端点］を設定します。

2 直交モードをオフにする

3 寸法を選択する

左の寸法をクリックして選択します。

➔寸法補助線、寸法線、寸法値にグリップが表示されます。

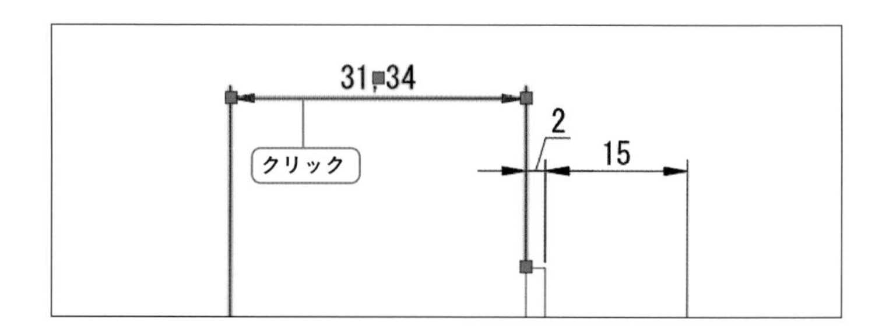

4 補助線のグリップを選択する

補助線のグリップAをクリックして選択します。

➔グリップが青から赤に変わり、グリップの位置が移動できるようになります。

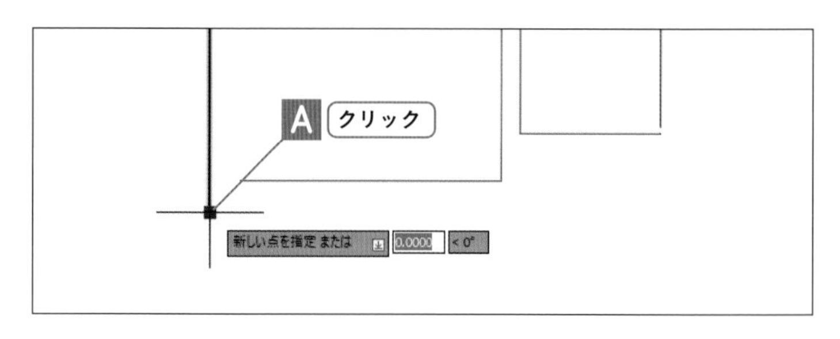

5 グリップの移動先の点を指示する

端点Bをクリックします。

⊖グリップが移動し、補助線の位置が変更されました。

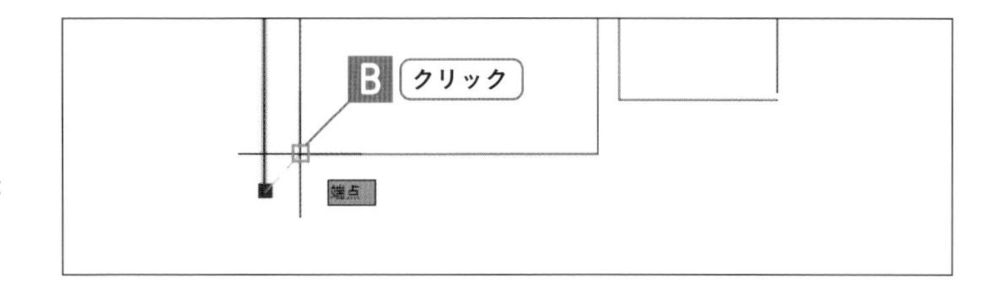

6 寸法線のグリップを選択する

寸法線のグリップCをクリックして選択します。

⊖グリップが青から赤に変わり、グリップの位置が移動できるようになります。

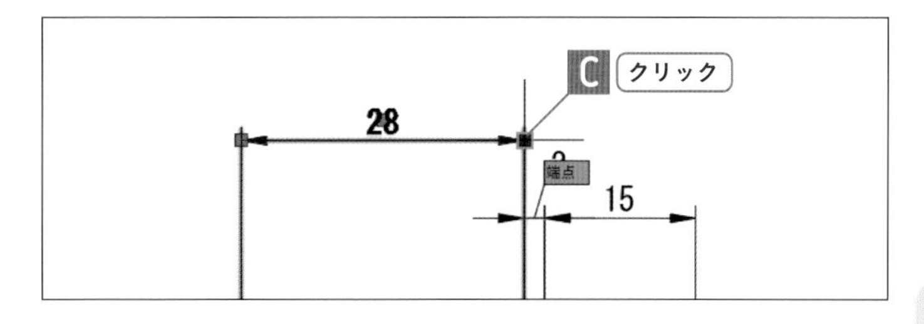

7 グリップの移動先の点を指示する

矢印の端点Dをクリックします。

⊖グリップが移動し、寸法線の位置が変更されました。

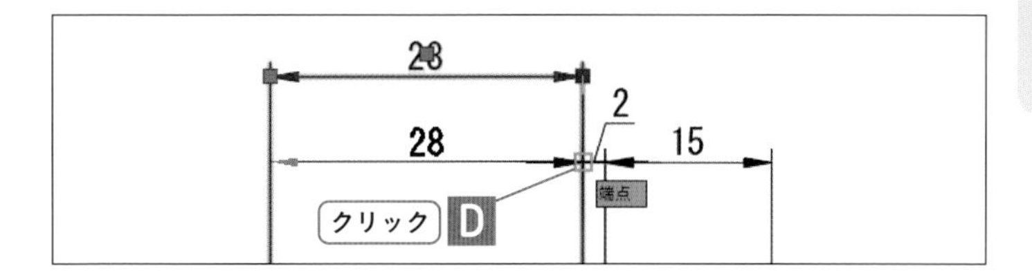

8 寸法の選択を解除する

キーボードの［Esc］キーを押して、選択を解除します。

⊖選択が解除され、寸法のグリップが非表示になりました。

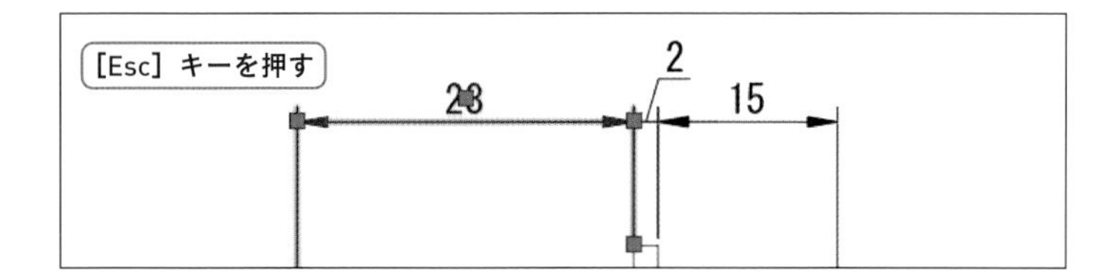

9 寸法を選択する

真ん中の寸法をクリックして選択します。

10 寸法値のグリップを選択する

寸法値のグリップEをクリックして選択します（AutoCAD 2011以前の場合は、手順10は必要ありません）。

11 ［文字のみを移動］オプションを選択する

右クリックして、表示されたメニューから「文字のみを移動」を選択します（AutoCAD 2011以前の場合は、「寸法値位置」－「文字のみを移動」）。

⊖文字が移動できるようになりました。

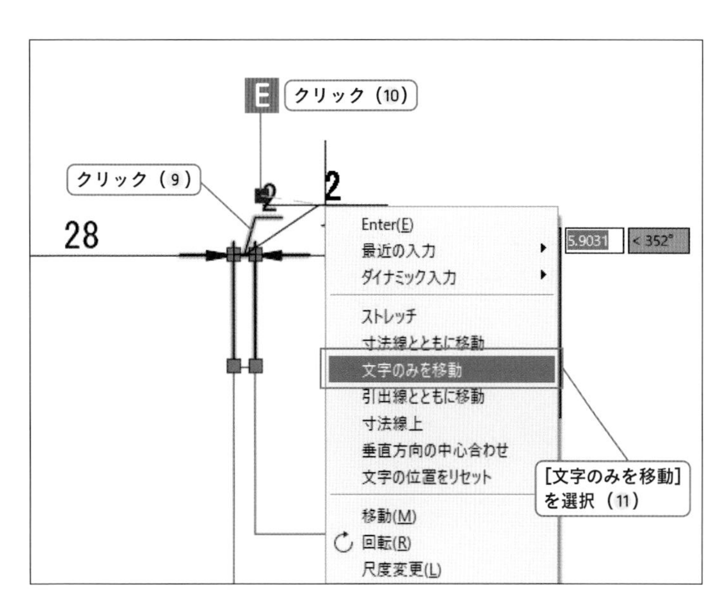

12 グリップの移動先の点を指示する

任意点 F をクリックします。

⊖グリップが移動し、寸法値の位置が変更されました。

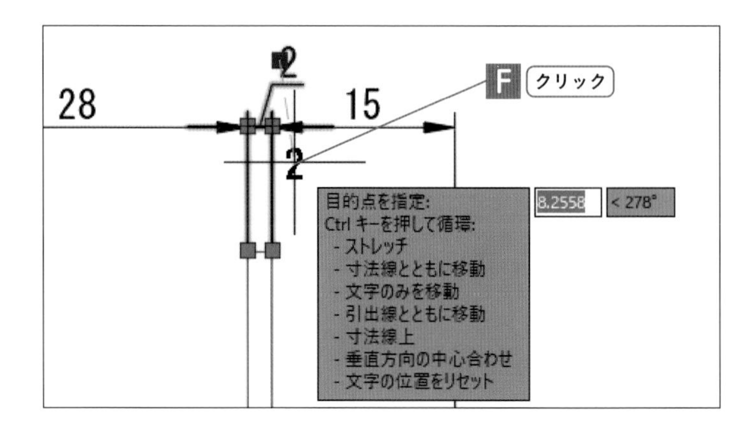

13 寸法の選択を解除する

キーボードの［Esc］キーを押して、選択を解除します。

⊖選択が解除され、寸法のグリップが非表示になりました。

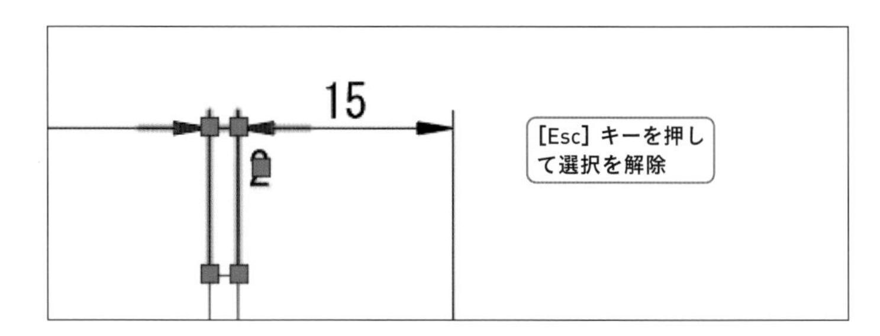

COLUMN

テキストエディタとは

テキストエディタは、マルチテキストの作成または編集時に表示される、一時的に表示されるリボンタブです。文字の大きさを変更する、下線を引く、位置合わせする、段落を分けるなど、様々な書式設定が行えます。

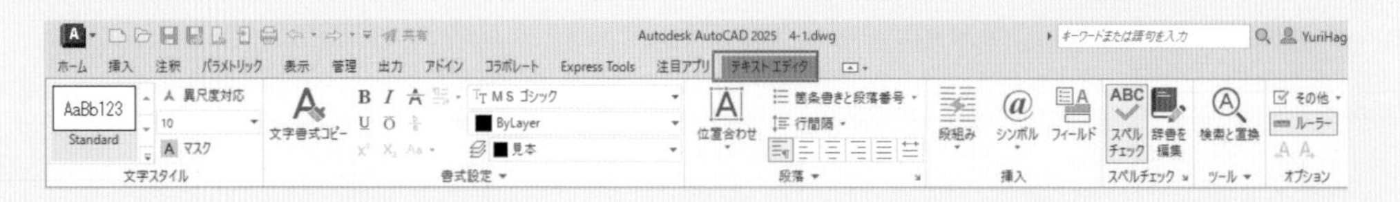

4-2-8 | 寸法の設定の修正

［オブジェクトプロパティ管理］コマンドを実行すると、「プロパティパレット」が画面上に現れます。寸法をクリックして選択すると、プロパティパレットには、その選択した寸法の様々な設定が表示されるので、ここでは、接頭表記と寸法補助線の表示を修正します。最後に寸法の選択を解除することを忘れないでください。

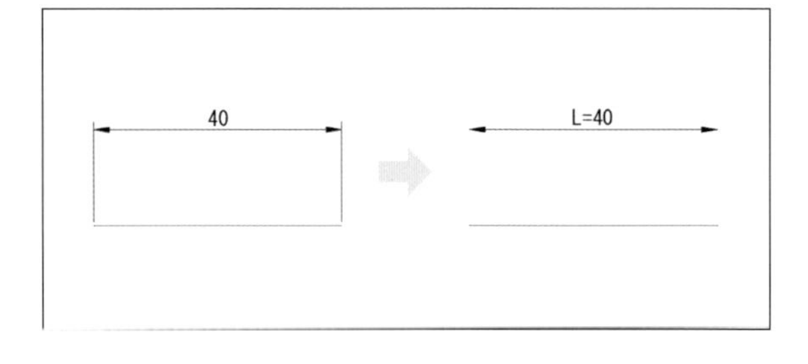

使用するコマンド	［オブジェクトプロパティ管理］
メニュー	［ツール］－［パレット］－［オブジェクトプロパティ管理］
リボン	［表示］タブ－［パレット］パネル
アイコン	
キーボード	PROPERTIES［Enter］（PR［Enter］）

やってみよう

1 プロパティパレットを表示する

[表示] タブー [パレット] パネルー [オブジェクトプロパティ管理] をクリックします。

⊖画面上にプロパティパレットが表示されます。

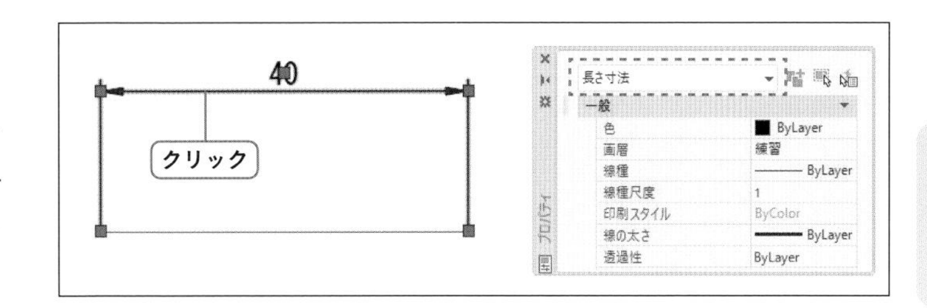

2 寸法を選択する

寸法をクリックして選択します。

⊖寸法が選択され、ハイライト表示されました。プロパティパレットの一番上には「長さ寸法」と表示されます。

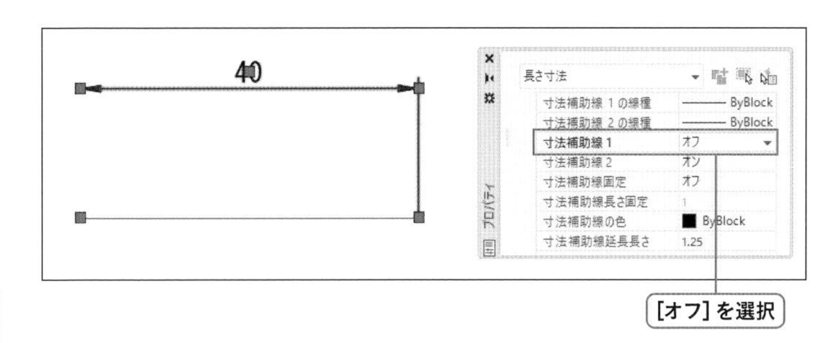

3 寸法補助線1を変更する

プロパティパレットから、[寸法補助線1] の欄の▼をクリックし、[オフ] を選択します。

⊖寸法補助線1が非表示になりました。

プロパティパレットに [寸法補助線] などの項目が見当たらない場合は、プロパティパレット内をスクロールしたり、プロパティパレットの枠をドラッグして広げたりして、項目を探してください。

4 寸法補助線2を変更する

プロパティパレットから、[寸法補助線2] の欄の▼をクリックし、[オフ] を選択します。

⊖寸法補助線2が非表示になりました。

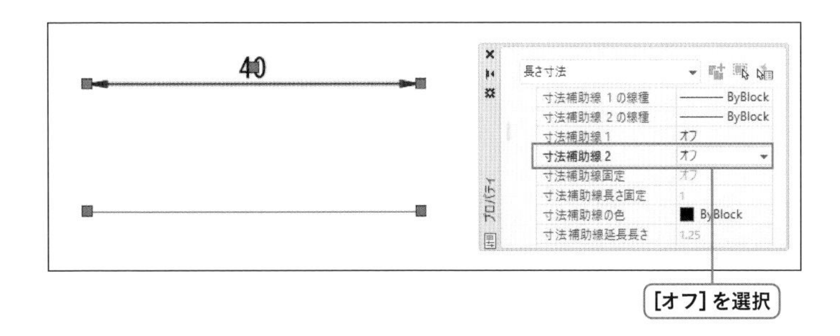

5 接頭表記を変更する

プロパティパレットから、[寸法値の接頭表記] の欄をクリックし、「L=」と入力し、[Enter] キーを押します。

⊖接頭表記が変更され、寸法値の前に「L=」が表示されました。

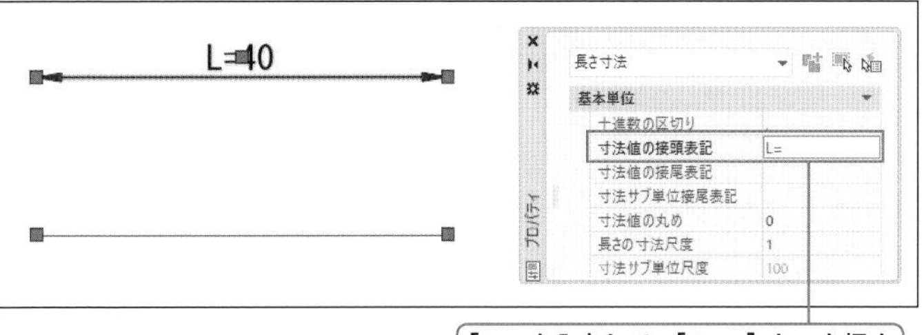

6 寸法の選択を解除する

カーソルを作図領域に移動し、キーボードの［Esc］キーを押して、選択を解除します。

➔寸法の選択が解除され、プロパティパレットの一番上には「何も選択されていません」と表示されています。プロパティパレットが必要ない場合には、「×」ボタンで閉じてください。

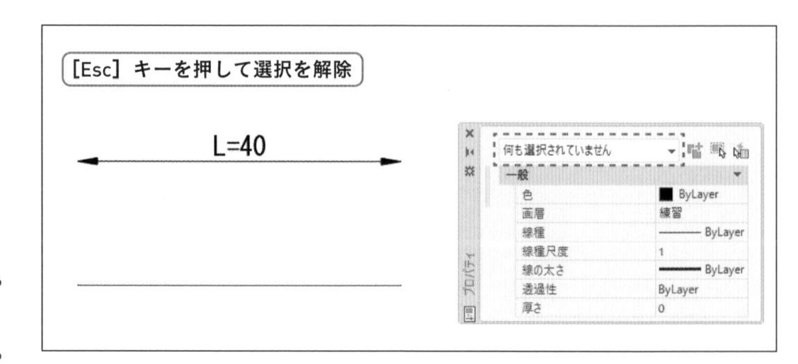

COLUMN

右クリックメニュー

図形やグリップを選択してから右クリックすると、メニューに様々なコマンドが表示されます。ぜひ活用してください。

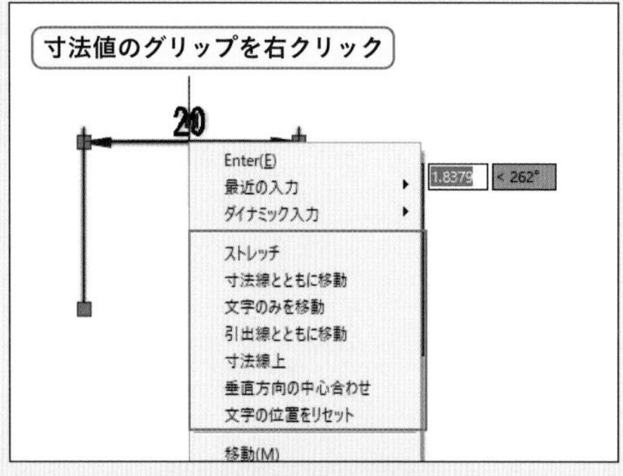

寸法値（寸法の文字）を移動させるために使用します。

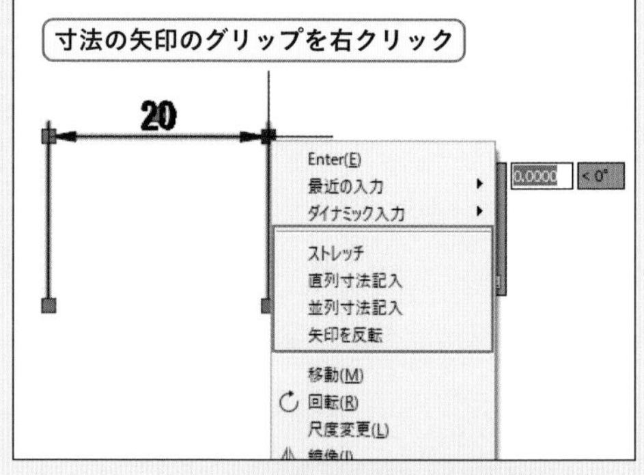

矢印の向きの反転や、直列寸法記入、並列寸法記入のコマンドを実行することができます。

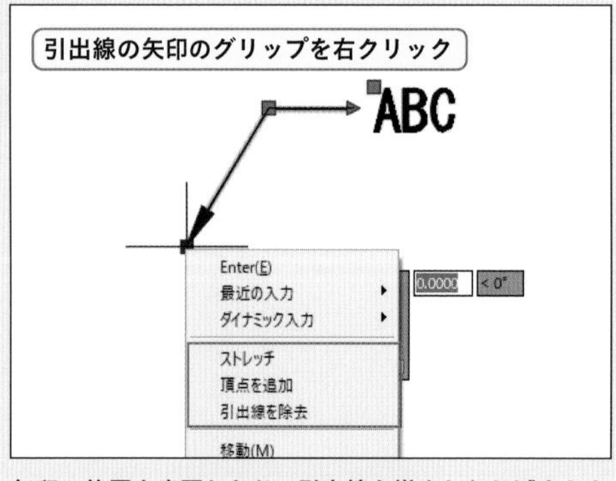

矢印の位置を変更したり、引出線を増やしたり減らしたりすることができます。

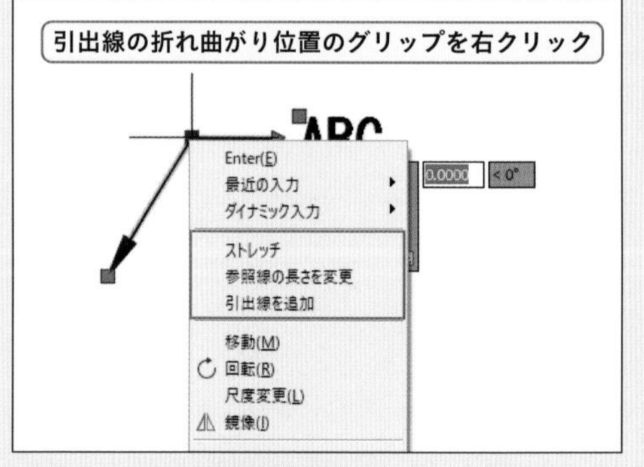

引出線の折れ曲る位置を変更したり、引出線を追加したりすることができます。

SECTION
4-3 ハッチングの記入と修正

指定された範囲内を斜線や特定の模様で埋めるハッチングを作成します。領域や面積の範囲を図面内に強調して表示したい場合や、材質（コンクリート、タイル、石など）を表す場合に使用します。AutoCAD 2011以前でハッチングを作成するには、ダイアログボックスを使用します。P.175「ダイアログボックスでハッチングを記入する」を参照してください。

練習用ファイル
4-3.dwg

ここで学ぶこと

4-3-1 | 点を指定してハッチングを記入する P.172

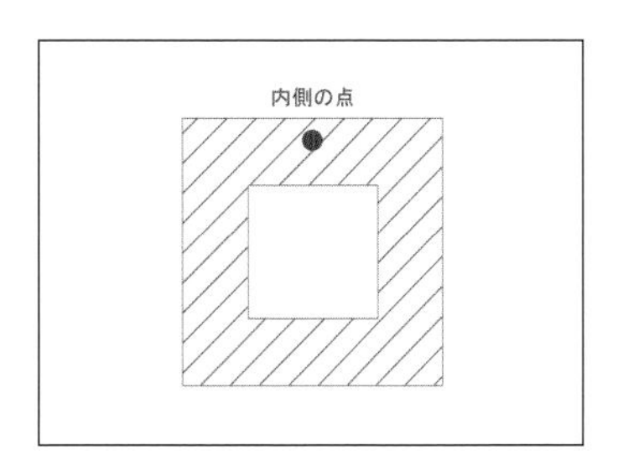

領域内の任意点を指定し、ハッチングを作成する境界を指示します。指示した点を囲む領域が自動的に境界として認識されるので、数クリックで境界が選択できるような、単純な領域を指示する場合に便利です。

■操作フロー

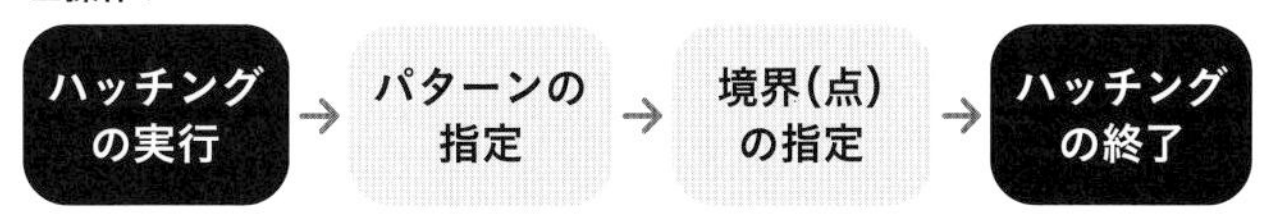

4-3-2 | 図形を指定してハッチングを記入する P.173

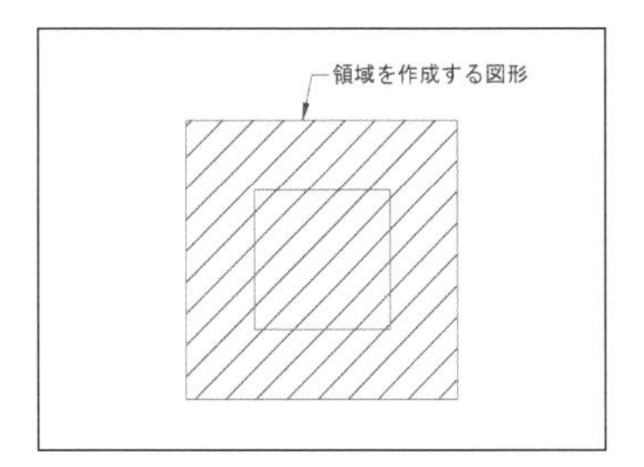

複数の図形が描かれている領域に対しては、点指示では境界を選択しづらいので、あらかじめ領域をポリラインで作成し、その図形を指示する方法を取ります。

■操作フロー

4-3-3 | ハッチングを修正する P.174

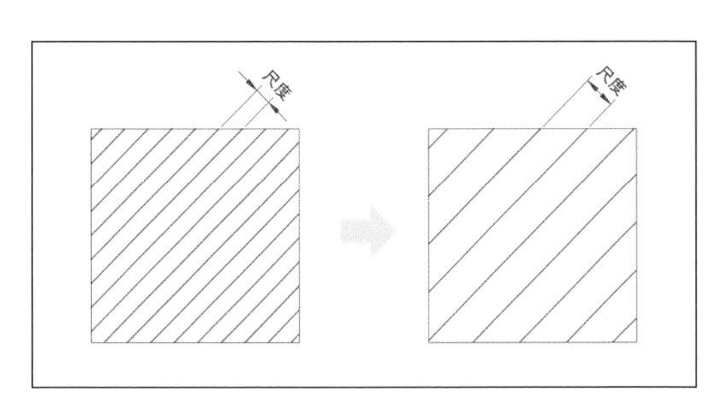

既に作成されたハッチングを修正します。ここでは、ハッチングの作成される間隔（尺度）を広くします。

■操作フロー

ハッチングの選択 → 尺度の指定 → ハッチングの選択解除

4-3-1 点を指定してハッチングを記入する

［ハッチング］コマンドを実行すると、リボンには一時的に［ハッチング作成］エディタが表示されます。パターンを選択し、境界として2つの正方形の間の任意点Aをクリック、終了するために［ハッチング作成］エディタの［ハッチング作成を閉じる］ボタンをクリックします。

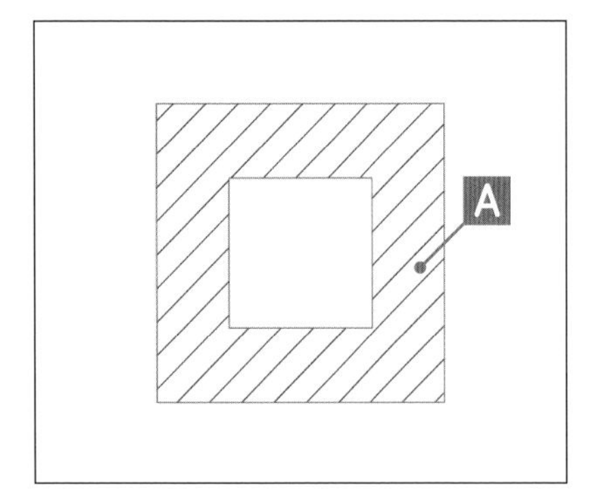

使用するコマンド	［ハッチング］
メニュー	［作成］－［ハッチング］
リボン	［ホーム］タブ－［作成］パネル
アイコン	
キーボード	HATCH［Enter］（H［Enter］）

やってみよう

1 ハッチングコマンドを選択する

［ホーム］タブ－［作成］パネル－［ハッチング］をクリックします。

➜ハッチングコマンドが実行され、リボンにはハッチングコマンドの実行中のみ表示される「ハッチング作成」タブが表示されています。

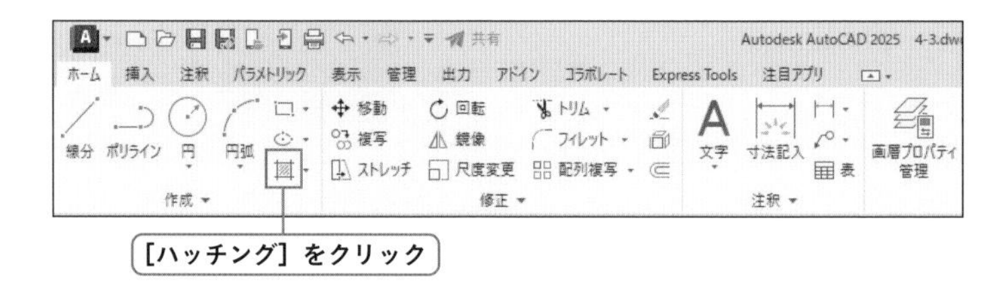

2 パターンを選択する

［ハッチング作成］タブ－［パターン］パネル－［ANSI31］をクリックします。

3 境界を指定する方法を選択する

［ハッチング作成］タブ－［境界］パネル－［点をクリック］をクリックします。

➜プロンプトには「内側の点をクリック」と表示されます。

［点をクリック］をクリック（3）

クリック（2）

4 境界の内側の点を指定する

2つの正方形の間の任意点Aをクリックします。

➜境界が指定され、ハッチングのプレビューが表示されます。

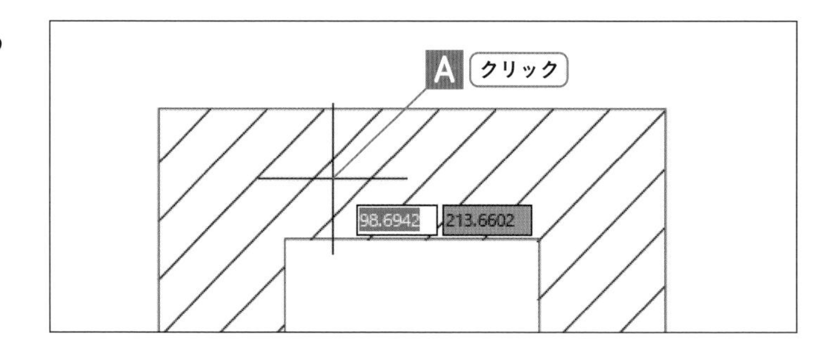

5 ハッチングコマンドを終了する

［ハッチング作成］タブ－［閉じる］パネル－［ハッチング作成を閉じる］をクリックします。

→ハッチングコマンドが終了し、ハッチングが作成されました。

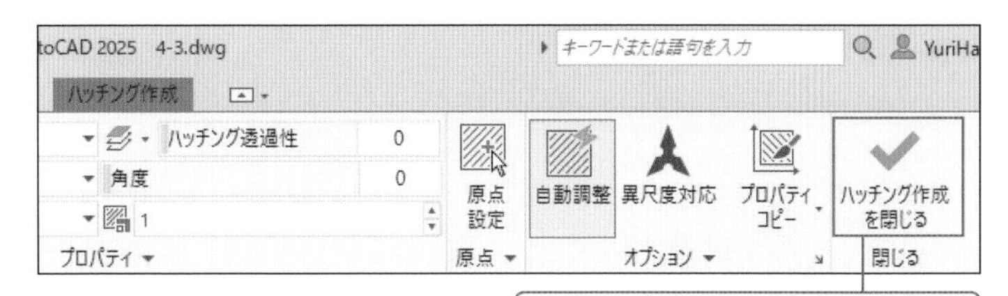

4-3-2 図形を指定してハッチングを記入する

［ハッチング］コマンドを実行すると、リボンには一時的に［ハッチング作成］エディタが表示されます。パターンを選択し、境界として正方形ABCDを選択、終了するために［ハッチング作成］エディタの［ハッチング作成を閉じる］ボタンをクリックします。

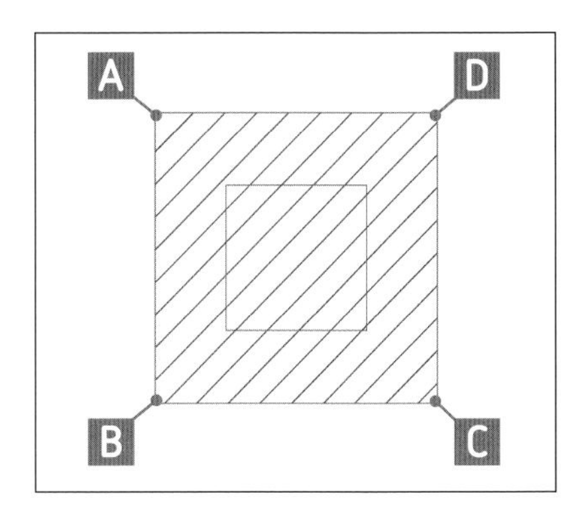

使用するコマンド	[ハッチング]
メニュー	[作成]ー[ハッチング]
リボン	[ホーム]タブー[作成]パネル
アイコン	
キーボード	HATCH[Enter](H[Enter])

やってみよう

1 ハッチングコマンドを選択する

［ホーム］タブ－［作成］パネル－［ハッチング］をクリックします。

→ハッチングコマンドが実行され、リボンにはハッチングコマンドの実行中のみ表示される「ハッチング作成」タブが表示されています。

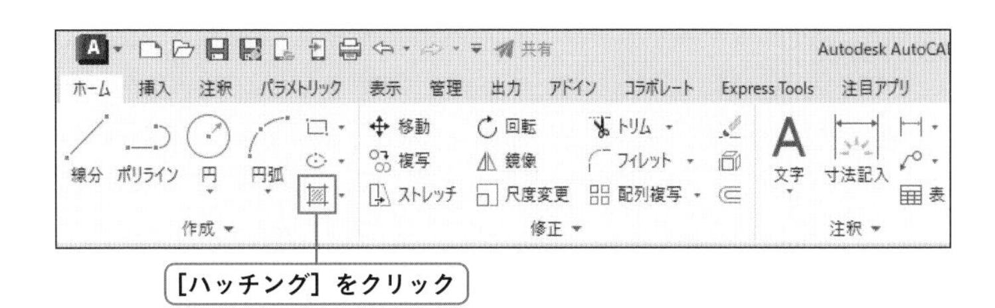

2 パターンを選択する

［ハッチング作成］タブ－［パターン］パネル－［ANSI31］をクリックします。

3 境界を指定する方法を選択する

［ハッチング作成］タブ－［境界］パネル－［選択］をクリックします。

→プロンプトには「オブジェクトを選択」と表示されます。

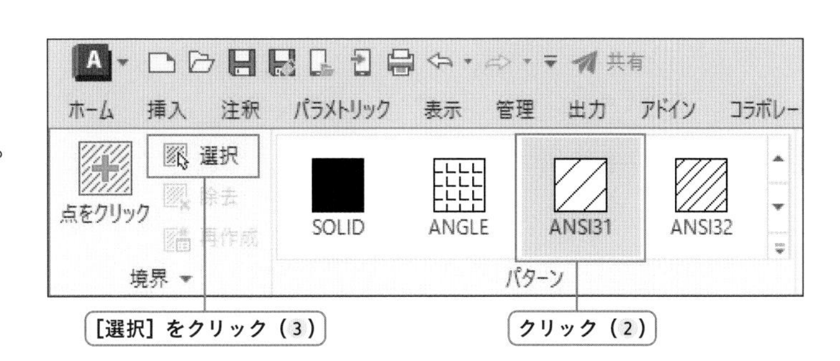

4 境界の図形を指定する

正方形ABCDをクリックします。

➔境界が指定され、ハッチングのプレビューが表示されます。

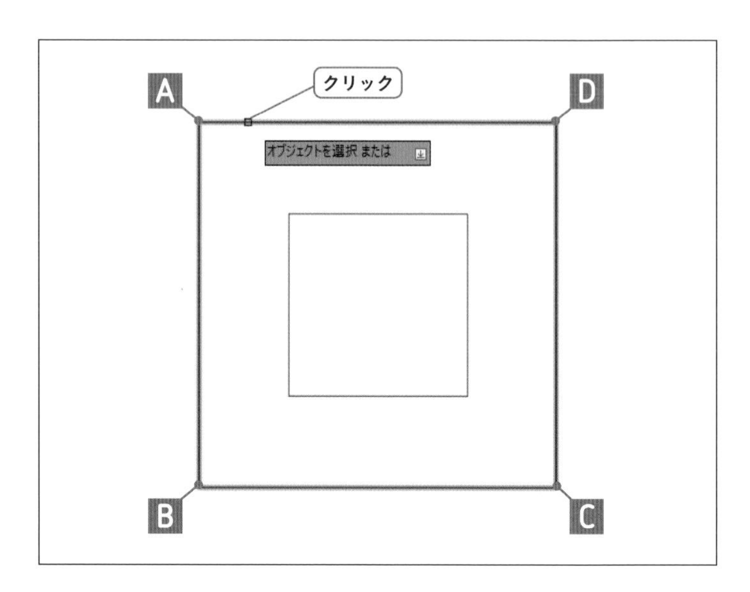

5 ハッチングコマンドを終了する

［ハッチング作成］タブ－［閉じる］パネル－［ハッチング作成を閉じる］をクリックします。

➔ハッチングコマンドが終了し、ハッチングが作成されました。

4-3-3 ハッチングを修正する

ハッチングを選択すると、リボンには一時的に［ハッチングエディタ］が表示されます。尺度を設定し、プレビューを確認後、ハッチングを選択解除するために［Esc］キーを押します。

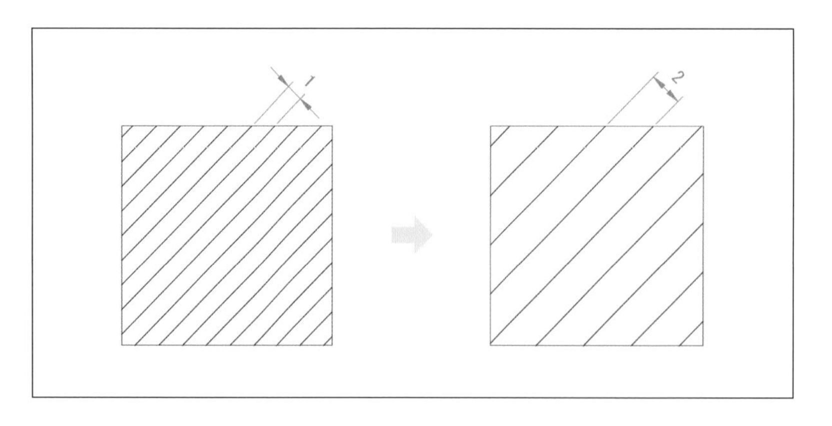

ここで指定する「尺度」は、実際の間隔の数値ではなく、「1」を基準にした時の間隔の広さになります。現在「尺度」が「1」であった場合、広くしたい時には「1」より上の値（2、10など）を入力します。狭くしたい場合には「1」より下の値（0.5、0.1など）を入力します。

やってみよう

1 ハッチング図形を選択する

ハッチング図形をクリックして選択します。この時、ハッチング図形（線）の上をクリックしてください。

➔リボンにはハッチングが選択されている間のみ表示される「ハッチングエディタ」タブが表示されています。

クリック

2 尺度を設定する

［ハッチングエディタ］タブー［プロパティ］パネルー［ハッチングパターンの尺度］をクリックし、キーボードで「2」と入力します。［Enter］キーを押すとプレビューが反映します。

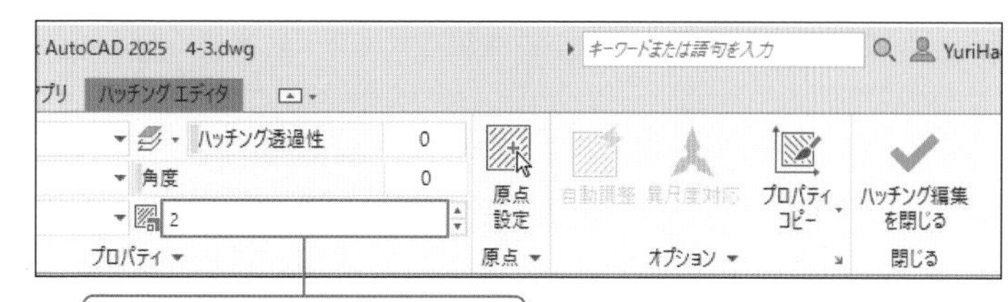

3 ハッチング図形の選択を解除する

キーボードの［Esc］キーを押します。

➔ハッチング図形の選択が解除され、リボンから「ハッチングエディタ」タブがなくなりました。

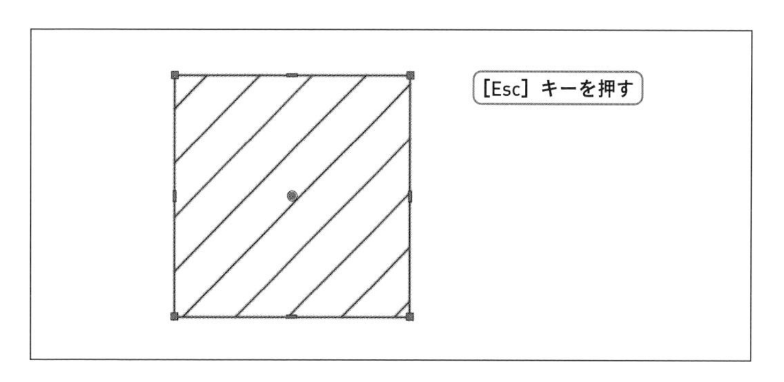

COLUMN

ダイアログボックスでハッチングを記入する

AutoCAD 2011以前でハッチングコマンドを実行するとダイアログボックスが表示されます。指定箇所は右図を参考にしてください。

SECTION 4-4

練習問題

練習用ファイル 4-4.dwg

Q.1 図のように文字を作図しなさい。

解答 P.177

◎「注釈」、「物件名」、「図面名」の文字を3つ
◎「注釈」の文字の高さは4
◎「注釈」の位置合わせは、端点Dを「右下」にする
◎「物件名」、「図面名」の文字の高さは5
◎「物件名」の位置合わせは端点A、Eの「中央」にする
◎「図面名」の位置合わせは端点B、Fの「中央」にする

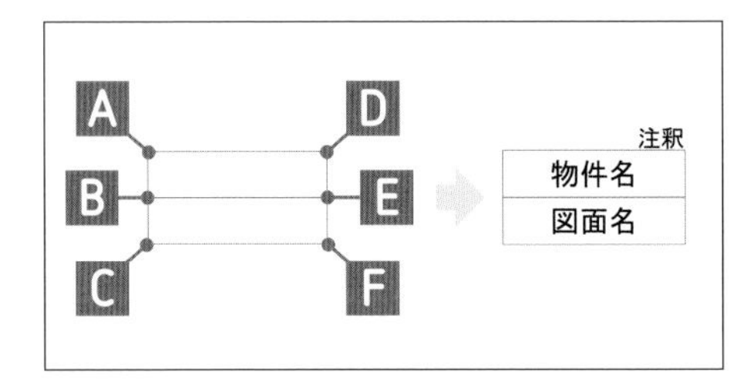

HINT

文字記入コマンド、オブジェクトスナップ（端点、2点間中点）、複写コマンド、文字編集コマンド

Q.2 図のように寸法を作図しなさい。

解答 P.181

◎ 以下の寸法を3つ
◎ 端点A、Bを測る寸法
◎ 端点B、Cを測る寸法
◎ 端点A、四半円点Dを測る寸法

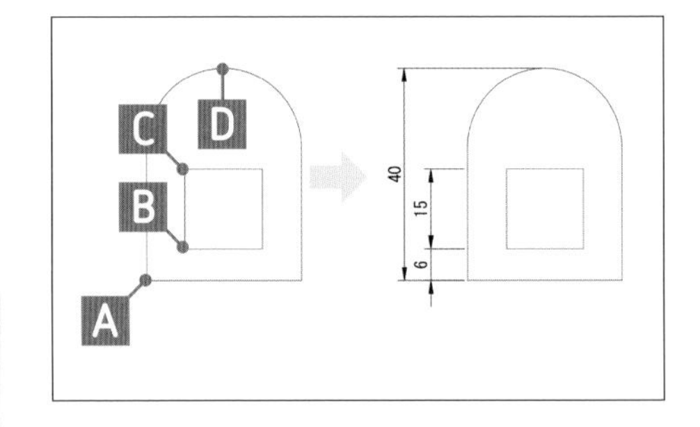

HINT

長さ寸法記入コマンド、直列寸法記入コマンド、並列寸法記入コマンド、オブジェクトスナップ（端点、交点、四半円点）、グリップ編集

Q.3 図のようにハッチングを作図しなさい。

解答 P.185

◎ 石を表すハッチング
◎ BFGCの間はハッチングを作図しない
◎ AE、BFの間はおよそ15離れている
◎ CG、DHの間はおよそ15離れている

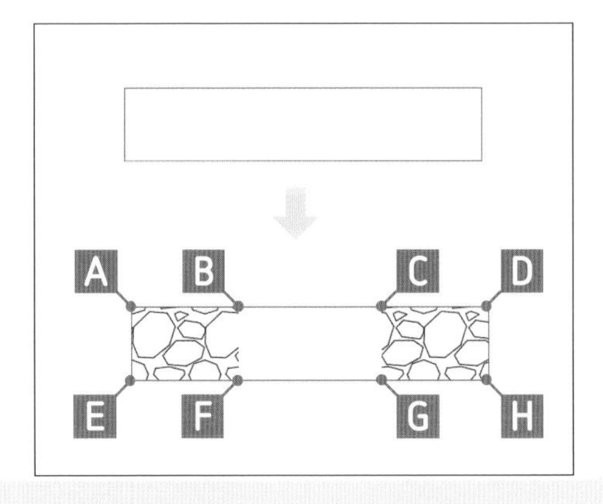

HINT

ハッチングコマンド、オフセットコマンド、削除コマンド、鏡像コマンド、オブジェクトスナップ（中点）

A.1 作図の流れと解答

動画でチェック

作画の流れ

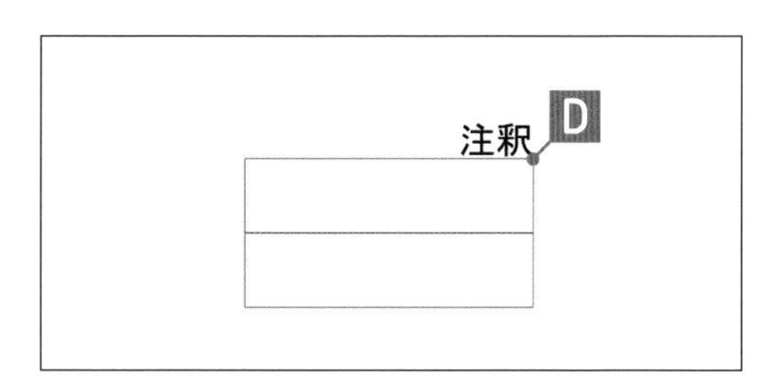

「注釈」の文字を高さ4で作成します。文字記入コマンドの「位置合わせオプション」を使用し、「右下」を設定して、端点Dを基点とします

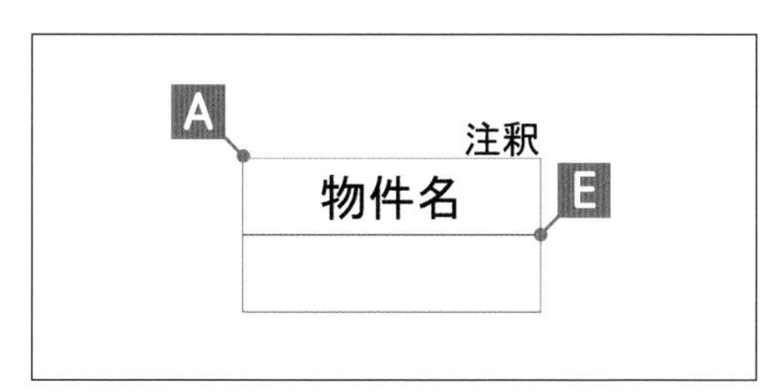

「物件名」の文字を高さ5で作成します。文字記入コマンドの「位置合わせオプション」を使用し、「中央」を設定して、端点A Eの中点を指示します。この時、優先オブジェクトスナップの「2点間中点」を使用します。

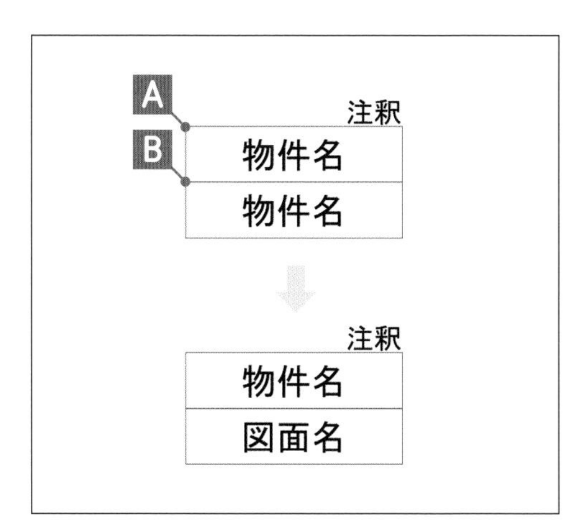

「物件名」の文字を複写し、「図面名」の文字を作図します。複写の基点は端点A、2点目を端点Bとします。複写後、内容を修正します。

解答

1 オブジェクトスナップを設定する

P.43「2-1-3既存の図形上の点を利用して線分を描く」の手順1～3を参照し、[端点] を設定します。

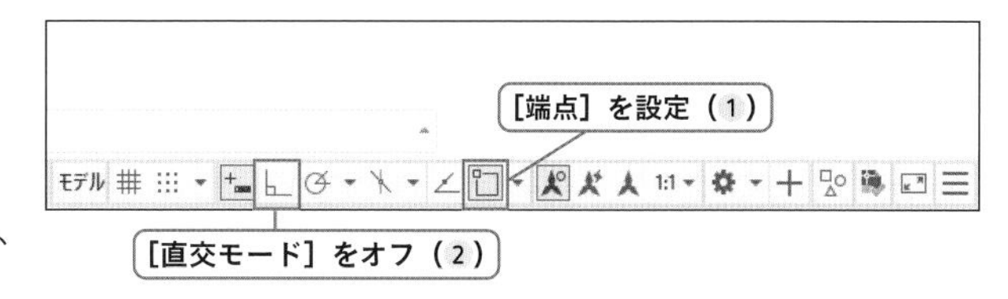

2 直交モードをオフにする

3 文字記入コマンドを選択する

[ホーム] タブー [注釈] パネルー [文字記入] をクリックします。

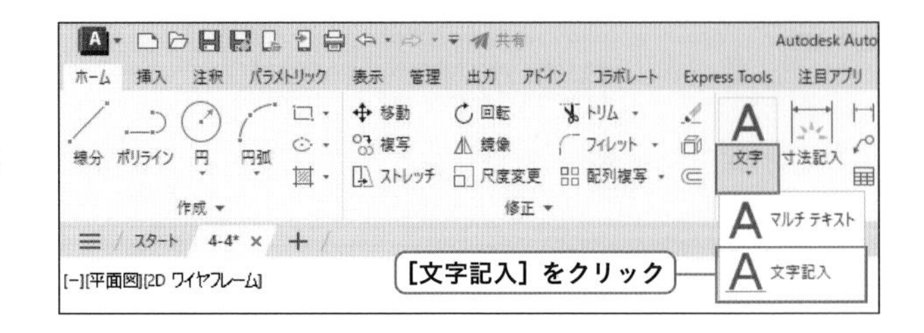

4「位置合わせオプション」を選択する

右クリックして、表示されたメニューから「位置合わせオプション(J)」を選択します。

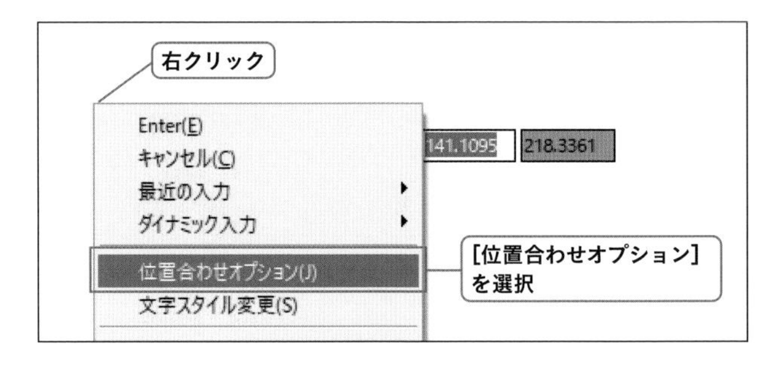

5「右下(BR)」を選択する

カーソルの近くに表示されているオプションから「右下(BR)」をクリックして選択します。

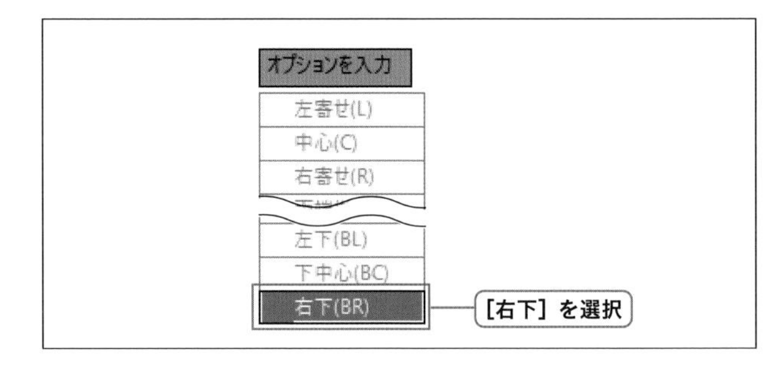

6 挿入基点を指定する

端点Dをクリックして選択します。

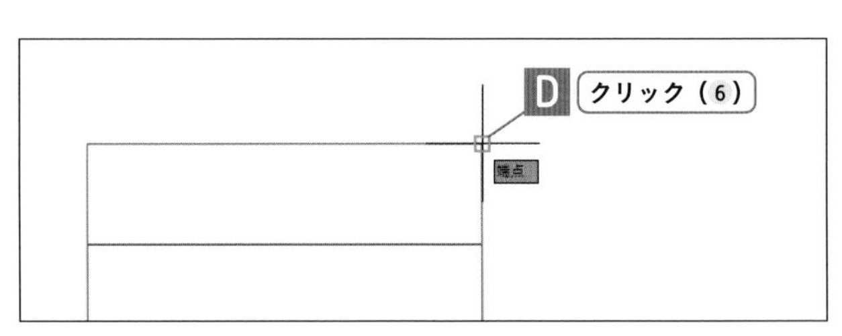

7 高さを入力する

キーボードで「4」と入力し、[Enter] キーを押します。

8 角度を入力する

キーボードで「0」と入力し、[Enter] キーを押します。

9 文字内容を入力する

キーボードで「注釈」と入力します。

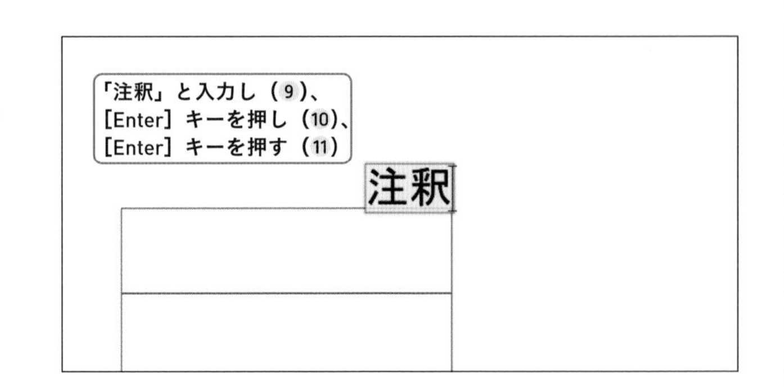

10 改行する

[Enter] キーを押します。

11 文字記入コマンドを終了する

[Enter] キーを押します。

➡文字記入コマンドが終了し、「注釈」の文字が作図されました。

12 文字記入コマンドを選択する

[ホーム] タブー [注釈] パネルー [文字記入] をクリックします (3 を参照)。

13「位置合わせオプション」を選択する

右クリックして、表示されたメニューから「位置合わせオプション(J)」を選択します。

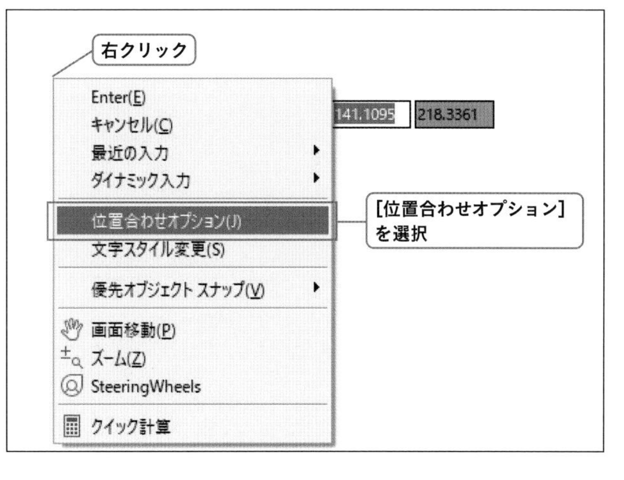

14「中央(M)」を選択する

カーソルの近くに表示されているオプションから「中央(M)」をクリックして選択します。

15「2点間中点」を選択する

[Shift] キーを押しながら右クリックし、メニューから「2点間中点」をクリックして選択します。

➔優先オブジェクトスナップの「2点間中点」が選択され、プロンプトに「中点の1点目」と表示されています。次に2点をクリックすることで、その2点間の中点が文字の挿入基点 (中央) として選択されることになります。

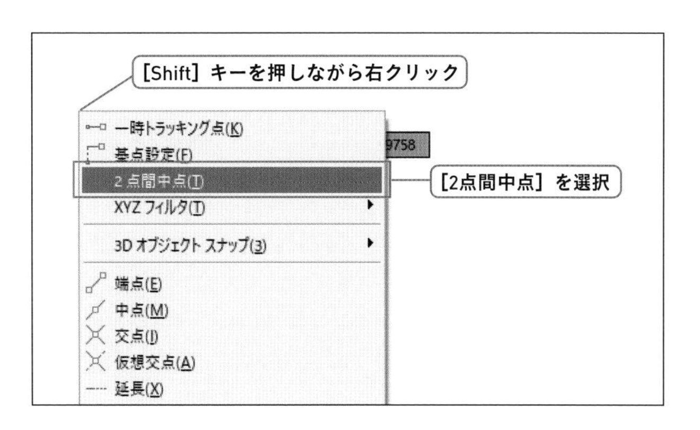

16「中点の1点目」を指定する

端点 A をクリックします。

➔2点間中点の1点目が指定され、プロンプトに「中点の2点目」と表示されています。

17「中点の2点目」を指定する

端点Eをクリックします。

➔2点間中点の2点目が指定され、挿入基点（中央）が指定されました。プロンプトには「高さを指定」と表示されています。

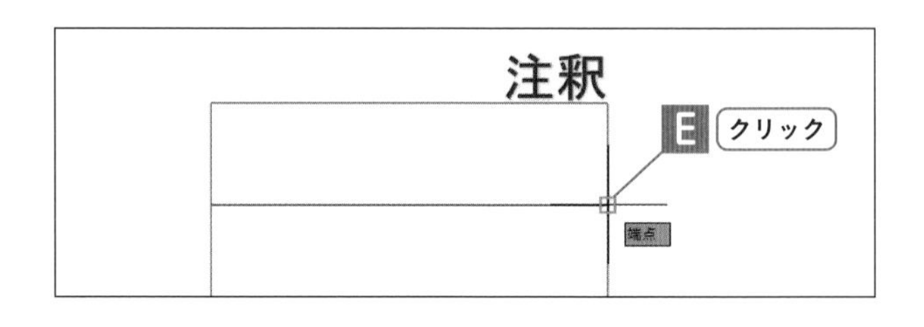

18 高さを入力する

キーボードで「5」と入力し、[Enter]キーを押します。

19 角度を入力する

キーボードで「0」と入力し、[Enter]キーを押します。

20 文字内容を入力する

キーボードで「物件名」と入力します。

21 改行する

[Enter] キーを押します。

22 文字記入コマンドを終了する

[Enter] キーを押します。

➔文字記入コマンドが終了し、「物件名」の文字が作図されました。

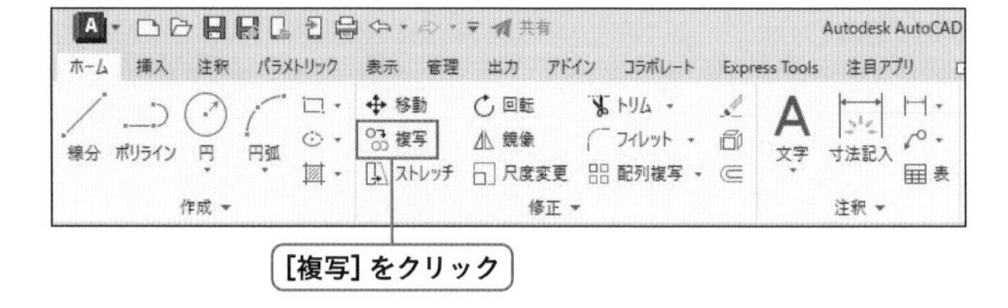

23 複写コマンドを指定する

[ホーム] タブー [修正] パネルー [複写] をクリックします

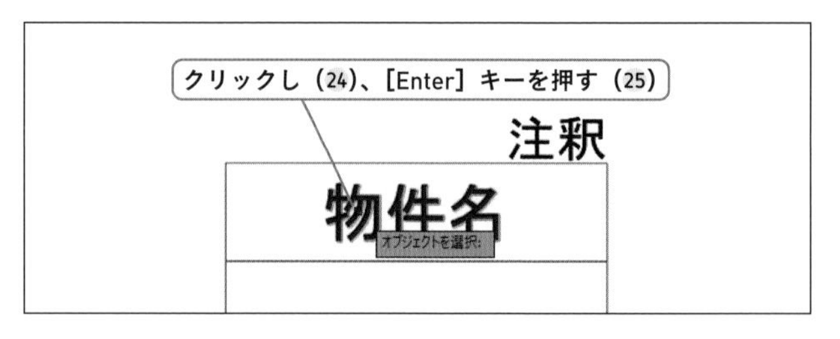

24 図形を選択する

「物件名」の文字をクリックして選択します。

25 選択を確定する

[Enter] キーを押します。

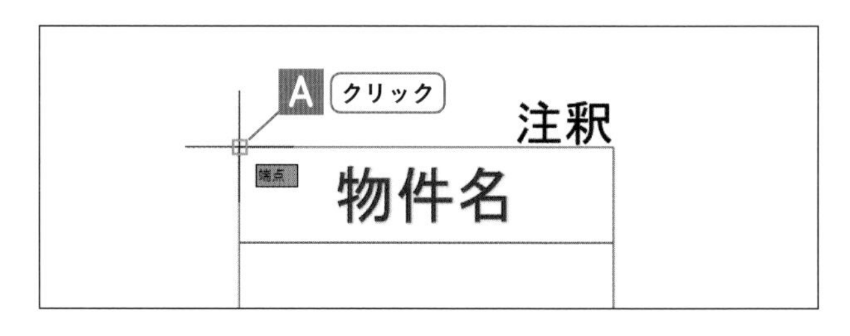

26 基点を指定する

線分の端点Aをクリックします。

27 目的点を指定する

線分の端点Bをクリックします。

28 複写コマンドを終了する

［Enter］キーを押します。
➡「物件名」の文字が複写されました。

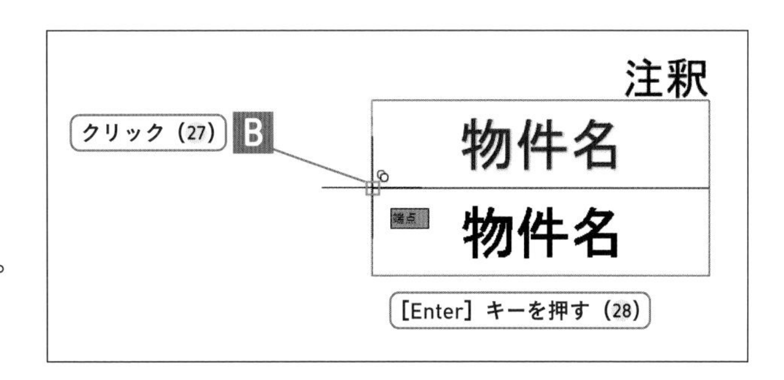

29 文字編集を実行する

複写した文字にカーソルを近づけて、文字がハイライト表示されたらダブルクリックをします。

30 文字内容を修正する

キーボードで「図面名」と入力します。

31 文字編集コマンドを終了する

［Enter］キーを2回押します。
➡文字編集コマンドが終了し、文字の内容が「図面名」となりました。

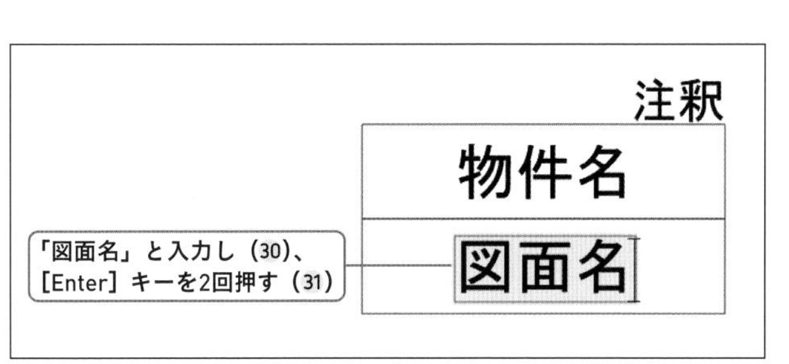

A.2 作図の流れと解答

▶ 動画でチェック

作画の流れ

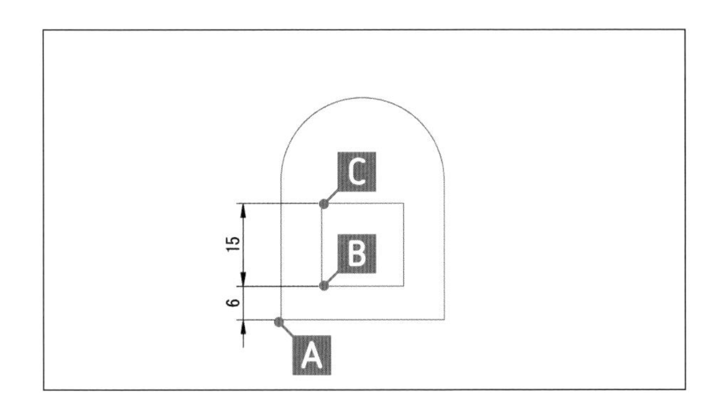

長さ寸法記入コマンドで、端点A、Bの寸法を、直列寸法記入コマンドで、端点B、Cの寸法を作成します。

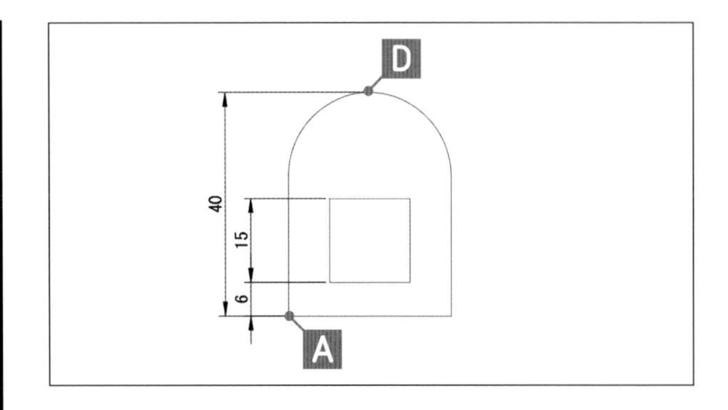

並列寸法記入コマンドで、端点A、Dの寸法を作成します。

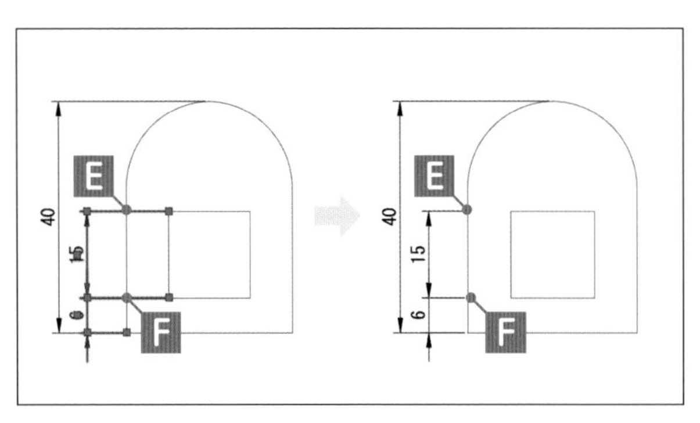

補助線の長さを調節します。この時、寸法の補助線のグリップを使い、補助線と線分の交点E、Fの位置に移動します。

解答

1 オブジェクトスナップを設定する

P.43「2-1-3既存の図形上の点を利用して線分を描く」の手順1～3を参照し、[端点]、[交点]、[四半円点]を設定します。

2 直交モードをオフにする

3 長さ寸法記入コマンドを選択する

[ホーム]タブ-[注釈]パネル-[長さ寸法記入]をクリックします。

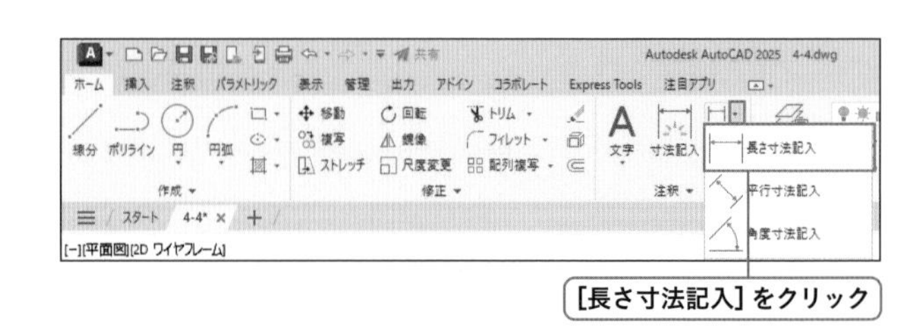

4 測定する1点目を指定する

端点Aをクリックします。

5 測定する2点目を指定する

端点Bをクリックします。

6 寸法線の配置位置を指定する

任意点Gをクリックします。

➔端点A Bを測定した寸法が作成されました。

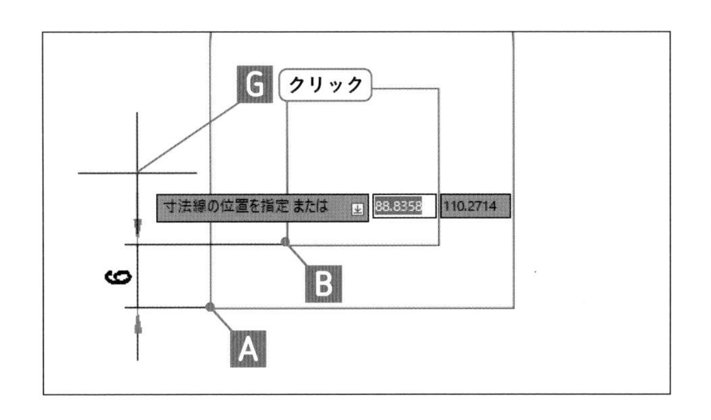

7 直列寸法記入コマンドを選択する

［注釈］タブー［寸法］パネルー［直列寸法記入］をクリックします。

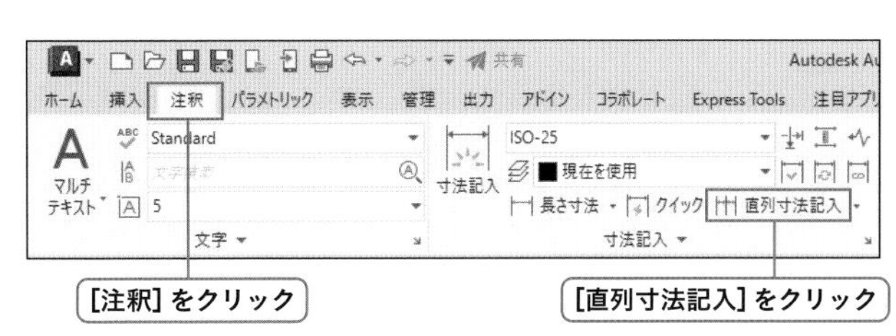

8 測定する寸法の2点目を指定する

端点Cをクリックします。

9 点の指定を確定する

［Enter］キーを押します。

10 直列寸法記入コマンドを終了する

［Enter］キーを押します。

➔端点B Cを測定した寸法が作成されました。

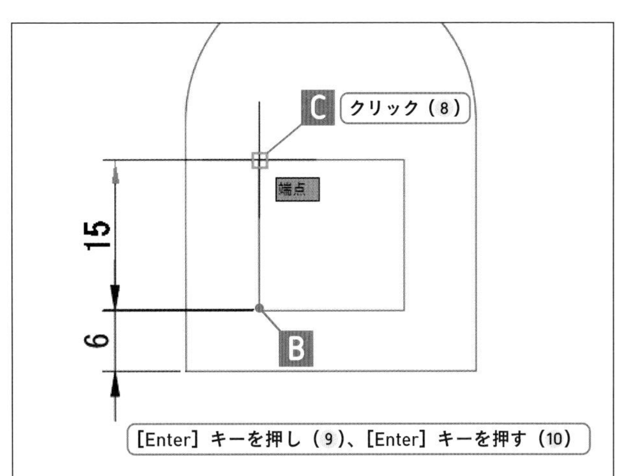

11 並列寸法記入コマンドを選択する

［注釈］タブー［寸法記入］パネルー［並列寸法記入］をクリックします。

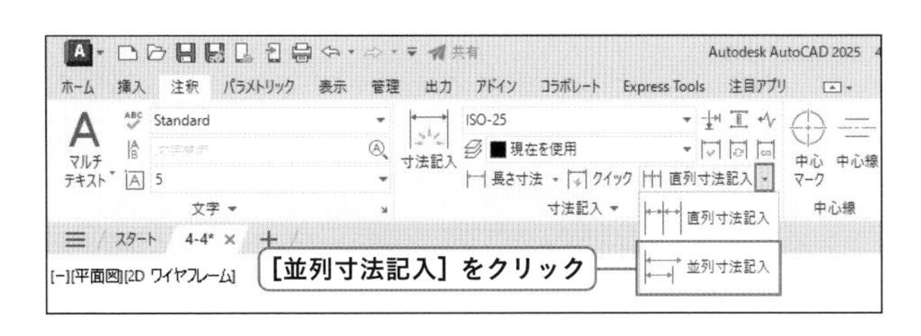

12 ［選択］オプションを選択する

右クリックして、表示されたメニューから「選択(S)」を選択します。

➔［選択(S)］オプションが選択され、プロンプトには「並列記入の寸法オブジェクトを選択」と表示されています。

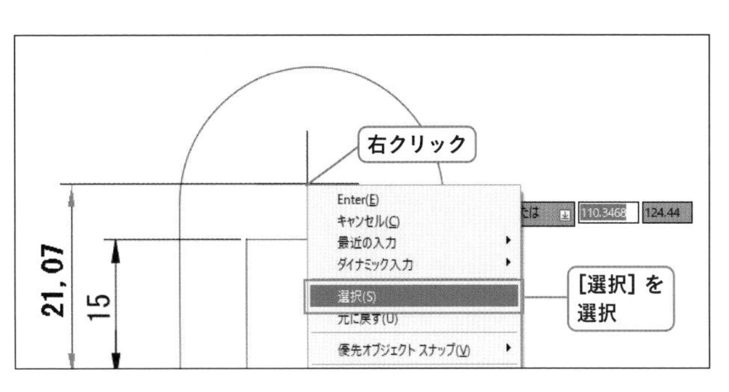

13 既存の寸法を選択する

端点Aの寸法補助線をクリックして選択します。

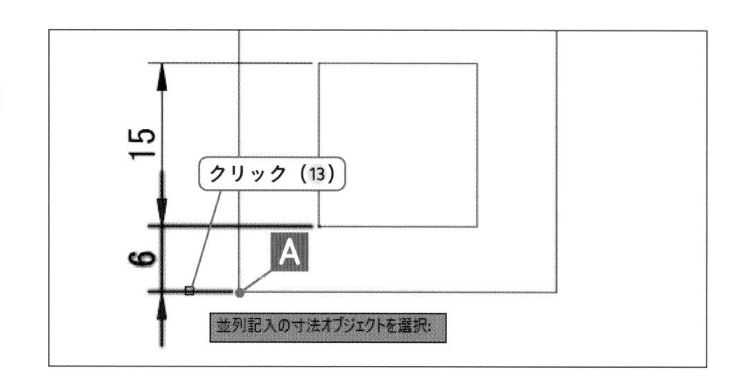

14 測定する寸法の2点目を指定する

四半円点Dをクリックします。

15 点の指定を確定する

[Enter] キーを押します。

16 並列寸法記入コマンドを終了する

[Enter] キーを押します。
➡端点A、四半円点Dを測定した寸法が作成されました。

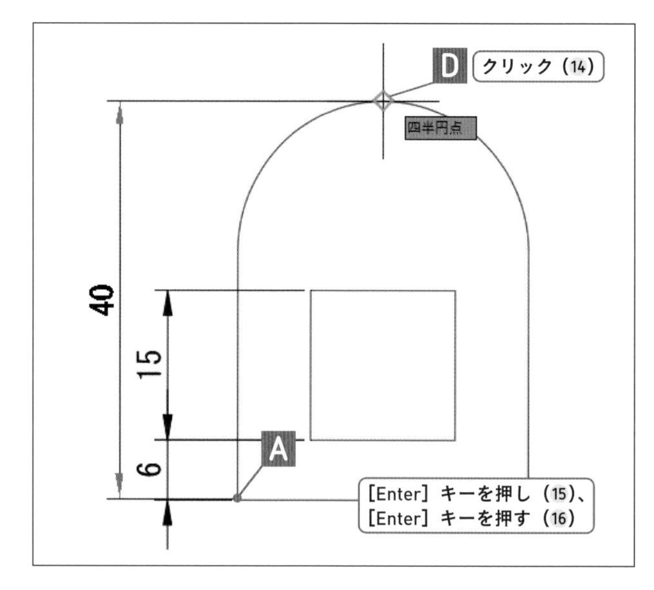

17 寸法を選択する

端点A、Bと端点B、Cを測定した寸法を選択します。この時、右図のように交差選択で選択することができます。

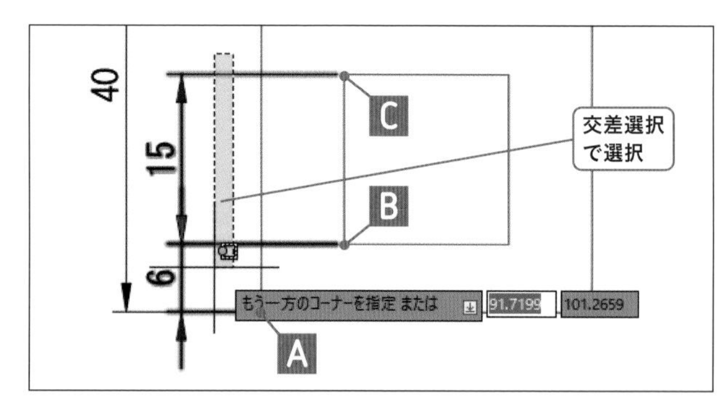

18 補助線のグリップを選択する

端点Bのグリップをクリックして選択します。

19 グリップの移動先の点を指示する

交点Fをクリックします。
➡グリップが移動し、補助線の位置が変更されました。

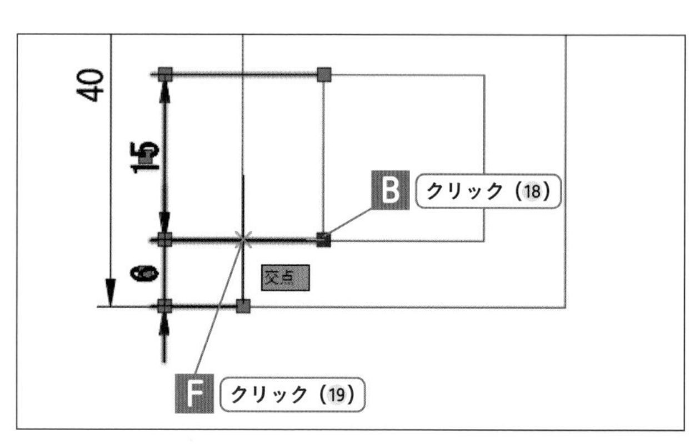

20 補助線のグリップを選択する

端点Cのグリップをクリックして選択します。

21 グリップの移動先の点を指示する

交点Eをクリックします。

➔グリップが移動し、補助線の位置が変更されました。

22 寸法の選択を解除する

キーボードの［Esc］キーを押して、選択を解除します。

➔選択が解除され、寸法のグリップが非表示になりました。

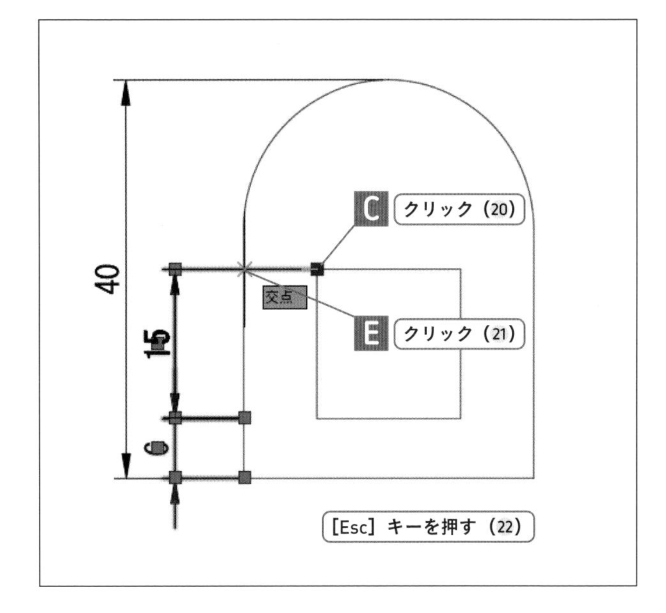

A.3 作図の流れと解答

動画でチェック

作画の流れ

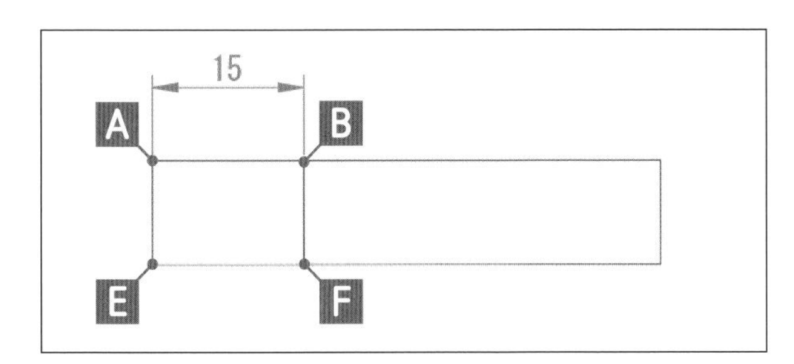

線分BFを作成します。オフセットコマンドで、線分AEを右側に15の距離で平行に複写します。

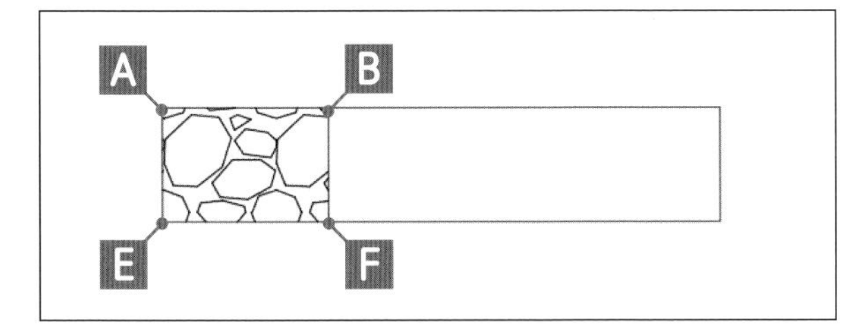

AEFBの内側にハッチングを作成します。パターンはGRAVEL、尺度は0.4を指定します。ハッチング作成後に、線分BFは削除します。

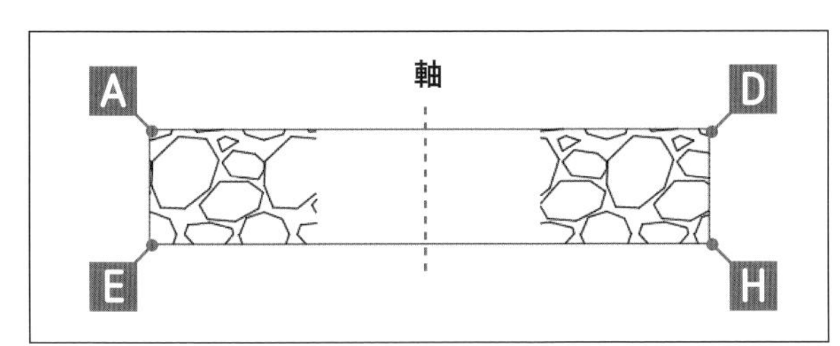

線分ADの中点、線分EHの中点を軸とし、鏡像コマンドで右側のハッチング図形を作成します。

解答

1 オブジェクトスナップを設定する

P.43「2-1-3既存の図形上の点を利用して線分を描く」の手順 1 ～ 3 を参照し、[端点]、[中点] を設定します。

[端点] [中点] を設定（1）

[直交モード] をオフ（2）

2 直交モードをオフにする

3 オフセットコマンドを選択する

[ホーム] タブー [修正] パネルー [オフセット] をクリックします。

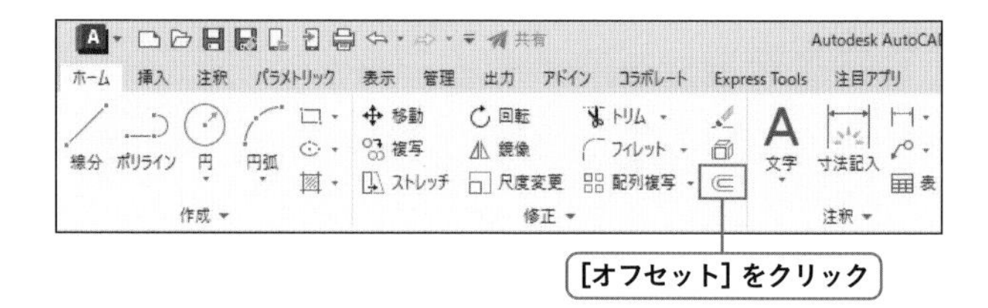

4 距離を入力する

キーボードで「15」と入力し、[Enter] キーを押します。

5 図形を選択する

線分 A E をクリックして選択します。

6 オフセットする方向を指定する

線分 A E より右側をクリックします。

7 オフセットコマンドを終了する

[Enter] キーを押します。
➜線分 B F が作成されました。

A
B
E
F
15
オフセットする側の点を指定 または
クリック（5）
クリック（6）
[Enter] キーを押す（7）

8 ハッチングコマンドを選択する

[ホーム] タブー [作成] パネルー [ハッチング] をクリックします。

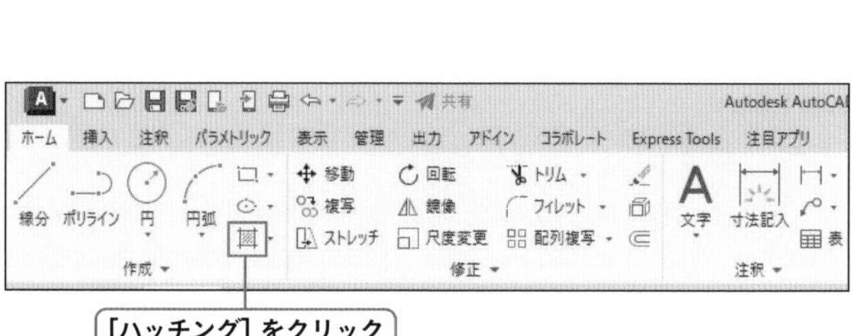

9 パターンを選択する

[ハッチング作成] タブー [パターン] パネルの右端にある▼を数回クリックし、表示された [GRAVEL] をクリックします。

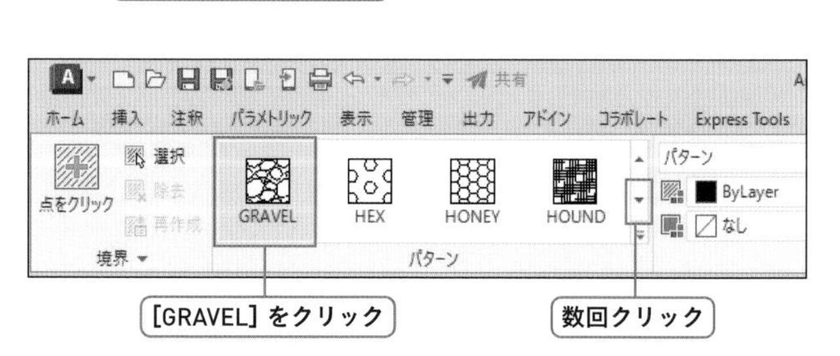

10 尺度を設定する

[ハッチング作成] タブー [プロパティ] パネルー [ハッチングパターンの尺度] をクリックし、キーボードで「0.4」と入力し、[Enter] キーを押します。

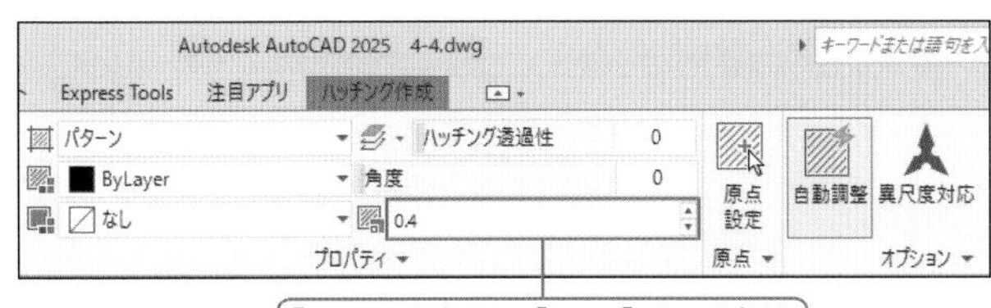

11 境界を指定する方法を選択する

[ハッチング作成] タブー [境界] パネルー [点をクリック] をクリックします。

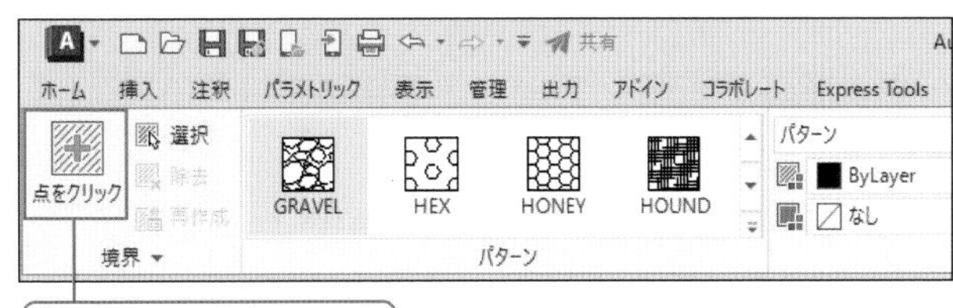

12 境界の内側の点を指定する

AEFBの内側をクリックします。

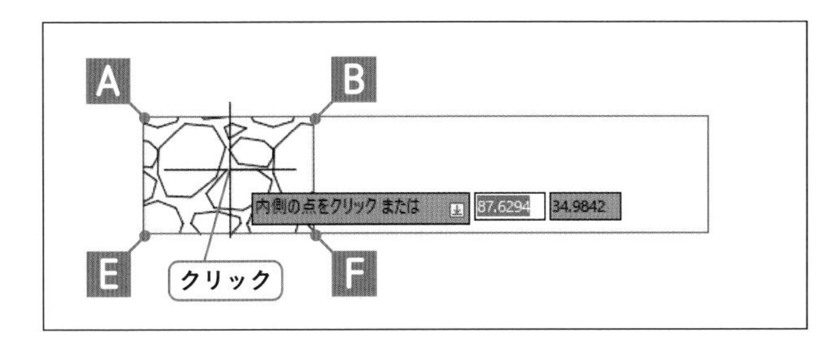

13 ハッチングコマンドを終了する

[ハッチング作成] タブー [閉じる] パネルー [ハッチング作成を閉じる] をクリックします。

➔ハッチングが作成されました。

14 削除コマンドを選択する

[ホーム] タブー [修正] パネルー [削除] をクリックします。

15 図形を選択する

線分BFをクリックして選択します。

16 削除コマンドを終了する

[Enter] キーを押します。

➔線分BFが削除されました。

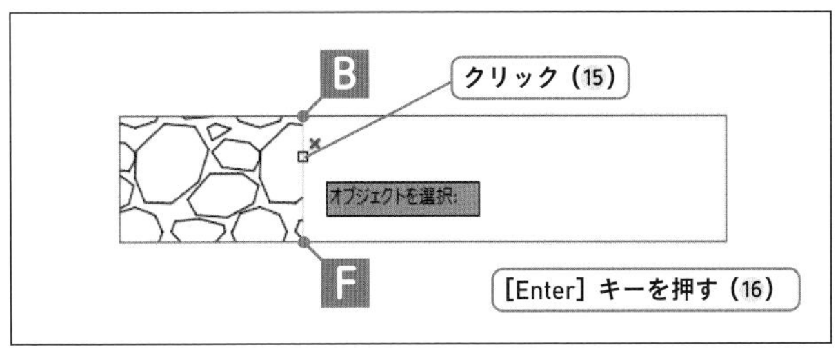

17 鏡像コマンドを選択する

[ホーム] タブー [修正] パネルー [鏡像] をクリックします。

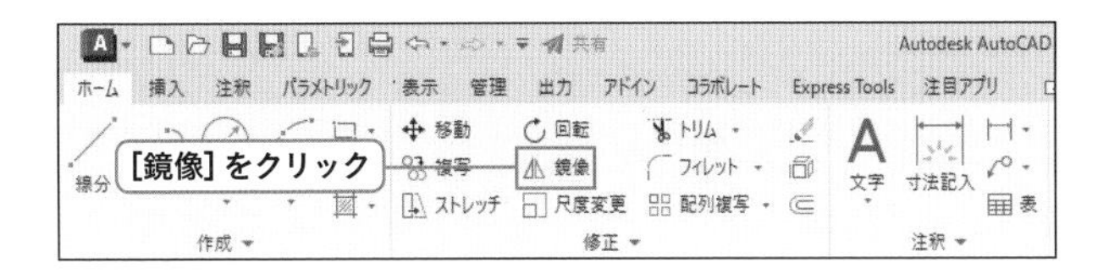

18 図形を選択する

ハッチングをクリックして選択します。

19 選択を確定する

[Enter] キーを押します。

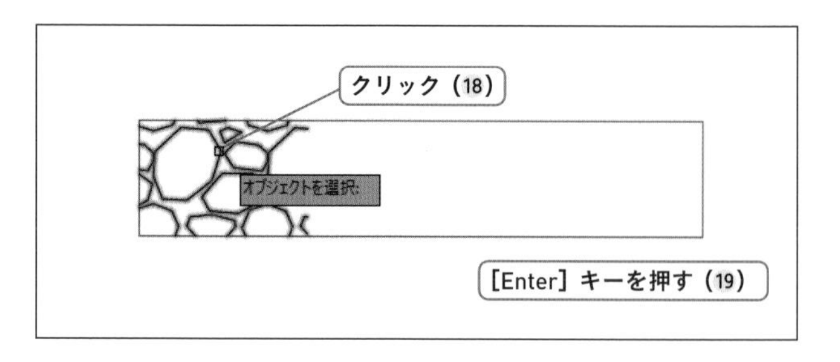

20 対象軸上の任意点の1点目を指示する

線分ADの中点をクリックします。

21 対象軸上の任意点の2点目を指示する

線分EHの中点をクリックします。

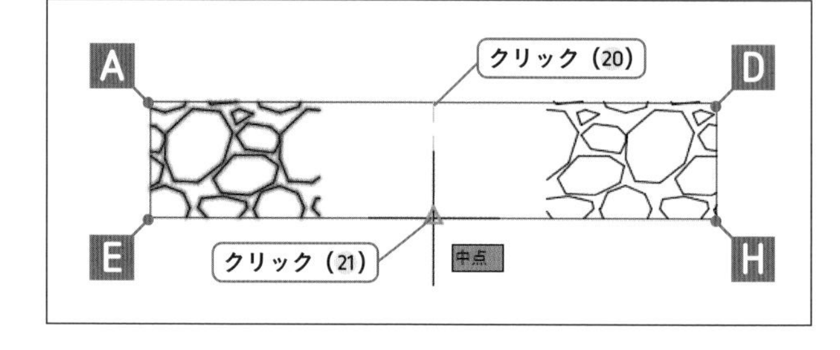

22 オプションを選択する

[いいえ] をクリックして選択します。

➔右側のハッチング図形が作成されました。

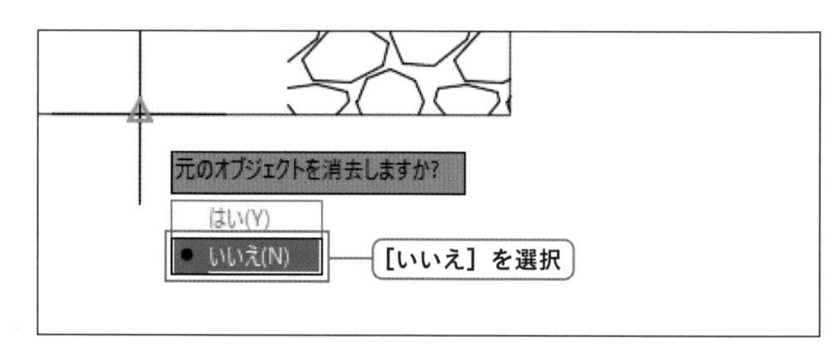

COLUMN

ハッチング作成タブについて

ハッチング作成（ハッチングエディタ）タブは、ハッチングの作成または編集時に一時的に表示されるリボンタブです。パターンの選択、尺度や角度の入力、パターンが作成される位置を変更する原点設定など、様々なことが行えます。

SECTION
4-5 ステップアップ問題

練習用ファイル 4-5.dwg

Q.1 図のように作図と修正をしなさい。

解答 P.190

◎ 寸法の削除や作成はしない。既存の寸法の寸法補助線や寸法線の位置を変更する。
◎ A ～ E の文字の高さは 3
◎ A ～ E の文字を囲む円の半径は 3

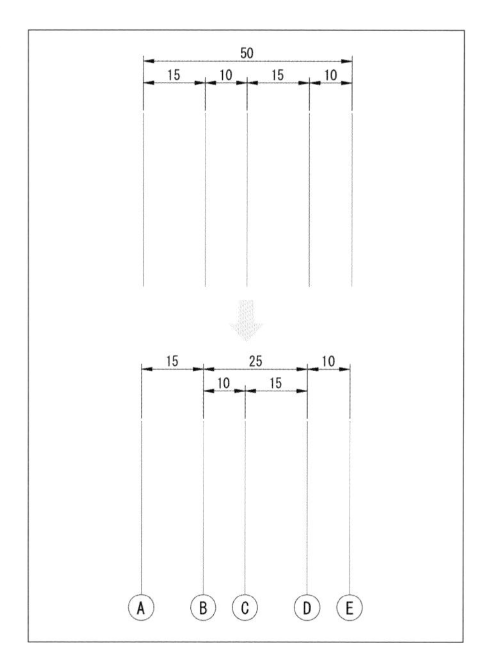

HINT

グリップ編集、円コマンド、文字記入コマンド、移動コマンド、文字編集コマンド、オブジェクトスナップ（端点、交点）

Q.2 図のように文字や寸法、引出線を作図しなさい。

解答 P.195

◎ 円 a 、 b の距離を計測する寸法
◎「円 A」と記入された引出線
◎「演習問題 2」の文字の高さは 3
◎「演習問題 2」の文字を囲む四角形の大きさは、横 25、縦 5 とし、円の中心点 G と長方形の中点 H の位置を合わせ、 G H の距離を 25 とする

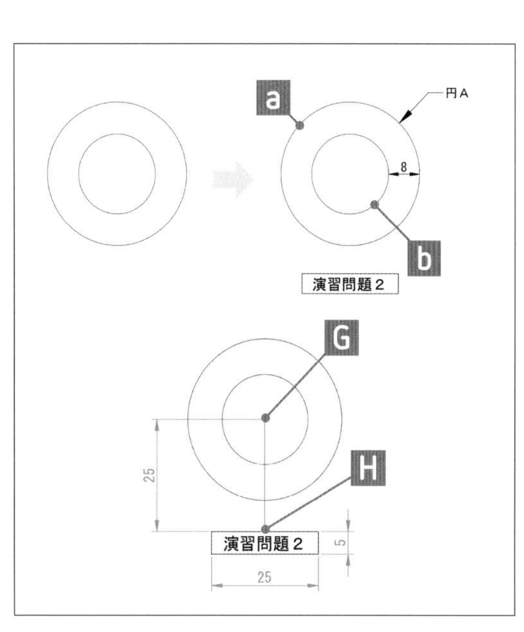

HINT

長さ寸法記入コマンド、マルチ引出線コマンド、文字記入コマンド、長方形コマンド、線分コマンド、移動コマンド、オブジェクトスナップ（端点、中点、中心、四半円点）、優先オブジェクトスナップ（近接点、2 点間中点）、直交モード

A.1 作図の流れと解答

▶ 動画でチェック

作画の流れ

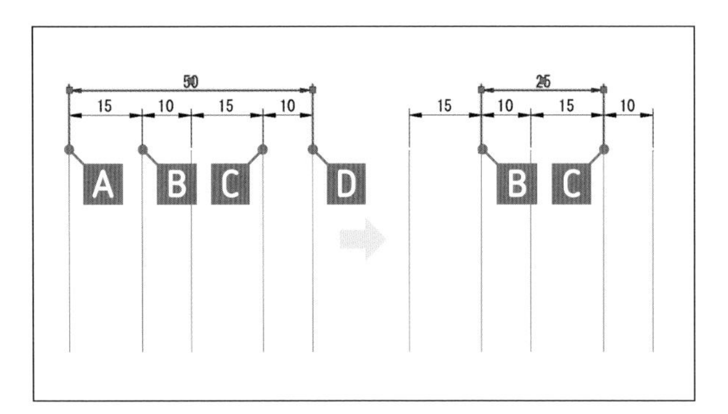

「50」の寸法補助線の位置をグリップで編集します。補助線のAのグリップを線分の端点Bに移動、補助線のDのグリップを線分の端点Cに移動します。

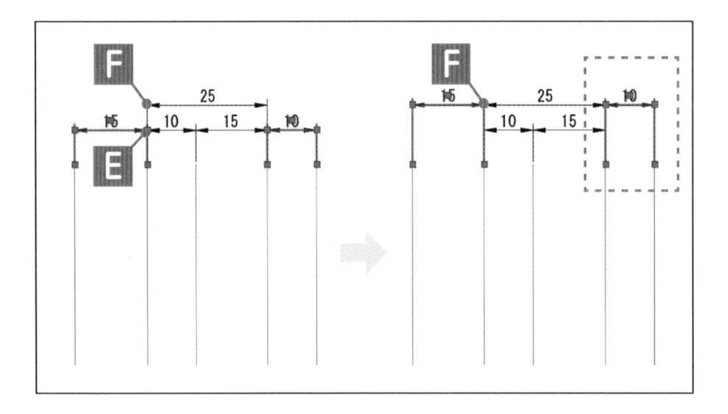

一番左の「15」の寸法線の位置をグリップで編集します。寸法線のEのグリップを、「25」の寸法の端点Fに移動します。同様に、一番右の「10」の寸法線の位置も移動します。

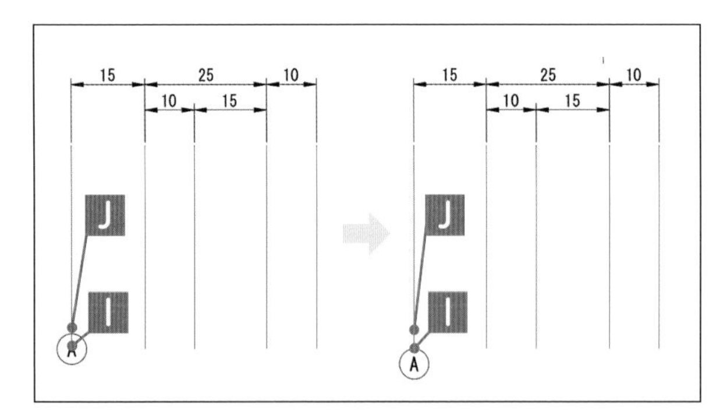

線分の端点Iを中心点とし、半径3の円を作成します。また、文字記入コマンドで「位置合わせオプション」の「中央(M)」を使用して、高さ3の文字「A」を作成します。その後、線分と円の交点Jを基点、線分の端点Iを目的点とし、円と「A」の文字を移動します。

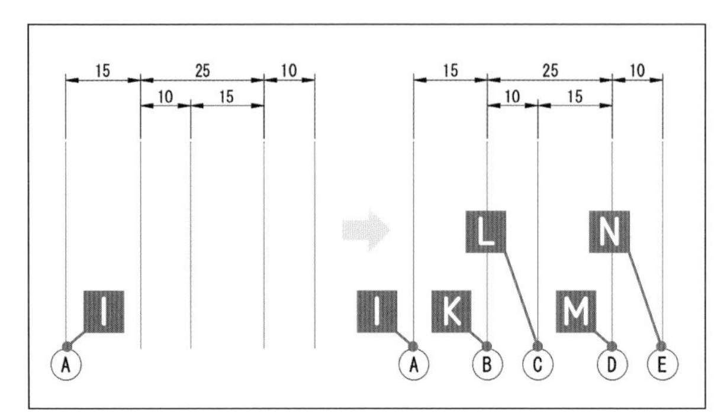

円と「A」の文字を、端点Iを基点とし、端点K～Nを2点目として、複写します。その後、内容を「B」～「E」に修正します。

解答

❶ オブジェクトスナップを設定する

P.43「2-1-3既存の図形上の点を利用して線分を描く」の手順❶～❸を参照し、[端点]、[交点] を設定します。

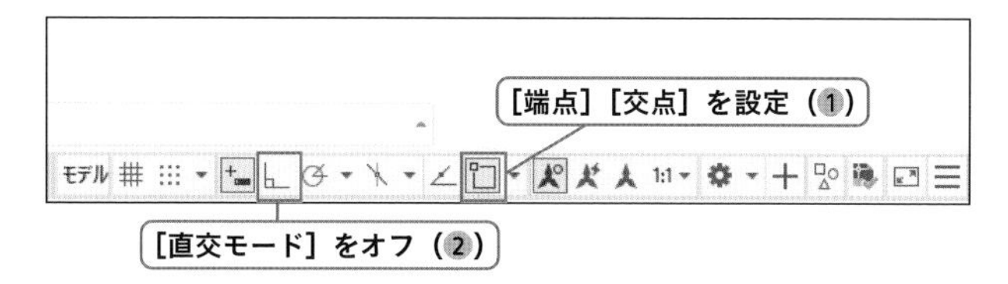

❷ 直交モードをオフにする

❸ 寸法を選択する

「50」の寸法をクリックして選択します。

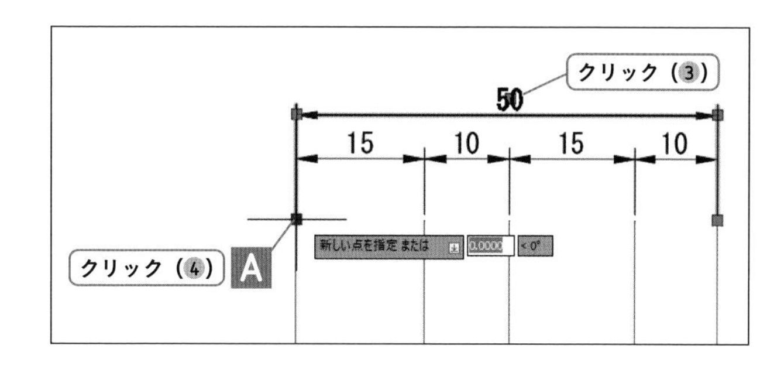

❹ 補助線のグリップを選択する

寸法補助線のグリップAをクリックします。

❺ グリップの移動先の点を指示する

端点Bをクリックします。

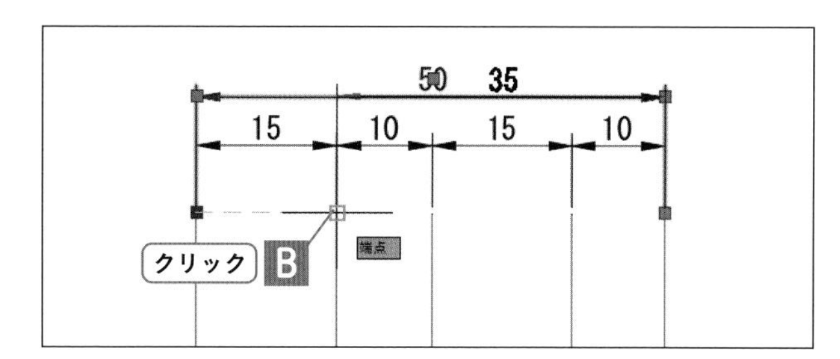

❻ 寸法補助線の位置を修正する

手順❹～❺を参考に、寸法補助線のグリップDを端点Cに移動します。

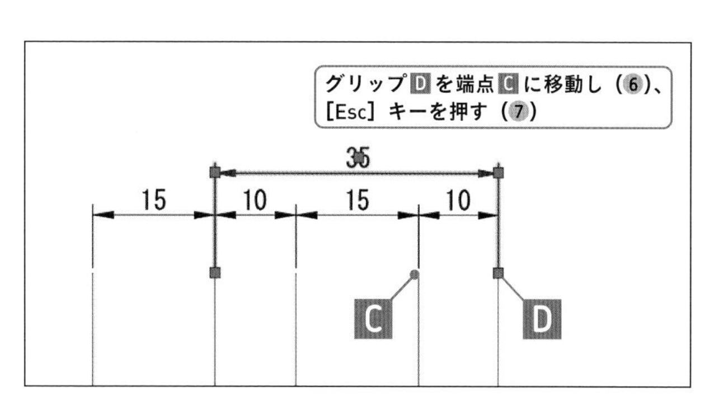

❼ 寸法の選択を解除する

キーボードの [Esc] キーを押して、選択を解除します。

➔「50」の寸法補助線の位置が編集され、「25」の寸法になりました。

❽ 寸法を選択する

一番左の「15」の寸法をクリックして選択します。

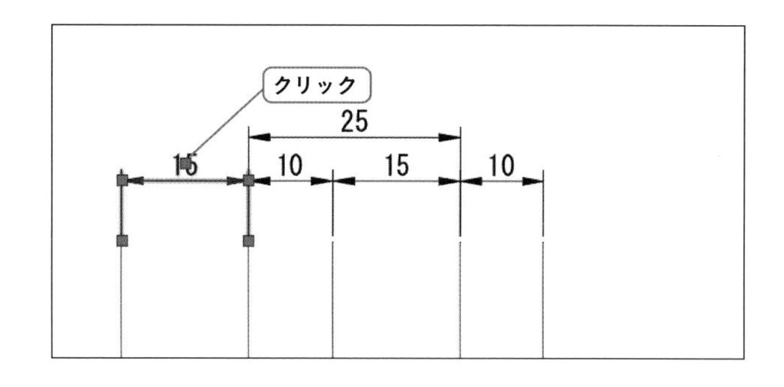

⑨ 寸法線のグリップを選択する

寸法線のグリップEをクリックして選択します。

⑩ グリップの移動先の点を指示する

「25」の寸法の矢印の端点Fをクリックします。

⑪ 寸法の選択を解除する

キーボードの［Esc］キーを押して、選択を解除します。

➔「15」の寸法線の位置が編集されました。

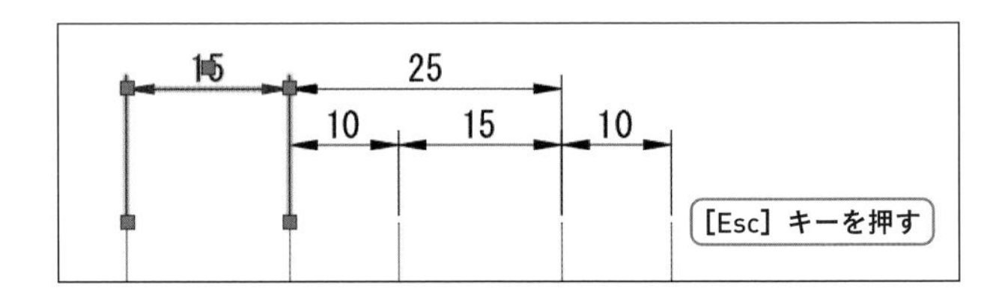

⑫ 寸法線の位置を修正する

手順⑧～⑪を参考に、一番右の寸法「10」の寸法線のグリップGを端点Hに移動します。

➔「10」の寸法線の位置が編集されました。

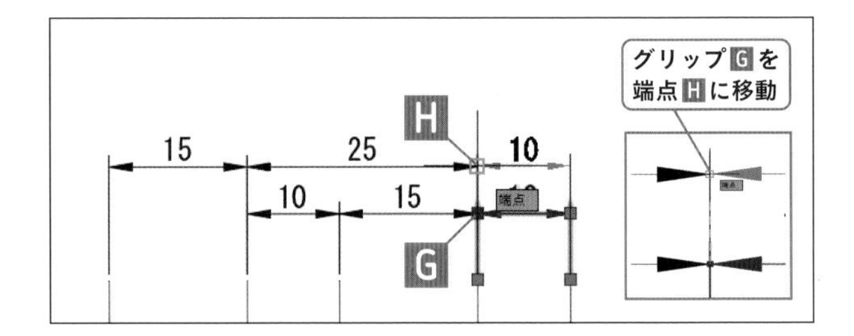

⑬ 円コマンドを選択する

［ホーム］タブー［作成］パネルー［円］の下側をクリックし、表示されたメニューから［中心、半径］をクリックします。

⑭ 中心点を指定する

端点Iをクリックします。

⑮ 半径を入力する

キーボードで「3」と入力し、［Enter］キーを押します。

➔半径3の円が作成されました。

⑯ 文字記入コマンドを選択する

［ホーム］タブー［注釈］パネルー［文字記入］をクリックします。

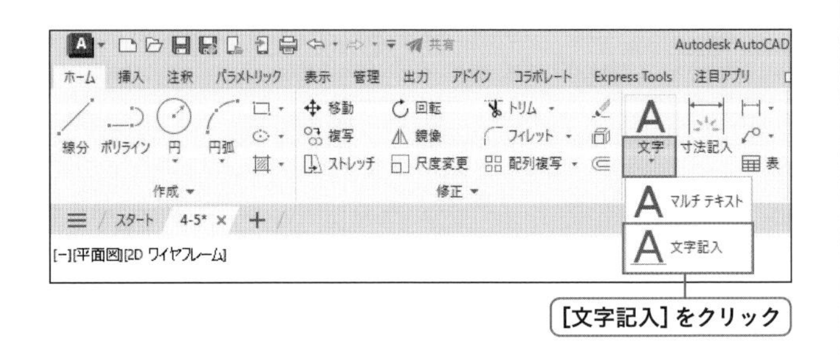

17「位置合わせオプション」を選択する

右クリックして、表示されたメニューから「位置合わせオプション(J)」を選択します。

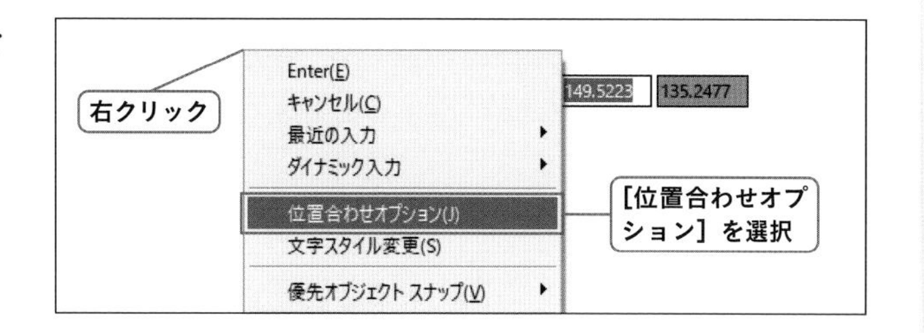

18「中央(M)」を選択する

カーソルの近くに表示されているオプションから「中央(M)」をクリックして選択します。

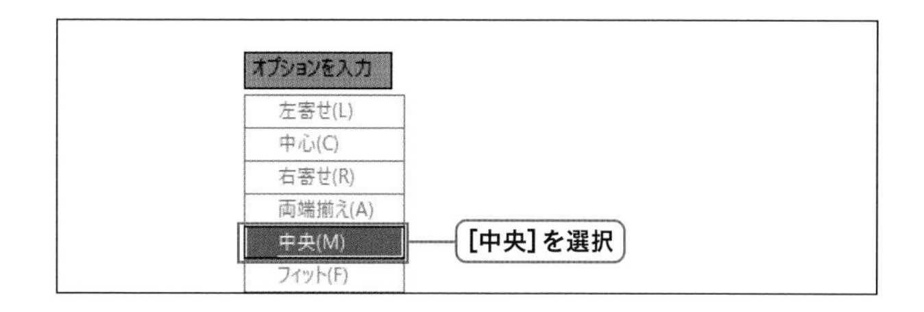

19 挿入基点を指定する

端点 1 をクリックして選択します。

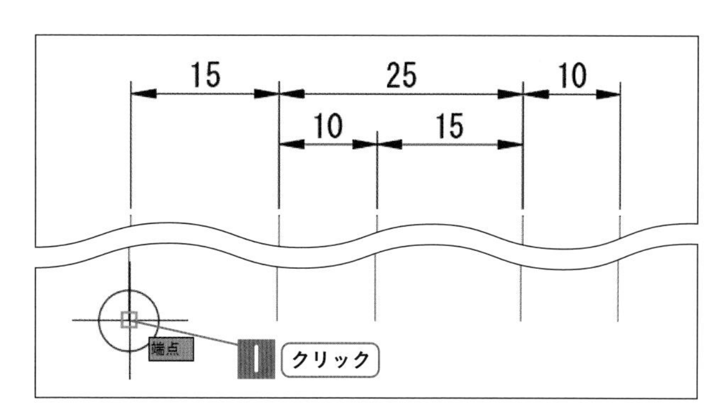

20 高さを入力する

キーボードで「3」と入力し、[Enter] キーを押します。

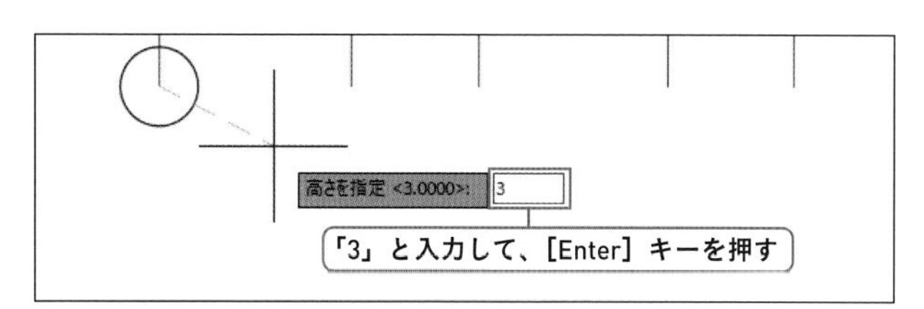

21 角度を入力する

キーボードで「0」と入力し、[Enter] キーを押します。

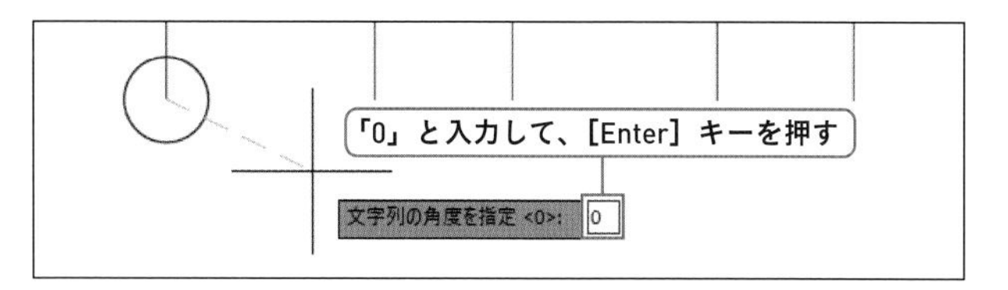

22 文字内容を入力する

キーボードで「A」と入力します。

23 改行する

[Enter] キーを押します。

24 文字記入コマンドを終了する

[Enter] キーを押します。

➔文字記入コマンドが終了し、「A」の文字が作成されました。

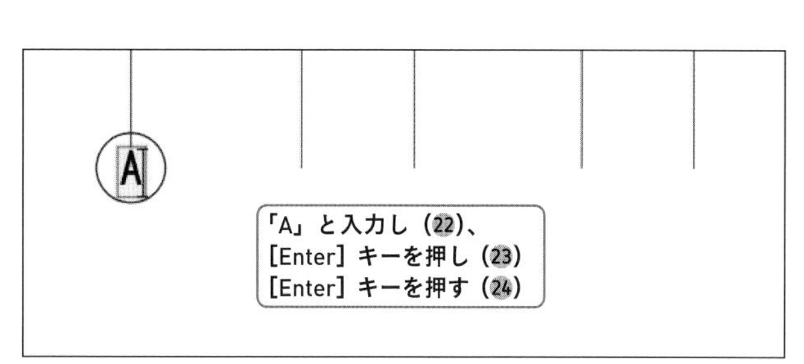

chapter 4 注釈の基本

25 移動コマンドを選択する

［ホーム］タブ－［修正］パネル－［移動］をクリックします。

26 図形を選択し、確定する

円と文字を選択し、［Enter］キーを押します。

27 基点を指定する

円と線分の交点Jをクリックします。

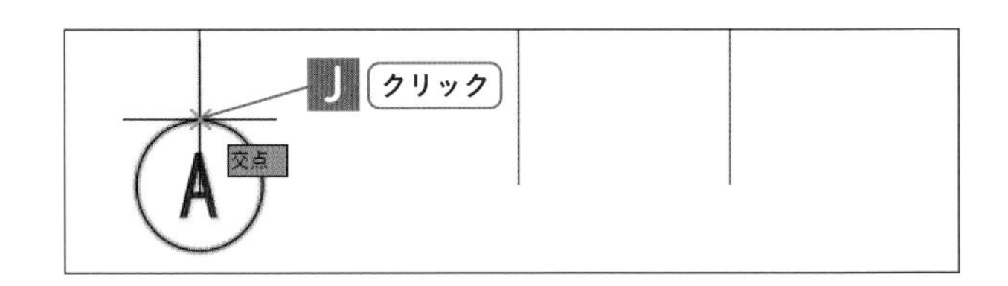

28 目的点を指定する

端点Iをクリックします。
➜目的点が指定され、円と文字が移動しました。

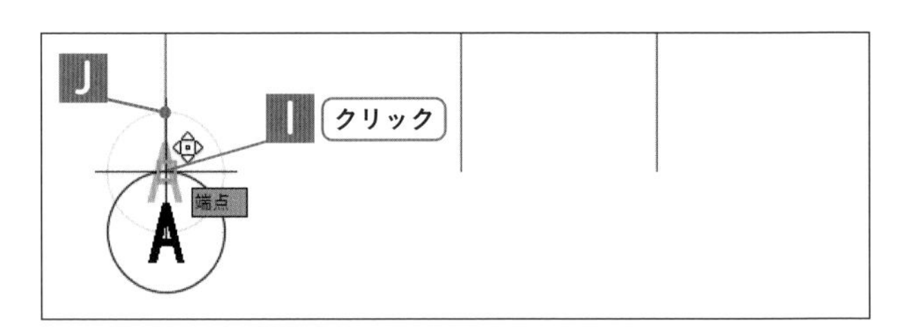

29 複写コマンドを選択する

［ホーム］タブ－［修正］パネル－［複写］をクリックします。

30 図形を選択し、確定する

円と文字を選択し、［Enter］キーを押します。

31 基点を指定する

端点Iをクリックします。

32 目的点を指定する

端点K～Nをクリックします。

33 複写コマンドを終了する

［Enter］キーを押します。
➜円と文字が端点K～Nに複写されました。

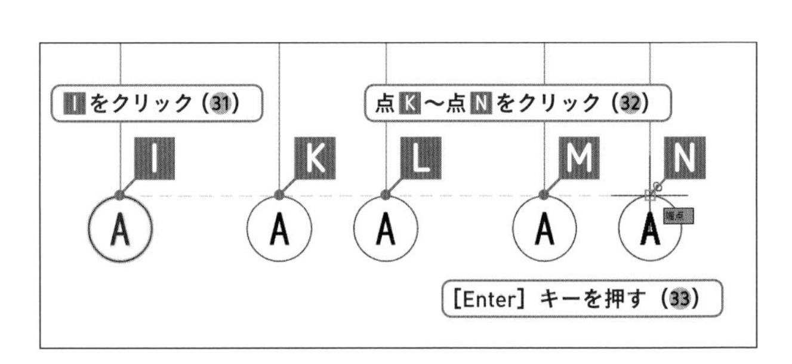

34 文字編集を実行する

端点Kの文字に近づけて、文字がハイライト表示されたらダブルクリックをします。

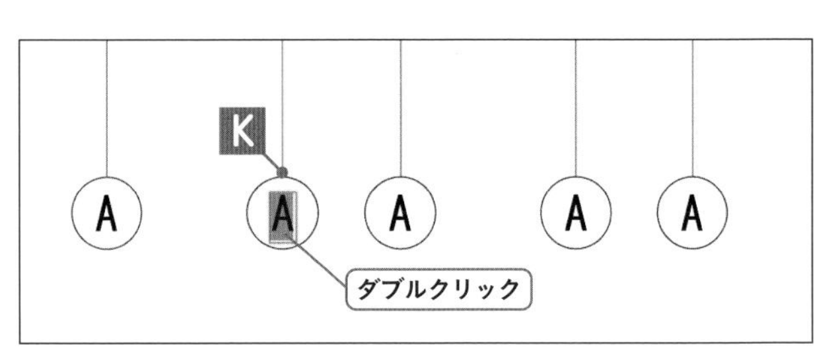

35 文字内容を修正する

キーボードで「B」と入力します。

36 文字編集コマンドを終了する

[Enter] キーを2回押します。

➜文字編集コマンドが終了し、文字の内容が「B」と変更されました。

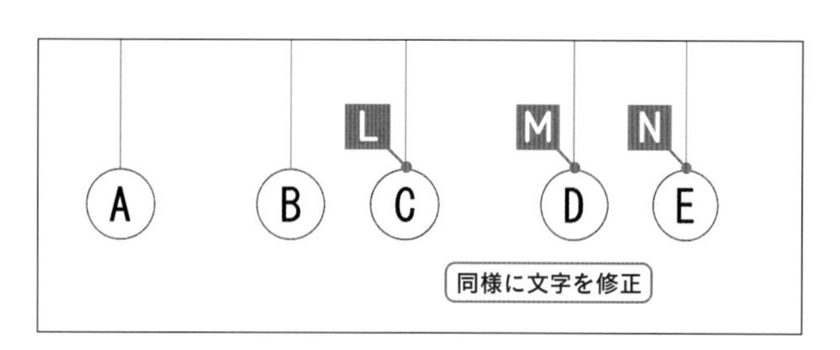

37 文字内容を修正する

手順34～36参照し、端点L～Nの文字も同様に修正します。

A.2 作図の流れと解答

▶ 動画でチェック

作画の流れ

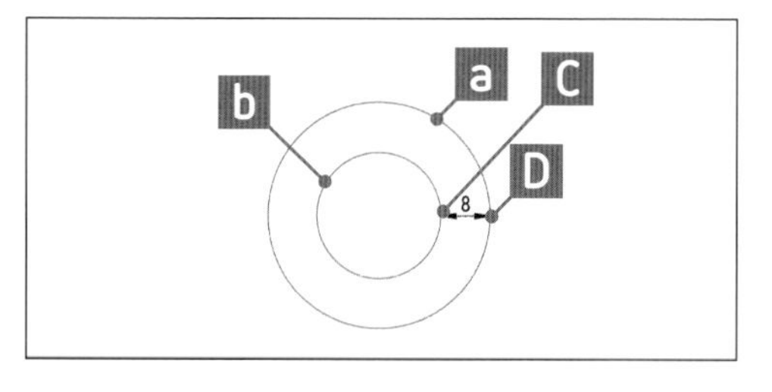

円a、bの四半円点C、Dを使って、長さ寸法を記入します。

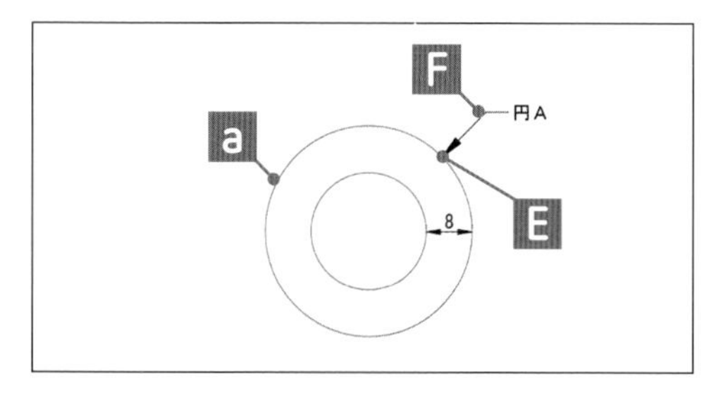

円aの近接点Eを矢印の位置、任意点Fを引出参照線の位置とし、マルチ引出線を作成します。

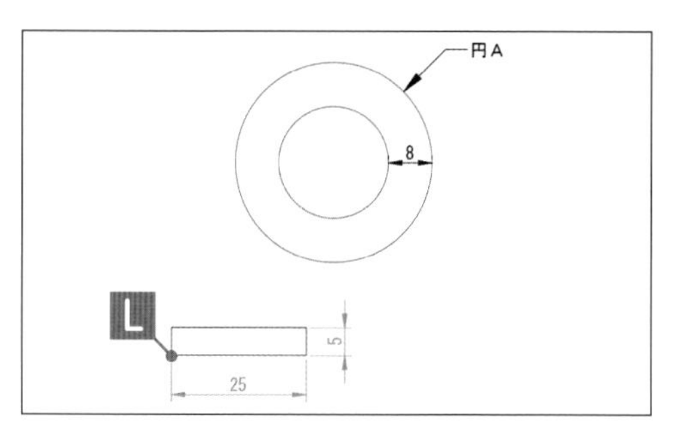

横25、縦5の長方形を作成します。任意点Lを1点目とし、2点目は相対座標を使用します。

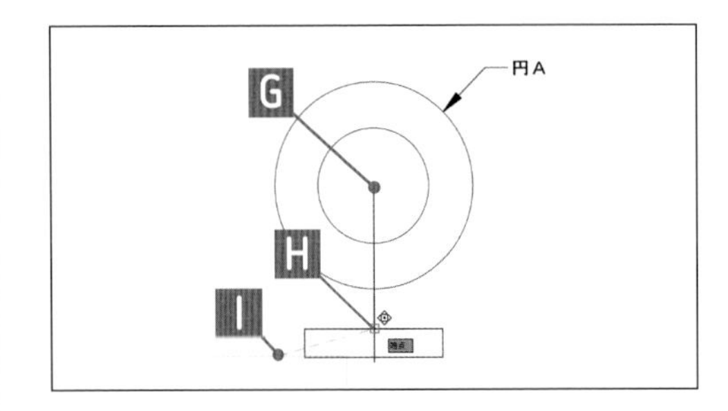

長方形の位置を合わせるため、補助線GHを書きます。この補助線GHは、円の中心点Gから25の長さの垂直な直線とします。その後、長方形の中点Iを基点、端点Hを目的点とし、長方形を移動します。直線GHは補助線なので、移動後は削除します。

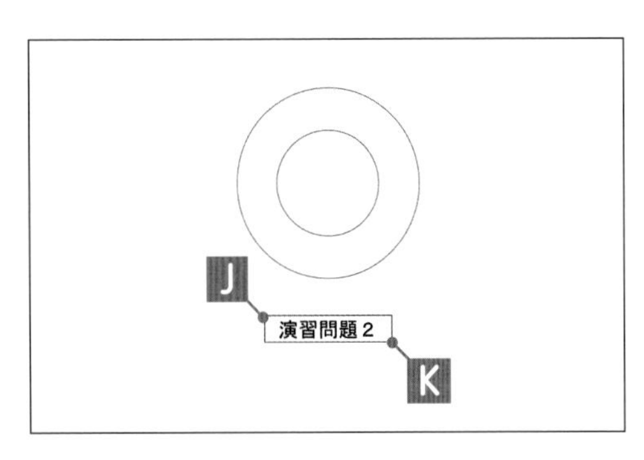

長方形の中央に「演習問題2」の文字を高さ3で作成します。文字記入コマンドで「位置合わせオプション」の「中心(M)」を使用し、挿入位置は優先オブジェクトスナップの2点間中点で端点J、Kを指定します。

解答

① オブジェクトスナップを設定する

P.43「2-1-3既存の図形上の点を利用して線分を描く」の手順①～③を参照し、［端点］、［中点］、［中心］、［四半円点］を設定します。

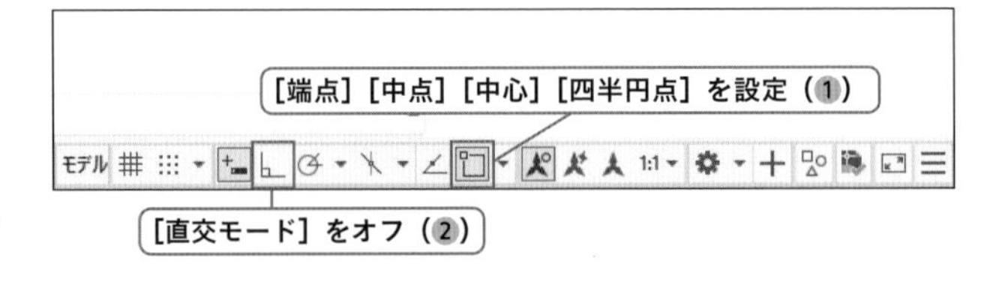

② 直交モードをオフにする

③ 長さ寸法記入コマンドを選択する

［ホーム］タブ－［注釈］パネル－［長さ寸法記入］をクリックします。

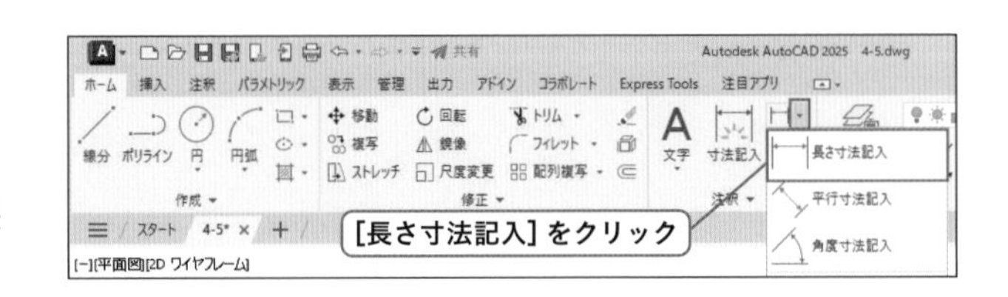

④ 測定する1点目を指定する

円bの四半円点Cをクリックします。

⑤ 測定する2点目を指定する

円aの四半円点Dをクリックします。

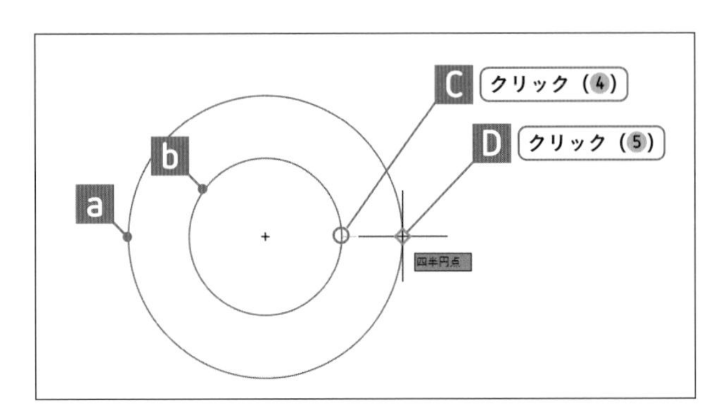

❻ 寸法線の配置位置を設定する

円aの四半円点Dをクリックします。
➜円a、bの距離を測定した寸法が作成されました。

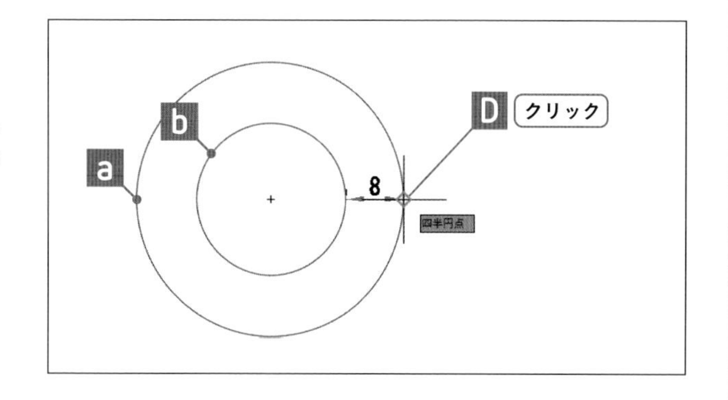

❼ マルチ引出線コマンドを選択する

［ホーム］タブ－［注釈］パネル－［マルチ引出線］をクリックします。
➜次に、矢印の位置を指定するため、優先オブジェクトスナップの近接点を使用します。

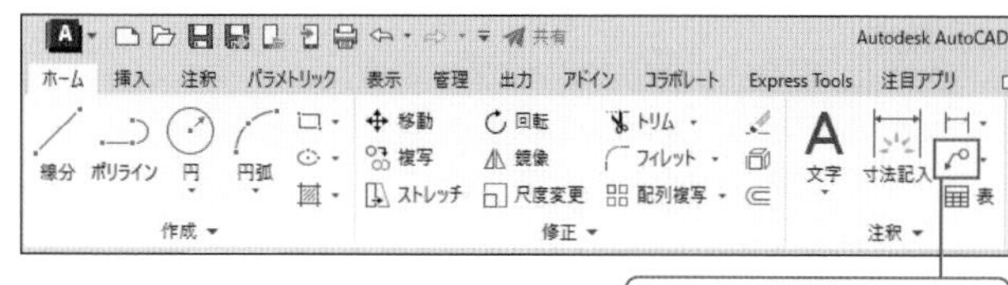

❽ 優先オブジェクトスナップを指定する

［Shift］キーを押しながら右クリックし、［近接点］を選択します。

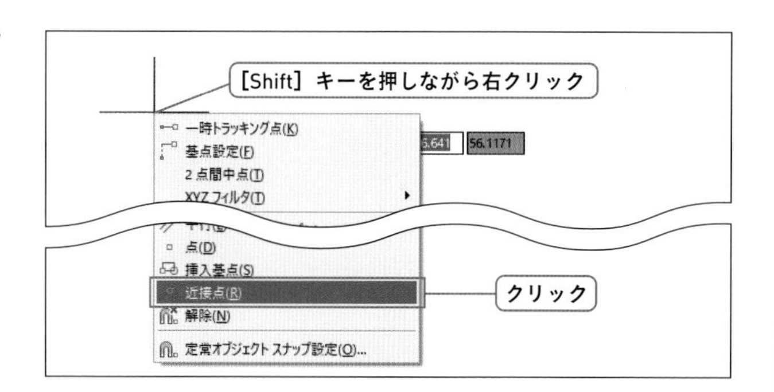

❾ 矢印の位置を指定する

円aの近接点Eをクリックします。

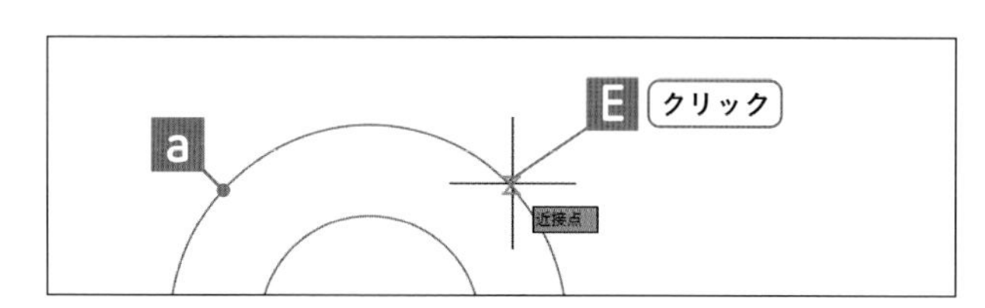

❿ 参照線の位置を指定する

任意点Fをクリックします。

⓫ 文字内容を入力する

キーボードで「円A」と入力します。

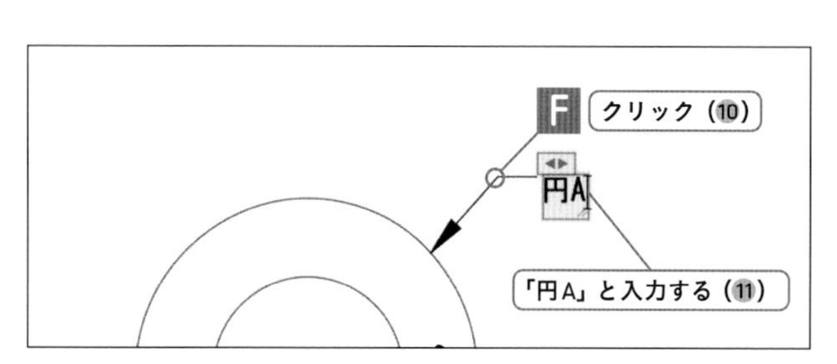

⓬ テキストエディタを終了する

［テキストエディタ］タブ－［閉じる］パネル－［テキストエディタを閉じる］をクリックします。
➜引出線が作成されました。

⑬ 長方形コマンドを選択する

［ホーム］タブー［作成］パネルー［長方形］をクリックします。

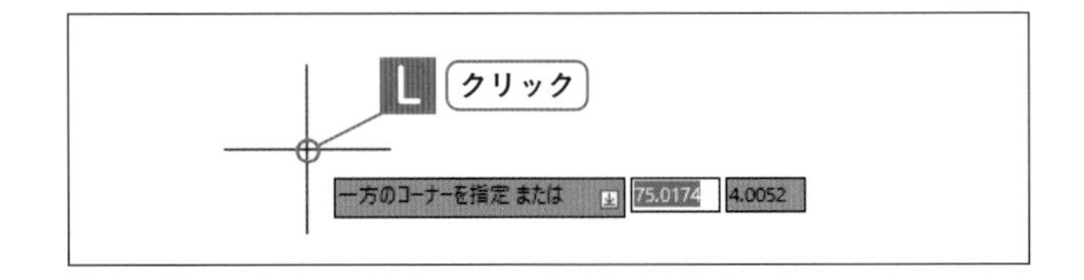

⑭ 頂点を指定する

任意点Lをクリックします。

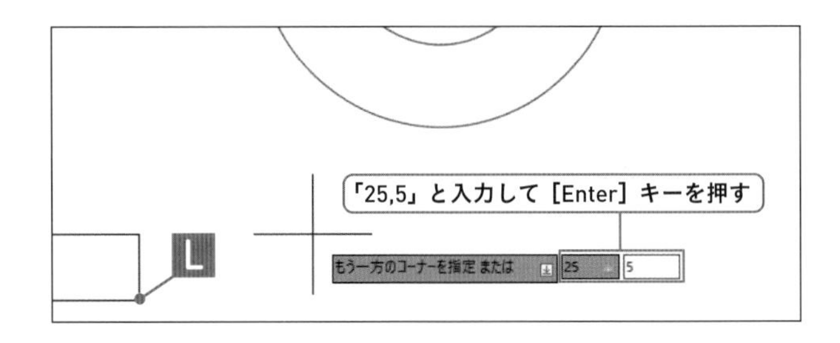

⑮ 相対座標を入力する

キーボードで「25,5」と入力し、[Enter]キーを押します。

⊖任意点Lを左下点とした横25縦5の長方形が作成されました。

⑯ 直交モードをオンにする

ステータスバーの直交モードボタンをクリックしてオンにします。

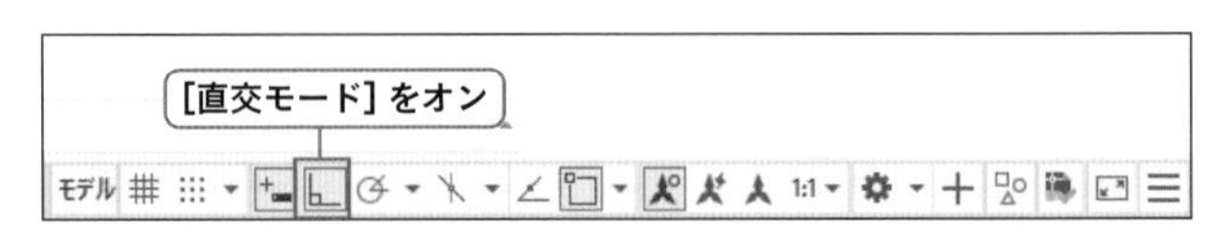

⑰ 線分を作成する

線分コマンド（P.38）を選択し、始点として円の中心点Gをクリックします。2点目は、垂直方向下（GからHの方向）に向かってカーソルを動かし、キーボードで「25」と入力、[Enter]キーを押します。最後に線分コマンドを終了するため、[Enter]キーを押します。

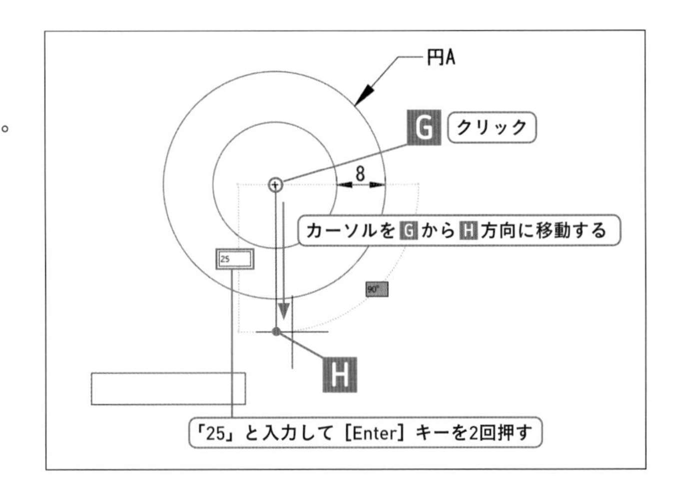

⑱ 直交モードをオフにする

ステータスバーの直交モードボタンをクリックしてオフにします。

⑲ 移動コマンドを選択する

［ホーム］タブー［修正］パネルー［移動］をクリックします。

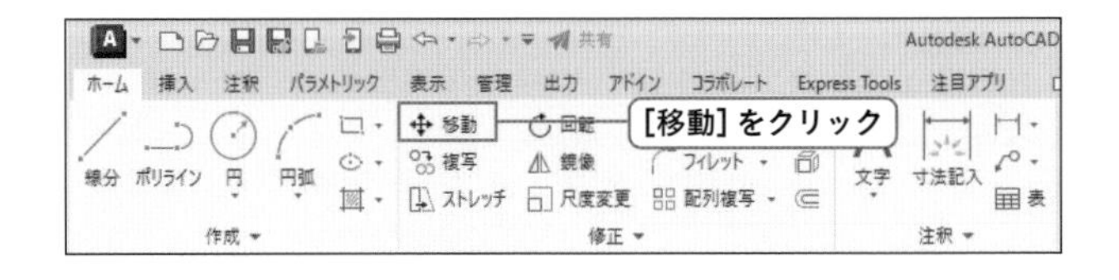

20 図形を選択し、確定する

長方形を選択し、[Enter] キーを押します。

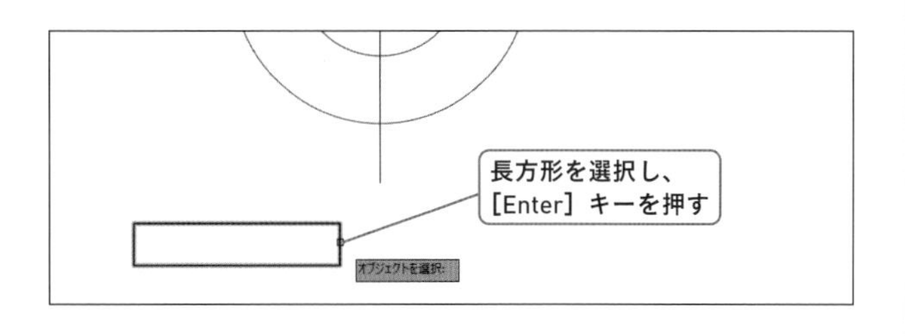

21 基点を指定する

長方形の中点 I をクリックします。

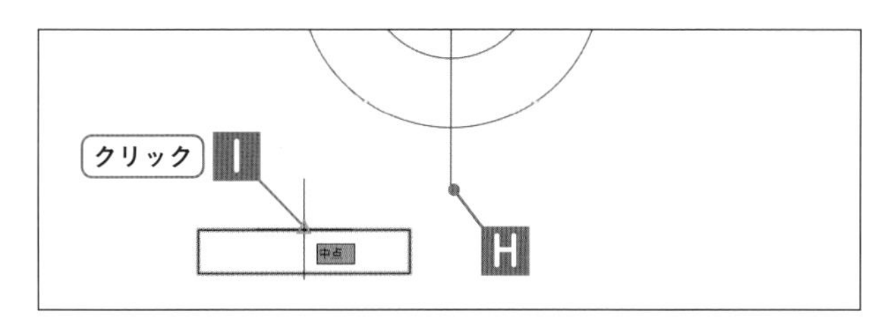

22 目的点を指定する

端点 H をクリックします。

➔長方形が移動しました。

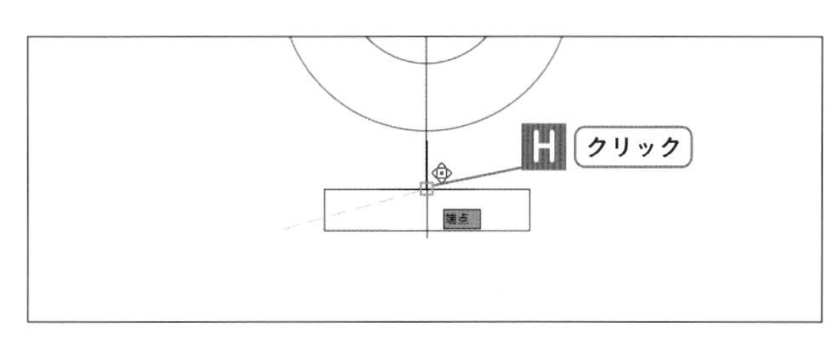

23 補助線を削除する

線分 G H（手順 17 で作成した図形）を削除（P.76）します。

24 文字記入コマンドを選択する

[ホーム] タブー [注釈] パネルー [文字記入] をクリックします。

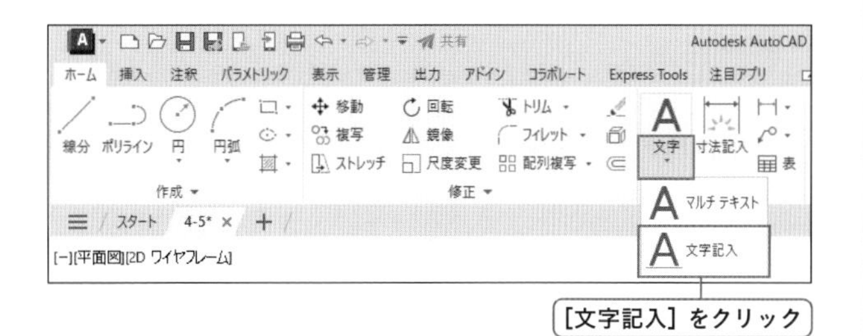

25「位置合わせオプション」を選択する

右クリックして、表示されたメニューから「位置合わせオプション(J)」を選択します。

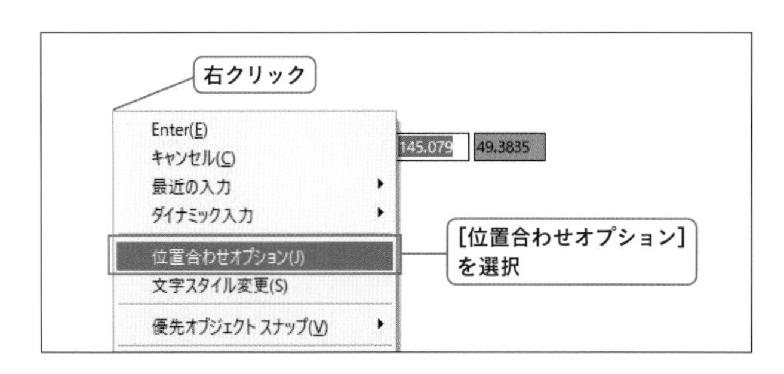

26「中央(M)」を選択する

カーソルの近くに表示されているオプションから「中央(M)」をクリックして選択します。

➔次に挿入点を指定するため、優先オブジェクトスナップの2点間中点を指定します。

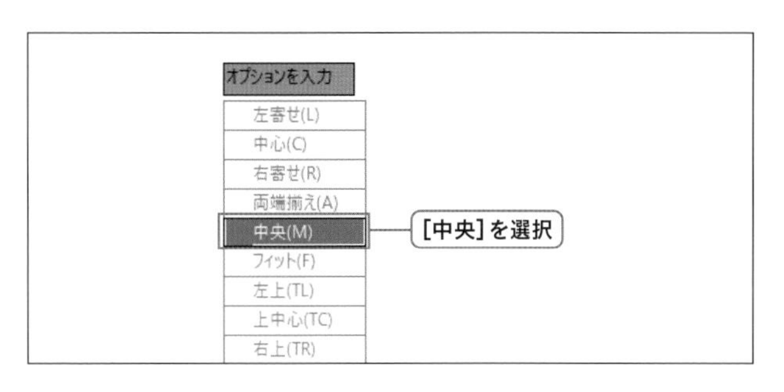

27 優先オブジェクトスナップを指定する

[Shift] キーを押しながら右クリックし、[2点間中点] を選択します。

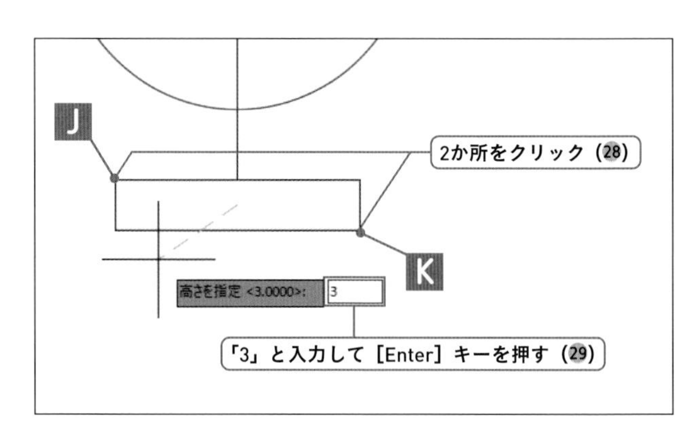

28 2点間中点の1点目、2点目を指定する

長方形の端点J、Kをクリックして選択します。

➔2点間中点が終了し、端点J、Kの中点が挿入点として指定されました。

29 高さを入力する

キーボードで「3」と入力し、[Enter] キーを押します。

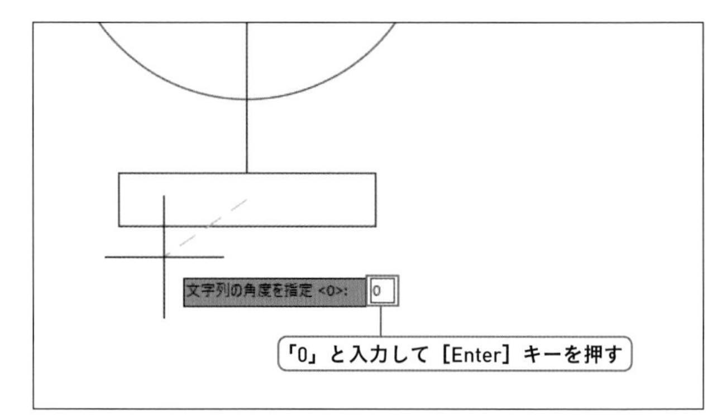

30 角度を入力する

キーボードで「0」と入力し、[Enter] キーを押します。

31 文字内容を入力する

キーボードで「演習問題2」と入力します。

32 改行する

[Enter] キーを押します。

33 文字記入コマンドを終了する

[Enter] キーを押します。

➔「演習問題2」の文字が作成されました。

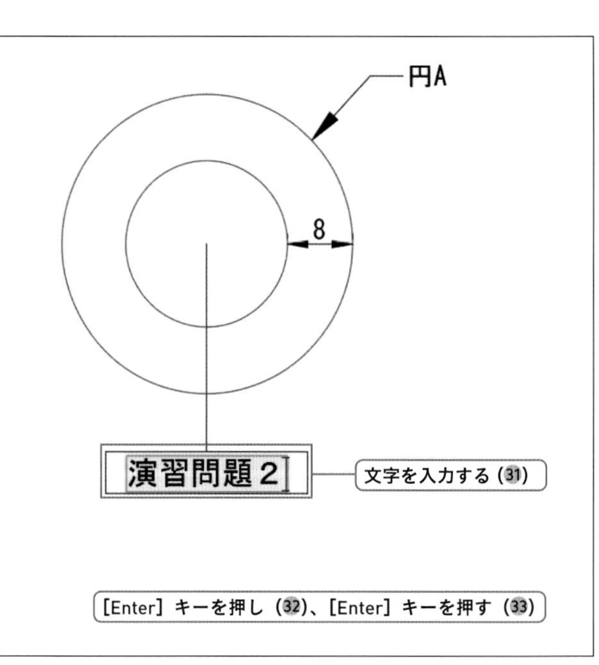

chapter

5

画層の基本

SECTION

SECTION
5-1 図形の画層を指定する

画層とは図枠、計画線、寸法などの図面要素を分けて描く透明なフィルムのようなものです。複数の画層(レイヤとも呼ばれます) に分けて作図し、重ね合わせて完成図面となります。

練習用ファイル
5-1.dwg

ここで学ぶこと

画層には色、線種、線の太さなどを設定し、その画層上に作成する図形の色、線種、線の太さを制御することができます。画層の作成についてはP.226「6-2-3画層の設定」を参照してください。

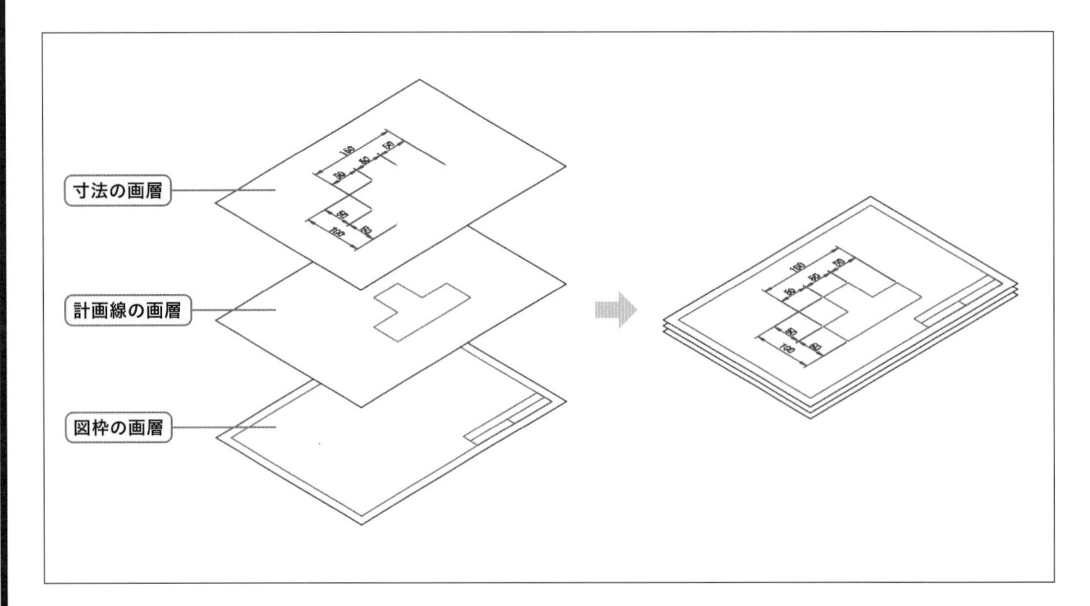

5-1-1 現在画層を設定して描く P.204

図形はかならずどこかの画層に属しますが、新規に作成された図形は、現在画層に属することになります。現在画層を切り替えることにより、作図する図形がどの画層に属するかを設定することができます。

■操作フロー

5-1-2 | 図形を選択して現在画層を設定する P.205

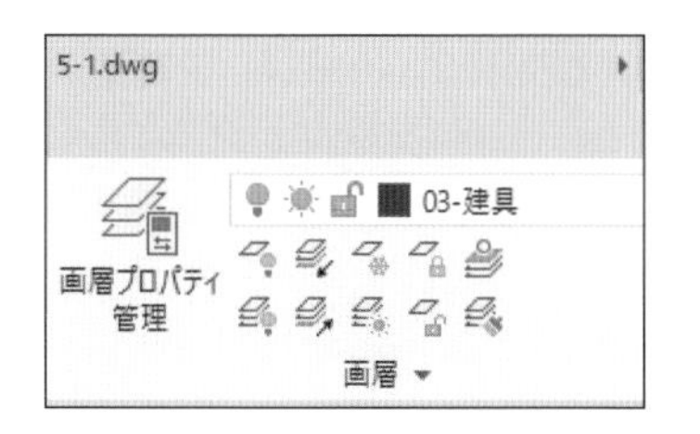

既に作成されている図形を選択して、現在画層を切り替えることができます。画層の名前を覚えていなくても、同じ種類の図形を選択すれば現在画層を設定することができます。ある図形と同じ画層に作図したい場合に便利です。

■操作フロー

現在画層の確認 → **現在層に設定の実行** → 図形の選択 → 図形の作図

5-1-3 | 図形の画層を変更する P.206

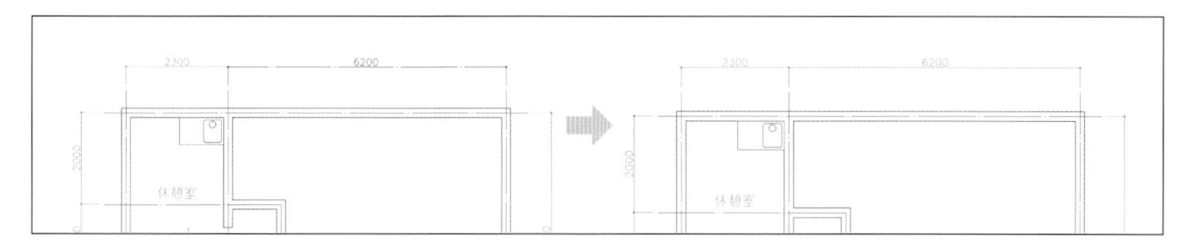

既に作成された図形の画層を変更します。複写やオフセットなどで作成した図形は、画層を変更しましょう。この例では、寸法の画層を「01ー壁芯」から「04ー寸法文字」に変更します。

■操作フロー

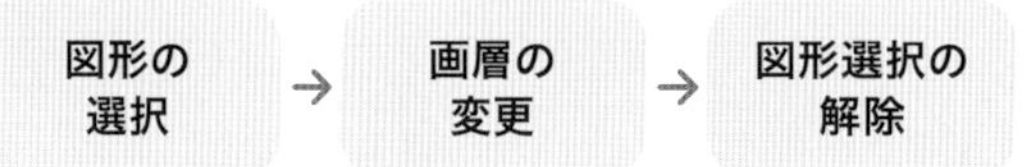

5-1-4 | 図形の画層をコピーする P.207

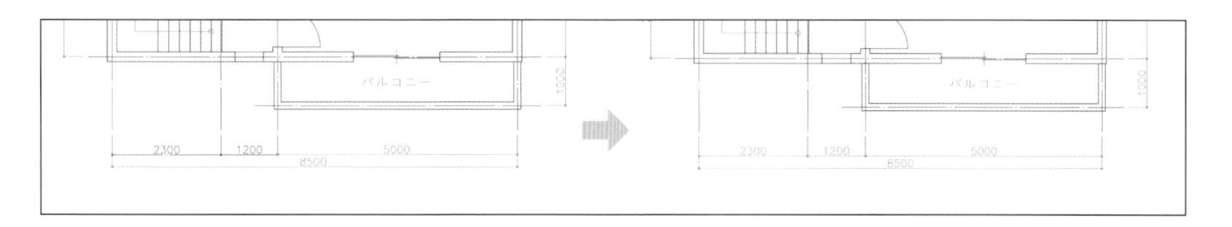

他の図形の画層設定をコピーします。画層の名前を覚えていなくても、同じ種類の図形を選択すれば、画層をコピーすることができます。この例では、「04ー寸法文字」画層に描かれている寸法を選択し、他の寸法にその画層をコピーします。

■操作フロー

5-1-1 現在画層を設定して描く

現在画層を「03ー建具」に設定し、線分**A** **B**を作図します。現在画層の設定は、[ホーム] タブー [画層] パネルー [画層] コントロールから行います。

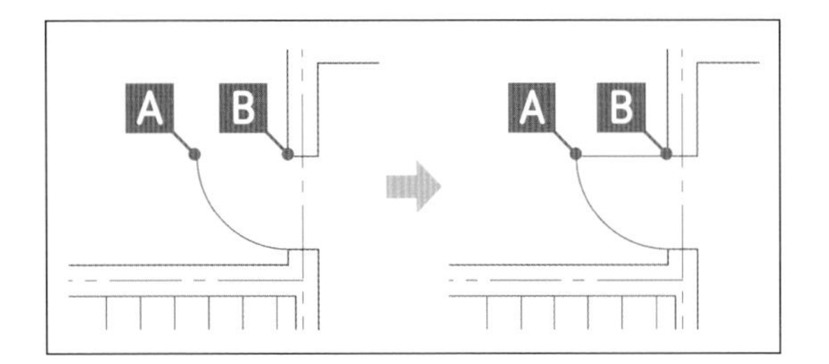

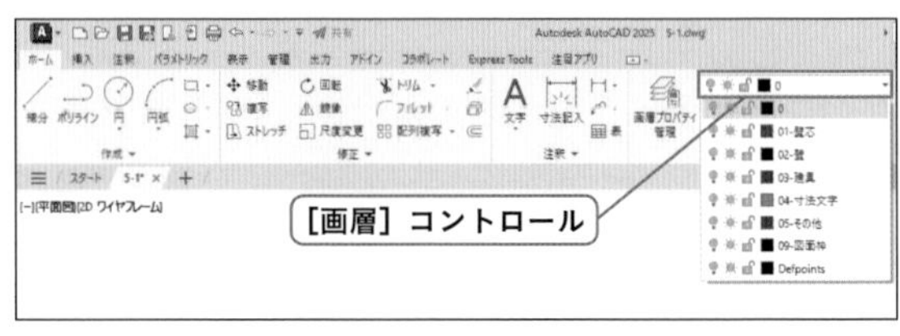

やってみよう

1 現在画層を確認する

[ホーム] タブー [画層] パネルー [画層] コントロールから、現在画層を確認します。

➔現在画層は「0」に設定されています。

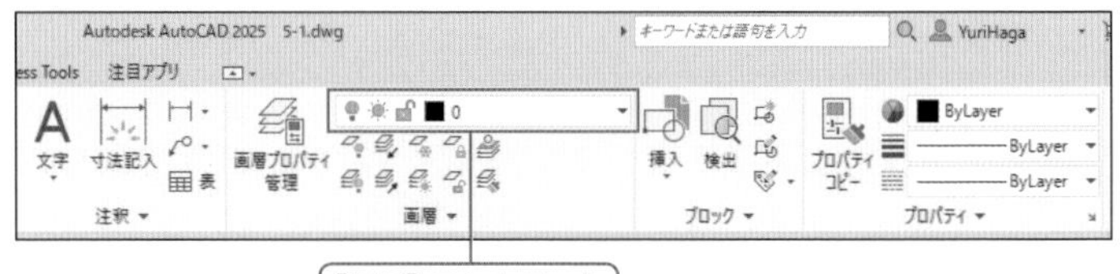

2 現在画層を設定する

[ホーム] タブー [画層] パネルー [画層] コントロールをクリックし、「03ー建具」を選択します。

画層をクリックする時は、画層名の文字をクリックしてください。他の場所をクリックすると、違う機能が働きます。

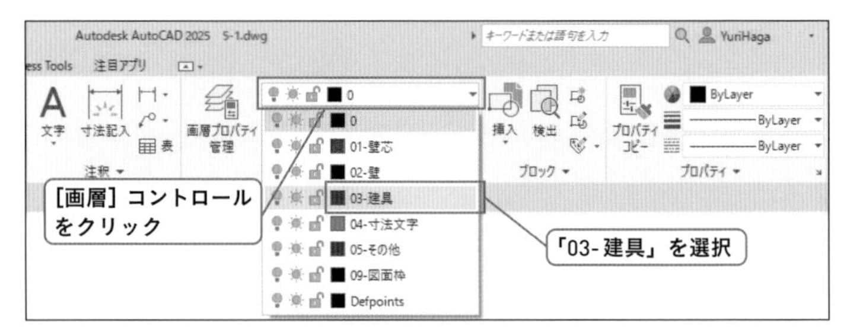

➔現在画層が「03ー建具」に設定されました。次に、休憩室のドアの線分を作図します。

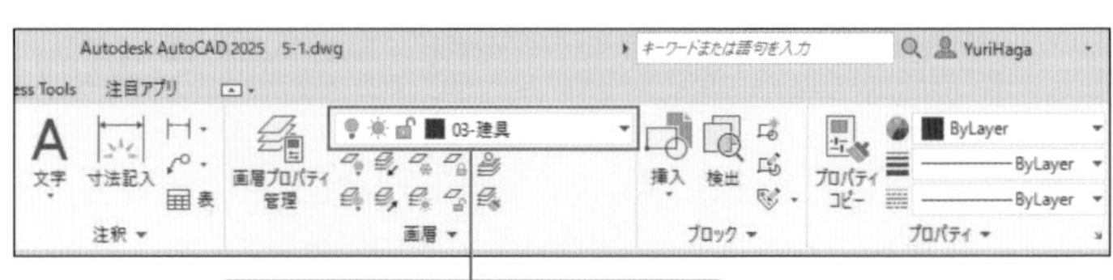

3 線分を作図する

オブジェクトスナップの [端点] を設定し、線分**A** **B**を作図します。

➔現在画層「03ー建具」に線分**A** **B**が作図されました。線分**A** **B**は「03ー建具」画層の設定色である青になっています。

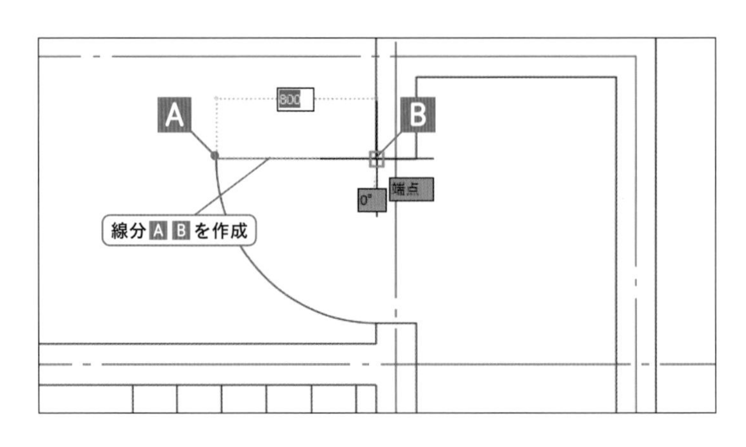

5-1-2 図形を選択して現在画層を設定する

現在画層の設定は、[現在層に設定] コマンドを使用します。ここでは、「09ー図面枠」画層に属する図形を選択し、現在画層が「09ー図面枠」に設定されたことを確認してから線分AⒷの作図を行います。

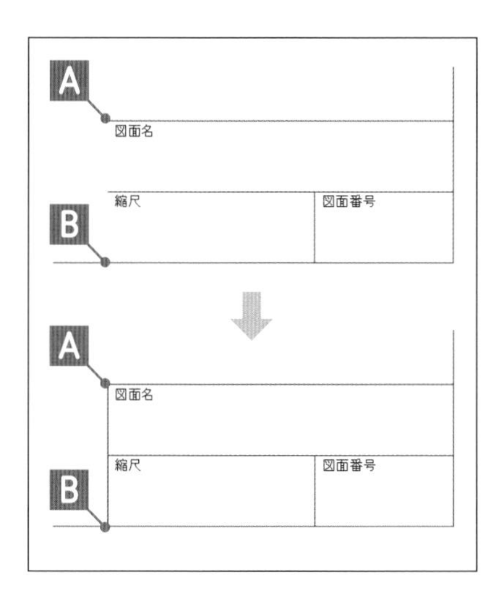

使用するコマンド	[現在層に設定]
メニュー	[形式]ー[画層ツール]ー[選択したオブジェクトの画層を現在層に設定]
リボン	[ホーム]タブー[画層]パネル
アイコン	
キーボード	LAYMCUR[Enter]

やってみよう

① 現在画層を確認する

[ホーム] タブ－[画層] パネル－[画層] コントロールから、現在画層を確認します。

➜「5-1-1現在画層を設定して書く」から作業を続けている場合、現在画層は「03ー建具」に設定されています。

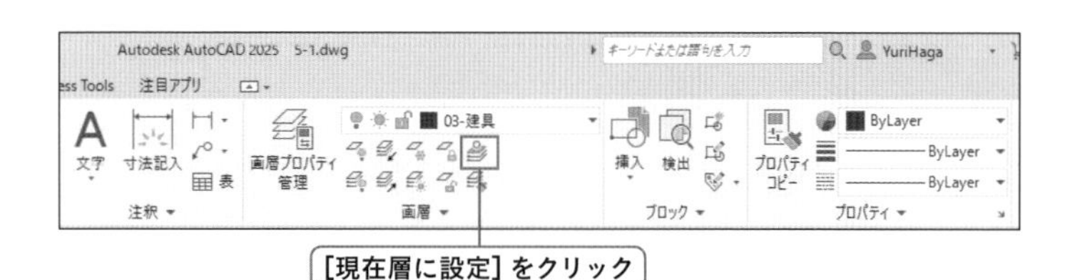

② 現在層に設定コマンドを選択する

[ホーム] タブ－[画層] パネル－[現在層に設定] をクリックします。

➜現在層に設定コマンドが実行され、プロンプトに「現在層に設定したい画層上にあるオブジェクトを選択」と表示されます。

[現在層に設定] をクリック

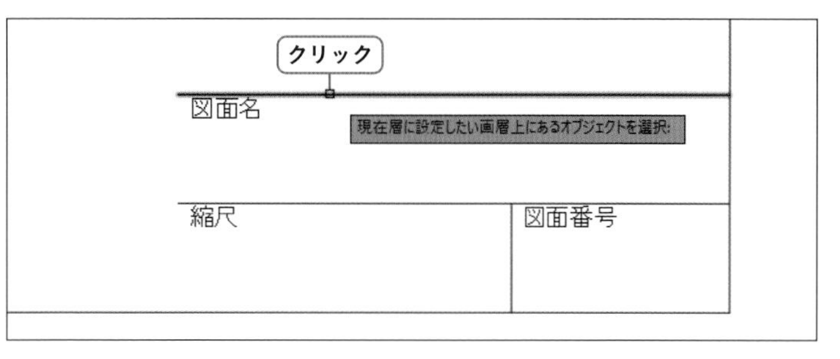

③ 線分を選択する

図枠の線分をクリックして選択します。

➜現在画層が「09ー図面枠」に設定されました。

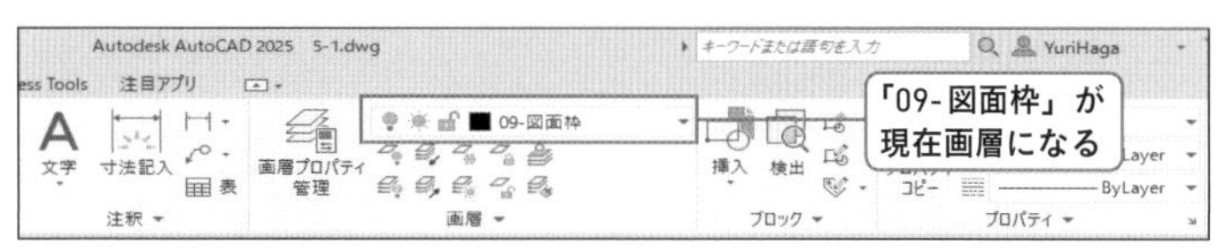

4 線分を作図する

オブジェクトスナップの［端点］、［垂線］を設定し、線分AB を作図します。

➔現在画層「09ー図面枠」に線分AB が作図されました。線分AB は「09ー図面枠」画層の設定色である白色（または黒色）になっています（P.208「白黒反転色」参照）。

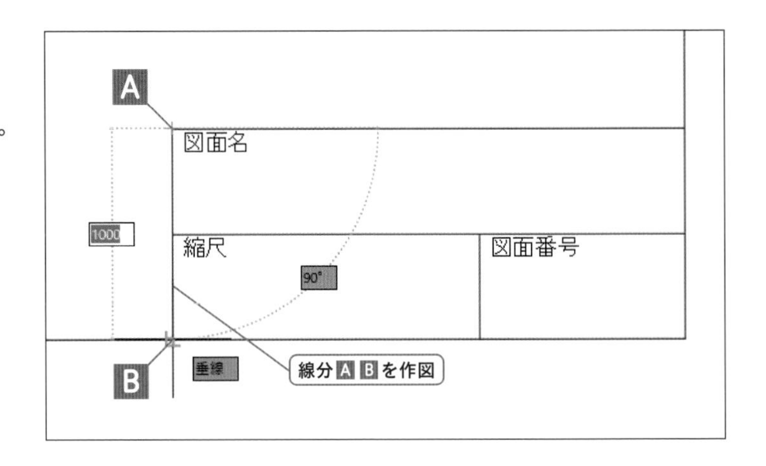

5-1-3 図形の画層を変更する

画層の変更は、［画層］コントロールを使用します。ここでは「01—壁芯」画層にある寸法の画層を「04ー寸法文字」画層に変更します。最後に寸法の選択を解除することを忘れないでください。

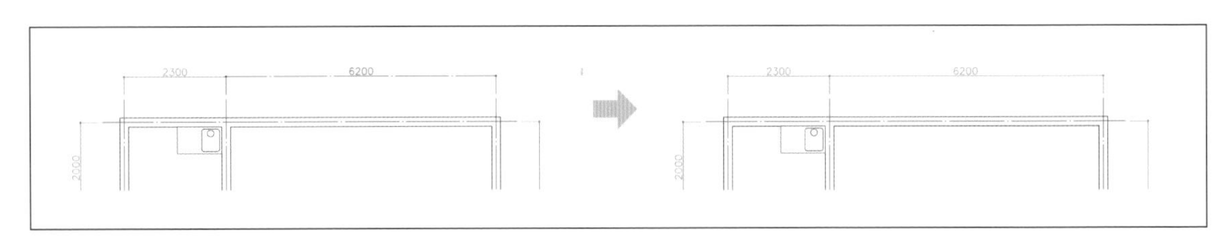

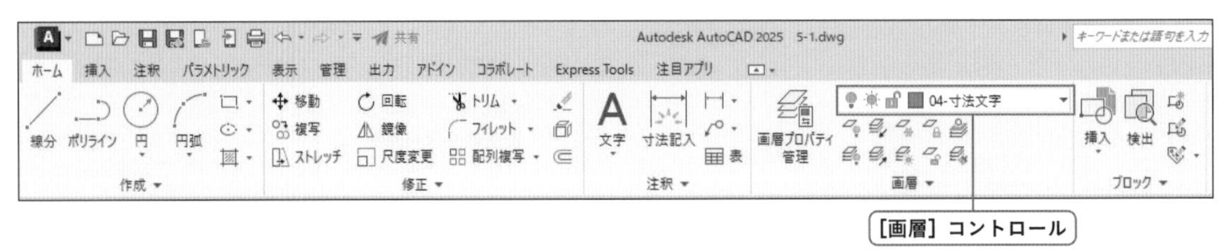

やってみよう

1 寸法を選択する

「6200」の寸法をクリックして選択します。

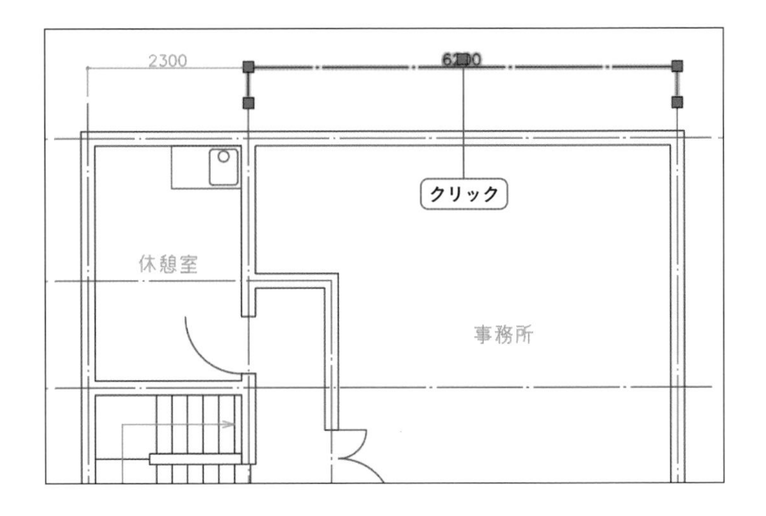

② 図形の画層を確認する

[ホーム] タブー [画層] パネルー [画層] コントロールから、選択した図形の画層を確認します。

➔画層は「01ー壁芯」に設定されています。

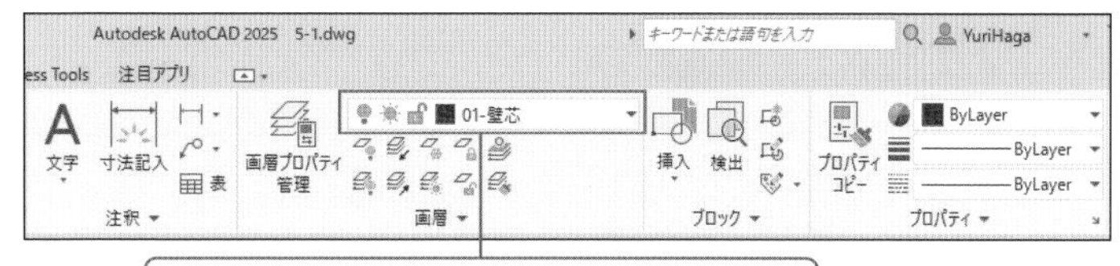

③ 画層を変更する

[ホーム] タブー [画層] パネルー [画層] コントロールをクリックし、「04ー寸法文字」を選択します。

➔寸法の画層が「04ー寸法文字」に設定されました。「01ー壁芯」の設定により赤色で一点鎖線であった寸法が、「04ー寸法文字」の設定である緑色の実線になります。

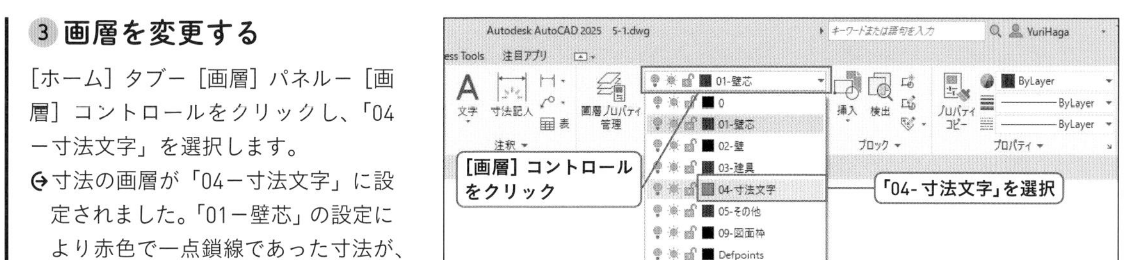

④ 寸法の選択を解除する

キーボードの [Esc] キーを押して、選択を解除します。

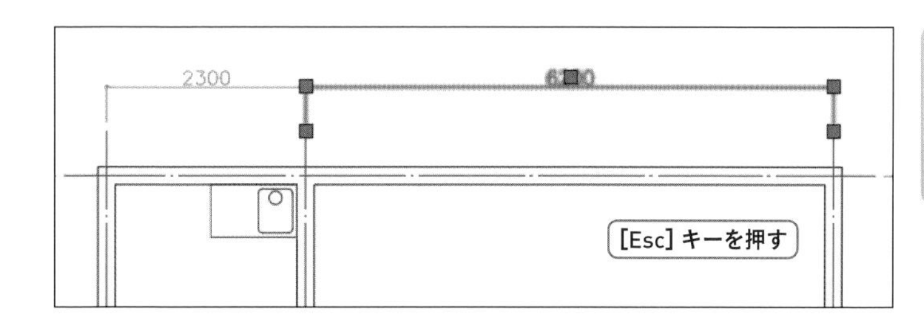

5-1-4 図形の画層をコピーする

[プロパティコピー] コマンドを使用して、図形の画層をコピーします。画層を図形にコピーすると、その図形がコピーした画層に移動します。コマンド実行後、「04ー寸法文字」画層に属する、コピー元の図形「8500」の寸法を選択、コピー先の寸法「2300」と「1200」の寸法を選択すると、画層がコピーされ、「2300」と「1200」の寸法が「04—寸法文字」画層に移動します。

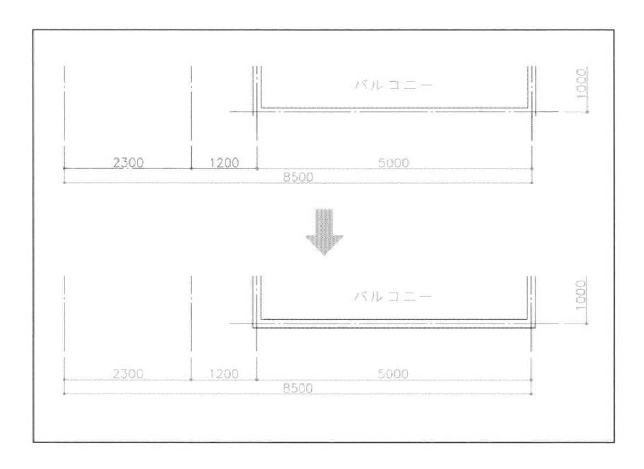

使用するコマンド	[プロパティコピー]
メニュー	[修正]ー[プロパティコピー]
リボン	[ホーム]タブー[プロパティ]パネル
アイコン	
キーボード	MATCHPROP[Enter](MA[Enter])

やってみよう

1 プロパティコピーコマンドを選択する

[ホーム] タブ－[プロパティ] パネル－[プロパティコピー] をクリックします。

➔プロパティコピーコマンドが実行され、プロンプトに「コピー元オブジェクトを選択」と表示されます。

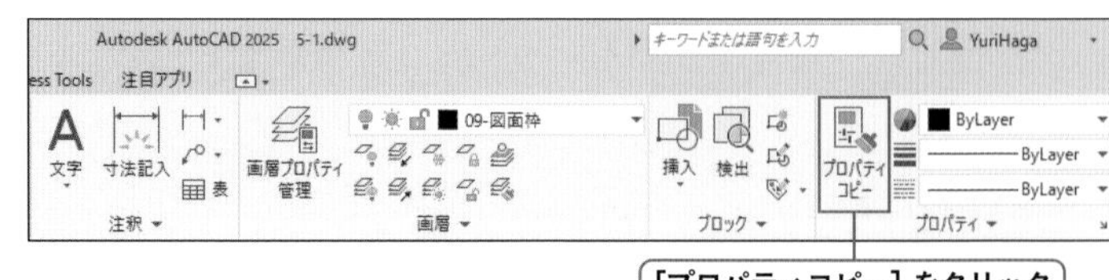

2 コピー元の寸法を選択する

「8500」の寸法をクリックして選択します。

➔プロンプトに「コピー先オブジェクトを選択」と表示されます。

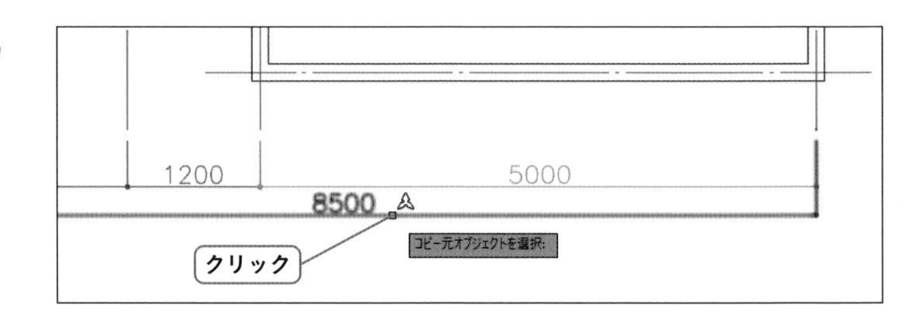

3 コピー先の寸法を選択する

「2300」、「1200」の寸法をクリックして選択します。

➔寸法の画層が「04－寸法文字」に設定されました。「01－壁芯」の設定により赤色で一点鎖線であった寸法が、「04－寸法文字」の設定である緑色の実線になります。

4 プロパティコピーコマンドを終了する

[Enter] キーを押します。

➔プロパティコピーコマンドが終了しました。

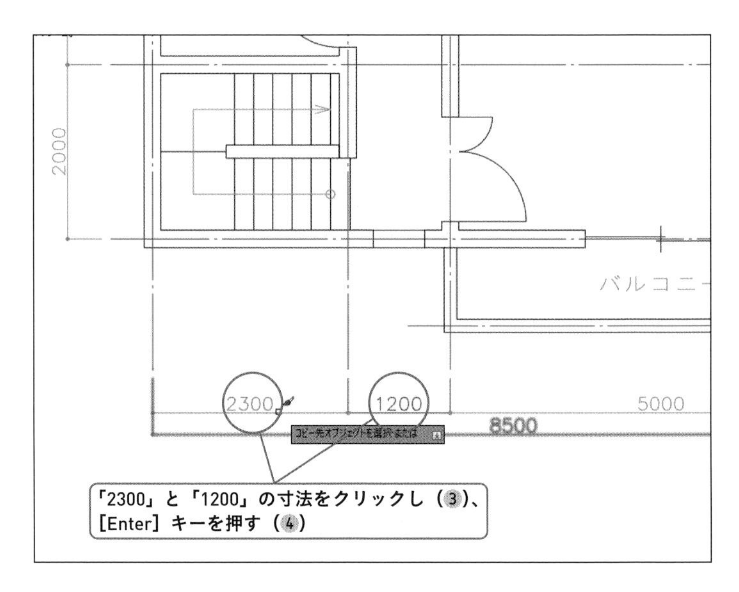

COLUMN

白黒反転色

「09－図面枠」画層に設定されている「7番（white）」という色は、作業領域の背景色によって反転される特別な色です。背景色が白の場合は黒で表示され、背景色が黒の場合は白で表示されます。印刷時は背景色に関わらず黒で印刷されます。画層の色の設定方法はP.226「6-2-3画層の設定」を参照してください。また、背景色の変更方法についてはP.17「画面の色」を参照してください。

SECTION
5-2 画層の表示とロック

練習用ファイル
5-2.dwg

図形を非表示にするには、画層ごとに表示／非表示を設定します。非表示にした画層は印刷されません。また、画層をロックすると、その画層に属する図形は編集や削除ができなくなります。これらを使用し、効率よく図面を作成しましょう。

ここで学ぶこと

5-2-1 | 画層を表示／非表示する P.210

表示

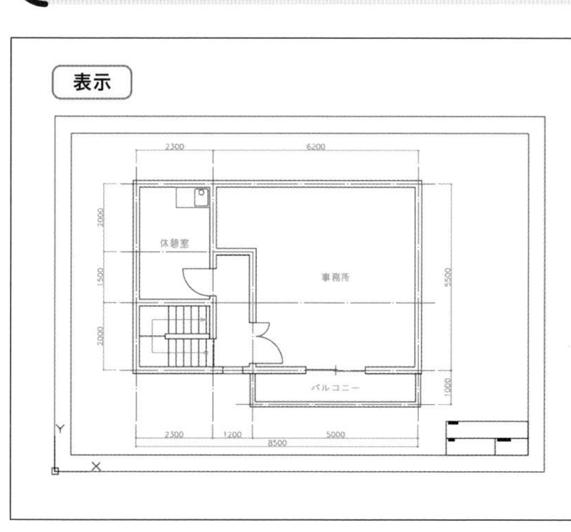

非表示

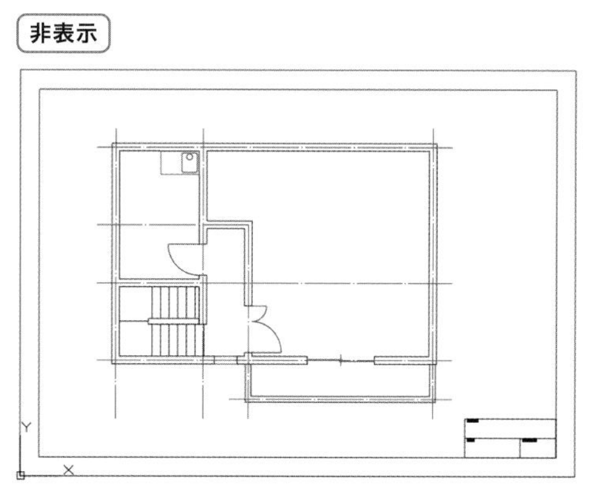

画層を表示、非表示に設定します。作業中に選択したくない図形などは、画層を非表示することによって、効率よく作業を行うことができます。

5-2-2 | 画層をロック／ロック解除する P.212

ロック解除

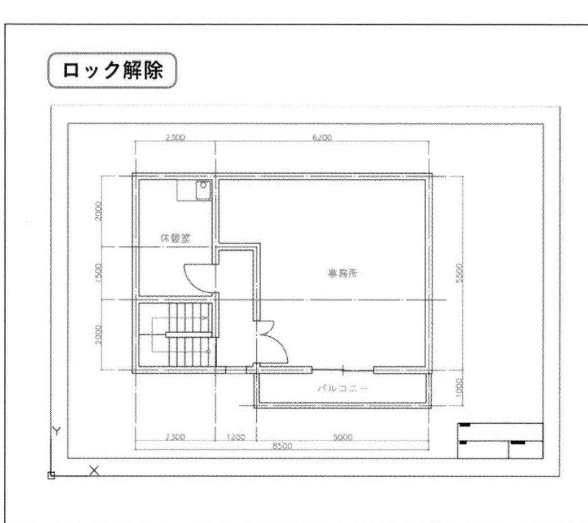

ロック

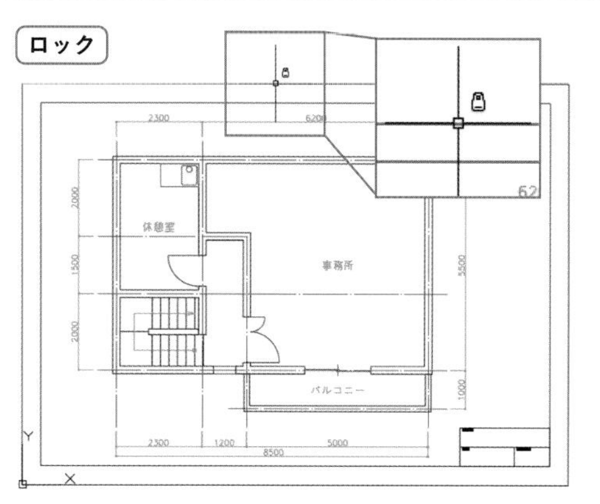

画層をロック、ロック解除に設定します。ロックされた画層はフェード表示（薄く表示）されます。また、図形にカーソルを近づけると、ロックされているマークが表示されます。編集する予定のない図面枠の画層などは、ロックをすることによって、編集や削除をしてしまうミスがなくなります。

COLUMN

画層パネルのアイコン

画層パネルには、画層の表示／非表示やロック／ロック解除を行う便利なアイコンがそろっています。ぜひ活用してください。

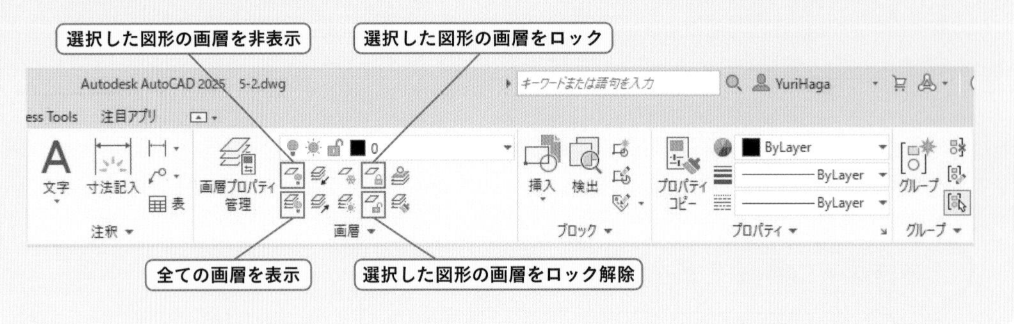

5-2-1 ｜画層を表示／非表示する

「04ー寸法文字」画層を表示、非表示に設定します。画層の設定は、［ホーム］タブー［画層］パネルー［画層］コントロールから行います。

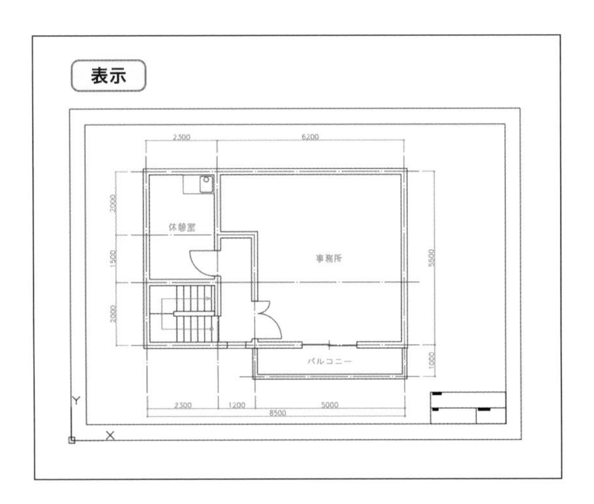

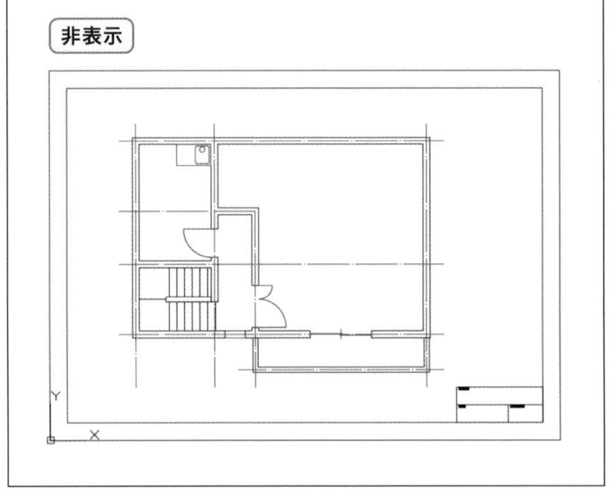

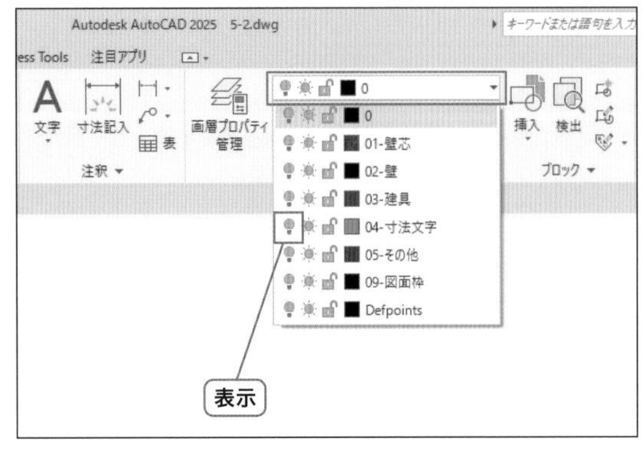

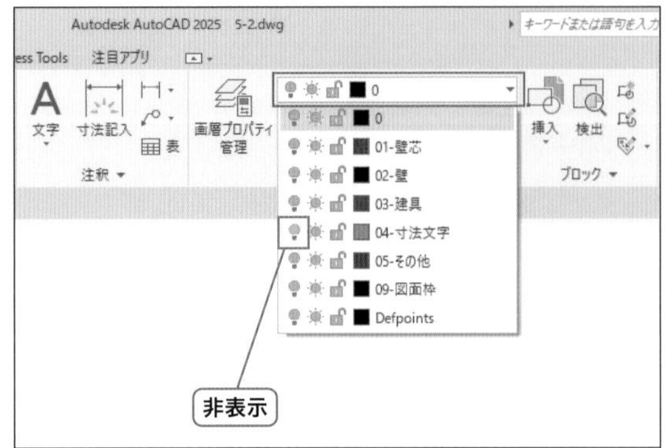

やってみよう

1 画層を非表示にする

[ホーム] タブー[画層] パネルー[画層] コントロールをクリックし、「04ー寸法文字」のをクリックしてにします。
➔「04ー寸法文字」画層が非表示になりました。

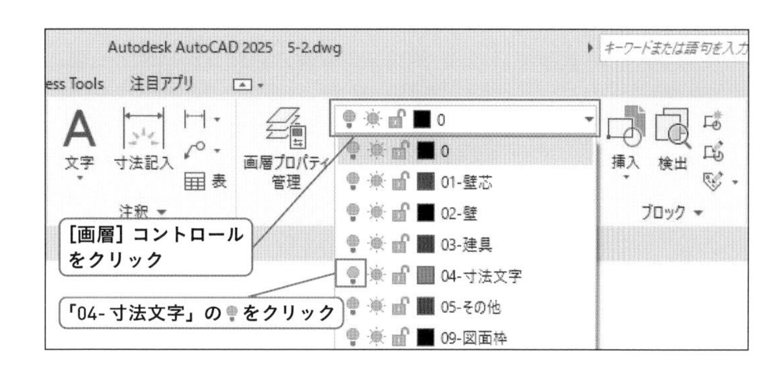

2 画層コントロールを閉じる

キーボードの [Esc] キーを押して、[画層] コントロールを閉じます。

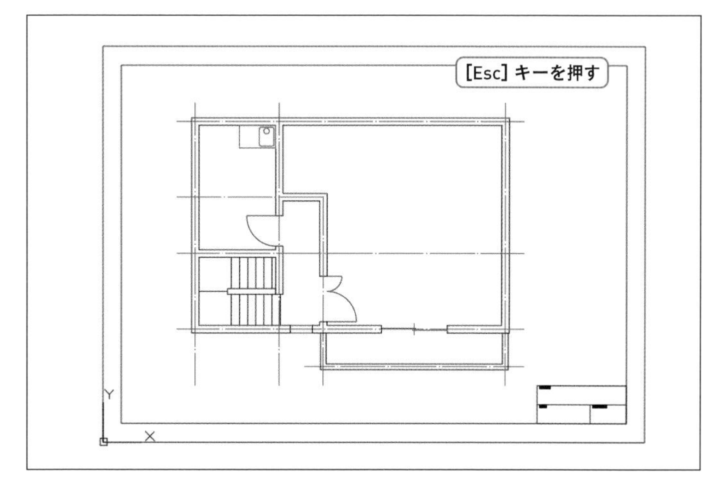

3 画層を表示する

[ホーム] タブー[画層] パネルー[画層] コントロールをクリックし、「04ー寸法文字」のをクリックしてにします。
➔「04ー寸法文字」画層が表示になりました。

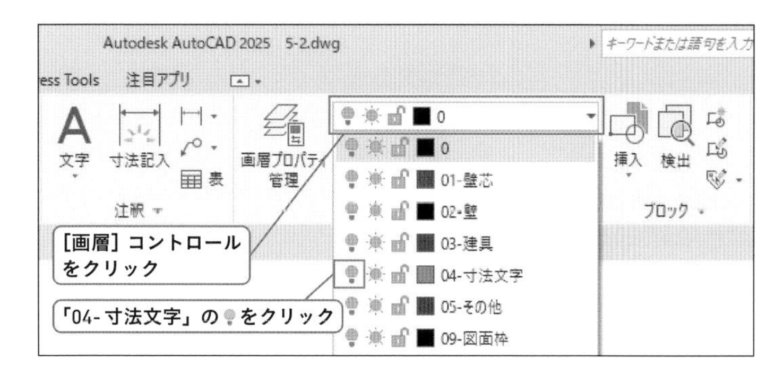

4 画層コントロールを閉じる

キーボードの [Esc] キーを押して、[画層] コントロールを閉じます。

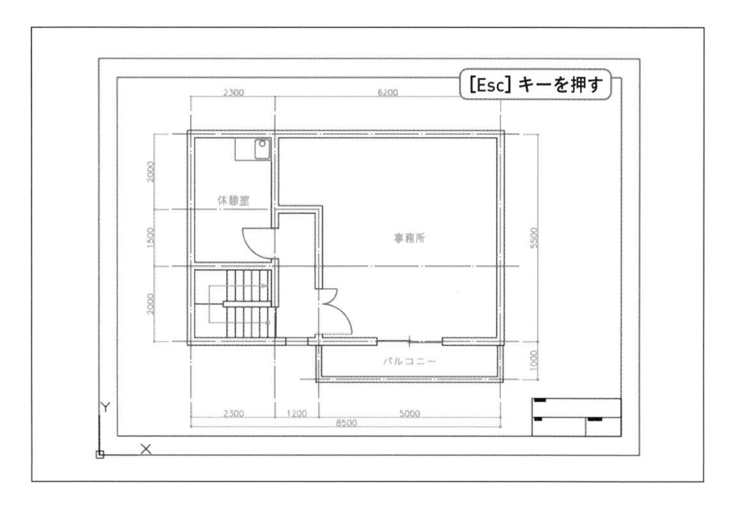

5-2-2 画層をロック／ロック解除する

「09ー図面枠」画層をロック、ロック解除に設定します。画層の設定は、［ホーム］タブー［画層］パネルー［画層］コントロールから行います。ここでは、ロックされた画層が削除されないことを確認するために、全ての図形を削除してみます。

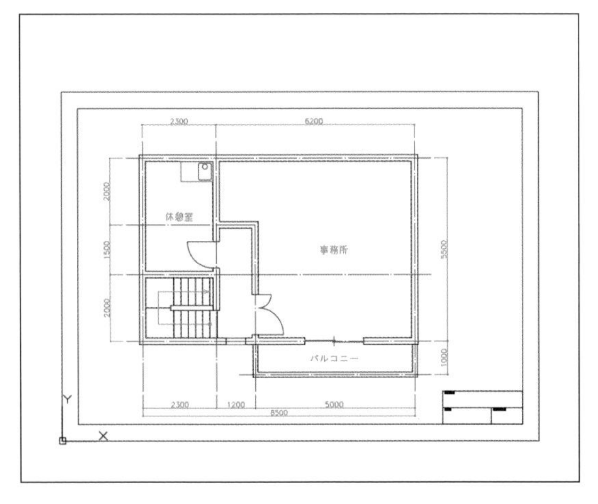

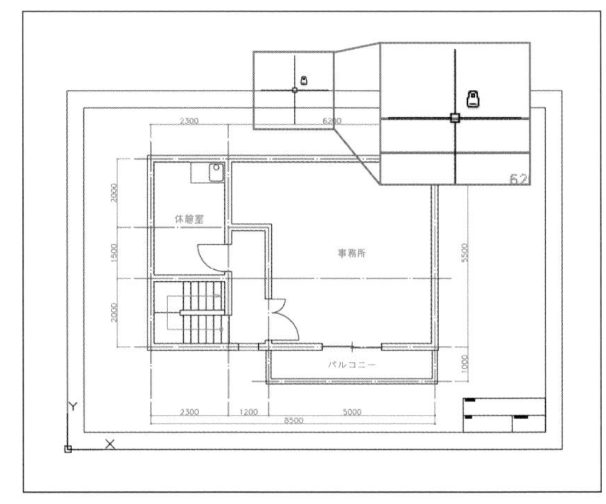

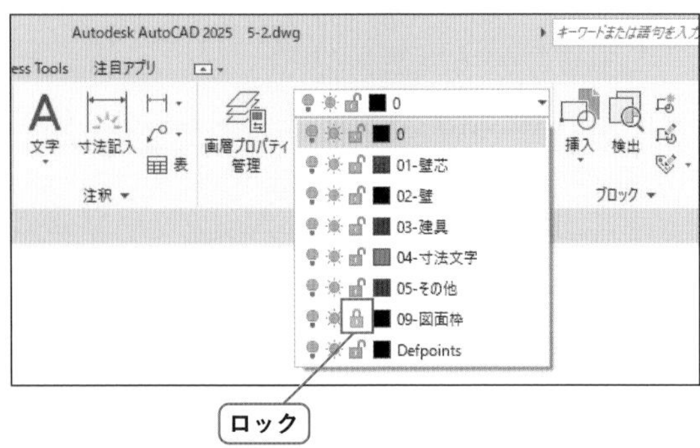

やってみよう

1 画層をロックする

［ホーム］タブー［画層］パネルー［画層］コントロールをクリックし、「09ー図面枠」のをクリックしてにします。

➜「09ー図面枠」画層がロックされました。

2 画層コントロールを閉じる

キーボードの［Esc］キーを押して、［画層］コントロールを閉じます。

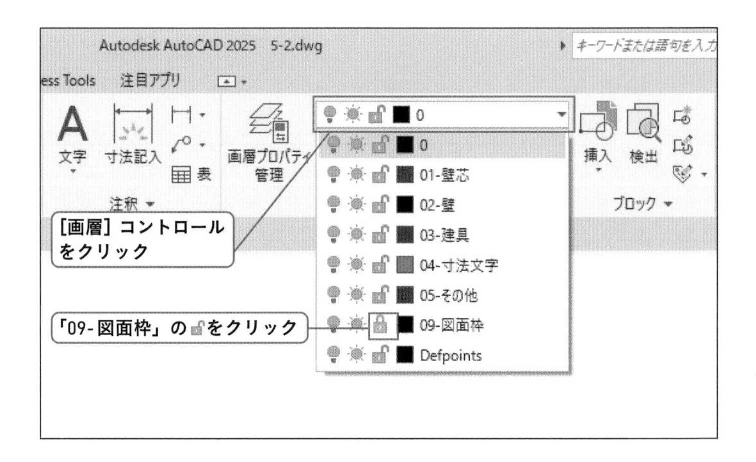

③ 交差選択で図形を削除する

交差選択を使って、すべての図形を選択し、[ホーム] タブ— [修正] パネル— [削除] をクリックします。

➔「09－図面枠」画層はロックされているので、図面枠は削除されません。

ロック画層のフェード表示（薄く表示する機能）のオン／オフは、[ホーム] タブ－ [画層] パネル－ [ロック画層のフェード] で切り替えることができます。

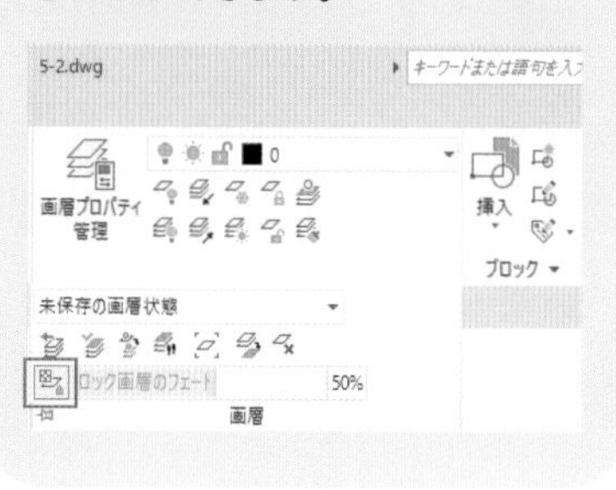

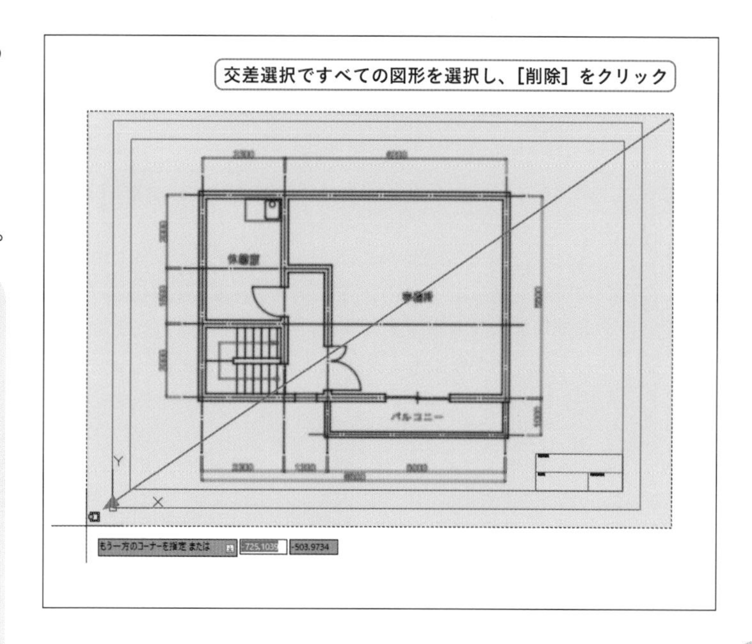

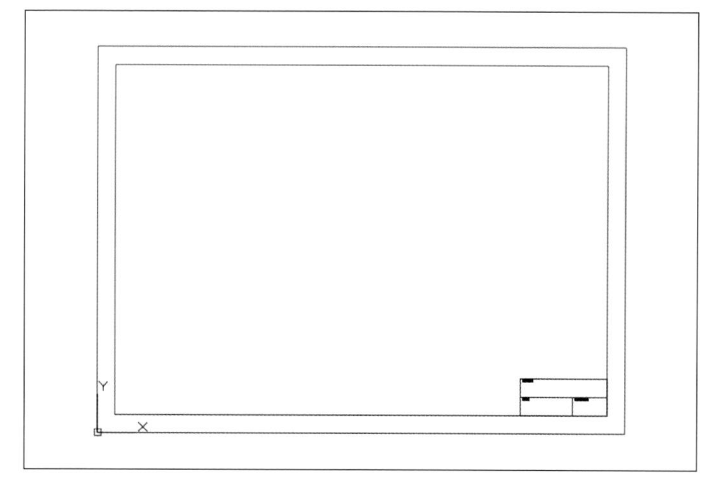

④ 画層をロック解除する

[ホーム] タブ－[画層] パネル－[画層] コントロールをクリックし、「09－図面枠」の🔒をクリックして、🔓にします。

➔「09－図面枠」画層がロック解除されました。

⑤ 画層コントロールを閉じる

キーボードの[Esc] キーを押して、[画層] コントロールを閉じます。

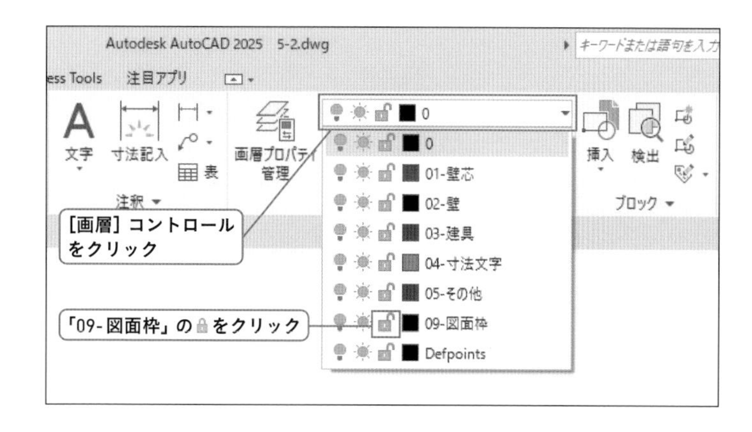

COLUMN

0画層とDefpoints画層について

AutoCADは最初から0画層を持っています。この画層は名前を変更することも削除することもできません。ブロック作成のために用意されている特別な画層なので、通常は使用しないでください。

また、寸法を作成するとDefpoints画層が自動的に作成されます。寸法の基準点を保存している画層であり、AutoCADのシステムが使用する、印刷はされない画層です。こちらも特別な画層なので、通常は使用しないでください。

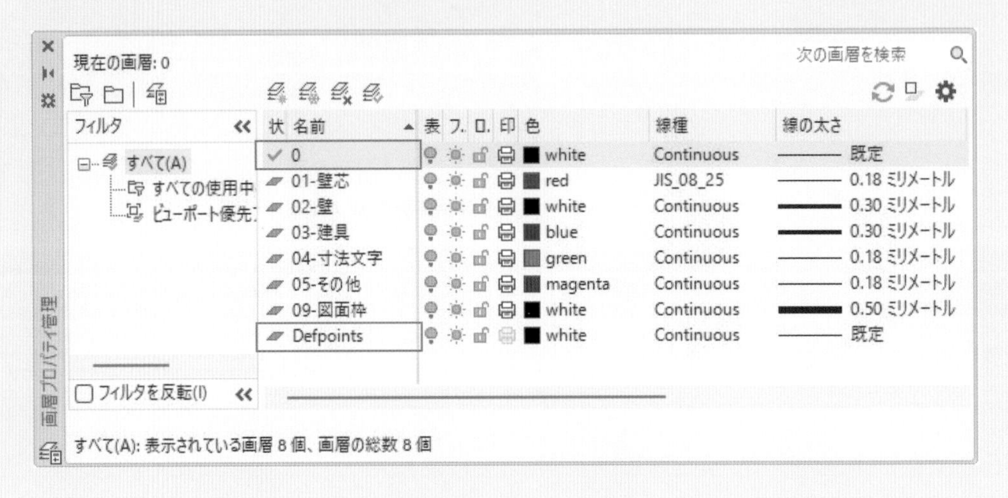

COLUMN

オブジェクトの画層を確認

[ホーム]タブー[画層]パネルー[画層閲覧]をクリックすると(❶)、[画層閲覧]ダイアログが開きます。このダイアログで画層を選択すると(❷)、選択した画層のオブジェクトのみが作図領域に表示されます。この機能を使うと、選択した画層が割り当てられているオブジェクトを確認できます。

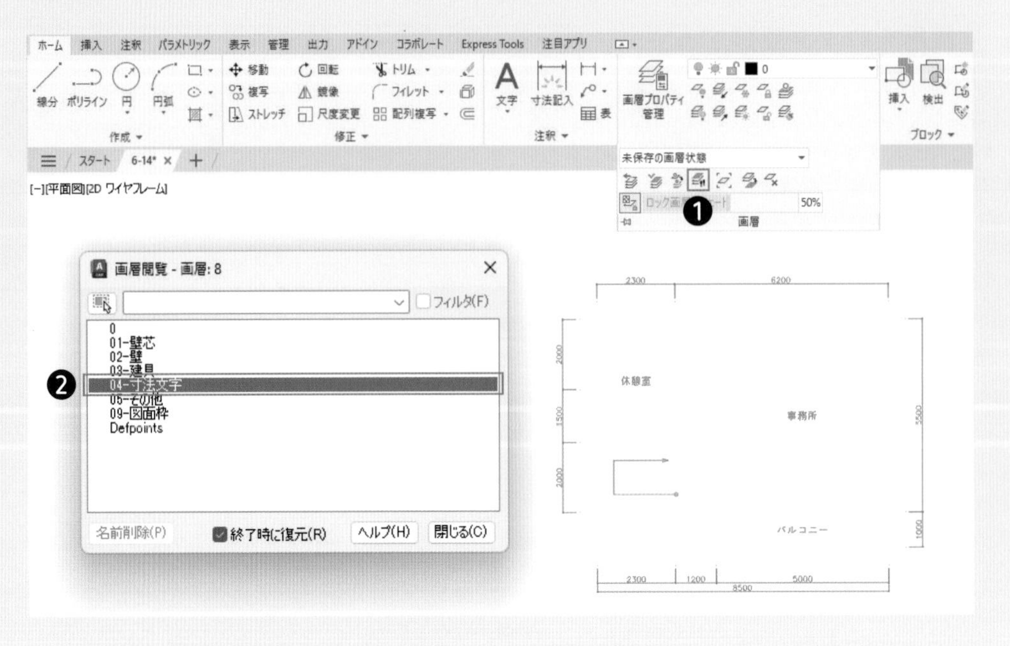

chapter 6

総合演習

SECTION

SECTION
6-1 図面作図演習の概要

6章ではこれまでに学んできた機能を使って、事務所の図面を作成します。まず作図環境を整えるためにテンプレートを作成(6-2)し、尺度設定(6-3)をします。そして6-4以降で作図していきます。ここでは全体の流れを理解しましょう。

ここで学ぶこと

6章では下記の図面を作成します。ここでは6-2以降でどのような作業を行うかを紹介します。

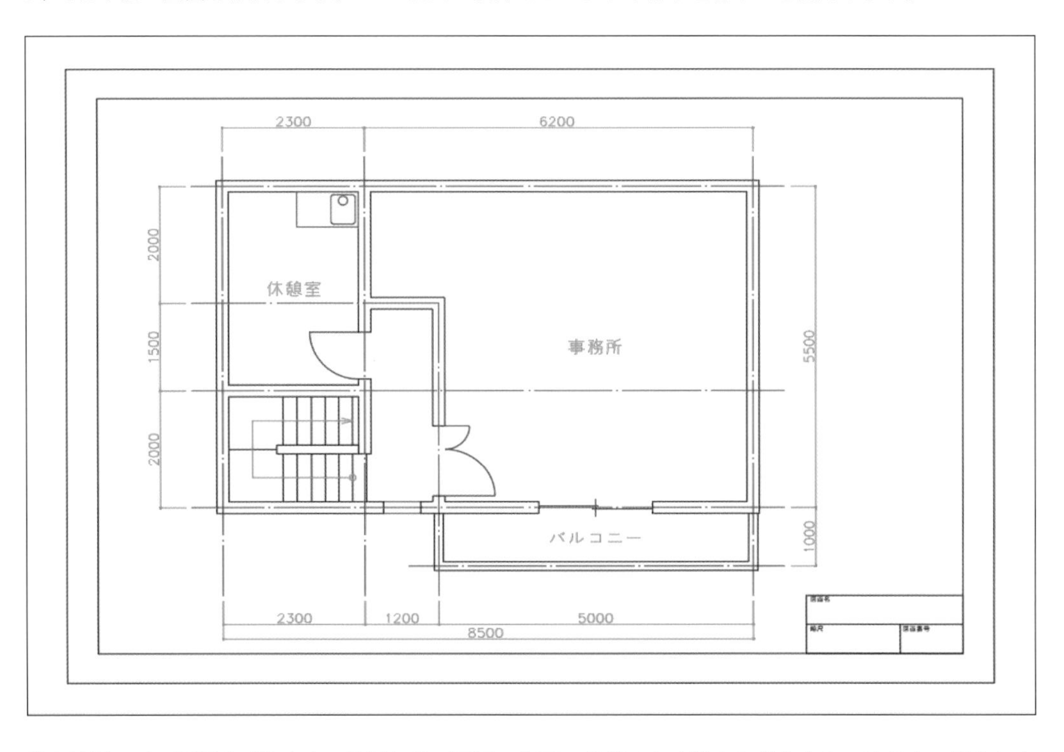

総合演習では、画層や寸法文字、縮尺など、図面の作図に必須である設定や考え方を、はじめに紹介します。また、どこから描き始めたらよいのか、どの機能やコマンドをよく使うのかなどを学ぶため、AutoCADの一通りの機能を紹介できる、事務所の図面を題材としています。

6-2/3 テンプレートの作成／尺度の設定

テンプレートとは文字スタイルや寸法スタイル、画層など作図に必要な設定をあらかじめ済ませた「ひな形」のことです。そういった様々な設定を作図のたびに行うのは非効率です。テンプレートを利用することで、設定を行うことなくすぐに作図を開始できます。また、作成したテンプレートには尺度を設定する必要があります。

6-4 壁芯の作図

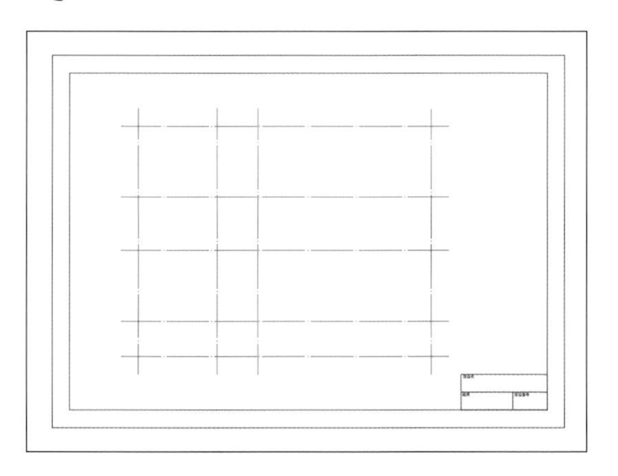

「01ー壁芯」画層に、壁芯を作成します。線分コマンドやオフセットコマンドを使用します。

壁芯とは、壁や柱の厚みの中心線のことをいいます。

6-5 壁芯の寸法の作図

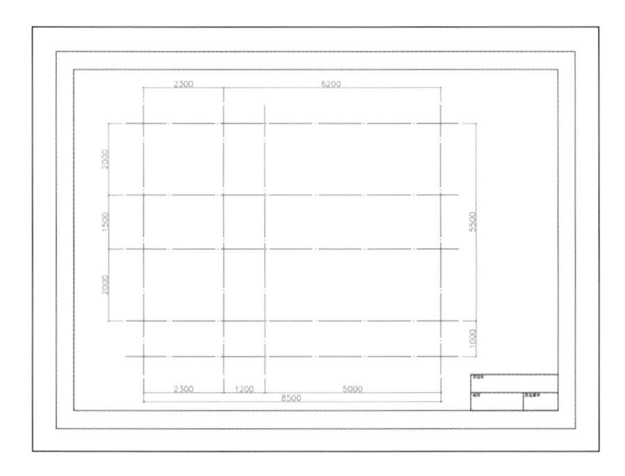

図面に必要な寸法を作図します。壁芯の寸法が間違っていると後で修正することが困難になるので、ここで寸法が正しいことを確認してください。

壁や柱の厚みの中心線で測られた建物の面積のことを壁芯面積といいます。広告やパンフレットに記載されている面積はこれです。一方、壁の内側の寸法で測られた面積は内法面積といいます。

6-6 ｜ 壁の作図（1）

必要のない壁芯をトリムし、オフセットコマンドで壁を作成します。

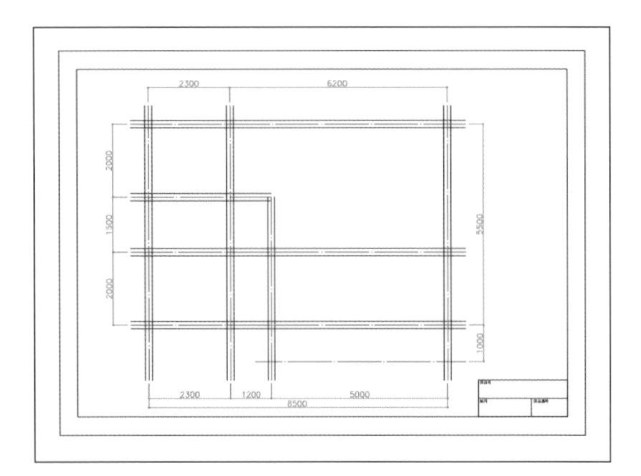

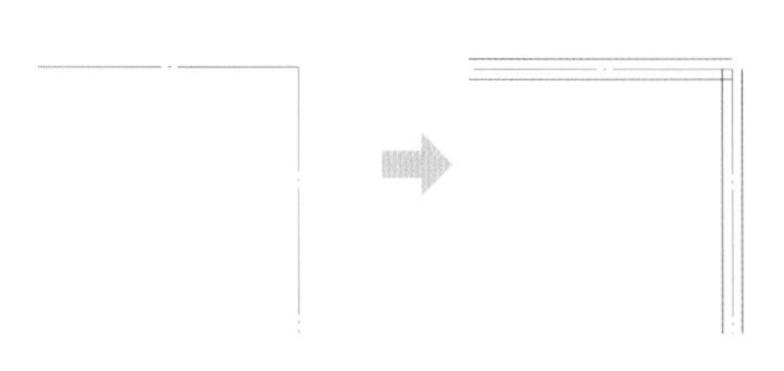

6-7 ｜ 壁の作図（2）

作図に不要な画層を非表示にし、フィレットコマンドやトリムコマンドで、壁を仕上げます。

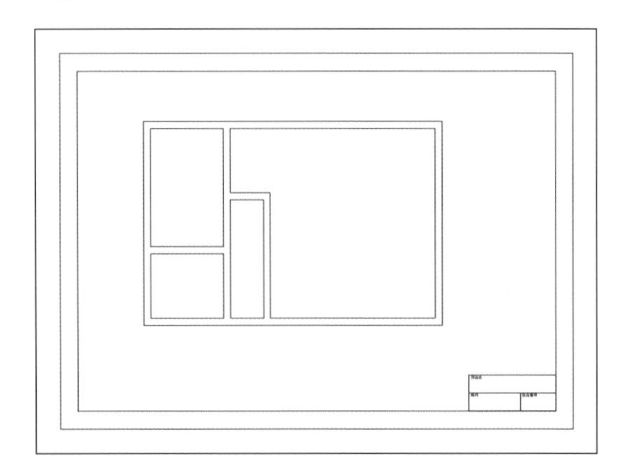

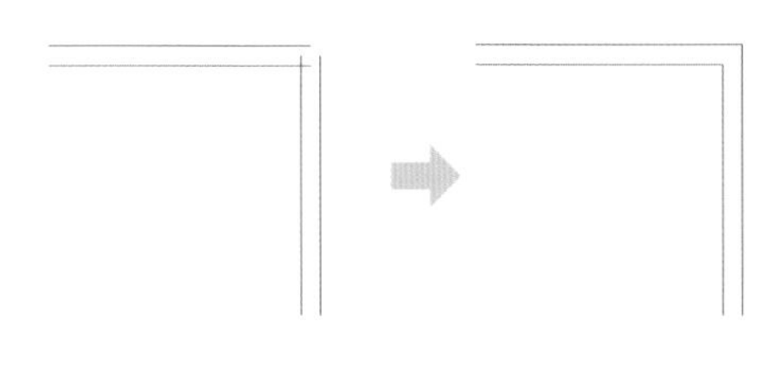

6-8 ｜ 開口の作図

ドアや窓の部分の開口を作図します。オフセットコマンドやトリムコマンドなどを使用します。

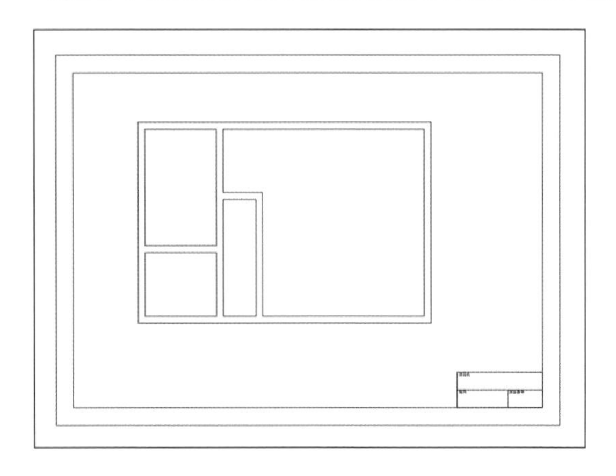

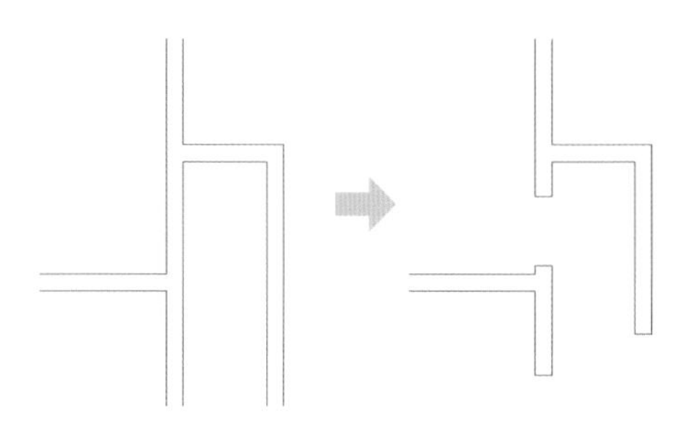

6-9 | バルコニーと階段の作図

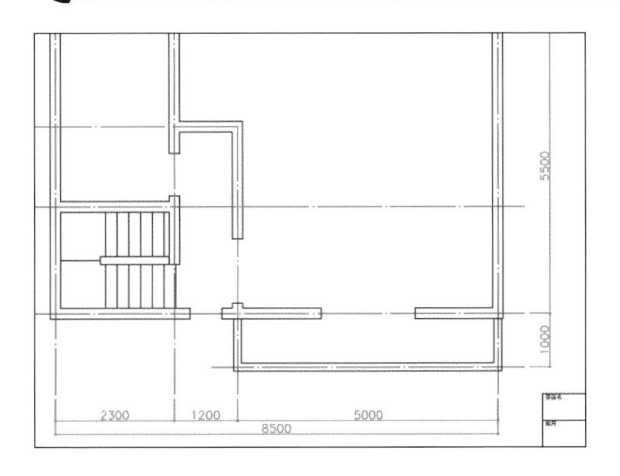

バルコニーと階段を作図します。壁の作図で使用した、様々なコマンドを使って仕上げます。

屋根がない屋外スペースはバルコニー、屋根がある屋外スペースはベランダといわれます。1階につくられている屋根のないスペースはテラスといいます。

6-10 | ドアと窓の作図

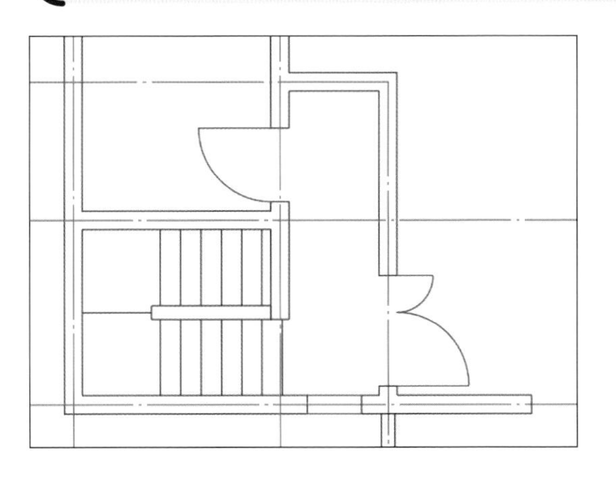

ドアとはめ殺し窓を作図します。線分コマンド、円コマンド、トリムコマンドを使用します。

はめ殺し窓とは、壁などに直接はめ込まれた、開閉することができない窓のことをいいます。

6-11 | バルコニーの窓の作図

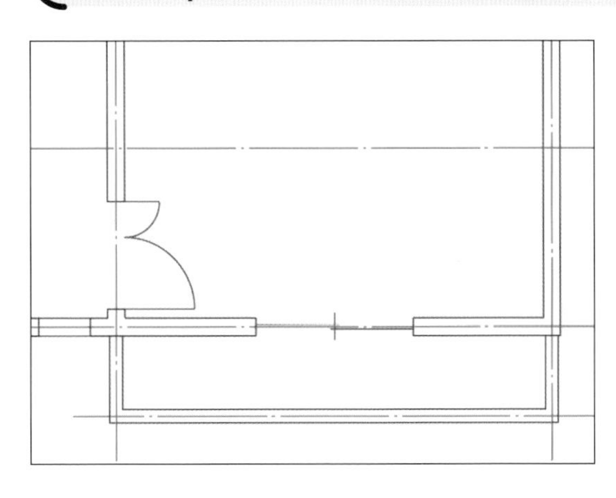

引き違い窓を作図します。線分コマンド、トリムコマンドなどを使用します。

引き違い窓とは、2枚以上のガラス戸をそれぞれ異なるレールにはめ、滑らせて開閉する窓のことをいいます。

6-12 キッチンシンクの作図

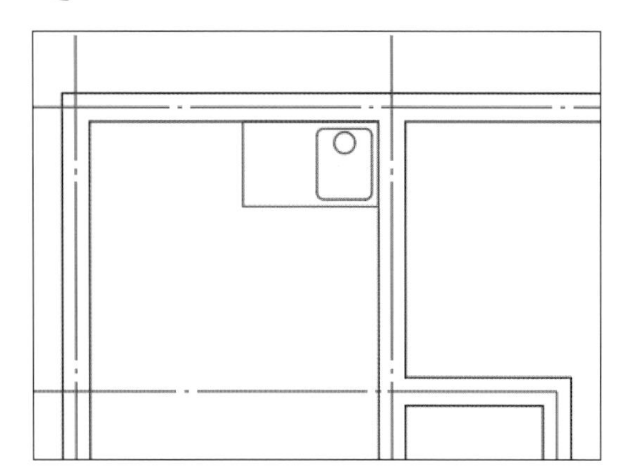

キッチンシンクを作図します。長方形コマンド、円コマンド、フィレットコマンドなどを使用します。

6-13 記号や文字の作図

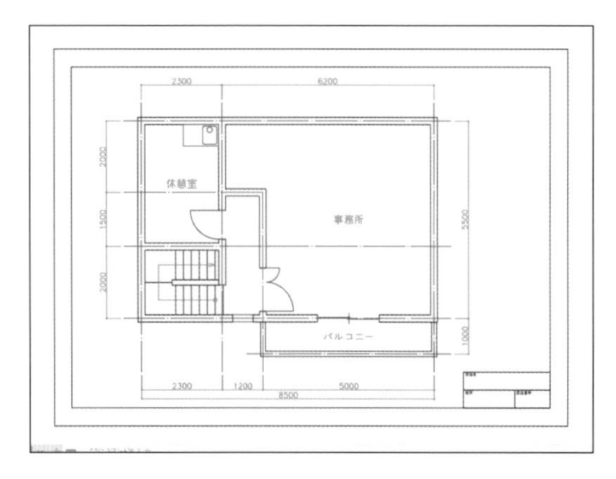

「事務所」「休憩室」「バルコニー」の文字を作図します。文字記入コマンドを使用します。

6-14 印刷

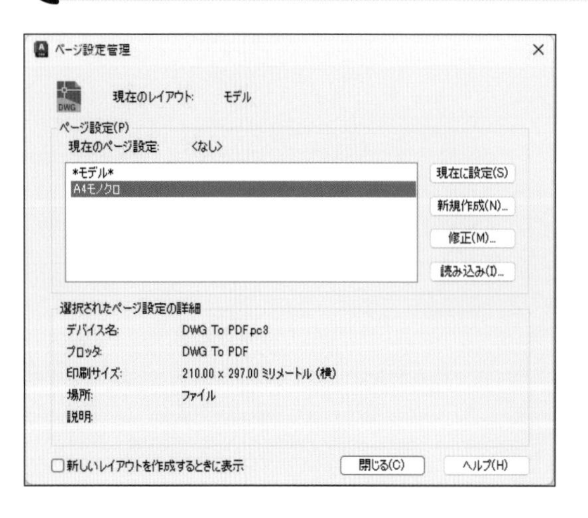

印刷の設定を行い、その設定を保存、出力を行います。ここではPDFに出力をします。

SECTION
6-2

完成ファイル
A4サイズ.dwt

テンプレートの作成

テンプレートとは様々な設定をしたひな形のことです。文字スタイルや寸法スタイル、画層などの設定はすべて図面に保存されますが、それを図面作成の度に毎回行うのは効率的ではありません。あらかじめ設定し、テンプレートファイルとして保存しておきましょう。テンプレート作成の流れは以下の通りです。

ここで学ぶこと

ファイルを新規作成し、様々な設定を行った後、図枠の作成を行います。最後に、このファイルをテンプレートとして使用するため、拡張子「dwt」で保存をします。

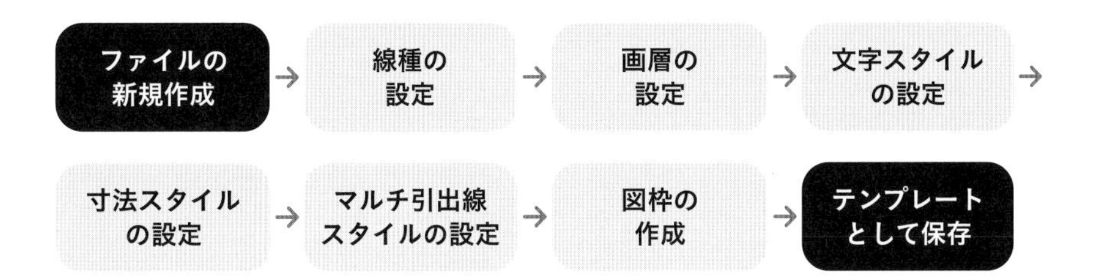

6-2-1 ファイルの新規作成 P.224

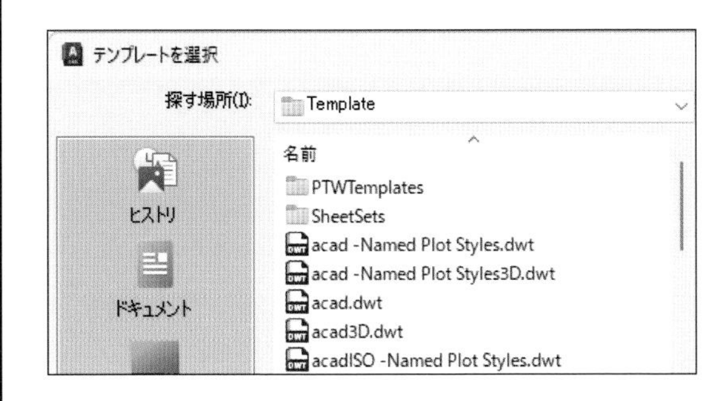

ファイルを新しく作成します。ここで選択するテンプレートは、画層などの設定がされていない、AutoCADに始めから用意されているテンプレートファイルを選択します。用意されているテンプレートの種類についてはP.24「テンプレートファイル」を参照してください。

6-2-2 線種の設定 P.225

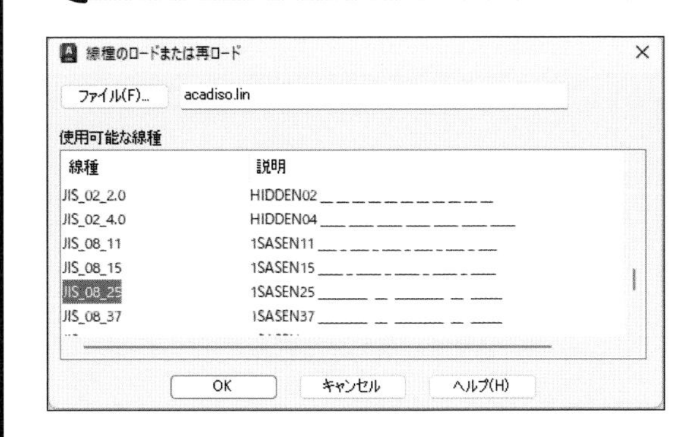

1点鎖線や破線、点線などの線種は線種定義ファイルから読み込む必要があります。この読み込む操作のことを「ロード」と呼びます。AutoCADに始めから用意されている線種定義ファイルには以下の種類があります。

- acad.lin　　単位がインチ系の図面用
- acadiso.in　　単位がメートル系の図面用
- sxf.lin　　SXF仕様に準拠

6-2-3 画層の設定 P.226

状	名前	表	フ.	ロ.	印	色	線種
✓	0					white	Continuous
	01-壁芯					red	JIS_08_25
	02-壁					white	Continuous
	03-建具					blue	Continuous
	04-寸法文字					green	Continuous

画層には色、線種、線の太さを設定することができます。表示／非表示や印刷など、図面作成時に管理しやすいように作成しましょう。また、始めに用意されている「0」画層は、ブロックで使用する特別な画層です(P.214)。通常は「0」画層には何も書かないようにしてください。

6-2-4 文字スタイルの設定 P.229

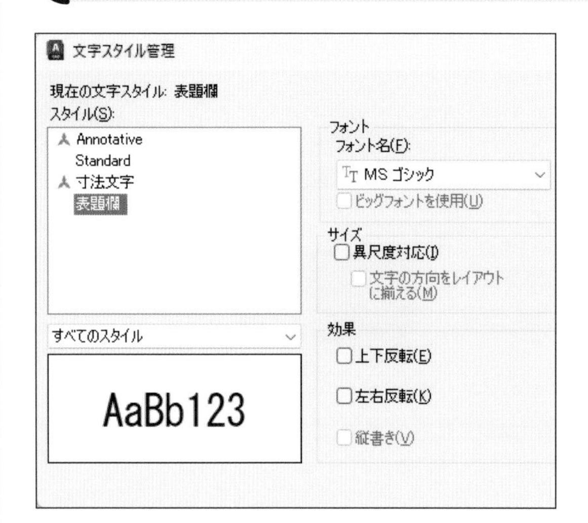

フォントなどの文字に関する設定は文字スタイルとして設定します。AutoCADで使用するフォントはAutoCAD専用のSHXフォントと、Windows全般で使用されるTrueTypeフォントがあります。フォントによって設定が違うので、注意してください。

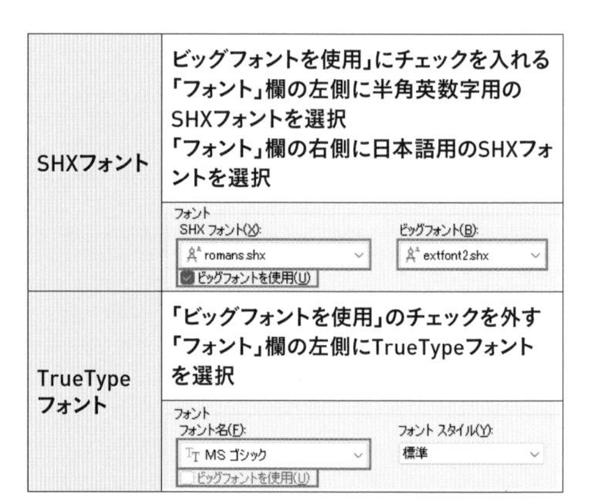

SHXフォント	「ビッグフォントを使用」にチェックを入れる 「フォント」欄の左側に半角英数字用のSHXフォントを選択 「フォント」欄の右側に日本語用のSHXフォントを選択
	フォント SHX フォント(X): romans.shx ビッグフォント(B): extfont2.shx ビッグフォントを使用(U)
TrueTypeフォント	「ビッグフォントを使用」のチェックを外す 「フォント」欄の左側にTrueTypeフォントを選択
	フォント フォント名(F): MS ゴシック フォント スタイル(Y): 標準 ビッグフォントを使用(U)

6-2-5 寸法スタイルの設定 P.231

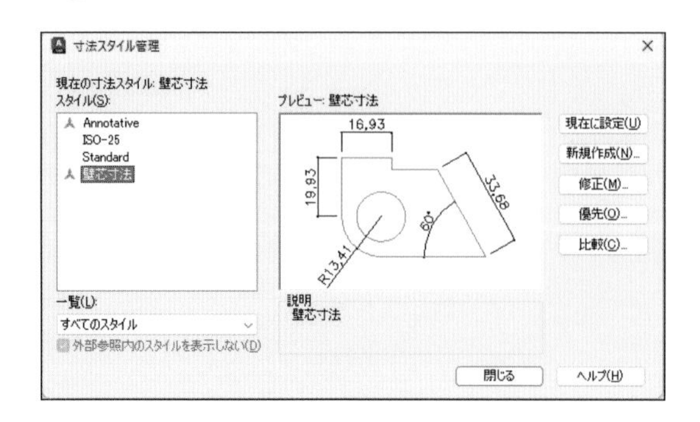

矢印の種類や寸法値の高さなどの寸法に関する設定は、寸法スタイルとして設定します。以下のような設定を行うことができます。

「寸法線」タブ	寸法線、寸法補助線の色や線種など
「シンボルと矢印」タブ	寸法に使われる各種の記号など
「寸法値」タブ	寸法値に使われる文字のスタイルや高さなど
「フィット」タブ	寸法図形の尺度や寸法値と矢印の間隔、配置など
「基本単位」タブ	寸法値の小数点の桁数など
「変換単位」タブ	メートル系、インチ系両方の表記設定など
「許容差」タブ	主に機械設計などで使用される公差の設定

6-2-6 マルチ引出線スタイルの設定 P.234

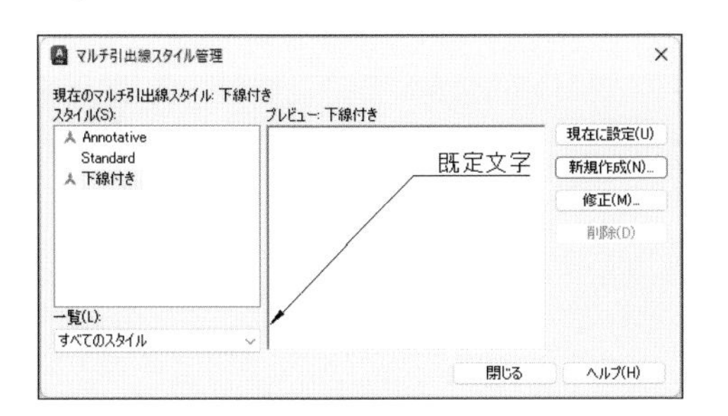

矢印の種類や文字の高さなど、マルチ引出線に関する設定は、マルチ引出線スタイルとして設定します。

「引出線の形式」タブ	引出線の色や線種、矢印の種類など
「引出線の構造」タブ	引出線図形の尺度や参照線の長さなど
「内容」タブ	引出線に使われる文字のスタイルや高さなど

6-2-7 図枠の作成 P.236

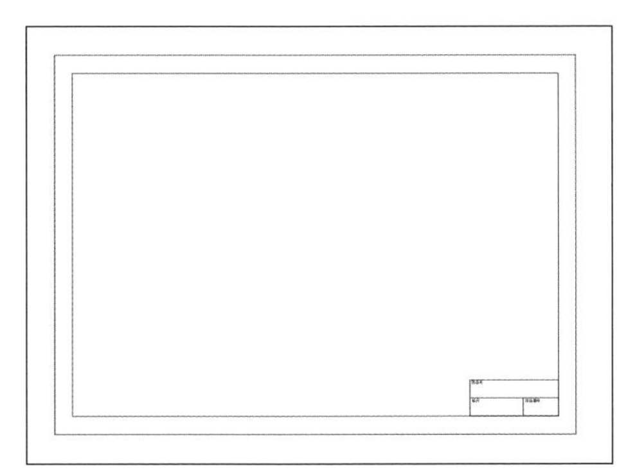

用紙の大きさを表す用紙枠や図面枠、表題欄を長方形や線分、文字で作図します。

A1サイズ………841 x 594
A2サイズ………594 x 420
A3サイズ………420 x 297
A4サイズ………297 x 210

6-2-8 テンプレートとして保存 P.241

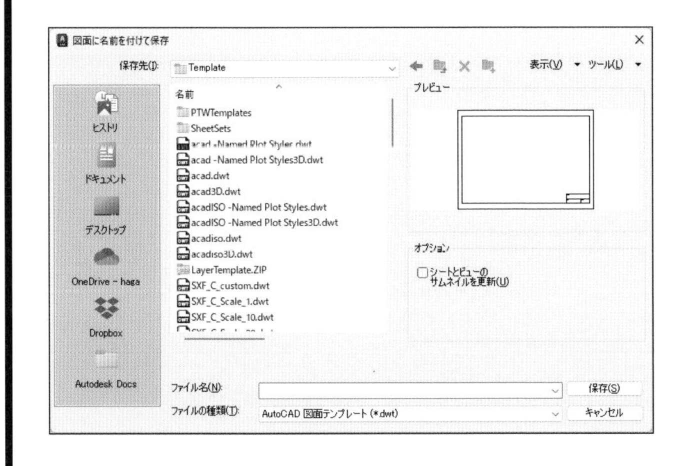

拡張子がdwtの図面テンプレートファイルとして保存します。テンプレートとして保存すると、ファイルの新規作成でテンプレートとして選択することができるようになり、あらかじめ様々なものが設定されたファイルで図面を書きはじめることができます。

6-2-1 ファイルの新規作成

メートル系のテンプレート「acadiso.dwt」を選択し、ファイルを新規作成します。

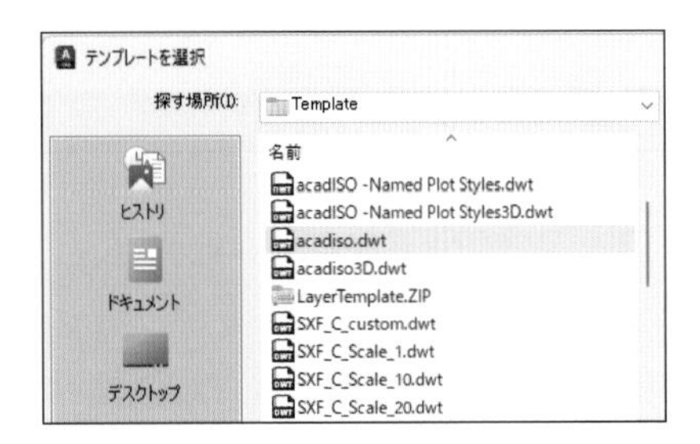

使用するコマンド	[新規作成]
メニュー	[ファイル]ー[新規作成]
リボン	なし
アイコン	
キーボード	NEW[Enter]

やってみよう

1 [新規作成]を選択する

アプリケーションボタンから、[新規作成]を選択します。

2 テンプレートファイルを選択する

[acadiso.dwt]をクリックして選択します。

3 ファイルを開く

[開く]ボタンをクリックします。

➡ファイルが作成されました。

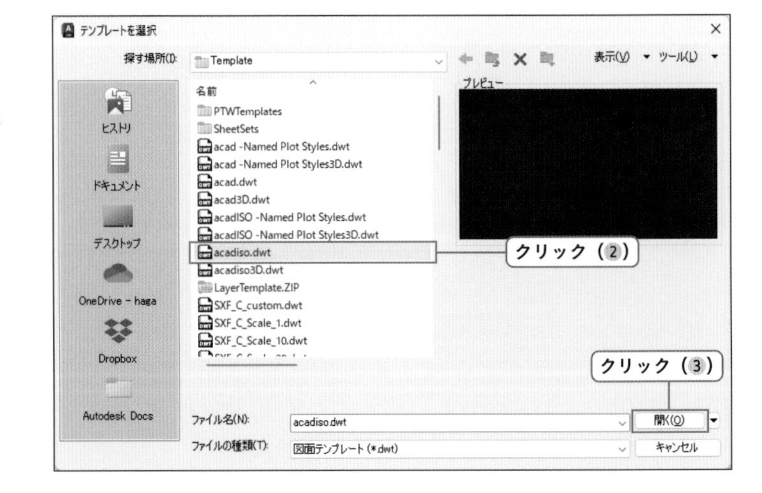

4 グリッドをオフにする

グリッドがオンになっている場合は、オフにします。

グリッドとは、方眼紙のように画面に補助的に表示される線のことです。

➡グリッドがオフとなり、作図領域に格子状の表示が消えました。

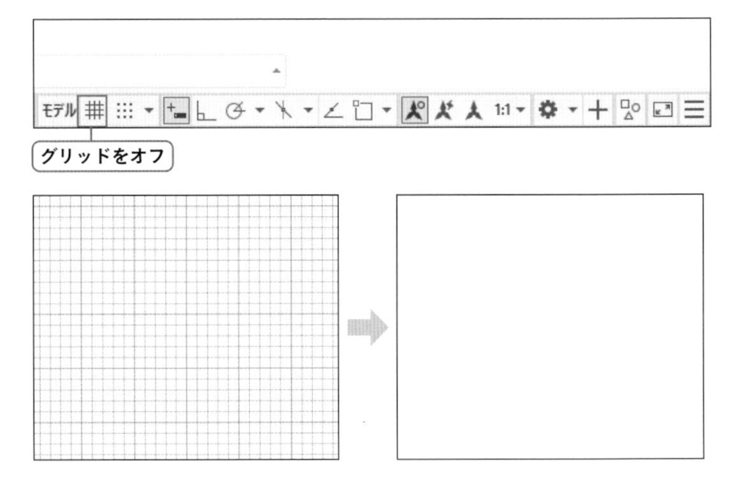

6-2-2 線種の設定

使用する線種をあらかじめロードしておきます。ここでは、一点鎖線である「JIS_08_25」をロードします。「JIS_○○_○○」の線種は、JIS規格に準拠した線種です。

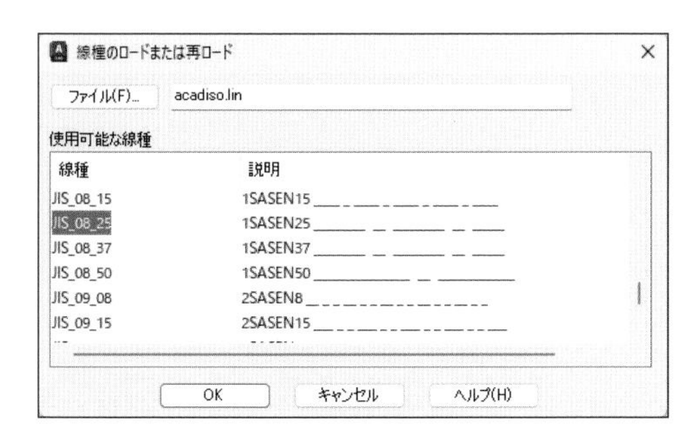

使用するコマンド	[線種設定]
メニュー	[形式]－[線種設定]
リボン	[ホーム]タブ－[プロパティ]パネル
アイコン	なし
キーボード	LINETYPE[Enter](LT[Enter])

JISとは「日本工業規格」を意味し、日本の工業製品に関する規格や測定法などが定められた日本の国家規格のことをいいます。

やってみよう

1 線種管理コマンドを選択する

[ホーム] タブ－[プロパティ] パネル－[線種] をクリックし、[その他] を選択します。

➔線種管理コマンドが実行され、「線種管理」ダイアログボックスが表示されます。

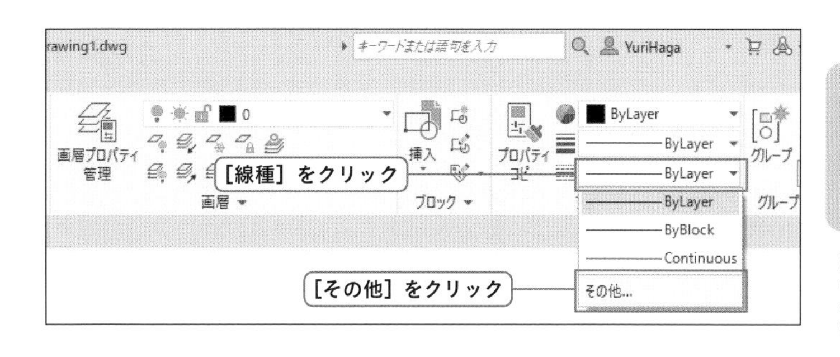

2 線種のロードを選択する

[ロード] ボタンをクリックします。

➔「線種のロードまたは再ロード」ダイアログボックスが表示されます。

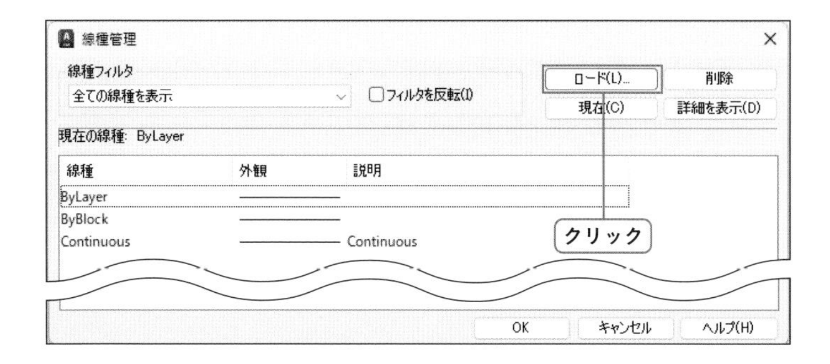

3 線種を選択する

「使用可能な線種」の一覧を下にスクロールして「JIS_08_25」を選択します。

4 線種のロードを実行する

[OK] ボタンをクリックします。

➔「線種のロードまたは再ロード」ダイアログボックスが閉じ、選択した「JIS_08_25」の線種がロードされました。

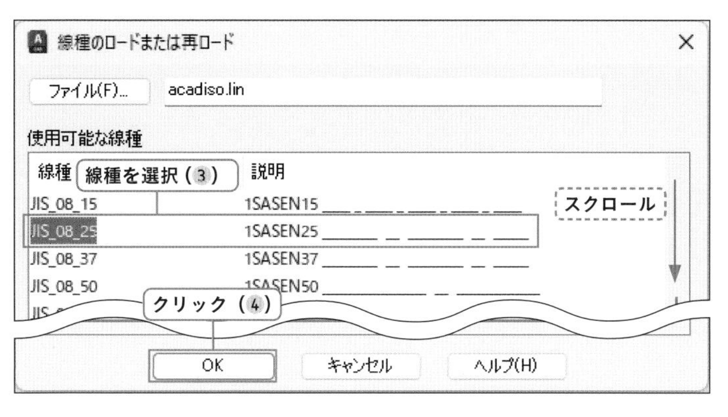

5 線種管理を終了する

[OK] ボタンをクリックします。
➔線種管理が終了し、「線種管理」ダイアログボックスが閉じました。

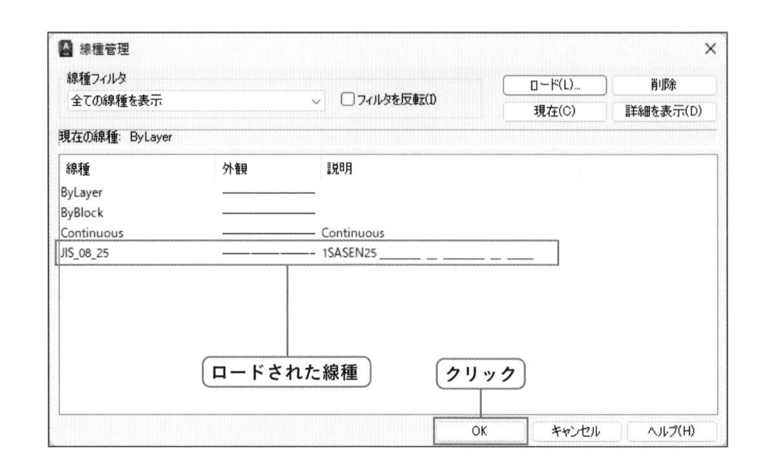

6-2-3 画層の設定

よく使用する画層を作成し、色や線種、線の太さを設定します。ここで作成する画層は下記の表を参考にしてください。線種の「Continuous」は実線のことです。

作成する画層			
名前	色	線種	線の太さ
01-壁芯	red	JIS_08_25	0.18mm
02-壁	white	Continuous	0.30mm
03-建具	blue	Continuous	0.30mm
04-寸法文字	green	Continuous	0.18mm
05-その他	magenta	Continuous	0.18mm
09-図面枠	white	Continuous	0.50mm

使用するコマンド	[画層プロパティ管理]
メニュー	[形式]ー[画層管理]
リボン	[ホーム]タブー[画層]パネル
アイコン	
キーボード	LAYER[Enter](LA[Enter])

やってみよう

1 画層プロパティ管理コマンドを選択する

[ホーム] タブー [画層] パネルー [画層プロパティ管理] をクリックします。
➔「画層プロパティ管理」パレットが表示されます。

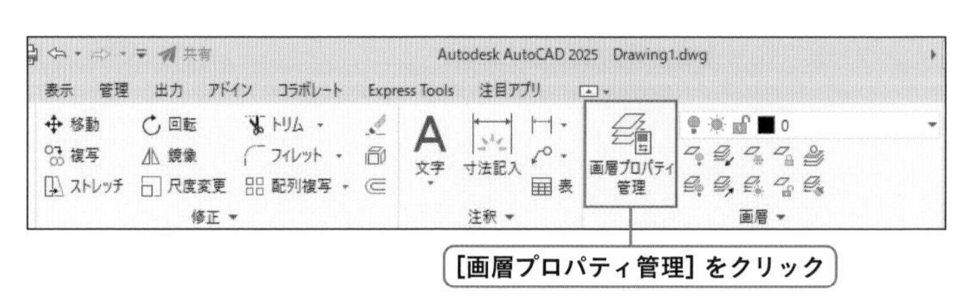

2 新規作成を選択する

[新規作成] ボタンをクリックします。
➔画層が作成され、名前が入力できるようになっています。

3 名前を入力する

キーボードで「01-壁芯」と入力し、[Enter] キーを押します。
➔画層の名前が入力されました。

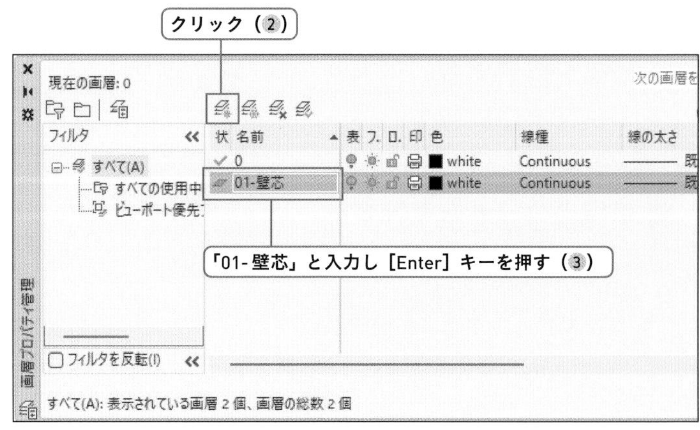

④ 色を選択する

「色」欄の［white］をクリックします。
➔「色選択」ダイアログボックスが表示されました。

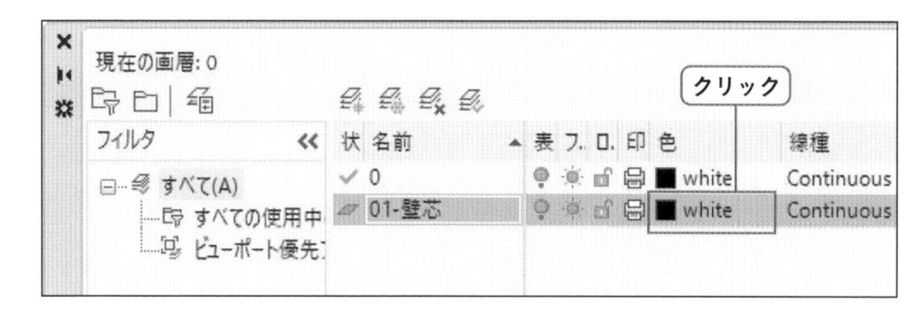

⑤ 画層に設定する色を選択する

「red」をクリックして選択します。
➔「色」欄に「red」と表示されました。

> 「色選択」ダイアログボックスの中段に表示される9色はよく使用される色で、左から7色は「red」「yellow」などの名前がついています。その他の色は番号で呼ばれます。

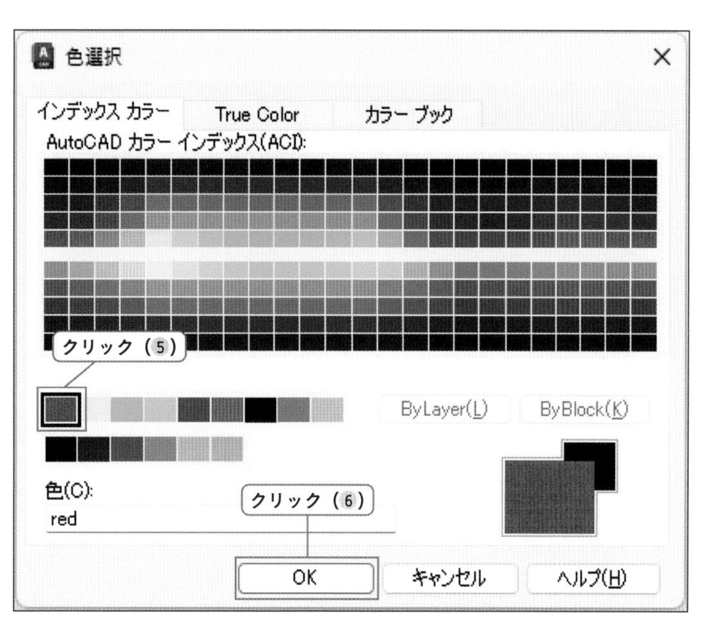

⑥ 色の選択を終了する

［OK］ボタンをクリックします。
➔「01-壁芯」画層に色「red」が設定されました。

⑦ 線種を選択する

「線種」欄の［Continuous］をクリックします。
➔「線種を選択」ダイアログボックスが表示されました。

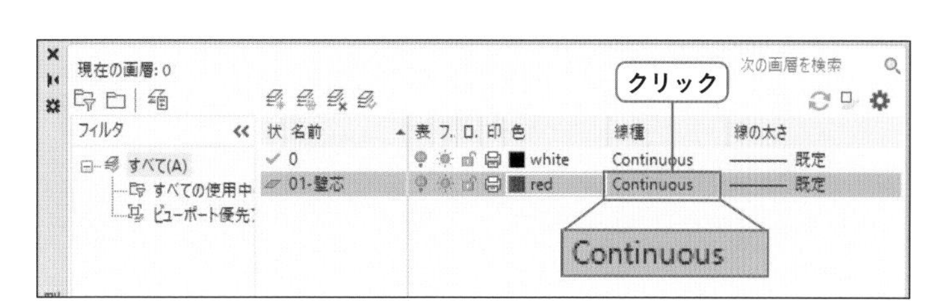

⑧ 画層に設定する線種を選択する

「JIS_08_25」をクリックして選択します。

⑨ 線種の選択を終了する

［OK］ボタンをクリックします。
➔「01-壁芯」画層に線種「JIS_08_25」が設定されました。

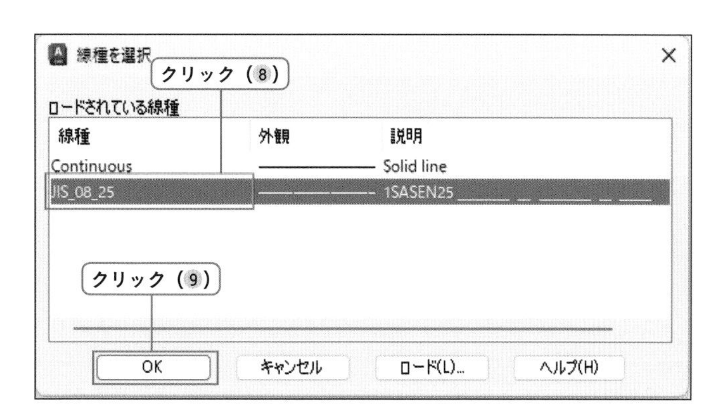

⑩ 線の太さを選択する

「線の太さ」欄の［既定］をクリックします。
➔「線の太さ」ダイアログボックスが表示されました。

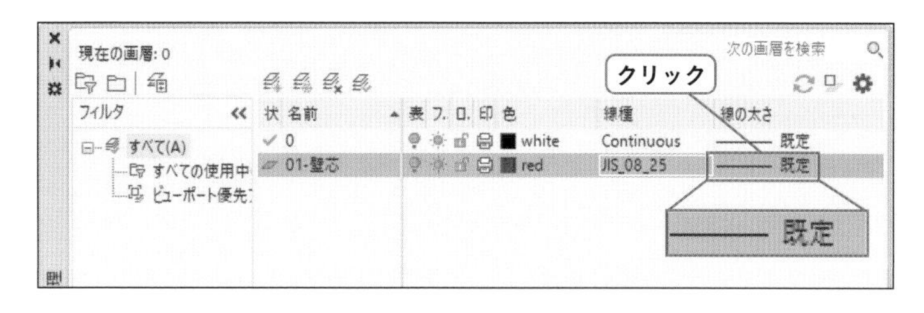

⑪ 画層に設定する線の太さを選択する

「0.18mm」をクリックして選択します。

⑫ 線の太さの選択を終了する

[OK] ボタンをクリックします。

➔「01-壁芯」画層に線の太さ「0.18mm」が設定されました。

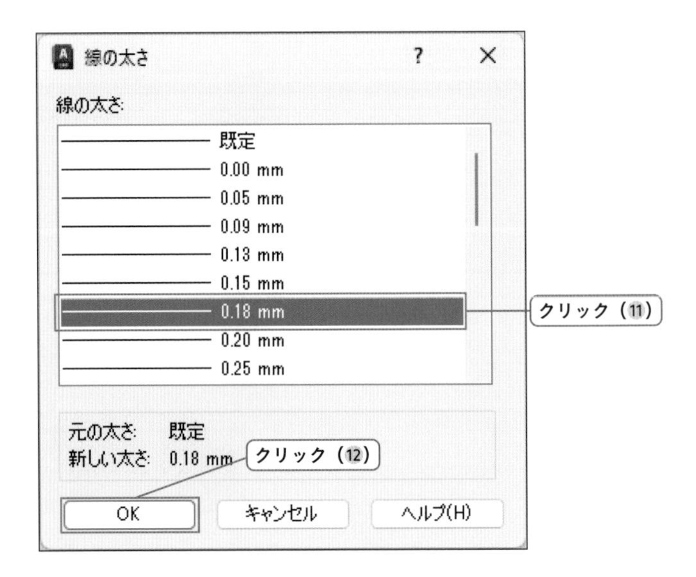

⑬ 他の画層を作成する

手順②～⑫を参照して、他の画層「02-壁」、「03-建具」、「04-寸法文字」、「05-その他」、「09-図面枠」を作成します。色や線の設定は、P.226の表を参照してください。

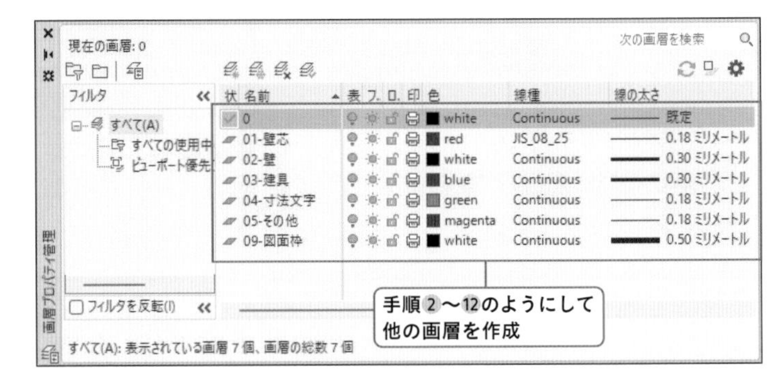

⑭ 画層プロパティ管理パレットを閉じる

パレットの[×] ボタンをクリックします。

➔画層プロパティ管理パレットが閉じました。

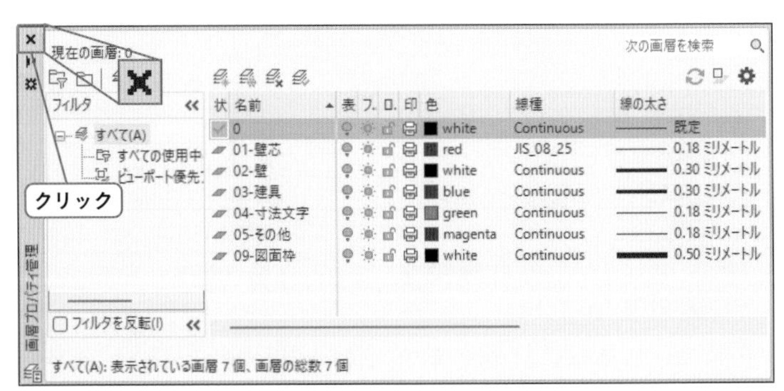

図面枠の画層につけている番号は、図面枠の画層を選択することは少ないので、画層の表示順序を下げるために「09」にしています。

6-2-4 文字スタイルの設定

「表題欄」と「寸法文字」の文字スタイルを作成します。「表題欄」のフォントはTrueTypeフォントの「MSゴシック」、「寸法文字」のフォントはSHXフォントの「romans.shx」と「extfont2.shx」を選択します。「@」のついているフォントは縦書き用なので、選択しないように注意してください。

表題欄

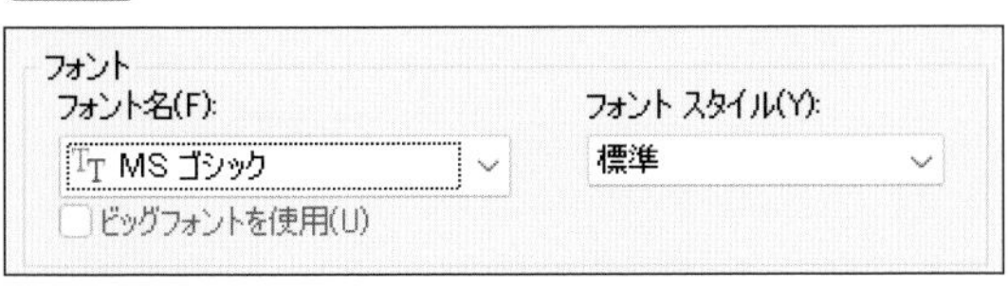

寸法文字

フォント
SHX フォント(X):
ビッグフォント(B):
romans.shx
extfont2.shx
ビッグフォントを使用(U)

使用するコマンド	[文字スタイル管理]
メニュー	[形式]－[文字スタイル管理]
リボン	[ホーム]タブ－[注釈]パネル
アイコン	
キーボード	STYLE[Enter](ST[Enter])

やってみよう

1 文字スタイル管理コマンドを選択する

[ホーム] タブ- [注釈] パネルを展開し、[文字スタイル管理] をクリックします。

⊖文字スタイル管理コマンドが実行され、「文字スタイル管理」ダイアログボックスが表示されました。

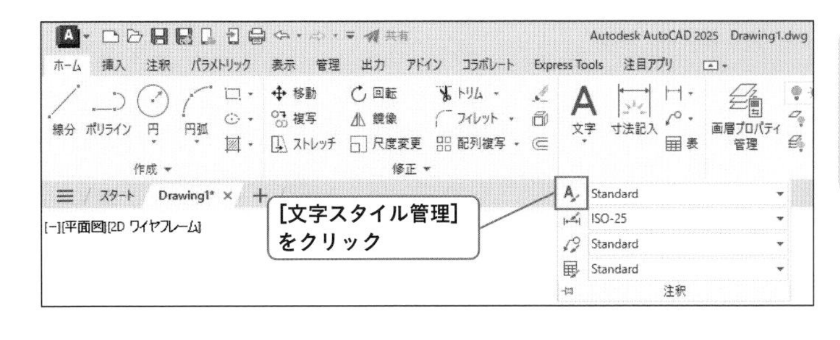

2 新規作成を選択する

[新規作成] ボタンをクリックします。

⊖「新しい文字スタイル」ダイアログボックスが表示されました。

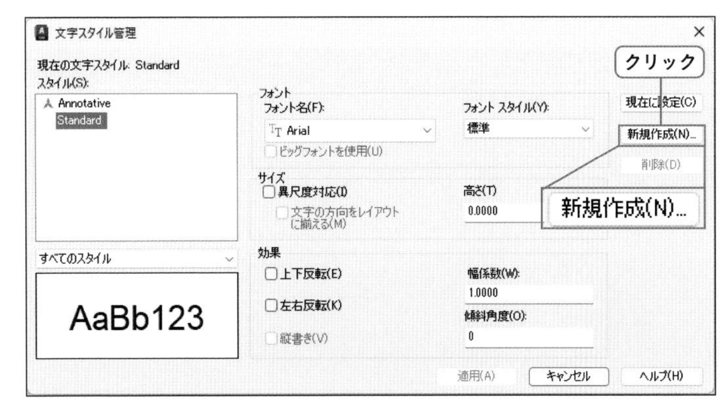

3 名前を入力する

[スタイル名] にキーボードで「表題欄」と入力します。

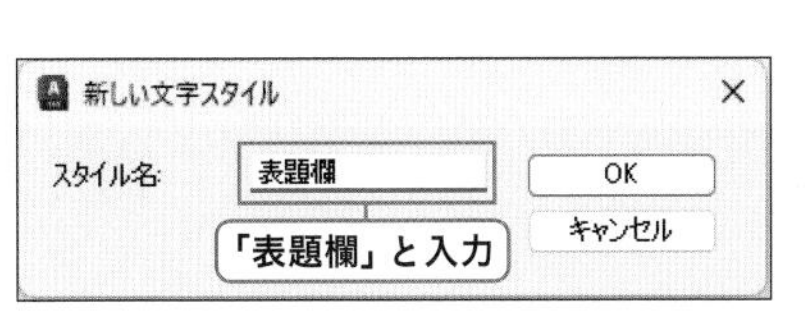

4 名前の入力を終了する

[OK] ボタンをクリックします。

⊖「表題欄」文字スタイルが作成されました。次に、「表題欄」文字スタイルの設定を変更します。

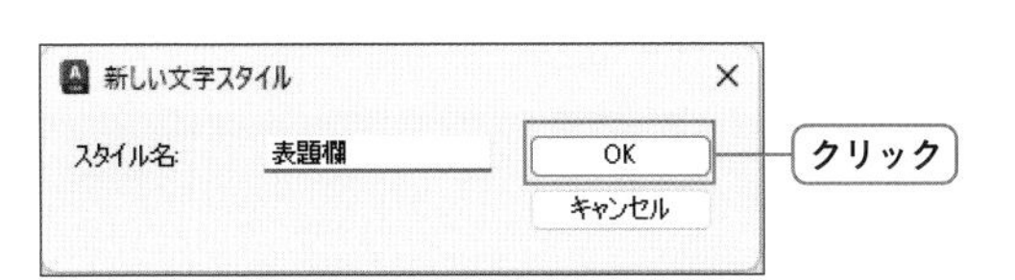

5 フォントを選択する

［フォント名］から「MSゴシック」を選択します。

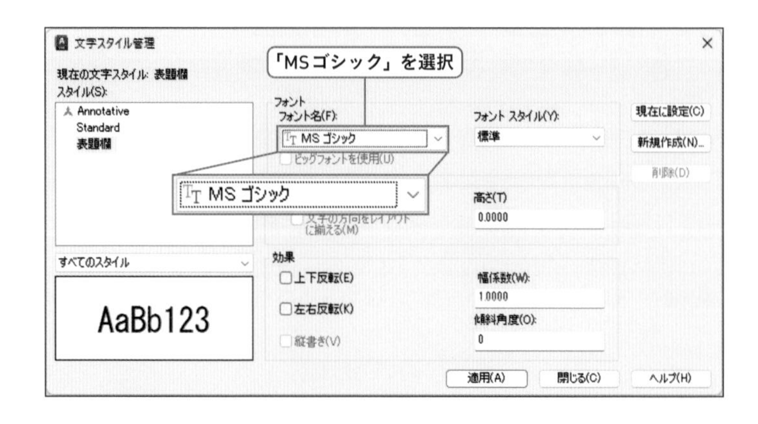

6 変更した設定を適用する

［適用］ボタンをクリックします。

➡「表題欄」文字スタイルの設定が適用されました。次に、「寸法文字」の文字スタイルを作成します。

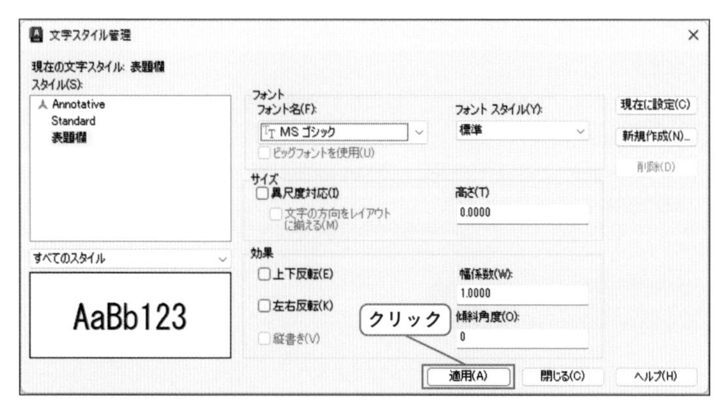

7「寸法文字」文字スタイルを作成する

手順2〜4を参考に、「寸法文字」文字スタイルを作成します。

➡このあと「寸法文字」文字スタイルにフォントなどの設定をしていきます。

8 フォントを選択する

［フォント名］から「romans.shx」を選択します。

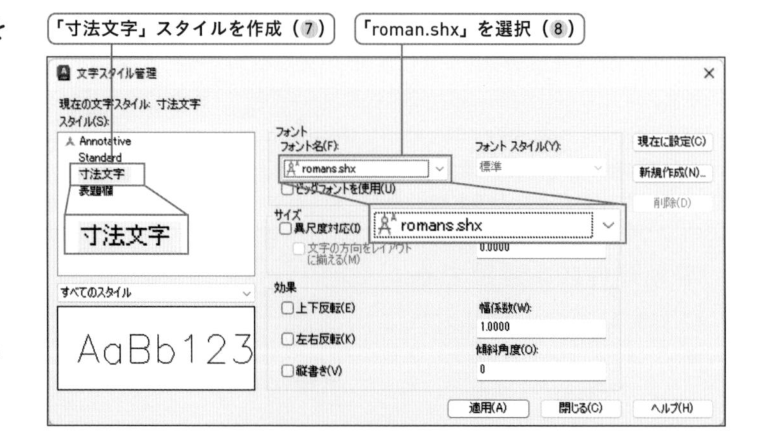

9 ビッグフォントを使用を選択する

［ビッグフォントを使用］にチェックを入れます。

➡日本語用のフォントを選択する［ビッグフォント］欄が選択できるようになりました。

10 ビッグフォントを選択する

［ビッグフォント］から「extfont2.shx」を選択します。

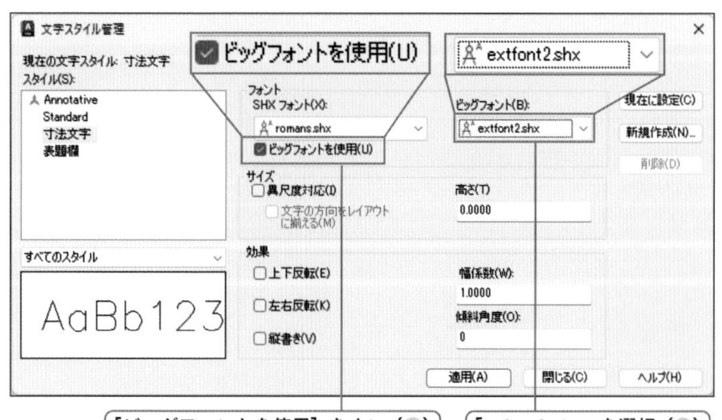

⑪ 異尺度対応を選択する

［異尺度対応］にチェックを入れます。

> 尺度の設定を「異尺度対応」にすることにより、図面作成をする時に簡単に文字の大きさを図面の尺度に合わせて設定することができます。

⑫ 変更した設定を適用する

［適用］ボタンをクリックします。

➜「寸法文字」文字スタイルの設定が適用されました。

［異尺度対応］をオン（⑪）　クリック（⑫）

⑬ 文字スタイル管理を終了する

［閉じる］ボタンをクリックします。

➜「文字スタイル管理」ダイアログボックスが閉じました。

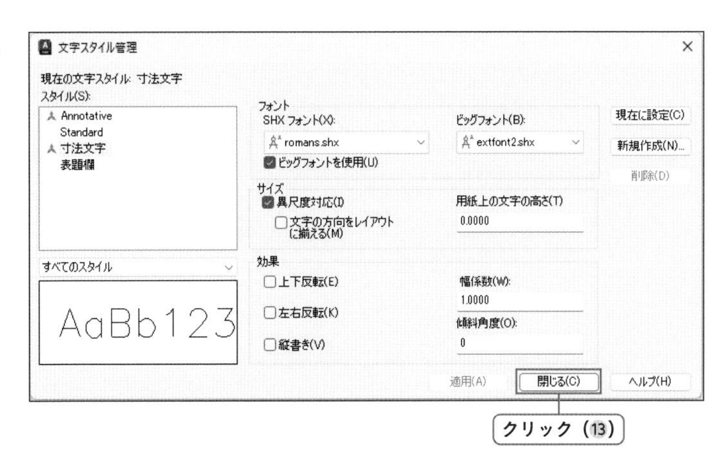

6-2-5 ｜ 寸法スタイルの設定

「壁芯寸法」寸法スタイルを作成します。「寸法線」タブで、「並列寸法の寸法線間隔」、「補助線延長長さ」、「起点からのオフセット」を、「シンボルと矢印」タブで、矢印に「黒丸」、矢印のサイズに「0.8」を、「寸法値」タブで、文字スタイルに「寸法文字」、「文字の高さ」に「3」を設定します。

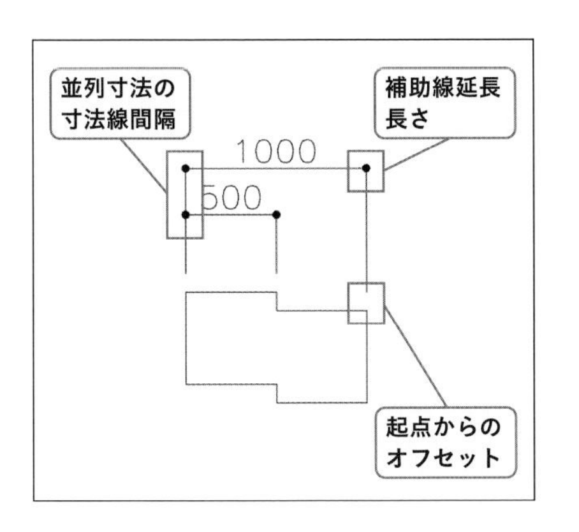

使用するコマンド	［寸法スタイル管理］
メニュー	［形式］－［寸法スタイル管理］
リボン	［ホーム］タブ－［注釈］パネル
アイコン	
キーボード	DIMSTYLE［Enter］（D［Enter］）

やってみよう

1 寸法スタイル管理コマンドを選択する

［ホーム］タブー［注釈］パネルを展開し、［寸法スタイル管理］をクリックします。

⊖寸法スタイル管理コマンドが実行され、「寸法スタイル管理」ダイアログボックスが表示されました。

2 新規作成を選択する

［新規作成］ボタンをクリックします。

⊖「寸法スタイルを新規作成」ダイアログボックスが表示されました。

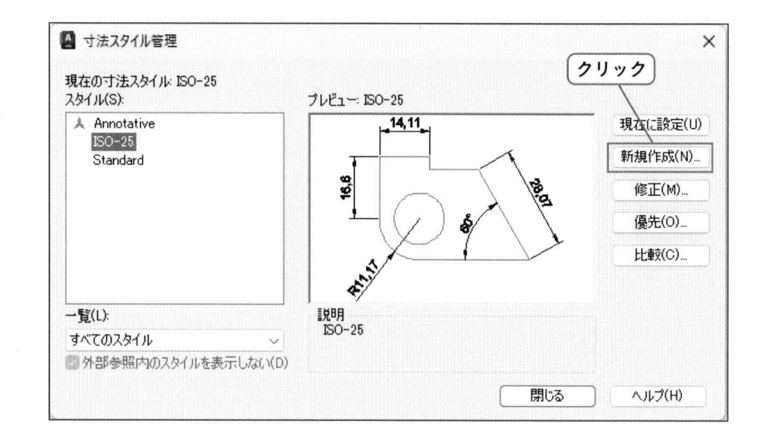

3 名前を入力する

［新しいスタイル名］にキーボードで「壁芯寸法」と入力します。

4 異尺度対応を選択する

［異尺度対応］にチェックを入れます。

尺度の設定を「異尺度対応」にすることにより、図面作成をする時に簡単に寸法の大きさを図面の尺度に合わせて設定することができます。

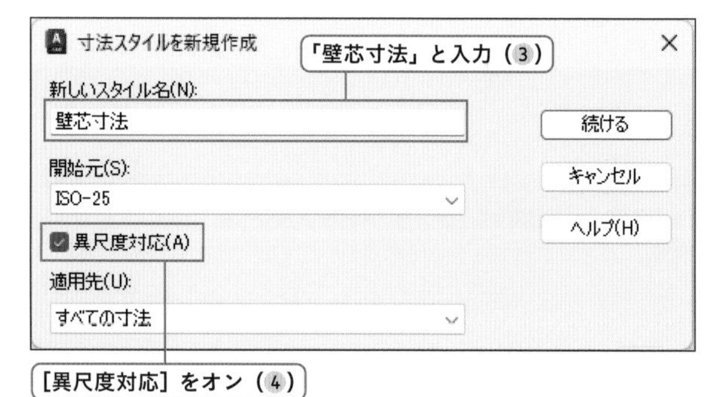

5 名前の入力を終了する

［続ける］ボタンをクリックします。

⊖「寸法スタイルを新規作成：壁芯寸法」ダイアログボックスが表示されました。

6 寸法線の設定を変更する

[寸法線] タブをクリックし、次の設定を行います。

a「並列寸法の寸法線間隔」に「5」を入力

b「補助線延長長さ」に「0」を入力

c「起点からのオフセット」に「2」を入力

[寸法線] タブをクリック

寸法スタイルを新規作成: 壁芯寸法

寸法線 シンボルと矢印 寸法値 フィット 基本単位 変換単位 許容差

寸法線
色(C): ByBlock
線種(L): ByBlock
線の太さ(G): ByBlock
寸法線延長長さ(N): 0
並列寸法の寸法線間隔(A): 5 a
省略: 寸法線-1(M) 寸法線-2(D)

寸法補助線
色(R): ByBlock
寸法補助線-1 の線種(I): ByBlock
寸法補助線-2 の線種(T): ByBlock
線の太さ(W): ByBlock
省略: 寸法補助線-1(1) 寸法補助線-2(2)
b 補助線延長長さ(X): 0
c 起点からのオフセット(F): 2
寸法補助線の長さを固定(O)
長さ(E): 1

OK キャンセル ヘルプ(H)

7 矢印の設定を変更する

[シンボルと矢印] タブをクリックし、次の設定を行います。

a [矢印] 欄の[1番目] で[黒丸] を選択

b [矢印のサイズ] に「0.8」を入力

⊖ [1番目] を [黒丸] にすると、自動的に [2番目] も [黒丸] に変更されます。

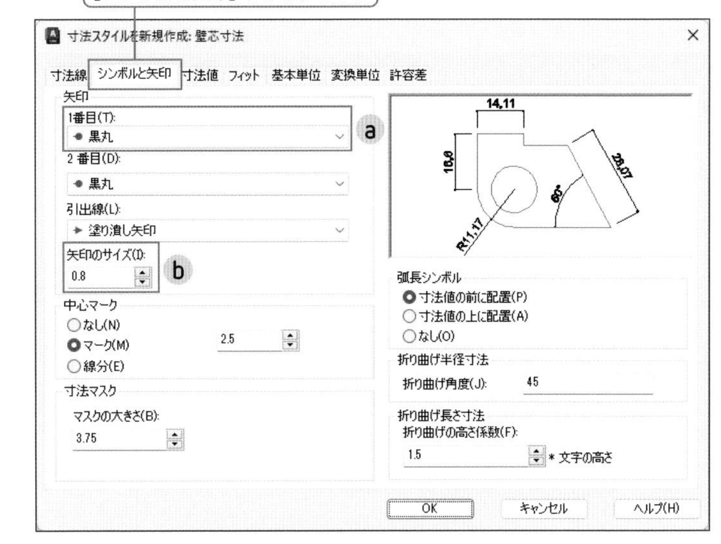

8 寸法値の設定を変更する

[寸法値] タブをクリックし、次の設定を行います。

a「文字スタイル」で「寸法文字」を選択

b「文字の高さ」に「3」を入力

9 寸法の設定を終了する

[OK] ボタンをクリックします。

⊖「寸法スタイルを新規作成: 壁芯寸法」ダイアログボックスが閉じました。

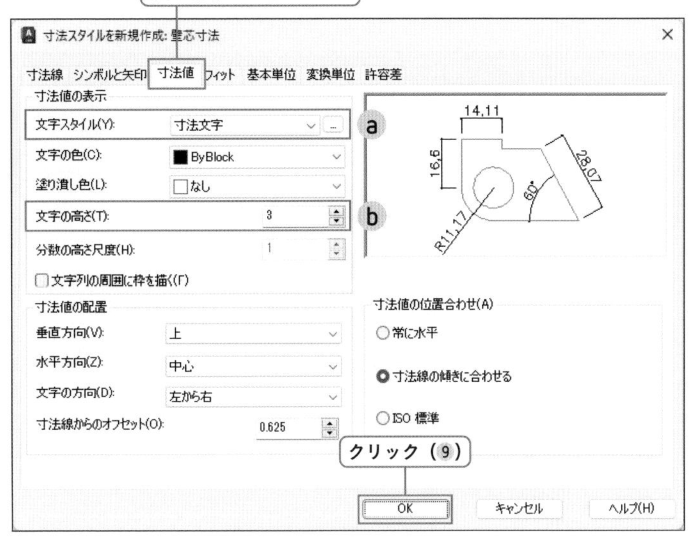

10 寸法スタイル管理を終了する

[閉じる] ボタンをクリックします。

➔「寸法スタイル管理」ダイアログボックスが閉じました。

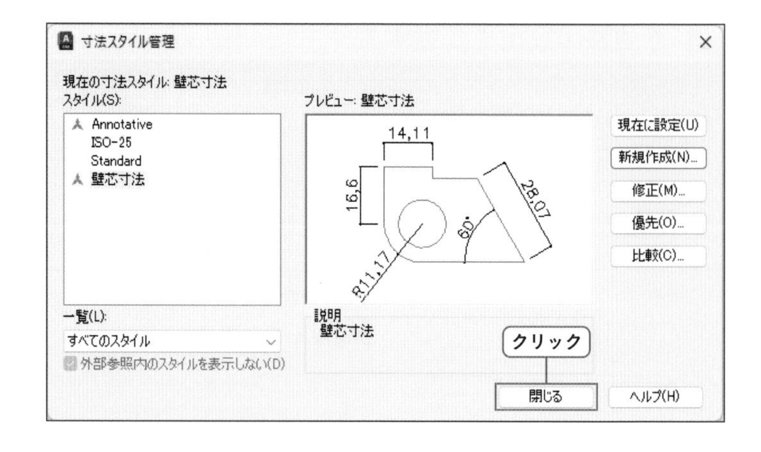

6-2-6 マルチ引出線スタイルの設定

「下線付き」マルチ引出線スタイルを作成します。「引出線の形式」タブで、矢印を「塗り潰し矢印」、矢印のサイズに「2.5」、「引出線の構造」タブで、「参照線の長さ」を「2」、「内容」タブで、文字スタイルに「寸法文字」、「文字の高さ」に「3」、「引出線の接続」欄で左側と右側の接続を「最終行に下線」に設定します。

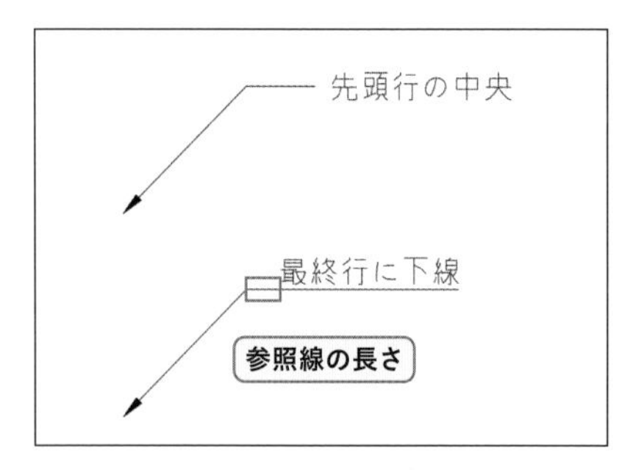

使用するコマンド	[マルチ引出線スタイル管理]
メニュー	[形式]－[マルチ引出線スタイル管理]
リボン	[ホーム]タブ－[注釈]パネル
アイコン	
キーボード	MLEADERSTYLE[Enter](MLS[Enter])

やってみよう

1 マルチ引出線スタイル管理コマンドを選択する

[ホーム] タブ－[注釈] パネルを展開し、[マルチ引出線スタイル管理] をクリックします。

➔マルチ引出線スタイル管理コマンドが実行され、「マルチ引出線スタイル管理」ダイアログボックスが表示されました。

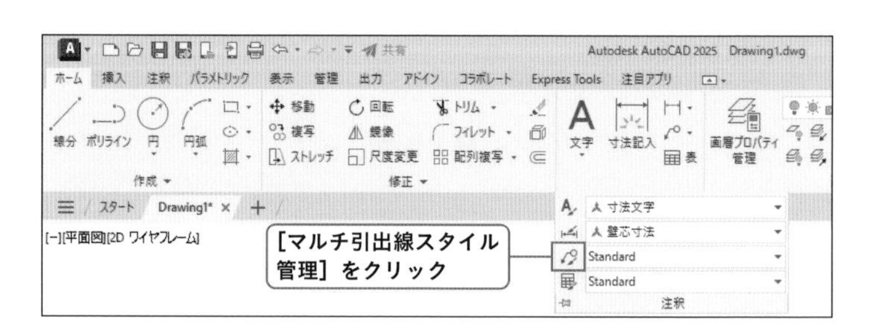

2 新規作成を選択する

[新規作成] ボタンをクリックします。

➔「新しいマルチ引出線スタイルを作成」ダイアログボックスが表示されました。

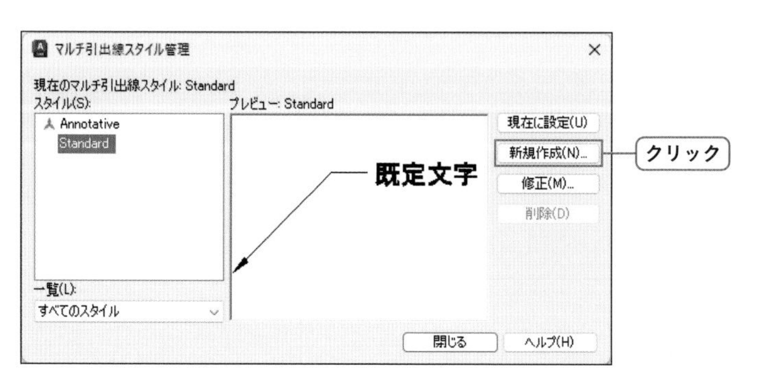

③ 名前を入力する

[新しいマルチ引出線スタイル名] にキーボードで「下線付き」と入力します。

④ 異尺度対応を選択する

[異尺度対応] にチェックを入れます。

尺度の設定を「異尺度対応」にすることにより、図面作成をする時に簡単に引出線の大きさを設定することができます。

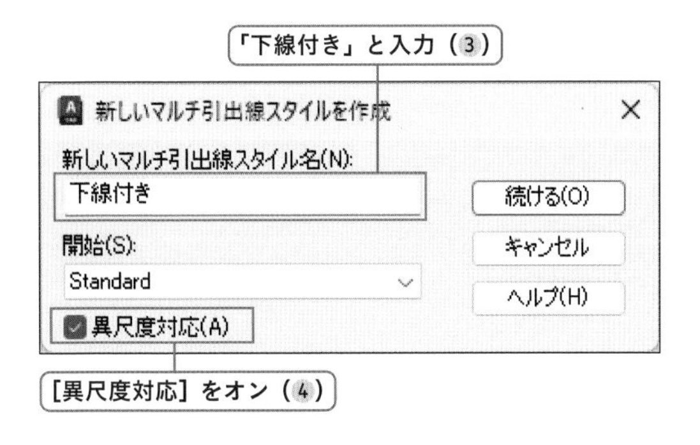

⑤ 名前の入力を終了する

[続ける] ボタンをクリックします。

➔「マルチ引出線スタイルを修正：下線付き」ダイアログボックスが表示されました。

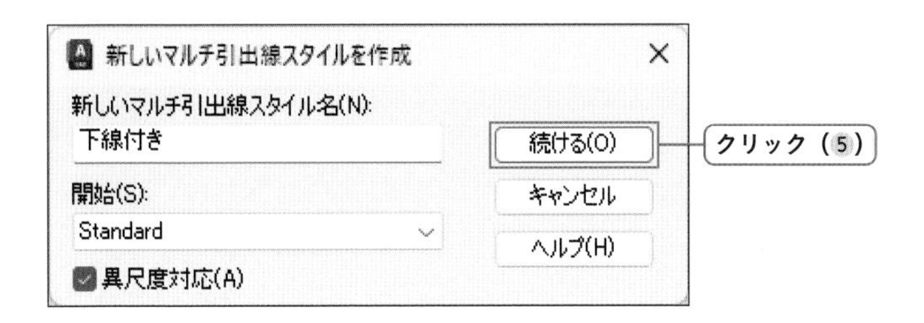

⑥ 矢印の設定を変更する

[引出線の形式] タブをクリックし、[矢印] 欄で次の設定を行います。

ⓐ [記号] で「塗り潰し矢印」を選択

ⓑ [サイズ] に「2.5」を入力

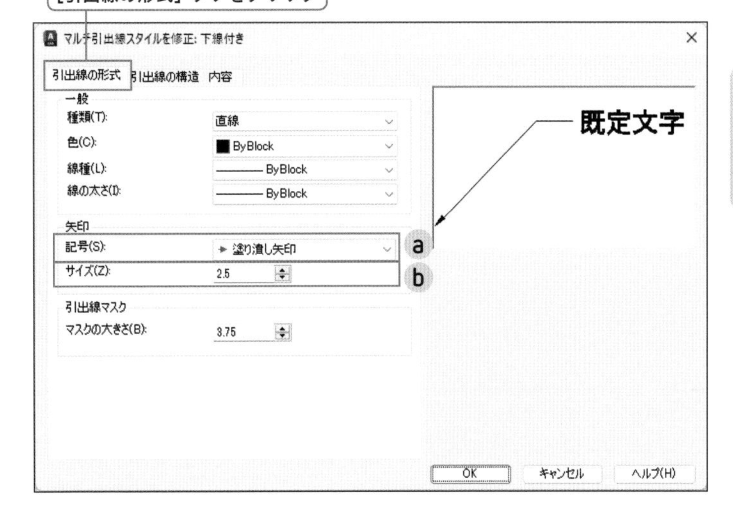

⑦ 参照線の設定を変更する

[引出線の構造] タブをクリックし、[参照線の設定] 欄で次の設定を行います。

ⓐ [参照線の長さを設定] に「2」を入力

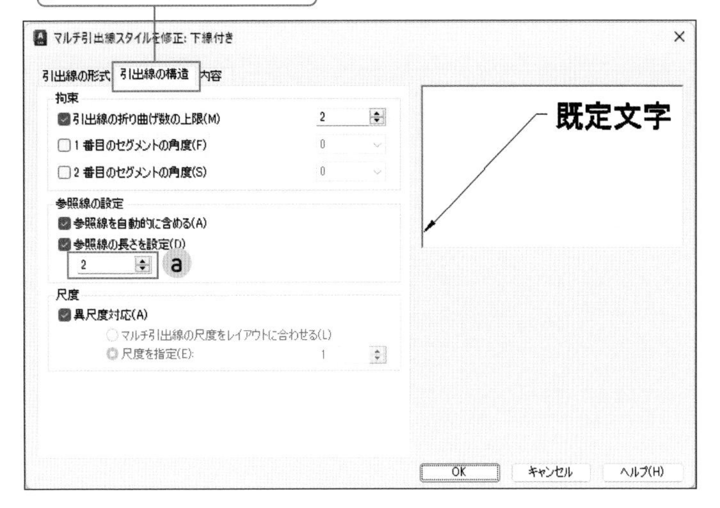

⑧ 寸法値とその配置の設定を変更する

[内容] タブをクリックし、次の設定を行います。

ⓐ [文字スタイル] で「寸法文字」を選択

ⓑ [文字の高さ] に「3」を入力

ⓒ [左側の接続] で「最終行に下線」を選択

ⓓ [右側の接続] で「最終行に下線」を選択

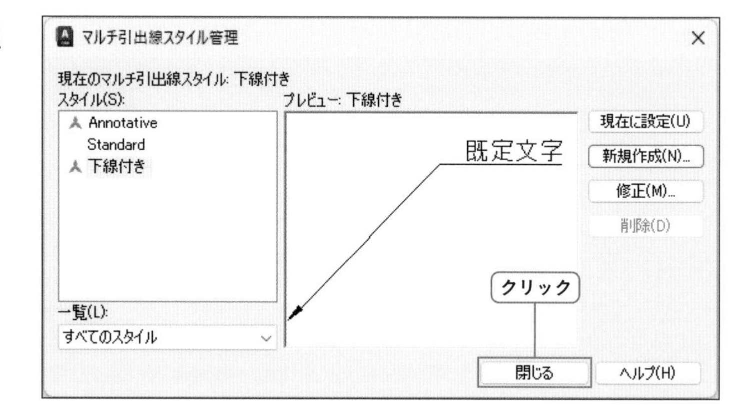

⑨ マルチ引出線の設定を終了する

[OK] ボタンをクリックします。

➔「マルチ引出線スタイルを修正: 下線付き」ダイアログボックスが閉じました。

⑩ マルチ引出線スタイル管理を終了する

[閉じる] ボタンをクリックします。

➔「マルチ引出線スタイル管理」ダイアログボックスが閉じました。

6-2-7 図枠の作成

この図面演習では、A4サイズで図面を作成するので、A4サイズの用紙枠と、そこから10mm内側に図面枠、そして表題欄を作成します。コマンドは長方形、線分、オフセットなどを利用します。また、用紙枠の左下点を原点とし、画層は「09ー図面枠」に作成、表題欄の文字スタイルは「表題欄」を使用し、高さは「1.5」にします。

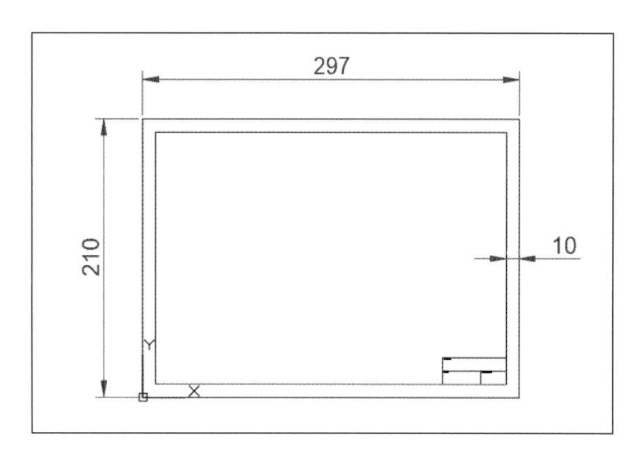

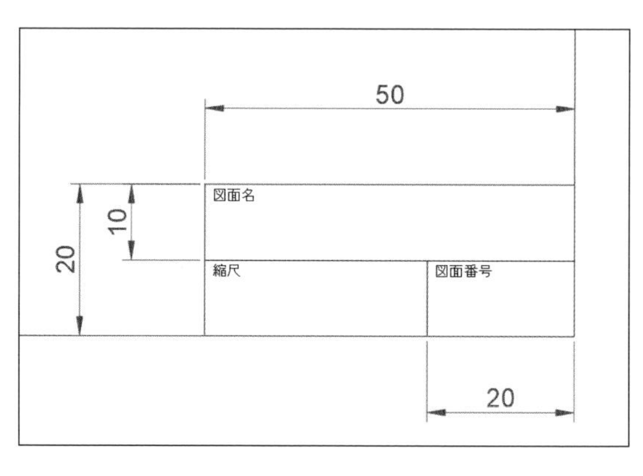

やってみよう

1 画層を選択する

[ホーム] タブー [画層] パネルー [画層] コントロールをクリックし、「09ー図面枠」を選択します。

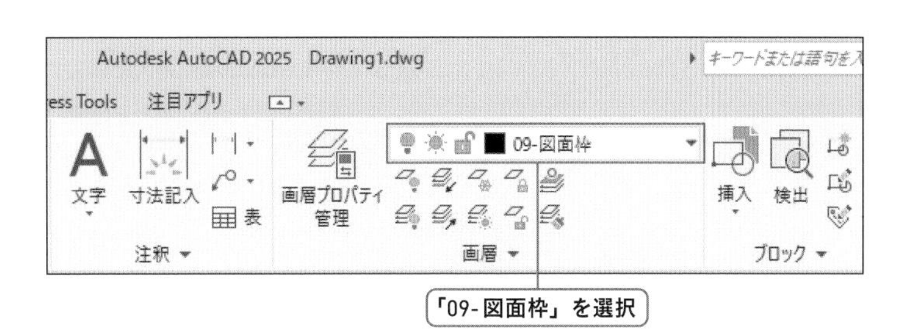

2 用紙枠を作成する

用紙枠を長方形コマンドで作成します。長方形は、P.50を参考に次の a ～ d のように作図します。

a [ホーム] タブー[作成] パネルー[長方形] をクリック

b [一方のコーナーを指定] に、原点である「0,0」を入力

c [もう一方のコーナーを指定] に、用紙枠の大きさ「297,210」を入力

d マウスのホイールボタンで作成された用紙枠をズーム (見つからない場合は、ホイールボタンをダブルクリックし、オブジェクト範囲ズームを行う)

→用紙枠が作成され、作図領域に用紙枠が大きく表示されています。

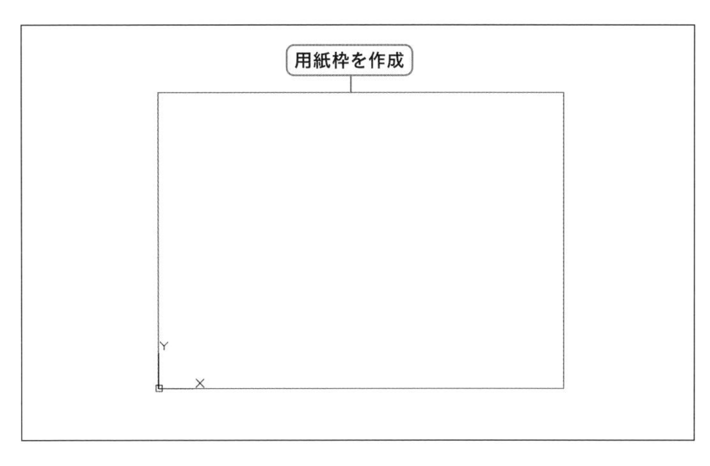

3 図面枠を作成する

図面枠をオフセットコマンドで作成します。図面枠は、P.97を参考に次の a ～ e のように作図します。

a [ホーム] タブー[修正] パネルー[オフセット] をクリック

b [オフセット距離を指定] に「10」を入力

c [オフセットするオブジェクトを選択] で、用紙枠をクリックして選択

d [オフセットする側の点を指定] で、用紙枠の内側をクリック

e [Enter] キーを押してオフセットコマンドを終了する

→用紙枠の内側に10の距離で図面枠が作成されました。

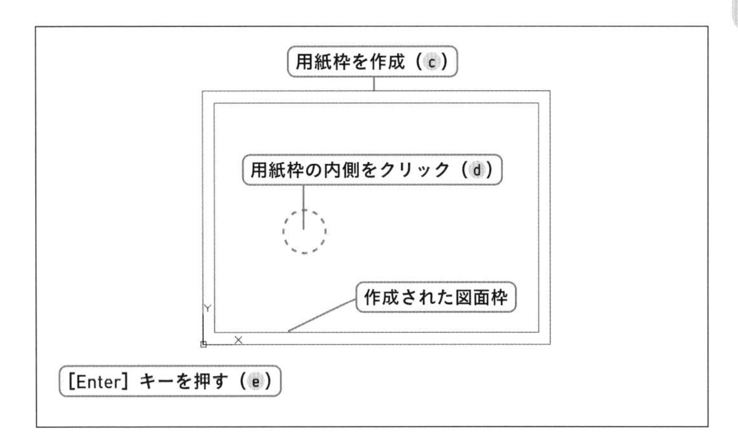

4 表題欄付近を拡大表示する

図面枠の右下に表題欄を作成するのでホイールボタンなどで拡大表示します。

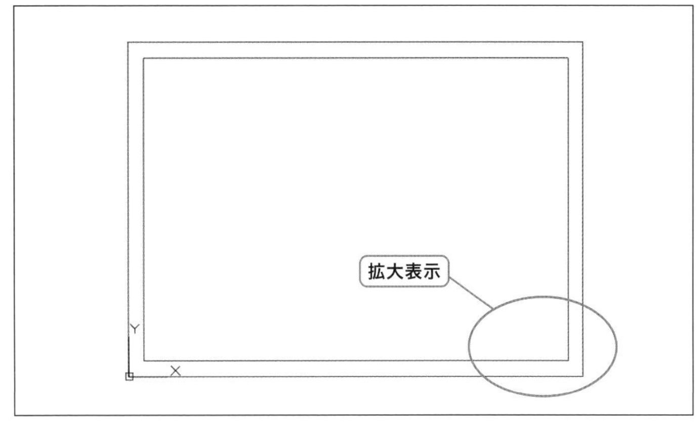

5 表題欄の枠を作成する

表題欄の枠を長方形コマンドで作成します。オブジェクトスナップは必要なものを適宜設定してください。長方形は、P.50を参考に次のⓐ～ⓒのように作図します。

ⓐ［ホーム］タブー［作成］パネルー［長方形］をクリック
ⓑ［一方のコーナーを指定］で、図面枠の右下端点をクリック
ⓒ［もう一方のコーナーを指定］に、表題欄の枠の大きさを「-50,20」と入力
⊖表題欄の枠が横50縦20の大きさで作成されました。

表題欄の枠を作成
クリック（ⓑ）

6 表題欄の線を作成する（1）

表題欄の線を線分コマンドで作成します。オブジェクトスナップは必要なものを適宜設定してください。線分は、P.38を参考に次のⓐ～ⓓのように作図します。

ⓐ［ホーム］タブー［作成］パネルー［線分］をクリック
ⓑ［1点目を指定］で、表題欄の枠の中点をクリック
ⓒ［次の点を指定］で、表題欄の枠の中点をクリック
ⓓ［Enter］キーを押して線分コマンドを終了する

クリック（ⓑ）
表題欄の枠を作成
クリック（ⓒ）
［Enter］キーを押す（ⓓ）

7 表題欄の線を作成する（2）

表題欄の線を作成するため、円コマンドで補助円を作成します。円は、P.47を参考に次のⓐ～ⓒのように作図します。オブジェクトスナップは必要なものを適宜設定してください。

ⓐ［ホーム］タブー［作成］パネルー［円］をクリック
ⓑ［円の中心点を指定］で、表題欄の枠右辺の中点をクリック
ⓒ［円の半径を指定］で、「20」を入力

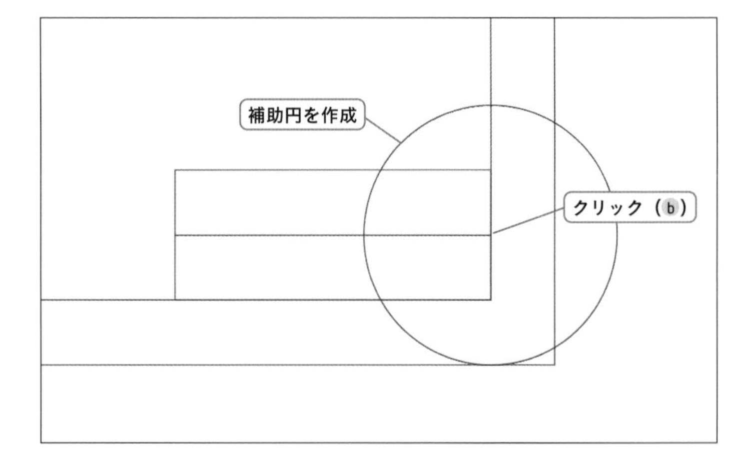

8 表題欄の線を作成する(3)

表題欄の線を線分コマンドで作成します。線分は、P.38を参考に次の a ～ e のように作図します。オブジェクトスナップは必要なものを適宜設定してください。

a [ホーム] タブー[作成] パネルー[線分] をクリック
b [1点目を指定] で、円と線分の交点をクリック
c [次の点を指定] で、図面枠との垂線をクリック
d [Enter] キーを押して線分コマンドを終了する
e 削除コマンド(P.76) で補助円を削除する

➜ 表題欄の線が作成されました。

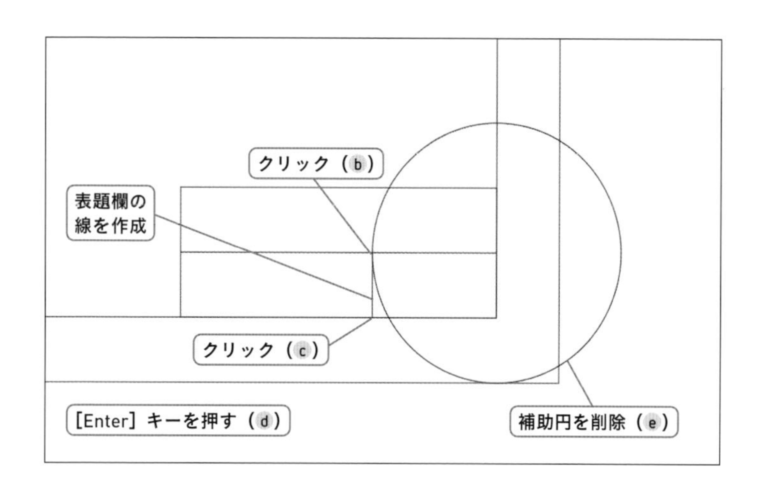

9 表題欄の文字を作成する(1)

表題欄の文字を文字記入コマンドで作成します。文字の記入は、P.140を参考に次の a ～ g のように行います。オブジェクトスナップは必要なものを適宜設定してください。

a [ホーム] タブー[注釈] パネルを展開し、[文字スタイル] から、「表題欄」を選択
b [ホーム] タブー[注釈] パネルー[文字記入] をクリック
c [文字列の始点を指定] で、表題欄の枠の左上端点をクリック
d [高さを指定] で、「1.5」を入力
e [文字列の角度を指定] で、[Enter] キーを押す
f 「図面名」と入力し、[Enter] キーを押す
g [Enter] キーを押して、文字記入コマンドを終了する

➜「図面名」の文字が作成されました。

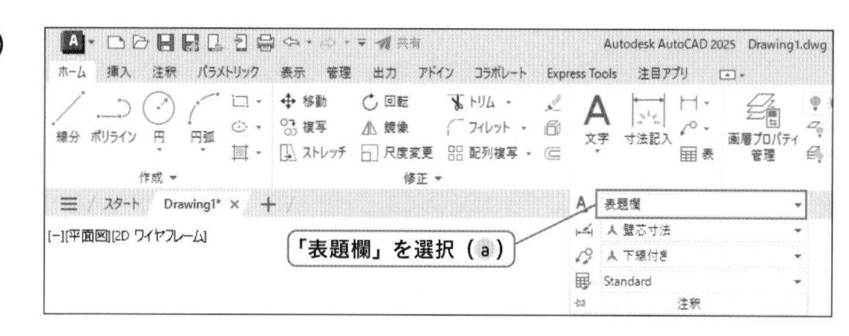

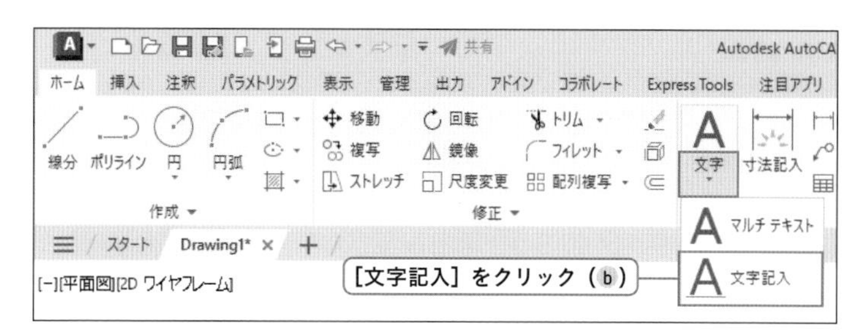

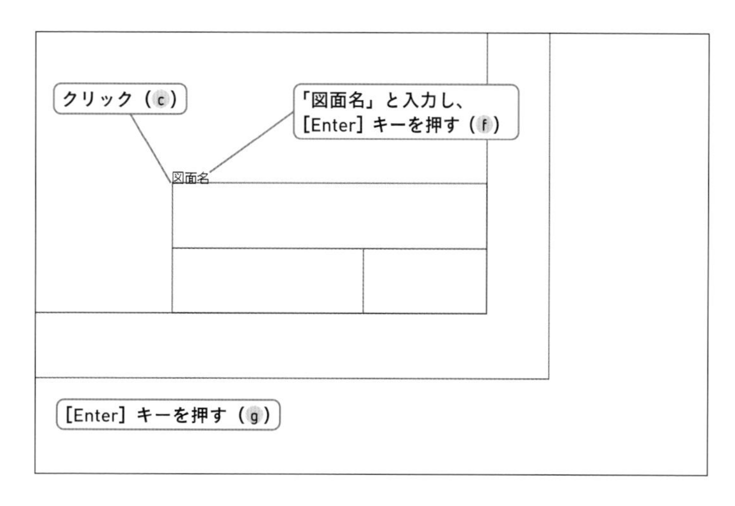

chapter 6 総合演習

10 表題欄の文字を作成する(2)

表題欄の文字を移動コマンドで表題欄内側に移動します。移動の操作は、P.82を参考に次のa～dのように行います。

a [ホーム] タブー[修正] パネルー[移動] をクリック

b [オブジェクトを選択] で、「図面名」の文字を選択し、[Enter] キーを押す

c [基点を指定] で、[Enter] キーを押す

d [移動距離を指定] で、「1,-2」と入力

➔「図面名」の文字が、X方向に1、Y方向に−2移動しました。

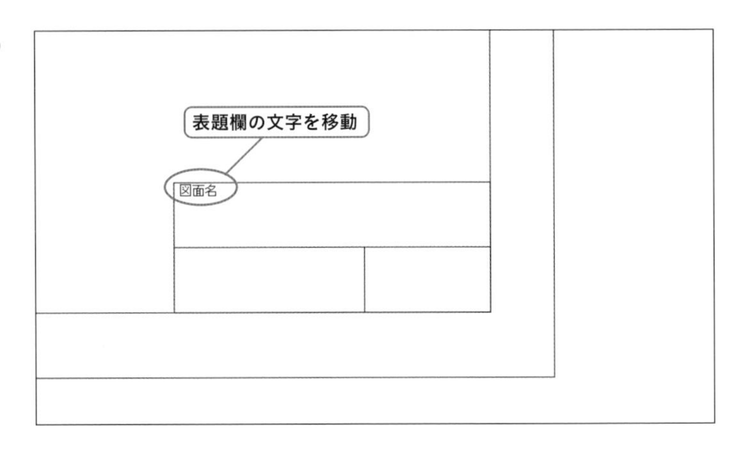

11 表題欄の文字を作成する(3)

表題欄の文字を複写コマンドで2つコピーします。複写は、P.87を参考に次のa～fのように行います。

a [ホーム] タブー[修正] パネルー[複写] をクリック

b [オブジェクトを選択] で、「図面名」の文字を選択し、[Enter] キーを押す

c [基点を指定] で、表題欄の枠の左上端点をクリック

d [2点目を指定] で、直線の左端点をクリック

e [2点目を指定] で、直線の上端点をクリック

f [Enter] キーを押して、複写コマンドを終了する

➔「図面名」の文字が2つ複写されました。

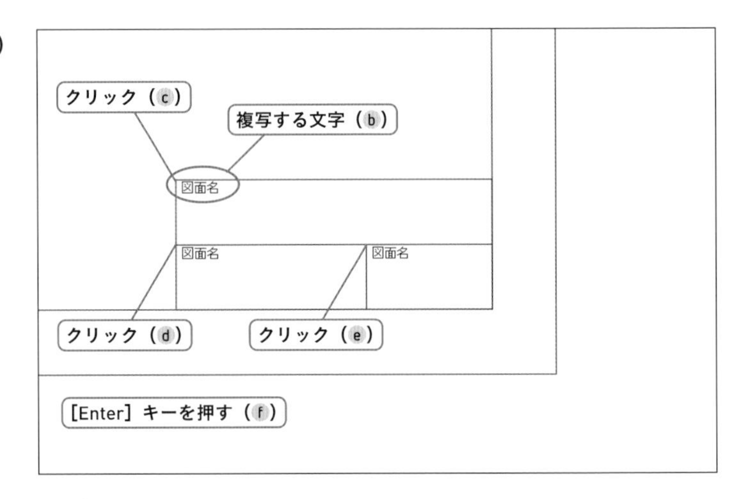

12 表題欄の文字を作成する(4)

表題欄の文字内容を修正します。文字の修正は、P.144を参考に次a～dのように行います。

a 左下の文字をダブルクリック

b「縮尺」と入力し、[Enter]キーを2回押す

c 右下の文字をダブルクリック

d「図面番号」と入力し、[Enter] キーを2回押す

➔文字内容が修正されました。

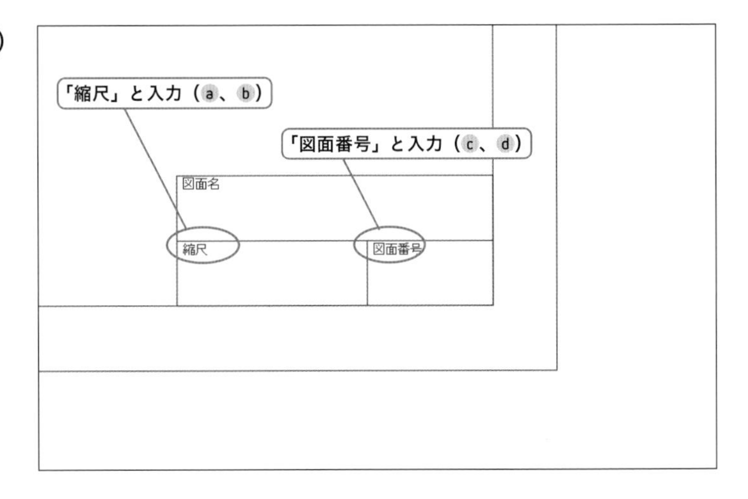

6-2-8 テンプレートとして保存

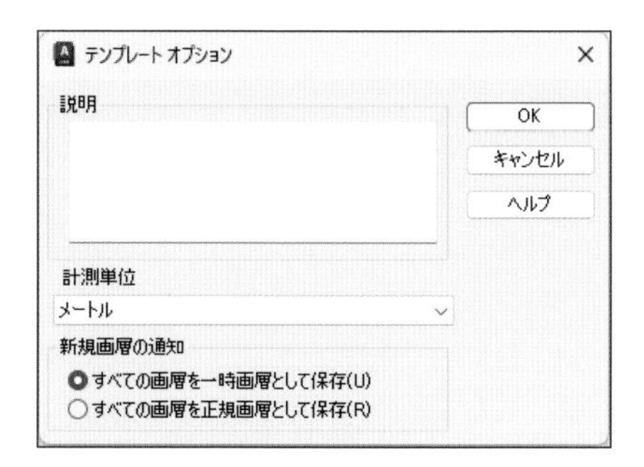

「A4サイズ」という名前でテンプレートとして保存します。A4サイズで図面を作成する時には、このテンプレートを利用します。

使用するコマンド	[名前を付けて保存]
メニュー	[ファイル]ー[名前を付けて保存]
リボン	なし
アイコン	
キーボード	SAVEAS[Enter]

やってみよう

1 [名前を付けて保存]を選択する

クイックアクセスツールバーの［名前を付けて保存］ボタンをクリックします。

➔［名前をつけて保存］ダイアログボックスが表示されます。

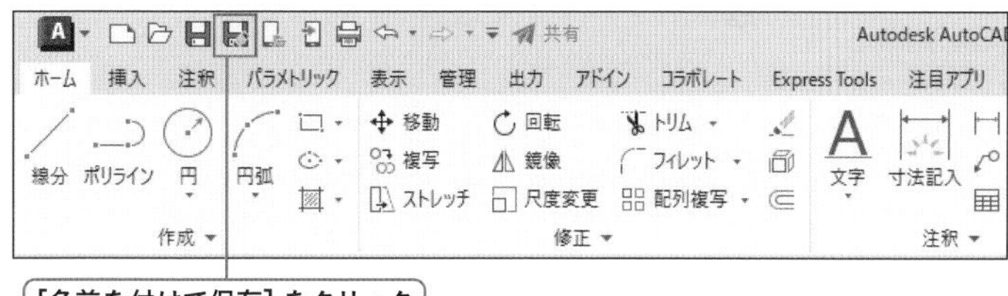

2 ファイルの種類を選択する

［ファイルの種類］をクリックし、[AutoCAD図面テンプレート(*.dwt)]を選択します。

3 ファイル名を入力する

［ファイル名］欄にファイル名を入力します。ここでは「A4サイズ」と入力しています。

4 保存する

［保存］ボタンをクリックします。

➔[テンプレートオプション]ダイアログボックスが表示されます。

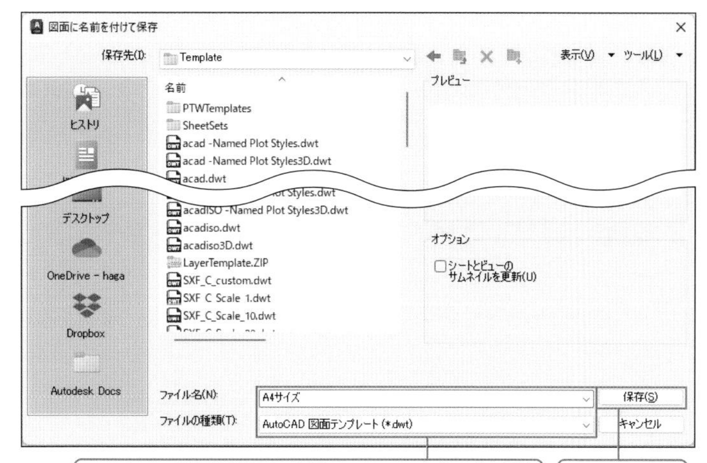

5 テンプレートオプションを終了する

[OK] ボタンをクリックします。

➔[テンプレートオプション]ダイアログボックスが閉じ、テンプレートとして保存されました。

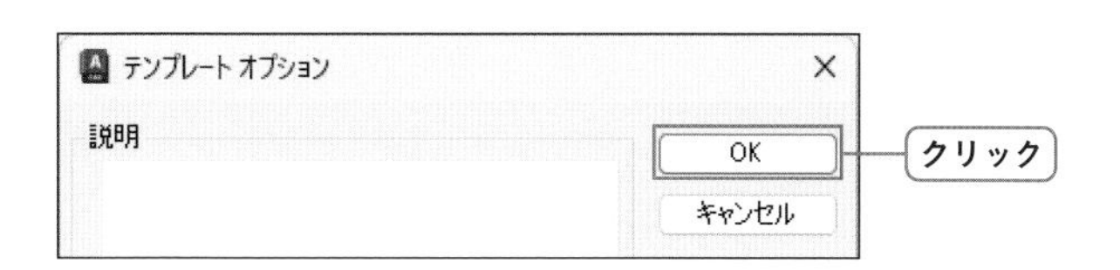

6 ファイルを閉じる

ファイルタブの［×］ボタンをクリックします。

➔作成したテンプレートファイルが閉じました。

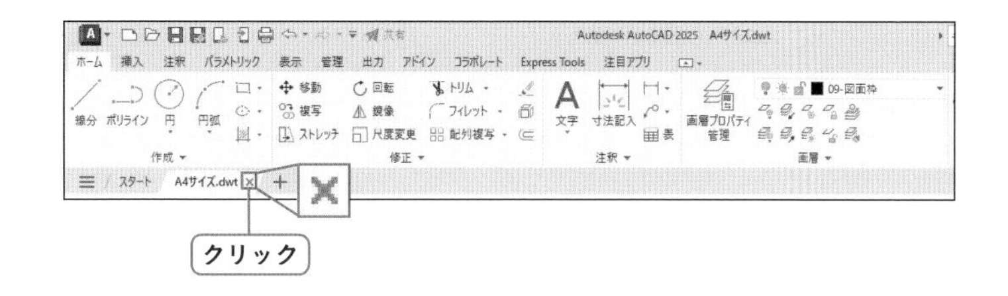

SECTION
6-3 尺度の設定

「6-2テンプレートの作成」で作成したテンプレートは、尺度の設定がされていません。AutoCADでは、実寸で対象物を描いて、図面の尺度によって文字や寸法、図面枠の大きさをコントロールします。図面の尺度に合わせて、図面枠や文字、寸法の大きさを設定します。

練習用ファイル
A4サイズ.dwt

ここで学ぶこと

下図のように、尺度が小さくなれば、反比例して図面枠は大きくなっていきます。この図面演習では、尺度を「1:50」で設定します。

1：1の図面枠の大きさ

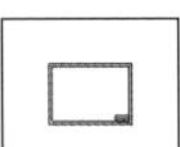

1：2の図面枠の大きさ

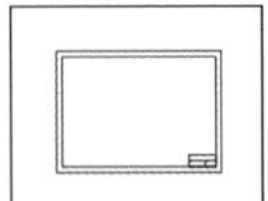

1：5の図面枠の大きさ

6-3-1 図面枠の大きさの変更 P.243

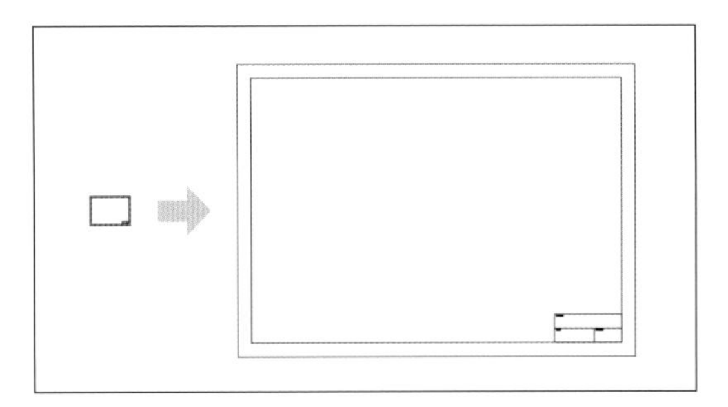

AutoCADでは、対象物を実寸で描き、図面枠の大きさを図面の尺度に合わせて変更します。1：1で作成されている図枠を、1：2なら2倍に、1：5なら5倍に、1：100なら100倍に大きさを変更します。

6-3-2 注釈尺度の設定 P.244

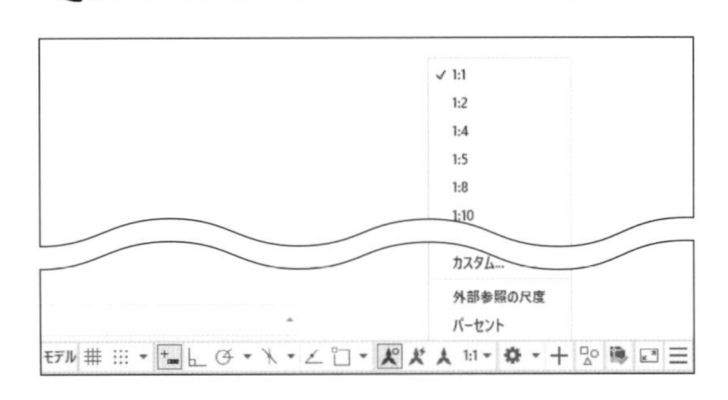

寸法や文字の大きさも、図面枠と同じように変更する必要があります。「A4サイズ」のテンプレートでは、文字スタイルと寸法スタイル、マルチ引出線スタイルに「異尺度対応」を設定しているので、「注釈尺度」を設定することによって、寸法と文字の大きさをコントロールできます。

6-3-1 図面枠の大きさの変更

尺度変更コマンドで、図面枠の大きさを変更します。この図面演習の尺度は1：50なので、図面枠は50倍にします。

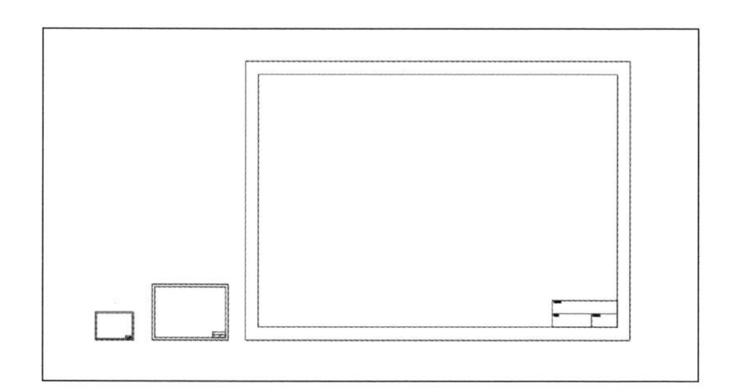

使用するコマンド	[尺度変更]
メニュー	[修正]－[尺度変更]
リボン	[ホーム]タブ－[修正]パネル
アイコン	
キーボード	SCALE[Enter](SC[Enter])

やってみよう

1 [クイック新規作成]を選択する

クイックアクセスツールバーの［クイック新規作成］ボタンをクリックします。

2 テンプレートファイルを選択する

［A4サイズ.dwt］をクリックして選択します。

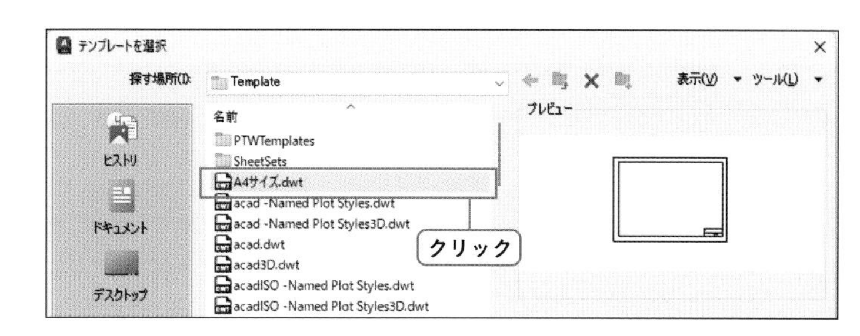

3 ファイルを開く

［開く］ボタンをクリックします。
➡選択したテンプレートファイルを元にファイルが作成されました。

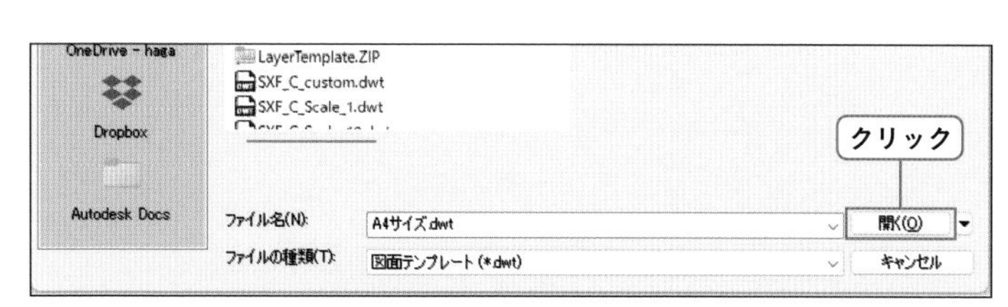

4 尺度変更コマンドを選択する

［ホーム］タブ－［修正］パネル－［尺度変更］をクリックします。オブジェクトスナップは適宜設定してください。
➡尺度変更コマンドが実行され、プロンプトに「オブジェクトを選択」と表示されます。

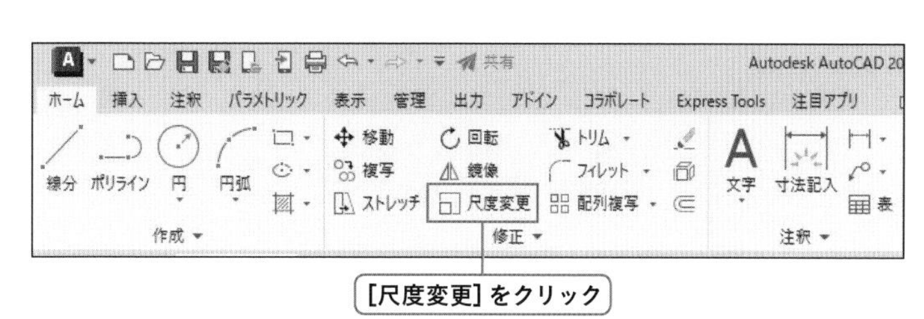

5 図形を選択する

窓選択などで、図枠をすべて選択します。

6 選択を確定する

[Enter] キーを押します。

→プロンプトに「基点を指定」と表示されます。

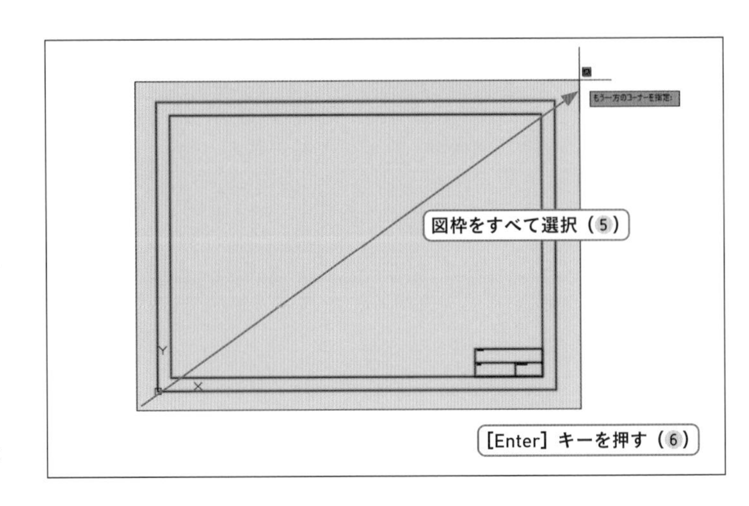

7 基点を指定する

用紙枠の左下端点をクリックします。

→プロンプトに「尺度を指定」と表示されます。

8 尺度を入力する

キーボードで「50」と入力し、[Enter] キーを押します。

→尺度変更コマンドが終了し、図面枠が50倍されました。

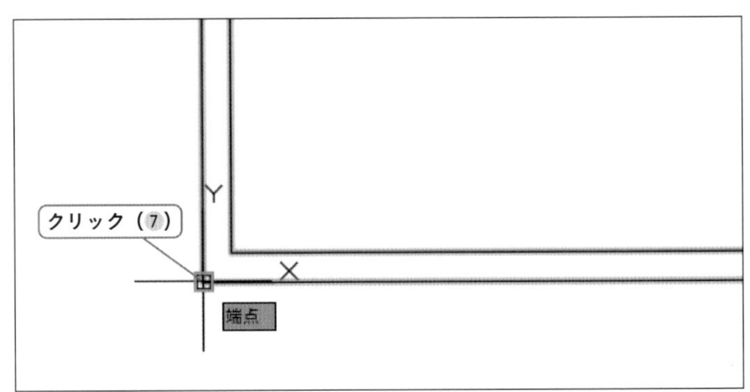

9 オブジェクト範囲ズームをする

マウスのスクロールボタンをダブルクリックし、オブジェクト範囲ズームを行うと、作図領域に図面枠が表示されます。

6-3-2 注釈尺度の設定

画面右下の「注釈尺度」で、図面の尺度を設定します。この図面演習の尺度は1：50なので、「1：50」にします。この注釈尺度を設定することにより、次のことが可能となります。

- 文字の大きさの尺度設定
- 寸法の大きさの尺度設定
- マルチ引出線の尺度設定（どれも異尺度対応に設定したスタイルであること）
- 線種尺度（線種の間隔）の尺度設定
- 異尺度対応に設定したハッチングの尺度設定

1：1の文字の大きさ

あいうえお

1：2の文字の大きさ

あいうえお

1：1の寸法の大きさ

20

1：2の寸法の大きさ

20

1：1の線種の間隔

1：2の線種の間隔

やってみよう

1 [注釈尺度]を選択する

ステータスバーから［注釈尺度］をクリックし、「1：50」を選択します。
➔注釈尺度が設定されました。

2 ファイルを保存する

クイックアクセスツールバーの[名前を付けて保存]ボタンをクリックし、名前を「6-3.dwg」として保存します。
➔このファイルは、次の「6-4壁芯の作図」で使用します。

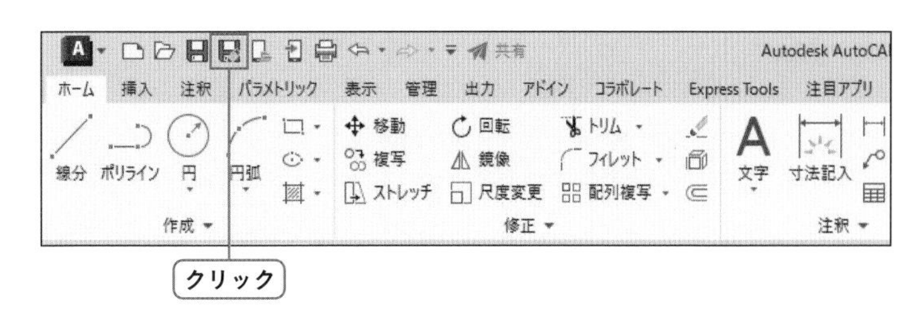

COLUMN

注釈尺度を利用しない場合

注釈尺度を利用しない（スタイルで異尺度対応を設定しない）場合は、寸法スタイル、マルチ引出線スタイル、線種尺度でそれぞれ図面の尺度の設定が必要になります。また、文字については作成する時に図面の尺度を考慮した文字の大きさの入力が必要です。
以下を参考にしてください。

【文字の大きさ】
文字の作成時に、文字の高さとして、次の計算をして入力してください。

印刷時の文字の大きさ×図面尺度の逆数

例えば、1：50の図面で3mmの文字を書く場合は、「3×50」の計算で、文字の高さは「150」となります。

【寸法スタイル、マルチ引出線スタイル】
スタイルの設定で「全体の尺度」または「尺度を指定」に図面尺度の逆数を入力します。
例えば1：50の図面の場合、「50」と入力します。

【線種尺度】
線種管理コマンドを実行し、「詳細を表示」ボタンをクリックして、「詳細」欄の「グローバル線種尺度」に図面尺度の逆数を入力します。例えば1：50の図面の場合、「50」と入力します。

寸法スタイル

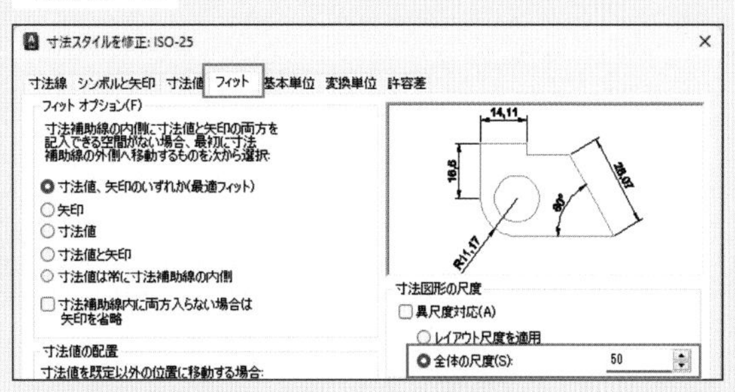

マルチ引出線スタイル

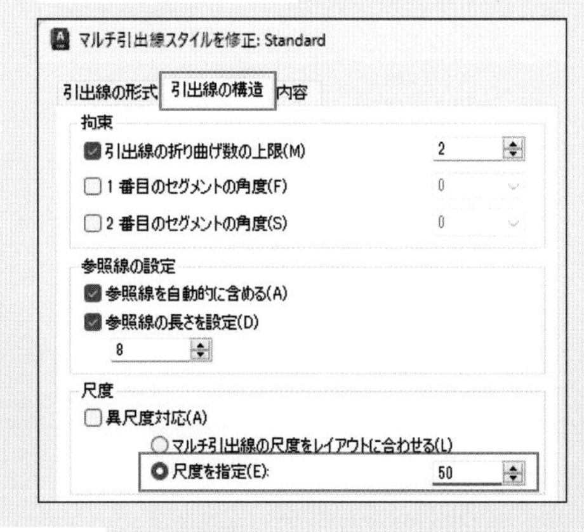

線種管理コマンド

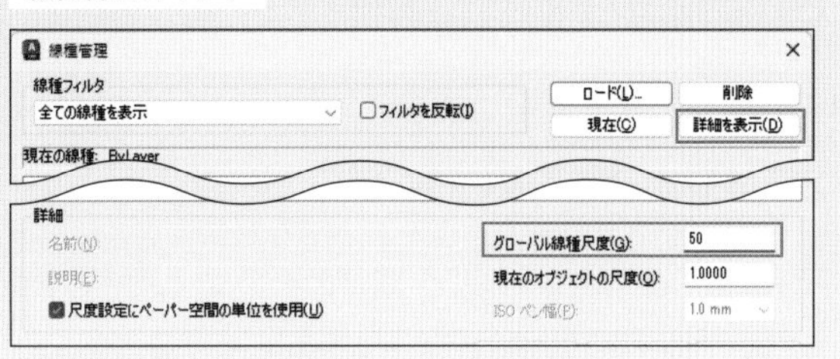

chapter 6 総合演習

SECTION
6-4 壁芯の作図

「6-3尺度の設定」でテンプレートから尺度設定を行った「6-3.dwg」ファイル、または練習用ファイル「6-4.dwg」を使用します。壁芯を線分コマンドやオフセットコマンドで作図します。これから作図を行うすべての基準となる線なので、描き間違いのないように注意してください。

練習用ファイル
6-4.dwg

ここで学ぶこと

最初に2つの壁芯を線分コマンドで作図した後、オフセットコマンドを使用して他の壁芯を作図します。最後に長方形コマンド、オフセットコマンド、トリムコマンドを使用して、壁芯の長さを整えます。

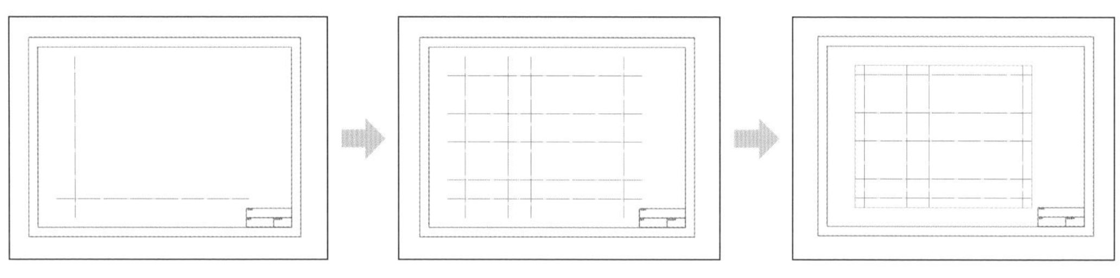

2つの壁芯を線分コマンドで作図

オフセットコマンドで他の壁芯を作図

長方形コマンド、オフセットコマンド、トリムコマンドで壁芯の長さを整える

6-4-1 壁芯を作図する（1）

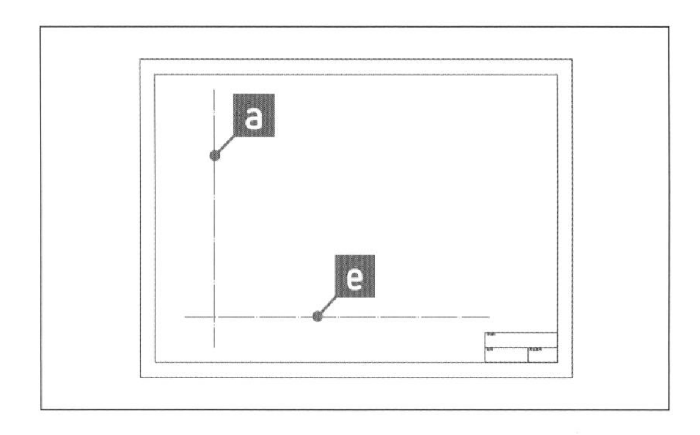

壁の厚みの中心線である壁芯 a と e を線分コマンドで作図します。

使用するコマンドや機能	線分コマンド(P.38)、 直交モード(P.39)

やってみよう

1 現在画層を設定する

［ホーム］タブ－［画層］パネル－［画層］コントロールをクリックし、「01－壁芯」を選択します。

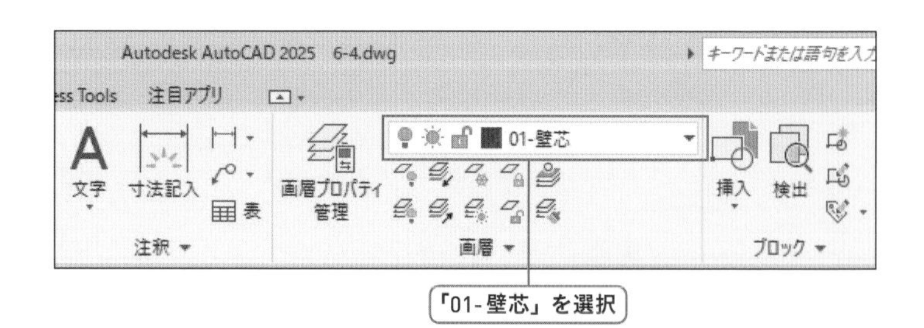

2 直交モードをオンにする

ステータスバーの直交モードボタンをオンにします。

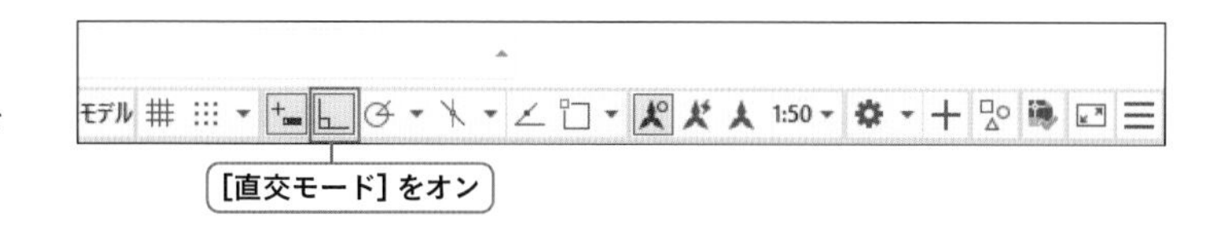

3 線分コマンドを選択する

[ホーム] タブー [作成] パネルー [線分] をクリックします。

4 始点と終点を指定する

線分 a の端点となる2点をクリックします。右図の線分 a の位置を参考に任意点をクリックしてください。

5 線分コマンドを終了する

[Enter] キーを押します。

→線分コマンドが終了し、線分 a が作図されました。

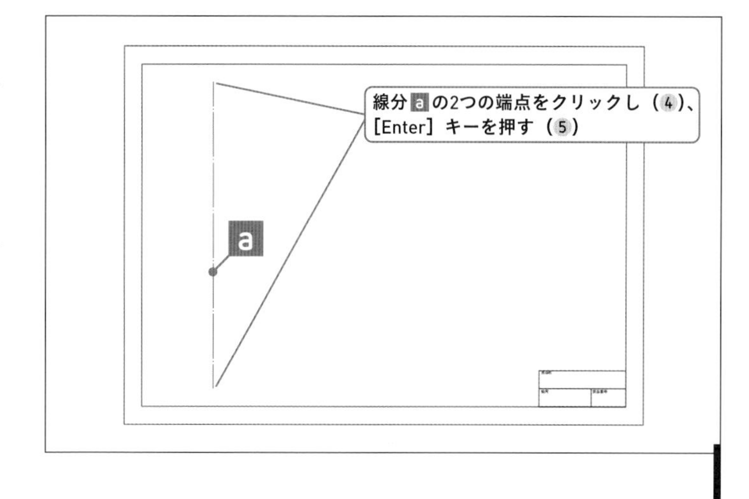

6 線分 e を作図する

手順 3 ～ 5 を参考に、線分 e を作図します。

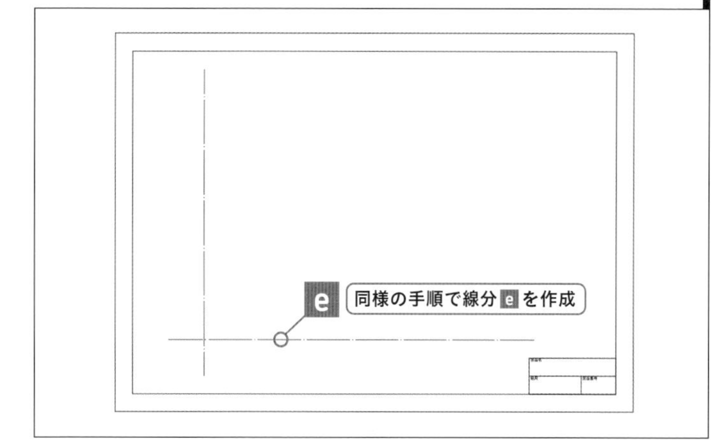

6-4-2 壁芯を作図する（2）

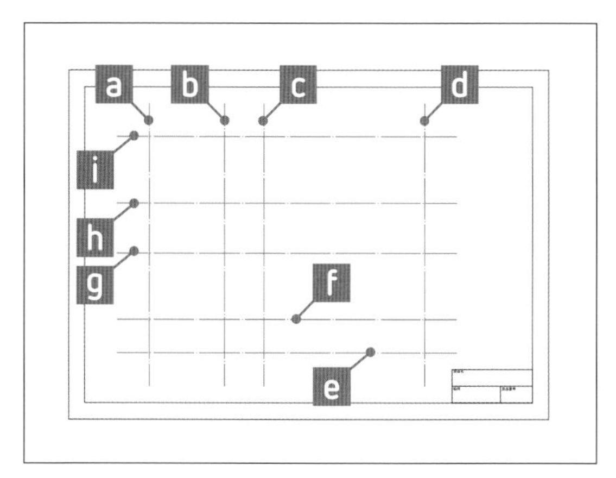

オフセットコマンドで水平垂直の壁芯（b～d、f～i）を、平行に複写します。距離の入力は、確認しながら正確に行ってください。

使用するコマンドや機能	オフセットコマンド（P.97）

chapter 6 総合演習

やってみよう

1 オフセットコマンドを選択する

[ホーム] タブー[修正] パネルー[オフセット] をクリックします。

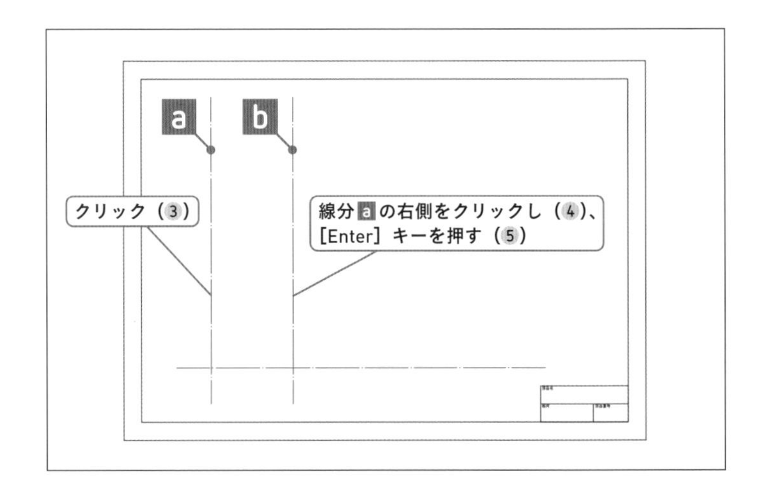

2 距離を入力する

キーボードで「2300」と入力し、[Enter] キーを押します。

3 図形を選択する

線分aをクリックして選択します。

4 オフセットする方向を指定する

線分aよりも右側をクリックします。
➔線分bが作成されました。

5 オフセットコマンドを終了する

[Enter] キーを押します。

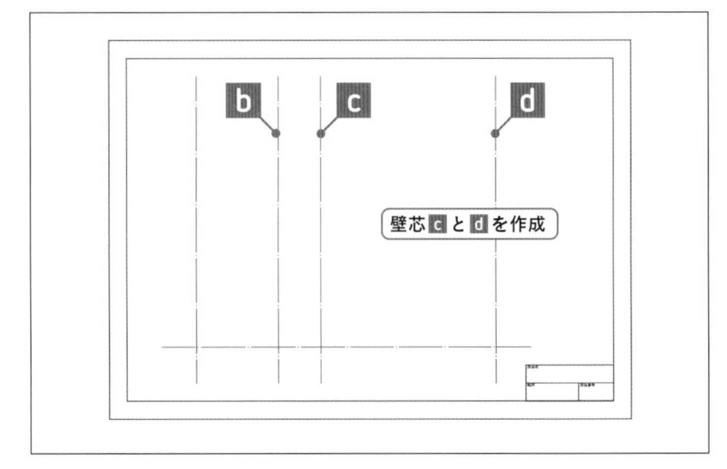

6 壁芯c、dを作図する

手順1～5を参考に、壁芯c、dを作図します。寸法は以下の通りです。

- bとcの距離は1200
- cとdの距離は5000

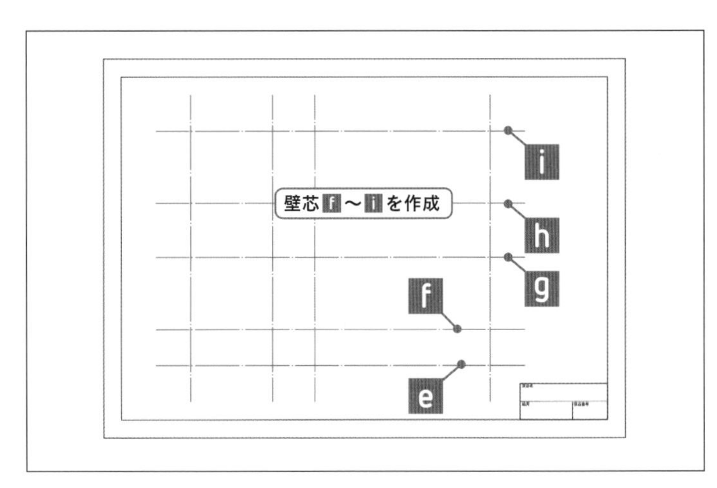

7 壁芯f～iを作図する

手順1～5を参考に、壁芯f～iを作図します。寸法は以下の通りです。

- eとfの距離は1000
- fとgの距離は2000
- gとhの距離は1500
- hとiの距離は2000

6-4-3 壁芯の長さを調節する

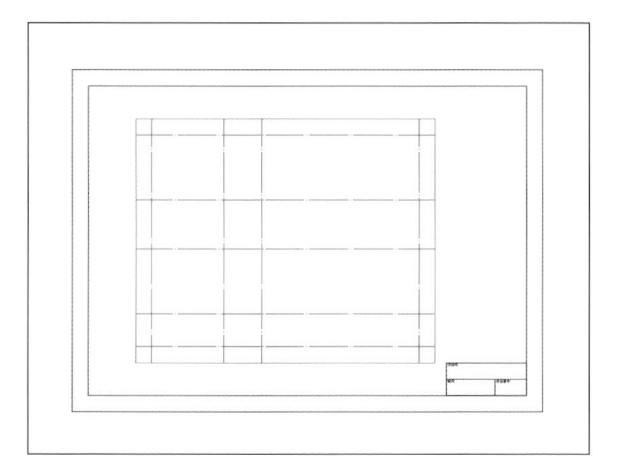

寸法を描くときに、壁芯が不要となる部分があるので、長さを調節します。

使用するコマンドや機能	長方形コマンド(P.50)、 オフセットコマンド(P.97)、 削除コマンド(P.76)、 トリムコマンド(長さが足りない場合は延長コマンド)(P.105)、 オブジェクトスナップ(P.43)

やってみよう

1 オブジェクトスナップを設定する

[交点] を設定し、オブジェクトスナップをオンにします。

2 現在画層を設定する

[ホーム] タブー [画層] パネルー [画層] コントロールをクリックし、「04ー寸法文字」を選択します。

3 長方形コマンドを選択する

[ホーム] タブー [作成] パネルー [長方形] をクリックします。

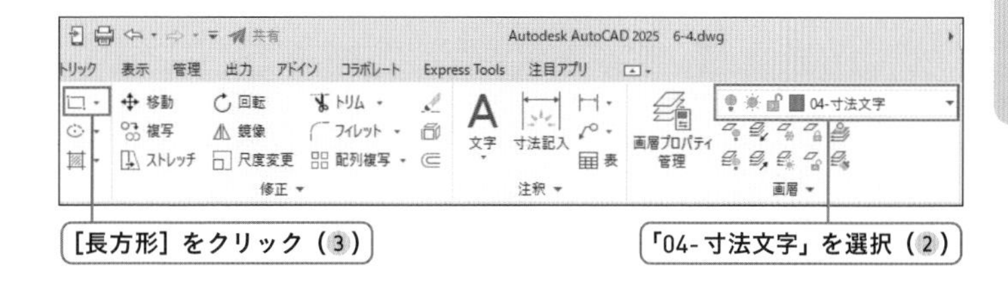

4 長方形の頂点を2点指定する

線分 a 、 i の交点、線分 d 、 e の交点を頂点とした長方形を作成します。

→長方形 j が作成されました。

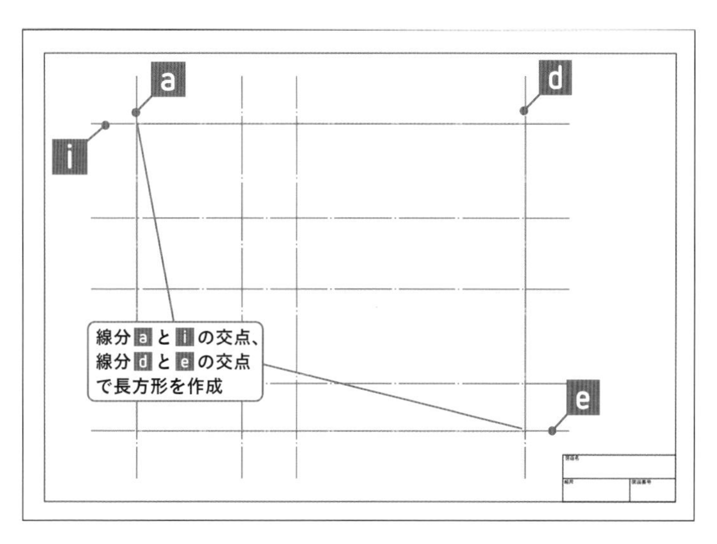

5 長さを調節する補助線を作成する

作成した長方形jを、外側に500の距離でオフセットします。オフセットの手順は「6-4-2壁芯を作図する（2）」の手順1〜5を参照してください。
➡長方形kが作成されました。

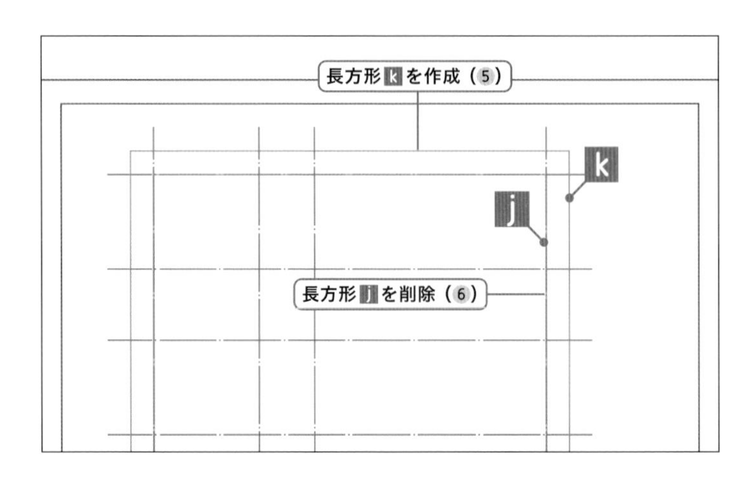

6 内側の長方形を削除する

補助線を作成するために作図した、内側の長方形jは削除します。削除はP.76を参考にしてください。

7 トリムコマンドを選択する

［ホーム］タブー［修正］パネルー［トリム］をクリックします。

2021以降の場合は、トリムまたは延長の実行後にモードの確認が必要です。P.106の「2021以降のバージョンのトリム／延長」を参照してください。

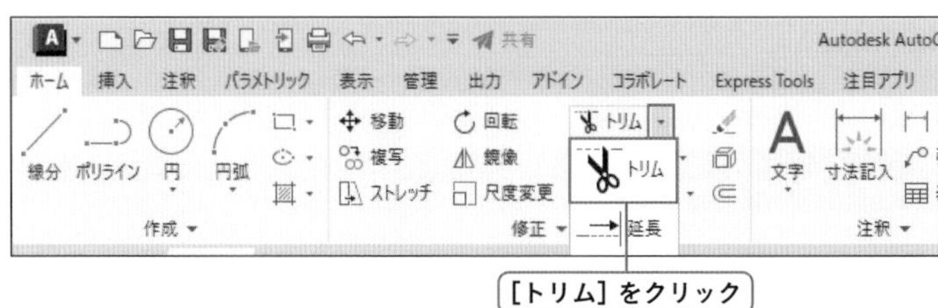

8 切り取りエッジを選択し、確定する

長方形kをクリックして選択し、［Enter］キーを押します。

9 切り取る箇所を選択する

長方形kの外側の壁芯をクリックして選択します。

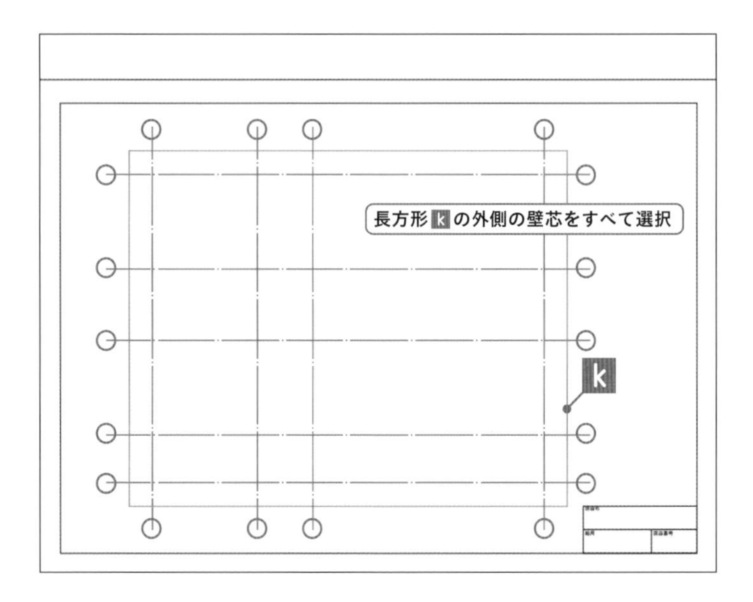

10 トリムコマンドを終了する

[Enter] キーを押します。
➔壁芯の長さが調節できました。

長さが足りない場合は、延長コマンド（P.109）を使用して、長方形まで壁芯を伸ばしてください。

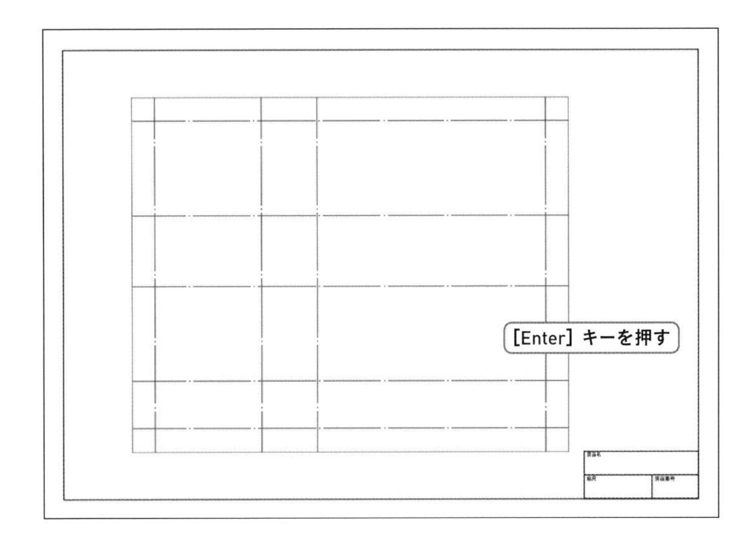

COLUMN

ロールオーバーツールチップについて

図形にカーソルを近づけると、その図形の種類や色、画層、線種などのプロパティ情報がツールチップに表示されます。この機能を「ロールオーバーツールチップ」と呼び、アプリケーションメニューから［オプション］ボタンをクリックし、［表示］タブの［ロールオーバーツールチップを表示］で使用するかどうかを設定することができます。

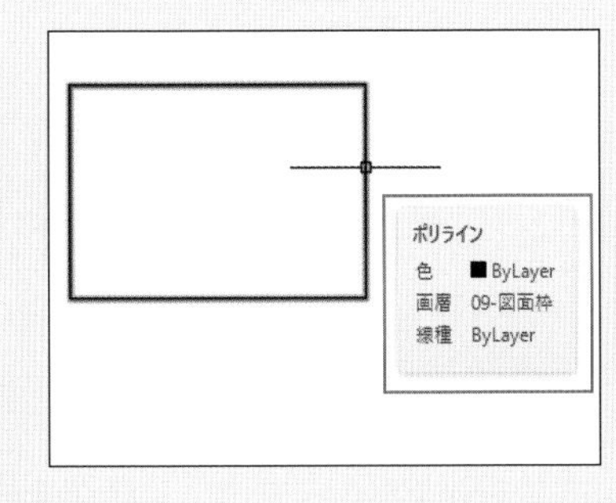

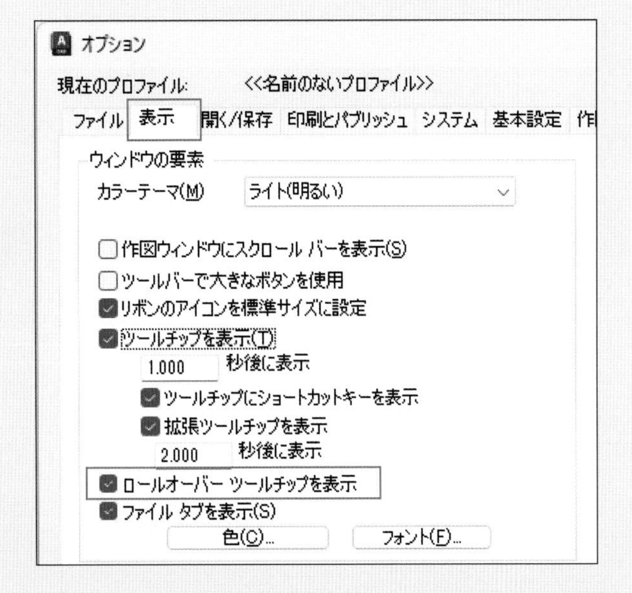

SECTION

6-5 壁芯の寸法の作図

「6-4壁芯の作図」で作図を行ったファイル、または練習用ファイル「6-5.dwg」を使用します。寸法線位置の補助線を作成し、寸法を作図します。

練習用ファイル

6-5.dwg

ここで学ぶこと

長方形kからオフセットコマンドで長方形lを作図し、それを寸法線位置の補助線とします。寸法の作図には、長さ寸法コマンド、直列寸法コマンド、並列寸法コマンドなどを使用します。

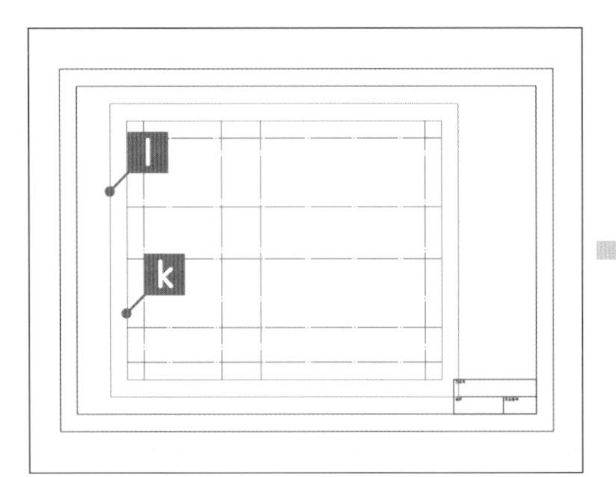

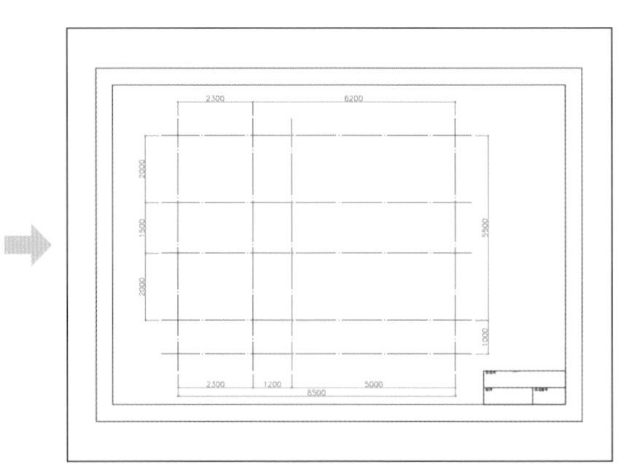

6-5-1 寸法線位置の補助線を作図する

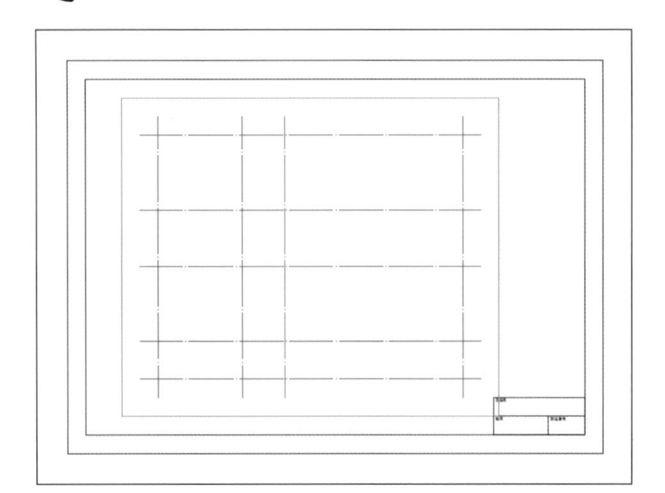

図面を見やすくするには、寸法線の配置位置にも気をつける必要があります。あらかじめ補助線を作図すると、効率的に寸法を作図することができます。

使用するコマンドや機能	オフセットコマンド(P.97)、削除コマンド(P.76)

やってみよう

1 オフセットコマンドを選択する

[ホーム] タブー [修正] パネルー [オフセット] をクリックします。

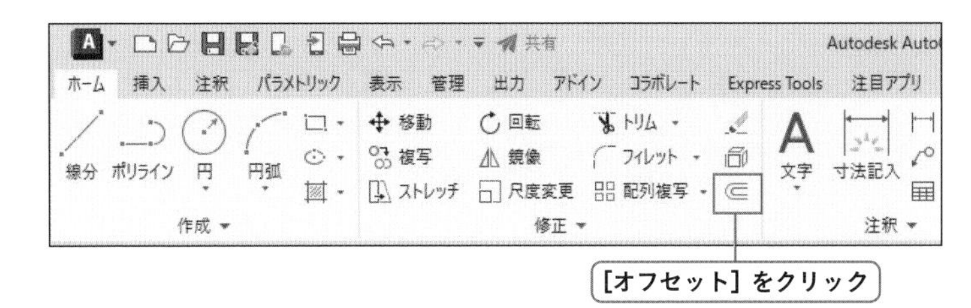

2 距離を入力する

キーボードで「500」と入力し、[Enter] キーを押します。

3 図形を選択する

長方形 k をクリックして選択します。

4 オフセットする方向を指定する

長方形 k よりも外側をクリックします。

→長方形 l が作成されました。

5 オフセットコマンドを終了する

[Enter] キーを押します。

6 長方形 k を削除する

長方形 k を削除します。

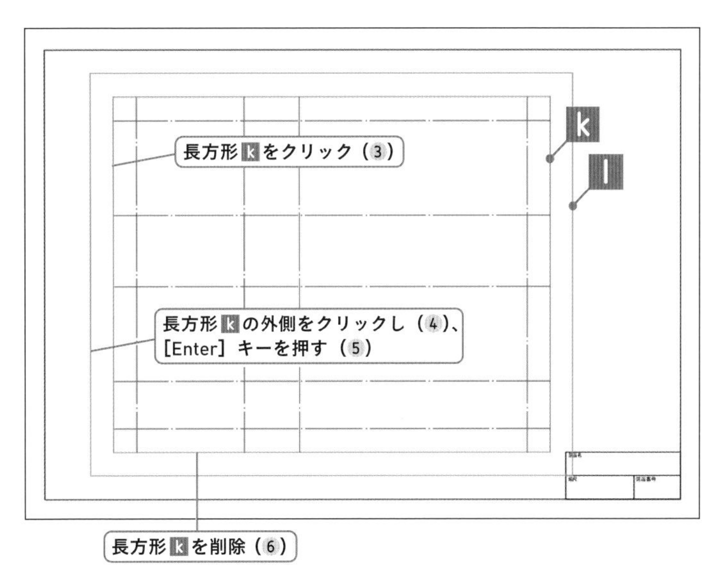

6-5-2 | 寸法を作図する

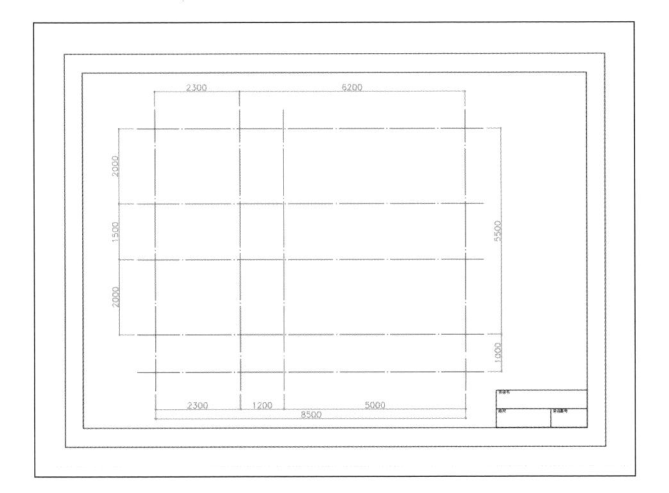

壁芯の間の寸法を作図します。寸法値を確認し、壁芯が正確に作図されているかを確認してください。

使用するコマンドや機能	長さ寸法記入コマンド (P.152)、直列寸法記入コマンド (P.160)、並列寸法記入コマンド (P.162)、オブジェクトスナップ (P.43)

やってみよう

1 オブジェクトスナップを設定する

[端点] を設定し、オブジェクトスナップ（P.43）をオンにします。

2 寸法スタイルを設定する

[ホーム] タブー [注釈] パネルを展開し、[寸法スタイル] をクリックして「壁芯寸法」を選択します。

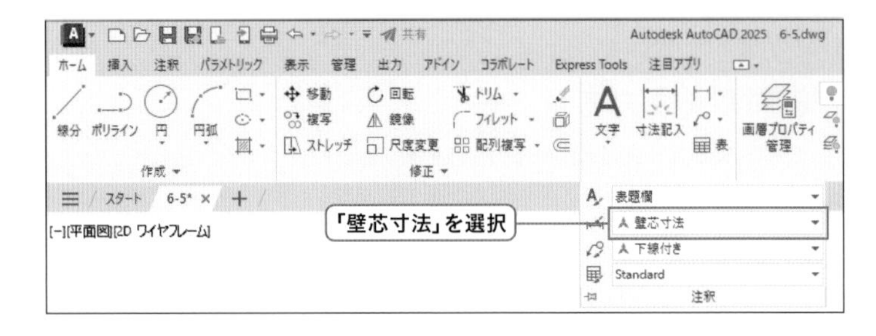

3 長さ寸法記入コマンドを選択する

[ホーム] タブー [注釈] パネルー [長さ寸法記入] をクリックします。

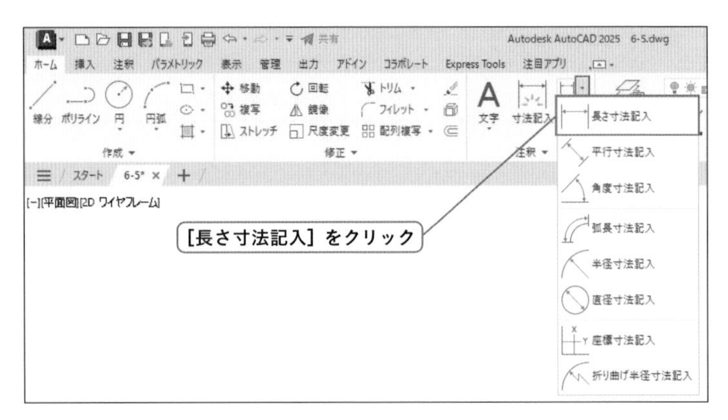

4 測定する2点を指定する

線分 a の端点と、線分 b の端点をクリックします。

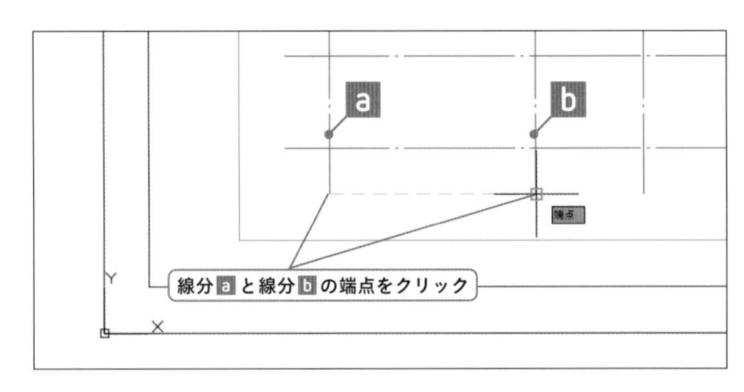

5 寸法線の配置位置を指定する

長方形 l の端点をクリックします。

➔線分 a、b を測定した「2300」の寸法が作成されました。

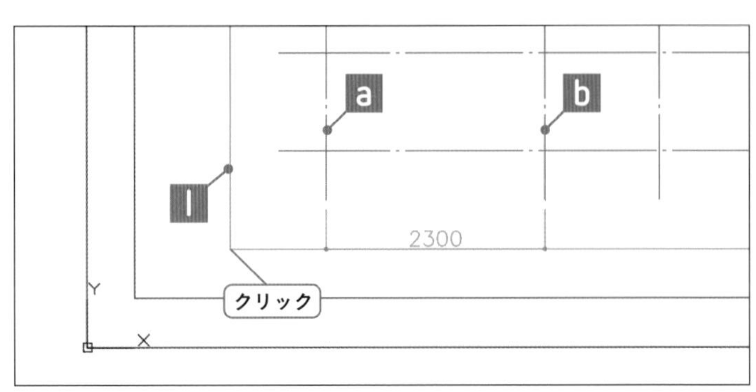

6 直列寸法記入コマンドを選択する

[注釈] タブ－[寸法記入] パネル－[直列寸法記入] をクリックします。

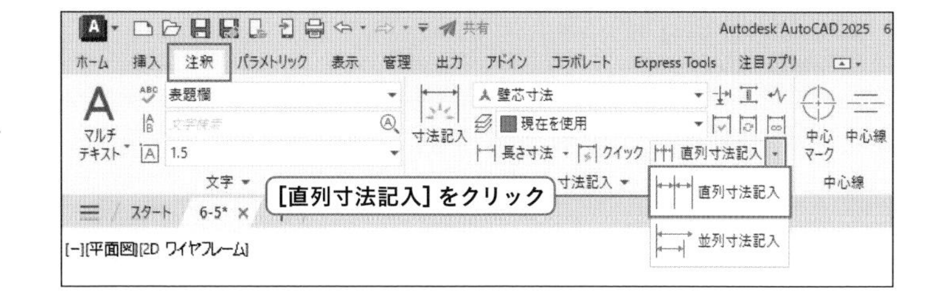

7 測定する寸法の2点目を指定する

線分 c の端点、線分 d の端点をクリックします。

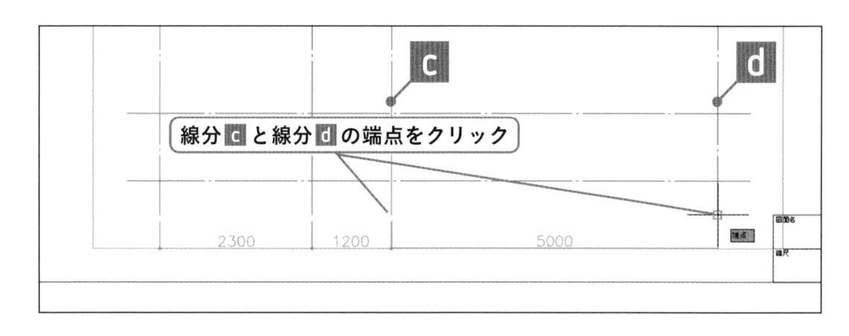

8 直列寸法記入コマンドを終了する

[Enter] キーを2回押します。

➔「1200」、「5000」の寸法が作成されました。

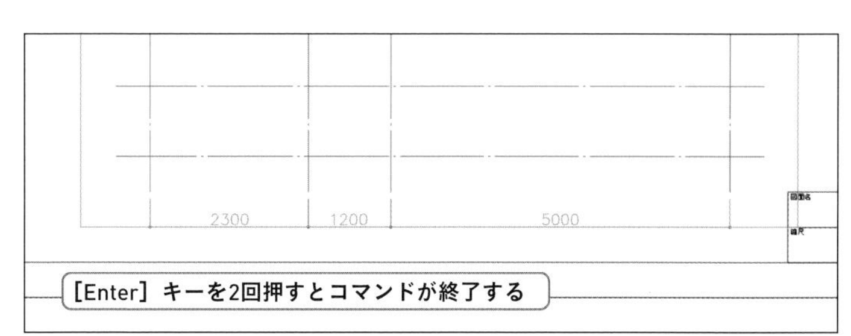

9 並列寸法記入コマンドを選択する

[注釈] タブ－[寸法] パネル－[並列寸法記入] をクリックします。

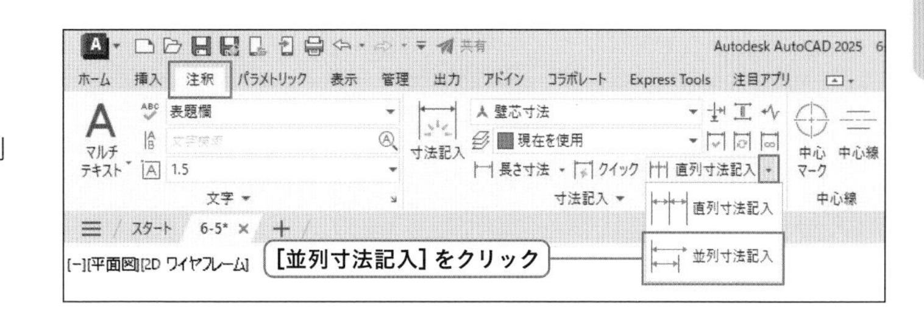

10 [選択]オプションを選択する

右クリックして、表示されたメニューから「選択(S)」を選択します。

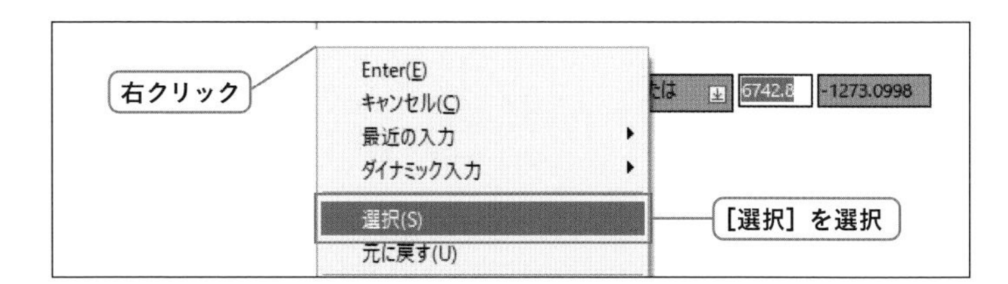

11 既存の寸法を選択する

線分 a、b を測定した寸法をクリックして選択します。この時、寸法を繋げたい側の寸法補助線（線分 a 側）をクリックします。

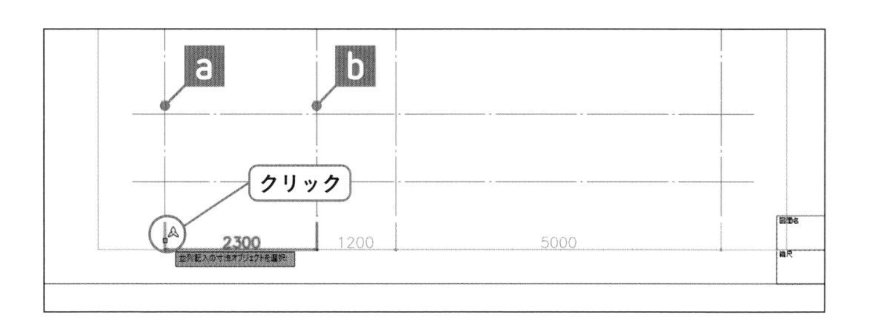

⑫ 測定する寸法の2点目を指定する

線分 d の端点をクリックします。

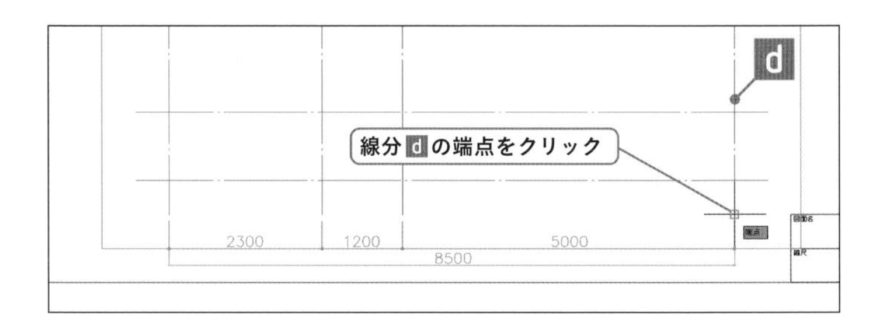

⑬ 並列寸法記入コマンドを終了する

[Enter] キーを2回押します。
➔「8500」の寸法が作成されました。

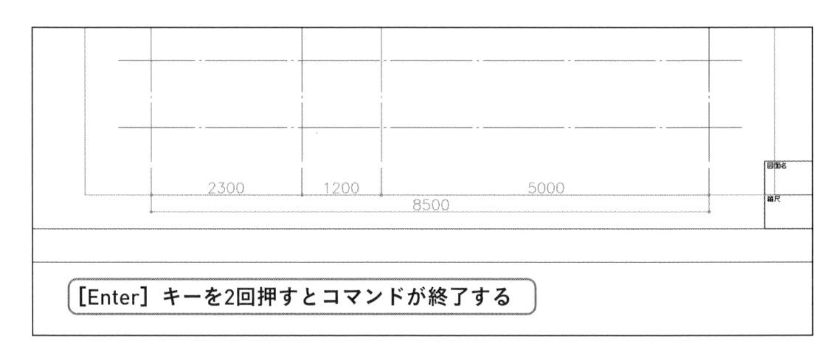

⑭ その他の寸法を作図する

手順 3 ～ 8 を参考に、右図のように、その他の寸法を作図します。

⑮ 長方形 I を削除する

補助線として使用した長方形 I は削除します。

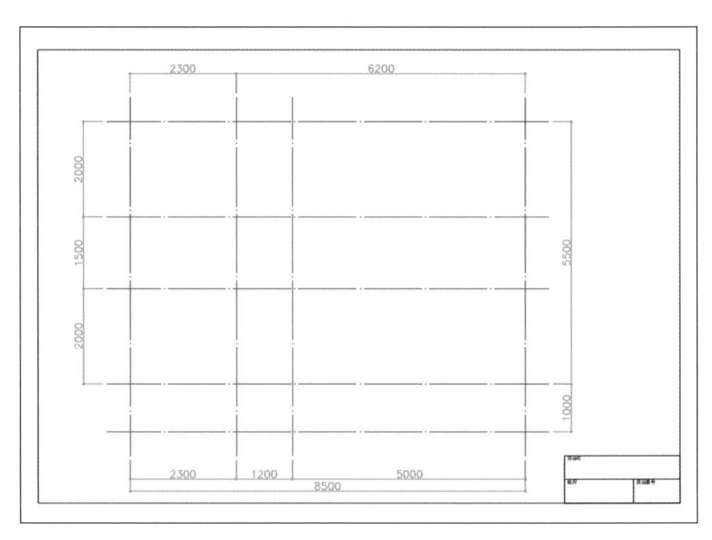

SECTION
6-6 壁の作図（1）

練習用ファイル
6-6.dwg

「6-5壁芯の寸法の作図」で作図を行ったファイル、または練習用ファイル「6-6.dwg」を使用します。オフセットコマンドで壁芯から壁を作図します。交差する壁の処理は「6-7壁の作図(2)」で行います。

ここで学ぶこと

壁芯c、e、hの長さをトリムコマンドやグリップを使用して調節し、オフセットコマンドで壁を作成します。

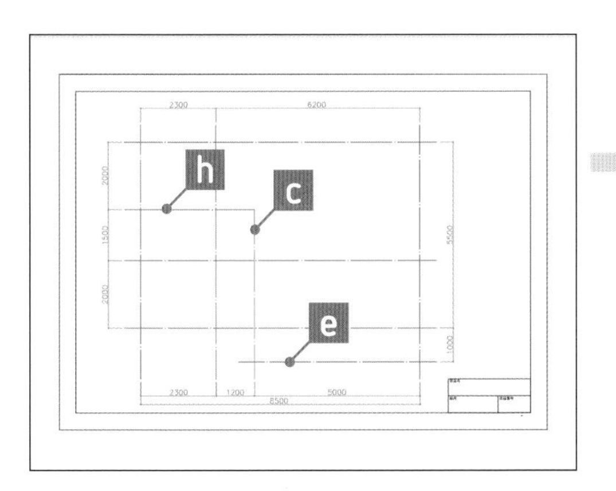

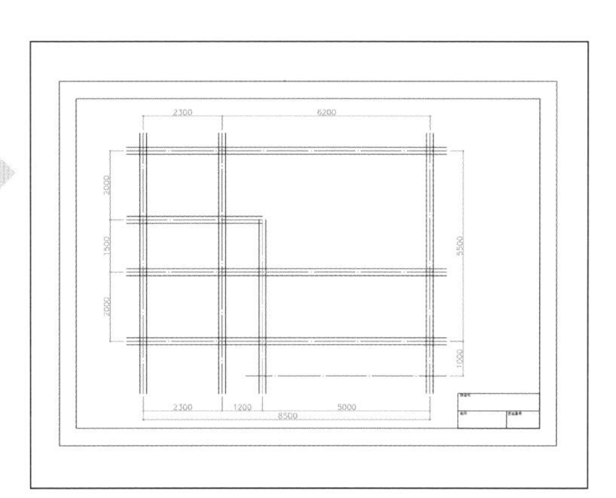

6-6-1 壁芯の長さを調節する

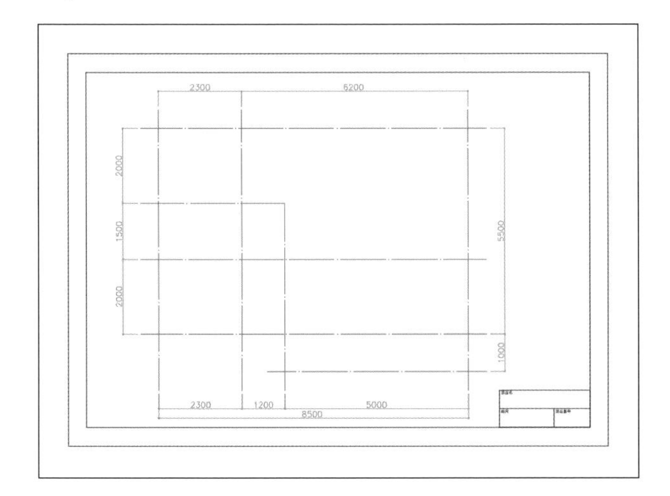

図面を見やすくするために、壁に合わせて壁芯の長さを調節します。

使用するコマンドや機能	トリムコマンド(P.105)、 直交モード(P.39)、 グリップ編集(P.166)

1 トリムコマンドを選択する

[ホーム] タブー [修正] パネルー [トリム] をクリックします。

⊖2021以降の場合は、トリムまたは延長の実行後にモードの確認が必要です。P.106の「2021以降のバージョンのトリム／延長」を参照してください。

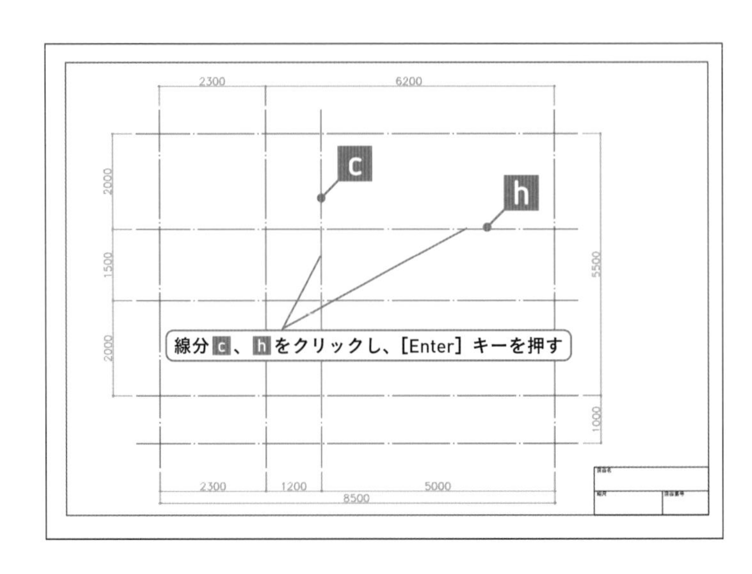

2 切り取りエッジを選択し、確定する

線分c、hをクリックして選択し、[Enter] キーを押します。

3 切り取る箇所を選択する

線分cの上側、線分hの右側、線分eの左側を選択します。右図の結果を参考にしてください。

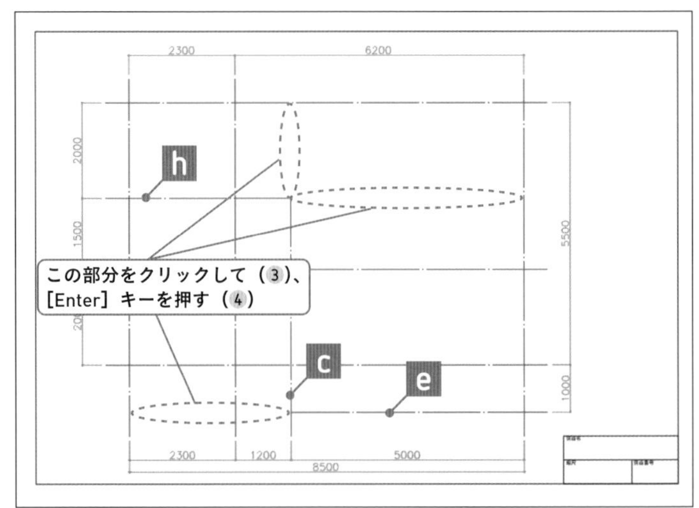

4 トリムコマンドを終了する

[Enter] キーを押します。

5 直交モードをオンにする

ステータスバーの直交モードボタンをオンにします。

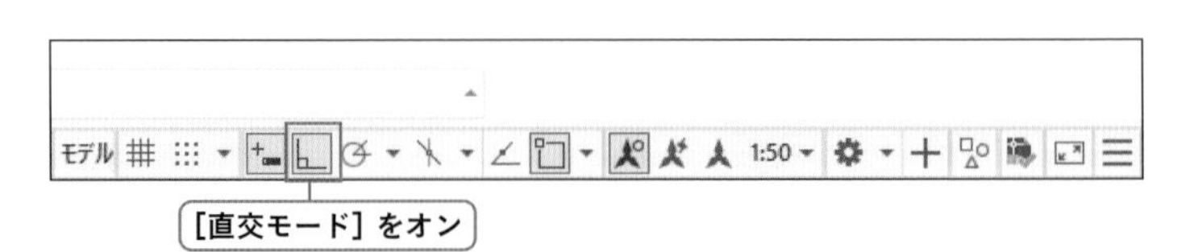

6 線分eを選択する

線分eをクリックして選択します。

⊖線分eにグリップ(青い点) が表示されます。

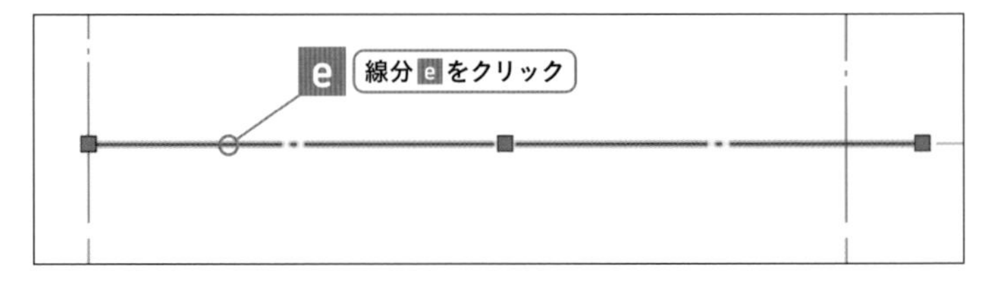

7 グリップを選択する

線分eの左端点のグリップをクリックして選択します。

⊖グリップが青から赤に変わり、グリップの位置が移動できるようになります。

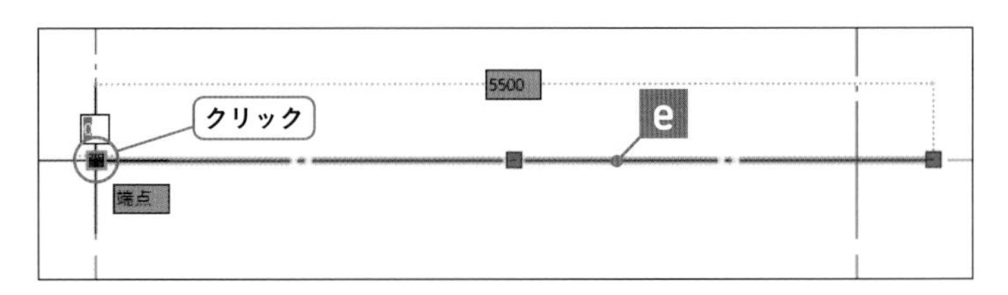

8 グリップの移動先の方向と距離を指示する

カーソルを左に移動し、キーボードで「500」と入力し、[Enter] キーを押します。

➔グリップの位置が変更されました。

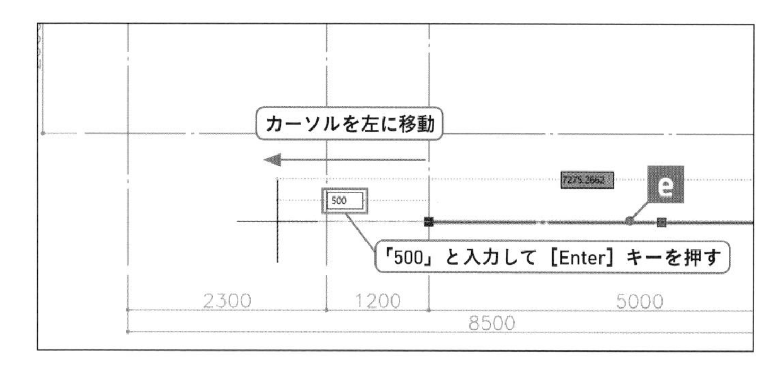

9 線分の選択を解除する

キーボードの [Esc] キーを押します。

➔選択を解除します。

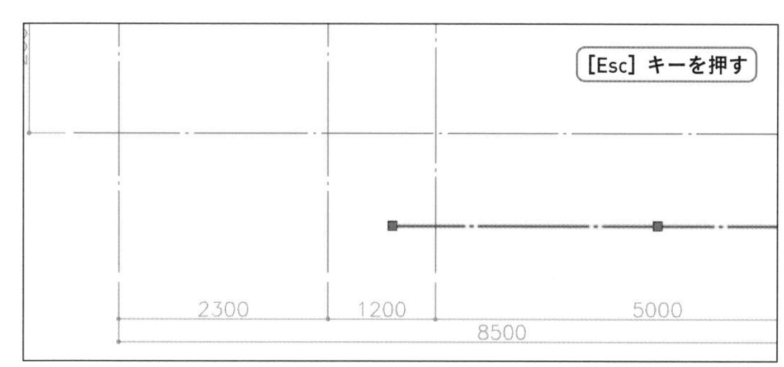

6-6-2 壁を作図する

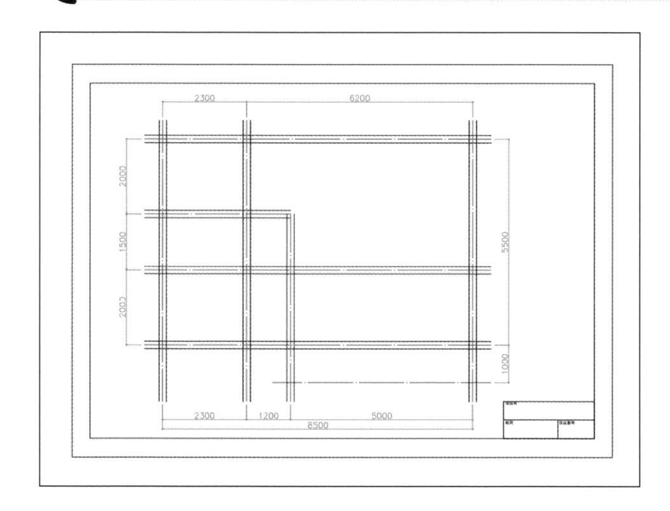

壁芯から壁を作成します。壁芯と壁は画層が違うので注意してください。

使用するコマンドや機能	オフセットコマンド(P.97)

やってみよう

1 現在画層を設定する

[ホーム] タブ－[画層] パネル－[画層] コントロールをクリックし、「02－壁」を選択します。

2 オフセットコマンドを選択する

[ホーム] タブ－[修正] パネル－[オフセット] をクリックします。

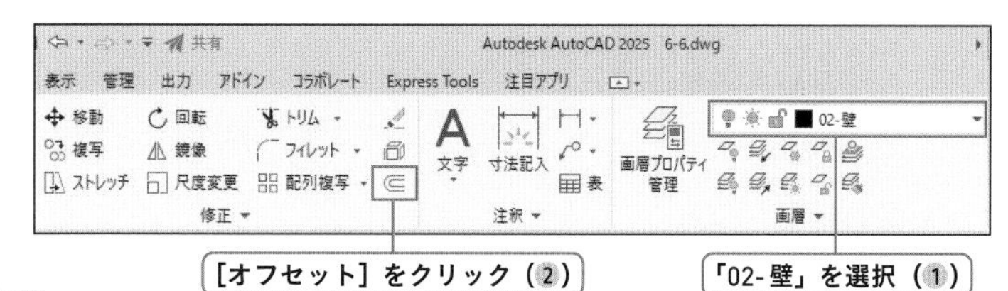

3 [画層]オプションを選択する

右クリックして、表示されたメニューから「画層(L)」を選択します。

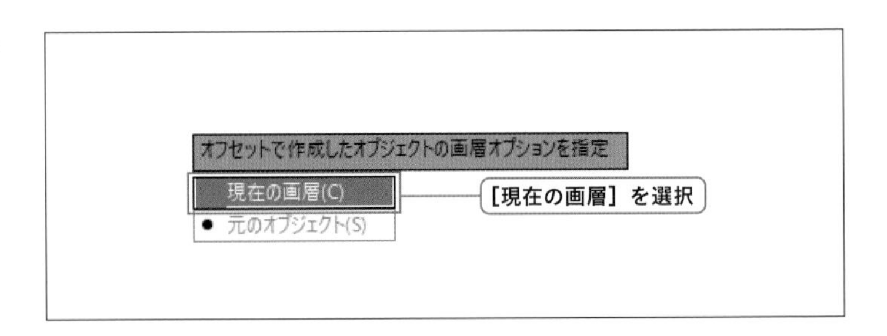

4 [現在の画層]オプションを選択する

表示されたメニューから「現在の画層(C)」をクリックして選択します。

➔現在の画層（「02ー壁」）にオフセットした図形が作図されるように変更されました。

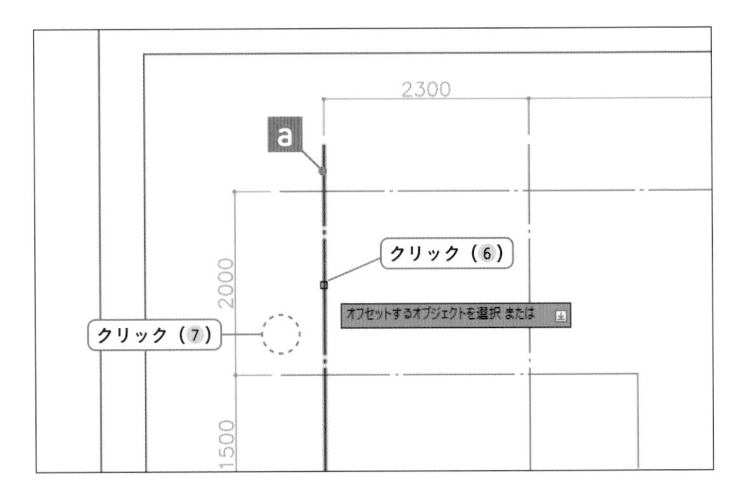

5 距離を入力する

キーボードで「100」と入力し、[Enter]キーを押します。

6 図形を選択する

線分 a をクリックして選択します。

7 オフセットする方向を指定する

線分 a の左側をクリックします。

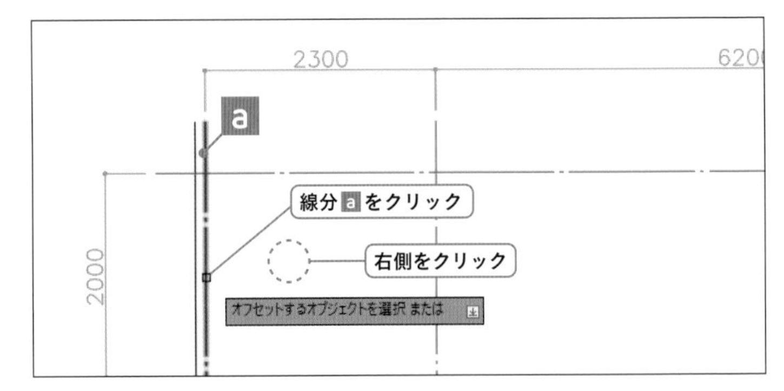

8 右側にもオフセットする

線分 a をクリックして選択し、線分 a の右側をクリックします。

➔壁芯 a の壁が作成されました。

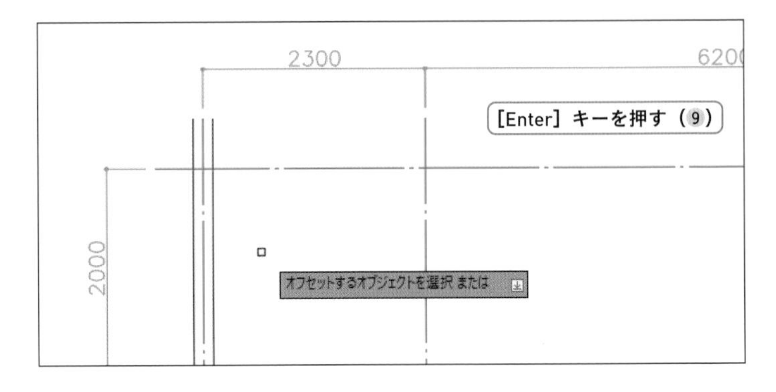

9 オフセットコマンドを終了する

[Enter] キーを押します。

10 他の壁芯の壁を作成する

オフセットコマンドを繰り返し、他の壁を作図します。

> 画層オプションは一度設定すれば、その後は同じオプションが選択されています。

SECTION
6-7 壁の作図（2）

練習用ファイル
6-7.dwg

「6-6壁の作図(1)」で作図を行ったファイル、または練習用ファイル「6-7.dwg」を使用します。交差する壁の処理をフィレットコマンドとトリムコマンドで行います。

ここで学ぶこと

不要な画層は非表示にして、L字型の部分をフィレットコマンドで、T字型の部分はトリムコマンドで処理をします。

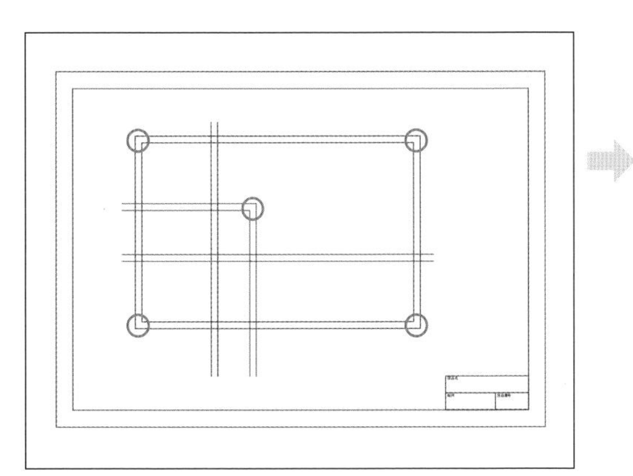

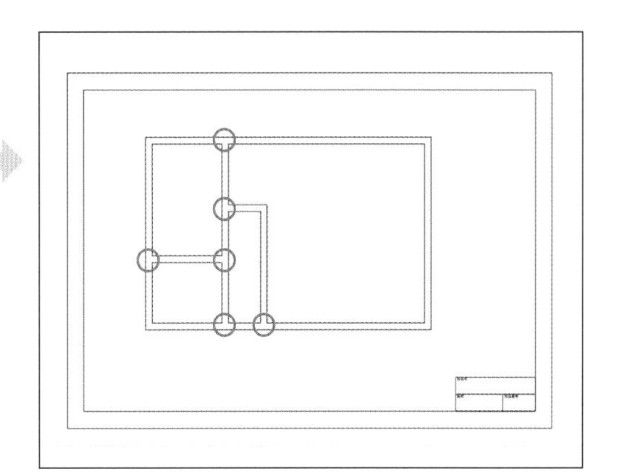

6-7-1 壁の処理をする～L字型

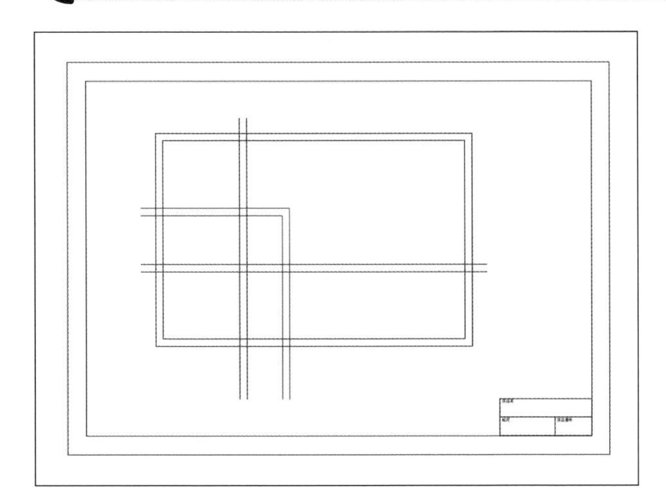

壁芯からオフセットコマンドで作成された壁の線は、離れていたり交わっていたりします。ここではL字型の部分を処理します。

使用するコマンドや機能	非表示コマンド(P.210)、フィレットコマンド(P.113)

やってみよう

1 非表示コマンドを選択する

［ホーム］タブー［画層］パネルー［非表示］をクリックします。

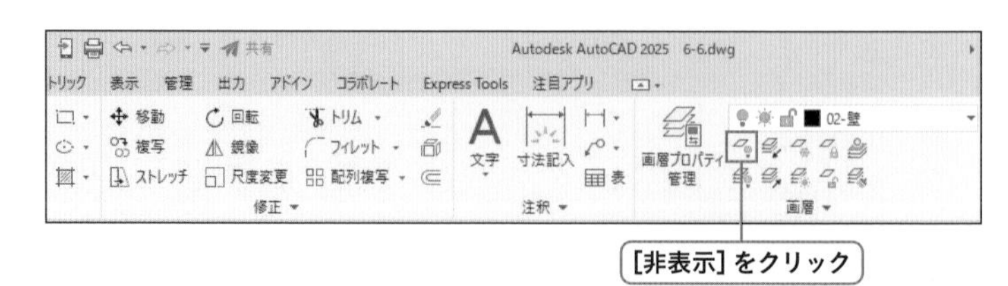

2 非表示にする画層の図形を選択する

任意の寸法と壁芯を選択します。
➔クリックした図形の画層が非表示になりました。

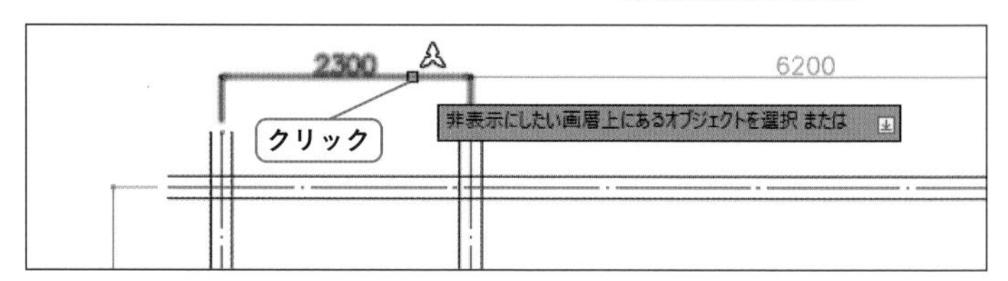

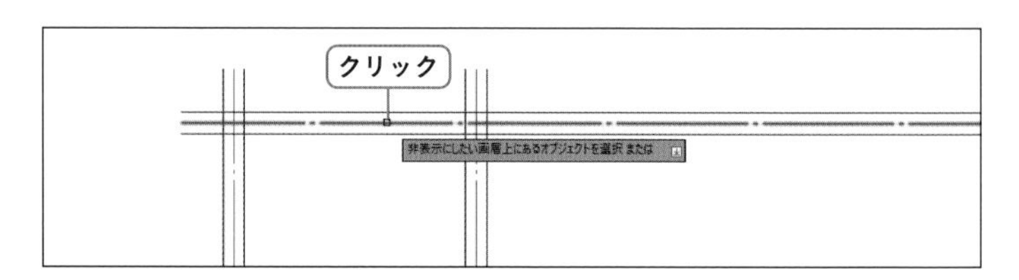

3 非表示コマンドを終了する

［Enter］キーを押します。

4 処理する場所を拡大する

マウスのスクロールボタンなどで、右図の場所を拡大します。

［Enter］キーを押す（3）

この部分を拡大（4）

5 フィレットコマンドを選択する

［ホーム］タブー［修正］パネルー［フィレット］をクリックします。

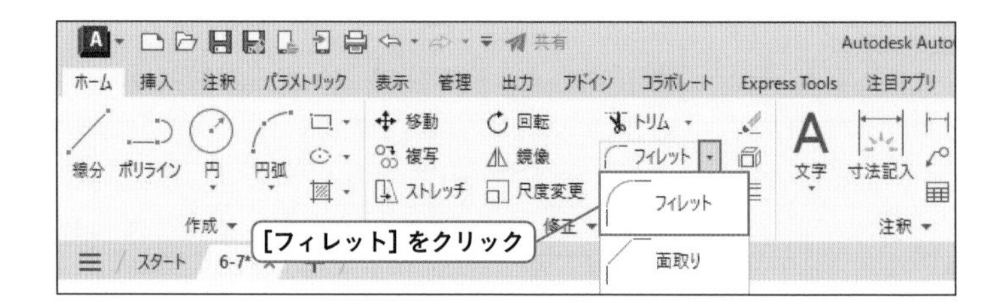

6 1つ目の図形を選択する

線分 a をクリックして選択します。右図と同じ位置をクリックしてください。

7 2つ目の図形を［Shift］キーを押しながら選択する

［Shift］キーを押しながら、線分 b をクリックして選択します。右図と同じ位置をクリックしてください。

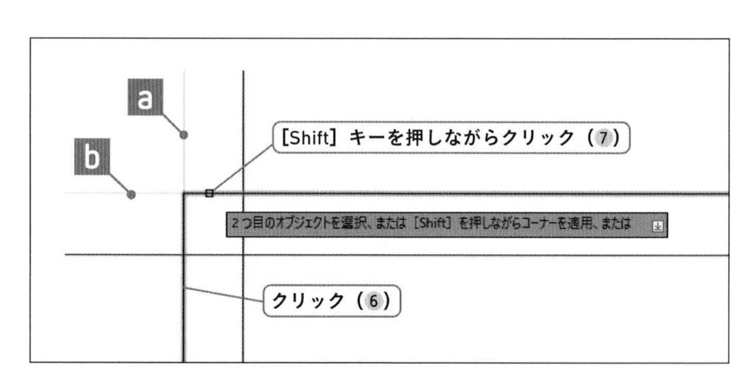

8 フィレットコマンドを選択する

［ホーム］タブー［修正］パネルー［フィレット］をクリックします（5参照）。

9 1つ目の図形を選択する

線分 c をクリックして選択します。右図と同じ位置をクリックしてください。

10 2つ目の図形を［Shift］キーを押しながら選択する

［Shift］キーを押しながら、線分 d をクリックして選択します。右図と同じ位置をクリックしてください。

➔ L字型の壁の処理ができました。

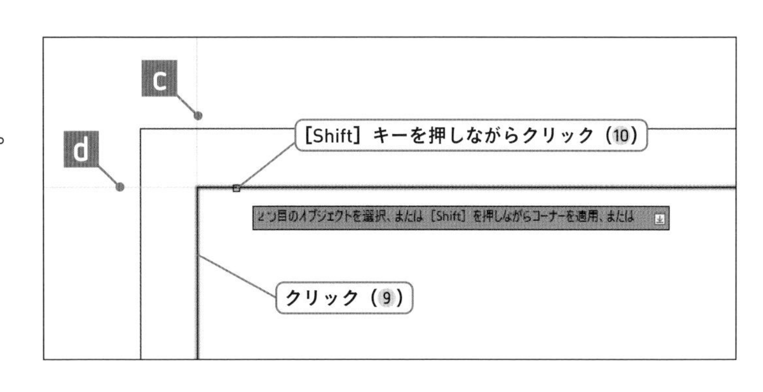

11 他のL字型の壁を処理する

手順4〜10を繰り返し、他のL字型の壁の部分を処理します。

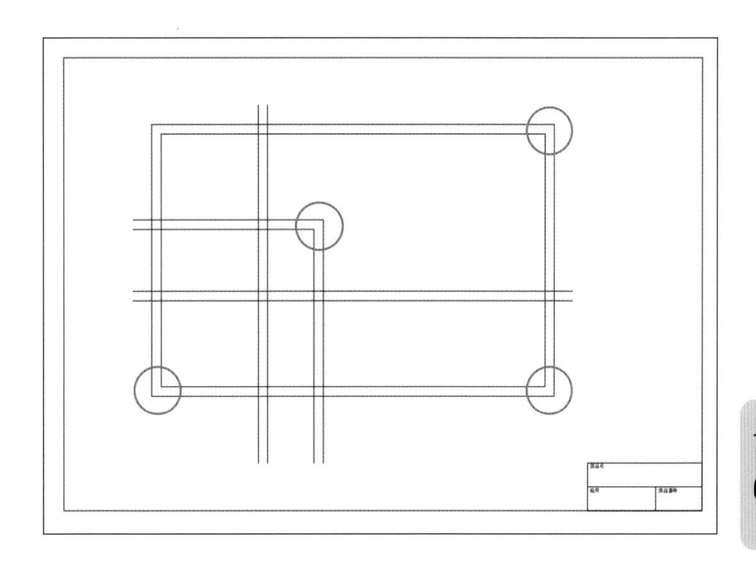

6-7-2 壁の処理をする〜T字型

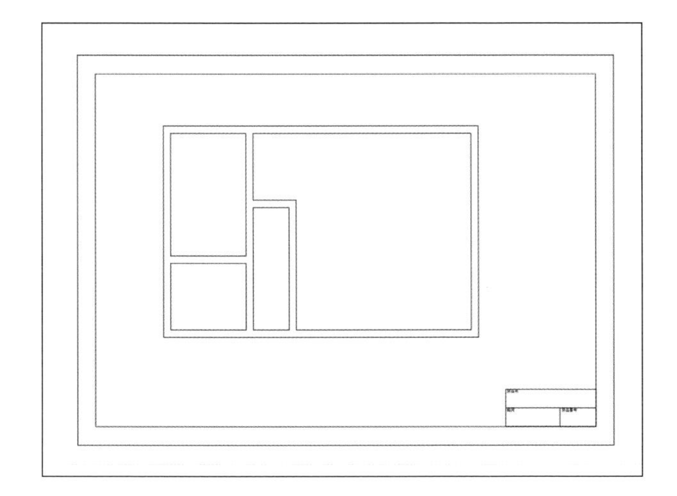

壁芯からオフセットコマンドで作成された壁の線は、離れていたり交わっていたりします。ここではT字型の部分を処理します。

使用するコマンドや機能	トリムコマンド(P.105)

やってみよう

1 処理する場所を拡大する

マウスのスクロールボタンなどで、右図の場所を拡大します。

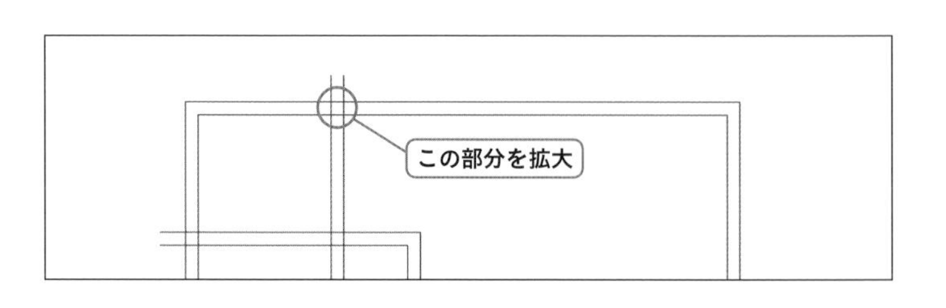

2 トリムコマンドを選択する

［ホーム］タブー［修正］パネルー［トリム］をクリックします。

➔2021以降の場合は、トリムまたは延長の実行後にモードの確認が必要です。P.106の「2021以降のバージョンのトリム／延長」を参照してください。

3 切り取りエッジを選択し、確定する

線分d、e、fをクリックし、[Enter]キーを押して選択します。

4 切り取る箇所を選択する

線分d、eの上と、線分fのd、eの間をクリックして選択します。

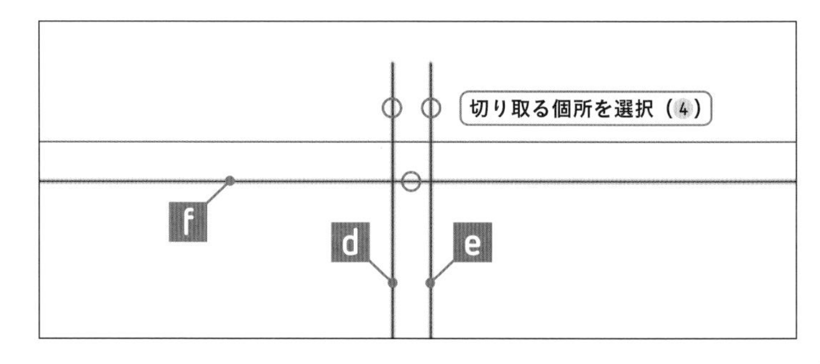

5 トリムコマンドを終了する

［Enter］キーを押します。

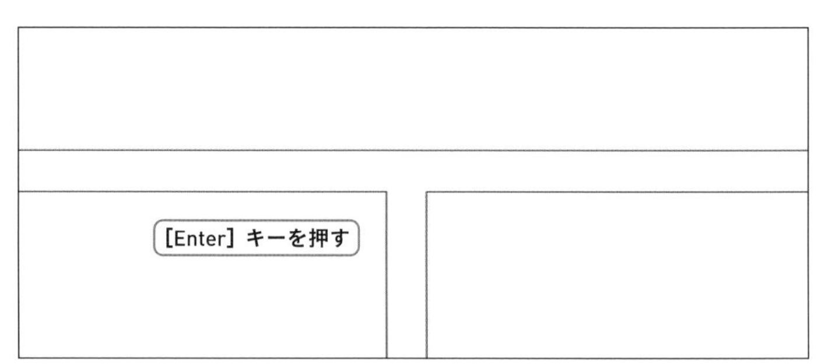

6 他のT字型の壁を処理する

手順1〜5を参考に、他のT字型の壁の部分を処理します。

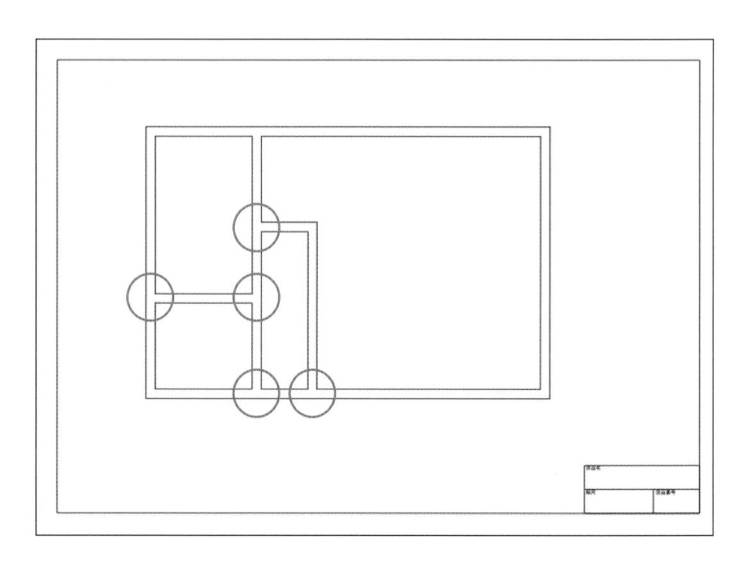

SECTION
6-8
練習用ファイル
6-8.dwg

開口の作図

「6-7壁の作図(2)」で作図を行ったファイル、または練習用ファイル「6-8.dwg」を使用します。階段やドア、窓を作図するため、壁に開口を作ります。

ここで学ぶこと

階段やドア、窓の開口をオフセットコマンドやトリムコマンドで作図し、最後に非表示にしていた画層を表示します。

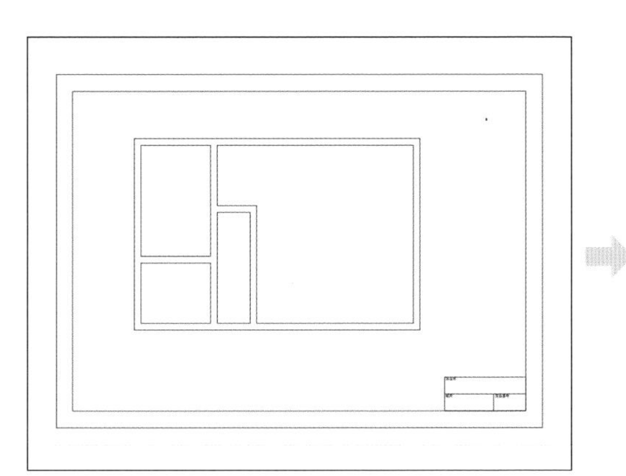

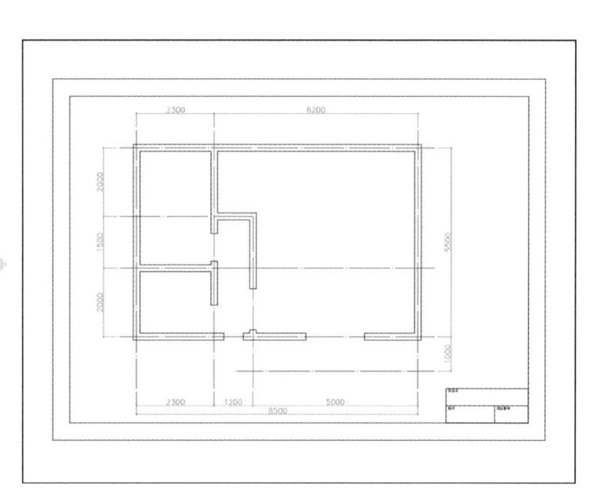

6-8-1 開口を作図する

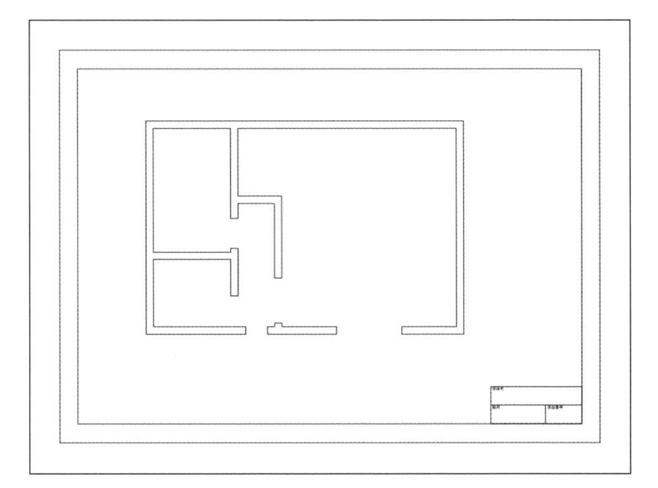

壁が埋まっていては、ドアや窓を作図することができません。その大きさに合わせて壁の一部分を削除します。

使用するコマンドや機能	線分コマンド(P.38)、 オフセットコマンド(P.97)、 トリムコマンド(P.105)、 削除コマンド(P.76)、 オブジェクトスナップ(P.43)

やってみよう

1 処理する場所を拡大する

マウスのスクロールボタンなどで、右図の場所を拡大します。

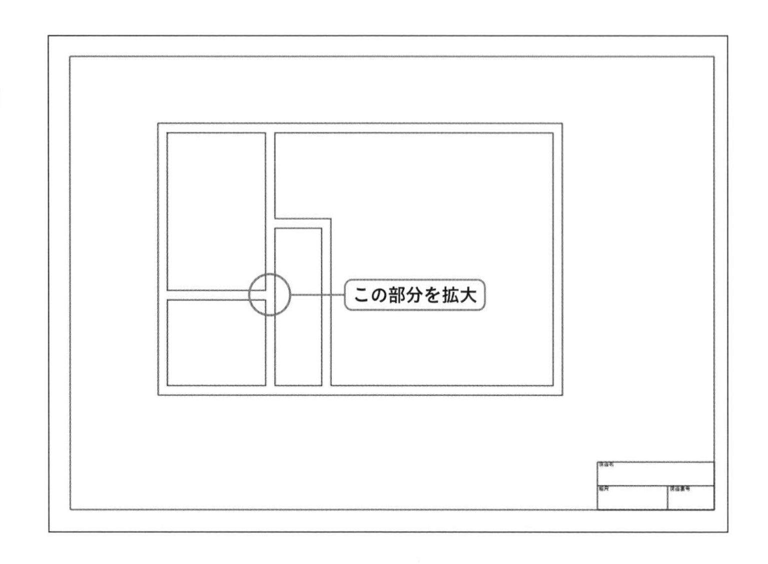

2 オブジェクトスナップを設定する

[端点] と [垂線] を設定し、オブジェクトスナップをオンにします。

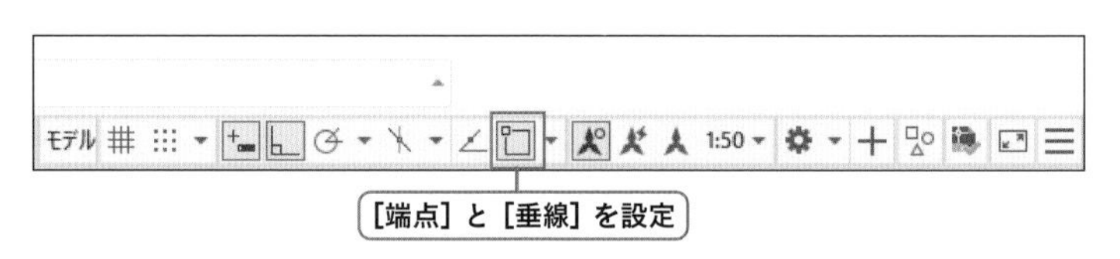

3 開口の位置の補助線を作図する

線分A Bを作成します。線分コマンド（P.38）で、端点Aと右側の垂線をクリックします。

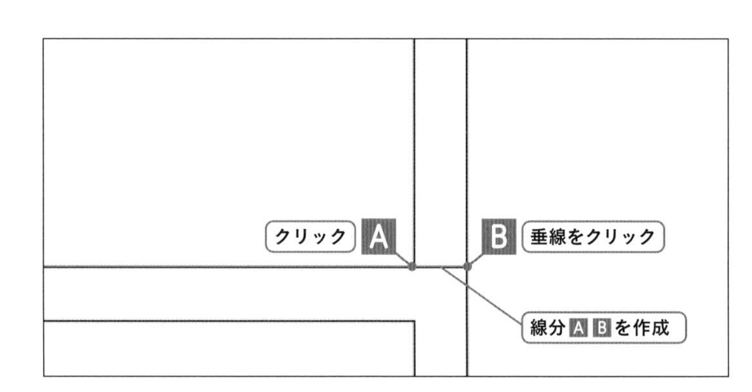

4 開口の位置を作図する

線分A Bからの距離を「100」とし、開口の線分C Dをオフセットコマンド（P.97）で作成します。また、線分C Dからの距離を「800」とし、開口の線分E Fを同様に作成します。最後に線分A Bは削除します。

削除は、図形を先に選択してから [削除] ボタンをクリック、またはキーボードの [Delete] キーを押す操作でも行えます。

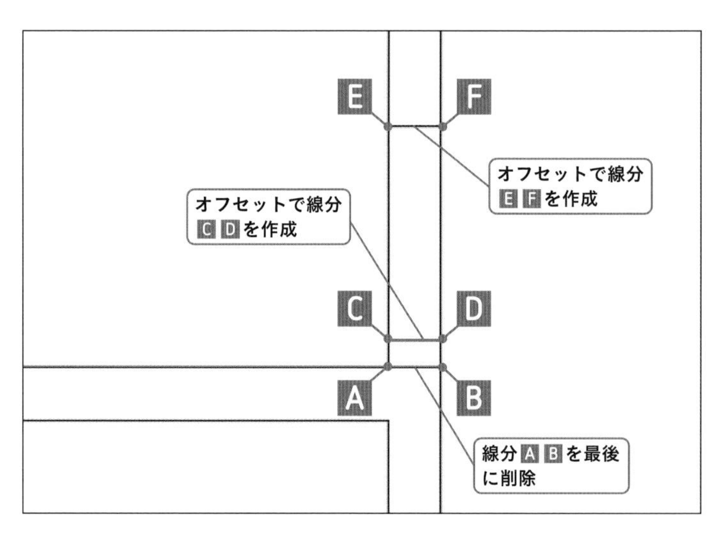

5 開口を作図する

線分CD、EFを切り取りエッジとして、トリムコマンドで開口を作成します。

a［ホーム］タブ―［修正］パネル―［トリム］をクリック
b 線分CD、EFをクリックして［Enter］キーを押す
c 線分CE、DFを選択し［Enter］キーを押す

➔2021以降の場合は、トリムまたは延長の実行後にモードの確認が必要です。P.106の「2021以降のバージョンのトリム／延長」を参照してください。

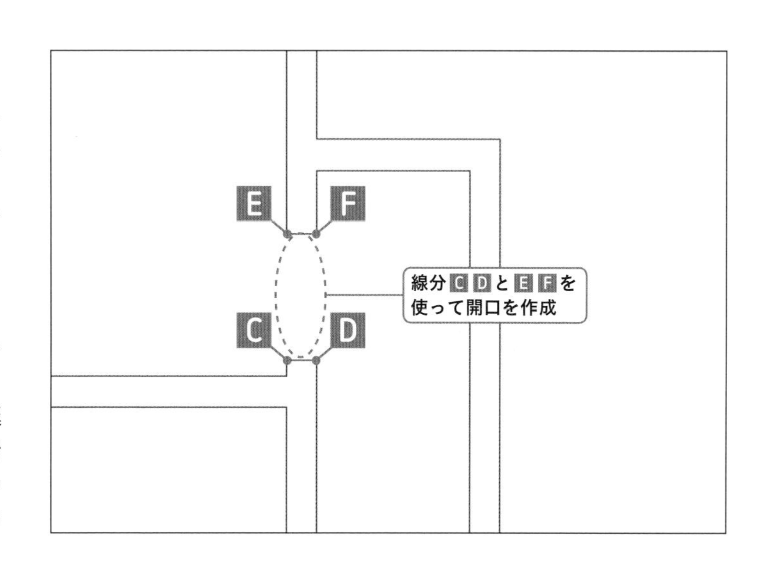

6 開口を作図する

同様に他の開口を作図します。寸法は下図を参考にしてください。

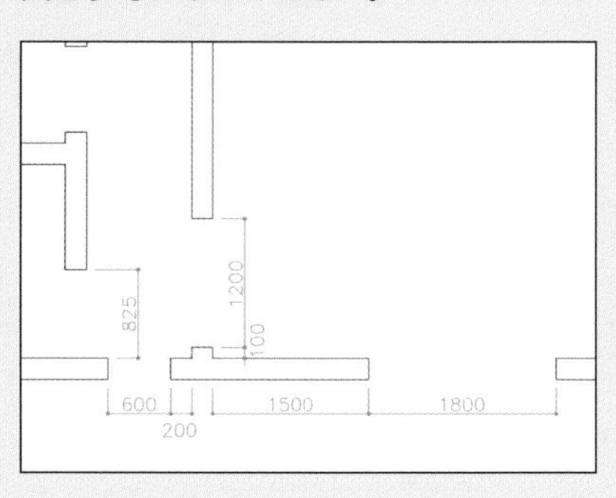

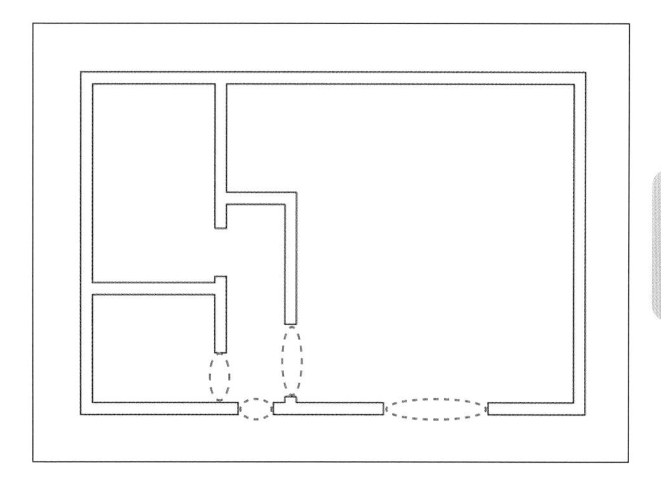

6-8-2 壁の処理をする

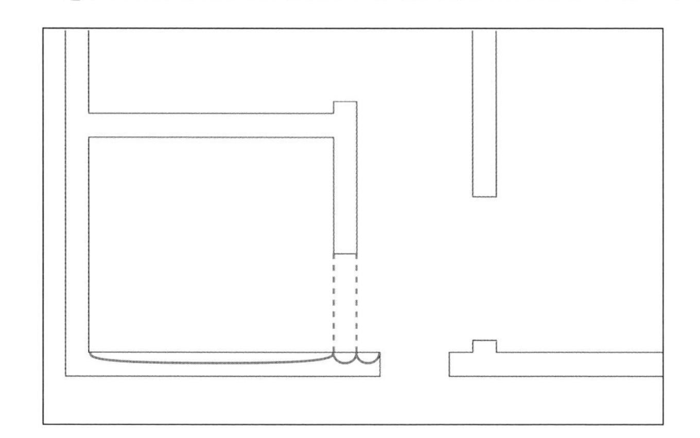

階段の開口を作図した時に、3つの線分に分かれた壁の線分があるので、1本の線分にします。

使用するコマンドや機能	結合コマンド（P.268）、 全画層表示コマンド（P.210）

やってみよう

1 結合コマンドを選択する

［ホーム］タブー［修正］パネルを展開し、［結合］をクリックします。

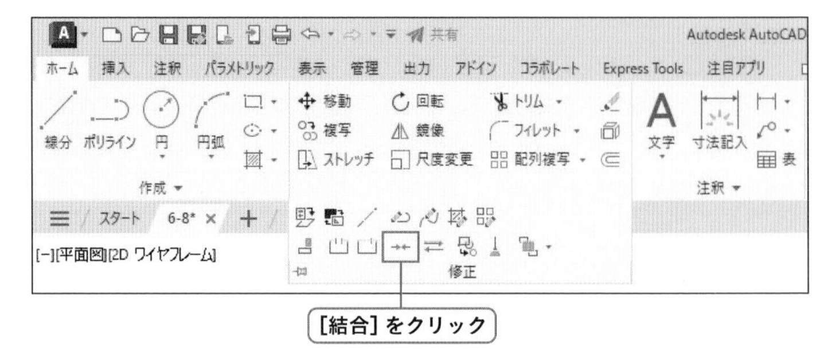

2 線分を選択する

右図の3つの線分をクリックして選択します。

3 結合コマンドを終了する

［Enter］キーを押します。
⊖3つの線分が1本になりました。

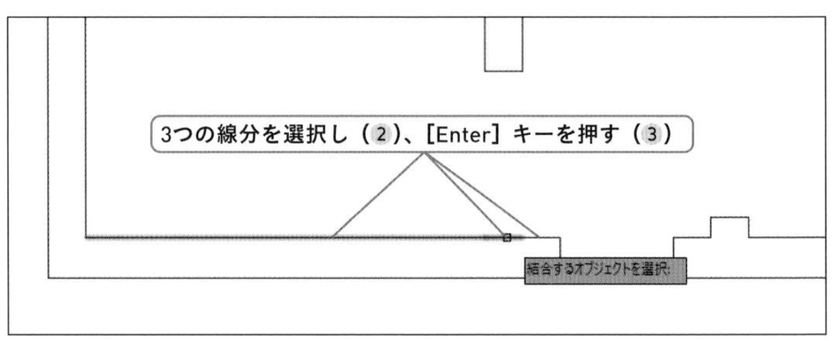

4 全画層表示コマンドを選択する

［ホーム］タブー［画層］パネルー［全画層表示］をクリックします。
⊖非表示になっていた画層が表示されました。

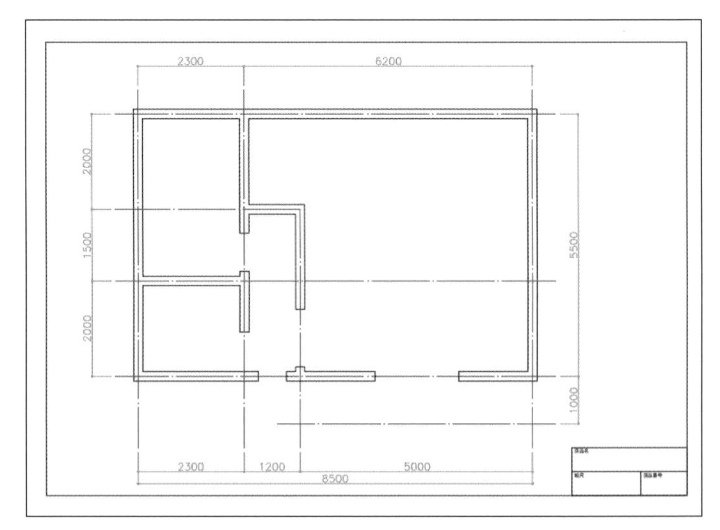

SECTION

6-9

練習用ファイル

6-9.dwg

バルコニーと階段の作図

「6-8開口の作図」で作図を行ったファイル、または練習用ファイル「6-9.dwg」を使用します。バルコニー、階段の作図を行います。これまで学習した様々なコマンドを使うので、しっかり復習をしましょう。

ここで学ぶこと

バルコニーは壁の作図と同様に、階段は線分や長方形、オフセット、鏡像コマンドなどで作図を行います。

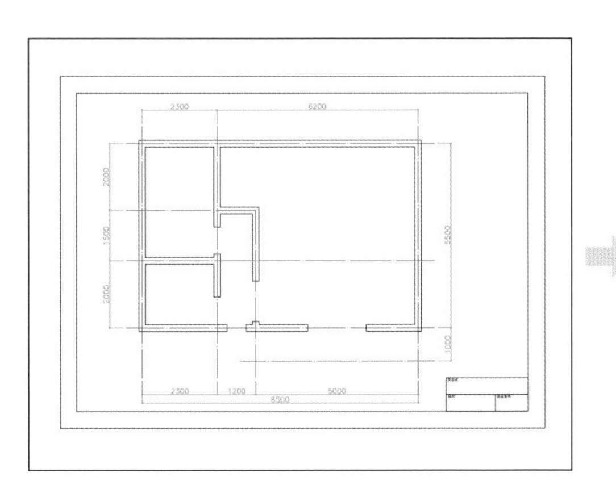

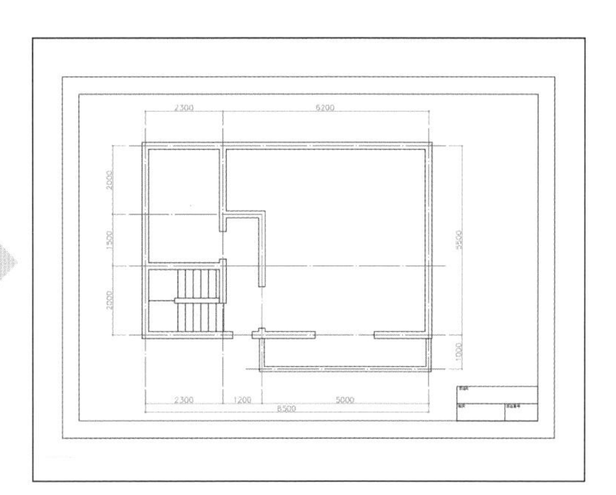

6-9-1 バルコニーを作図する

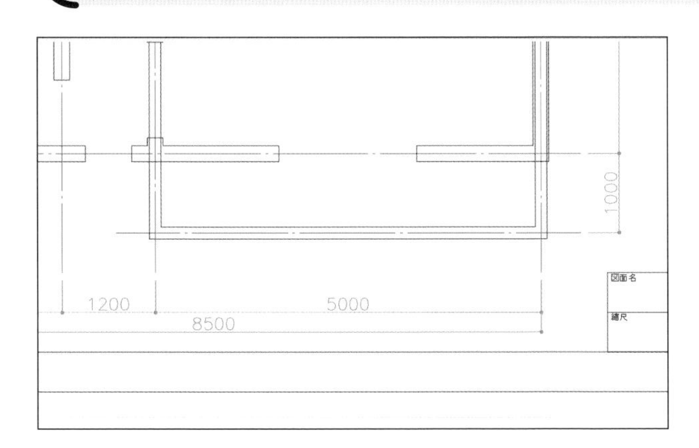

バルコニーを作図します。壁とは厚さが違うので、オフセットコマンドの距離の入力に注意をしてください。

使用するコマンドや機能	オフセットコマンド(P.97)、フィレットコマンド(P.113)、トリムコマンド(P.105)

やってみよう

① 処理する場所を拡大する

マウスのスクロールボタンなどで、右図の場所を拡大します。

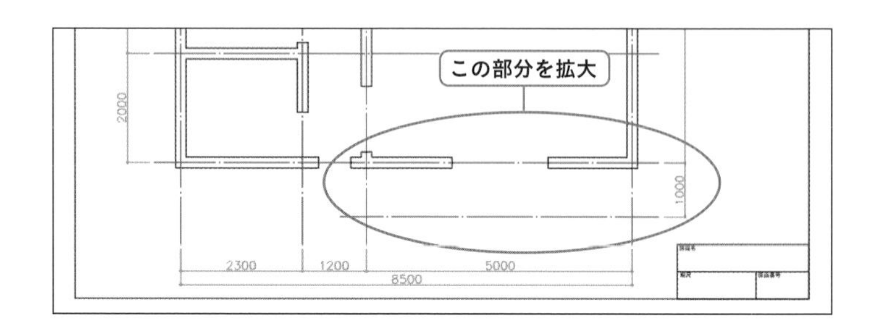

② バルコニーの線を作図する

P.259「6-6-2壁を作図する」の手順①～⑨を参考に、バルコニーの壁芯を「75」の距離でオフセットします。

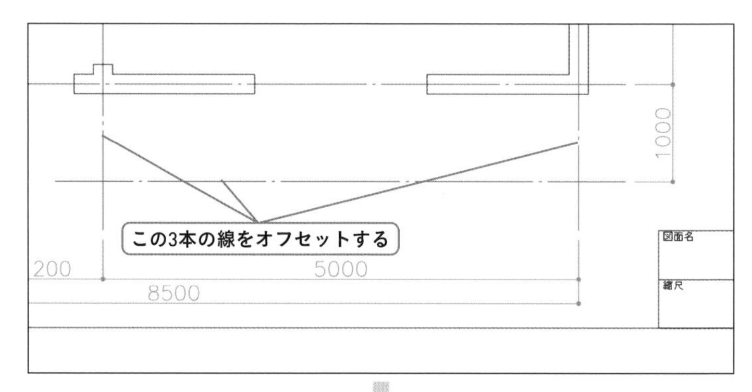

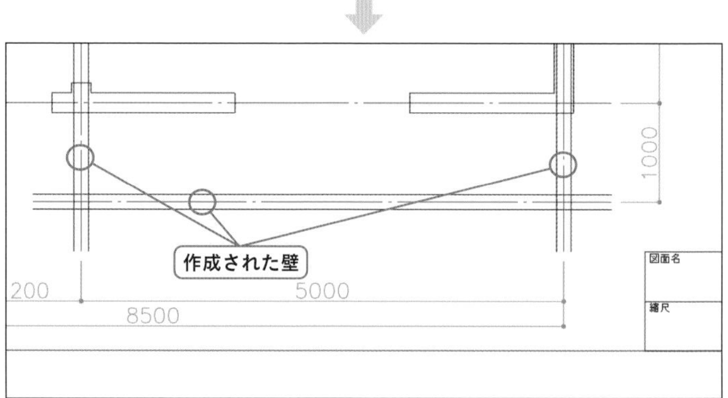

③ バルコニーの線を処理する

P.261「6-7-1壁の処理をする～L字型」の手順⑤～⑦を参考に、バルコニーの角をフィレットコマンドで処理します。また、壁との接続部分は、P.267の手順⑤を参考に、トリムコマンドで処理します。

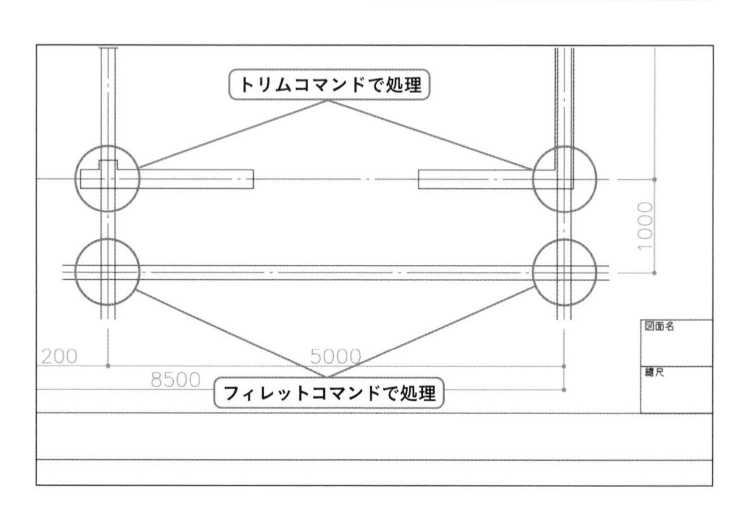

6-9-2 階段を作図する

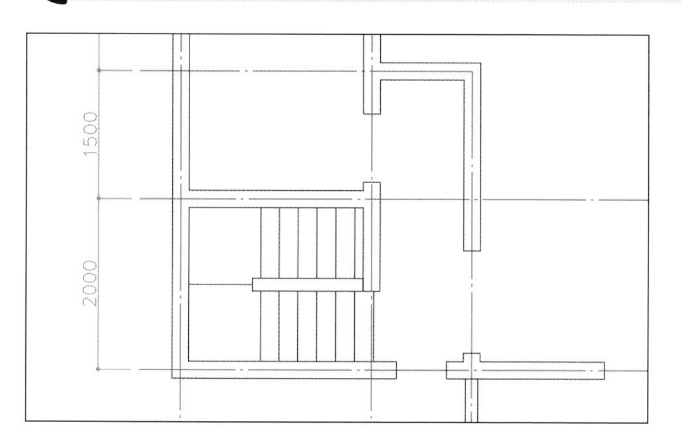

階段を作図します。鏡像コマンドを使用し、同じ形状は効率よく作図しましょう。

使用するコマンドや機能	長方形コマンド(P.50)、 線分コマンド(P.38)、 移動コマンド(P.82)、 オフセットコマンド(P.97)、 鏡像コマンド(P.102)、 オブジェクトスナップ(P.43)、 直交モード(P.39)

やってみよう

1 処理する場所を拡大する

マウスのスクロールボタンなどで、右図の場所を拡大します。

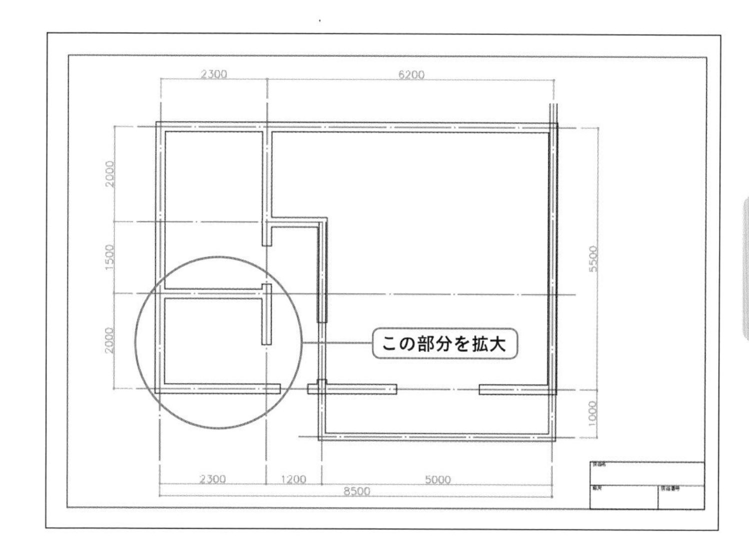

2 オブジェクトスナップを設定する

[端点]、[中点]、[垂線] を設定し、オブジェクトスナップをオンにします。

3 壁を作図する

長方形コマンド (P.50) で壁を作図します。端点Aを1点目とし、2点目は相対座標で「−1325, 150」と入力します。

4 階段を作図する(1)

線分コマンド (P.38) で階段を作図します。中点Bと線分への垂直点C、端点Dと線分への垂直点Eの2本を書きます。

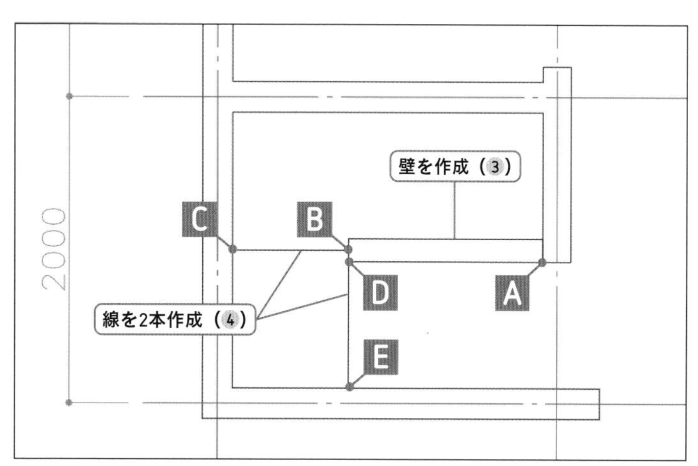

5 階段を作図する(2)

移動コマンド（P.82）で線分DEを右に100移動します。直交モードを使用します。

移動コマンドは、図形を選択→基点（ここでは任意点）→目的点（ここではカーソルを右に動かして「100」と入力）と指定します。

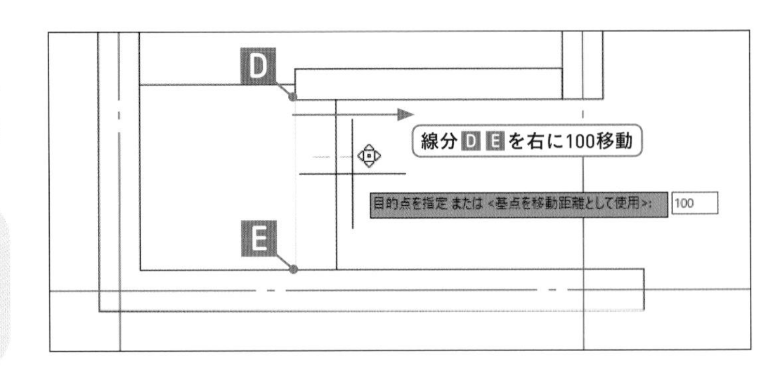

6 階段を作図する(3)

オフセットコマンド（P.97）で線分DEを右に225の間隔でオフセットします。線分DEを含めて、合計7本となります。

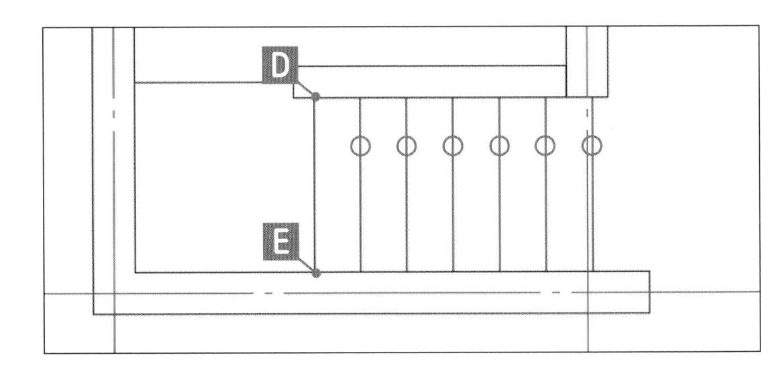

7 階段を作図する(4)

鏡像コマンド（P.102）を使用し、一番右の線分を除いた6本を反対側に複写します。対象軸の1点目、2点目は、線分の端点B、Cを指示します。「元のオブジェクトを消去しますか？」で「いいえ」を選択してください。

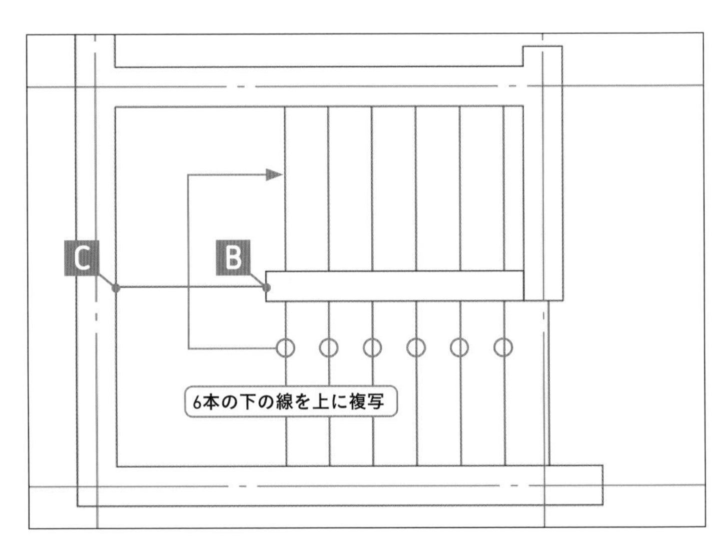

8 全体を表示

マウスのスクロールボタンをダブルクリックして、オブジェクト範囲ズームを行います。

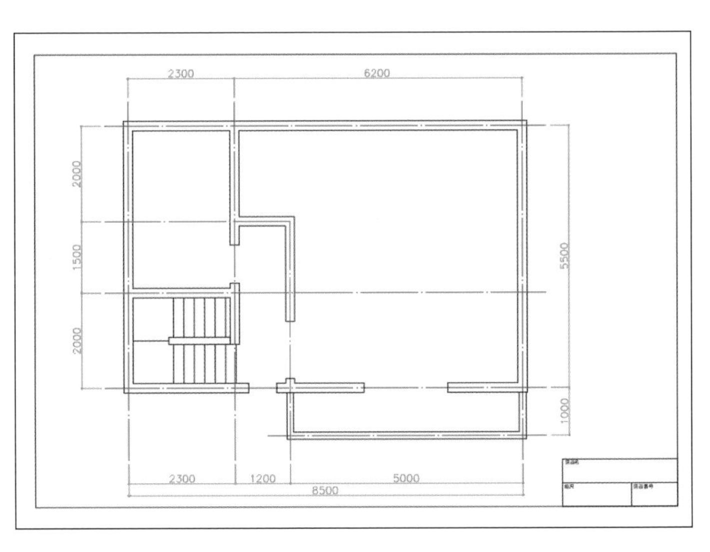

SECTION
6-10

練習用ファイル
6-10.dwg

ドアと窓の作図

「6-9バルコニーと階段の作図」で作図を行ったファイル、または練習用ファイル「6-10.dwg」を使用します。部屋のドアと階段の前のはめ殺し窓を、線と円弧で作図します。

ここで学ぶこと

ドアと窓を、線分と円弧で作図します。円弧はトリムコマンドを使用し、円の一部を削除します。

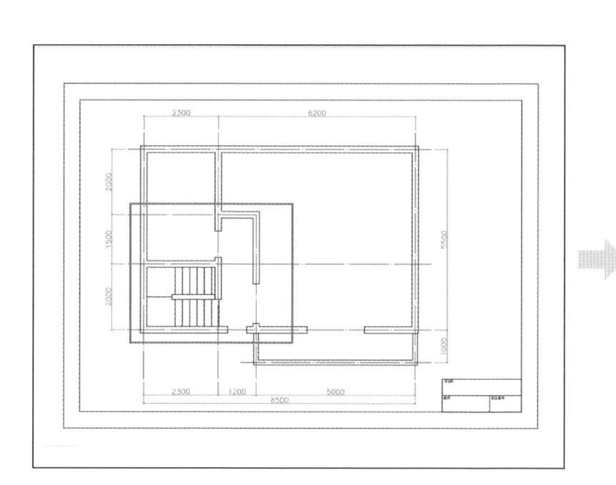

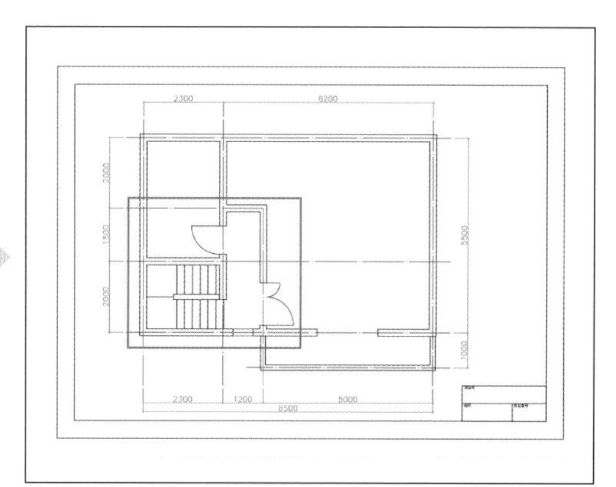

6-10-1 ドアを作図する

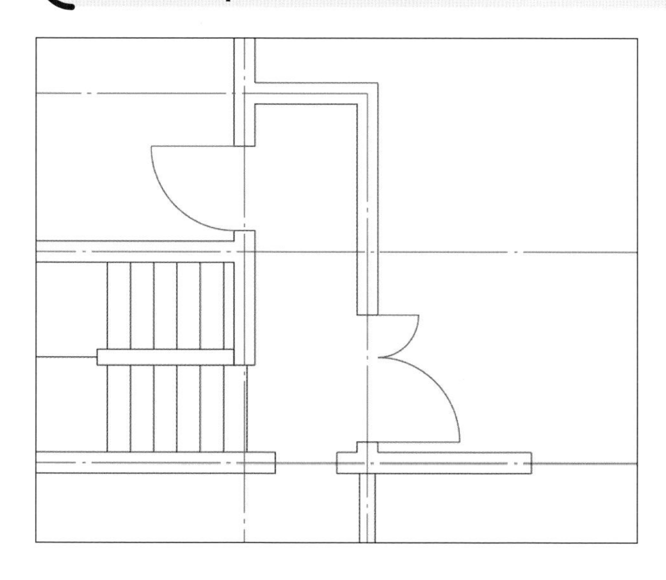

部屋のドアを作図します。ドアが開かれる軌跡部分は円弧で作図しますが、円の一部を削除して作成すると効率的です。

使用するコマンドや機能	線分コマンド(P.38)、 円コマンド(P.47)、 トリムコマンド(P.105)、 オブジェクトスナップ(P.43)、 直交モード(P.39)

やってみよう

1 処理する場所を拡大する

マウスのスクロールボタンなどで、右図の場所を拡大します。

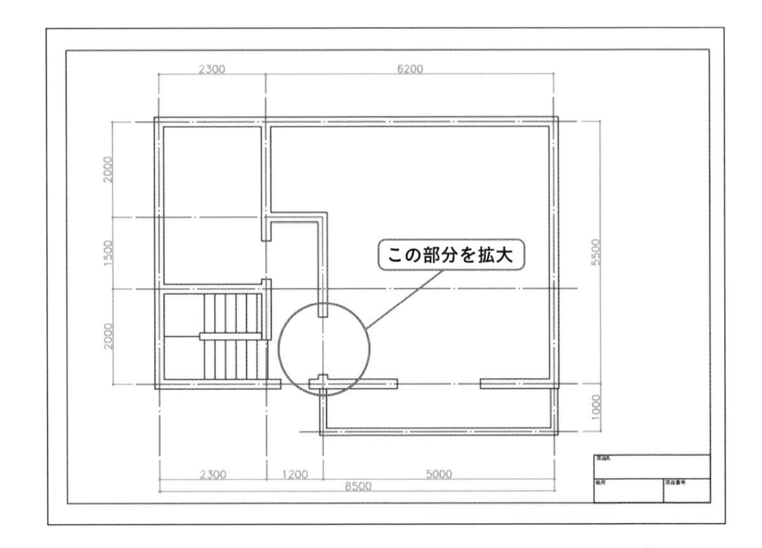

2 現在画層を設定する

[ホーム] タブー [画層] パネルー [画層] コントロールをクリックし、「03ー建具」を選択します。

3 両開きドアの線を作図する

直交モードやオブジェクトスナップの端点を使用し、線分コマンド (P.38) で、AB、AC、BDを作図します。ACの長さは「400」、BDの長さは「800」とします。

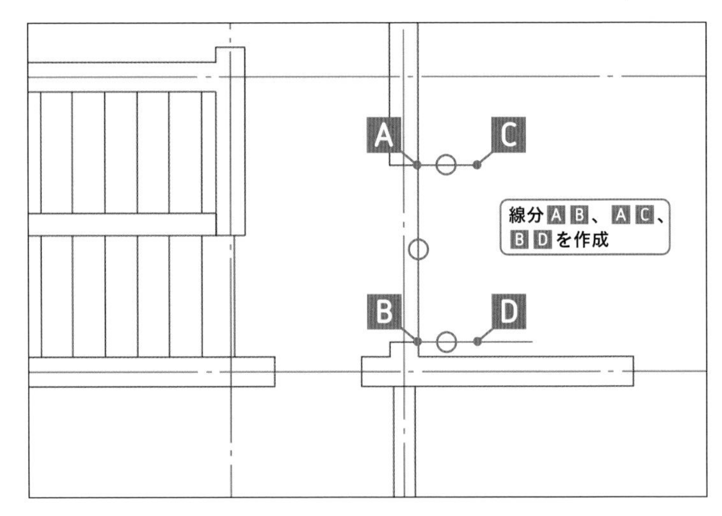

4 両開きドアの円を作図する

円コマンド (P.47) で、端点Aを中心に半径400の円を作図します。同様に端点Bを中心に半径800の円を作図します。

「円」ボタンの下側をクリックし、「中心、半径」を選択します。

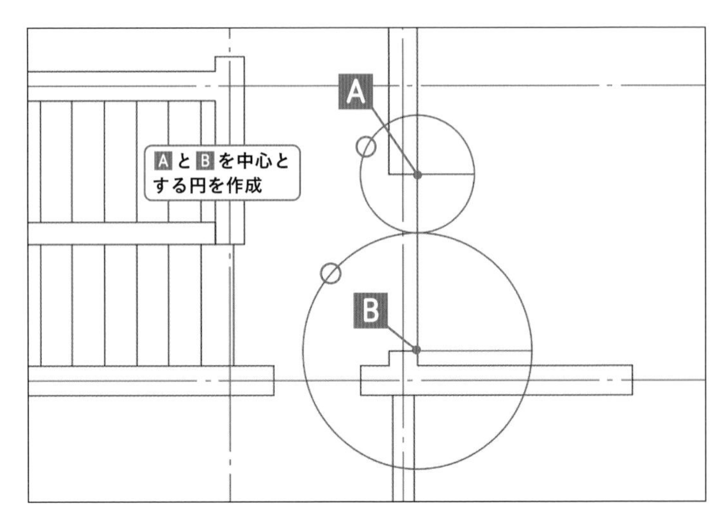

5 両開きドアの円と線分を処理する

トリムコマンドで、線分AB、AC、BDを切り取りエッジとし、円をトリムします。最後に線分ABは削除します。

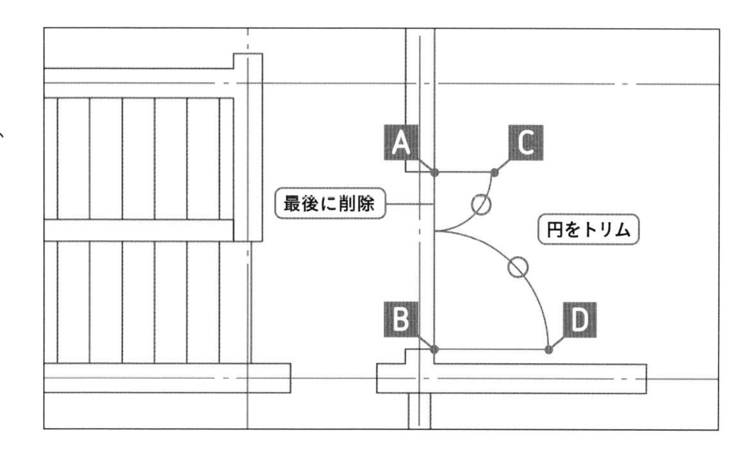

6 片開きドアの円と線分を処理する

同様に線分、円、トリムコマンドで、片開きドアを作成します。半径は800とします。

直交モードをオンにして開口部に線分を作成し、線分の上端点から左に800の線分を作成します。そのあと線分の上端点を中心に半径800の円を作成、トリムコマンドでドア作成後、最初に作成した線分を削除します。

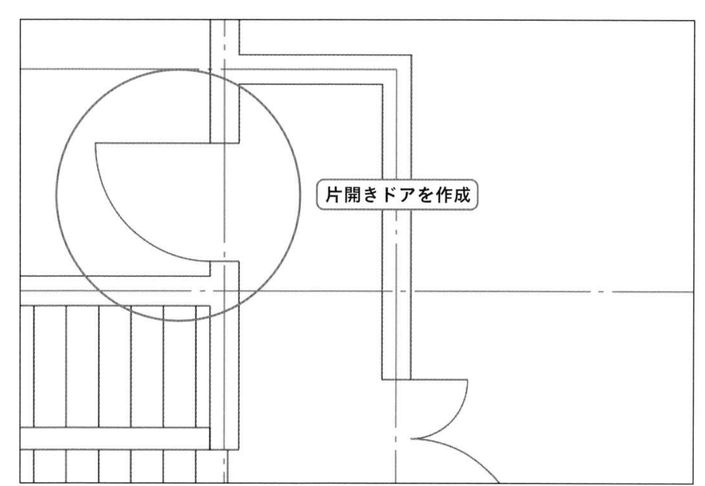

6-10-2 はめ殺し窓を作図する

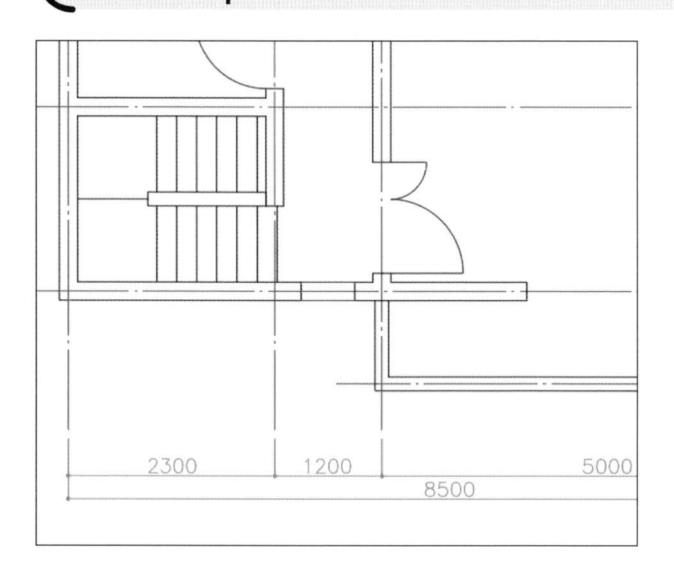

壁に直接はめ込まれたはめ殺し窓を作図します。

使用するコマンドや機能	線分コマンド(P.38)、オブジェクトスナップ(P.43)

やってみよう

1 処理する場所を拡大する

マウスのスクロールボタンなどで、右図の場所を拡大します。

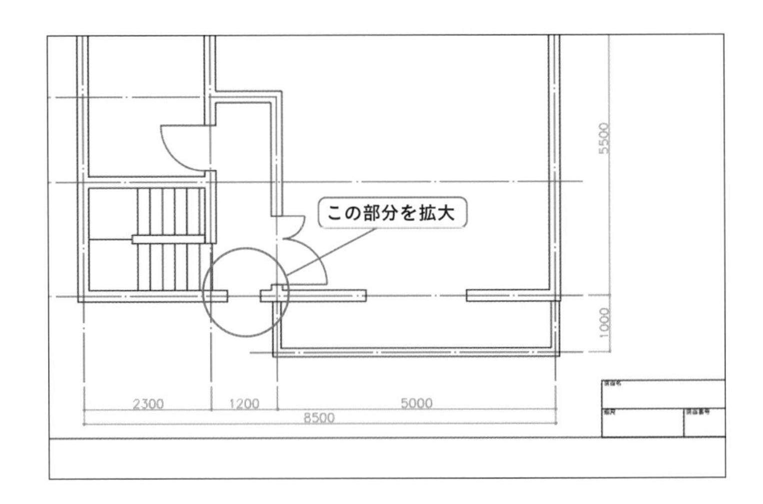

2 オブジェクトスナップを設定する

[端点] を設定し、オブジェクトスナップをオンにします。

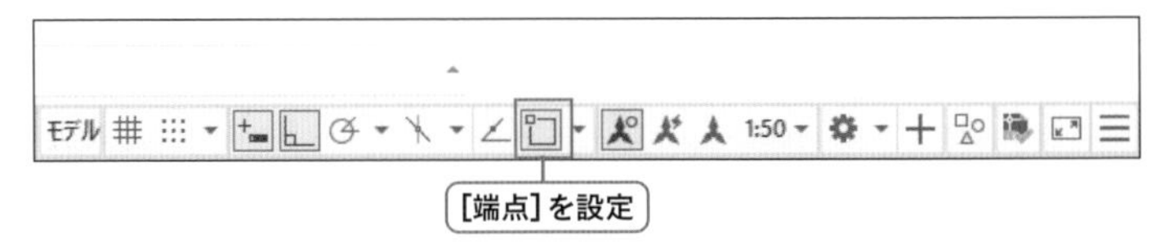

3 はめ殺し窓を作図する

線分コマンドで線分AB、CDを作図します。

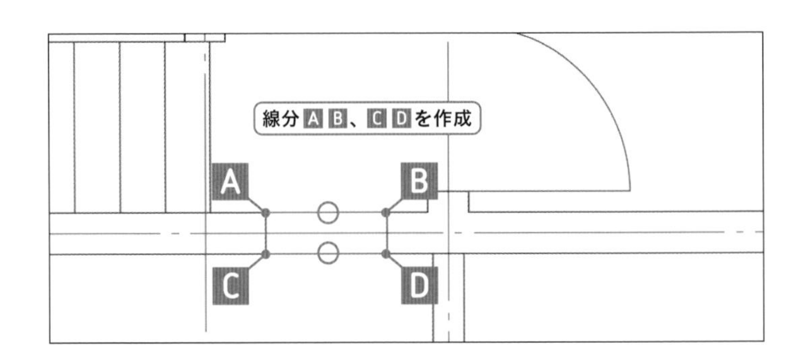

4 全体を表示

マウスのスクロールボタンをダブルクリックして、オブジェクト範囲ズームを行います。

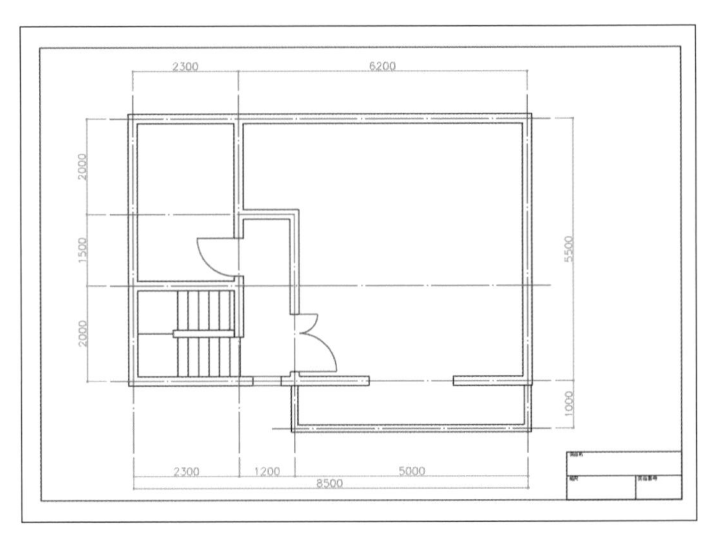

SECTION
6-11 バルコニーの窓の作図

練習用ファイル
6-11.dwg

「6-10ドアと窓の作図」で作図を行ったファイル、または練習用ファイル「6-11.dwg」を使用します。バルコニーの窓を線分で作図します。

ここで学ぶこと

バルコニーの引き違い窓を、線分で作図します。中心線の作図にはグリップ編集を使います。

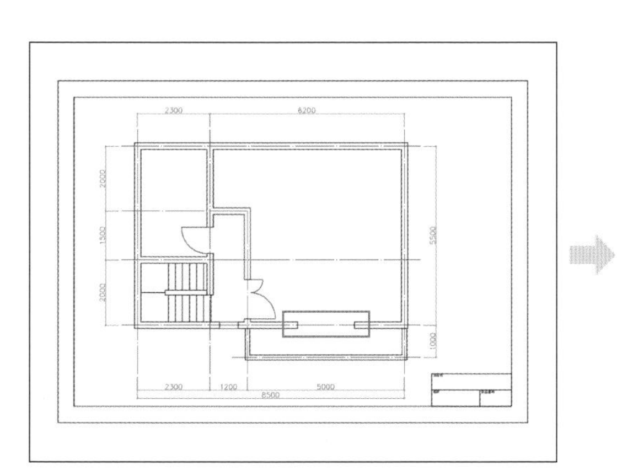

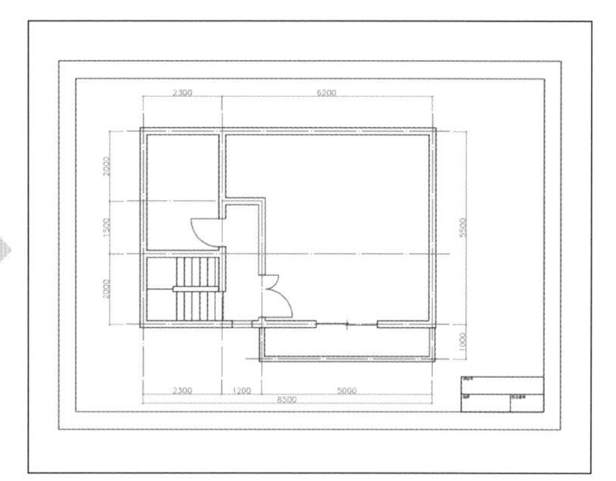

6-11-1 引き違い窓を作図する

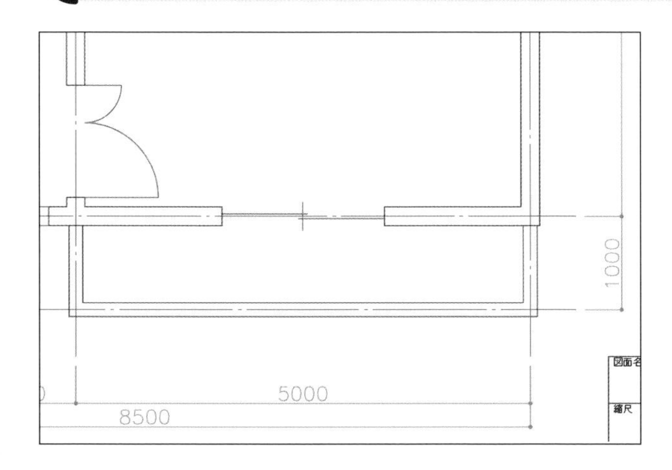

横に開閉する引き違い窓を作図します。窓の中心線も線分で作図をします。

使用するコマンドや機能	線分コマンド(P.38)、 オフセットコマンド(P.97)、 トリムコマンド(P.105)、 グリップ編集(P.166)、 オブジェクトスナップ(P.43)、 直交モード(P.39)

やってみよう

1 処理する場所を拡大する

マウスのスクロールボタンなどで、右図の場所を拡大します。

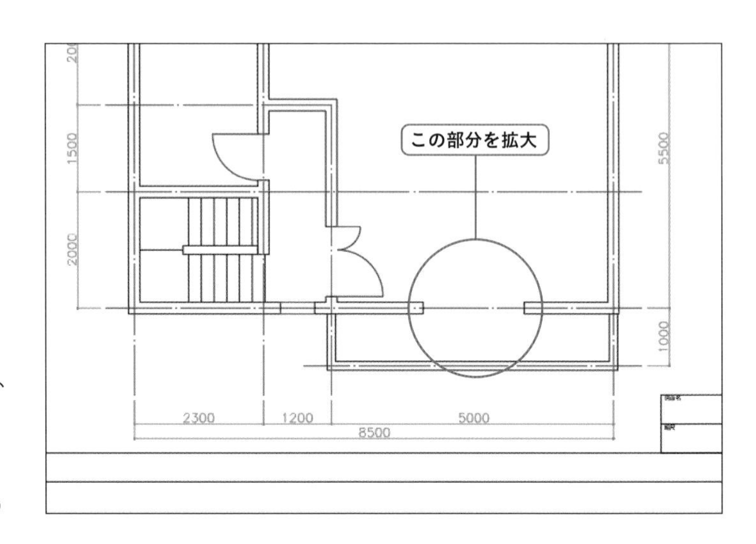

2 補助線を作図する

オブジェクトスナップの中点を使用し、線分コマンドで、線分AB を作図します。

3 非表示コマンドを選択する

[ホーム] タブー [画層] パネルー [非表示] をクリックします (P.210「画層パネルのアイコン」参照)。

4 非表示にする画層の図形を選択する

任意の寸法と壁芯、壁を選択し、[Enter] キーを押します。

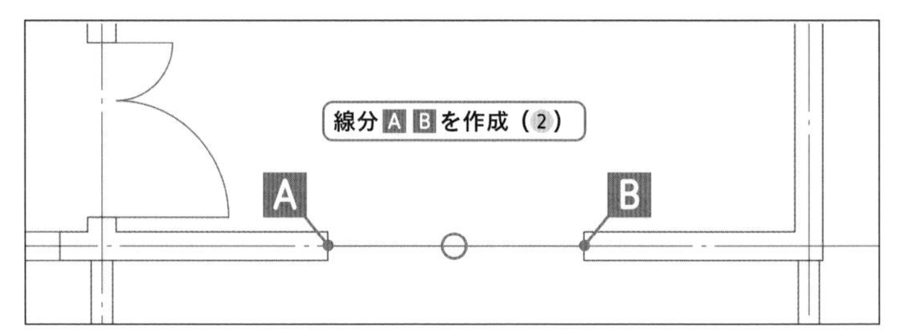

5 引き違い窓の線を作図する(1)

線分AB を上下に「25」の距離でオフセットします。

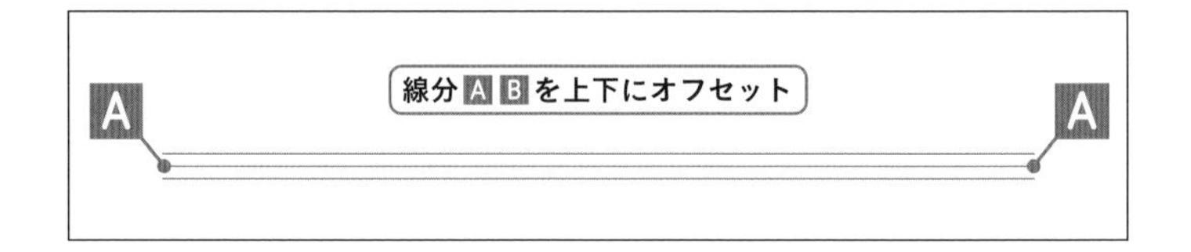

6 引き違い窓の線を作図する(2)

線分AB を削除し、2本の線分の中点を使用して線分CD を作図します。

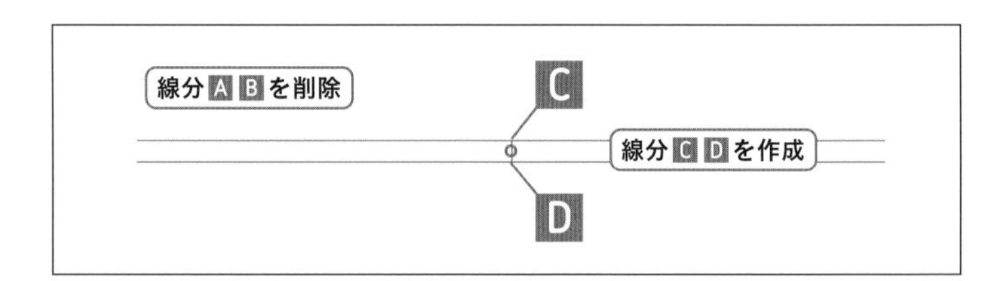

7 引き違い窓の線を修正する(1)

線分CD をクリックして選択し、端点C のグリップを選択します。

8 引き違い窓の線を修正する(2)

直交モードをオンにして上側にカーソルを動かし、「125」と入力し、[Enter] キーを押します。

→線分の端点C が上に125移動します。

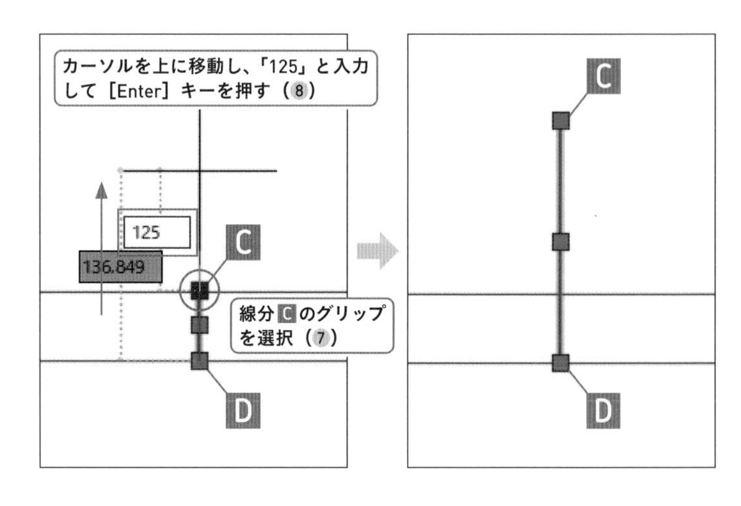

⑨ 引き違い窓の線を修正する(3)

手順⑦～⑧と同様に、端点Dも下側に125移動します。最後に［Esc］キーで選択を解除します。

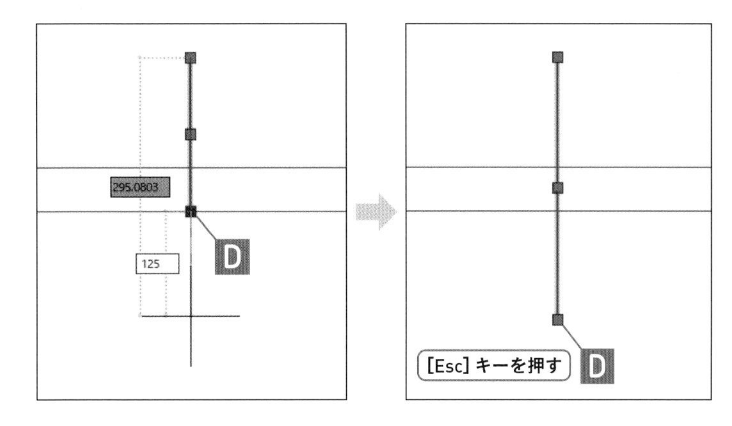

⑩ 引き違い窓の線を修正する(4)

トリムコマンドを使用し、線分C Dを切り取りエッジとして、窓の線をトリムします。

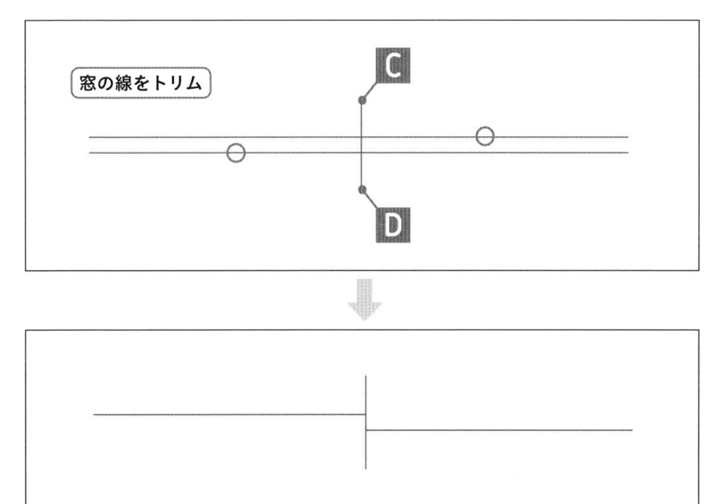

⑪ 引き違い窓の線を修正する(5)

手順⑦～⑧を参照し、線分E Fの端点F、線分G Hの端点Gをそれぞれ50ずつ移動します。最後に［Esc］キーで選択を解除します。

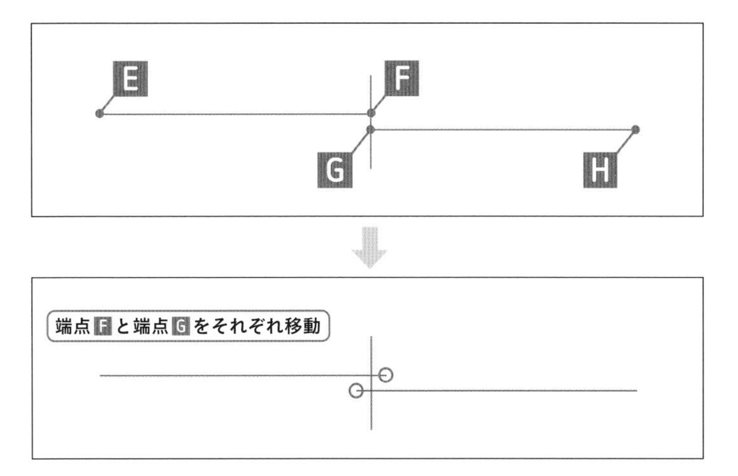

⑫ 全画層を表示、全体を表示

全画層を表示し、マウスのスクロールボタンをダブルクリックして、オブジェクト範囲ズームを行います。

SECTION
6-12 キッチンシンクの作図

「6-11バルコニーの窓の作図」で作図を行ったファイル、または練習用ファイル「6-12.dwg」を使用します。キッチンシンクを長方形と円で作図します。

練習用ファイル
6-12.dwg

ここで学ぶこと

キッチンシンクを長方形と円で作図します。シンクは仮の位置に作図をし、移動コマンドで正確な位置に移します。最後にフィレットコマンドでシンクの角を丸めます。

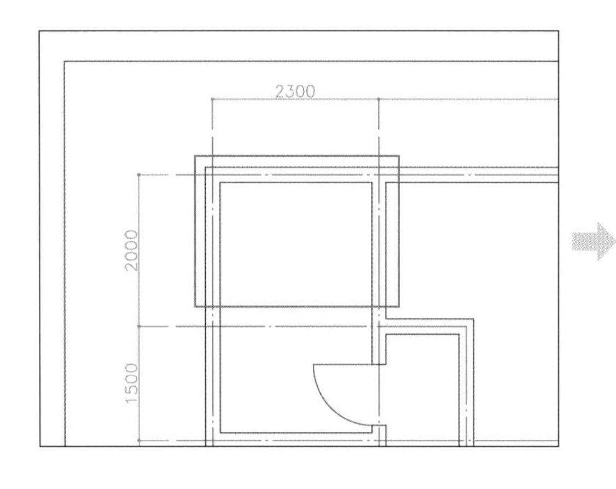

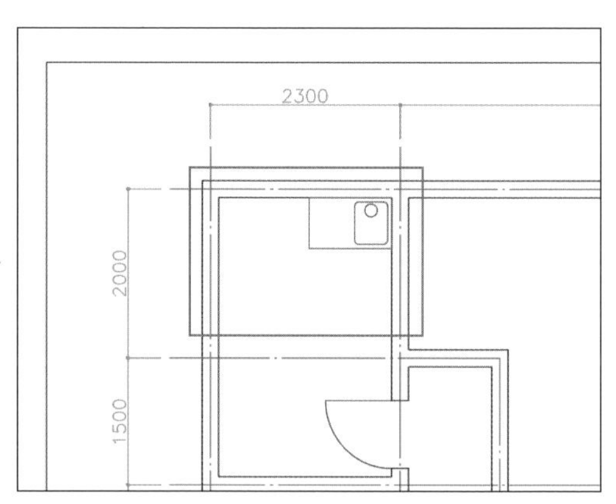

6-12-1 キッチンシンクを作図する

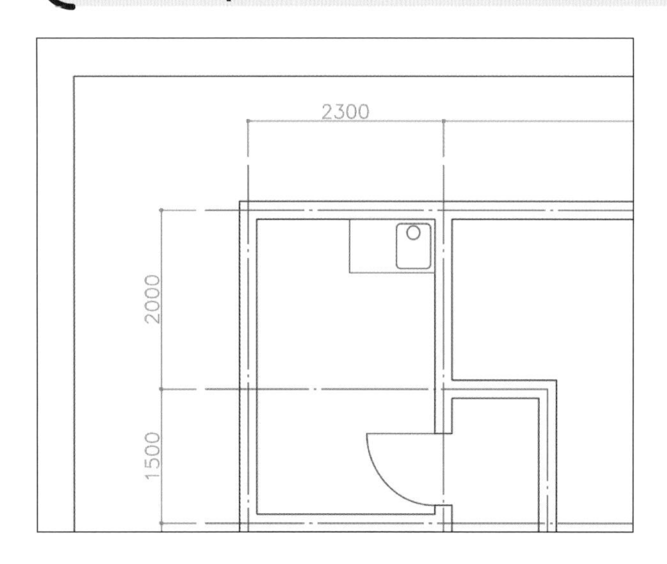

キッチンンクを作図します。シンクは水の流れる開口を円で作図し、角を丸める必要があります。

使用するコマンドや機能	長方形コマンド(P.50)、 移動コマンド(P.82)、 円コマンド(P.47)、 フィレットコマンド(P.113)、 オブジェクトスナップ(P.43)、 直交モード(P.39)

やってみよう

1 処理する場所を拡大する

マウスのスクロールボタンなどで、右図の場所を拡人します。

2 現在画層を設定する

[ホーム] タブー [画層] パネルー [画層] コントロールをクリックし、「05ーその他」を選択します。

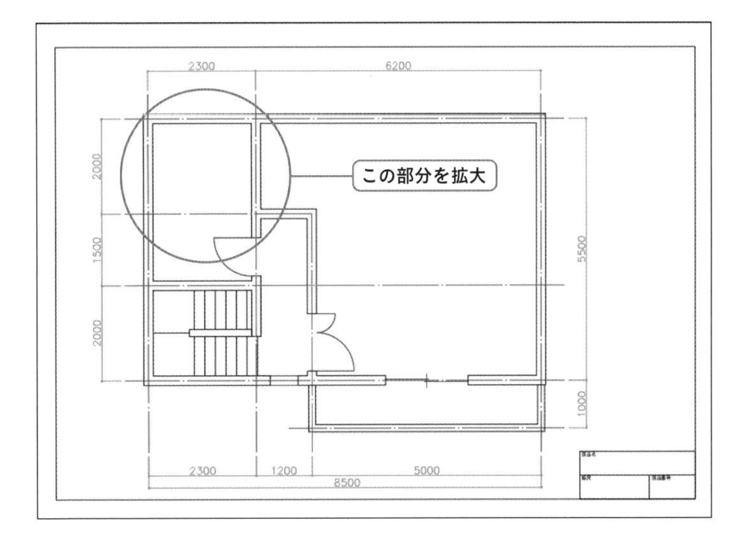

3 長方形を作図する(1)

長方形コマンドで長方形を作図します。端点Aを1点目とし、2点目は相対座標で「-1000, -600」と入力します。

4 長方形を作図する(2)

手順3と同様に、長方形を作図します。端点Aを1点目とし、2点目は相対座標で「-400, -500」と入力します。

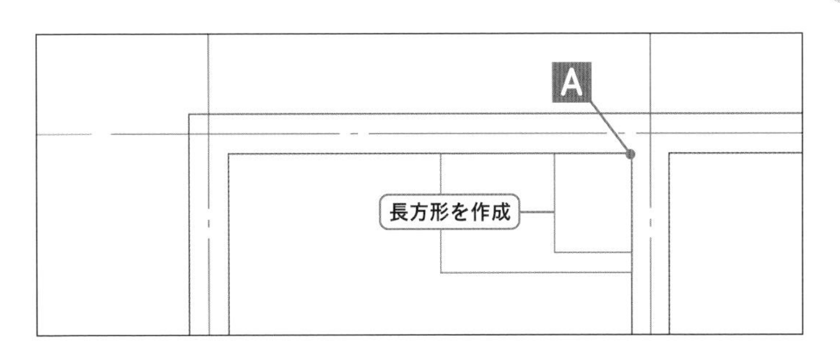

5 長方形を移動する

手順4で作図した長方形を、移動コマンドで端点Aを基点に、X方向に-50、Y方向に-50移動します。

移動コマンドを実行し、図形を選択→基点に端点Aを選択→日的点で「-50,-50」と入力します。

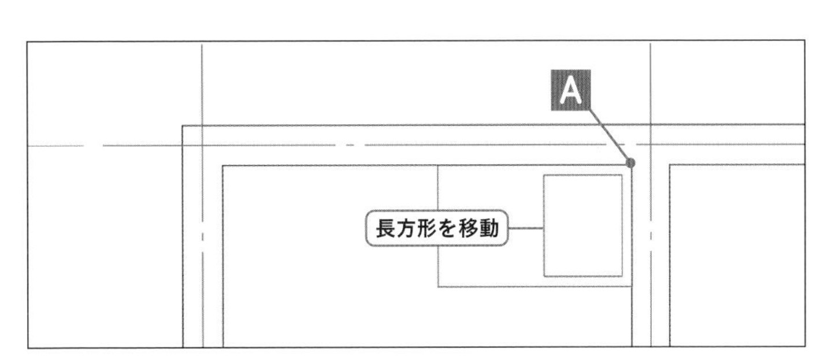

6 円を作図する

手順5で移動した長方形の上辺の中点Bを中心とし、半径75の円を作図します。

「円」ボタンの下側をクリックし、「中心、半径」を選択して円を作図します。

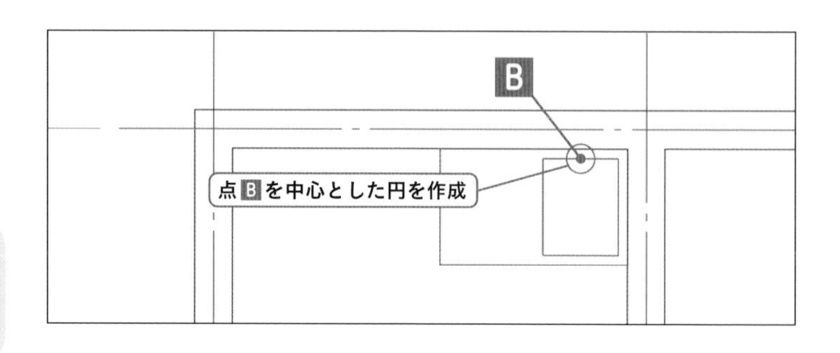

7 円を移動する

手順6で作図した円を、下方向に100移動します。

移動コマンドを実行し、図形を選択→基点に中点Bを選択→直交モードをオンにして、下の方向にカーソルを動かし、「100」と入力します。

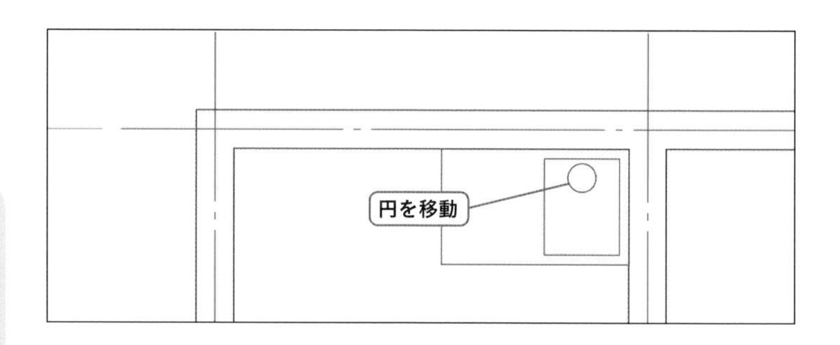

8 角を丸める

手順5で移動した長方形の角を丸めます。フィレットコマンド（P.113）を実行し、半径は50に変更してください。

フィレットコマンドを実行し、右クリックして「半径」を選択→半径に「50」と入力→角となる図形を選択の操作を4つの角に行います。

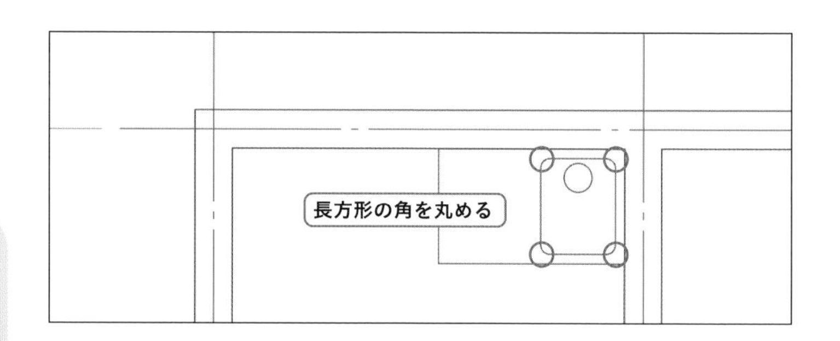

9 全体を表示

マウスのスクロールボタンをダブルクリックして、オブジェクト範囲ズームを行います。

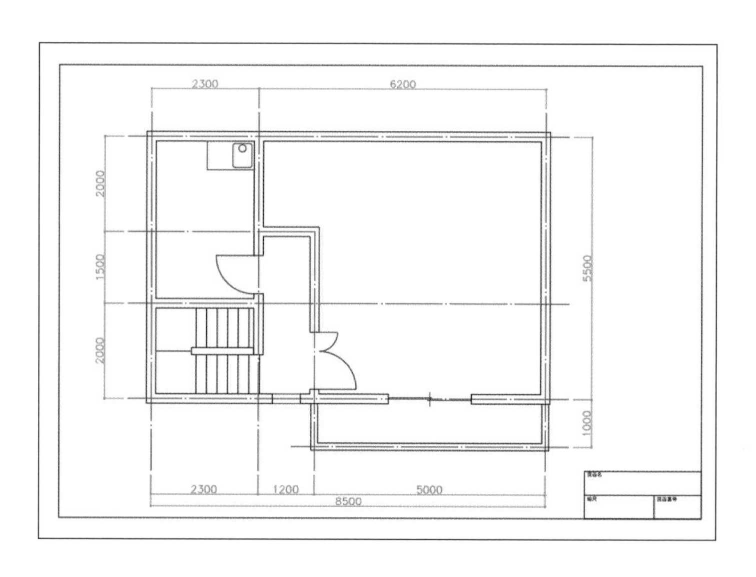

SECTION
6-13 記号や文字の作図

「6-12キッチンシンクの作図」で作図を行ったファイル、または練習用ファイル「6-13.dwg」を使用します。階段の記号は円と線分、部屋名は文字で作図します。

練習用ファイル
6-13.dwg

ここで学ぶこと

階段の記号は円と線分で作図をし、矢印は正確な角度で描くために極トラッキングを使用します。部屋名は部屋の中央に文字で作図を行います。

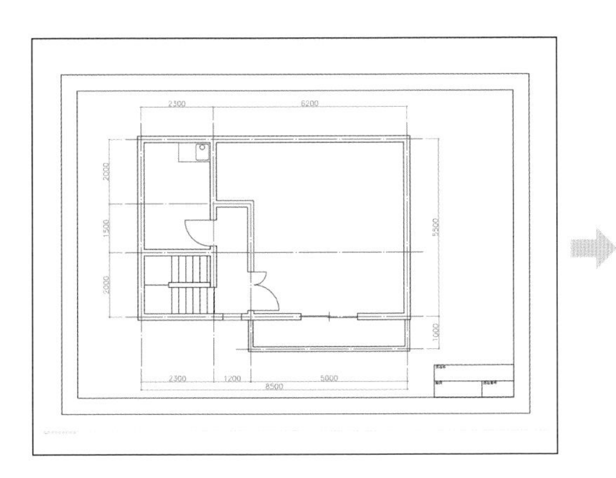

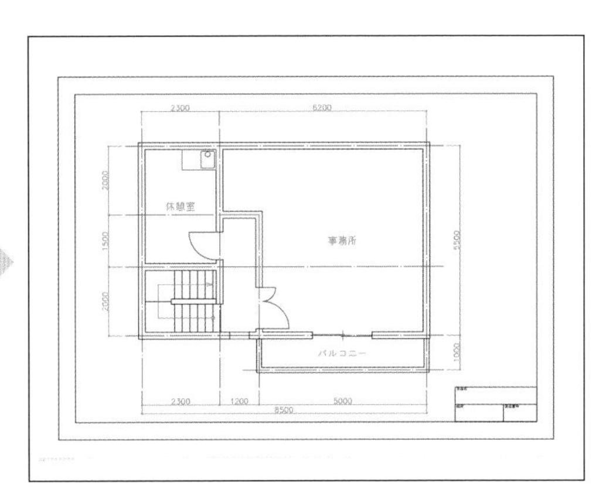

6-13-1 階段の記号を作図する

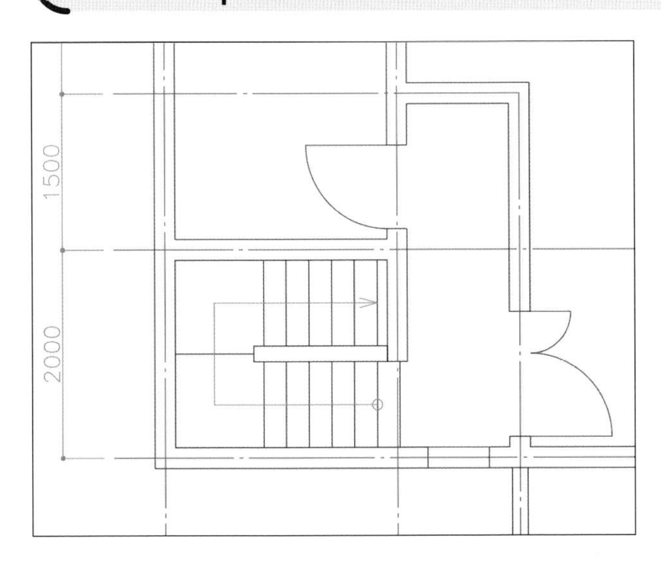

階段の方向を示す線を作図します。最下段に白丸を、最上段に矢印を描きます。

使用するコマンドや機能	線分コマンド(P.38)、 円コマンド(P.47)、 フィレットコマンド(P.113)、 極トラッキング(P.41)

やってみよう

① 処理する場所を拡大する

マウスのスクロールボタンなどで、右図の場所を拡大します。

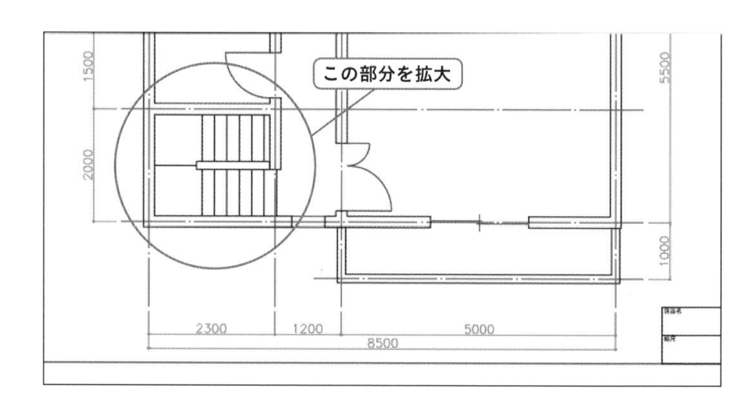

② 現在画層を設定する

［ホーム］タブー［画層］パネルー［画層］コントロールをクリックし、「04ー寸法文字」を選択します。

③ 記号の線を作図する

直交モードをオンにし、線分コマンド（P.38）で、任意の長さの線分を3本作図します。それぞれ、1点目は階段の線分の中点A、B、Cを指示します。

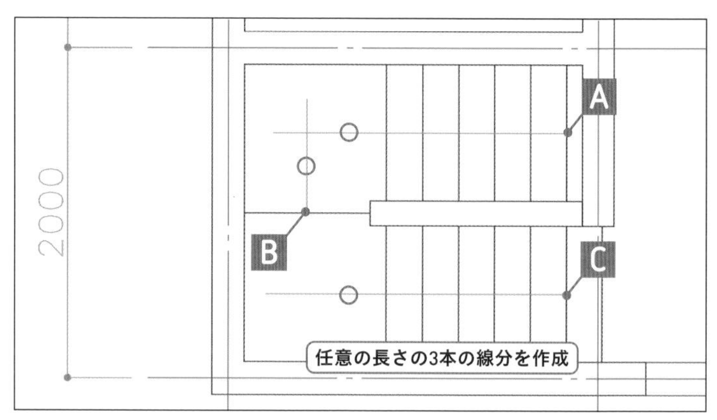

④ 記号の線を修正する

フィレットコマンド（P.113）で、線分の長さを修正します。

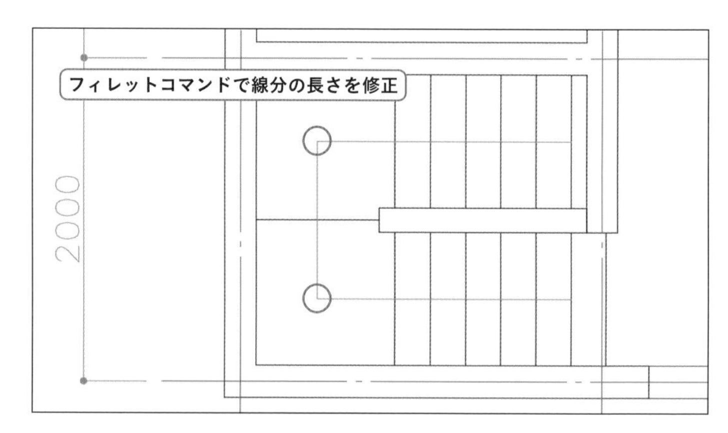

⑤ 記号の円を作図する

線分の端点Cを中心として、半径50の円を作図します。

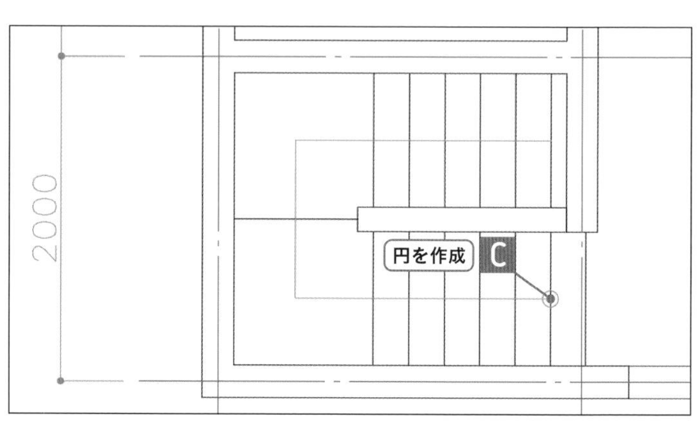

6 極トラッキングを設定する

ステータスバーの極トラッキングボタンを右クリックして15°を選択し、極トラッキングをオンにします。

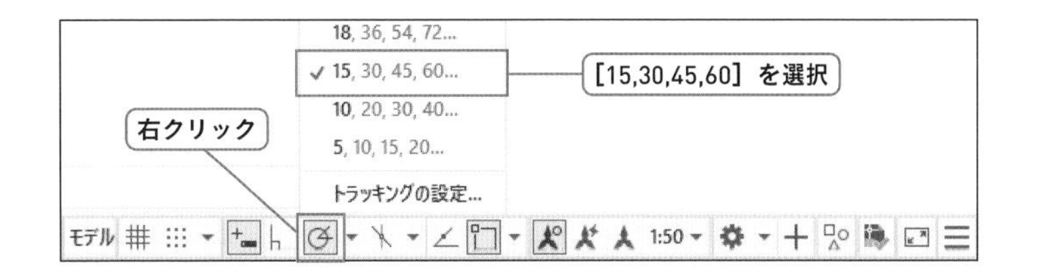

7 記号の矢印部分を線分で作図する(1)

線分コマンドで、端点Aを1点目とし、2点目は極トラッキングで方向を指示して、距離「180」を入力します。

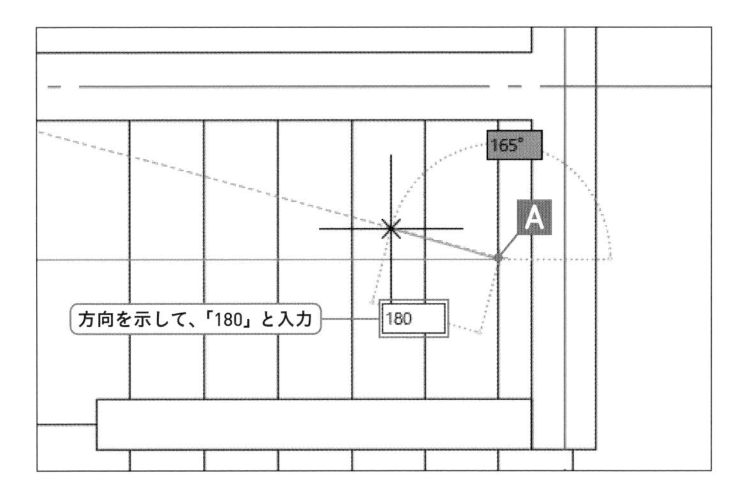

8 記号の矢印部分を線分で作図する(2)

手順7と同様に、もう1本の線分を作図します。

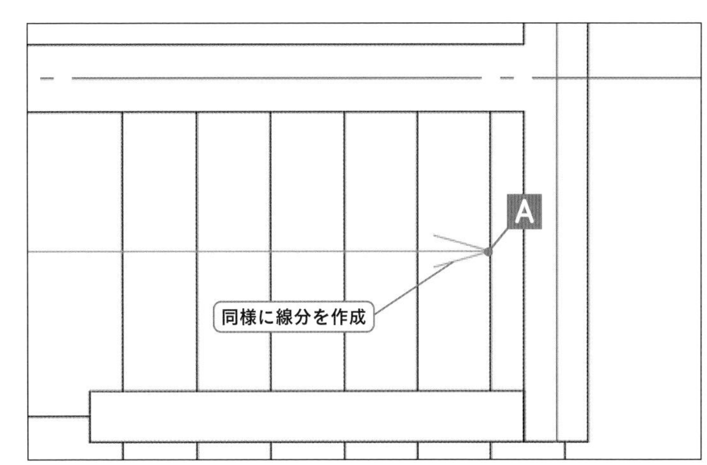

6-13-2 | 部屋名を作図する

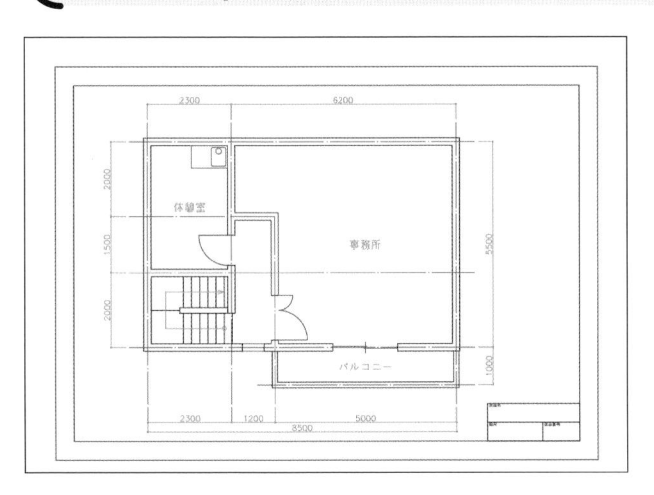

部屋名を文字で作図します。文字を部屋の中央に配置するため、補助線を作図し、その中点を指示します。

使用するコマンドや機能	線分コマンド(P.38)、 文字記入コマンド(P.42)、 削除コマンド(P.76)、 オブジェクトスナップ(P.43)

やってみよう

1 全体を表示

マウスのスクロールボタンをダブルクリックして、オブジェクト範囲ズームを行います。

2 補助線を作図する

部屋の壁の角の端点A、Bを指示し、線分を作図します。

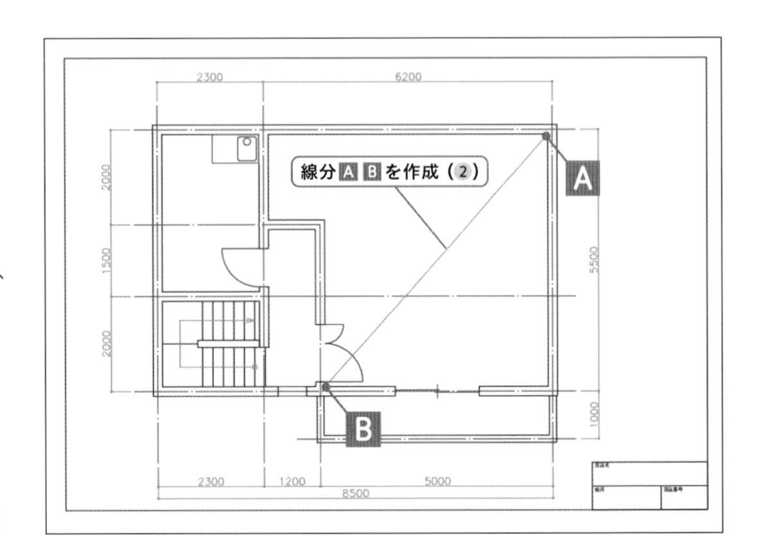

3 文字スタイルを設定する

［ホーム］タブー［注釈］パネルを展開し、［文字スタイル］をクリックして「寸法文字」を選択します。

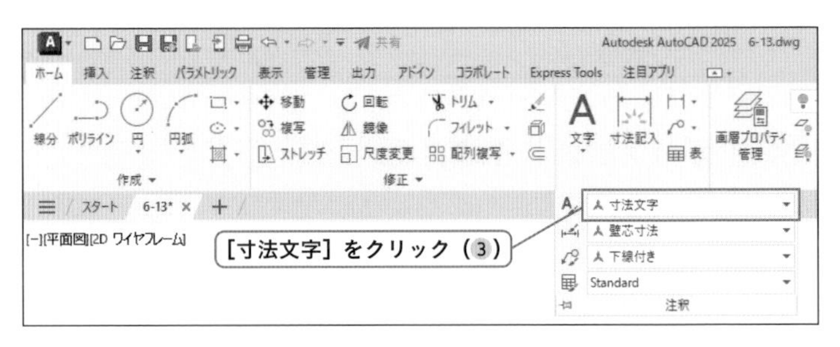

4 文字記入コマンドを選択する

［ホーム］タブー［注釈］パネルー［文字記入］をクリックします（P.141の手順3参照）。

5「位置合わせオプション」を選択する

右クリックして、表示されたメニューから「位置合わせオプション(J)」を選択します（P.142）。

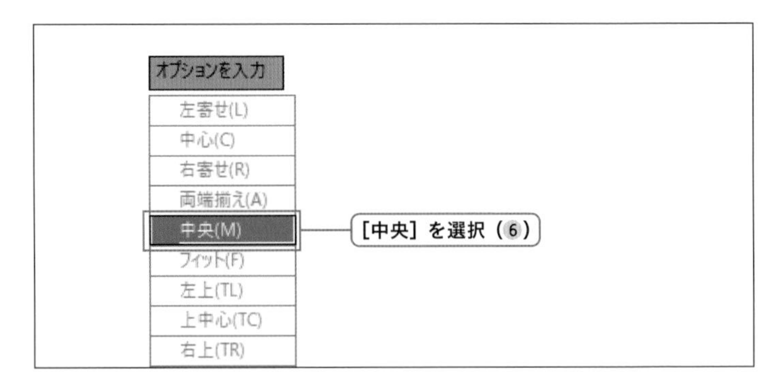

6「中央(M)」を選択する

カーソルの近くに表示されているオプションから「中央(M)」をクリックして選択します。

7 挿入基点を指定する

線分の中点をクリックして選択します。

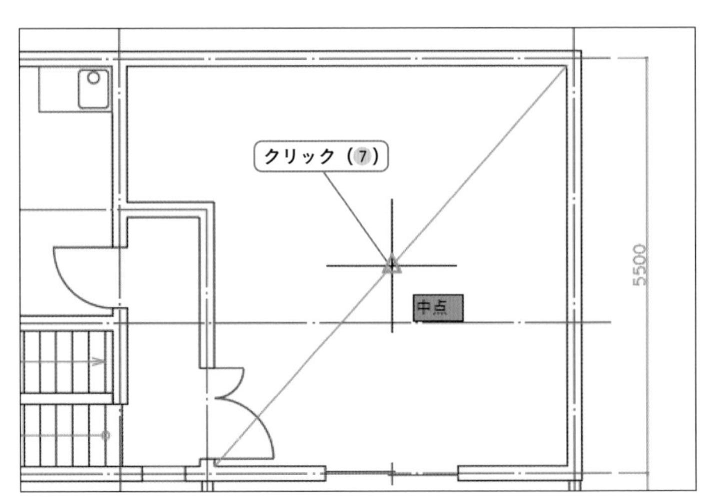

8 高さを入力する

キーボードで「5」と入力し、［Enter］キーを押します。

9 角度を入力する

キーボードで「0」と入力し、［Enter］キーを押します。

⑩ 文字内容を入力する

キーボードで「事務所」と入力します。

⑪ 文字記入コマンドを終了する

[Enter] キーを2回押します。

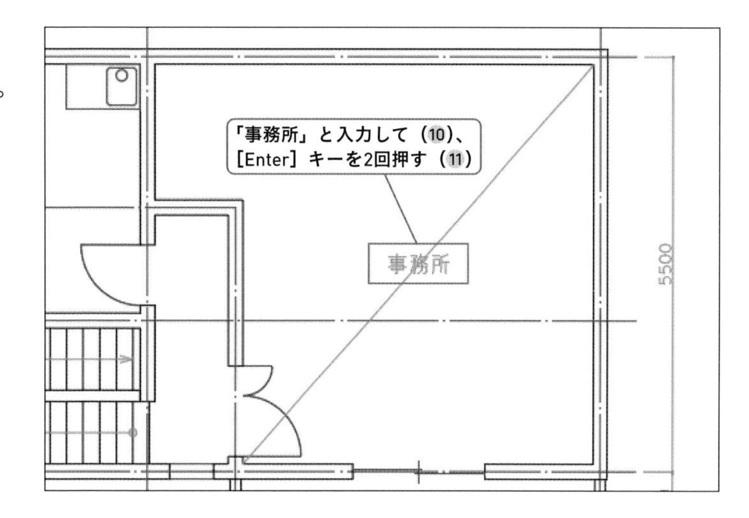

⑫ 他の文字を作図する

手順②～⑪を参照して、「休憩室」、「バルコニー」の文字を作図します。

⑬ 補助線を削除する

文字記入のために作図した線分を削除します。

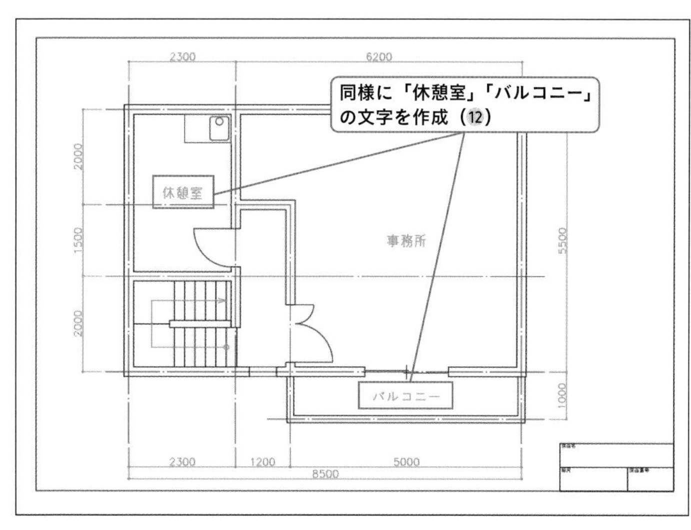

chapter 6 総合演習

SECTION
6-14 印刷

「6-13記号や文字の作図」で作図を行ったファイル、または練習用ファイル「6-14.dwg」を使用します。印刷の設定と、印刷を行います。

練習用ファイル
6-14.dwg

ここで学ぶこと

プリンタやプロッタ、用紙サイズ、図面の尺度、線の色などの設定に名前をつけて保存し、印刷する時にこの設定を呼び出します。

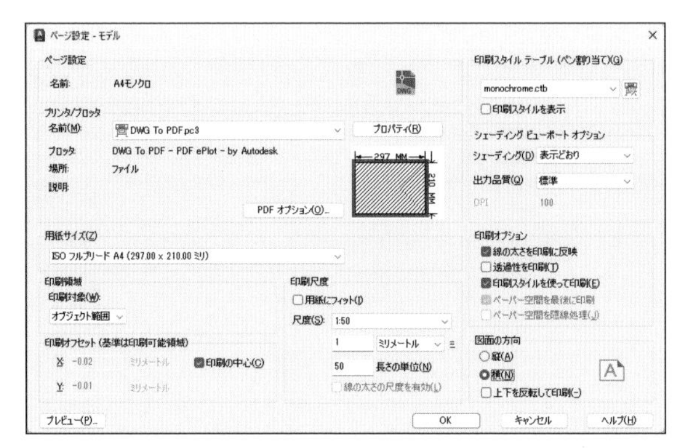

6-14-1 印刷の設定を保存する

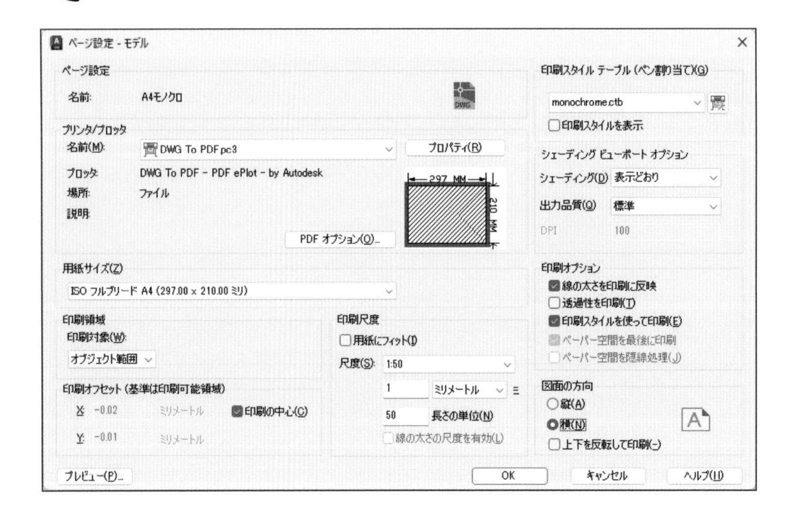

印刷時に毎回同じ設定をするのは非効率なので、ここでは印刷の設定を名前をつけて保存します。保存された印刷設定は「ページ設定」と呼ばれます。

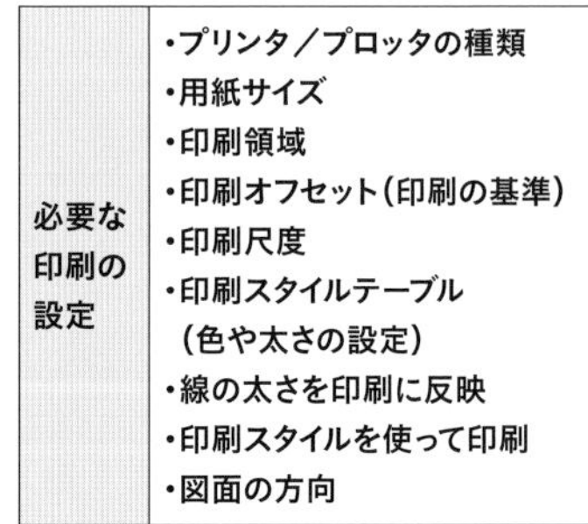

必要な印刷の設定	・プリンタ／プロッタの種類 ・用紙サイズ ・印刷領域 ・印刷オフセット(印刷の基準) ・印刷尺度 ・印刷スタイルテーブル (色や太さの設定) ・線の太さを印刷に反映 ・印刷スタイルを使って印刷 ・図面の方向

やってみよう

1 ページ設定管理コマンドを選択する

[出力] タブー [印刷] パネルー [ページ設定管理] をクリックします。
→「ページ設定管理」ダイアログボックスが表示されました。

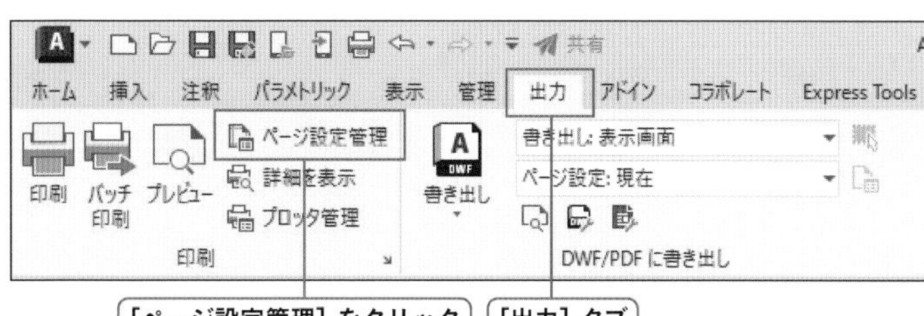

2 ページ設定を新規作成する

[新規作成] ボタンをクリックします。
→「ページ設定を新規作成」ダイアログボックスが表示されました。

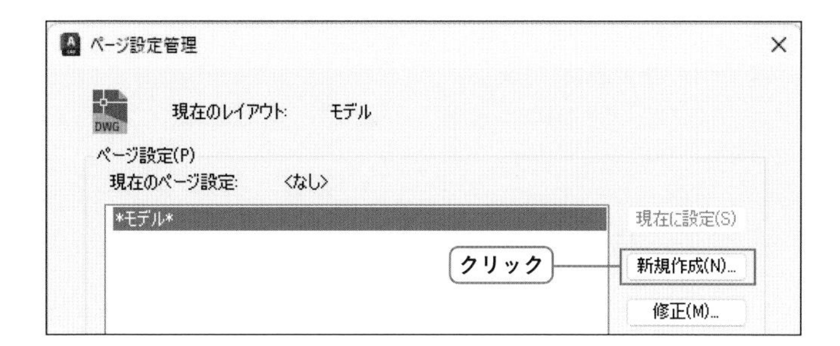

3 ページ設定の名前を入力する

「A4モノクロ」と入力し、[OK] ボタンをクリックします。
→「ページ設定ーモデル」ダイアログボックスが表示されました。

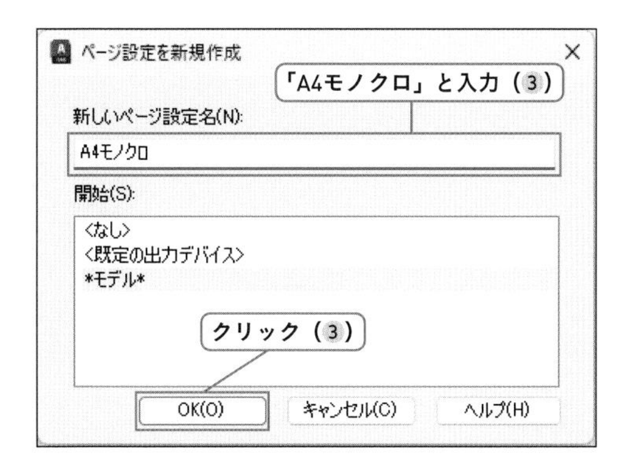

4 ページ設定をする

ここでは、PDFでA4用紙に黒で印刷する設定を行います。以下の設定をしてください。

a プリンタ/プロッタの種類
[DWG To PDF.pc3]

b 用紙サイズ
[ISOフルブリードA4(297.00x210.00ミリ)]

c 印刷領域
[オブジェクト範囲] (作図されているもの全てが印刷対象となります)

d 印刷オフセット(印刷の基準)
[印刷の中心] にチェックを入れます(用紙の中央に合わせて印刷されます)

e 印刷尺度
[用紙にフィット]のチェックをはずし、「1:50」を選択します(図面の縮尺を設定します)

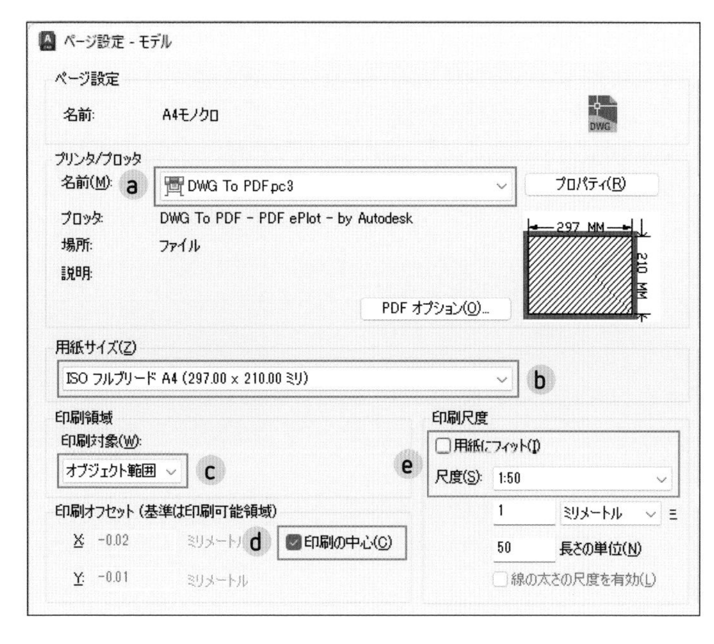

f 印刷スタイルテーブル(色や太さの設定)
monochrome.ctbを設定します。「この印刷スタイルテーブルを ••」とダイアログボックスで表示されるので、[はい] をクリックしてください(全ての線が黒で印刷される設定を選択します)
g 線の太さを印刷に反映
チェックを入れます(画層の線の太さを反映します)
h 印刷スタイルを使って印刷
チェックを入れます(monochrome.ctbの設定を反映します)
i 図面の方向
横

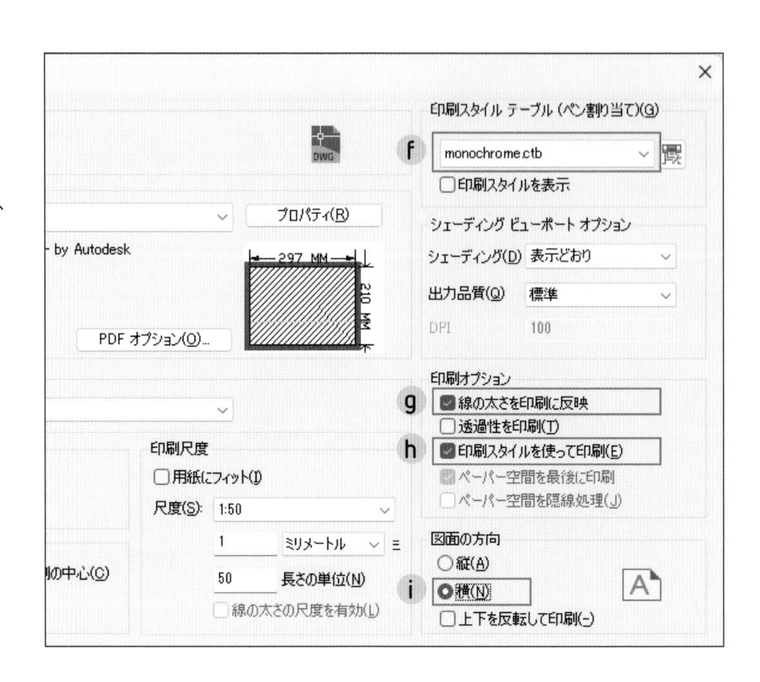

5 プレビューをする

[プレビュー] ボタンをクリックします。
➔印刷プレビューのダイアログボックスが表示されました。

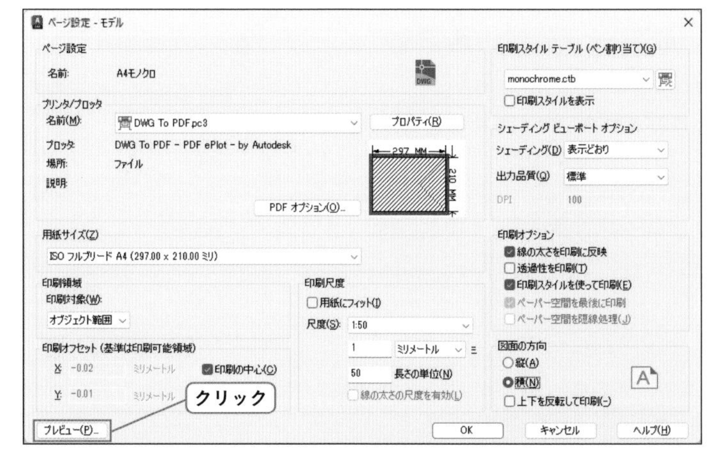

6 プレビューを閉じる

[×] ボタンをクリックします。
➔印刷プレビューのダイアログボックスが閉じました。

7 ページ設定を閉じる

[OK] ボタンをクリックします。
➔「ページ設定ー A4モノクロ」ダイアログボックスが閉じました。

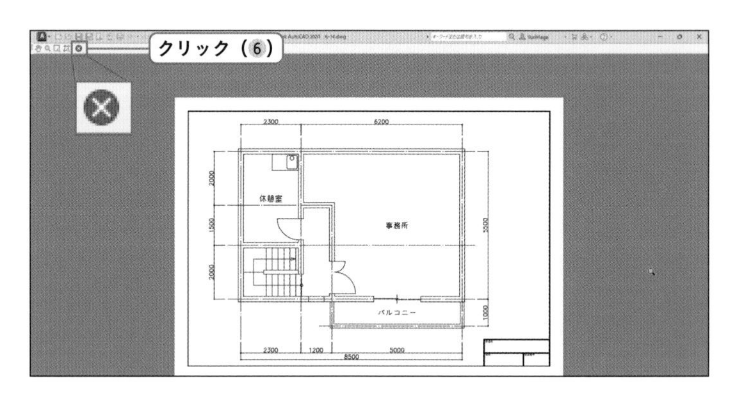

8 ページ設定管理を閉じる

[OK] ボタンをクリックします。
➔「ページ設定管理」ダイアログボックスが閉じました。

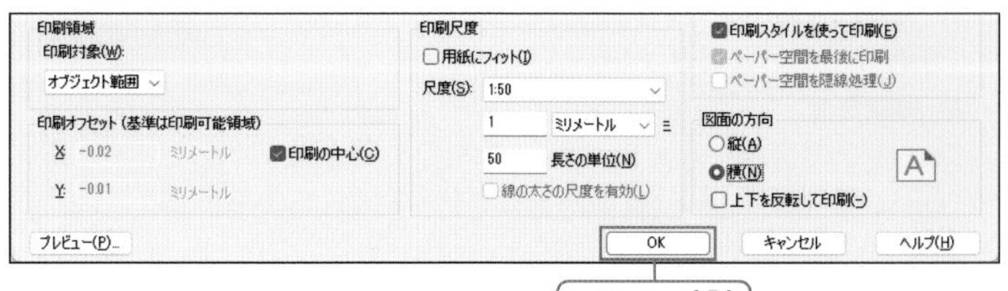

6-14-2 印刷を実行する

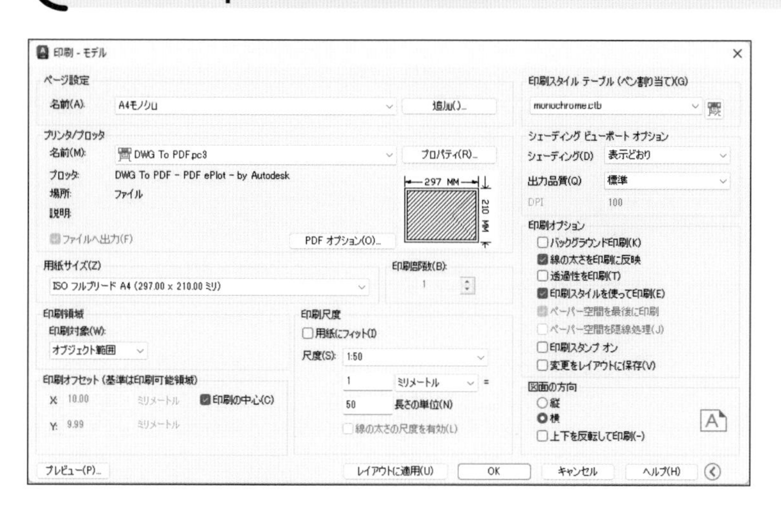

保存した印刷の設定（ページ設定）「A4モノクロ」を使用して、印刷を行います。
PDFに出力をするのではなく、プリンタやプロッタで印刷を行うには、P.289の手順❹のⓐで、「DWG to PDF.pc3」ではなく、プリンタやプロッタの名前を選択してください。P.291の手順❹で［印刷］ボタンをクリックすると、印刷が始まります。

やってみよう

❶ 印刷コマンドを選択する

［出力］タブ－［印刷］パネル－［印刷］をクリックします。
➔「印刷－モデル」ダイアログボックスが表示されました。

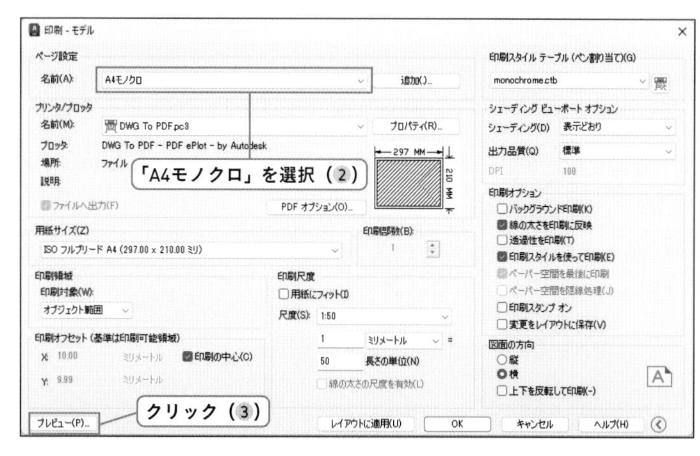

❷ ページ設定を選択する

ページ設定の欄で、［A4モノクロ］を選択します。
➔ページ設定が選択され、プロッタ／プリンタなど様々な設定が呼び出されました。

❸ プレビューをする

［プレビュー］ボタンをクリックします。
➔印刷プレビューのダイアログボックスが表示されました。

「A4モノクロ」を選択（❷）
クリック（❸）

❹ 印刷をする

［印刷］ボタンをクリックします。
➔印刷プレビューのダイアログボックスが閉じ、「印刷ファイルを参照」ダイアログボックスが表示されました。

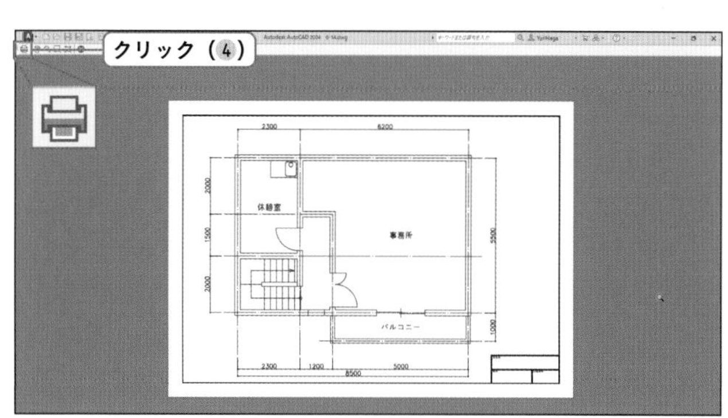

5 PDFファイルの保存場所と名前を選択する

ファイルの保存場所とファイルの名前を入力し、[保存] ボタンをクリックします。

→「ページ設定ーモデル」ダイアログボックスが閉じ、印刷が開始されました。印刷が終了すると、作成されたPDFファイルが表示されます。

手順 1 で「複数の図面/レイアウトが開かれています」とメッセージが表示された場合には、「1シートの印刷を継続」を選択してください。

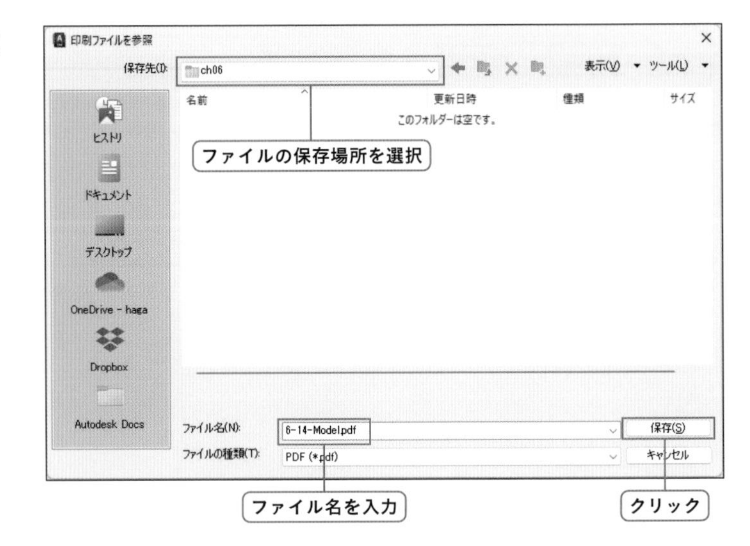

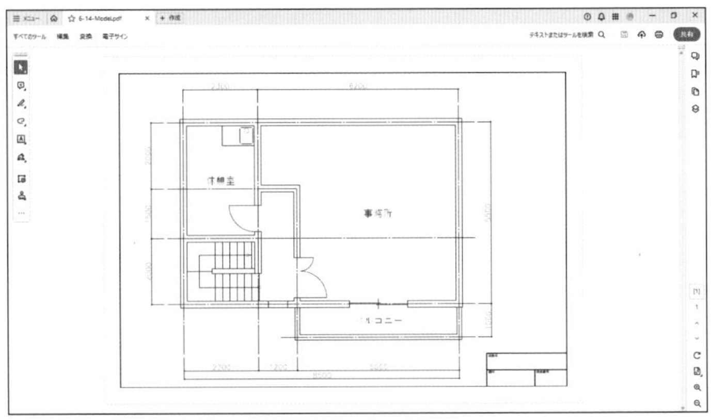

COLUMN

印刷スタイルについて

図面を印刷する時に印刷スタイルを選択しない（[なし] を選択した）場合、作図領域に表示されている色と全く同じ色で印刷されます。

しかし、図形の色は作図を行う時に何の線なのか（壁の線、梁の線など）を理解しやすいように設定されているので、印刷時の色とは別にしたい場合がほとんどしょう。つまり、印刷時に印刷スタイルを選択することによって、印刷用の色が反映されて印刷されます。

AutoCADでは図形の色別、または画層や図形別に印刷の色や太さの設定を行います。色別に印刷設定を行うことを「色従属印刷スタイル」、画層や図形別に印刷の設定を行うことを「名前のついた印刷スタイル」といいます。印刷スタイルは図面ファイルとは別に作成され、色従属印刷スタイルのファイルの拡張子はctb、名前のついた印刷スタイルの拡張子はstbとなっています。

色従属印刷スタイルはAutoCAD 2000より前のバージョンから存在している、AutoCADユーザには馴染みのある印刷スタイルです。そのため、この印刷スタイルを利用しているユーザは多いでしょう。画層や図形に線の太さを割り当てる機能がなかったバージョンで使われていたので、色だけでなく線の太さも印刷スタイルに設定されていることが多いです。
名前のついた印刷スタイルはAutoCAD 2000から搭載された機能です。True Colorを使用している図面は色従属印刷スタイルでは印刷設定を行うことができませんので、名前のついた印刷スタイルを利用してください。例えば、国土交通省のCAD製図基準では、True Colorを利用した色の設定があるので、色従属印刷スタイルを使用すると、すべて黒で印刷するべき図面がTrue Colorの部分のみカラーで印刷されてしまいます。

AutoCADに標準で保存されている印刷スタイルは以下のようなものがあります。ここで紹介する印刷スタイルの線の太さは、画層や図形に設定された線の太さになるように設定されています。

monochrome.ctb ／ monochrome.stb
すべて黒で印刷したい場合に使用します。ただし、monochrome.ctbではTrue Colorを使用している場合、その部分のみカラーで印刷されます。

acad.ctb ／ acad.stb
すべてカラーで印刷したい場合に使用します。

chapter 7

作図がもっと便利になる機能

SECTION

SECTION
7-1 クイック選択

条件を指定してオブジェクトを選択するには「クイック選択」を使用します。円だけを選択したり、線分の長さを指定して選択したり、様々な指定を行うことができます。

練習用ファイル
7-1.dwg

ここで学ぶこと

7-1-1 オブジェクトの種類を指定して選択する P.297

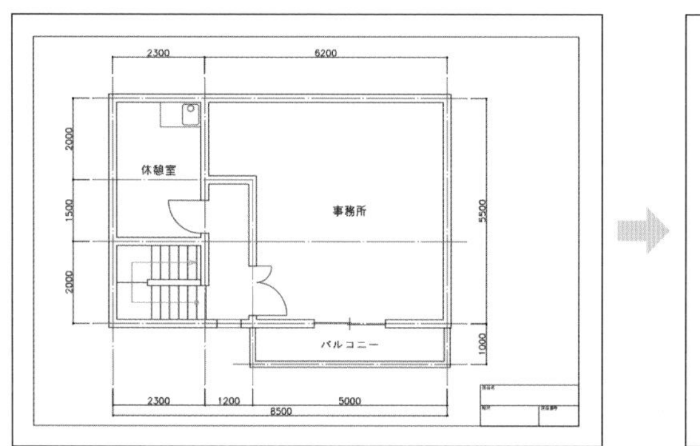

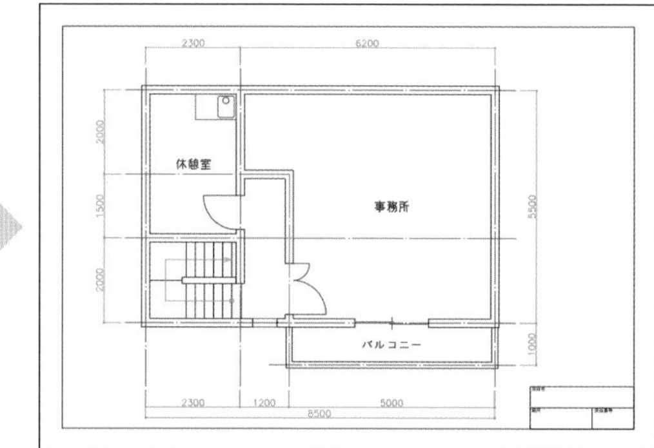

［オブジェクトタイプ］の項目で、オブジェクトの種類（線分、円、円弧、長さ寸法など）を指定し、その種類のオブジェクトを全て選択します。ここでは、長さ寸法を選択し、画層を変更します。

7-1-2 文字スタイルを指定して選択する P.299

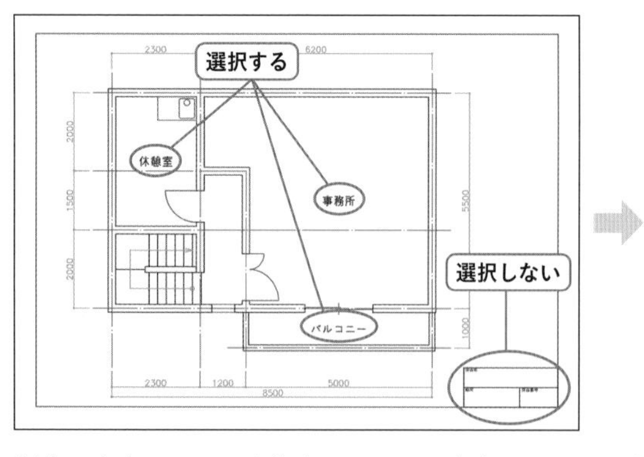

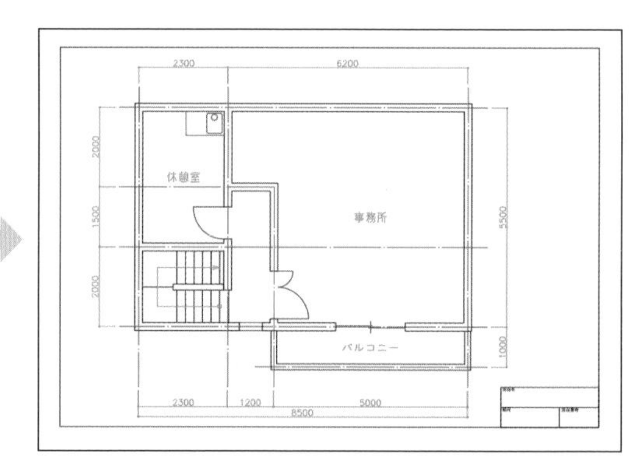

任意の文字スタイルを指定して、その文字スタイルの文字を全て選択します。ここでは、図枠の文字は選択せずに、図面内の文字を選択するため、文字スタイルを指定して文字を選択し、画層を変更します。

7-1-1 オブジェクトの種類を指定して選択する

[クイック選択] コマンドを実行、[適用先] に [図面全体]、[オブジェクトタイプ] に [長さ寸法]、[演算子] に [すべて選択] を指定し、長さ寸法のみを選択します。選択後、オブジェクトプロパティ管理で「04ー寸法文字」画層に変更します。

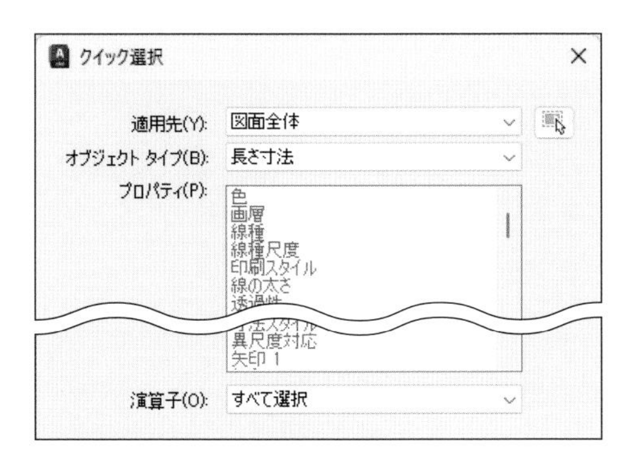

使用するコマンド	[クイック選択]
メニュー	[ツール]ー[クイック選択]
リボン	[ホーム]タブー[ユーティリティ]パネル
アイコン	
キーボード	QSELECT[Enter]

やってみよう

1 クイック選択コマンドを選択する

作図領域で右クリックし、[クイック選択] を選択します。

⊖クイック選択コマンドが実行され、[クイック選択] ダイアログボックスが表示されました。

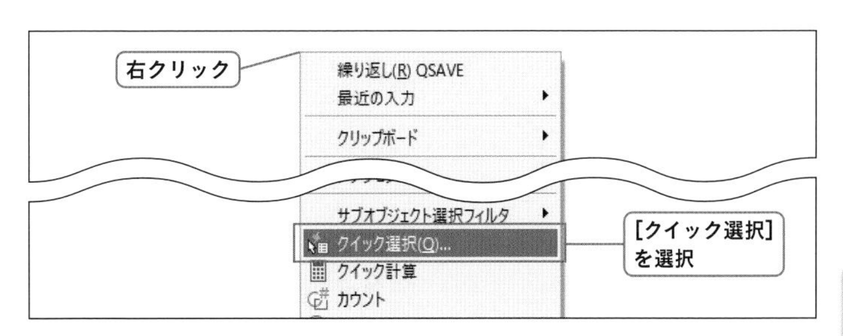

2 クイック選択の各項目を指定する

以下の各項目を指定してください。

- a 適用先に [図面全体]
- b オブジェクトタイプに [長さ寸法]
- c 演算子に [すべて選択]
- d 適用方法に [新しい選択セットに含める]
- e [現在の選択セットに追加] はチェックを外す

3 クイック選択コマンドを終了する

[OK] ボタンをクリックします。

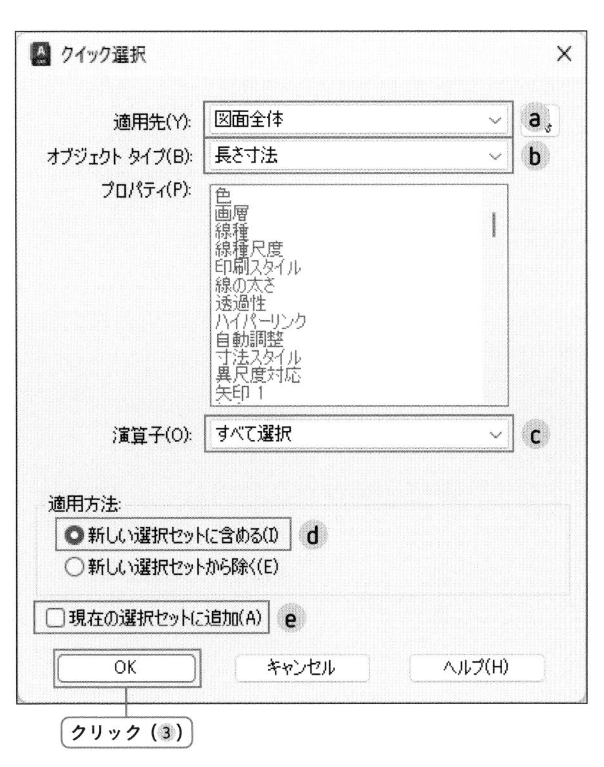

➔クイック選択コマンドが終了し、長さ寸法がすべて選択されています。

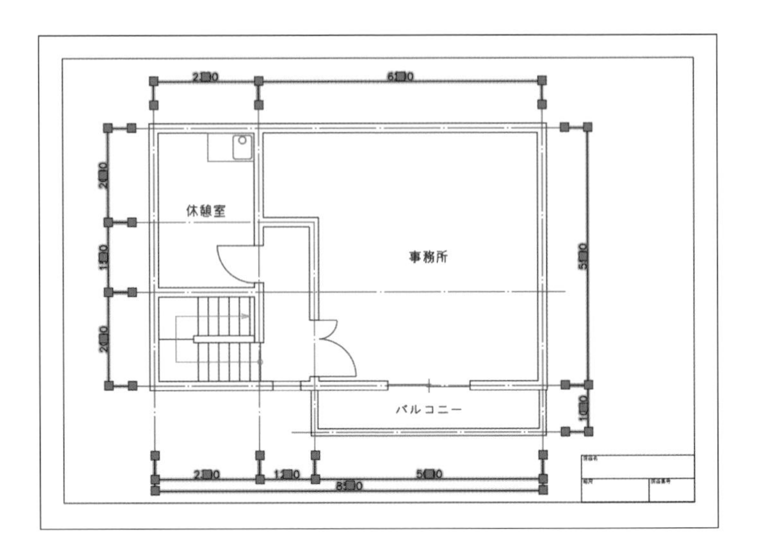

4 プロパティパレットを表示する

[表示] タブー [パレット] パネルー [オブジェクトプロパティ管理] をクリックします。

➔画面上にプロパティパレットが表示されます。

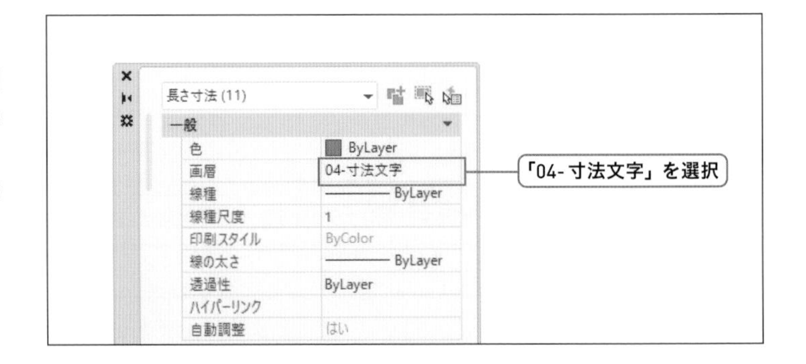

5 画層を変更する

プロパティパレットから、[画層] の欄をクリックし、「04ー寸法文字」を選択します。

➔選択された寸法の画層が「04ー寸法文字」に変更されました。

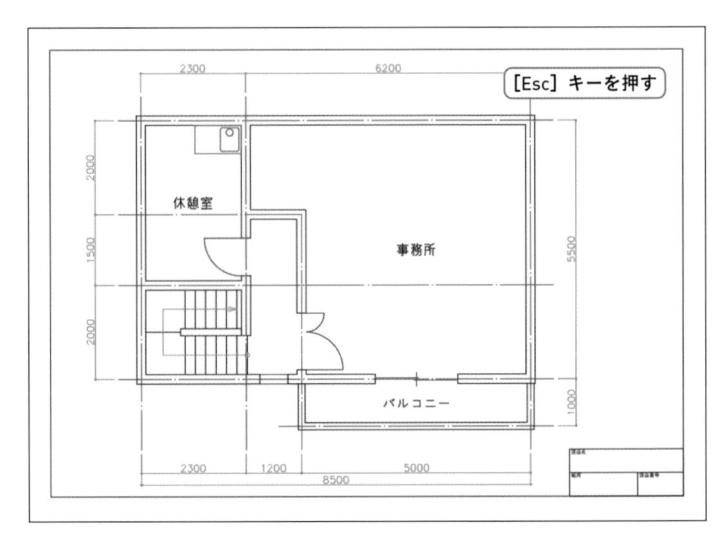

6 寸法の選択を解除する

キーボードの [Esc] キーを押して、選択を解除します。

➔寸法の選択が解除され、プロパティパレットの一番上には「何も選択されていません」と表示されています。プロパティパレットが必要のない場合には、「×」ボタンで閉じてください。

7-1-2 文字スタイルを指定して選択する

［クイック選択］コマンドを実行、［適用先］に［図面全体］、［オブジェクトタイプ］に［文字］、［プロパティ］に［文字スタイル］、［演算子］に［＝等しい］、［値］に［寸法文字］を指定し、［寸法文字］の文字スタイルが指定されている文字のみを選択します。選択後、オブジェクトプロパティ管理で「04－寸法文字」画層に変更します。

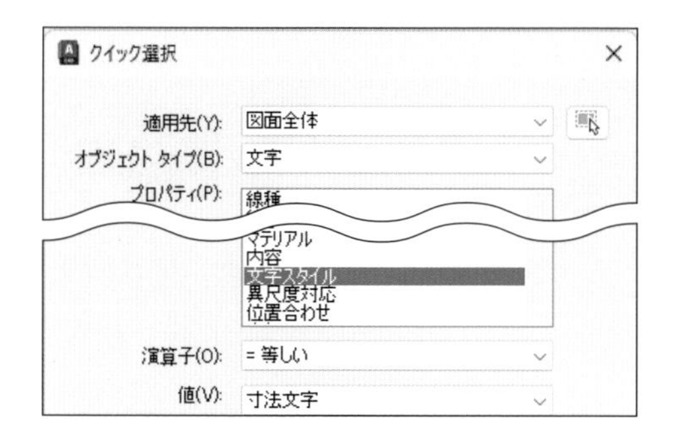

使用するコマンド	［クイック選択］
メニュー	［ツール］－［クイック選択］
リボン	［ホーム］タブ－［ユーティリティ］パネル
アイコン	
キーボード	QSELECT［Enter］

やってみよう

1 クイック選択コマンドを選択する

作図領域で右クリックし、［クイック選択］を選択します。

➜クイック選択コマンドが実行され、［クイック選択］ダイアログボックスが表示されました。

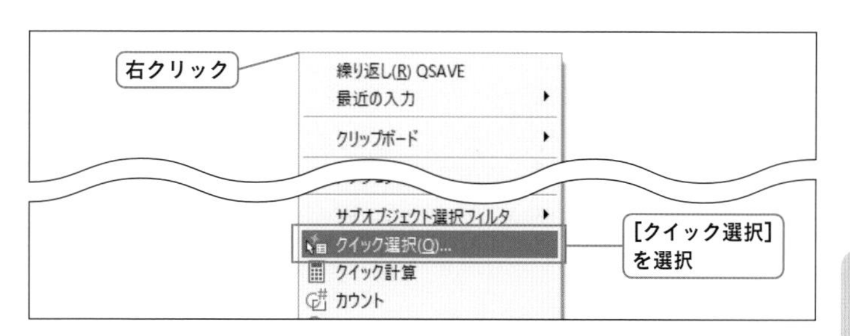

2 クイック選択の各項目を指定する

以下の各項目を指定してください。

- a 適用先に［図面全体］
- b オブジェクトタイプに［文字］
- c プロパティに［文字スタイル］
- d 演算子に［＝等しい］
- e 値に［寸法文字］
- f 適用方法に［新しい選択セットに含める］
- g ［現在の選択セットに追加］はチェックを外す

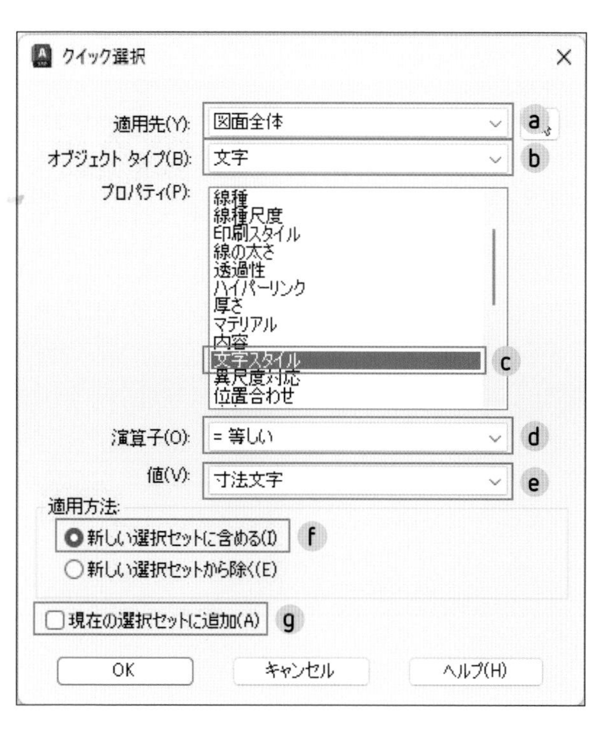

3 クイック選択コマンドを終了する

[OK] ボタンをクリックします。

➡クイック選択コマンドが終了し、[寸法文字] が文字スタイルである文字がすべて選択されています。

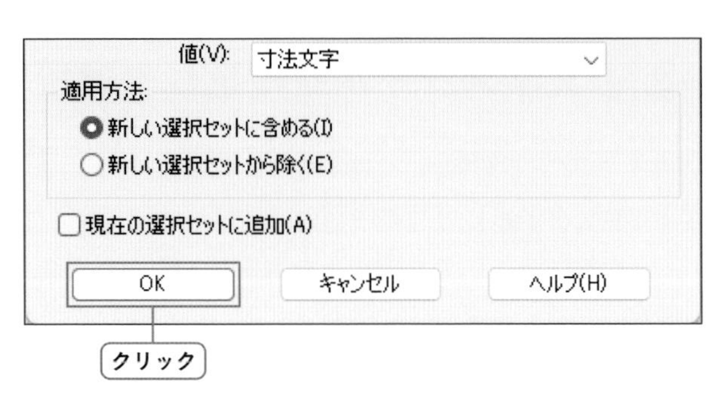

4 プロパティパレットを表示する

[表示] タブー [パレット] パネルー [オブジェクトプロパティ管理] をクリックします。

➡画面上にプロパティパレットが表示されます。

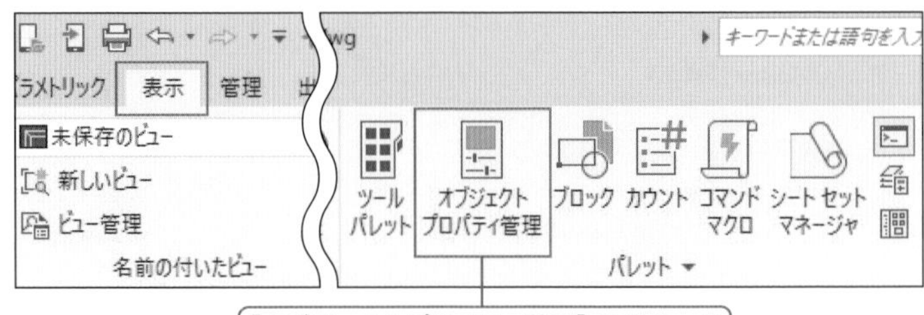

5 画層を変更する

プロパティパレットから、[画層] の欄をクリックし、「04ー寸法文字」を選択します。

➡選択された文字の画層が「04ー寸法文字」に変更されました

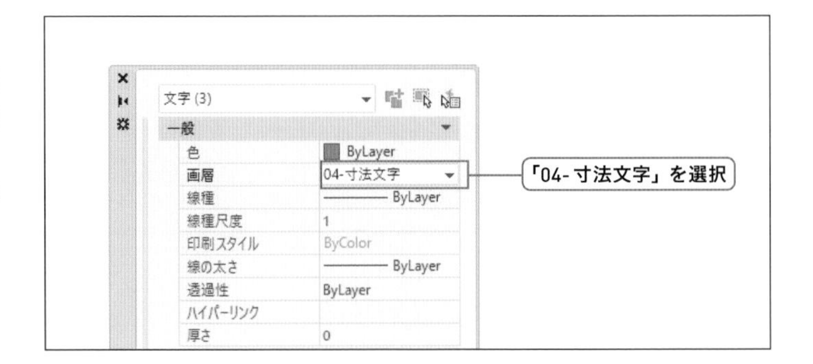

6 寸法の選択を解除する

キーボードの [Esc] キーを押して、選択を解除します。

➡文字の選択が解除され、プロパティパレットの一番上には「何も選択されていません」と表示されています。プロパティパレットが必要のない場合には、「×」ボタンで閉じてください。

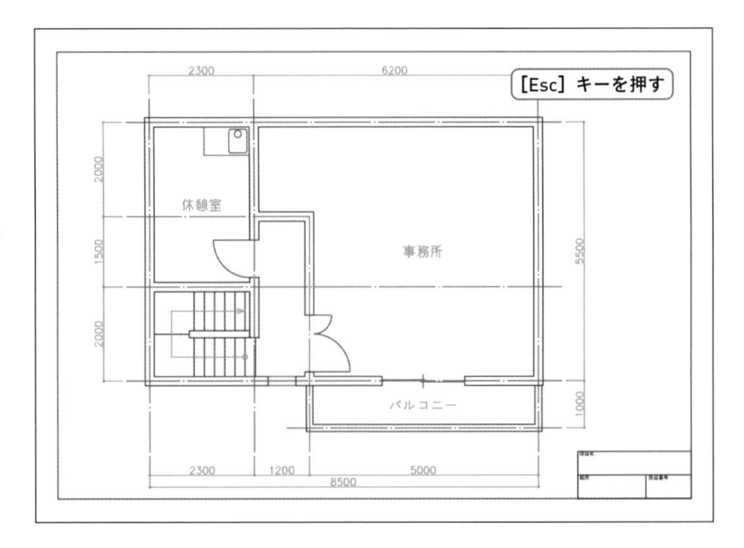

SECTION
7-2 プロパティコピー

プロパティコピーを使うと、オブジェクトの画層や文字の設定を、他のオブジェクトにコピーすることができます。図面を作図したり修正したりする際には便利なツールなので、ぜひ覚えましょう。

練習用ファイル
7-2.dwg

ここで学ぶこと

7-2-1 | オブジェクトの画層をコピーする P.302

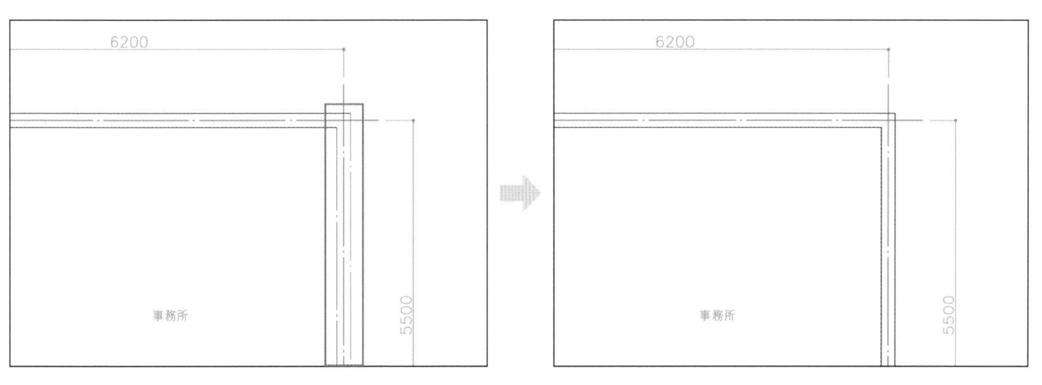

オブジェクトの画層を変更するために、プロパティコピーを使用します。ここでは、壁の画層が［01ー壁芯］となっているので、他の壁の画層からコピーをして［02ー壁］に変更します。

7-2-2 | 文字の大きさをコピーする P.303

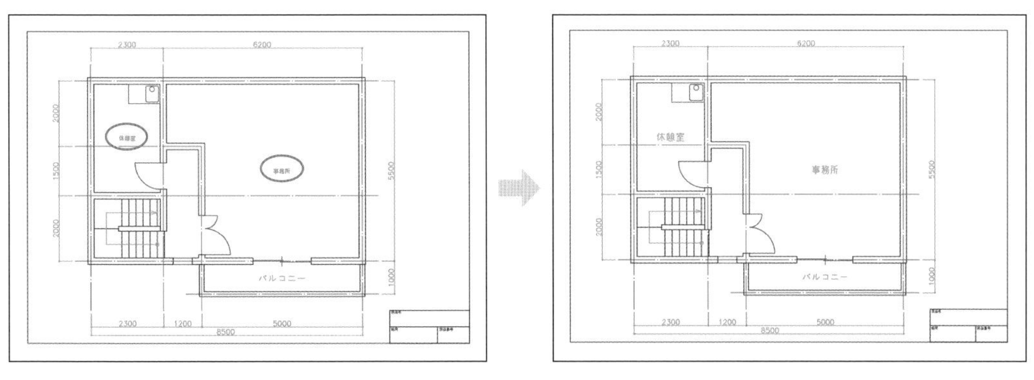

文字の大きさを変更するために、プロパティコピーを使用します。ここでは、「休憩室」「事務所」の文字の大きさが小さいので、「バルコニー」の文字の大きさと同じになるようにコピーします。

7-2-1 オブジェクトの画層をコピーする

[プロパティコピー] コマンドを実行、コピー元に「02ー壁」画層に書かれている線分を選択し、コピー先に「01ー壁芯」に書かれている線分を選択します。コピー先の図形がコピー元の画層に移動します。

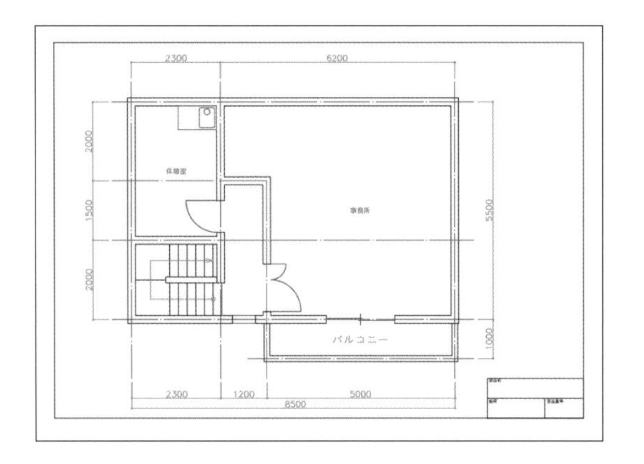

使用するコマンド	[プロパティコピー]
メニュー	[修正]ー[プロパティコピー]
リボン	[ホーム]タブー[プロパティ]パネル
アイコン	
キーボード	MATCHPROP[Enter](MA[Enter])

やってみよう

1 プロパティコピーコマンドを選択する

[ホーム] タブー [プロパティ] パネルー [プロパティコピー] をクリックします。

➡プロパティコピーコマンドが実行され、プロンプトに「コピー元オブジェクトを選択」と表示されます。

2 コピー元の図形を選択する

「02ー壁」画層の線分 a を選択します。

➡プロンプトに「コピー先オブジェクトを選択」と表示されます。

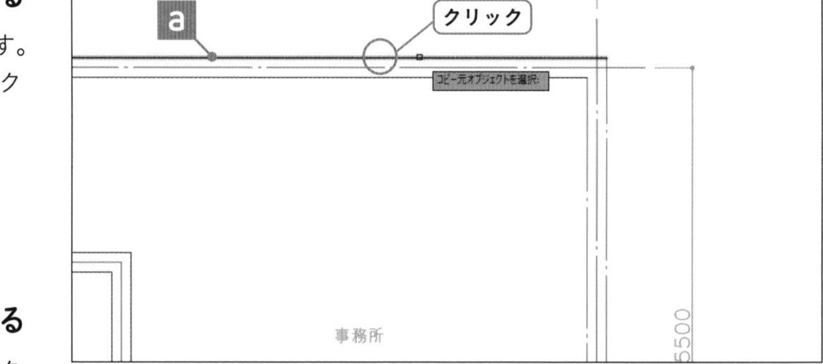

3 コピー先の図形を選択する

「01ー壁芯」画層の線分 b、c を2本クリックして選択します。

➡クリックすると、画層が「02ー壁」に変更され、色や線種が変更されます。

4 プロパティコピーコマンドを終了する

[Enter] キーを押します。

➡プロンプトが確定され、プロパティコピーコマンドが終了しました。

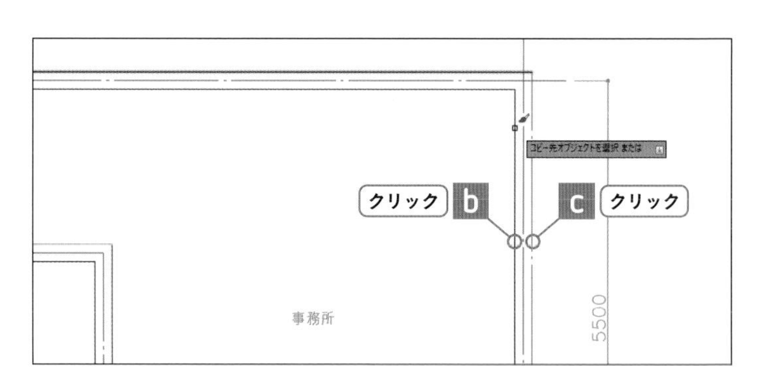

7-2-2 文字の大きさをコピーする

[プロパティコピー] コマンドを実行、コピー元に「バルコニー」の文字を選択し、コピー先に「休憩室」、「事務所」の文字を選択します。コピー元に設定されている文字サイズなどの書式が、コピー先の文字に適用されます。

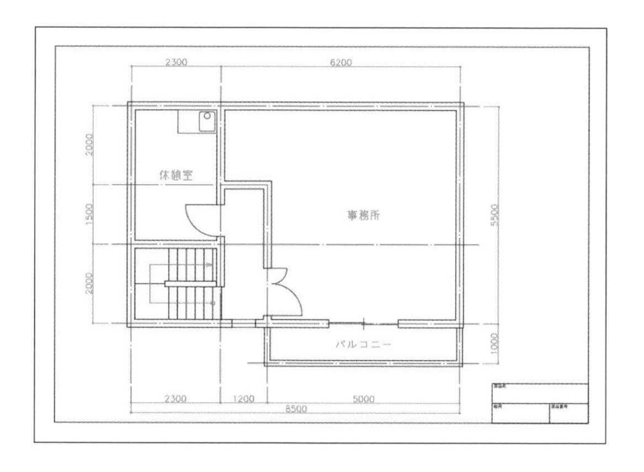

使用するコマンド	[プロパティコピー]
メニュー	[修正]ー[プロパティコピー]
リボン	[ホーム]タブー[プロパティ]パネル
アイコン	
キーボード	MATCHPROP[Enter] (MA[Enter])

やってみよう

1 プロパティコピーコマンドを選択する

[ホーム] タブー [プロパティ] パネルー [プロパティコピー] をクリックします。

➔プロパティコピーコマンドが実行され、プロンプトに「コピー元オブジェクトを選択」と表示されます。

[プロパティコピー] をクリック

2 コピー元の図形を選択する

「バルコニー」の文字を選択します。

➔プロンプトに「コピー先オブジェクトを選択」と表示されます。

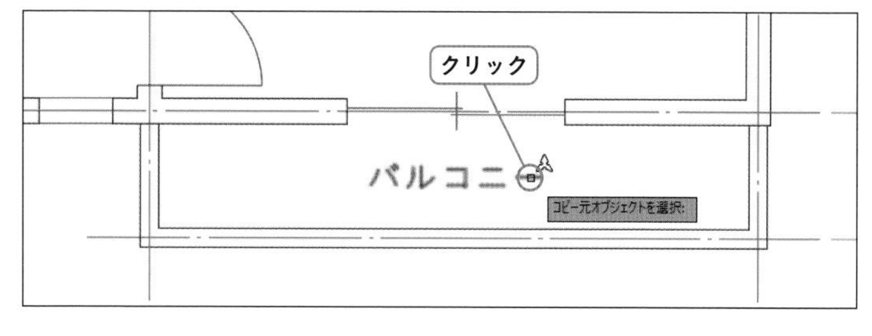

3 コピー先の図形を選択する

「休憩室」、「事務所」の文字をクリックして選択します。

➔クリックすると、文字の大きさが変更されます。

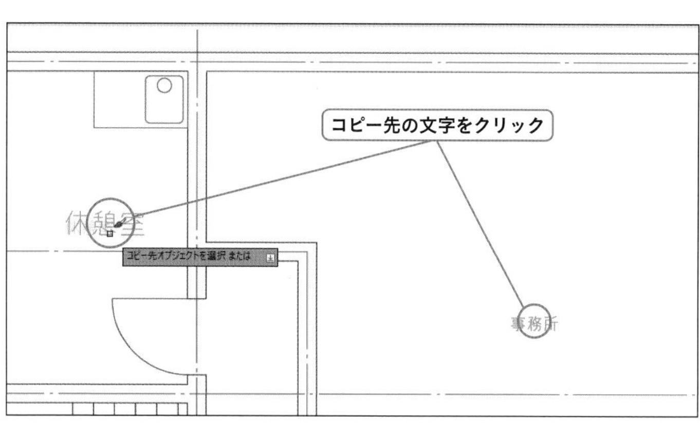

4 プロパティコピーコマンドを終了する

[Enter] キーを押します。

➔プロンプトが確定され、プロパティコピーコマンドが終了しました。

SECTION
7-3 ブロック

練習用ファイル
7-3.dwg

ブロックとは、線分や円弧などの複数の図形を1つの図形として扱うことができる機能です。よく使う図形や図面記号などをブロックとして登録し、図面内に挿入することができます。ブロックはファイルごとに登録され、分解コマンド（P.318「線分／円弧とポリライン」参照）で線分や円弧に戻すことができます。

ここで学ぶこと

7-3-1 ブロックを登録する P.305

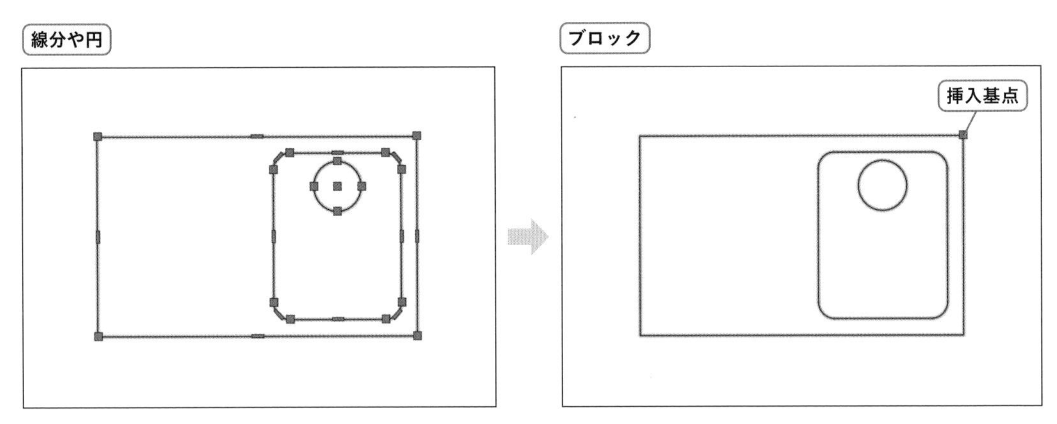

ブロックには「名前」、「挿入基点」、「ブロックにする図形」の3つが必要となります。また、ブロックの画層や色、線種、線の太さを変更できるようにするには、ブロックにする前の図形の画層、色、線種などのプロパティをブロック用に指定する必要があります。ブロックを選択すると、グリップは挿入基点に1つ表示されるのみとなります。

7-3-2 ブロックを挿入する P.308

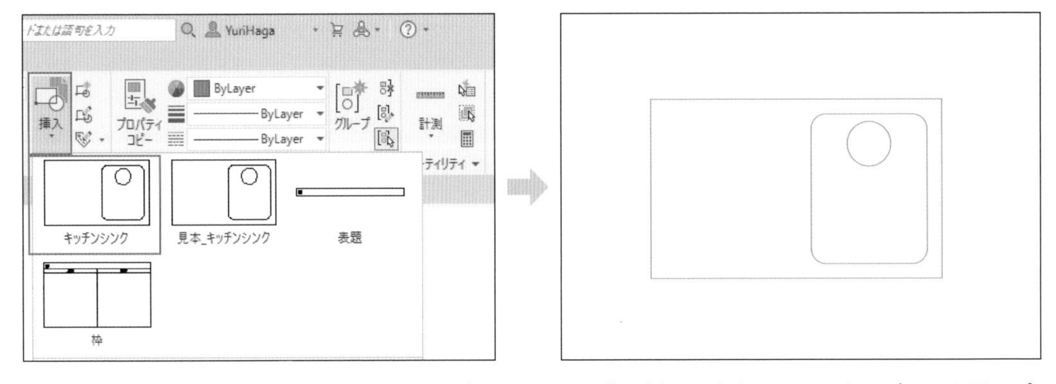

図面に登録されたブロックの名前を指定し、ブロックを図面内に挿入します。このとき、ブロック用のプロパティで作成されたブロックであれば、画層の色、線種などが反映されます。

7-3-3 | 他の図面からブロックを挿入する

P.309

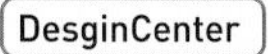

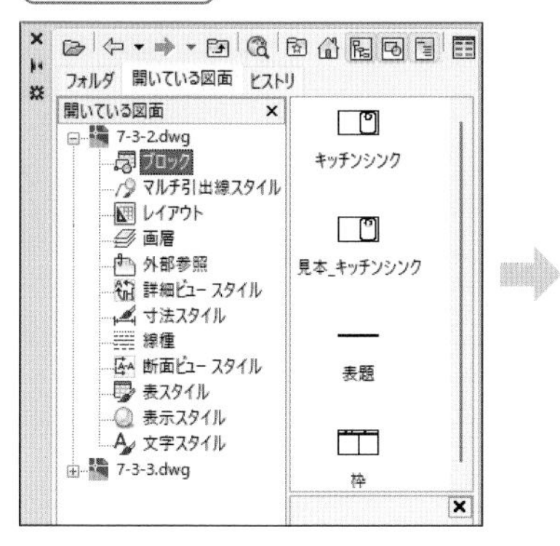

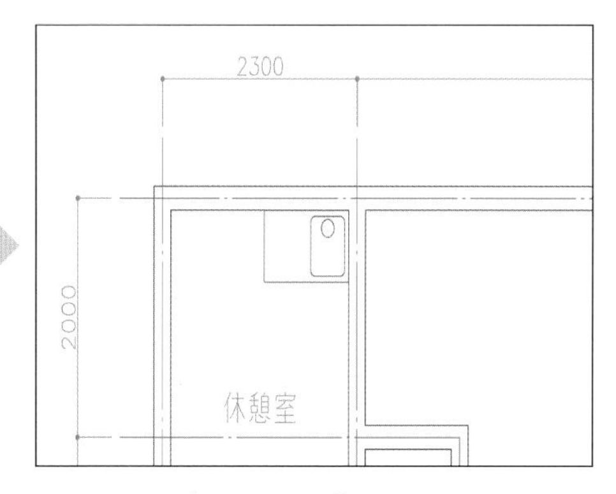

ブロックは図面ごとに保存されるので、他の図面のブロックは、「挿入」をクリックしても表示されません。DesginCenter（デザインセンター）を使用して、他の図面からブロックを挿入します。

7-3-1 | ブロックを登録する

まずは、キッチンシンクの図形のプロパティをブロック用にするため、画層を［0］、色・線種・線の太さを［ByBlock］に変更します。その後、［ブロック定義］コマンドを実行し、名前は「キッチンシンク」、挿入基点は右上の端点、図形を選択します。

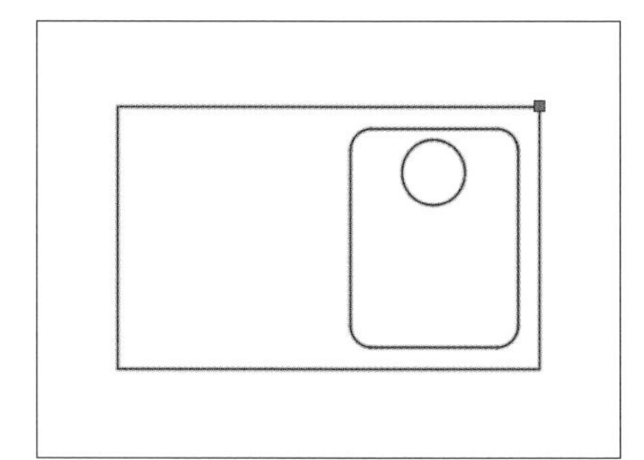

使用するコマンド	［ブロック定義］
メニュー	［作成］－［ブロック］－［ブロック定義］
リボン	［ホーム］タブ－［ブロック］パネル
アイコン	
キーボード	BLOCK［Enter］(B［Enter］)

やってみよう

1 プロパティパレットを表示する

［表示］タブ－［パレット］パネル－［オブジェクトプロパティ管理］をクリックします。

➔画面上にプロパティパレットが表示されます。

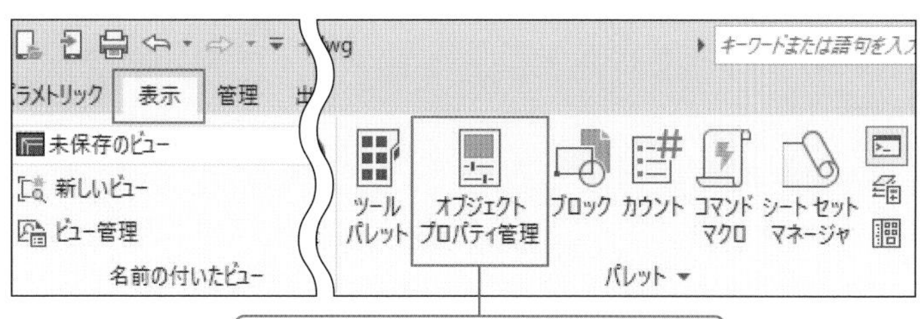

chapter 7 作図がもっと便利になる機能

2 図形を選択する

キッチンシンクの図形を交差選択などですべて選択します。

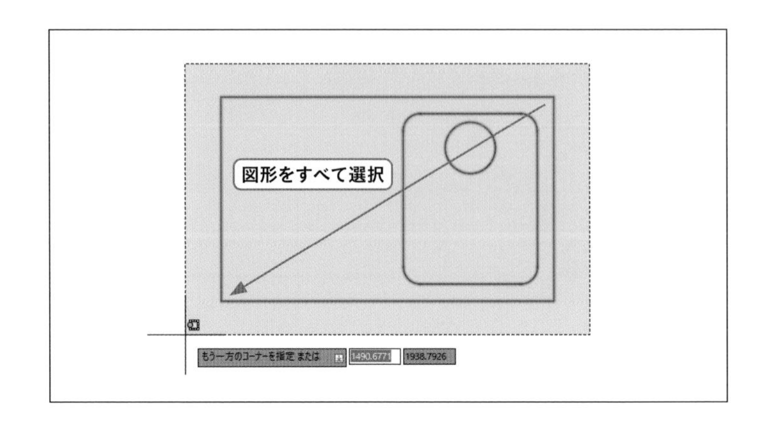

3 プロパティを変更する

プロパティパレットから、以下を変更してください。

a［色］を［ByBlock］
b［画層］を［0］
c［線種］を［ByBlock］
d［線の太さ］を［ByBlock］
→ブロック用のプロパティに変更されました。

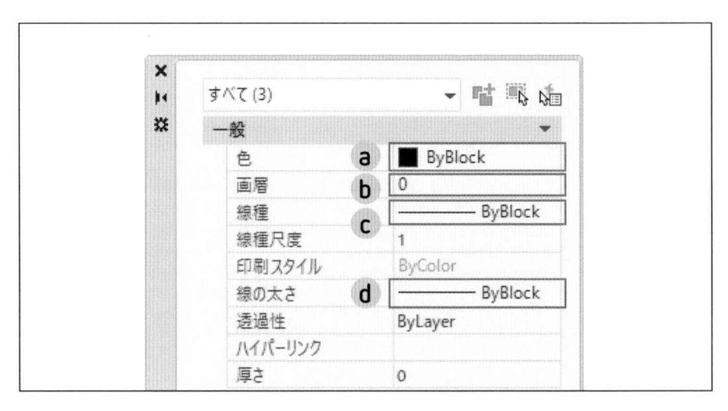

4 図形の選択を解除する

キーボードの［Esc］キーを押して、選択を解除します。
→図形の選択が解除されました。プロパティパレットが必要のない場合には、「×」ボタンで閉じてください。

5 ブロック定義コマンドを選択する

［ホーム］タブー［ブロック］パネルー［作成］をクリックします。
→ブロック定義コマンドが実行され、「ブロック定義」ダイアログボックスが表示されました。

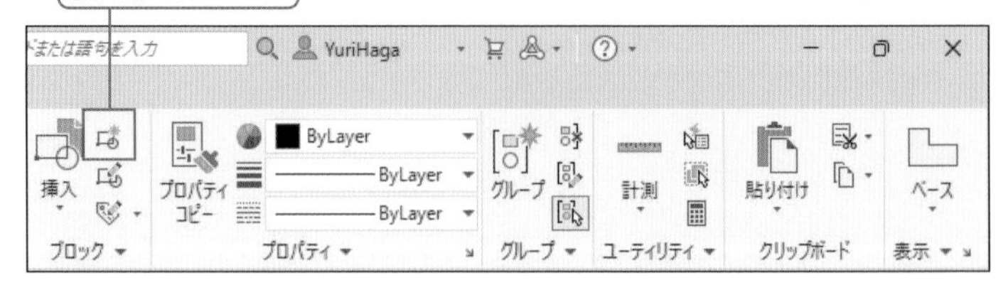

6 ブロックの名前を入力する

［名前］欄に「キッチンシンク」と入力します。

7 挿入基点を指定する

［挿入基点を指定］ボタンをクリックし、右上の端点をクリックします。

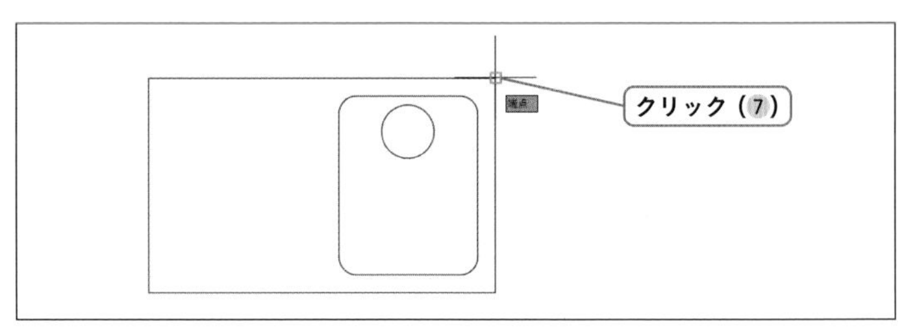

8 ブロックにする図形を選択する

[オブジェクトを選択] ボタンをクリックし、キッチンシンクの図形を交差選択などですべて選択し、[Enter] キーを押します。

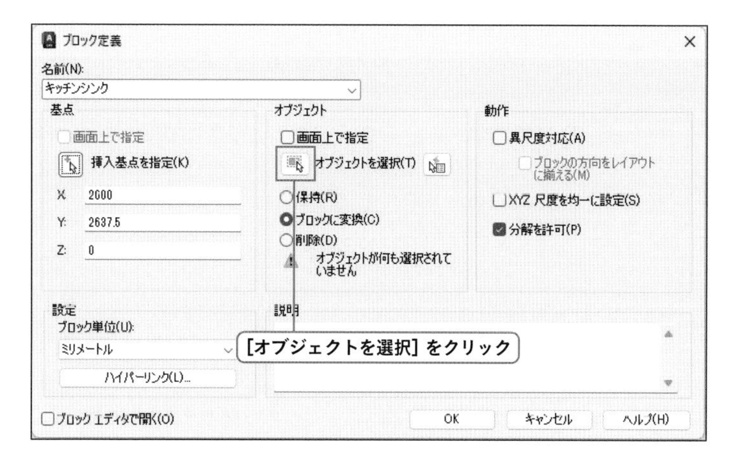

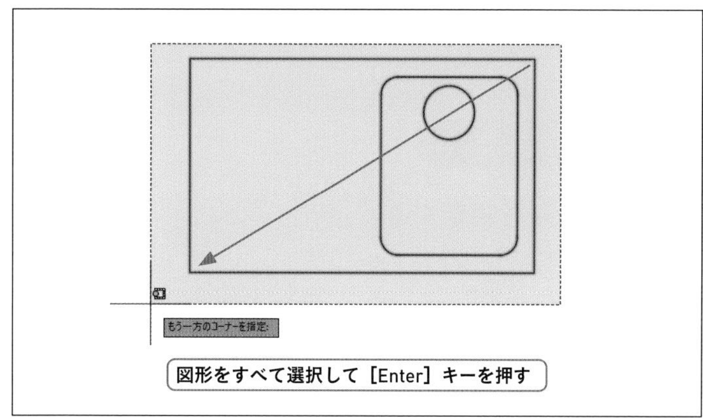

9 ブロックに変換を選択する

[ブロックに変換] を指定します。

➔選択した図形が、ブロック定義コマンド終了後にブロックに変換されます。

10 ブロック定義コマンドを終了する

[OK] ボタンをクリックします。

➔ブロック定義コマンドが終了し、ダイアログボックスが閉じました。次の「7-3-2ブロックを挿入する」で、このブロックを図面内に挿入します。

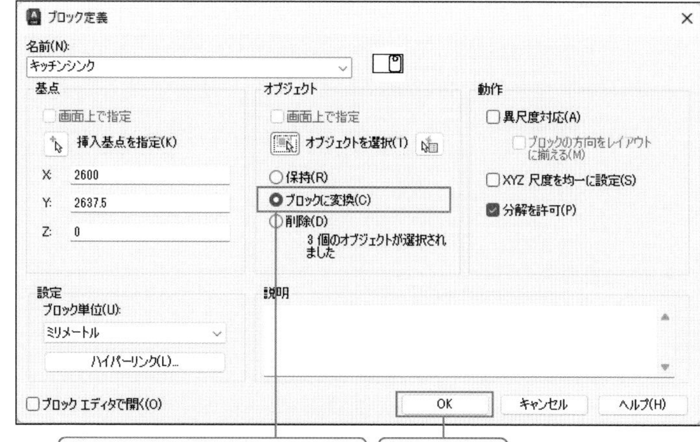

7-3-2 ブロックを挿入する

作成したブロック「キッチンシンク」を、画層「練習_その他」に挿入します。「キッチンシンク」のブロックはブロック用の画層で作成したので、挿入すると「練習_その他」の画層の色となります。

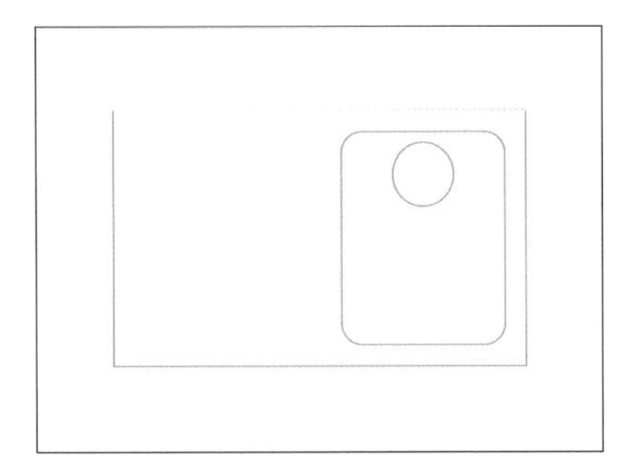

使用するコマンド	[ブロック挿入]
メニュー	[挿入]ー[ブロックパレット]
リボン	[ホーム]タブー[ブロック]パネル
アイコン	
キーボード	INSERT[Enter](I[Enter])

やってみよう

1 現在画層を設定する

[ホーム] タブー [画層] パネルー [画層] コントロールをクリックし、「練習_その他」を選択します。

「練習_その他」を選択

2 ブロック挿入コマンドを選択する

[ホーム] タブー [ブロック] パネルー [挿入] をクリックし、「キッチンシンク」をクリックします。

「キッチンシンク」をクリック

AutoCAD 2014以前の場合は、[ホーム] タブー [ブロック] パネルー [挿入] をクリックし、ダイアログボックスに挿入位置や尺度、回転の値を入力してください。

➔ブロック挿入コマンドが実行され、カーソルにブロックのプレビューが表示されています。

3 挿入点を指定する

任意の点をクリックします。

➔ブロック挿入コマンドが終了し、指定した任意点にブロックが挿入されました。また、現在画層の [練習_その他] にブロックが配置されているので、色がブロック作成時の色と違うことを確認してください。

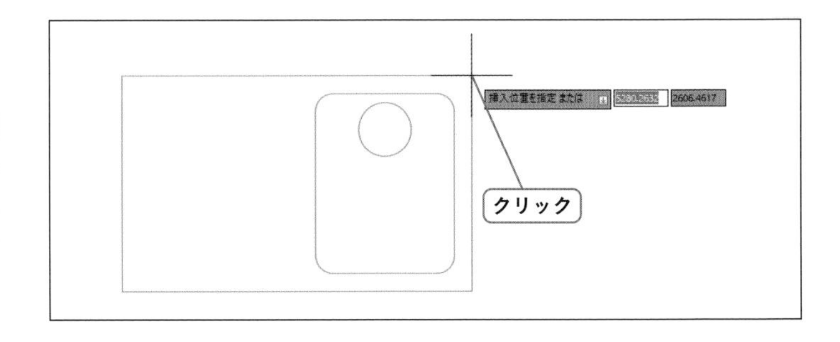

COLUMN

ブロックの大きさを変更する

ブロックの大きさを変更したい場合は、オプションを変更してください。

1 [ホーム] タブー [ブロック] パネルー [挿入] をクリックし、挿入したいブロックをクリックする。
2 作図領域で右クリックし、[尺度] を選択する。
3 尺度を入力し、[Enter] キーを押す。
4 ブロックの挿入位置を指定する。

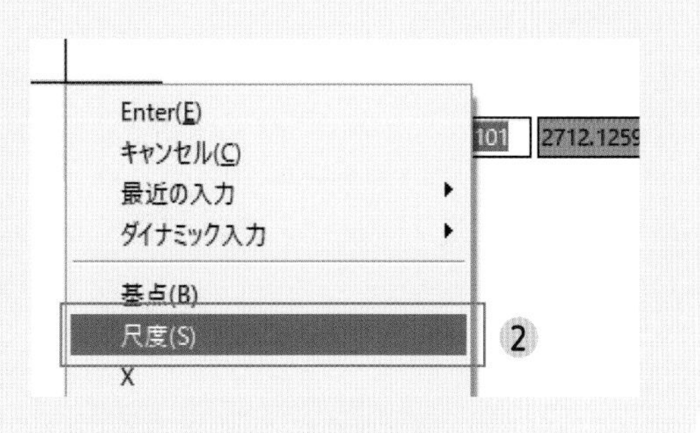

7-3-3 | 他の図面からブロックを挿入する

DesignCenterを使用して、他の図面からブロックを挿入します。ここでは、[7-3-2.dwg] の [キッチンシンク] ブロックを、[7-3-3.dwg] ファイルに挿入します。

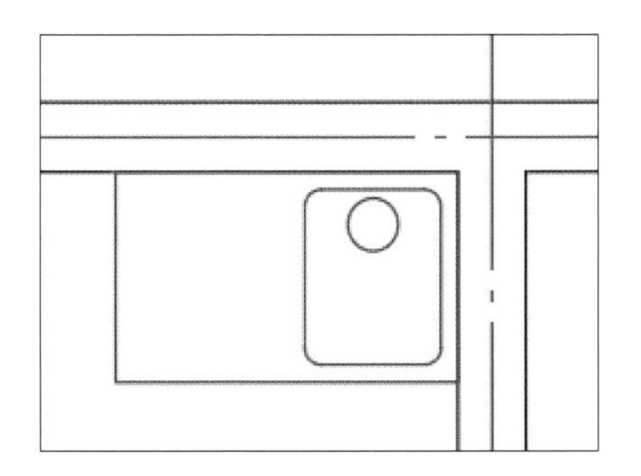

使用するコマンド	[DesignCenter]
メニュー	[ツール]ー[パレット]ー[DesignCenter]
リボン	[表示]タブー[パレット]パネル
アイコン	
キーボード	ADCENTER[Enter](CE[Enter])

やってみよう

1 ファイルを開く

「7-3-2.dwg」と「7-3-3.dwg」の両方を開き、「7-3-3.dwg」をアクティブにします。

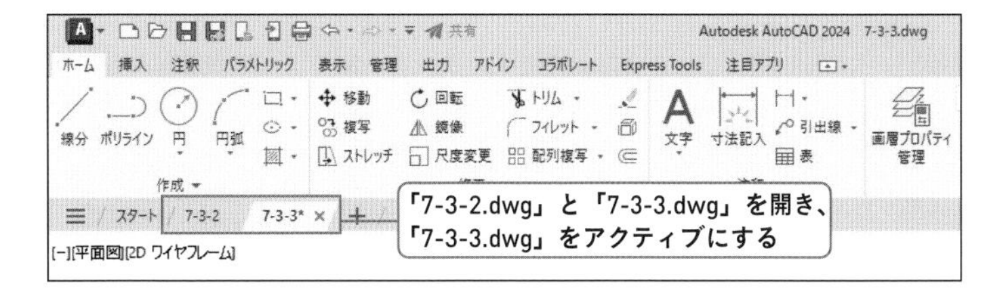

ファイルタブについて

現在編集しているファイル（アクティブなファイル）はタブが明るく、他の開いているファイルはタブが暗く表示されます。また、編集済みだが上書き保存をしていないファイルには、ファイル名に「*」が表示されます。

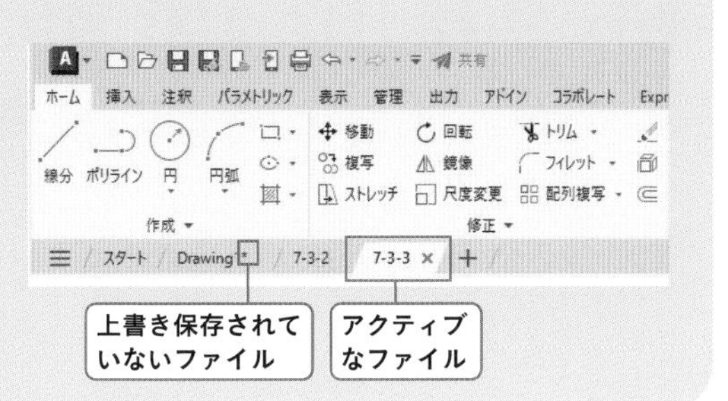

chapter 7 作図がもっと便利になる機能

2 処理する場所を拡大する

マウスのスクロールボタンなどで、右図の場所を拡大します。

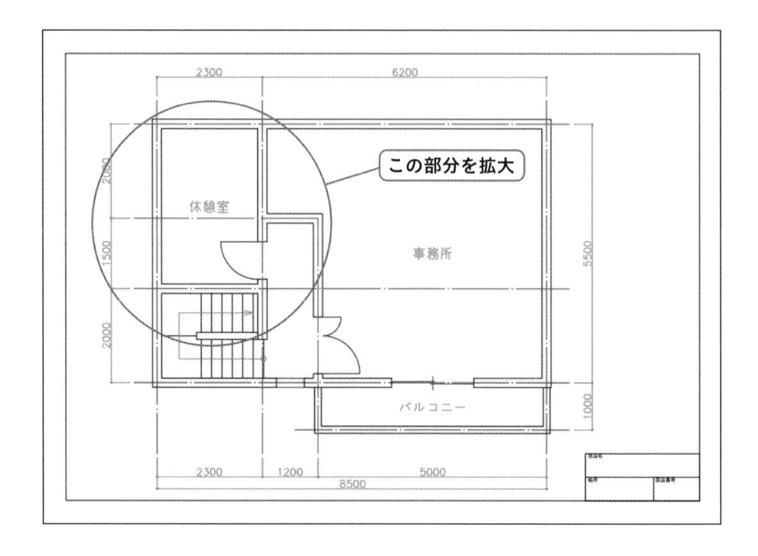

3 現在画層を設定する

[ホーム] タブー [画層] パネルー [画層] コントロールをクリックし、「05ーその他」を選択します。

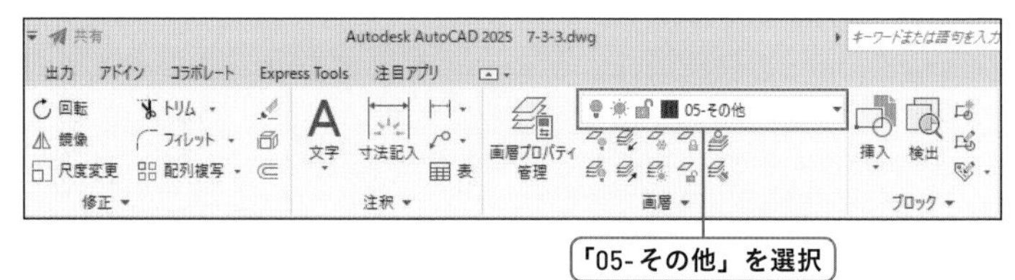

4 DesignCenterパレットを表示する

[表示] タブー [パレット] パネルー [DesignCenter] をクリックします。

⊖画面上にDesignCenterパレットが表示されます。

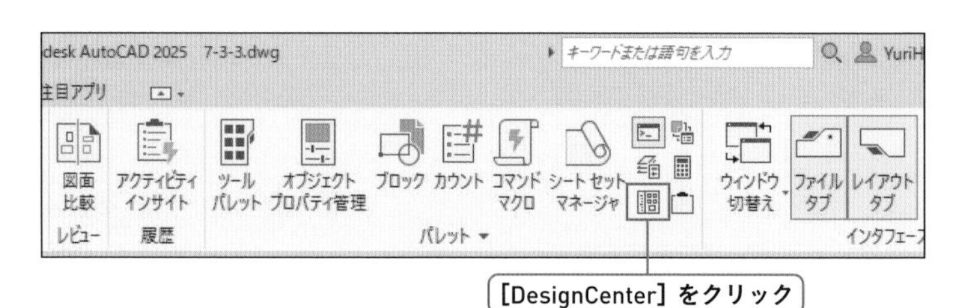

5 ブロックを選択する

DesignCenterパレットで、[開いている図面] タブをクリックします。「7-3-2.dwg」の [ブロック] を選択します。

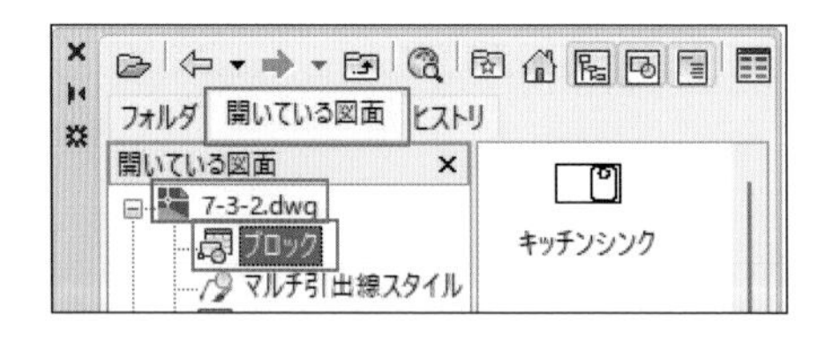

6 ブロック挿入を実行する

[キッチンシンク] を右クリック、メニューから [ブロックを挿入] を選択します。

⊖ブロック挿入コマンドが実行されました。

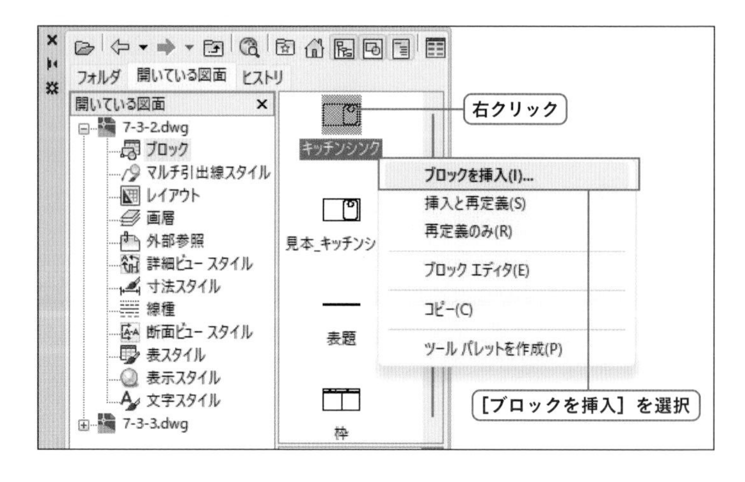

7 ブロック挿入の設定をする

「ブロック挿入」ダイアログボックスから、以下を変更してください。

a [名前] を[キッチンシンク]
b [挿入位置] を[画面上で指定]
c [尺度] のX、Y、Zを[1]
d [回転] を[0]

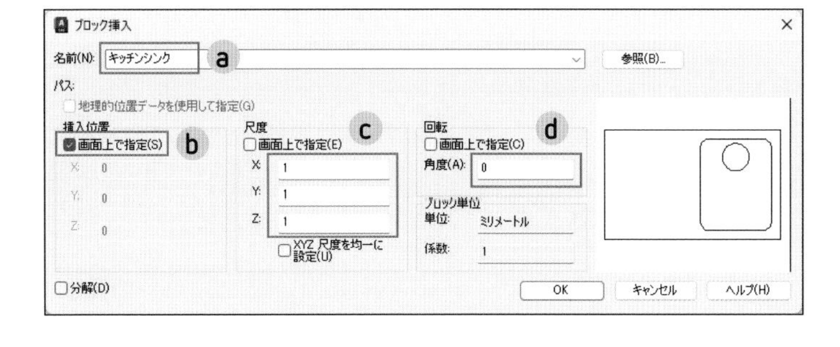

8 ブロック挿入ダイアログボックスを終了する

[OK] ボタンをクリックします。

➜[ブロック挿入] ダイアログボックスが閉じ、プロンプトに「挿入位置を指定」と表示されています。

DesignCenterパレットは「×」ボタンで閉じてください。

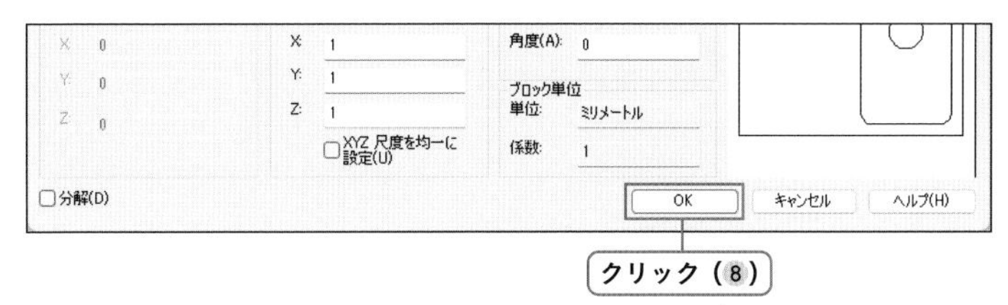

9 挿入点を指定する

壁の端点をクリックします。

➜ブロック挿入コマンドが終了し、指定した端点にブロックが挿入されました。また、現在画層の [05ーその他] にブロックが配置されています。

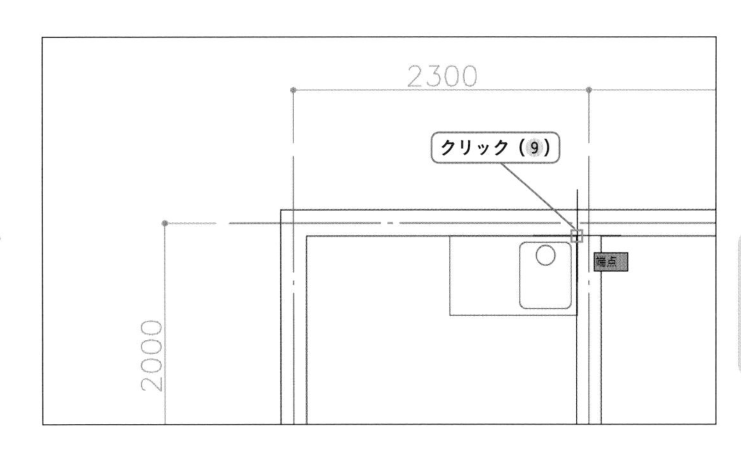

chapter 7 作図がもっと便利になる機能

SECTION
7-4 他の図面からコピー

他の図面ファイルに図形をコピーするには、Windowsのクリップボードの機能であるコピーと貼り付けを使用します。同じ図形はコピーをして、効率的に作図を行いましょう。

練習用ファイル
7-4.dwg

ここで学ぶこと

7-4-1 他の図面からコピーする P.313

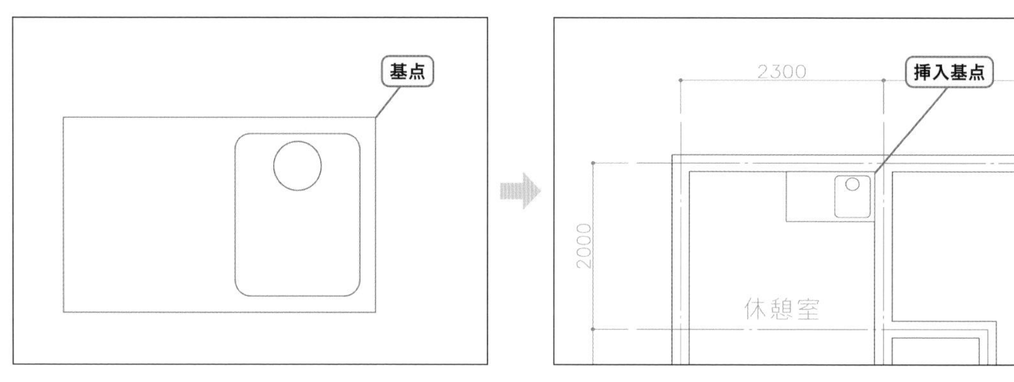

コピー元ファイルで［基点コピー］コマンドを実行し、Windowsのクリップボードにコピーを行います。次にコピー先のファイルで［貼り付け］コマンドを実行し、目的の場所に貼り付けを行います。

COLUMN

クリップボードについて

クリップボードとは、コピー操作やカット操作を行ったデータを一時的に保存する機能です。文字列や画像を指定してコピーやカットなどを行うと、そのデータはクリップボードに保存されます。また、貼り付けを行うと、クリップボードからデータを呼び出します。

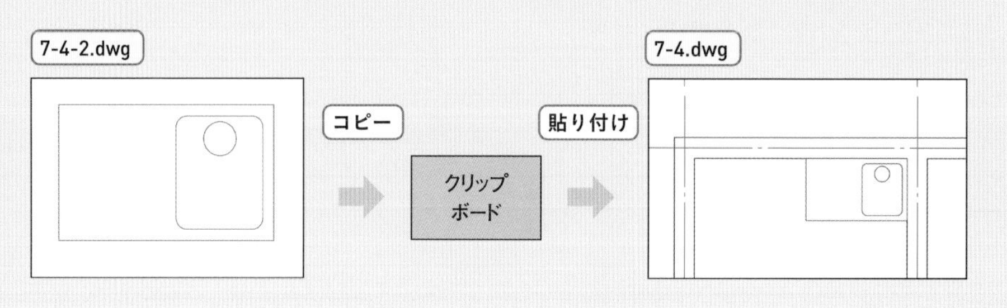

7-4-1 他の図面からコピーする

「7-4-2.dwg」ファイルを開き、[基点コピー] コマンドを実行、基点として端点Aを指示、キッチンシンクの図形を選択します。次に「7-4.dwg」ファイルを開き、[貼り付け] コマンドを実行、挿入基点として端点Bを指示します。指示した基点に貼り付けられることを確認しましょう。

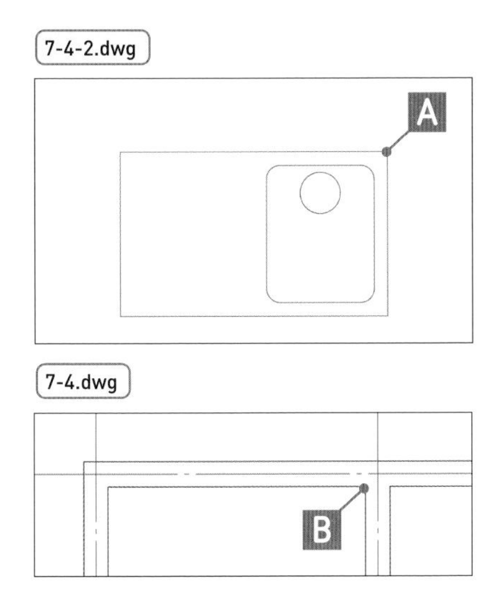

使用するコマンド	[基点コピー]
メニュー	[編集]ー[基点コピー]
リボン	[ホーム]タブー[クリップボード]パネル
アイコン	
キーボード	COPYBASE[Enter]

使用するコマンド	[貼り付け]
メニュー	[編集]ー[貼り付け]
リボン	[ホーム]タブー[クリップボード]パネル
アイコン	
キーボード	PASTECLIP[Enter]

やってみよう

1 コピー元ファイルを開く

「7-4-2.dwg」ファイルを開きます。

2 基点コピーコマンドを選択する

作図領域で右クリックし、[クリップボード] ー [基点コピー] を選択します。

➜基点コピーコマンドが実行され、プロンプトに「基点を指定」と表示されます。

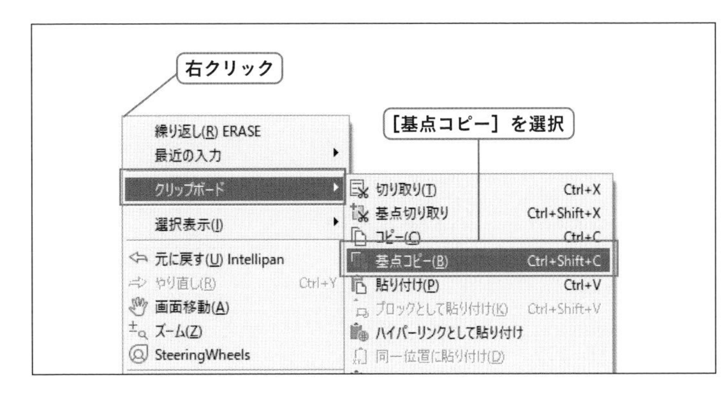

3 基点を指定する

端点Aをクリックします。

➜プロンプトに「オブジェクトを選択」と表示されています。

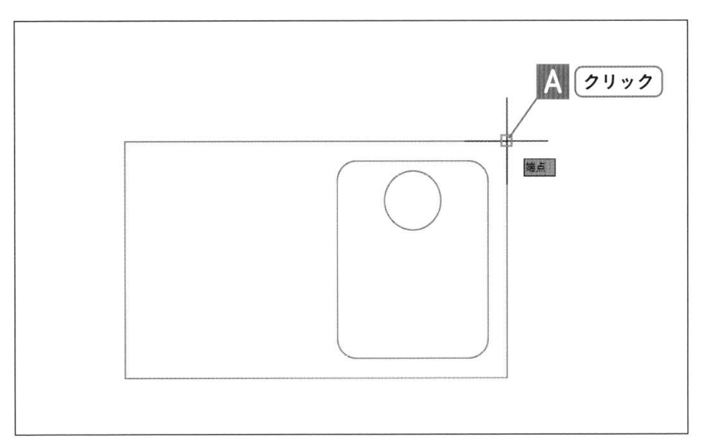

④ 図形を選択する

交差選択などで図形を選択します。

⑤ 選択を確定する

[Enter] キーを押します。

➔選択が確定され、基点コピーコマンドが終了しました。

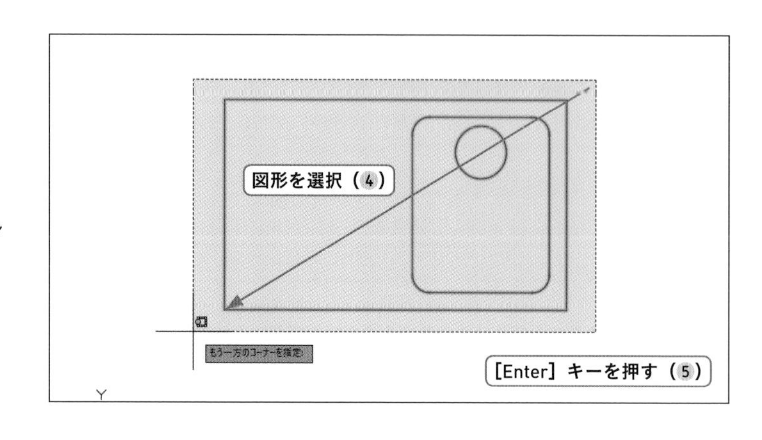

⑥ コピー先ファイルを開く

「7-4.dwg」ファイルを開きます。

⑦ 貼り付けコマンドを選択する

作図領域で右クリックし、[クリップボード] － [貼り付け] を選択します。

➔貼り付けコマンドが実行され、プロンプトに「挿入点を指定」と表示されます。

「貼り付け」がグレーアウトし、選択できない場合は、リボンの [ホーム] タブ－ [クリップボードパネル] － [貼り付け] をクリックし、[貼り付け] を選択してください。

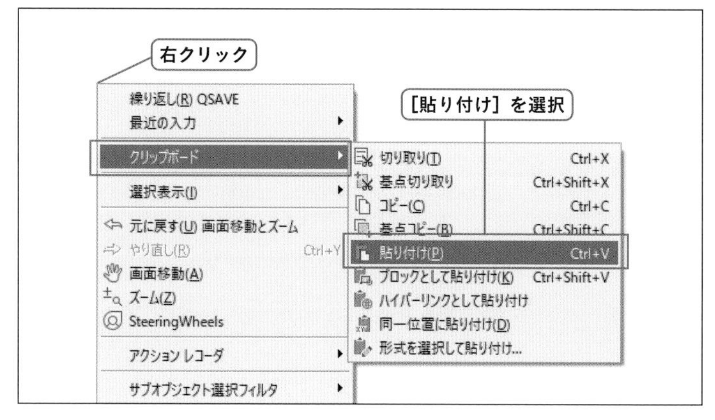

⑧ 挿入点を指定する

端点Bをクリックします。

➔貼り付けコマンドが終了し、キッチンカウンターの図形が貼り付けられました

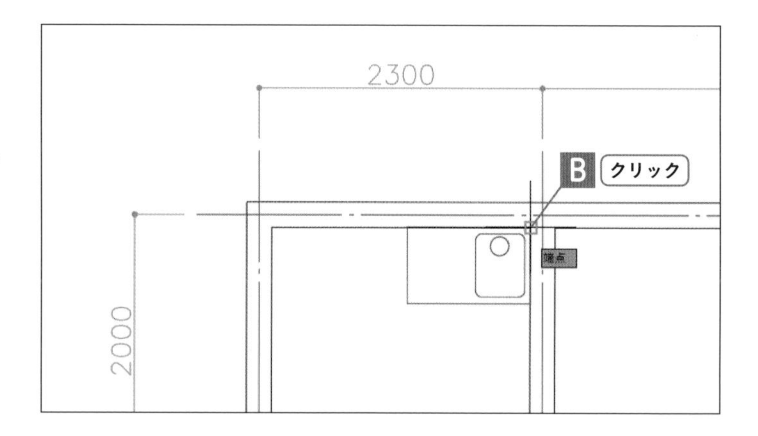

SECTION
7-5 長さと面積の取得

練習用ファイル
7-5.dwg

AutoCADで長さや面積を測るには、その範囲にポリライン図形を作図し、オブジェクトプロパティ管理で調べます。ポリライン図形は線分と円弧からなる連続線で、長方形コマンドで作図された図形もポリラインとなっています。

ここで学ぶこと

7-5-1 長さと面積の取得 P.315

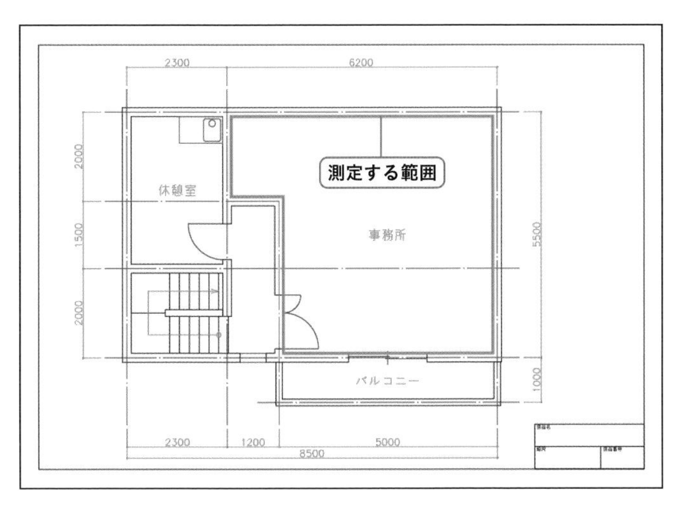

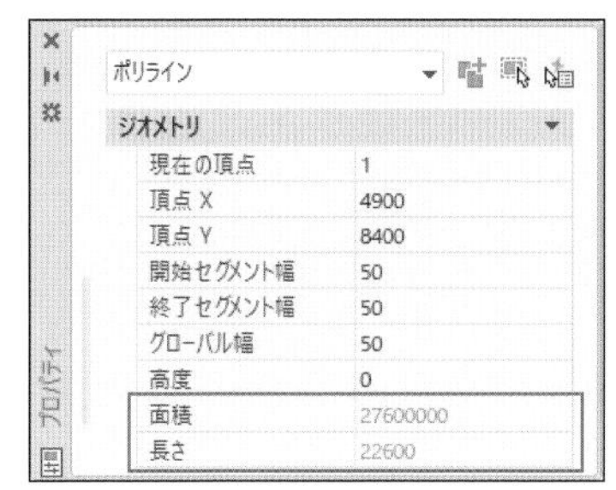

測定する範囲をポリラインコマンドで作図し、長さと面積をオブジェクトプロパティ管理で確認します。また、画面上でその範囲を目視できるように太く表示します。

7-5-1 長さと面積の取得

［ポリライン］コマンドを実行し、端点A～Fをクリック、最後に［閉じる］オプションを使用して、閉じたポリライン図形を作図します。次にオブジェクトプロパティ管理でポリラインを太く表示し、面積と長さを確認します。

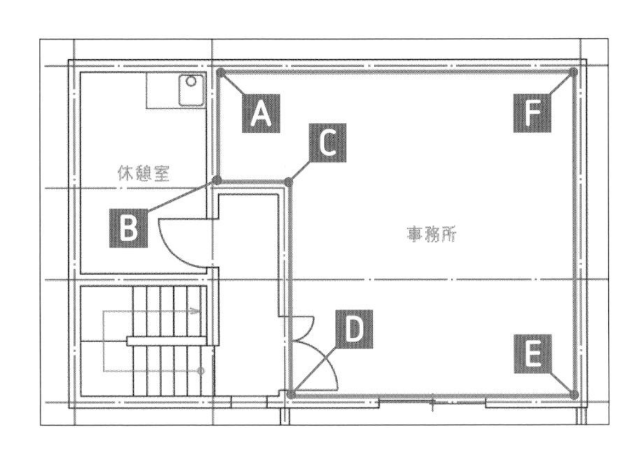

使用するコマンド	［ポリライン］
メニュー	［修正］ー［ポリライン］
リボン	［ホーム］タブー［作成］パネル
アイコン	
キーボード	PLINE［Enter］（PL［Enter］）

やってみよう

1 ポリラインコマンドを選択する

［ホーム］タブ－［作成］パネル－［ポリライン］をクリックします。

➔ポリラインコマンドが実行され、プロンプトに「始点を指定」と表示されます。

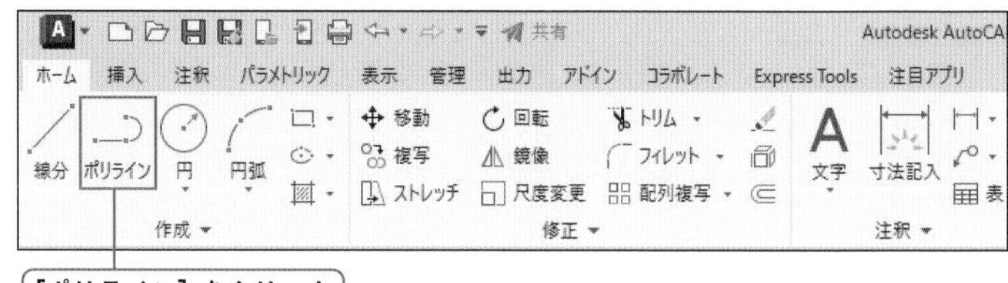

2 始点を指定する

端点Aをクリックします。

➔端点Aが指示され、プロンプトに「次の点を指定」と表示されます。

3 次の点を指定する

端点B、Cをクリックします。

➔端点B、Cが指示され、プロンプトに「次の点を指定」と表示されます。

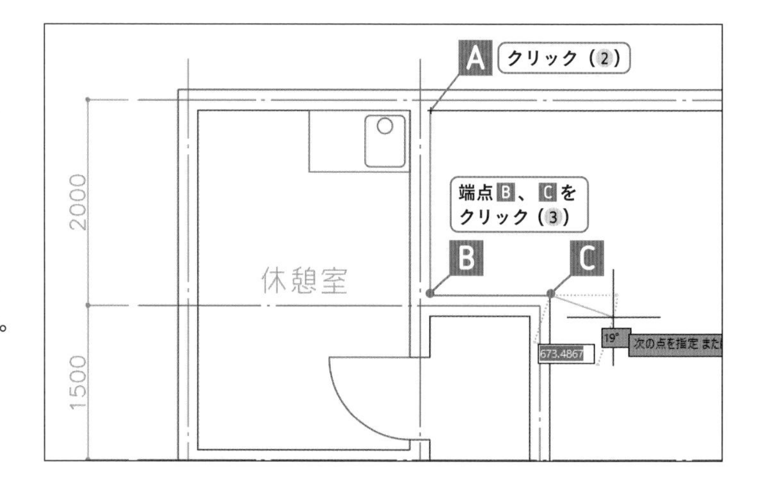

4 次の点を指定する

同様に端点D～Fをクリックします。

2300
6200
2124.4704
F
次の点を指定 または
156°
休憩室
端点D～Fをクリック（4）
5500
D
E
バルコニー
1000

5「閉じる」オプションを選択する

右クリックして、表示されたメニューから「閉じる(C)」を選択します。

➔「閉じる(C)」オプションが選択され、端点Fから端点Aまで線が作成され、ポリラインが閉じました。ポリラインコマンドは終了しています。

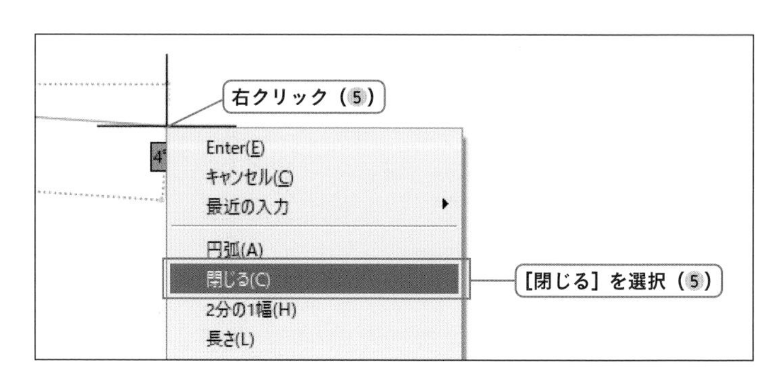

6 プロパティパレットを表示する

［表示］タブ－［パレット］パネル－［オブジェクトプロパティ管理］をクリックします。

7 ポリラインを選択する

作図したポリラインをクリックして選択します。

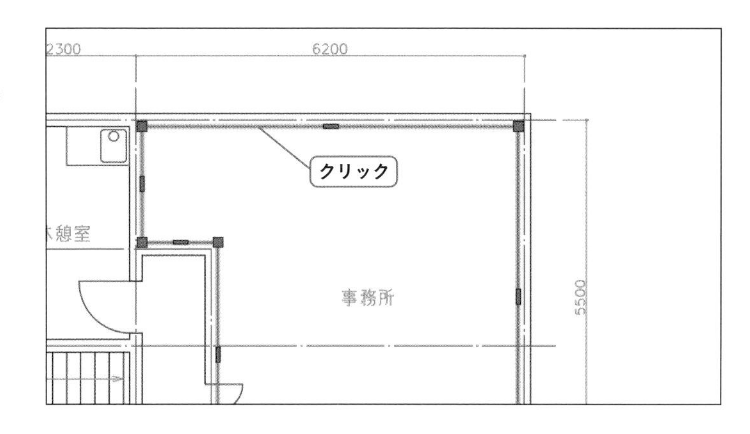

8 ポリラインの太さを変更する

プロパティパレットから、[グローバル幅] の欄をクリック、「50」と入力し、[Enter] キーを押します。

➔ポリライン図形の太さが変更され、太く表示されました。

9 面積と長さを確認する

プロパティパレットから、[面積] と [長さ] 欄の値を確認します。

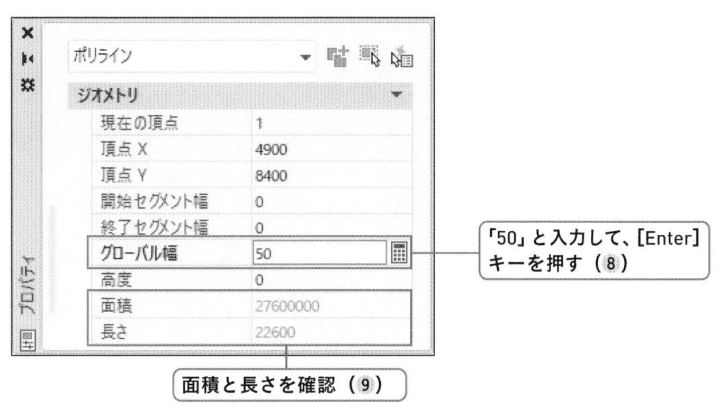

10 選択を解除する

キーボードの [Esc] キーを押して、ポリラインの選択を解除します。

➔ポリラインの選択が解除され、ポリラインが太く表示されています。プロパティパレットが必要のない場合には、「×」ボタンで閉じてください。

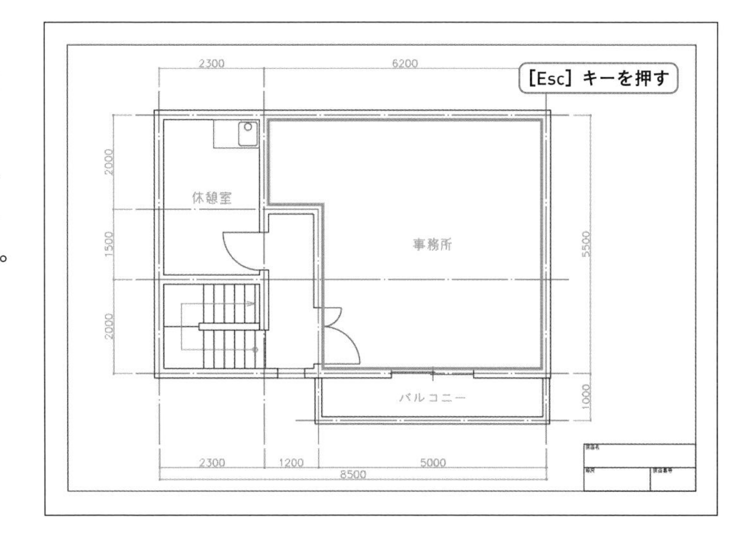

COLUMN

線分/円弧とポリライン

線分や円弧をポリラインにして連続線にするには［ポリライン編集］コマンドの［結合］オプションを使用します。反対にポリラインを線分や円弧にするには、［分解］コマンドを使用します。

【線分/円弧→ポリライン】

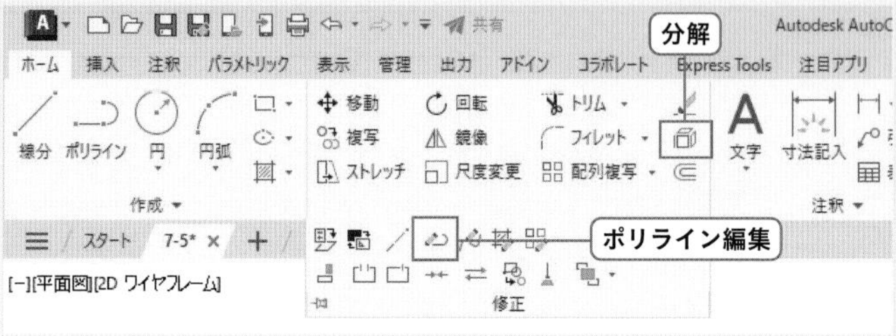

1. ［ポリライン編集］を実行
2. 「ポリラインを選択」と表示されるので、ポリライン化する線分または円弧を選択
3. 「ポリラインに変更しますか？」と表示された場合は、［Enter］キーを押す
4. 「オプションを入力」と表示されるので、［結合］オプションを選択
5. 「オブジェクトを選択」と表示されるので、ポリライン化して繋げる線分や円弧を全て選択し、［Enter］キーを押す
6. 「オプションを入力」と表示されるので、［Enter］キーを押して［ポリライン編集］コマンドを終了する

【ポリライン→線分/円弧】

1. ［分解］コマンドを実行
2. 「オブジェクトを選択」と表示されるので、ポリラインを選択して［Enter］キーを押す

SECTION
7-6 レイアウト

練習用ファイル
7-6.dwg

AutoCADには作図用のモデルタブと印刷設定用のレイアウトタブがあります。モデルタブは1ファイルに1つのみで、実寸で対象物を作図します。レイアウトタブは名前の変更や複数作成が可能で、モデルタブに作図したものに尺度を与えて表示し、印刷の設定を行います。レイアウトは1枚で複数の尺度を扱う図面を作成する場合に便利です。

ここで学ぶこと

7-6-1 レイアウトタブを作成する P.320

モデルタブ

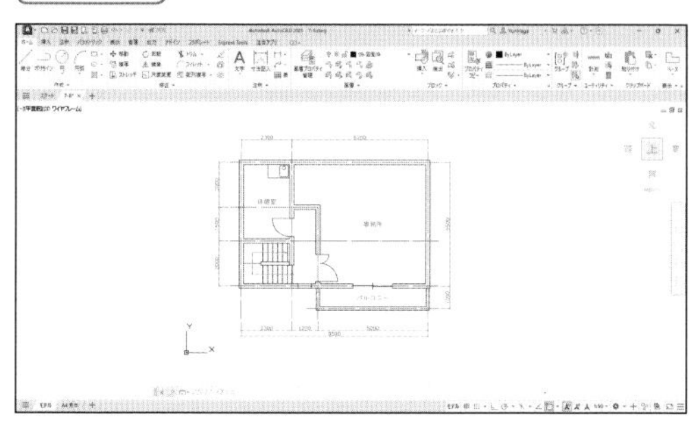

レイアウトタブ

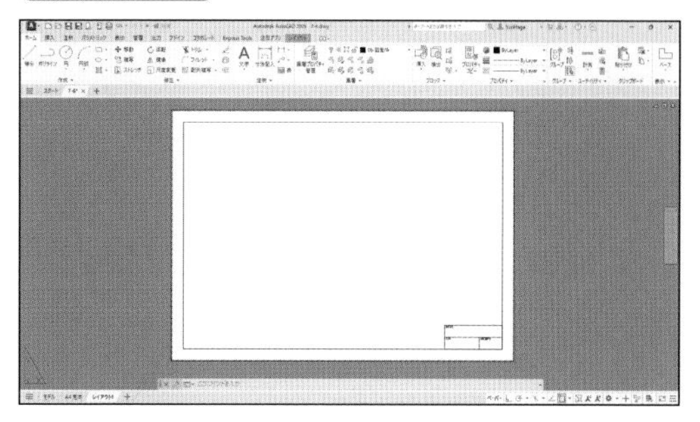

モデル空間

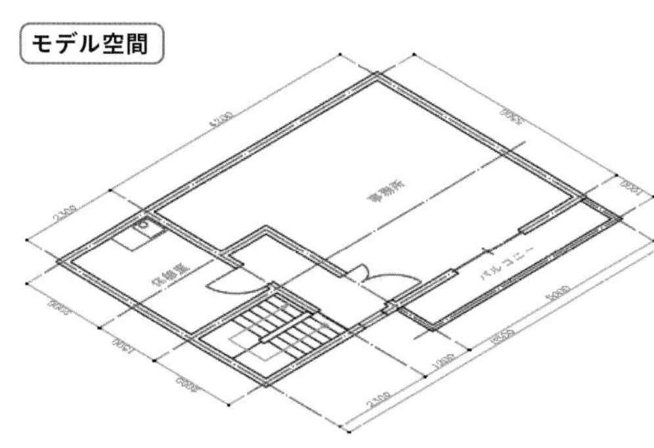

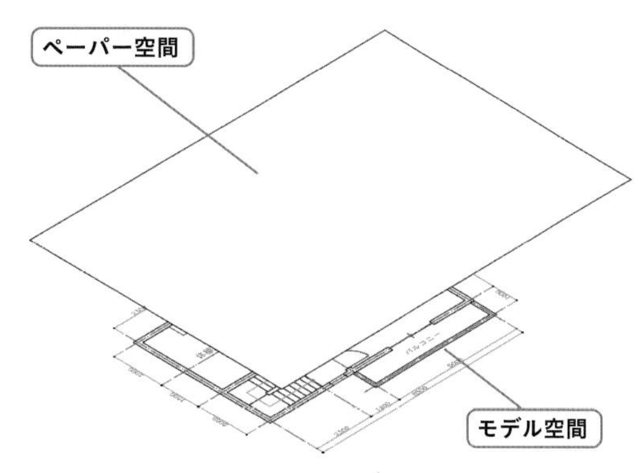

まず、モデルタブについて説明します。モデルタブはモデル空間とも呼ばれ、対象物を実寸で作図します。

次に、レイアウトタブについて説明します。レイアウトタブは、モデル空間とペーパー空間が存在し、モデル空間の上にペーパー空間をかぶせた状態です。ここでは、レイアウトタブを新規作成し、図枠を配置します。

7-6-2 ビューポートを作成する
P.323

レイアウトタブでモデル空間を表示するには、ペーパー空間にビューポートと呼ばれる穴を作成し、かぶせて見えなかったモデル空間を表示します。また、このビューポートは尺度を設定することによって、モデル空間を小さく表示したり、大きく表示したりすることができます。

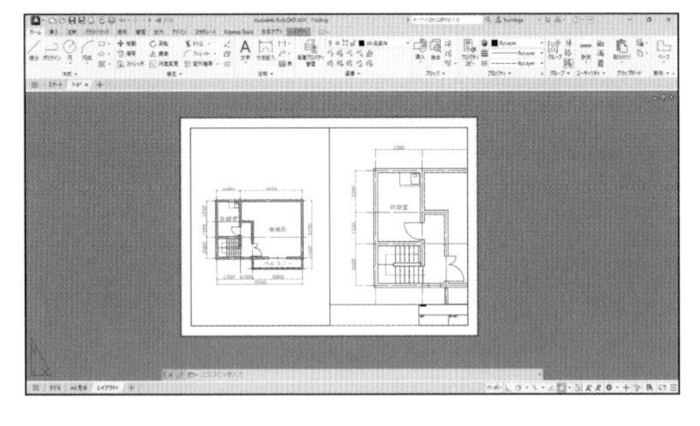

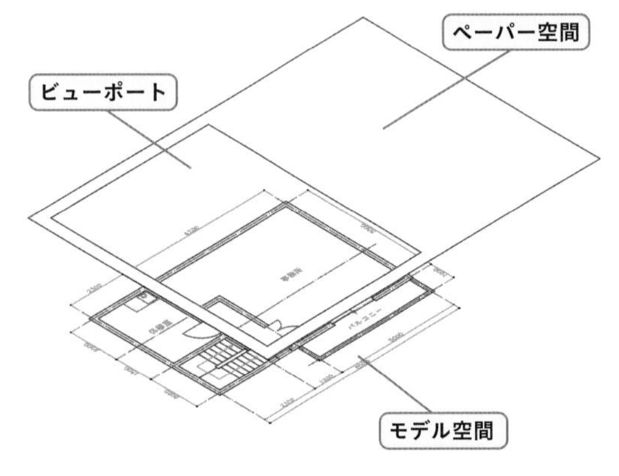

7-6-1 レイアウトタブを作成する

ここでは、レイアウトタブを作成し、図枠を配置、印刷設定を行います。印刷の設定は、既存のページ設定「A4モノクロ」を適用します。ページ設定についてはP.288「6-14印刷」を参照してください。

やってみよう

1 レイアウトタブを作成する

モデルタブを右クリックし、[レイアウト新規作成] を選択します。

➜[レイアウト1] タブが作成されました。

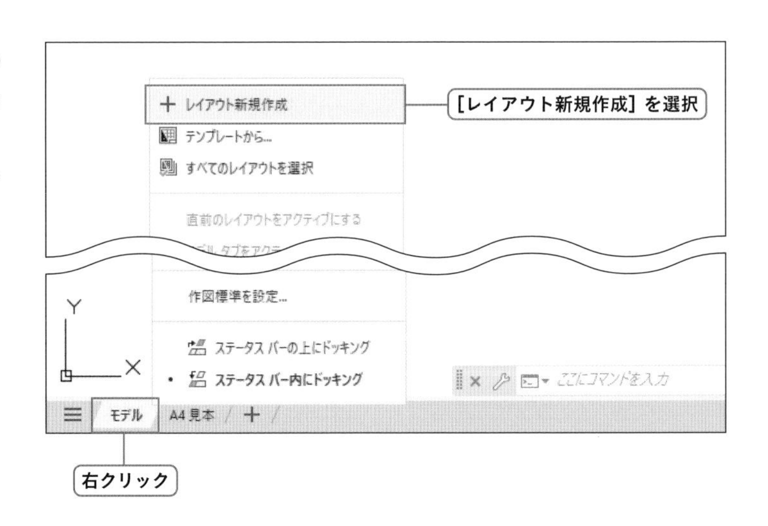

2 レイアウトタブを表示する

「レイアウト1」タブをクリックします。
➡[レイアウト1] タブが表示されました。

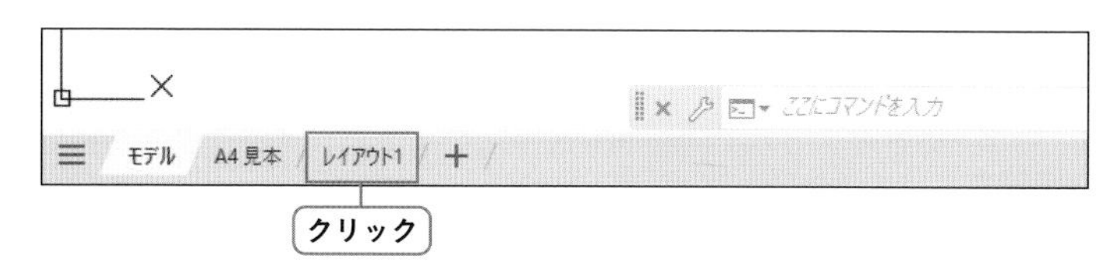

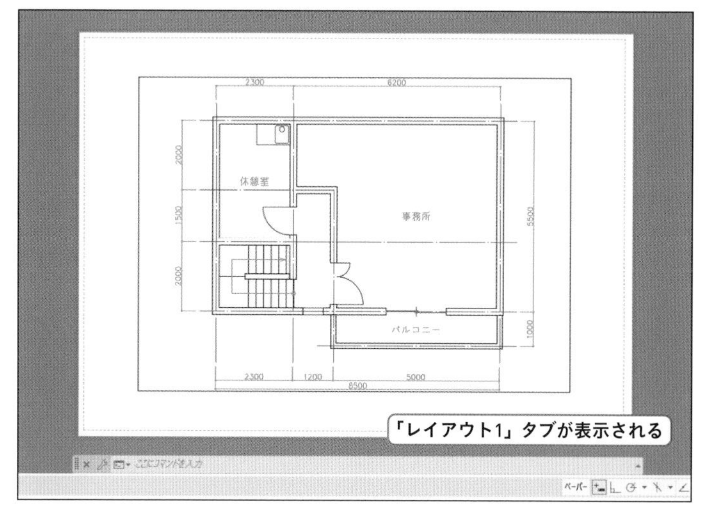

3 ビューポートを削除する

ビューポートが作成されている場合は、ビューポート枠をクリックして選択し、削除を行います。
➡ビューポートが削除され、見えていた図面が見えなくなります。レイアウトタブには用紙のみ表示されている状態になりました。

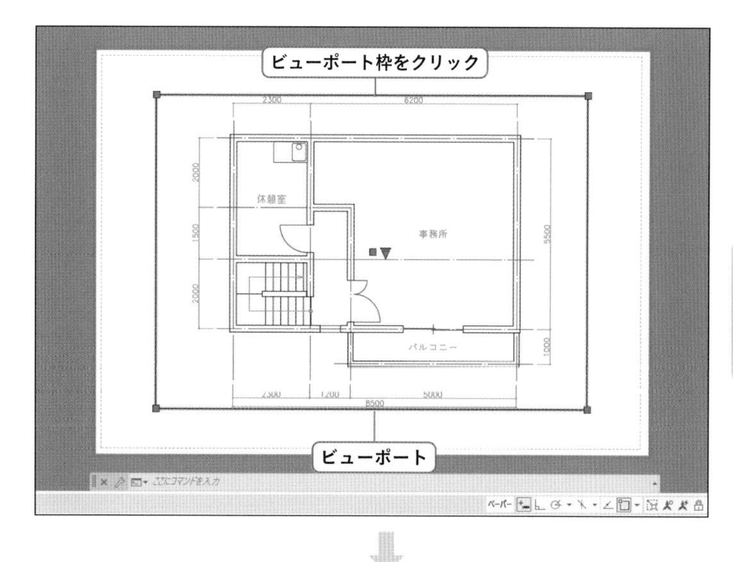

chapter 7
作図がもっと便利になる機能

④ 図枠のブロックを挿入する

[ホーム] タブー [ブロック] パネルー [挿入] をクリックし、「図枠」をクリックします。

⑤ ブロックの挿入位置を指定する

ブロックの挿入位置は原点を指定するので、「#0,0」を入力し、[Enter] キーを押してください。

⊖挿入位置が指定され、図枠のブロックが挿入されました。

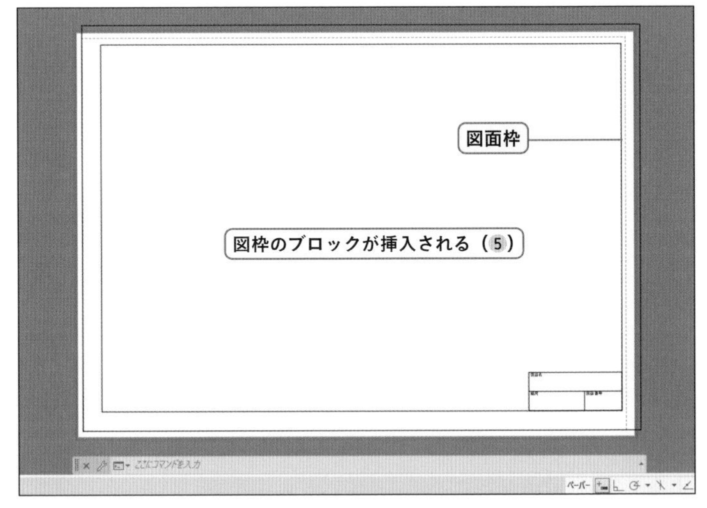

⑥ ページ設定管理コマンドを選択する

[出力] タブー [印刷] パネルー [ページ設定管理] をクリックします。

⊖「ページ設定管理」ダイアログボックスが表されました。

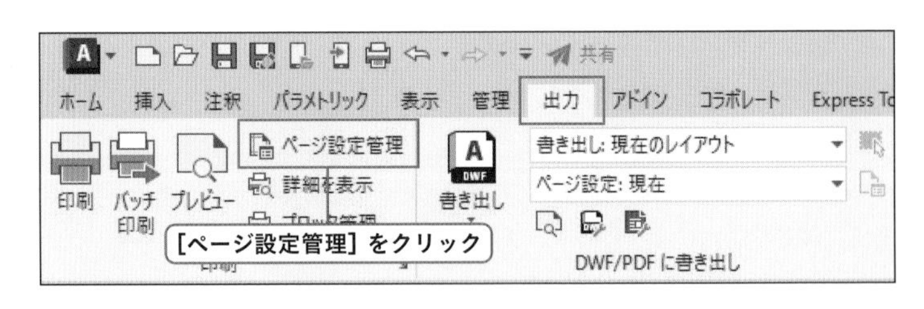

⑦ ページ設定を適用する

「A4モノクロ」を選択し、[現在に設定] ボタンをクリックします。

⊖ページ設定欄に「*レイアウト 1(A4モノクロ) *」と表示されました。これは、「レイアウト 1」タブに「A4モノクロ」のページ設定が適用されたことを示しています。

⑧ ページ設定管理を閉じる

[閉じる] ボタンをクリックします。

⊖「ページ設定管理」ダイアログボックスが閉じました。

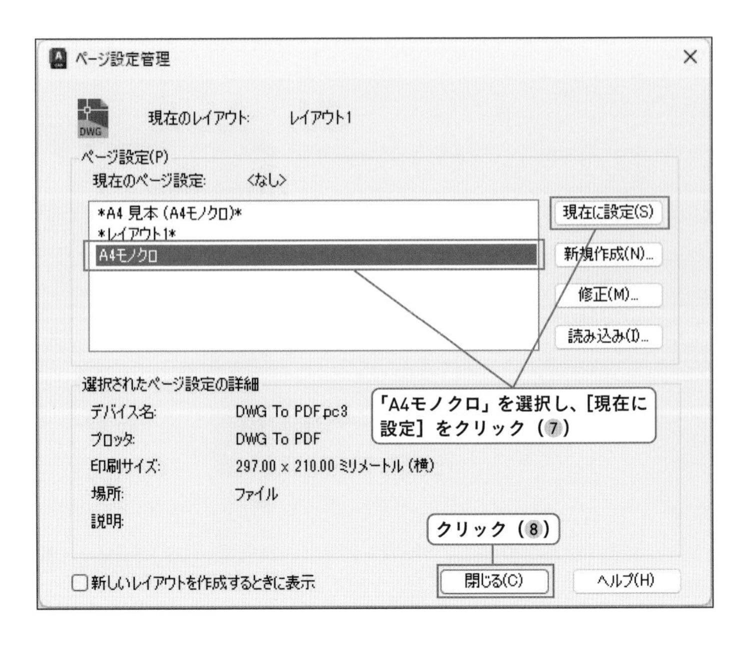

7-6-2 ビューポートを作成する

ビューポートを2つ作成し、左のビューポートでは尺度を「1:100」、右のビューポートでは尺度を「1:50」に設定します。モデル空間、ペーパー空間と移動を行うので、今はどの空間であるかを確認しながら作業を行ってください。

ペーパー空間

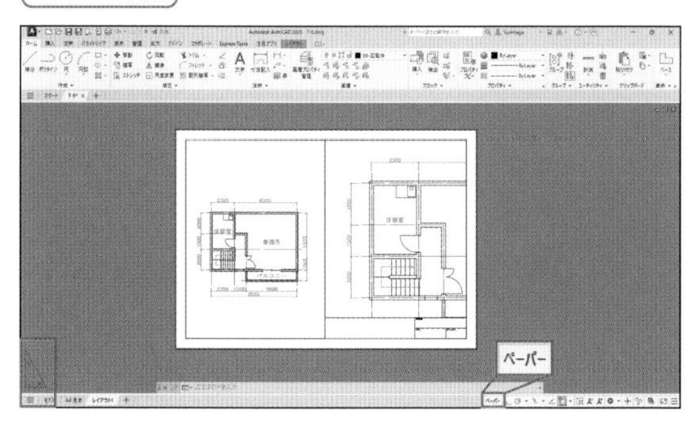

ステータスバーに「ペーパー」と表示され、UCSアイコンは三角形で表示される。

モデル空間

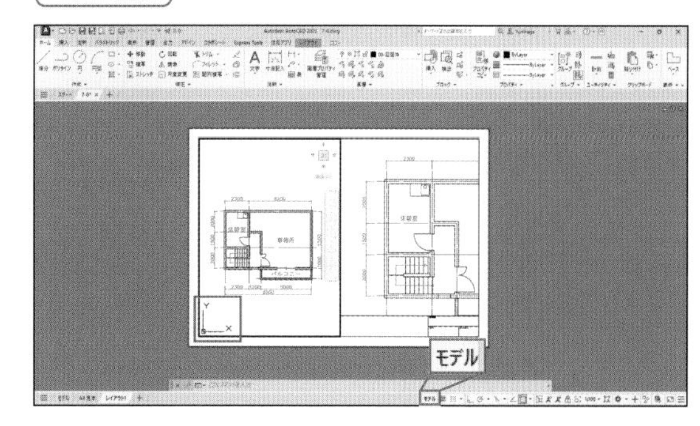

ステータスバーに「モデル」と表示され、UCSアイコンはビューポートの中に表示される。

やってみよう

1 現在画層を設定する

[ホーム] タブー [画層] パネルー [画層] コントロールをクリックし、「10ーVIEW」を選択します。

➔現在画層が「10ーVIEW」に変更されました。この画層は印刷されない画層になっているので、この画層で作成するビューポートの枠は印刷されません。

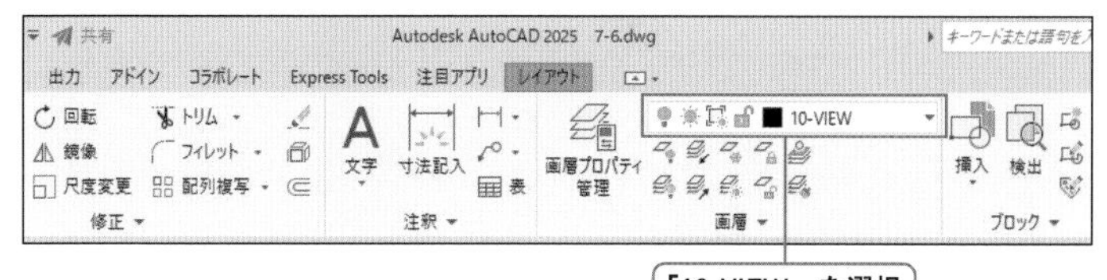

2 ビューポート矩形コマンドを実行する

[レイアウト] タブー [レイアウトビューポート] パネルー [矩形] をクリックします。

➔プロンプトに「ビューポートの1点目を指定」と表示されています。

AutoCAD 2012では、[表示] タブー [ビューポート] パネルー [矩形] となります。AutoCAD 2011以前は、[表示] タブー [ビューポート] パネルー [新規ビューポート] をクリックし、[ビューポート管理] ダイアログボックスが表示されるので、[単一] を選択し、[OK] ボタンをクリックしてください。

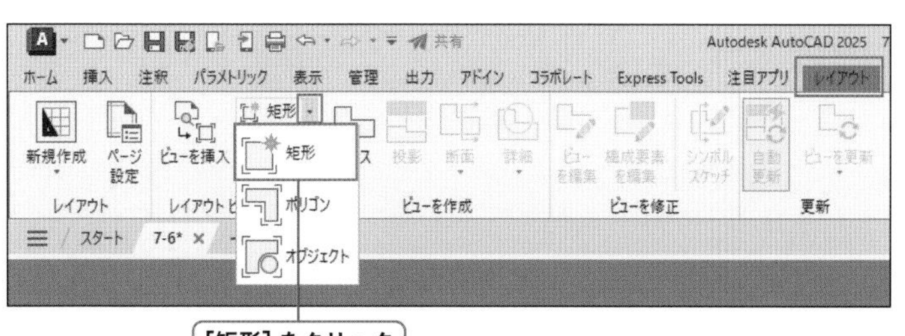

chapter 7 作図がもっと便利になる機能

③ ビューポート矩形の点を指示する

図枠内側の左上端点、下中点をクリックしてください。

➜ビューポートが作成され、モデル空間が表示されました。

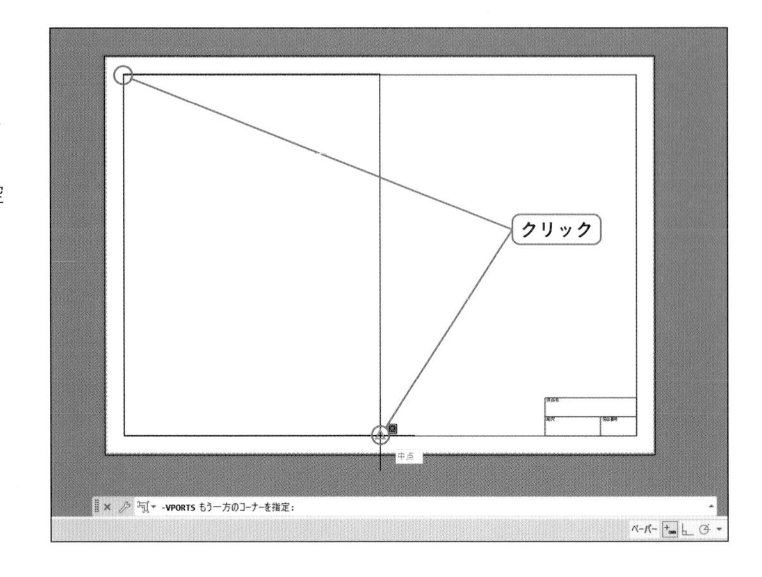

④ 右側のビューポートを作成する

手順②～③を参考に、図枠内側の上中点、表題欄の右上端点で右側のビューポートを作成します。

➜図枠右側にビューポートが作成され、モデル空間が表示されました。

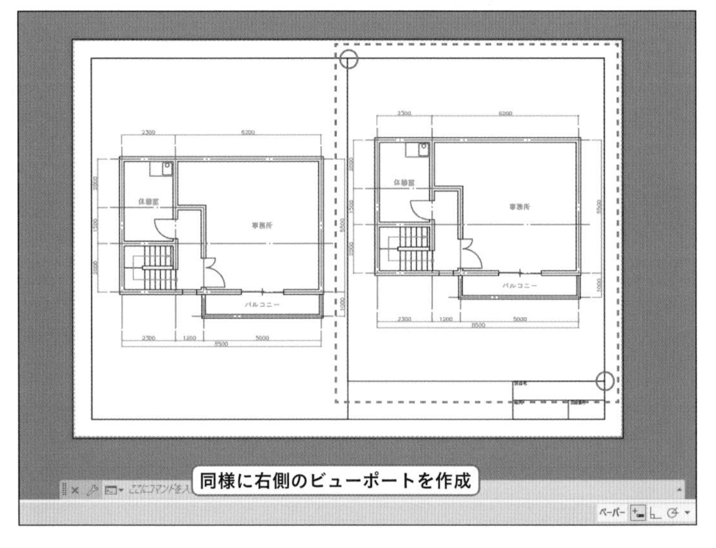

⑤ モデル空間に移動する

左側のビューポートの内側でダブルクリックをし、モデル空間に移動します。

➜ビューポートが太く表示され、モデル空間に移動しました。ステータスバーには「モデル」と表示されています。モデル空間に移ると、尺度を設定することができます。

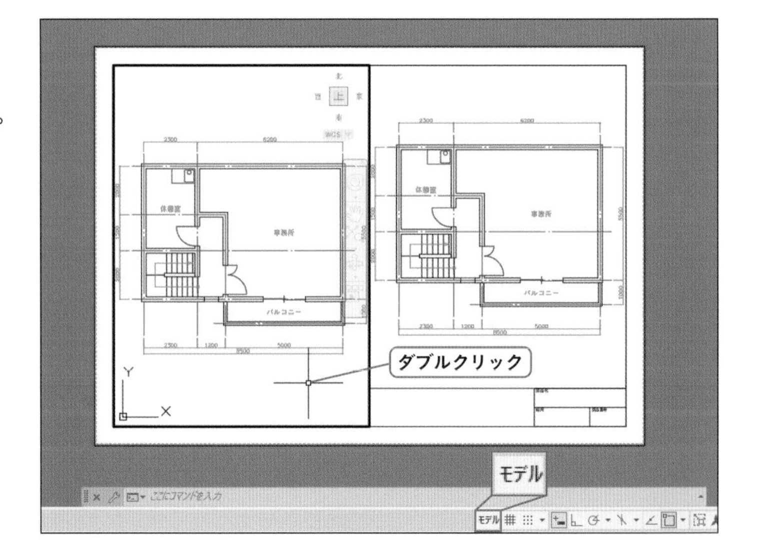

6 ビューポートの尺度を設定する

ステータスバーの［ビューポート尺度］をクリックし、［1:100］を選択します。

➜ビューポートの尺度が 1:100に設定されました。ここでマウスのスクロールボタンを触ると、ビューポート内が拡大縮小され、尺度が変更されてしまいます。次に、ビューポートの尺度が変わらないようにロックをします。

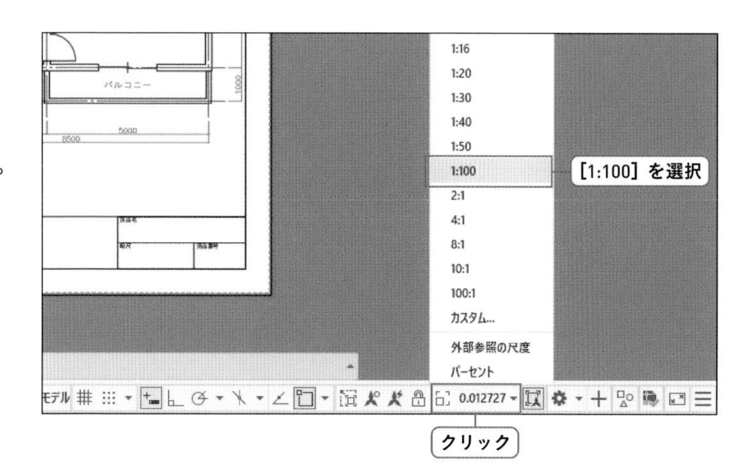

7 ビューポートの表示をロックする

ステータスバーの［ビューポートロック／ロック解除］をクリックします。

➜ボタンの鍵マークがロックされ、ビューポートの表示がロックされました。

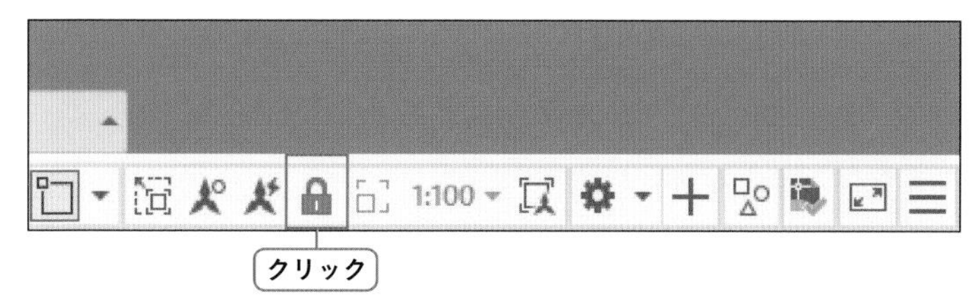

8 アクティブビューポートを切り替える

右側のビューポート内をクリックします。

➜右側のビューポートがアクティブとなり、ビューポートの枠が太く表示されました。

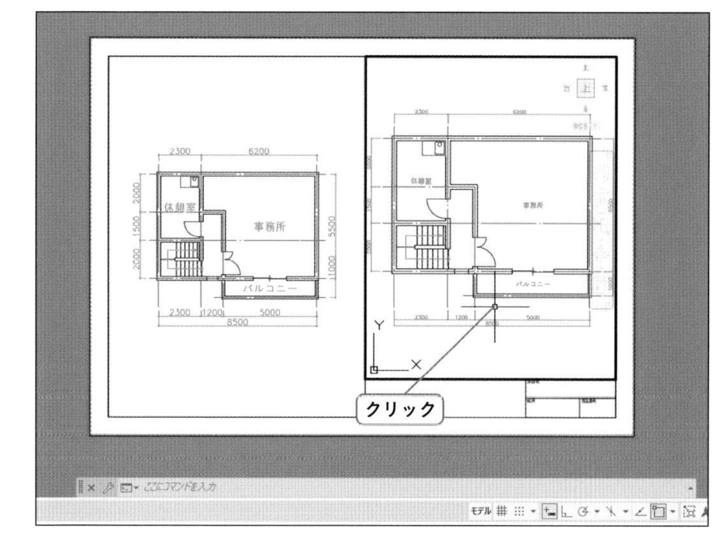

9 右側のビューポートの尺度を設定する

手順 6 ～ 7 を参考に、ビューポートの尺度を「1:50」に設定し、ロックをします。

> 休憩室と階段が表示されるように、画面移動を行いますが、その際に尺度が変更されないように注意してください。

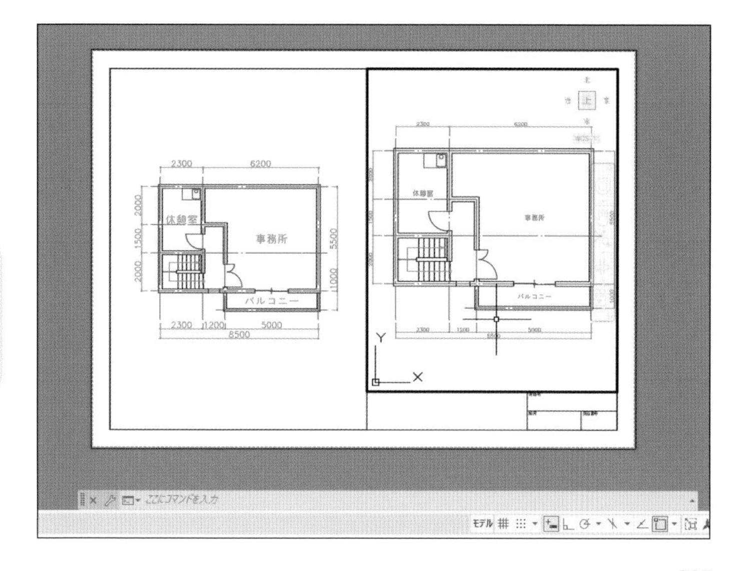

⑩ ペーパー空間に移動する

ビューポートの外側でダブルクリックをし、ペーパー空間に移動します。

➔ペーパー空間に移動しました。ステータスバーには「ペーパー」と表示されています。

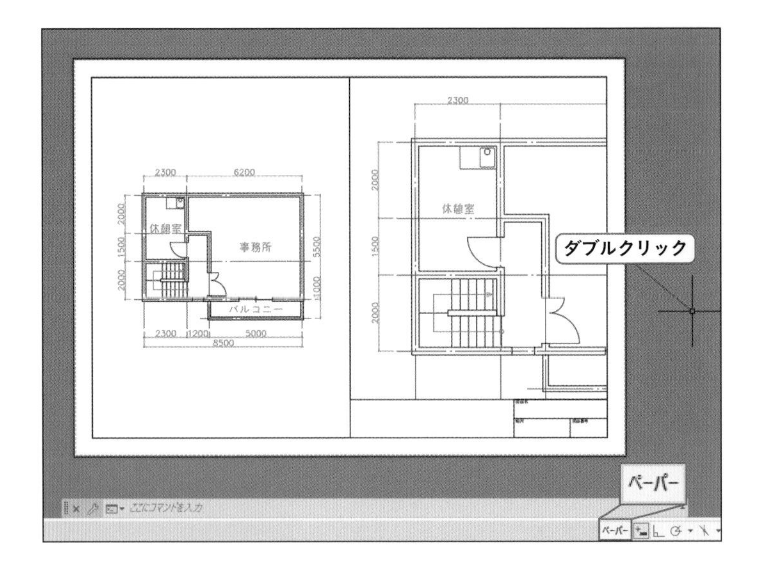

COLUMN

尺度リストの追加

P327の手順❻で選択したい尺度がない場合は、以下の手順で尺度リストを追加してください。

❶[注釈] タブー[注釈尺度] パネルー[尺度リスト] をクリック

❷[図面尺度を編集] ダイアログの[追加] ボタンをクリック

❸[尺度を追加] ダイアログの[尺度名] と[作図単位] を入力

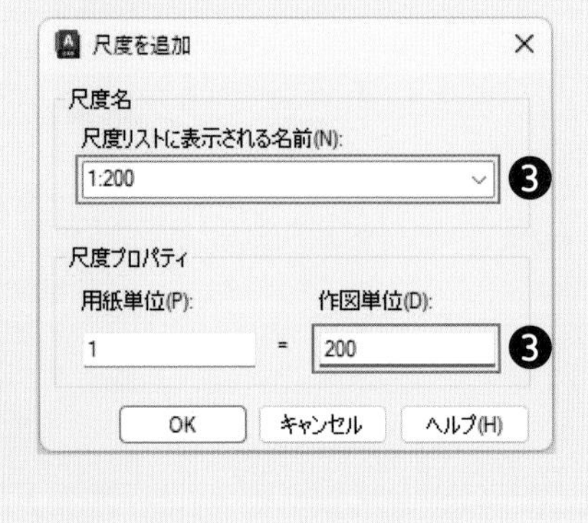

機能・目的別索引

コマンド索引

本書で解説しているコマンドの一覧です。

コマンド	メニュー／リボン		ボタンアイコン	キーボードから実行	ページ
2点	メニュー	[作成]－[円] －[2点]		CIRCLE(C)	49
	リボン	[ホーム]タブー[作成]パネル			
DesignCenter	メニュー	[ツール]－[パレット]－[DesignCenter]		ADCENTER(ADC)	309
	リボン	[表示]タブー[パレット]パネル			
移動	メニュー	[修正]－[移動]		MOVE(M)	83, 85
	リボン	[ホーム]タブー[修正]パネル			
延長	メニュー	[修正]－[延長]		EXTEND(EX)	109
	リボン	[ホーム]タブー[修正]パネル			
オブジェクトプロパティ管理	メニュー	[ツール]－[パレット]－[オブジェクトプロパティ管理]		PROPERTIES(PR)	145, 168
	リボン	[表示]タブー[パレット]パネル			
オフセット	メニュー	[修正]－[オフセット]		OFFSET(O)	98, 99
	リボン	[ホーム]タブー[修正]パネル			
回転	メニュー	[修正]－[回転]		ROTATE(RO)	93, 94
	リボン	[ホーム]タブー[修正]パネル			
角度寸法記入	メニュー	[寸法]－[角度寸法記入]		DIMANGULAR(DAN)	157
	リボン	[ホーム]タブー[注釈]パネル			
画層プロパティ管理	メニュー	[形式]－[画層管理]		LAYER(LA)	226
	リボン	[ホーム]タブー[画層]パネル			
基点コピー	メニュー	[編集]－[基点コピー]		COPYBASE	313
	リボン	[ホーム]タブー[クリップボード]パネル			
鏡像	メニュー	[修正]－[鏡像]		MIRROR(MI)	102
	リボン	[ホーム]タブー[修正]パネル			
クイック選択	メニュー	[ツール]－[クイック選択]		QSELECT	297, 299
	リボン	[ホーム]タブー[ユーティリティ]パネル			
現在層に設定	メニュー	[形式]－[画層ツール]－[選択したオブジェクトの画層を現在層に設定]		LAYMCUR	205
	リボン	[ホーム]タブー[画層]パネル			
削除	メニュー	[修正]－[削除]		ERASE(E)	77, 78, 80
	リボン	[ホーム]タブー[修正]パネル			
尺度変更	メニュー	[修正]－[尺度変更]		SCALE(SC)	243
	リボン	[ホーム]タブー[修正]パネル			
新規作成	メニュー	[ファイル]－[新規作成]		NEW	224
	リボン	-			
寸法スタイル管理	メニュー	[形式]－[寸法スタイル管理]		DIMSTYLE(D)	231
	リボン	[ホーム]タブー[注釈]パネル			
線種設定	メニュー	[形式]－[線種設定]	-	LINETYPE(LT)	225
	リボン	[ホーム]タブー[プロパティ]パネル			

コマンド	メニュー／リボン		ボタンアイコン	キーボードから実行	ページ
マルチ引出線スタイル管理	メニュー	[形式]－[マルチ引出線スタイル管理]		MLEADERSTYLE (MLS)	234
	リボン	[ホーム]タブ－[注釈]パネル			
文字記入	メニュー	[作成]－[文字]－[ダイナミック文字記入]		TEXT(DT)	140, 142
	リボン	[ホーム]タブ－[注釈]パネル			
文字スタイル管理	メニュー	[形式]－[文字スタイル管理]		STYLE(ST)	229
	リボン	[ホーム]タブ－[注釈]パネル			
文字編集	メニュー	[修正]－[オブジェクト]－[文字]－[編集]		TEXTEDIT(ED)	144
	リボン	-			

キーボードコマンド・コマンドエイリアス索引

ここでは本書で紹介したコマンドとコマンドエイリアスの一覧をまとめます。コマンドを入力することで、リボンパネル内のツール類を使わずにキーボード操作で作図などが行え、作業効率を上げることができます。コマンドエイリアスは、コマンドの省略記法です。

索引

―は直前の用語の省略を意味します。【B】はボタンであることを、【C】はコマンドであることを、【D】はダイアログボックスであることをそれぞれ意味します。

さ

た

な

は

ま

や

ら

わ

著者プロフィール

芳賀 百合（はが ゆり）

元は土木設計事務所のCADオペレーターで、AutoCAD暦は20年以上。現在は、初心者にはわかりやすく指導し、上級者には1ランク上の使いこなし方を教えるインストラクターとして活動中。ブログ（https://blog.ybizeff.com）でAutoCADのカスタマイズや3DCADなどに関する情報を公開。著書に「基礎からしっかり身につくAutoCAD LT入門」（ソシム）がある。

カバー・本文デザイン　米倉英弘（株式会社 細山田デザイン事務所）
DTP　西嶋 正

はじめてのAutoCAD 2025/2024
作図と修正の操作がわかる本
AutoCAD LT 2025～2009にも対応！

2024年　6月　5日　初版第１刷発行
2024年 10月　2日　初版第２刷発行

著　者　芳賀 百合
発行人　片柳 秀夫
発　行　ソシム株式会社
https://www.socym.co.jp/
〒101-0064
東京都千代田区神田猿楽町1-5-15 猿楽町SSビル
TEL：03-5217-2400（代表）　FAX：03-5217-2420
印刷・製本　シナノ印刷株式会社

定価はカバーに表示してあります。
落丁・乱丁本は弊社編集部までお送りください。
送料弊社負担にてお取替えいたします。
ISBN978-4-8026-1467-2

読者サポートページ　https://www.socym.co.jp/book/1467

お問い合わせページ　https://www.socym.co.jp/contact